U0291173

精彩由此展开……

超级彩图馆

鸟

全世界130种鸟的

彩色图鉴

刘晓菲　主编

中国华侨出版社

图书在版编目（CIP）数据

鸟：全世界130种鸟的彩色图鉴/刘晓菲主编 .—北京：中国华侨出版社，2013.5

ISBN 978-7-5113-3582-1

Ⅰ.①鸟… Ⅱ.①刘… Ⅲ.①鸟类－世界－图集 Ⅳ.① Q959.7-64

中国版本图书馆 CIP 数据核字（2013）第 099177 号

鸟：全世界 130 种鸟的彩色图鉴

主　　编：	刘晓菲
出版人：	方　鸣
责任编辑：	荼　蘼
封面设计：	凌　云
文字编辑：	易　洲
美术编辑：	王静波
经　　销：	新华书店
开　　本：	720mm×1020mm　1/16　印张：27.5　字数：787 千字
印　　刷：	北京市松源印刷有限公司
版　　次：	2013 年 8 月第 1 版　2015 年 2 月第 2 次印刷
书　　号：	ISBN 978-7-5113-3582-1
定　　价：	29.80 元

中国华侨出版社　北京市朝阳区静安里 26 号通成达大厦三层　邮编：100028

法律顾问：陈鹰律师事务所

发 行 部：（010）58815875　　　　传　　真：（010）58815857

网　　址：www.oveaschin.com

E-mail：oveaschin@sina.com

如果发现印装质量问题，影响阅读，请与印刷厂联系调换。

鸟是一群自由的精灵，它们能翱翔天宇，也能潜游水中，亦能在林间跳跃欢腾，是倏忽之间划过眼前的掠影。鸟是美丽的天使，它们有的嘴部夸张亮丽，有的羽毛华丽美艳，还有的尾巴醒目绚烂，把追求美的信念向世界传递。鸟是跳动的音符，奏响着或鸣啭、或啁啾、或叽叽喳喳，抑或呱呱噪啼的生动旋律，礼赞生命的珍贵和独特。

也许是因为鸟儿唤醒了人类最初的飞翔梦想，一直以来，人们对鸟总有一种最强烈的好奇心和亲近愿望。事实上，并不是所有的鸟都能飞，只有两翼发达的突胸总目能飞，绝大多数鸟属于这个总目。另外，还有一类是善走而不能飞的，叫平胸总目，如鸵鸟；另一类是善游泳、潜水而不能飞的，叫企鹅总目，如企鹅。可以毫不夸张地说，鸟类上能入天，下能潜海，亦能在陆地上奔跑如飞。它们翱翔、游走于冰天雪地的两极、莽莽高原、茂密的丛林、人烟稠密的城市，以及波涛汹涌的海洋和寸草不生的沙漠。

在这遍布全球，林林总总的鸟类中，每一种鸟都独具特色。鸽子是生存最成功的鸟类之一，栖息于世界各地的城市里，随处可见。鹦鹉不仅以学舌出名，它们的长寿也同样颇有名气。杜鹃，既被人们誉为"春天的使者"，又因其在巢寄生中采用的欺诈手段而臭名昭著。铁蓝色的喙，栗橙色下体的翠鸟让人体验鲜明的色彩对比，而当它飞身离去时，又仿佛是一块飞动的碧玉。鸵鸟体型庞大，奔跑如飞，"世界上最大的鸟"这一荣誉鸵鸟当之无愧。企鹅长相可爱，充满活力，走起路来摇摇摆摆，惹人喜爱……

自古以来，鸟和人类发生着千丝万缕的联系。世界各地流传着很多和鸟有关的神话和传说。在中国，精卫填海、杜鹃啼血等故事向我们传达着美好的信念。在外国关于挪亚方舟的神话中，鸽子象征着和平和安宁。到了现代，鸟给人类带来了许多无价的启示：人们首先根据天空中飞行的鸟，发明制造了飞机；后来，又通过研究猫头鹰灵巧无声的飞行，改造了飞机的性能；还通过研究鸽子来预测地震。鸟激发了人类的灵感，人类根据这些灵感创造出众多的奇迹，并从中受益无穷。

令人痛心的是，这些可爱的生灵并没有得到人们应有的重视和保护。人们或者为了满足口腹之欲，大肆捕食鸟类；还有人为了鸟类美丽的羽毛而猎杀它们；更有甚者，有些人迷信地把一些鸟视为不祥之鸟，并见而诛之。随着环境的恶化，很多鸟本来就因生存环境被破坏而濒临灭绝，而人类的这些行为更是将一些鸟类置于了灭顶之灾的深渊。

　　为了使广大读者了解鸟，喜爱鸟，进入鸟的世界，我们精心编写了本书。全书精选了世界上最常见、最有代表性的 130 种鸟，基本上每节阐述一个鸟科。详细介绍本科鸟的相关生理特征、分布情况、进化历史、分类、繁殖、食性、群居动态学、保护状况以及与人类的关系等，条理清晰，层次分明。在这里，你不仅可以全面地了解每一种鸟，还可以学到很多知识：为什么有些鸟类能够飞行，而有些鸟类可以潜水？鸟类的嗅觉能够分辨出哪些味道？哪些鸟的伴侣关系亲密而忠诚？燕窝是怎样形成的？鸽乳有什么重要作用？……这些知识不仅可以开阔视野，还能够拓展思维。

　　全书语言生动流畅，风趣幽默，读来令人兴趣盎然并深受启发。为使读者能够轻松理解和掌握本书内容，编者有针对性地总结归纳了大量相关知识点，以"知识档案""框内专题"的形式对主题内容进行信息提炼或拓展延伸，简明扼要，一目了然，极具专业性和资料性。另外，部分鸟的后面还设置了精彩的"照片故事"，是对主题内容的生动补充和深化。众多珍贵插图既有生动的野外抓拍照片，也有大量描摹细腻传神的手绘图，生动再现了鸟类的生存百态和精彩瞬间。

　　我们相信，本书一定能够让更多人喜欢上鸟——这种古灵精怪的生物，然后去充分体味人与自然和谐相处的奇妙，并唤起读者保护鸟的意识，积极地与危害鸟及其他野生动物的行为作斗争，保护人类和野生动物赖以生存的地球，为野生动物保留一个自由自在的家园。

Contents 目录

鸟的概述

鸟纲在生物分类学上是脊椎动物亚门下的一个纲。鸟类溯源于中生代侏罗纪始祖鸟。历史上曾经存在过大约 10 万种鸟，而幸存至今的只有 1/10，不及 10000 种，20 余目。

鸟是脊椎动物的一类，温血卵生，用肺呼吸，几乎全身有羽毛，后肢能行走，前肢变为翅，大多数能飞。在动物学中，鸟的主要特征是：身体呈流线型（纺锤形），大多数飞翔生活。体表被覆羽毛，一般前肢变成翼（有的种类翼退化）；胸肌发达；直肠短，食量大消化快，即消化系统发达，有助于减轻体重，利于飞行；心脏有两心房和两心室，心搏次数快，体温恒定，呼吸器官除其肺外，还有由肺壁凸出而形成的气囊，用来帮助肺进行双重呼吸。

鸟的种类繁多，分布全球，生态多样，现在鸟类可分为三个总目：平胸总目，包括一类善走而不能飞的鸟，如鸵鸟；企鹅总目，包括一类善游泳和潜水而不能飞的鸟，如企鹅；突胸总目，包括两翼发达能飞的鸟，绝大多数鸟类属于这个总目。

大小适中
体型约束

比起其他某些纲的动物，鸟类无论在结构上抑或体型上都算是一个非常均匀统一的群体。拿哺乳动物来说，包括马、狐猴、鲸、蝙蝠、虎等，可谓千差万别。并且，从小小的蝙蝠到巨型的鲸，不同哺乳动物之间的体重比可达 1:100000000；而飞鸟的体重范围仅在约 2.5 克到 15 千克之间，比率只有 1:6000。

鸟类的这种体积和形状范围受限制的原因很可能是基于飞行的需要（相比之下，那些同源但不会飞的鸟类，则在一定程度上不受这样的约束，然而它们却面临其他的威胁，并常常有灭绝之险）。就能量消耗而言，飞行是一种代价极为昂贵的运动方式，所以尽可能经济节能地进行飞行对鸟类来说其重要性不言而喻。事实上，鸟类生理构造上的几乎每一个显著特征都是为了适应飞行才进化而来的。

鸟类体型受限制，在体型范围的两端却是基于不同的原因。为了保证身体机能良好运行，鸟类需要维持恒常的体温，根据具体种类不同，一般在 41℃～43.5℃之间。然而，体型一旦缩小，身体体积（或体重）下降的比例较之表面积减小的比例更大。这一点非常重要，因为身体散失热量的速率与表面积和体积之比有关。当表面积和体积之比升高（换言之，即物体变得更小），散热的速率就上升，也就是说小型鸟类比大型鸟类散热更快。而失去的热量必须通过摄入更多的食物来补充，故相对于体型而言，小型鸟类需要比大型鸟类吃得更多。因此，如果低于一定的体型标准，能量的补充在时间上和精力上都将变得不堪重负，生存也就难以为继。

所以，世界上最小的鸟，如牙买加的小吸蜜蜂鸟，仅重2.4克，这与它生活在暖和地带并非巧合。即使在热带，许多蜂鸟为了节省能量而在夜间蛰伏，然后在天亮开始活动之前重新热身，期间它们需要摄入相当于体重一半的食物。

飞鸟的体型上限同样与体积和比例方面的

▶ 史前鸟类的重现

1. 始祖鸟，已知的最古老的鸟，源于侏罗纪晚期（约1.47亿年前）。2. 尾羽龙，距今约1.25亿年，为前肢短、长有原始羽毛但不能飞行的兽脚类恐龙。3. 黄昏鸟，白垩纪早期的长牙水禽，距今约7000万～9000万年，是从飞鸟演变而来的不会飞的鸟种。4和5. 鱼鸟和虚椎鸟，为同一时期的鸟种，外形酷似现代燕鸥。6. 齿鸟，始新世时期（约5500万～3400万年前）的长翼海鸟，喙部有齿状的锯齿。7. 巨翼鸟，更新世时期（约180万～1万年前）兀鹫状的巨型鸟类，发现于洛杉矶的拉布里沥青坑，据传该鸟的翼展可达7米。8a和8b. 庞大的阿根廷巨鸟的飞行身影与现代白头海雕的对比。9. 古新世和始新世时期的营穴鸟，直立达2.2米，胸骨无龙骨，不会飞。灭绝较晚的是巨型平胸类鸟——恐鸟和象鸟。10. 伟恐鸟，为6个恐鸟种类中最大的种，栖息于新西兰；恐鸟最终在19世纪灭绝。11. 生活于马达加斯加的象鸟。

问题有关。如果一只鸟的线性尺寸为另一只鸟的2倍，那么其表面积就为另一只鸟的4倍，而体积（和体重）则为8倍。因此，大型鸟类的体重与翼面积之比要比小型鸟类高，即翼负载与体积成正比。较之小型鸟类，大型鸟类必须拥有更大的翅膀和（或）飞行肌，而这反过来又进一步增加了体重。

大型鸟类比小型鸟类更受到体重的约束，在生理构造上也有据可依。在较小的鸟身上，唯有最大的骨骼才可能是中空的（即充气的）。而在较大的鸟身上，有更多的骨骼是中空的。例如秃鹳不仅腿骨是中空的，连大部分趾骨也是中空的。

实际上，起飞行为是飞行过程中最耗能的时刻，鸟类必须迅速加速。起飞对于小型鸟类而言不成问题，它们能够一下子跃到空中便飞起来。然而，一只大兀鹫，特别是当它嗉囊饱满时，必须通过沿地面助跑达到足够快的速度后才能飞起来；天鹅则须在水上助跑后方能起飞；而信天翁一般情况下很难飞起来，除非遇到强大的逆风。

现代飞鸟的体重上限似乎为 15 千克。许多种群的最大鸟类都接近这一体重，这也许并非巧合。比如，大鸨一般体重就为 15 千克，偶尔超过些许，最大的天鹅重约 15 千克，最大的兀鹫重约 14 千克，最大的鹈鹕重约 15 千克，漂泊信天翁则体重 12 千克。不过对于这些鸟种来说，这样的体重是不常见的，绝大多数个体成鸟比这都要小。

但是，这种论点有一个不足之处，即有些已成为化石的飞鸟，它们的体重远远超出了上述限度。直至最近，人们发现的最大化石主要都是巨翼鸟类的，它们通常被视为巨型的兀鹫，尽管有相当一部分人对它们究竟是如何存在的表示怀疑。其中一种名为泰通鹏的鸟，翼展达 5 米，体重很可能超过 20 千克。而另外一种相对鲜为人知的名叫"Osteodontornis orri"的海鸟，也具有不相上下的翼展长度。但两者在另一种发现于阿根廷的鸟类"阿根廷巨鸟"的遗骸面前则显得黯然失色，该鸟很可能也属于巨翼科，翼展竟达 7～7.6 米！

有人认为这些巨鸟像如今东非的兀鹫一样，当时纷纷乘上升气流飞离炎热但又不封闭的地区。当然，这只是一种推测。对于试图解释它们是如何飞行的生物学家来说，早期的巨型鸟类和庞大的爬行翼手龙给他们提出了相似的难题。

为飞行而生
形态适应

除羽毛外，鸟类的骨骼和肌肉组织充分体现了它们对飞行的适应。这种适应性满足了两大要求：第一，由于飞行极为耗能，故体重需尽可能减轻；第二，飞行中的灵活机动性要求鸟类的躯体变得紧凑，重量尽可能往重心位置集中。

鸟类的头骨已大大变轻，其眼睛大，眼眶占据了头骨前部的很大空间，两个眼眶几乎在头骨中央汇合。比起其他脊椎动物，鸟类的一个显著特征是颌骨变轻，牙齿完全消失。鸟类的喙在形状和大小方面各不相同，从而使不同类型的鸟能够获取并"处理"各种各样的食物。

在骨骼系统的另一端，鸟类尾部的骨骼成

纲：鸟纲

含 2 个总目，28 目，172 科，2121 属，9845 种。

古颚总目（平胸类和形䳍鸟类）

鸵鸟（鸵鸟目）
1 种：鸵鸟

美洲鸵（美洲鸵目）
1 科 2 属 2 种

（鹤鸵目）
2 科 2 属 4 种

几维（无翼目）
1 科 1 属 3 种

䳍（䳍形目）
1 科 9 属 46 种

今颚总目（所有其他现代鸟类）

企鹅（企鹅目）
1 科 6 属 17 种

潜鸟（潜鸟目）
1 科 1 属 5 种

鸊鷉（鸊鷉目）
1 科 7 属 22 种

信天翁、鹱和鹲燕（鹱形目）
4 科 27 属 125 种

鹈鹕及其亲缘鸟（鹈形目）
6 科 8 属 65 种

鹭、鹳、红鹳及其亲缘鸟（鹳形目）
6 科 43 属 117 种

游禽（雁形目）
2 科 52 属 165 种

鹫、鹰、隼（隼形目）
5 科 81 属 300 种

猎禽（鸡形目）
6 科 77 属 285 种

鹤、秧鸡及其亲缘鸟（鹤形目）
11 科 59 属 203 种

鸻、鸥及其亲缘鸟（鸻形目）
18 科 87 属 342 种

沙鸡（沙鸡目）
1 科 2 属 16 种

鸽子（鸽形目）
1 科 42 属 309 种

鹦鹉（鹦形目）
1 科 80 属 356 种

杜鹃、麝雉和蕉鹃（鹃形目）
3 科 35 属 164 种

鸮（鸮形目）
2 科 27 属 205 种

夜鹰及其亲缘鸟（夜鹰目）
5 科 20 属 118 种

雨燕和蜂鸟（雨燕目）
3 科 128 属 424 种

咬鹃（咬鹃目）
1 科 7 属 37 种

鼠鸟（鼠鸟目）
1 科 2 属 6 种

翠鸟、佛法僧及其亲缘鸟（佛法僧目）
9 科 42 属 206 种

巨嘴鸟、啄木鸟及其亲缘鸟（鴷形目）
6 科 66 属 403 种

雀形目鸟（雀形目）
82 科 1207 属 5899 种

鸟类很多部位的主要骨骼都已经大大减轻，尤其是进化中空的骨骼，其中包括重要的肢骨以及头骨和骨盆的一部分。肋骨很轻，同时长有向后生长的凸出物（钩突），压覆在相邻的肋骨上，以增强牢固性。一些潜鸟如海鸠，具有很长的两块相互压覆的肋骨，从而保证了在潜水时体腔不被压迫。另外，许多骨骼相互愈合，形成了一个坚固的骨架，因此也就无须大量的肌肉组织和韧带来将分散的骨骼结合起来。

鸟类的前肢发生了鸟类身上最重要的变化之一，后肢变化则相对不明显。前肢化为翼，同时躯体的相关部位为大量的飞行肌提供着生处。

"手"上有两节指骨已消失，另有一节已大大退化。翅肌主要集中在翼的基部（靠近重心），翅膀的向下拍动来自肌肉的直接作用，向上拍动（或折翅）则要求通过肌腱围绕肩关节做"滑轮"运动。翼关节的此种构造，使其除了水平方向的展开与闭合外便极少活动，故不需要肌肉和韧带，从而杜绝了"多余的"运动。

鸟的"上臂"（肱骨）基部有一块很大的地方留给胸肌着生。这些发达的胸肌的另一端则附于龙骨状的庞大胸骨。当胸肌收缩、翅膀向下拍击时，产生的力量足以将鸟胸骨和翼之间的身体部位压迫变形，幸亏胸骨和翼之间两侧各有一根强有力的支柱状骨骼喙骨支撑，并有叉骨（结合起来的锁骨）和肩胛骨相助，三者的端部相连，为翅膀提供了连接点。

鸟类是动物中不同寻常的一个纲，它们有 2 种移动方式：飞行（使用前肢）以及步行或（和）游泳（使用后肢）。鸟在飞行中保持平衡问题不大，因为大的飞行肌集中位于翼下的身体重心附近。然而，正是由于这些肌肉的存在（部分原因），鸟的腿部便很难长在靠近重心的部位。事实上，腰部的杯形髋臼（连接股骨上端）离重心就已经有一段距离了。所以一只步行中的鸟若直接由髋臼来支撑身体，会很难保持平衡。

于是，鸟类以一种独特的方式解决了这一难题。股骨仍以脊椎动物常见的方式接入髋臼，但沿着鸟的躯体向前突，且基本不运动，由肌肉缚之于身体。在某种意义上，股骨的下

分已大大缩减。随着尾骨的退化，所有尾羽得以集中长在同一部位。这种适应性令现代鸟类比带有"拖沓"长尾巴的始祖鸟在结构上能更方便、更有效地控制方向。尾部的大小和形状则因鸟而异，主要是为了满足各自的飞行需要。有些种类（如啄木鸟、旋木雀），它们的尾部在攀树时甚至会变得僵硬，用以作为一种支撑。

端（膝）成了一个新的"髋"关节，它连接着腿的下部，并且重心位置相当好。所以鸟类的腿虽然上下两部分分明，但实际上与我们人的腿并不相似。它的上半部分相当于我们的小腿，而它的下半部分或假胫骨（术语称为跗蹠骨）由部分胫骨和足部骨骼组成，在人身上则没有对应的部位。这一事实解释了为何鸟类的腿弯曲的方式正好与人类的相反。我们看见的关节并不是真正意义上的膝关节，而更像是人类的踝关节。因为翅膀的存在，腿部关节变得非常固定，很少往不必要的方向活动。腿部运动由位于腿上端附近的肌肉通过肌腱来加以控制，使其向重心靠拢。

保暖、轻盈、流畅
羽毛

虽然在某些爬行类动物的化石中也能发现羽状结构，但羽毛仍是迄今为止鸟类最典型的特征，也是研究鸟类的习性、生活方式及分布的一个重要参数。羽毛的主要成分为角蛋白，是一种蛋白质物质，广泛存在于脊椎动物中，哺乳动物的头发和指甲，以及爬行动物的鳞片均由角蛋白构成。当年始祖鸟的原种为了保温，进化形成了最初的羽毛，这一目的在现代鸟类的羽毛进化过程中同样得到了很好的体现，它们的羽毛不仅轻巧、防水，而且能保存大量的空气，从而减缓了热量的散失。鸟类主要的体羽都含有羽干，羽干的两侧分布着主要的侧面凸出物羽支，羽支由羽小支勾结在一起。

然而，羽毛的进化还服务于鸟类的其他多种重要功能。沿翅膀后缘的羽毛以及尾部的羽毛已变得更大、更有力、更坚固，从而形成一个表面，为飞行和空中机动提供提升力。剩下的可见羽毛（正羽）覆于体表，使躯体呈现流线型，并提供必不可少的绝热性能，从而大大提高了飞行效率。

在雏鸟身上发现的绒羽，也会长在许多成鸟身上作为绝热内层。绒羽没有互相勾结的羽小支，因此显得杂乱无章，看上去像修面刷。而最简单的羽毛莫过于经常可以在鸟的眼部周围或喙基部发现的单羽轴须毛，一般认为这些须毛具有感觉功能。

同样，鸟类羽毛的缤纷色彩也扮演着多种角色。一方面，羽毛可以很好地将鸟伪装隐蔽起来（如夜鹰），使得天敌难以发现它。另一方面，孔雀、蜂鸟、大咬鹃等鸟类的羽毛则展现了自然界中最炫目的色彩之一，在它们的（求偶）炫耀行为中起着举足轻重的作用。

羽色的产生有两种途径，可以通过其中一

大多数鸟类首先通过垂直向上跃入空中来实现起飞。然后它们利用强有力的翅膀和胸肌使自己向前推进，同时产生提升力。在飞行过程中，鸟的腿部缩起，形成符合空气动力学的高效体型，将阻力降低到最低限度。当飞行放缓时，鸟便通过扇动尾部和下垂腿部来增加阻力。在即将着陆的那一刻，鸟的翅膀扑动，使整个躯体几乎垂直翘起，就此"刹车"。

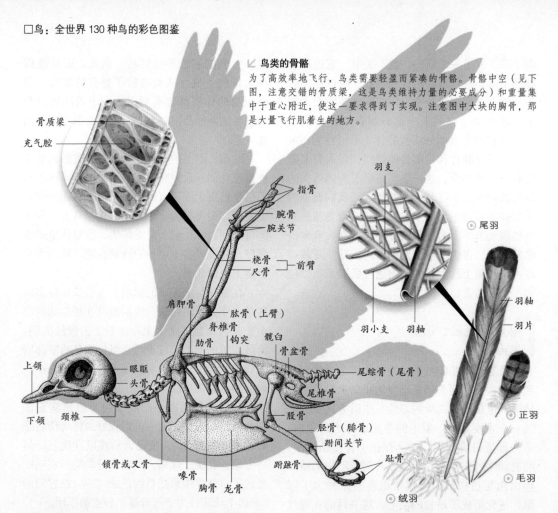

鸟类的骨骼

为了高效率地飞行，鸟类需要轻盈而紧凑的骨骼。骨骼中空（见下图，注意交错的骨质梁，这是鸟类维持力量的必要成分）和重量集中于重心附近，使这一要求得到了实现。注意图中大块的胸骨，那是大量飞行肌着生的地方。

骨质梁
充气腔
指骨
腕骨
腕关节
桡骨
尺骨
前臂
羽支
尾羽
羽轴
羽片
肩胛骨
肱骨（上臂）
脊椎骨
肋骨
钩突
髋臼
骨盆骨
羽小支　羽轴
尾综骨（尾骨）
尾椎骨
上颌
眼眶
头骨
股骨
胫骨（腓骨）
跗间关节
正羽
下颌
颈椎
趾骨
锁骨或叉骨
喙骨
跗蹠骨
胸骨　龙骨
毛羽
绒羽

种或同时借助两种方式来生成。一种借助色素生成。羽毛中最常见的色素为黑色素，用于产生各种棕（褐）色及黑色。有些色素则非常少见，如仅能在某些蕉鹃身上发现的绿色素。另一种着色方式由羽毛的物理结构引起，即部分反射光的可见波所致。这样的羽色如星椋鸟身上那种亮丽的青绿色，以及绝大部分富有光泽的鲜艳羽色。倘若羽毛反射所有波长的光，那么看上去就为白色。

羽毛并非是随意分布的，而是划分为明确的羽迹区域。每枚羽毛都是从各个被称为羽乳头的特殊细胞环上生出的。这些细胞的繁殖，产生了一系列的细胞环，从而形成了羽管。羽管的一面较厚，为羽干，另一面则为后羽干。羽毛在生长过程中沿着后羽干突起，然后展开。单个的羽支也在后羽干处"分叉"。雷鸟的羽毛冬天白色、夏天棕色，使其与周围环境融为一体，天敌便难以发现它。许多雄性鸭类

几乎全年都着亮丽的羽衣，但在夏天有大约4～6周却换成具有隐蔽性的褐色羽毛（所谓的"羽蚀"），原因是那段时间它们全面换羽，不能飞行，易受攻击。

鸟类换羽是要消耗能量的，同时在长新羽期间，鸟类的保温和飞行能力都会受到影响。并且，部分鸟种，如鸭类和大多数海雀，在换羽期会完全丧失飞行能力。然而另一方面，换羽能够使受损的飞羽得到更新，这对于蝙蝠而言，无疑是一种向往的优势，因为蝙蝠无法去修复受创的翅膀。

单向流动的好处
呼吸

为了能够飞行，鸟类必须做到可以迅速调动大量能量，所以它们需要一个非常高效的呼吸系统来供应所必需的大量氧气。鸟类的肺效率很高，虽然在平地上比不上哺乳动物的肺，

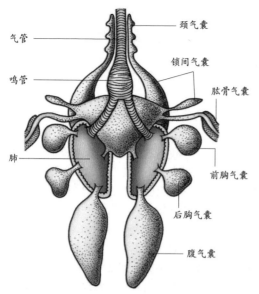

气管
鸣管
肺

颈气囊
锁间气囊
肱骨气囊
前胸气囊
后胸气囊
腹气囊

↗ 鸟类的呼吸系统

鸟类的肺相对较小，但有多个气囊相助，可以最大限度地将氧气融入血液里。大部分鸟类拥有9个气囊，1个锁间气囊，2个颈气囊，2个前胸气囊，2个后胸气囊，2个腹气囊。这些气囊是肺的薄壁延伸物，作用是使气流单向通过肺。这种高效的呼吸形式保证鸟类可以不断地吸入含氧量高的新鲜空气。而细胞中的高含氧量使鸟类能够从食物中最大限度地获取能量，这对于飞行需要大量耗能的鸟类而言无疑至关重要。

但它的突出优势在于高空中的效率。假如将老鼠和麻雀分别放在一个箱子里，把里面的气压降到珠穆朗玛峰峰顶的水平，那么老鼠很快就筋疲力尽、动弹不得，而麻雀却依然蹦蹦跳跳，它的呼吸基本上不会受什么影响。

事实上，许多鸟类是在稀薄的空气中迁徙飞行的。不少鹤类、鸭类和鹅类，如斑头雁，在从俄罗斯北部前往印度过冬的迁徙途中，常常飞越喜马拉雅山脉。尽管并不是很多鸟都必须飞到珠穆朗玛峰峰顶的高度（8844.43米），但人们在飞机上目睹过有大型的食肉鸟飞到这么高，甚至更高。

鸟类的呼吸系统在很多重要方面都与哺乳动物不同。首先，鸟的肺比同等体型的哺乳动物的肺小。其次，鸟有数目众多的气囊，遍布全身，甚至中空的骨骼里也有。尽管薄膜状的气囊壁在鸟类防止过热方面发挥着重要作用，但它们本身不会渗透气体。

气囊在鸟类呼吸中的重要性体现在：吸

适应游泳

从水中摄取食物的鸟类有许多种，基本上都通过游泳来获得食物。会游泳的鸟类包括企鹅、信天翁和鹱、潜鸟、䴙䴘、鹈鹕和鸬鹚、鸭、秧鸡科的许多种类、海鸥、燕鸥、海雀以及瓣蹼鹬。尽管河乌和海滨抖尾地雀的食物全部从水中获取，但没有一种雀形目鸟类是完全水栖的。

上述鸟类中绝大多数用蹼足（见图1）游泳。但有些种类如䴙䴘、骨顶、鳍趾和瓣蹼鹬则具有瓣趾（见图2）而非蹼趾，而其他的秧鸡科鸟类如黑水鸡（见下图）仅仅是通过长趾底部变宽来形成划水面。少数水栖鸟类如企鹅和海雀，在水中时主要依靠它们的翼来获得推力，企鹅（以及已灭绝的大海雀）的翼已丧失飞行功能。有一两种飞鸟如海番鸭，潜水时会利用折翼来获得某种推力，如果完全展开则会因太大而无法使用。

对于一只潜水的鸟来说，能否潜入水下是一大难题，因为一般而言，鸟类比水轻得多。不过，相比之下，大部分潜水的鸟都具有较高的密度，并且在潜水时能够把羽毛中的大量气体"挤"出来，以减轻浮力。鸬鹚的羽毛特别容易浸湿，故能轻松排除空气，这也是为什么鸬鹚在捕鱼之后总是站在那里摊开翅膀等着晾干的原因。此外，据说还有通过吞咽石子的办法来增加身体比重的。

入的气体先进入后气囊，然后进入相应的肺器官，最后借前气囊排出体外。这样，气体在肺部就是单向流动，而非哺乳动物的"潮涨潮落"式，故鸟的每次呼吸都能将肺里的气体几乎全部更新，而相比之下，人即使做深呼吸，也大概只能更换肺中3/4的气体。

鸟类的肺部血管能够有效地吸收氧同时排出二氧化碳。由于气流总是单向的，血管中血液的流动始终与气体流动的方向相反。当含氧量低的血液一抵达肺部，就会碰上已经流经肺部、含氧浓度有所降低的气体，但气体中的含氧量对于低浓度的血液而言还是绰绰有余，血液便进行吸氧。当血液流经肺部外壁，会遇到含氧量越来越高的气体，也就吸收更多的氧。这种呼吸系统帮助鸟类最大限度地吸收氧，而这对于哺乳动物"潮涨潮落"式的肺而言则是不可能实现的。二氧化碳的排出亦是同理，只是反过来进行。此外，比起哺乳动物的肺，鸟类的肺还有一个优势，即鸟类的微气管（类似于哺乳动物的肺泡）相对很小。这样，鸟类的肺虽然比形体相似的哺乳动物的肺小，但重量却不相上下，原因就是其密度大，从而为鸟类提供了更大的表面积来进行气体交换。

其他适应飞行的方面
减轻体重策略

鸟类的消化系统同样适于飞行。爬行类谱系那种庞大而沉重的颌及颌上的肌肉和牙齿在鸟类身上已经找不到了（尽管某些鸟种仍具有相当强健的颌）。对于鸟类而言，研磨食物这一功能很大程度上已由胃的肌肉部分即肌胃取代。为了方便食物进入肌胃，一些鸟类会用喙将食物撕碎，然后张大嘴吞下。

食物进入肌胃后，常常在砂粒的帮助下被磨碎，所以有些种类，如食谷物的家鸡和麻雀会特意摄入砂粒。而食鱼、食肉类的鸟，如翠鸟和鹰，以及食虫类的鸟，如燕子和捕蝇鸟，则不需要砂粒，它们的食物相对比较柔软，用威力强大的消化液就足以对付了。

尽管也有不少鸟类以种子和果实为食，但至少与哺乳动物相比，像松鸡一样以树叶为食，以及像鹅和某些鸭类那样以草为食的还是

↗鸟类的肺拥有惊人的效率，某些鸟类能够在供氧量仅为平地1/4的高空飞行。例如，迁徙中的蓑羽鹤以超过9000米的高度飞越喜马拉雅山脉。

寥寥无几。事实上，这些食物的分解相当困难。就许多哺乳动物而言，比如牛，对树叶的消化需要共生细菌在一个庞大且非常沉重的胃里进行。这样大型的消化器官对飞鸟而言是不堪重负的，因此那些食草类鸟必须分多次摄入食物来获得必要的营养成分。

许多鸟类尤其是食种类的鸟，在肌胃上方拥有一个伸缩性强的食管——侧薄壁嗉囊。一只鸟能在很短的时间里往嗉囊内填充大量食物，然后撤退到一个安全的地方进行消化。很多食种类鸟包括雀类和鸽类，同样以这样的方式带不少食物回巢，从而有效地缩短了夜间的断食期。还有许多鸟类利用嗉囊给它们的雏鸟带食。

鸟类会降低排泄物中水分的含量，这同样也体现了适应减轻体重的需要。有些鸟类所需的水分主要从食物中获得，水从后肠中的内容物里回收。泌尿系统的产物也是高度浓缩，主要形成尿酸，而尿酸排泄前在泄殖腔内（鸟类无膀胱）与粪便混合。一些食肉类鸟如猫头鹰，不消化的猎物的某些部分，便以颗粒状形式回吐出来。另有些鸟类必须长途携带食物给它们的雏鸟，便将食物半消化，以减轻负重。

鸟类的生殖系统同样将重量保持在最低限度。鸟类的性器官和相关管道在一年的大部分时间里都处于显著收缩状态，这在雌鸟身上尤为明显。当繁殖季节来临时，配子（生殖细胞）产生，生殖器官随即迅速发育。所有鸟类的雌鸟都产卵，但即使是那些窝卵数有数枚的鸟类（占大多数），每天也只产1枚卵，有些则隔天产卵或间隔时间更长。这样的产卵方式使大部分鸟类能够陆续地产下数枚相对较大的卵。

对于芬兰的灰山鹑来说，窝卵数平均从1枚到19枚不等，不过产卵的母鸟每次在输卵管内只携带1枚发育成熟的卵（尽管在卵巢里可能还有1枚或数枚较小、尚在发育中的卵）。倘若母鸟像哺乳动物生育幼崽一样同时产下所有发育一样的卵，那么单枚的卵势必会变得非常小，或者雏鸟的数量会大大减少。

鸟类卵的大小占成鸟体重的比例从大约1.3%（鸵鸟）至25%（几维和某些海燕）不等。如果卵相对较大，那么有一个优势便是可以缩短在巢中的喂养期，使雏鸟能够更早地学会飞行（许多小型的鸟类为12~14天）。这自然有利于缩短危险期，因为留在巢里的雏鸟在受到天敌的威胁时是没有行为能力的。绝大多数鸟类在凌晨产卵，这样就避免了在上午喂食期间还要怀着一个发育完全的卵，那时母鸟需要处于最活跃的状态中。

视觉、听觉和嗅觉
感觉

大部分动物都特别依赖于众多感觉中的仅仅一种或两种，如大部分哺乳动物尤其是夜间活动的动物（夜行性动物），更依赖于嗅觉和听觉。不过，即使是视觉起着重要作用的哺乳动物，绝大多数也都缺乏色视觉。然而，对鸟类而言，视觉，包括色视觉，几乎始终都是最重要的感觉，其次才是听觉，嗅觉则排在第3位。事实上，许多鸟类都基本不用嗅觉。在这方面，人类是哺乳动物中的一个例外。我们的感觉按重要性排序的话，结果与上述鸟类的顺序一样，并且我们也像鸟那样具有出色的色

↗鸟类发声有多种用途，可以是吸引异性、维护领地或者拉响天敌来袭的警报。

多种多样的鸟喙形状

不同的鸟喙形状适应于应对各种不同的食物。1.褐几维（食蠕虫和其他无脊椎动物）；2.蛇鹈（食鱼）；3.巨嘴鸟（食果实）；4.红交嘴雀（食种子）；5.戴菊（食昆虫和毛虫）；6.笑翠鸟（食蜘蛛、小型无脊椎动物、水生虫和鱼）；7.反嘴鹬（食软体动物、甲壳类动物和小型水生无脊椎动物）；8.锡嘴雀（食硬壳种子）；9.双齿拟䴕（食果实和硬浆果）；10.大金背啄木鸟（食节肢动物）；11.双角犀鸟（食果实，尤其是无花果）；12.白尾尖弯嘴鸟（食曲冠类尤其是海里康的花蜜）；13.刀嘴蜂鸟（食长萼类的西番莲花蜜）；14.雀鹰（食小鸟）；15.翎翅夜鹰（食昆虫）；16.凤头䴙䴘（食鱼、甲壳动物和软体动物）；17.鲸头鹳（食肺鱼、蛙、龟和蛇）；18.大红鹳（食海藻、硅藻及小型水生无脊椎动物）；19.白琵鹭（食小鱼和虾）；20.剪嘴鸥（食小鱼和甲壳动物）；21.卷羽鹈鹕（食鱼、两栖类动物和小型哺乳动物）；22.黄领牡丹鹦鹉（食种子、坚果和浆果）。

视觉。

这种相似性或许可以用来解释为何鸟类会如此受到人们的欢迎。我们基本上依赖于同样的感觉，同样习惯于昼行性的生活模式，能够欣赏和享受它们的色彩和鸣声。而相比之下，我们对于那些甚至很熟悉的哺乳动物（如家中的猫、狗）通过嗅觉所获得的信息却几乎一窍不通，故在这方面无法去分享它们的世界。当我们走进一片树林时，看到的也许是很多鸟类，而没什么哺乳动物，哪怕事实上那里的哺乳动物比鸟还多。哺乳动物不太容易为我们所感知，因为它们中的许多仅在夜间出没，或者生活在地表下面，或者两种原因都有。

鸟类的生活是一种高速运动的空中生活，所以很显然，视觉和听觉远比嗅觉有用。从眼睛的大小就可知道眼睛对于鸟的重要性。眼睛占据了鸟类头部的很大一部分。鹰本身虽然远比人小，但它的眼睛却与人眼一般大小。

鸟类的眼睛相对固定——因为眼大，在头骨里留给肌肉活动的空间就小了。不过，诸如猫头鹰等鸟类则具有异常灵活的颈，令它们能够轻松自如地转头，于是它们的实际视野范围也就变得非常开阔，有些鸟甚至可以360°全方位通视。而像丘鹬这样的鸟，眼睛长在头两侧的高位，因此不但可以看到四周，还能看到头顶上方。当然，有利就有弊，绝大多数鸟类双眼的视野很难重合，以致它们只有少量的双目视觉。然而，作为一种补偿，它们可以观察到所有视野范围内的动向，这对于探明是否有天敌存在是非常有用的。而双眼前视的鸟类，如猫头鹰，则具有出色的双目视觉。此外，鸟类在某一刻瞬间聚焦的范围也比较大，或许可达20°左右，而人的瞬间聚焦范围仅为2°~3°。

绝大多数鸟类都具有良好的色视觉，包括像猫头鹰这样的种类，它们的色视力也得到了证实，尽管它们对光谱中蓝色部分的识别稍逊于我们人类。食肉鸟和其他一些鸟类的视觉敏锐性大概是人的2~3倍，但是不会高得更多。有些鸟类，如夜间活动的猫头鹰，拥有特别出众的夜视能力，但仍需借助听觉在夜间定位和捕捉猎物。近期的一项发现表明，许多鸟类能够看清光谱中的紫外线部分，这是人类所不及的。故相对于人类的三色视觉（大多数哺乳动物为二色视觉），至少部分鸟类具有四色视觉。并且，一些鸟类（如鹦鹉）的羽毛可以反射紫外线，从而意味着它们能够比人类识别和区分范围更广的颜色。这一点对于这些鸟类的生活无疑具有重要意义，尽管实际情况还有待进一步研究。

鸟类在个体之间交流时会用到听觉，尤其在丛林地带，视觉交流相当困难，听觉更显示出其价值所在，于是众多林鸟，如歌鸫鹟和钟雀，具有动听的鸣啭或悠扬的鸣声。像视觉一样，鸟和人感知的听觉范围也大抵相同，虽然大部分鸟对低频音的听力可能略逊人类一筹。不过，鸟类的听觉似乎有一个重要的方面不同于人类，即它们能够辨别在时间上极为紧凑的一系列声音。比如，在人耳听起来是一个音符的声音，在鸟类听来或许就包含了10个独立的音符。故几句"简单"的鸟鸣并非人听上去的那么简单，对于鸟而言，可能传递着大量的信息。

许多鸟类几乎全然不知嗅觉为何物，当然，某些种类除外。如夜间出没的几维，它们在林地觅食时鼻孔近乎贴着喙尖；而新大陆的美洲鹫（而非旧大陆的兀鹫）也利用嗅觉在林地寻找腐肉。另外，有些种类如部分海燕种，脑中负责嗅觉的叶相当发达，意味着它们也有较发达的嗅觉。

对于味觉，自然界中所有的物种都不是特别发达。和人类一样，鸟类的味觉实际上也掺杂着嗅觉的成分，而我们已经知道鸟类的嗅觉实在不敢恭维。很多鸟类的舌头非常粗糙，并不适合味觉接收细胞的生长。人们发现味蕾存在于鸟口腔的后部，因此鸟很可能只在食物完全进入口腔后才去品味一下。但不管怎样，鸟还是能够辨别4种主要的味道：咸、甜、苦和酸。

很多鸟类的舌和喙尖都拥有发达的触觉，特别是鹬、鹬鹬、杓鹬等种类，它们需要将喙深入泥土中捕食。还有反嘴鹬、篦鹭、鹮等鸟类，它们张开的喙像镰刀一样在水里和软泥里横扫，一旦触到猎物，马上一口咬住。

各种各样的鸟巢

●几乎所有的鸟类都营巢。巢的类型从精心布置的复杂结构到仅为地面的一个浅坑，不一而足。不筑巢的仅为某些企鹅类（它们在足上孵卵）以及巢寄生鸟如牛鹂和某些杜鹃种类。最大的鸟巢之一便是鹳类的巢。图中为白鹳的巢，它们的巢会年积月累地不断增大。

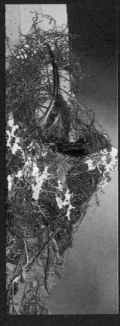

● 隐蜂鸟类的小巢为锥形结构，由植被构筑，并缠以蜘蛛网。为了防止自己落巢时这个脆弱的巢会倾覆，隐蜂鸟在锥底铺上了一些小泥块，用以平衡它的重量。

●许多洞巢类鸟亲自掘洞，然而有些鸟却坐享其成。如在美国西南部以及墨西哥，娇鸺鹠就经常占用希拉啄木鸟和北扑翅䴕在巨人柱仙人掌上掘好的洞。因巢离地面很高，这一种鸮类不必担心会遭到食肉类哺乳动物的袭击。

● 白腹金丝燕将巢筑于洞穴内的陡峭岩面上。这种鸟主要的筑巢材料（巢材）为苔藓和泥。而其他种类则使用唾液，筑成的巢便是"燕窝汤"的原料。

● 发冠拟椋鸟的巢堪称是最壮观的鸟巢之一。雌鸟用棕榈纤维和草编织成一个长达1～2米的吊巢，高高悬挂于雨林中的树冠上。

● 广泛分布于美国西部的崖燕所筑的碗状泥巢为群巢结构。以前这种鸟的巢址是天然的悬崖，如今则常常将巢筑于牲口棚或桥下。

● 这只斑在林场工人头盔的保护下营巢育雏，充分体现了鸟类机智灵活和适应性强的特点。

驼 鸟

与普遍流行的说法相反，驼鸟从不会把头埋入沙中。事实上，在受到威胁时，这种体型庞大、不会飞的鸟无一例外都是依靠恰恰相反的策略，即借助它们的长腿逃离逼近的危险。"世界上最大的鸟"这一荣誉属于驼鸟。

驼鸟广泛分布于非洲平坦、开阔、降雨少的地区。有 4 个区别显著的亚种：北非驼鸟，粉颈，栖息于撒哈拉南部；索马里驼鸟，青颈，居于"非洲之角"（东北非地区）；马赛驼鸟，与前者毗邻，粉颈，生活在东非；南非驼鸟，青颈，栖于赞比西河以南。阿拉伯驼鸟从 20 世纪中叶起便已绝迹。

高大且不会飞行
形态与功能

驼鸟的羽毛柔软，没有羽支。雄鸟一身乌黑发亮的体羽与它两侧长长的白色"飞"羽（初级"飞"羽）形成鲜明对比，这使它显得异常醒目，白天在很远的距离之外便能看到。雌鸟及幼鸟为棕色或灰棕色，这样的颜色具有很好的隐蔽性。刚孵化的雏鸟则为淡黄褐色，带有深褐色斑点，背部隐隐有一小撮刚毛，类似刺猬。驼鸟的颈很长，且极为灵活。头小，未特化的喙能张得很开。眼睛非常大，视觉敏锐。腿赤裸，修长而强健。每只脚上仅有两趾。脚前踢有力，奔跑速度可达 50 千米 / 小时，是不知疲倦的走禽。因为步伐大、脖子长、啄食准，驼鸟能够非常

高效地觅得栖息地内分布稀疏的优质食物。它们食多种富有营养的芽、叶、花、果实和种子，这样的觅食与其说像鸟类，不如说更像食草类的有蹄动物。驼鸟在多次进食后，食物塞满食管，于是像一个大丸子一样（即"食团"）沿着颈部缓慢下滑，由于食物团近 200 立方厘米，因此下滑过程中颈部皮肤会绷紧。驼鸟的砂囊可以至少容下 1300 克食物，其中 45% 可能是砂粒或石子，用以帮助磨碎难消化的物质。驼鸟通常成小群觅食，这时它们非常容易遭到攻击，所以会不时地抬起头来扫视一下有没有掠食者出现，最主要的掠食者是狮子，偶尔也有美洲豹和猎豹。

照看"别人的孩子"
繁殖生物学

鸵鸟的繁殖期因地区差异而有所不同，在东非，它们主要在干旱季节繁殖。雄鸵鸟在它的领域内挖上数个浅坑（它的领域面积从2平方千米到20平方千米不等，取决于地区的食物丰产程度），雌鸵鸟（"主"母鸟）与雄鸵鸟维持着松散的配偶关系并自己占有一片达26平方千米的家园，雌鸵鸟选择其中的一个坑，此后产下多达12个卵，隔天产1枚。会有6只甚至更多的雌鸵鸟（"次"母鸟）在同一巢中产卵，但产完卵后一走了之。这些次母鸟也可能在领域内的其他巢内产卵。接下来的日子里，主母鸟和雄鸟共同分担看巢和孵卵任务，雌鸟负责白天，雄鸟负责夜间。没有守护的巢从空中看一目了然，所以很容易遭到白兀鹫的袭击，它们会扔下石块来砸碎这些巨大的、卵壳厚达2毫米的鸵鸟蛋。而即使有守护的巢也会受到土狼和豺的威胁。因此，巢的耗损率非常高：只有不到10％的巢会在约3周的产卵期和6周的孵化期后还存在。鸵鸟的雏鸟出生时发育很好（即早成性）。雌鸟和雄鸟同时陪伴雏鸟，保护其不受多种猛禽和地面肉食动物的袭击。来自数个不同巢的雏鸟通常会组成一个大的群体，由一两只成鸟护驾。仅有约15％的雏鸟能够存活到1岁以上，即身体发育完全。雌性长到2岁时便可以进行繁殖。雄性2岁时则开始长齐羽毛，3～4岁时能够繁殖。鸵鸟可活到40岁以上。

雄鸟通过巡逻、炫耀、驱逐入侵者以及发出吼声来保卫它们的领域。它们的鸣声异常洪亮深沉，鸣叫时色彩鲜艳的脖子会鼓起，同时翅膀反复扇动，并会摆出双翼一起竖起的架势。繁殖期的雄鸟向雌鸟炫耀时会蹲伏其前，

知识档案

鸵 鸟

目 鸵鸟目
科 鸵鸟科
有马赛鸵鸟、北非鸵鸟、索马里鸵鸟、南非鸵鸟4个亚种。

分布 非洲（以前还有阿拉伯半岛）。

栖息地 半沙漠地带和热带大草原。

体型 高约2.5米，重约115千克。雄鸟略大于雌鸟。

赤道

体羽 雄鸟体羽为黑色，带白色的初级飞羽和尾羽，其中有一个亚种体羽为浅黄色；雌鸟体羽灰棕色。颈和腿裸露。雄鸟皮肤依亚种不同可为青色或粉色，雌鸟皮肤为略带粉红的浅灰色。

鸣声 响亮的嘶嘶声和低沉的吼声。

巢 地面浅坑。

卵 窝卵数10～40枚；有光泽，乳白色；重1.1～1.9千克。孵化期42天。

食物 草、种子、果实、叶、花。

交替拍动那对展开的巨翅，这便是所谓的"凯特尔"式炫耀。雌鸟则低下头，垂下翅膀微微震颤，尽显妩媚挑逗之态。鸵鸟之间结成的群体通常只有寥寥数个成员，并且缺乏凝聚力。成鸟很多时候都是独来独往的。

一群鸵鸟疾速穿越纳米比亚境内几乎为一片银白色的埃托沙盐沼。对鸵鸟来说，要在这片到处都有行动敏捷的肉食动物出没的大陆上生存下来，具备快速奔跑的能力无疑至关重要。

美洲鸵

美洲鸵为大型的不会飞的鸟类，常被称作南美鸵鸟。但从解剖学和分类学的角度而言，美洲鸵实际上与鸵鸟相去甚远，而更接近于鹬。与鸵鸟表面上的相似性乃是趋同进化的结果，两者都适应于开阔的平原生活。

美洲鸵直立高 1.5 米，绝大部分体重不超过 40 千克；相比之下，鸵鸟身高可达 2.5 米，体重约 115 千克。除体型之外，两者最明显的差异体现在足部：鸵鸟仅有 2 个增大的趾，而美洲鸵有三趾。

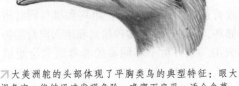

↗大美洲鸵的头部体现了平胸类鸟的典型特征：眼大，视角广，能够迅速发现危险；喙宽而扁平，适合食草。此外，美洲鸵还有极其敏锐的听觉。

大小美洲鸵
形态与功能

查尔斯·达尔文第一个发现并描述了大美洲鸵和小美洲鸵的差别。1830 年的一个晚上，当"贝格尔"号船沿着巴塔哥尼亚海岸南下航行之际，这位伟大的生物学家在吃美洲鸵的一条腿时注意到了区别。大美洲鸵事实上曾广泛栖息于从巴西中部沿海至阿根廷大草原的草地地带，而小美洲鸵则见于巴塔哥尼亚的半沙漠草原和灌木丛林地，以及从阿根廷和智利穿过玻利维亚至秘鲁的安第斯山脉的高原草地中。2 个种类均有 3 个可清楚区分的亚种。大美洲鸵最小的亚种来自巴西，体重仅为 20 千克，最大的阿根廷亚种体重可以达到 50 千克。

大美洲鸵在冬季会 10 ～ 100 只聚集成群，繁殖期则分散为 2 ～ 7 只的小群。它们分布的密度为每平方千米 5 ～ 19 只。美洲鸵的成鸟大部分都是素食者，以多种植物为食。它们会摄入某些青草，但更偏爱阔叶植物，并且还经常食那些甚至带刺的草本植物，如蓟。如今，它们主要以阔叶、开花的非禾本植物为食，特别是紫苜蓿、蜀黍、黑麦和引入的牧草。成鸟几乎不食动物类食物。小美洲鸵则普遍生活在相对更干燥、更荒芜的环境中，所以它们凡是绿色的东西都吃，但同样更喜食阔叶植物；有机会时它们也会捕食一些昆虫和爬行类小动物。

雄鸟孵卵和育雏
繁殖生物学

繁殖季节（春、夏季）来临之际，大美洲鸵的雄鸟开始求偶炫耀，并与其他雄鸟争夺成

知识档案

美洲鸵
目 美洲鸵目
科 美洲鸵科
2属2种。

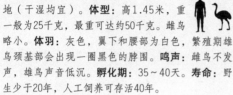

分布 南美洲（从亚马孙河到巴塔哥尼亚高原）。

南回归线

大美洲鸵
分布于南美洲的亚马孙河南部至巴塔哥尼亚高原北部。栖息于草地（干湿均宜）。**体型**：高1.45米，重一般为25千克，最重可达约50千克。雌鸟略小。**体羽**：灰色，翼下和腰部为白色，繁殖期雄鸟颈基部会出现一圈黑色的脖围。**鸣声**：雌鸟不发声，雄鸟声音低沉。**孵化期**：35～40天。**寿命**：野生少于20年，人工饲养可存活40年。

小美洲鸵（又称达尔文美洲鸵）
分布于南美洲的巴塔哥尼亚高原和安第斯山脉。栖息于灌木丛林地。**体型**：高90厘米，重10千克，雌鸟略小。**体羽**：棕色，全身带有白斑。**鸣声**：雌鸟不发声，雄鸟声音低沉。孵化期为35～40天。**寿命**：野生少于20年，人工饲养可存活40年。

群的雌鸟。整个繁殖机制相当复杂，存在4种扮演不同角色的雄性成鸟，分别是：不参与生殖活动的雄鸟，只负责孵卵的雄鸟，既进行交配又进行孵卵的雄鸟以及只负责交配的雄鸟。繁殖期开始，雄鸟在地面筑起巢，然后通过炫耀行为和鸣声引诱一群雌鸟来到自己的巢中。这个阶段的雌鸟成群四处活动，与数只雄鸟进行交配，最后在一个巢内或巢附近产卵。巢中的雄鸟便用喙将卵集中推到自己的巢里，从而形成多达10～70枚的一窝卵（即意味着有18～26枚卵是从巢以外的各个地方收集而来的）。随着卵的不断增加，雄鸟对接近巢的同类变得日益具有攻击性，同时也越发不愿意去收集离巢较远的卵。而雌鸟在一个巢中产了几天卵后便离开，此后有可能去另外的巢中产卵，但不参与营巢。雄鸟孵卵36～37天后，雏鸟出生。它们在巢中仅待数小时便可以随雄鸟一起外出觅食。

在有些情况下，会出现一只"次"雄鸟。它与"主"雄鸟共同筑巢。然而，一旦一窝卵收集完毕，便只剩次雄鸟留在巢中孵卵，主雄鸟则去重新筑一个巢，吸引雌鸟来产卵，然后亲自孵卵。比起主雄鸟，次雄鸟发生交配的次数很少，但它们在孵卵方面同样很成功，只是在抚育雏鸟方面不及主雄鸟。而有次雄鸟相助的主雄鸟比没有次雄鸟的主雄鸟更容易育雏。另外，每年有许多雄鸟根本就不繁殖。在某些特定的年份，仅有4%～6%的雄鸟成功繁殖，雌鸟的比例相对高些，约为30%。至于小美洲鸵的繁殖模式，尚未有详细的研究，但很可能与此相似。

除了人类鲜有敌人
保护与环境

除了人类，美洲鸵在自然界鲜有天敌。栖息于阿根廷大草原以及热带草原和河边草地的大美洲鸵，食物来源充足，基本上无须去争夺。大型的食肉类猫科动物如美洲豹和美洲狮，则不会经常光顾这些地方，而小的食肉动物要杀死一只美洲鸵成鸟可没那么容易。不过，美洲鸵的雏鸟很容易遭到成群食肉动物的袭击，包括成群的哺乳动物或成群的食肉鸟，如卡拉卡拉鹰的袭击。虽然在有雄性成鸟保护时，雏鸟们是安全的，但一旦它们分散（在突如其来的雷暴过后经常会出现这样的情况），那么雏鸟就很容易被食肉动物掠走。当雏鸟与父鸟走散时，甚至只有红隼大小的叫隼都可以轻而易举地将它们当成自己的美味大餐。

↗在智利的托雷德裴恩国家公园内，一只小美洲鸵雄鸟看护着它的一群后代。像这样的大群鸵鸟一般通过"联络口哨"来保持联系。走散的雏鸟通常便由其他雄鸟收养。

鸸鹋

在澳大利亚，鸸鹋可谓随处可见，人们再熟悉不过，被视为是这个国度的经典象征，与袋鼠一起出现在该国的国徽上。它是澳大利亚境内最大的食草类动物之一，几乎分布在所有地区，但如今在塔斯马尼亚已见不到。

"四处流浪"的鸸鹋在澳洲已经生活了数百万年，对荒凉的澳大利亚腹地再适应不过了。大规模的迁移早就成为鸸鹋生存策略的重要组成部分。

↗ 一只在小跑的鸸鹋
鸸鹋的长腿使它们能够以平均 7 千米 / 小时的速度长途跋涉或以 48 千米 / 小时的速度迅速逃离。鸸鹋长有三趾，而鸵鸟仅有两趾。

高大而敏捷
形态与功能

鸸鹋是一种外表不精致的大型鸟类，蓬松的双层羽毛（它们的副羽，即从正羽根部分出来的次羽，长得跟正羽一样长）从体表柔软地垂下来。鸸鹋换羽之后为黑色，但由于太阳光会使赋予它们羽毛褐色的黑色素逐渐褪色，因此，它们的羽色会变浅。鸸鹋的雏鸟带有黑色、褐色和米色的纵条纹，很容易隐藏于长草丛中和浓密的灌木丛中。

鸸鹋的颈和腿很长，但翅膀很小，不足 20 厘米。成鸟在颈部的气管和气囊之间生有一道空隙，使气囊成为一个回音室，从而提高了它们低沉鸣声的传播质量。

觅食新鲜美味
食物

鸸鹋喜食富有营养的食物，如植物上一些营养集中的部位：种子、果实、花和嫩芽。此外，当昆虫和小型的无脊椎动物唾手可得时，鸸鹋也不会拒绝。但野生的鸸鹋不食干草和落叶，哪怕它们就在嘴边。鸸鹋会摄入多达 46 克的大卵石以帮助砂囊研磨食物，还经常会摄

鸸 鹋

目 鹤鸵目
科 鸸鹋科
2属2种。

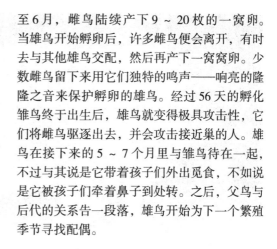

分布 澳大利亚。

栖息地 除雨林和空旷地外的其他所有地区，沙漠和澳大利亚最北端偏少。

体型 高1.75米，重50千克。雌鸟比雄鸟重5千克左右。

体羽 换羽后黑色，平时褪成褐色。

鸣声 咕哝声和嘶嘶声，雌鸟发出有回声的隆隆之音。

巢 用叶、草、树皮和树枝在地面或灌木下、树下搭一个平台或围一个圈。

卵 窝卵数9～20枚，由雄鸟孵化，孵化期56天。

食物 芽、种子、花、果实、某些昆虫和小型无脊椎动物。

入一些木炭。丰富的食物使鸸鹋发育很快、繁殖迅速，但这同时也是需要付出代价的。因为充足的食物在同一个地方不可能一年四季都可以得到，为了获取食物，它们必须迁移。在干旱的澳洲内陆地区，一个地方的食物短缺往往意味着需要走上数百千米才能找到另外的食物源。

鸸鹋对这种生活方式的适应体现在2个方面。一是在食物充足期贮存大量的脂肪，以供接下来长途觅食所用，这也是为何正常情况下体重45千克的鸸鹋在体重降至仅为20千克后仍能照常活动的原因所在。二是只有在雄鸟孵卵时才不得不留在一个地方，其他时候它们则自由移栖，当然，带着雏鸟时步伐会放慢一些。而雄鸟在孵卵期不吃不喝不拉，因此，这段时间内当地的食物供应情况如何和它没有任何关系。

父亲带孩子
繁殖生物学

鸸鹋在每年的12月和1月进行交配，每对配偶会占据约30平方千米的领域。从4月

至6月，雌鸟陆续产下9～20枚的一窝卵。当雄鸟开始孵卵后，许多雌鸟便会离开，有时去与其他雄鸟交配，然后再产下一窝窝卵。少数雌鸟留下来用它们独特的鸣声——响亮的隆隆之音来保护孵卵的雄鸟。经过56天的孵化雏鸟终于出生后，雄鸟就变得极具攻击性，它们将雌鸟驱逐出去，并会攻击接近巢的人。雄鸟在接下来的5～7个月里与雏鸟待在一起，不过与其说是它带着孩子们外出觅食，不如说是它被孩子们牵着鼻子到处转。之后，父鸟与后代的关系告一段落，雄鸟开始为下一个繁殖季节寻找配偶。

暂无灭绝之险
保护与环境

在18世纪后叶之前，鸸鹋有数个种类和亚种。然而，当欧洲移居者来到澳大利亚后，国王岛（位于巴斯海峡）和袋鼠岛（位于南澳大利亚）的侏鸸鹋以及塔斯马尼亚的亚种很快便灭绝了。但在澳洲大陆，鸸鹋仍广泛存在。它们栖息于油桉丛、林地、矮树丛、野地、沙漠灌木丛以及沙原中。鸸鹋在沙漠地带比较稀少，通常只有在大量的降雨带来草本植物的迅速生长和灌木结出硕果时才会出现。鸸鹋还生活在澳洲的不少大城市附近，但如今在那些为了农业耕作而将自然植被清除的地方，已看不到它们的身影。

鸸鹋以对后代关怀备至而著称，同时它们为保护雏鸟对一切靠近者采取的凶狠态度也是出了名的。雏鸟的保护色及斑纹使它们能够很好地隐蔽在草地里。

几维约3000万年前从新西兰进化而来。如今，这种奇异的鸟类正受到外来天敌的极大威胁，每年以约6%的速度减少。这个比例若以更直观的方式来表达，即几维的数量每10年便减少一半。

几维可谓将不会飞的特点发挥到了极致。它们的翅膀很小，趋于退化，且隐于体羽下。从外观看，尾巴完全消失。它们的不同寻常还表现在其他方面，如雌鸟产的卵可达它自身体重的1/4；而与其他大部分鸟类不一样的是，几维靠嗅觉而非视觉来觅食。

母鸡大小的地面穴居者
形态与功能

几维的体型大小有如家养的母鸡，但躯体更细长，并且腿更粗壮有力。喙长而弯曲，喙尖有孔，可流通空气，用于在地面搜寻食物。其他鸟类有飞行肌着生的胸骨，但几维没有。其他大多数鸟类为了飞行时减轻体重，骨骼中空，而几维仅部分中空。虽然作为一种夜行性动物，几维的眼偏小，但它们的视力很好，足以保证它们在下层灌丛中快速穿行。

与同样不会飞的亲缘鸟鸸鹋、鸵鸟、美洲鸵相比，几维显得很小，很可能只是在没有哺乳动物的环境中才得以进化。新西兰群岛形成于8000万～1亿年前，几维先于适应性强的陆地哺乳动物进化；而当后者出现时，一道海上屏障阻止了其登陆新西兰，从而使几维免受了竞争和掠食。此外，也有其他不会飞的鸟类（如恐鸟）也在新西兰进化，只是如今均已绝迹。

几维能够通过嗅觉来发现食物。它们用喙在森林的落叶层里搜寻，或戳入土壤深处，用喙尖夹住食物，然后猛地往回一拉，吞进咽喉。几维的各个种类主要以生活在土壤和落叶层中的无脊椎动物为食，尤其是蚯蚓及甲虫幼虫，同时也会食一些植物性食物，如果实。

夜行昼寝
繁殖生物学

一对几维配偶的领域为0.2～1平方千米。在这片区域内，它们会占用很多兽穴、掩体和洞穴。白天它们躲在那些地方休息，夜间出来觅食。它们的巢筑于稠密植被下的地洞或掩体内，基本没有衬材。一窝卵虽然只有一两枚，却是雌鸟倾力奉上的结晶之作。卵内丰富的营养不仅可以维持胚胎在漫长的孵化期（65～90天）内的生长发育，而且还为新孵化的雏鸟准备了一个卵黄囊，作为临时的食物供应源。卵产下后会搁上数日。一旦开始孵卵，对褐几维和小斑几维而言，那便是雄鸟的事；而大斑几维则是双方共同孵卵。但亲鸟是否负责育雏则颇为可疑，因为雏鸟出生不到1周便会离巢，单独去觅食。

在茂密的森林里，几维用鸣声来保持相互之间的联系，同时也用以维护领域。在相对较近的距离范围内，它们则用嗅觉以及出色的听觉（而不用视觉）来察觉同类。陌生的同类会遭到驱逐。繁殖行为包括发出响亮的咕哝声和呼哧声，以及激烈的追逐嬉戏。

"国徽" 岌岌可危
保护与环境

对新西兰人而言，几维一直以来都具有不同寻常的意义。过去，它为毛利人提供了食物来源和用以制作珍贵礼服的羽毛。今天，它被征集为非官方的国徽图案。然而，自从19世纪中叶欧洲移民开始定居新西兰后，几维的全部种类都遭受了重创。大片的土地被翻新用以耕作。欧洲人还带去了捕食几维的哺乳动物，如猫和鼬。此外，和之前的殖民者一道而来的狗也会袭击几维。

褐几维如今面临的最主要威胁之一，是栖息地的许多土地被人类清整。斯图尔特岛上的种群状况尚好，但在北岛，现在已只剩2个上规模的种群。南岛的种群分布支离破碎，具体状况不明。热衷的捕杀队试图在土地得到清整前消灭当地的几维，然而在大的区域他们做不到这一点。幸运的是，那里的几维适应了被人类清整过的栖息地，同时也在个别它们活动范围内的大片森林保留地中生存了下来。

大斑几维在南岛西北部也只剩2个被孤立的种群，并常常遭到陷阱的伤害，虽然陷阱原本是用来诱捕外来引入的负鼠的。小斑几维目

↘ **一只北岛褐几维在饮水**
北岛褐几维这一亚种生活于偏僻地区，特别是北岛北部地区原生林和农田的混合地带。"新西兰几维恢复工程"发动了一项"巢—卵行动"，即从鸟巢中取出卵，放入孵育器中进行孵化，以改善褐几维以及其他几维的生存状况。

知识档案

几 维

目 无翼目
科 无翼科

几维属3种：大斑几维、小斑几维、褐几维。褐几维有3个亚种：斯图尔特岛褐几维、北岛褐几维、南岛褐几维。

分布 新西兰。

栖息地 森林和灌木丛。

体型 高35厘米（褐几维和大斑几维），25厘米（小斑几维）；重2.3千克（大斑几维），2.2千克（褐几维），1.2千克（小斑几维）。在各种类中，雌鸟体型大，普遍比雄鸟重20%。

体羽 褐几维有浅褐色和深褐色条纹，其他2种有浅灰色和深灰色带状纹。

鸣声 响亮、反复性的鸣叫，音尖。但雌褐几维例外，其鸣声为嘎嘎声。

巢 巢筑于茂密植被下的地洞内，中空，没有任何衬料或仅垫以少量树叶和腐殖土。

卵 窝卵数为1～2枚，白色，重300～450克。孵化期65～85天。

食物 无脊椎动物，如蠕虫、蜘蛛、甲虫等；植物性食物，尤其是种子和肉质果实。

前也面临危险。若不是人们富有远见地将该种引入到位于库克海峡方圆20平方千米的卡皮蒂岛，小斑几维很可能会灭绝。如今卡皮蒂岛上的小斑几维超过了1000只，但当初在那里仅放生了5只。而那时岛上的栖息环境相当恶劣，因此，放生所取得的成功显得越发不同寻常。

尽管卡皮蒂岛是一个保留地，但小斑几维的情况仍十分严峻。一个岛上仅有1个上规模的种群。人们正在试图通过人工饲养来繁殖这一种类，一方面可以更好地研究它们的繁殖生物学，另一方面可以将更多的小斑几维放生到其他岛上去。人们曾对卡皮蒂岛上小斑几维的基本栖息条件、食物和繁殖情况进行了调查，为进一步建立该种的种群寻找合适的地点。结果，在20世纪80年代，人们将小斑几维引渡到了母鸡岛、长岛和红水星岛，此后又在90年代将其引入提里提里玛塔基岛。

企 鹅

　　企鹅为不会飞的海洋鸟类，生活于南半球，主要集中在南极和亚南极地区。企鹅是一个独特的群体，高度特化，适应于它们所生存的海洋环境和恶劣的极地气候。当然，它们长相可爱，充满活力，乃是一群惹人喜爱的鸟。

　　葡萄牙航海家瓦斯科·达·伽马和费迪南德·麦哲伦在他们的探险航行中（分别为1497 ~ 1498 年和1519 ~ 1522 年）最早描述了企鹅。两人分别发现了南非企鹅和南美企鹅。然而，大部分企鹅种类直到 18 世纪随着人类为寻找南极大陆而对南大洋进行探索时才逐渐为世人所了解。

天生游泳健将
形态与功能

　　企鹅的所有种类在结构和体羽方面非常相近，只是在体型和体重上差别较大。它们背部的羽毛主要为蓝灰或蓝黑色，腹部基本上为白色。用以种类区分的标志如角、冠、脸部、颈部的条纹和胸部的镶边等主要集中在头部和上胸部，当企鹅在水面游泳时这些特征很容易被看到。雄企鹅体型通常略大于雌企鹅，这在角企鹅属中相对更明显，但两性的外形极为相似。雏鸟全身为灰色或棕色，或者背部两侧及下层羽毛为白色。幼鸟的体羽往往已接近成鸟，仅在饰羽等方面存在一些细小的差别。企鹅的形态和结构都非常适于海洋生活。它们拥有流线型的身体和强有力的鳍状肢来帮助它

们游泳和潜水。它们身上密密地覆有 3 层短羽毛。翅膀退化为强健、硬朗、狭长的鳍状肢，使它们在水中能够快速推进。企鹅的脚和胫骨偏短；腿很靠后，潜水时和尾巴一起控制方向。在陆地上，企鹅常常倚靠蹲来站立，同时用它们结实的尾羽做支撑。因为腿短，企鹅在陆上走路时显得步履蹒跚，不过一些种类能够用腹部在冰上快速滑行。并且，尽管它们的步伐看上去效率低下，但有些种类却能够在繁殖地和公海之间进行长途跋涉。企鹅的骨骼相对较重，大部分种类的骨骼仅略比水轻，由此减少了潜水时的能耗。喙短而强健，能够有力地攫取食物。皇企鹅和王企鹅的喙长而略下弯，也许是为了适应在深水中捕食快速游动的鱼和乌贼。

　　除了保证游泳的效率，企鹅还必须在寒冷、经常接近冰点的水中做好保温工作。为此，它们不仅穿一件厚密且防水性能极佳的羽衣，而且在鳍状肢和腿部还有一层厚厚的脂肪，以及一套高度发达的血管"热交换"系统，确保从露在外面的四肢流回的静脉血被流出去的动脉血所温暖，从而从根本上减少热量的散失。生活在热带的企鹅则往往容易体温过

高，所以它们的鳍状肢及裸露的脸部皮肤面积相对较大，以散发多余的热量。此外，它们也会穴居在地洞内，尽量避免直接暴露于太阳底下。

所有企鹅都具有出众的储存大量脂肪的能力，尤其是在换羽期来临前，因为在换羽期它们所有的时间都待在岸上，不能捕食。有些种类，包括皇企鹅、王企鹅、阿德利企鹅、纹颊企鹅以及角企鹅属，在求偶期、孵卵期和育雏期也会出现长时间的禁食。育雏的雄皇企鹅的"斋戒期"可长达115天，阿德利企鹅和角企鹅属为35天。在这段时间内，它们的体重可能会减轻一半。相比之下，在白眉企鹅、黄眼企鹅、小企鹅和南非企鹅中，雄鸟和雌鸟通常每1~2天会轮换一次孵卵或育雏任务，因此在繁殖期的大部分时间内它们都不必进行长时间的禁食。然而，一旦育雏完毕，几乎所有种类的亲鸟都会在繁殖期结束时迅速增肥，以迎接2~6周的换羽期，因为在换羽期内，它们体内脂肪的消耗速度是孵卵期的2倍。秘鲁企鹅和加岛企鹅没有特别固定的换羽期，换羽可出现在非繁殖期的任何时候。未发育成熟的鸟通常在完成繁殖行为的成鸟开始换羽之前便已完成换羽，但至少对角企鹅属来说，未成鸟的

这种换羽时间会随着年龄的增长而不断推后，直到它们自己也开始繁殖。不同种类的企鹅在繁殖和换羽行为上的差异至少部分是因为栖息地之间的差别所造成的，尤其是栖息地更靠南的种类，它们的生存环境更寒冷，繁殖期相对很短。

群居生活
繁殖生物学

绝大部分企鹅都是高度群居的，无论在陆地上还是在海里。它们通常进行大规模的群体繁殖，仅对自己巢周围的一小片区域进行领域维护。在密集群居地繁殖的阿德利企鹅、纹颊企鹅、白眉企鹅和角企鹅属中，求偶行为和配偶辨认行为异常复杂，而那些在茂密植被中繁殖的种类如黄眼企鹅则相对比较简单。南非企鹅尽管生活在洞穴内，却通常成密集的繁殖群繁殖，具有相当精彩的视觉和听觉炫耀行为。而小企鹅则因所居的洞穴更为分散，炫耀行为较为有限。这些企鹅的群居行为很大程度是围绕巢而展开的。相比之下，没有巢址的皇企鹅只对它们的伴侣和后代表现出相应的行为。企鹅号声般的鸣叫在组序和模式上各不相同，这为个体之间相互辨认提供了足够的信息，因此

↘ 企鹅的代表种类
1. 一只黄眼企鹅的成鸟和两只雏鸟；2. 一对在育雏的凤头黄眉企鹅；3. 上岸的小企鹅；4. 两只孵卵的王企鹅，其中一只在将卵放到脚上；5. 一对阿德利企鹅在相互问候；6. 阿德利企鹅在滑行；7. 阿德利企鹅跃出海面；8. 阿德利企鹅在做"海豚式T泳"；9. 一只站立的南非企鹅；10. 准备上岸的南非企鹅。

即使是在有成千上万只企鹅的繁殖群中，它们也能迅速辨认出对方。例如，一只返回繁殖群的王企鹅在走近巢址时会发出鸣叫，然后倾听反应。王企鹅和皇企鹅是唯一通过鸣声就能迅速辨认配偶的企鹅。

许多企鹅种类复杂的炫耀行为通常见于繁殖期开始时，即求偶期间。大部分企鹅一般都与它们以前的伴侣配对。在一个黄眼企鹅的繁殖群中，61%的配偶关系维持2～6年，12%维持7～13年，总体"离婚"率为年均14%。在小企鹅中，一对配偶关系平均维持11年，离婚率为每年18%。然而，在一项对阿德利企鹅的大型研究中，发现居然没有一对配偶关系能维持6年，年均"离婚"率超过50%。

长眉企鹅的初次繁殖至少要到5岁；在皇企鹅、王企鹅、纹颊企鹅和阿德利企鹅中，至少为雌鸟3岁、雄鸟4岁；小企鹅、黄眼企鹅、白眉企鹅和南非企鹅则至少为2岁。即使在种、属内部，首次繁殖的年龄也各不相同。例如，在阿德利企鹅属中，极少数种类在1岁时就踏上了繁殖群居地，有不少是2岁时在通常的雏鸟孵化时节过来小住数日，而大部分第一次踏上群居地是在3岁和4岁时。长到约7岁时，阿德利属的企鹅种类每个季节到达群居地的时间开始变得越来越早，来的次数越来越多，待的时间越来越长。一些雌鸟初次繁殖为3岁，雄鸟为4岁。但大多数雌鸟和雄鸟的繁殖时间是往后推一两年，有些雄鸟甚至直到8岁才繁殖。

繁殖的时期主要受环境的影响。南极大陆、大部分亚南极和寒温带的企鹅在春夏季节繁殖。繁殖行为在繁殖群内部和繁殖群之间高度同步。南非企鹅和加岛企鹅通常有2个主要的繁殖高峰期，但产卵却在一年中任何一个月都有可能发生。大多数的小企鹅群

体也是如此，在南澳大利亚州有些配偶甚至一年内可以成功育雏2次。皇企鹅的繁殖周期则相当独特，它们秋季产卵，冬季（温度可降至－40℃）在漆黑的南极大陆冰上育雏。王企鹅的幼雏也在繁殖群居地过冬，但这期间成鸟几乎不给它们喂食，其生长发育主要集中在之前和之后的夏季。在绝大部分企鹅种类中，雄鸟在繁殖期来临时先上岸，建立繁殖领域，不久便会有雌鸟加入，既可能是它们原先的伴侣，也可能是刚吸引来的新配偶。仅有皇企鹅和王企鹅为一窝单卵，其他企鹅种类通常一窝产2枚卵。在黄眼企鹅中（情况很可能更为普遍），年龄会影响生育能力。在一个被研究的群体中，2岁、6岁和14～19岁的孵卵成功率分别为32%、92%和77%。在产双卵的种类中，卵的孵化常常是不同步的，先产下的、略大的卵先孵化。这种优先顺序会引发"窝雏减少"现象（窝雏减少是一种普遍的适应现象，目的在于保证当食物匮乏时，体型小的雏鸟迅速夭折，而不致对另一只雏鸟的生存构成威胁），通常使先孵化的雏鸟受益。然而，在角企鹅属中，先孵化的卵远小于第2枚卵，但同样只能有1只雏鸟被抚养。唯独黄眉企鹅通常是2枚卵孵化后都生存下来。对于这一不同寻常的现象，尽管人们提出了数种假设来予以解释，却没有一种完全令人满意。

在绝大多数企鹅中，育雏要经历2个不同时期。第一个是"婴儿时期"，时间为2～3周（皇企鹅和王企鹅为6周），期间一只亲鸟留巢看护幼小的雏鸟，另一只亲鸟外出觅食。接下来则为"雏鸟群时期"，此时，雏鸟体型变大了，活动能力增强了，当双亲都外出觅食时便形成了雏鸟群。阿德利企鹅、白眉企鹅、皇企鹅和王企鹅的雏鸟群有可能为规模很大的群

◥ 企鹅的栖息地极为偏远蛮荒，这令它们中的许多种类得以避开人类的侵扰和威胁。

企 鹅

目 企鹅目

科 企鹅科

6属17种。种类包括：皇企鹅、王企鹅、白颊黄眉企鹅、斯岛黄眉企鹅、翘眉企鹅、黄眉企鹅、长眉企鹅、凤头黄眉企鹅、小企鹅、黄眼企鹅、阿德利企鹅、纹颊企鹅、白眉企鹅、加岛企鹅、秘鲁企鹅、南非企鹅、南美企鹅等。

分布 南极洲、新西兰、澳大利亚南部、非洲南部和南美洲（北至秘鲁和加拉帕哥斯群岛）。

栖息地 平时仅限于海洋，繁殖时会来到陆上的栖息地，如冰川、岩石、海岛

体和海岸。

体型 身高从小企鹅的30厘米至皇企鹅的80～100厘米不等，体重从1～1.5千克至15～40千克不等（同样为上述种类）。

体羽 大部分种类背部为深色的蓝黑或蓝灰，腹部白色。

鸣声 似响亮而尖锐的号声或喇叭声。

巢 最大的2个种类（王企鹅和皇企鹅）不筑巢，站立孵卵；其他种类都筑有某种形式的巢，巢材为就地取材。

卵 窝卵数1～2枚，具体依种类而定；卵的颜色为白色或浅绿色。孵化期依种类33～64天不等。

食物 甲壳类、鱼、乌贼。

体。而纹颊企鹅、南非企鹅以及角企鹅属的雏鸟群较小，只由相邻巢的寥寥数只雏鸟组成。

在近海岸捕食的种类如白眉企鹅每天都给雏鸟喂食。而阿德利企鹅、纹颊企鹅和角企鹅类，由于一次离开海上的时间经常会超过一天，因而它们喂雏的次数相对就少。皇企鹅和王企鹅会让雏鸟享用大餐，但时间间隔很长，每三四天有一顿就不错了。小企鹅与众不同，它给雏鸟喂食是在黄昏后。作为企鹅中最小的种类，可以想象它的潜水能力也最为薄弱，因此它们更多地在傍晚时分捕食，那时候猎物大量集中在近水面处。

雏鸟生长发育很快，尤其是南极洲的那些种类。随着雏鸟年龄的增大，一餐摄入的食物量迅速增多，在体型大的种类中，大一些的雏鸟一顿可摄入1千克以上的食物。而即使是在小体型的企鹅中，幼雏的食量也十分惊人，它们能够轻松消灭500克的食物。很大程度上正是因为幼年的快速发育，使它们看上去长得像梨形的食物袋，下身大、头小。

雏鸟完成换羽后，通常开始下海。在角企鹅属中，会出现大批企鹅迅速从繁殖群居地彻底离去的现象（几乎所有的企鹅在1周内全部离开），亲鸟自然也不再去照顾雏鸟。而在白眉企鹅中，学会游泳的雏鸟会定期回到岸上，因为至少在2～3周内，它们还要从亲鸟那里获得食物。在其他种类中，也会出现类似的亲鸟照顾现象，但雏鸟由亲鸟在海里喂养则不太可能。

一旦雏鸟羽翼丰满，它们就会很快离开群居地，直至回来进行初次繁殖。企鹅的幼鸟成活率相对较低，特别是在换羽后的第一年以及繁殖期前这段时间，如仅有51%的阿德利企鹅的幼鸟能够在第一年中存活下来。不过，这种低幼鸟成活率因高成鸟成活率得到了弥补。如皇企鹅和王企鹅的成鸟成活率估计约为91%～95%，与其他大型海鸟类基本持平。小型企鹅的成鸟成活率较低一些，如阿德利企鹅为70%～80%，长眉企鹅和小企鹅为86%，黄眼企鹅为87%。

潜鸟

潜鸟由于高度特化以适于游泳，因而无法在陆地上行走自如。它们是世界上最娴熟的潜水者之一，平均每次潜 45 秒钟，如果有必要，它们可以在水下待更长的时间。这些技艺高超的水中掠食者用视觉来锁定目标，用脚来获得推进力，转向时偶尔也会用上翅膀。

英国人对这一鸟类的称呼为"diver"，这无须再加以阐述，不言自明。而美国人对它的称呼为"loon"，一般认为这源于古斯堪的纳维亚语"lomr"一词，意为"跛的、瘸的"，这正好形象地描绘了这种鸟类在陆地行走的蹒跚模样。因为它们的腿部长得太靠后，在平地行走非常困难。当然，它们在上坡或穿越水面时能够毫不费力地跑起来。

▌水下掠食者
形态与功能

红喉潜鸟是这一科中最小、最苗条的种类，其特征是喙尖，下部略向上抬，繁殖期在喉部会出现铁锈红色的块斑。此外，在繁殖期间，红喉潜鸟的背羽为全灰，而在冬季会有细密的白斑。它不像该科的其他种类那样需要在水面助跑很长距离才能飞起来，它们能够从小面积的水域中轻松起飞。这使它们可以将巢筑在长宽不足 10 米的小池塘中。

红喉潜鸟的发声也和其他潜鸟不一样，通常为低频音，这有几分像水禽类，可以从人们描述两者的声音所用的词上体现出来：分别为"夸克"和"卡克"。据报道，在过去 10 年里，

无论是东半球，还是西半球，红喉潜鸟的数量都有所下降。

黑喉潜鸟在繁殖期全身羽毛亮丽，喉部为有光泽的黑色块斑，泛幽幽的绿光。头部羽毛为浅灰色，一行白色的羽毛沿颈背而下。在肩羽那片醒目的块斑中，有 10 或 11 排明显的大白点斑。冬季，该鸟背部为纯灰，头部为灰色，而接近颈部和腹部的头部下侧为白色，胁腹处有大量白色块斑。

太平洋潜鸟曾一度被认为是黑喉潜鸟的一个亚种，直到人们发现（最先是在西伯利亚，最近是在阿拉斯加）两者是同域繁殖的。两个种类的体羽很相近，区别仅仅是太平洋潜鸟喉部块斑的光泽带有紫色而非绿色，这在光线暗淡的情况下很难发现。在冬季，辨别两者的最有效办法是，太平洋潜鸟胁腹处几乎没有白色的羽饰。

普通潜鸟体型更大、更结实，喙更厚。冬季，它的体羽与黑喉潜鸟和太平洋潜鸟相似，只是在眼眶前面有一些白色的羽饰。繁殖体羽色为：头部和颈部黑色，颈的周围有一圈不完整的白色羽饰，在颏下面还有一圈；背部有醒目的一横排一横排的白色矩形斑，肩羽上最明显；腹部为白色。喙厚，黑色，嘴峰略微下弯。

普通潜鸟的鸣声常常被视为它最突出的特征。各种各样的哓叫声和哀号声（主要都用于繁殖期间，人们听上去感觉很悲伤）形成了著名的潜鸟颤音真假唱。这样的鸣声由雄鸟发出，目的是警告入侵者离开领域，或者将它们从雏鸟身边驱离。

黄嘴潜鸟是 5 个种类中最大的一种。外形像普通潜鸟，不过繁殖期体羽有所不同，背部的白色矩形斑要比普通潜鸟少两三排，而单个的斑则更大；冬季，双眼后面的羽毛有个黑色点斑。喙大，呈象牙色。嘴锋直，因而看上去似乎有点朝上。鸣声与普通潜鸟类似，只是表示警告的笑颤音发得更缓慢，音频更低。

仅限北半球
分布模式

红喉潜鸟的分布范围从环北极地区往南至温带地区。黑喉潜鸟有 2 个亚种：黑喉潜鸟北方亚种，在西欧繁殖；黑喉潜鸟太平洋亚种，在西伯利亚北部繁殖，少量在阿拉斯加。与黑喉潜鸟亲缘关系密切的太平洋潜鸟主要见于北美，但西伯利亚也有。黄嘴潜鸟分布在阿拉斯加和加拿大。普通潜鸟分布最广，遍布美国北部，向北覆盖加拿大和阿拉斯加，直至巴芬岛、格陵兰岛和冰岛。

5 个种类均在淡水湖繁殖，冬季分布在沿海水域。红喉潜鸟可在小池塘栖身，但黑喉潜鸟和黄嘴潜鸟需要有大型的水域。

淡水繁殖基地
繁殖生物学

潜鸟在近岸处进行交配。通常一窝两卵，2 只雏鸟出生的时间间隔不超过 24 小时，并且在后孵化的雏鸟出生后一天内就可能永久性地离巢。先出生的雏鸟只做短距离的游泳，直至后出生的雏鸟也具备了远行能力。出于保暖和安全的需要，雏鸟也可能会躲在亲鸟的翅膀下，或骑在亲鸟的背上，接受照顾达 2 周。

红喉潜鸟通常一窝产两卵，约 27 天孵化，次卵比首卵的孵化期短。孵化后，雏鸟之间为获得食物和照顾而展开的竞争非常激烈，结果常常是后孵化的雏鸟夭折。红喉潜鸟巢居的小池塘很少有足够的鱼类来喂养雏鸟，因此成鸟经常飞到数里外的大湖大河，甚至海上，为自己和雏鸟觅食。

黑喉潜鸟和太平洋潜鸟的雏鸟在出生后 50～55 天实现首飞，57～64 天离开营巢领域。冬季，这 2 个种比其他 3 个种类更多的时候待在离岸的水域中，聚集的群体规模也更大。营巢时，它们更偏爱鱼类资源丰富的大湖泊，但必要时也会选择小湖。它们比其他潜鸟更喜食水栖无脊椎动物。

既有安静的湾口又有丰富的鱼类资源的大淡水湖则是最受普通潜鸟欢迎的繁殖领域，当然，倘若只有四五万平方米大的池塘，而且实在找不到更大的水域，它们也会将就。普通潜鸟的雏鸟在 8 周时开始捕食一些鱼类，11 周时开始飞行，但在接下来的 3 个月内，成鸟仍会继续给它们补充食物和提供保护。

黄嘴潜鸟将巢筑于水域边上，特别是小岛和山丘上，与其他潜鸟选择的巢址相似；在某些分布地区，据报道它们主要将巢筑于河边。黄嘴潜鸟可在多种不同大小的湖中进行繁殖，比如在阿拉斯加，面积从 0.001～2.29 平方千米的湖均可。雏鸟会飞的时间尚不清楚。

知识档案

潜 鸟

目 潜鸟目
科 潜鸟科
潜鸟属 5 种：黑喉潜鸟、普通潜鸟、太平洋潜鸟、红喉潜鸟、黄嘴潜鸟（或称白嘴潜鸟）。

分布 北半球的北美洲、格陵兰岛、冰岛和欧亚大陆。

栖息地 繁殖期为淡水湖，冬季为沿海水域。

赤道

体羽 繁殖期背部多变，但颈部始终有白色竖条纹，具体分布位置依种类而定；冬季背羽为浅灰色。所有种类的腹羽在各个季节均为白色。

鸣声 善鸣，各种类的配偶之间会齐鸣。

巢 筑于近岸处结实地面，条件允许时也会筑于潮湿的草木堆中。

卵 窝卵数通常为 2 枚，颜色介于深褐色和橄榄色之间，有黑色或褐色斑点。孵化期 24～29 天，为双亲孵化。

食物 以鱼类为主，兼食螯虾、虾、水蛭、蛙及昆虫幼虫。

鸊鷉

　　鸊鷉外形似鸭或骨顶鸡，栖息于湖泊和沼泽，几乎均为水栖。分布于除南极大陆外的世界各大洲，从海平面一直到海拔4000多米的地方都能发现它们的身影。共有22个种类，其中有15个种类生活在美洲。

　　鸊鷉是一个古老的群体，其历史可追溯至约7000万年前。平缘喙、瓣趾，表明它们不太可能是从那些锯齿喙、蹼趾的鸟类分化而来的。它们的颈部肌肉组织及胸骨形状的某些特征则表明，事实上与它们关系最近的亲缘鸟类也许是骨顶鸡（秧鸡科，骨顶属）和鳍脚鹬。

水下猎人
形态与功能

　　生理结构的适应能力使得鸊鷉在面对复杂的水中生活和水下捕食时显得游刃有余。它们的脚长在身体极为靠后的部位（挤得尾巴只剩毛茸茸的一簇），踝关节和趾关节异常灵活，能往各个方向转动，可以同时既当桨又当舵。趾上互不相连的瓣则进一步增强了这种灵活性。一只潜水的鸊鷉，其运动速度可达每秒2米，且转向非常迅速。在游泳时，鸊鷉的足部与水面保持平行，并为单足击水（除非遇有紧急情况）。它们的跗蹠后缘呈锯齿状，也许是为了碰到水中植被时开路的需要。鸊鷉能够潜到深水处，因为它们会排出羽毛间的绝热气体，并腾空气囊（它们身上的气体贮藏所），这么做可以减少它们在水下逗留所需的能量，

同时使它们在猎食时能悄无声息地潜水，而在受到惊吓时得以藏匿水下。此外，它们的胁羽具有吸水性，从而进一步减少了潜水时受到的浮力。鸊鷉的潜水时间一般为10～40秒。

　　由于足部太靠后，鸊鷉往往站立都有困难，所以它们只在巢里才会站着。假如水位下降致使巢"搁浅"，它们不得不赶回巢中时，若试图走回去，则会一再跌倒。鸊鷉需要在水面上"助跑"很长一段距离后方能飞起来，不

↗一只赤颈鸊鷉背着它的雏鸟

幼鸊鷉在食物、保暖和安全方面都依赖于它们的亲鸟，它们会在亲鸟的背上待数周（潜水时除外）。在它们出生约10天后，亲鸟会各带一两只雏鸟分道扬镳。雏鸟在6～9周时开始会飞。而在"双育"（及一个繁殖期育2窝雏）种类中，它们通常在巢内待的时间会更长些，以协助亲鸟抚养此后出生的雏鸟。

过由于振翅迅速、足部拖曳，一旦起飞后便速度很快，只是空中机动能力较差。其实，鹏鹏除了迁徙之外很少飞行。有3个种类和1个亚种为永久性不会飞，而其他许多种类在一年的大部分时间里也不会飞，部分是因为身上的飞羽会出现同时脱换的情况（就像野禽和鹤一样），还有部分则是因为脂肪的储备和后肢肌肉的增长发生在一年的不同时期内。鹏鹏会迁徙至很远的地方，通常在夜间飞行。有时它们会把湿淋淋的道路误认为是河流而下来歇脚，结果便被"搁浅"了。

分享猎物
食物

鹏鹏为食肉类鸟，主要以昆虫和鱼为食，但也包括一些软体动物及甲壳类。后两类食物它们一般从水生植物中及其周围捕获，偶尔从水底觅得。在浑水中时，鹏鹏善从下方攻击猎物。大型的鹏鹏捕食鱼类，其中北美洲的北美鹏鹏和克氏鹏鹏用它们匕首状的喙来刺戳（而非抓捕）鱼。尽管鱼类是许多鹏鹏的重要食物来源，但它们胃里无脊椎动物的食物数量表明，鹏鹏用于捕食无脊椎动物的时间远比捕鱼的时间长，甚至有些鹏鹏根本就不食鱼。斑嘴鹏鹏厚厚的喙很可能是用来捕食螃蟹和螯虾的。

为使相互之间的觅食竞争更为高效，鹏鹏形成了一个水中食肉类"行会"。例如，在欧亚大陆，凤头鹏鹏主要出现在开阔的水域，通常捕食水面下8米之内的鱼类。小鹏鹏因为身体小巧玲珑，便出没于水面覆有浮游水生植物的小池塘。体型中等的种类如赤颈鹏鹏和角鹏鹏，则基本限于那些不存在与大型鹏鹏发生争夺的湖泊栖息地。如角鹏鹏是冰岛唯一的鹏鹏种类，在那里它们可以摄取大量的鱼和昆虫；而在阿拉斯加，由于大的猎物受到赤颈鹏鹏的争夺，它们便以食昆虫和鱼苗为主。类似的，在西伯利亚东部和阿拉斯加，出现了长喙的赤颈，与欧洲的赤颈鹏鹏相比，它们捕食的鱼更大，因为它们必须与凤头鹏鹏争夺食物。另一个发生特征变异的例子是，生活在秘鲁胡宁湖的银鹏鹏，与其他分布区的银鹏鹏相比，喙形明显不同，原因是胡宁湖栖息着与银鹏鹏相似的秘鲁鹏鹏。

鹏鹏身上的体羽非常多，一只北美鹏鹏至少有2万枚体羽。因此它们经常梳理羽毛，并用尾脂腺分泌的油脂进行滋润。由于羽毛一年四季都会脱落，因此，大部分鹏鹏都有"吃羽毛"的特殊习惯，同时会饮大量的水。摄入的羽毛可能会填满半个胃，从而形成毡子般的一层衬里，然后每隔一段时间和食物中不能消化的部分一起反刍出来。吃羽毛的习惯可能是一种针对寄生物的适应性行为——由于鹏鹏的食物杂，身上有大量的寄生物。然而，为何新西兰鹏鹏和灰头鹏鹏不食羽毛则依然是个谜。

求偶仪式
群居行为

鹏鹏鸟的求偶炫耀行为非常吸引人，包括一系列精妙的仪式化姿态，程序相当复杂，特

鹏鹏的代表种类
1.没有华丽羽衣的小鹏鹏；2.凤头鹏鹏的求偶炫耀行为中的"亮相"（或曰"发情"）表演；3.一身夏装的角鹏鹏；4.斑嘴鹏鹏的雏鸟骑在亲鸟身上；5.一对北美鹏鹏。

鸊鷉

目 鸊鷉目
科 鸊鷉科

7属22种。种类包括：德氏小鸊鷉、小鸊鷉、马岛小鸊鷉、侏鸊鷉、斑嘴鸊鷉、灰头鸊鷉、新西兰鸊鷉、角鸊鷉、赤颈鸊鷉、凤头鸊鷉、黑颈鸊鷉、银鸊鷉、秘鲁鸊鷉、阿根廷鸊鷉、北美鸊鷉、克氏鸊鷉等。

分布 南北美洲、欧亚大陆、非洲和澳大利亚。

赤道

栖息地 淡水湖、沼泽地和盐湾，许多种类冬季栖于沿海水域。

体型 体长从小的20厘米至北美的78厘米不等，重量从0.112~1.8千克不等（同样以上述两种为参照）。雌鸟略小于雄鸟。

体羽 上体主要为浅灰色或浅褐色，往下颜色渐淡，至下腹部为白色。在繁殖期，头部、喉部和颈部通常色彩鲜艳；一些种类头上会有亮丽多彩的"帽"和"冠"，用以求偶。在身体大多数部位长齐羽毛后，幼鸟在接下来几月内仍会保留头部和颈部的条纹状绒毛，可能是为了避免受到成鸟的攻击。

鸣声 多种形式的哨声和吠声。生活在植被茂密地区的种类相对更依赖于鸣声，它们用高度同步的"二重奏"取代了仪式化求偶中的部分程序。

巢 浮巢，由腐化的植被组成，附于伊乐藻。

卵 窝卵数通常为2~4枚，高纬度种类为3~8枚；颜色起初为淡蓝，但不久就变成白色或米色。卵的外壳由一层优质的磷酸钙包裹，使它们在浸湿时照样可以"呼吸"。孵化期22~23天，但由于孵化不同步，巢中有卵的时间可以达到35天。

食物 水栖昆虫、甲壳类、软体动物和鱼，有时也会食蝌蚪和环节蠕虫。

别是凤头鸊鷉属的种类，还会经常使用它们头上可竖起来的翎羽和冠羽。具体的行为包括在水面上并肩跑动，喙中衔着野草同时潜入水中然后一块浮出水面，以及胸贴着胸站在一起耳鬓厮磨等。朱利安·赫胥黎爵士对凤头鸊鷉求偶行为的研究（1914 年）在动物行为学历史上具有开创性意义。而对新近发现的阿根廷鸊鷉（1974 年）进行详细的求偶行为研究后，证实了该种类与黑颈鸊鷉、银鸊鷉及秘鲁鸊鷉之间的密切亲缘关系。近来对北美鸊鷉和克氏鸊鷉的研究发现，这些炫耀行为在结偶过程中发挥着至关重要的作用。这两个种类在形态结构、栖息地选择以及地理分布上极为相似，以致人们认为它们是同一种类，仅仅是着色变异而已。但只有色彩一样的变种，才有可能在一起配对。而每个变种使用迥然不同的炫耀鸣声来发起求偶，种类之间的区别就体现出来了。鸊鷉求偶炫耀中一个有趣的特点是，雄鸟和雌鸟正常的性别角色会颠倒过来，甚至交配姿势也是如此。

大部分鸊鷉具有很强的领域性。有些营巢于繁殖群居地，但在觅食区方面仍与其他同类保持一定距离。然而，还有一部分鸊鷉如灰头鸊鷉则始终都是雷打不动的群居者。秘鲁鸊鷉为集体捕食，排成一排同时潜入水中。而阿根廷鸊鷉则对鸊鷉类都很友善。在冬季或集结时，一些鸊鷉种类会大规模地聚集在一起。如鸊鷉类中数量最多的黑颈鸊鷉，仅秋季在加利福尼亚的一个湖上便有近 100 万只群集在一起。

鸊鷉求偶时会有复杂的炫耀行为，具体的程序每个种类之间各不相同。凤头鸊鷉的配对步骤有：1.亮相展示；2."摇头"表演；3.梳羽表演；4."衔草"仪式。

鹏鹉对繁殖时期的选择很灵活。热带地区的鹏鹉似乎更倾向于如果有充足的食物来源就顺其自然进行繁殖，而不拘泥于特定的繁殖季节。非洲的小鹏鹉和澳大利亚的灰头鹏鹉可能会在下了一场不期而至的大雨造成池塘临时性水溢后的数天内便开始繁殖。

阿根廷鹏鹉的特别之处则在于它产下2枚卵，却只带1只雏鸟离巢而去，即如果第1枚卵顺利孵化，那么第2枚卵就被完全抛弃了。

鹏鹉会花很多时间来洗"日光浴"，通常是侧身躺在水面上，将白色腹部露在阳光下，羽毛下面的黑色皮肤便会迅速吸收热量。

消灭交易
保护与环境

大型的鹏鹉类曾遭到大面积的捕猎，因为"鹏鹉毛皮"——鹏鹉腹部的白色皮肤，被广泛用于制作妇女的披肩和围巾。结果，西欧的鹏鹉几近灭绝，但接下来人们又从世界其他地方引进鹏鹉毛皮。鹏鹉交易问题遂成为随后新兴的各种鸟类保护协会关注的一个焦点。得益于有效的保护措施，鹏鹉再次广泛分布开来。而鹏鹉肉被认为难以下咽，因而很少有人将它作为野味来猎捕。

目前，有7种鹏鹉上了"红色名录"（即被国际自然保护联盟列为受胁种类）。威胁这些鹏鹉的有多种因素，包括湿地缩减、杀虫剂污染等。不会飞的巨鹏鹉以及哥伦比亚鹏鹉已经灭绝。马岛小鹏鹉的拉氏种似乎已无从拯救。水电站引起的水位变化及采矿造成的污染威胁着秘鲁鹏鹉的栖息地，而该种只生活在秘鲁高地上的一个湖中。新西兰鹏鹉现在仅限于北岛，总共的数量约为1700～1800只。另外，马岛小鹏鹉也值得关注，不过目前形势还不算太严峻。近半个世纪来，该种类的数量一直在下降，原因是栖息地的减少和外来食草鱼的引入，后者导致栖息地的生态环境发生重大变化，结果使另一个竞争者小鹏鹉开始在那里建立种群。

北美鹏鹉在表演它们的求偶炫耀行为——"向前冲"仪式：雄鸟和雌鸟同时冲出水面，肩并肩迅速向前奔去，颈成拱形，喙朝上。

信天翁

　　过去，迷信的水手将信天翁视为是不幸葬身大海的同伴的亡灵再现，因此深信杀死一只信天翁必会招来横祸。塞缪尔·泰勒·柯勒律治的著名诗篇《古代水手的诗韵》正是叙述了在一只信天翁被枪杀后灾难是如何降临到一艘船上的一个故事。然而，即便如此，许多 19 世纪的水手仍热衷于捕食这种鸟类来丰富一下漫漫航途中单调乏味的伙食，并将它们的脚折入烟袋中，将翅膀的骨头放进烟管里。信天翁 "albatross" 这个词从葡萄牙语 "alcatraz" 一词发展而来，最初用于指任何一种大型的海鸟，很明显，这个葡萄牙词源于阿拉伯语 "al-cadous"，指鹈鹕。

　　信天翁与本目（鹱形目）其他科鸟类的不同之处在于，它们的管状外鼻孔的位置是分布在喙基部的两侧，而非聚合在喙基顶部。信天翁科下分为 4 个属："Diomedea" 属，即"大信天翁"，包括 6 个种类，平均翼展达 3 米；"Thalassarche" 属，有 9 个相对较小的种，通常被称为 "mollymauks"（源于荷兰语 "mollemok"，最初指臭鸥）；"Phoebastria" 属，包括 4 个北太平洋和热带太平洋地区的种类。由一身深色的乌信天翁和灰背信天翁组成的"Phoebetria" 属，具有相对较长的翅膀。通过近年来的分子分析，得到承认的信天翁种类已由 14 种增至 21 种。

滑翔冠军
形态与功能

　　信天翁以毫不费力的飞翔而著称于世。它们能够跟随船只滑翔数小时而几乎不拍一下翅膀。它们为减少滑翔时肌肉的能耗而体现出来的适应性之一，便是有一片特殊的肌腱将伸展的翅膀固定。其二是翅膀的长度惊人，较之鹱

↗新西兰查塔姆群岛上的北部新西兰信天翁，其迁徙能力非常突出，从繁殖地横跨南太平洋到智利和秘鲁。返途时先利用洪堡洋流往北飞行，再回到繁殖地。

形目其他科的鸟类，信天翁的前臂骨骼与指骨相比显得特别长。翼上附有 25 ~ 34 枚次级飞羽，相比之下，海燕仅有 10 ~ 12 枚。于是，信天翁的翅膀如同极为高效的机翼，高"展弦比"（翼长与前后宽之比）使它们能够迅速向前滑翔，而下沉的概率很低。这种对快速、长距离飞行的适应性令信天翁得以从它们在海岛上的繁殖基地起飞，翱翔于茫茫的汪洋大海上空。

依赖海洋
食物

从跟随船只的习性就不难知道，信天翁是出了名的食腐动物，喜食从船上扔下的废弃物。它们的食物范围很广，但经过对它们胃内成分的详细分析发现，鱼、乌贼、甲壳类动物构成了信天翁最主要的食物来源。它们主要在海面上捕食这些动物，但偶尔也会像鲣鸟一样钻入水中，深度达 6 米（灰头信天翁），甚至最深可达 12 米（灰背信天翁）。

信天翁有时会在夜间觅食，因为那时很多海洋有机物都浮到水面上来。有关信天翁白天和夜间觅食的比例问题，人们通过让它们吞下一个传感器的办法便可以获得详细信息。传感器位于胃中，当信天翁吞入一条从寒冷的南大洋水域中捕获的鱼时，体内温度会立刻降低，

传感器便将此记录下来。摄入的食物成分比例因种类而异，而这对信天翁的繁殖生物学有很大的影响。

一对伴侣，一个孩子
繁殖生物学

信天翁寿命相当长，平均可存活 30 年。但它们繁殖较晚。虽然 3 ~ 4 岁时生理上就具备了繁殖能力，但实际上它们在之后的数年里并不开始繁殖，有些甚至直到 15 岁才进行繁殖。刚发育成熟后，幼鸟会在繁殖季节临近结束时出现在繁殖地，但时间很短；接下来的几年内它们才会花越来越多的时间上岸来寻求未来的另一半。当一对配偶关系确立下来后，通常就会一直生活在一起，直到一方死亡。"离婚"只发生在数次繁殖失败后，并且代价很大，因为它们接下来几年内都不会繁殖，直至找到新的配偶。事实上，对于漂泊信天翁而言，一次"离婚"会导致它们的生殖成功率永久性地降低 10% ~ 20%。

大部分信天翁都群居营巢，有时成千上万对配偶将巢筑在一块，只有 Phoebetria 属的 2 个种类主要在悬崖的岩脊上单独营巢。有几个种类的巢为一个堆，由泥土和植物性巢材筑成，非常大，成鸟爬上去都有困难。热带

黑眉信天翁的觅食之旅可以持续数天，飞越数百千米。它们常常是低空滑翔，从海面或水面略下处捕食，偶尔深入水面下9米处猎食。

↗ 信天翁的代表种类
1.一只未发育成熟的黑眉信天翁在飞翔；2.一对加岛信天翁在求偶炫耀；3.一只灰背信天翁和它的雏鸟；4.一只漂泊信天翁和它的雏鸟，雏鸟在抚养期可消耗65千克的食物。

的信天翁较少筑巢，加岛信天翁则根本不筑巢，它们将卵置于足部四处游荡。雄鸟在繁殖期开始时先来到群居地，然后在雌鸟加入后进行交配。

孵卵任务由双方共同承担，一般为几天轮换一次。整个孵化期约为65天（为较小的种类）至79天（皇信天翁）。对于刚孵化的雏鸟，亲鸟开始时主要是喂育，后来则主要是看护。在出生20天后，看护期结束，接下来成鸟只是定期回到陆地给雏鸟喂食。黑脚信天翁

的雏鸟白天常常会在巢周围30米内踱步，寻找阴凉处，但只要亲鸟带着食物一到，它们立即冲回巢中。成鸟会在岸上逗留足够长的时间来辨认雏鸟，喂给它们未消化的海洋动物肉和消化猎物所产生的富含脂类的油。

育雏期间，有些种类的亲鸟双方轮流到遥远的捕食区域去觅食，短则1～3天，长则5天以上。而漂泊信天翁更是令人敬佩，雄鸟往往会比雌鸟飞到更远的南方去寻找食物，因此也就要面对更寒冷的海水和暴风雨，更多的恶

劣天气。因此漂泊信天翁的雄鸟无一例外地具有比雌鸟更高的翼负载（体重与翼面积之比）。

信天翁长齐飞羽需要120天（黑眉信天翁和黄鼻信天翁）到278天（漂泊信天翁）不等。因此最长的留巢期也出现在后者身上，包括孵化期在内长达356天，这意味着漂泊信天翁只能隔年繁殖，因为每次繁殖后都必然有一个换羽期。事实上，已知至少有9个种类为2年繁殖一次，包括全部的"大信天翁"种类、灰背信天翁、乌信天翁和灰头信天翁。

人们曾以为在不繁殖的那一年，信天翁会在海上漫无目的地飞行。但附于漂泊信天翁身上的现代传感器显示情况并非如此，个体会朝海上的某个特定区域飞去，并在那里度过大部分时光。

来自延绳捕鱼的威胁
保护与环境

信天翁的繁殖群居地由于在孤立的海岛上，没有天敌，因而长期以来一直保护良好。但自从被船员水手们发现后，便蒙受了巨大损失：蛋被攫取，成鸟被害。而随着羽毛被用于人类服装和寝具的制造后，它们更是遭到了大肆劫掠。短尾信天翁便因人类收取它们的羽毛而几近灭绝：数十万只鸟被捕杀，种类的繁殖行为在20世纪40年代后期和50年代早期一度完全停止。这一种类得以生存下来是因为那些幼鸟当时不在繁殖群居地，而在海上游荡，相对比较安全。后来它们按既定航线回来，从而"拯救"了整个种类。自1954年恢复繁殖以来，日本南鸟岛上的短尾信天翁数量出现了缓慢的回升，现在其中一个主要繁殖群的规模达到了约200对。黑背信天翁则由于太平洋中北部岛屿——中途岛成为美国的空军基地而受到了严重威胁。这些鸟类在军事基地和机场跑道周围营巢，结果很多与天线和飞机相撞而死。

而信天翁在海上面临着更多的潜在危险。除了漏油和化学污染物带来的危害，更迫在眉睫的威胁来自人类的捕鱼活动。尽管如今已禁止在公海使用刺网，但所谓的"延绳法"则被广泛用于捕捞海底的鱼类，如智利鲈鱼，以及中层水域的鱼类，如金枪鱼。仅一条捕捞金枪鱼的延绳就长达100千米。延绳布好后，饵钩从渔船的船首散开去。对于这种诱惑，信天翁恰恰是难以抗拒的。它们吞下了诱饵，结果被钩住了，随后被延绳拖入水中，最终数小时后被捕鱼者连同其他猎物一起拉上来。每年有多达44000只信天翁就这样遇害，从而导致了南大洋部分种类数量的减少。

一些切实可行的措施能够有效地降低这种威胁，如在夜间布绳。同时，国际组织正在积极说服有关国家和渔船队采取对信天翁无害的捕鱼办法。然而，随着全世界的捕捞船队进一步开发南部海域，一种新的威胁摆在了它们面前，即人类有可能与信天翁及别的动物直接争夺磷虾、乌贼和其他海洋生物资源，那么势必将影响它们的生存。

信天翁

目 鹱形目

科 信天翁科

4属21种。种类包括：阿岛信天翁、皇信天翁、漂泊信天翁、黑脚信天翁、黑背信天翁、加岛信天翁、短尾信天翁、灰背信天翁、乌信天翁、黄鼻信天翁、黑眉信天翁、新西兰信天翁、灰头信天翁等。

分布 从约南纬25°至亚南极的南半球海域，并利用该区域内的岛屿进行繁殖（有17种）；北太平洋（3种）以及加拉帕哥

斯群岛和秘鲁外海（1种）。

栖息地 海洋

体型 体长从68～93厘米至110～135厘米，翼展从178～256厘米至250～350厘米。

体羽 白色，翼尖深色。雌鸟白色，眉、背、翼正面和尾为深色。

巢 大部分筑一土坑，衬以羽毛和草。热带种类较少筑巢，加岛信天翁则不筑巢。

卵 一窝单卵；白色。孵化期65～79天。

食物 乌贼、鱼、甲壳类及渔船废物。

赤道

鹱

　　鹱科是鸟类中分布区域最广的科之一，从雪鹱深入南极洲内陆 440 千米处营巢到暴风鹱在北冰洋但凡有陆地的地方繁殖，其分布可谓遍布全球。虽然有数个种类仅限于某些地区且数量十分稀少，但其他种类数量繁多。许多种类实行大范围的迁徙。

　　总体而言，鹱科是一个生存适应性非常强的科。有些种类以浮游生物为食，有些食死鲸，而大部分在海面或水下捕食小鱼和乌贼。尽管种类之间在体羽和习性方面存在诸多差异，但全科可明显地分成 4 类：暴风鹱类、锯鹱类、圆尾鹱类和真正的鹱类。

翱翔于茫茫大海
形态与功能

　　暴风鹱类居于冷水域，偶尔随寒流闯入亚热带海域。有 6 个种类分布在南半球。该类很可能是在南半球进化而来的，因为唯一在北半球的种类——暴风鹱也与南半球的种类亲缘关系密切。该类大部分为中等体型，但 2 个巨鹱姊妹种，翼展可达 2 米，与某些信天翁一般大小。事实上，有人推测柯勒律治的《古代水手的诗韵》中那只被射杀的"信天翁"实为一只巨鹱。

　　暴风鹱类的喙大（2 个巨鹱种更是如此）而宽。这些鸟过去可能主要以浮游生物为食，但有些种现在食捕鱼船队的废弃物，最近又开始食捕鲸船队的废弃物。对这些新食物资源的利用使得其数量大幅上升。暴风鹱类在陆地上也相当活跃，其中巨鹱种能够用直立的胫骨

走路；而该科其他类的鸟基本上都是曳足而行，胫骨平置于地面。暴风鹱类飞翔时，扇翅飞行和滑翔交替使用。

　　锯鹱类（包括蓝鹱）是该科另一个生活在南半球的群体，主要在亚南极岛屿上繁殖，其他时间在略为暖和一点的水域活动。该类体型小，体长通常为 26 厘米左右。外形相似：上体蓝灰、下体白色，翼呈深色的"W"型。它们均食小型浮游生物，并用喙上的栉板过滤，但喙的大小各异，表明食物方面存在细微差异。其中一些种在海面上啄食鱼类，而那些具宽喙的种则掠过表层水捕食。一项对阔嘴锯鹱的研究表明，该鸟的喙能够容纳 4.1 立方厘米的水，从表面积为 785 平方毫米的栉板处进出。

　　锯鹱类聚集于浮游生物密集的区域，并且通常大批地低空盘旋于海面上。它们曾被称为"鲸鸟"，因为人们经常在鲸出没的地方发现它们的身影。

　　圆尾鹱类平均体长为 26 ~ 46 厘米，有些种并不比锯鹱类的大，但其他种要大一些。大部分种类上体黑色（或灰色）加白色，下体白色，脸部白色；少数种类为全身深色。要鉴别这一类鸟，只需注意它们中的一些种类会出

现多个不同的着色期便可。圆尾鹱类的喙短而粗，有一强有力的钩，喙缘锋利，用于啄取和咬断小型的乌贼和鱼。这些鸟绝大部分生活在南大洋和热带海洋。在那里，除了个别种如百慕大圆尾鹱仅限于单个的岛屿外，其他种则翱翔于浩瀚无际的大海上。它们的飞行能力强，飞行高度高。有关它们的迁移情况，人类知之不多，但已知的是有些太平洋上的种会越过赤道从一个半球迁徙至另一个半球。

真正的鹱类与大型的鸟相比要小，体长范围为27～55厘米。大部分上体深色，下体黑色或白色。多数种头上有一黑顶，唯有一个种为白顶。由于分布广泛、流动性强，它们的归类便成为一大难题。例如，分布在东北大西洋、地中海、夏威夷、东太平洋和新西兰繁殖的、外形相似但不相同的黑色鹱是否应一律被视为大西洋鹱的亚种？对此，一直存在争议。目前倾向于将它们分为独立的种。

一些鹱类善于长途迁徙。如短尾鹱和灰鹱在澳大利亚和新西兰繁殖，随后在北大西洋（仅灰鹱）或北太平洋（两者）度过北半球的夏

鹱的代表种类
1.暴风鹱，该鸟喙上面张大的鼻孔使鹱形目有一个俗名——"管鼻目"；2.百慕大圆尾鹱；3.大鹱；4.阔嘴锯尾鹱在陆地上（背景图为其在滤食）；5.黑顶圆尾鹱；6.巨鹱在食一只死海豹。

季。其他种则反向而行，如猛鹱和大西洋鹱在北大西洋繁殖，在南大西洋避过北半球的冬季。

与同等体型的其他鸟类相比，就占身体的比例而言，鹱类的喙显得更长、更细，喙钩更小，但它们仍以食鱼和乌贼为主。捕食时，它们既可以从空中俯冲而下扑向猎物，也可以在水中游泳直追。

固定配偶的群居者
繁殖生物学

鹱科的所有种均为群体繁殖，充其量仅为程度不同。有时是因为合适的栖息地有限，如在南极大陆营巢的巨鹱不得不在寥寥可数的几块雪被风吹刮干净的石头上营巢，但更多的是选择问题，因为即使附近很明显有未使用的合适栖息地，这些鸟也会选择进入拥挤不堪的地方并试图在那里营巢。至于群体繁殖的选址，就像有这么多种类一样丰富，不过前提条件是不会受到天敌的袭击。

暴风鹱类中，仅有雪鹱的巢有遮盖物，其他种只是在悬崖的岩脊上找个浅坑，或干脆在露天孵卵。这类鸟会喷吐出味道难闻的胃油，从而使入侵者掉头就走。正因如此，巨鹱原名为"恶臭弹"。暴风鹱类的繁殖群偏小，巢分散。锯鹱类都在巨石之间的地面下，或它们

自己掘的洞穴中营巢，繁殖群可以很大。圆尾鹱类和真正的鹱类在洞穴中或岩石下营巢，热带岛屿上那些生活在海面的种类除外。一些种用植被衬垫巢内，其他种则徒有一个象征性的巢。圆尾鹱类和真正的鹱类的繁殖群通常较大，集中在岛屿上，在森林或大陆的高山区较少发现。露天营巢的种类白天穿行于它们的巢之间，大部分以洞穴为巢者则在夜间群体出动，以避开食肉类。视觉很可能是它们在夜间用以回洞穴的主要凭借，然而，同样有大量的现象表明嗅觉也发挥着作用。

整个鹱科的繁殖行为相当统一。鸟在营巢前数周回到繁殖群居地，收拾上个繁殖期用过的巢址。配偶之间的关系通常会从前一个繁殖期延续下来，并很可能在巢址处再度相遇。成鸟的存活率非常高（至少90%），配偶关系会维持很多年。当"离婚"确实发生后，通常以后的繁殖不会很顺利。在产卵前数周，繁殖群会举行热闹的空中炫耀表演，配偶们便天天厮守巢中。许多种类有"蜜月期"：为了给接下来的产卵储备食物，雌鸟会离开繁殖群去觅食2周左右，这个时候有些种的雄鸟也会离开，为自己届时在漫长的孵卵任务中打头阵做准备。其他种的雄鸟则会定期回来查看一下巢址。

大部分种类为每年繁殖一次，并且是同步的。其中最极端的例子是短尾鹱，它们的繁殖群居地跨11个纬度，但所有的卵在12天内全部产毕，产卵高峰期始终出现在每年的11月24～26日。而那些频繁光顾群居地的热带种类，则在一年中的任何一个月都可以产卵。在少数种类中，有些个体的繁殖间隔期不止1年，不过大部分配偶仍为每年繁殖1次。更罕见的情况则是，繁殖群相邻的鸟，虽然也是1年繁殖1次，却不同步。

所有种类的窝卵数均为1枚，卵白色，很大，占母鸟体重的6%（巨鹱）～20%（锯鹱）。热带种产的卵比温带种或极地种的卵大，原因很可能是因为热带繁殖期食物短缺，雏鸟需要更多的食物储备来渡过难关。雌雄鸟都有一块大大的"孵卵斑"（一片不长羽毛的裸露区域，血管丰富，亲鸟通过这里将热量传给卵），双方轮流孵卵，各孵1～20天。通常是卵产下

↗霍氏巨鹱在海上觅食时以鱼和乌贼为主要目标，在陆地上，则食企鹅及哺乳动物的腐肉。它的喙不但强硬有力，还长有一个锋利的钩来捕食猎物。

后，雄鸟先孵，而且孵的时间最长，也许是为了让雌鸟回到海上补充营养，以恢复元气。卵一旦丢失，亲鸟很少再产。卵耐冷却，尤其是那些洞穴中的卵，周围温度稳定，一时的冷却不会带来不良影响。但倘若亲鸟确实有一段时间没有孵卵，那么孵化期将会延长，多的可延长25%。

孵化期虽长（跨度达43～60天），但因卵的大小各异（25～237克不等），故实际情况可能要比预期的短。刚开始数天，雏鸟会得到亲鸟的抚育，但随后便被单独留于洞穴中，亲鸟双双外出觅食。亲鸟给雏鸟喂的是一种"汤"：包括部分消化的鱼、甲壳类和乌贼，另加胃油。雏鸟发育很快，直至长到体重大大超过成鸟。不过，生活在洞穴中的雏鸟常常被亲鸟遗弃，它们体内的脂肪储存也就告一段落。

↗图中的暴风鹱处于深色着色期，它们全身体羽均为灰色，而在浅色着色期，它们的翅膀是灰色的，头为白色，尾为白色带有灰边。

常遭捕食的"羊肉鸟"
保护与环境

鹱科中许多种类的雏鸟、卵和成鸟都曾被视为美味佳肴，而遭到大规模的捕食。它们体内的脂肪也被广泛利用。如今，人类的捕猎行为有所收敛，但并没有停止。如大鹱在特里斯坦达库尼亚的繁殖群居地和在北大西洋的过冬地均遭到捕杀。一些鹱类因肉质鲜美而被称为"羊肉鸟"，其中有2个种——短尾鹱和灰鹱的雏鸟现仍遭到大规模的商业猎捕，它们的肉出售时被冠以"塔斯马尼亚乳鸽"之名。不过，由于现在对猎捕这些鸟的数量有了严格的限额，加上这2种鸟本身的总量也都超过了

2000万只，因此猎捕活动尚不至于产生毁灭性的后果。

相比之下，几种圆尾鹱因受到外来天敌的掠食，以及栖息地被破坏而面临危险。百慕大圆尾鹱便是一个典型例子。这种鸟只出现于百慕大，过去生活在岛的内陆地区，起初被人捕食，后来则遭到猪、猫和鼠的残害。一些配偶移居到海边的岩石上生存，但在那里热带鸟类与它们争夺巢址，因此繁殖成功率很低。幸好，目前人们已经采取管理措施有效地解决了这一问题，这种鸟的数量已开始回升。

南太平洋查塔姆群岛上的红圆尾鹱则很大程度上依赖于新西兰环保局的保护，它们繁殖的洞穴目前已知的仅有12个。而另外3种——所罗门鹱、贝氏圆尾鹱和斐济圆尾鹱则可能更稀少，它们营巢的洞穴还从未被发现过。

鹱

目 鹱形目

科 鹱科

14属79种。种类包括：奥氏鹱、大鹱、所罗门鹱、大西洋鹱、短尾鹱、灰鹱、贝氏圆尾鹱、斐济圆尾鹱、蓝鹱、百慕大圆尾鹱、红圆尾鹱、猛鹱、暴风鹱、银灰暴风鹱、雪鹱、巨鹱等。

分布 各大海洋。

栖息地 海洋。

赤道

体型 体长26～87厘米，翼展最宽2米，重0.13～4千克。

体羽 大部分种类为黑色、棕色或灰色，辅以白色；少数种类为全浅色或全深色。

巢 所有种类均为群体繁殖。大部分的鹱以及锯鹱和圆尾鹱筑巢于洞穴中，暴风鹱在露天孵卵或在悬崖的岩脊上挖坑为巢。

卵 窝卵数1枚，白色。孵化期43～60天。

食物 鱼、乌贼、甲壳类及腐肉。

海 燕

海燕科的俗称"storm petrel"相当有意思。用"storm"一词来表述其性质可能是源于这类鸟有在船的背风面躲避风暴的习惯；而"petrel"则可能是"St.Peter"一词的传讹，即影射其中有几个种类在水上行走的神奇现象，实为这些鸟在觅食时盘旋于水面上，并用脚轻轻拍水而让人产生的一种错觉。

海燕是所有海鸟中最小、最精巧的鸟类。它们飞行时（极少停留在水面上）主要以食浮游生物的甲壳类、乌贼、小鱼以及水中的油渣为食。它们不怕人，事实上，有许多种类的觅食便与人类的船只有关，少数种类更是为了觅得油渣而频频光顾渔船。

体羽色彩多变（一些种类具有数种色形态），圆翅；脚长，经常下垂，因为觅食时会在海面上跳跃或行走。南部类海燕的翅膀进化得更短、更圆，这很可能是为了应对南大洋的狂风。

除了咸水域和北冰洋外，海燕遍布地球上

水手们的旅伴
形态与功能

海燕体型小巧精致，喙偏小但强健，管鼻（愈合型）突出，额陡直，这些特点使人们一眼就能认出它们。虽然没有鲜艳亮丽的羽色，但很多海燕一身黑色体羽，衬以白色的腰羽，仍十分惹人注目；其他种类则有漂亮的棕色和灰色体羽。

根据分子分析，海燕科可分为2类，各自具有悠久而独立的进化史。据推测，它们分别在南北半球进化，如今在热带重合。以白腰叉尾海燕为代表的北部类有3属14种，体羽黑色和白色，大部分有尖尖的翅膀，脚相对较短；觅食颇似燕鸥，从空中猛扑下去在水面啄得食物。以白脸海燕为代表的南部类包括5属7种，

↘ 海燕的代表种类
1.白脸海燕；2.黄蹼洋海燕；3.灰背海燕。

的各个海洋，在环南极洲的冷水域以及有海洋上升流（如秘鲁外海的洪堡洋流）的区域最集中。但是，有些种类仅出现于食物较少的中部热带洋区，另有少数种类分布很有限，但除此之外，其他种类的分布范围广，迁徙路线长。例如，黄蹼洋海燕在南极繁殖，非繁殖期则飞越印度洋和中太平洋，最后到达北大西洋的格陵兰岛。白腰叉尾海燕则相反，在北太平洋和北大西洋水域繁殖，在赤道海域度过北半球的冬季。

夜间活跃的群居者
繁殖生物学

所有海燕都或多或少成群繁殖，这很容易受到食肉动物如鼠类的袭击。因此，它们中的大部分种类选择在没有地面食肉类的孤岛上繁殖。不过，斑腰叉尾海燕却在秘鲁（很可能智利也有）干旱贫瘠的阿塔卡马沙漠中的硝石层洞穴中繁殖，而环叉尾海燕也在这一地区繁殖。不过，环叉尾海燕的繁殖群居地一直没有被发现，它们也许是巢址最不为人所知的海鸟，有可能在通往安第斯山脉的纵深腹地，或者在靠海的崖壁上。除了加岛叉尾海燕，其他所有种类均在夜间来到群居地；在高纬度地区，则为光线最暗的时候。

海燕配偶在岩石间、树根间或（少数情况下）灌木丛下挑选某个洞穴营巢，配偶关系会从一个繁殖期延续至下一个繁殖期。繁殖行为相当同步，并有季节性。不过热带种类经常会出现延迟现象，以至于一年内各个时期都有繁殖行为。而在加拉帕哥斯群岛上一年会出现2次斑腰叉海燕繁殖期，因为在此繁殖的2个相当独立的斑腰叉尾海燕种群虽然每年只繁殖1次，但彼此的繁殖时期相差6个月左右。类似的情况也出现在亚速尔群岛上：2个在体型和遗传方面存在某些差异的斑腰叉尾海燕种群，繁殖的时期也相差6个月。在其他地方，斑腰叉尾海燕则为通常情况下的一年繁殖一次。

海燕类一窝单卵，卵为白色，产于地面并孵于地面，亲鸟双方轮流孵卵，各孵1～6天，总共需要40～50天。卵一旦丢失，亲鸟在该繁殖期内基本上不再产，原因很可能是卵的体积太大（可占雌鸟体重的25%），再产1枚卵需要太多的时间。

亲鸟给雏鸟喂部分消化的食物与胃油的混合物。雏鸟在59～73天后于夜间单独离巢飞走。虽然在雏鸟飞羽快长齐时，亲鸟喂食的次数开始减少，但并没有如人们常所说的那样将雏鸟遗弃。事实上，即便在雏鸟离巢后，亲鸟也会不时回巢穴看看。

声音引诱
保护与环境

在有些海燕类中，很多未成年鸟在没有开始繁殖（通常在4～5岁时）前会去踏访其他同类的繁殖群居地。这些鸟甚至会被播放的与它们鸣声相像的"咕噜咕噜"声的录音吸引至固定群居地以外的地方。美国的国家奥杜邦协会向人们展示了这种技巧的潜在保护价值——协会成员们成功地引导白腰叉尾海燕飞到一个这种鸟从未繁殖过的岛上，并在人工洞穴中营巢。更值得注意的是，黑叉尾海燕曾被吸引至北大西洋沿海，从而引发了一种猜测：这种北太平洋鸟是否在大西洋有未被发现的繁殖群居地？

知识档案

海 燕

目 鹱形目
科 海燕科

8属21种。种类包括：环叉尾海燕、白腰叉尾海燕、斑腰叉尾海燕、乌叉尾海燕、加岛叉尾海燕、小海燕、白脸海燕、白喉海燕、黄蹼洋海燕等。

分布 除北冰洋外的各大洋。

栖息地 海洋。

体型 体长14～26厘米，翼展32～56厘米。

赤道

体羽 主要以深褐色为主，兼有黑色或灰色及白色。

鸣声 一些种类在繁殖群居地会发出咕噜声和咯咯声。

巢 岩石间、树根间或灌木丛下的洞穴。

卵 单枚，白色，有时带斑点。孵化期40～50天。

食物 小鱼、乌贼、浮游生物及碎鱼。

鹈鹕

巨大的喉囊，滑稽的样子，鹈鹕的形象俨然就是一幅漫画。而事实上，它们是高效的"火线装载"觅食者、一流的飞行家和关系网错综复杂的"社交名流"。它们的名字来自希腊语"pelekon"，源于"pelekys"一词，意为"斧子"（形容喙的形状或喙作砍劈状的行为）。然而，更确切的联想应当为一把铲子，那才是鹈鹕使用喙的方式。

鹈鹕常常成为许多民间传说的主题。有一则印度寓言叙述了这样一个故事：曾经有一只鹈鹕对它的后代极为残暴，它把它们杀死，事后又充满自责地让鲜血从自己的胸口滴下，滴到后代的身上，使它们复活。鹈鹕用自己的血来喂养后代的说法虽然明显不正确，却很打动人心。这在其他文化中也屡有出现。人们之所以会产生这样的想法，很可能是因为鹈鹕习惯把喙置于胸口，而卷羽鹈鹕的喉囊在繁殖初期恰好为血红色。

最重的会飞的海鸟
形态与功能

按照体羽的羽色和营巢习性，鹈鹕可分为2类。其中一类包括澳洲鹈鹕、卷羽鹈鹕、白鹈鹕和美洲鹈鹕，体羽基本为清一色的白色，筑地面巢；另一类含粉红背鹈鹕、斑嘴鹈鹕和褐鹈鹕，体羽主要为灰色或褐色，在树上筑巢。白鹈鹕和卷羽鹈鹕体重可达 15 千克左右，乃世界上最重的会飞海鸟。相比之下，褐鹈鹕仅重 2 千克略多一点。体型和体重对于这些使用巨型喉囊的鹈鹕来说至关重要，它们的喉囊可盛下 13 千克的水。

鹈鹕长有 20 ~ 24 枚短尾羽，使它们的尾部看起来略呈方形。它们的翅膀长而宽，有大量的次级飞羽（30 ~ 35 枚）。鹈鹕是出色的翱翔者，能够保持翅膀水平而做滑翔飞行，这是因为它们的胸肌长有一层厚厚的特殊纤维。这种适应性使鹈鹕可以利用热上升流，从而每天的觅食之旅可以在 150 千米以上，大大扩大了它们

↗ 澳洲鹈鹕的一大特征便是具有世界上最长的鸟喙。此外，它的典型特征还表现为有一个粉红色的喉囊，以及眼睛周围有明显的眼圈。后一个特点在它的学名以及另外一个俗名"戴眶鹈鹕"中得以体现。

潜在的觅食区域。短而强健的腿和具蹼的足则提高了鹈鹕的游泳能力。羽毛具防水性，并由尾脂腺的分泌物予以保持。鹈鹕会先用后脑勺摩擦尾脂腺，然后将腺体的油涂到体羽上。

幼鹈鹕多绒毛，颜色为白色、灰色或深褐色，2个月内长出真正的羽毛，长齐成鸟的体羽通常至少需要2年时间。

喜暖
分布模式

虽然主要为"旧大陆科"，但鹈鹕出现在除南极大陆外的各个大洲，分布范围从北纬65°至南纬40°，仅两极地区和南美腹地没有，可谓遍布世界。不过化石显示，它们曾经的分布范围更广。尽管很大程度上避免了分布的重叠，但白鹈鹕和卷羽鹈鹕还是会出现在混合群居地繁殖的现象，而在非洲的部分地区，也会出现白鹈鹕与粉红背鹈鹕分布重叠的现象。

鹈鹕主要生活在暖和气候下，但也有些白鹈鹕和美洲鹈鹕回到繁殖地时那里仍是一片冰天雪地。它们偏爱在孤岛上营巢，因为这里相对不容易受到食肉类哺乳动物和人的攻击。依种类不同，鹈鹕的繁殖巢址分别为地面或低矮植被中间、湖中或沼泽中的小岛、荒芜的海边岩石（褐鹈鹕的秘鲁亚种）或者树上（褐鹈鹕、粉红背鹈鹕和斑嘴鹈鹕）。

在非繁殖期，鹈鹕通常进行分布扩散或者迁徙。虽然某些地区的白鹈鹕和美洲鹈鹕为留鸟，但其他地区的则为候鸟。迁徙前的集结规模可能非常大。出发后，它们会飞得很高，穿越沙漠，甚至山脉。有些种类大批沿海岸迁移，白鹈鹕则基本上完全在内陆活动。迁徙的鹈鹕偶尔会在途中飞落到空旷的湖泊上休息，但若被恶劣天气困在那里，则有可能全军覆没。同样，如果因天气不利导致食物储备耗空，而鹈鹕仍坚持继续迁徙，也会出现大规模死亡。另外，鹈鹕不做长途的越洋飞行。

对于一贯的繁殖地如一个湖泊、一片红树林或一个海岛，鹈鹕既一往情深，又随时会更换具体的繁殖群居地地点。有些种类如白鹈鹕和澳洲鹈鹕，会在各个季节随机繁殖，但它们通常要到三四岁才进行初次繁殖。野生鹈鹕的

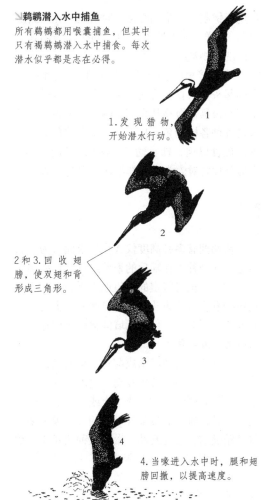

鹈鹕潜入水中捕鱼

所有鹈鹕都用喉囊捕鱼，但其中只有褐鹈鹕潜入水中捕食。每次潜水似乎都是志在必得。

1. 发现猎物，开始潜水行动。

2和3. 回收翅膀，使双翅和背形成三角形。

4. 当喙进入水中时，腿和翅膀回撤，以提高速度。

寿命并不是很长，最长寿的个体记录是一只美洲鹈鹕，活了26岁。而人工饲养的鹈鹕可存活至60多岁，并能在动物园里成功繁殖。

铲鱼
食物

鹈鹕善于充分利用繁殖栖息地，以各种方式获取食物。依种类差异，它们会捕食从内陆沟渠直至外海的各种鱼类，远洋地区是唯一只有部分而非所有鹈鹕能够涉猎的水域。觅食行为包括合作狩猎、从其他水禽处抢食以及在海上或陆上捡食腐肉。除褐鹈鹕外，这类鸟猎食时不是游泳，便是采取"倒立"姿势，用喙接触水面或部分沉入水里。筑地面巢的鹈鹕通常联合捕食，成排游泳，将鱼赶到浅水处，然

后用喙铲起。而褐鹈鹕觅食时采用"扎入式潜水"，但样子实在难看，给人的感觉仿佛是一堆待洗衣物被扔进水里。

鹈鹕铲鱼时会把水一同铲起，因此必须在扬起头吞入食物之前让水流干，而这个时候很容易被其他海鸟从它们的嘴中夺走猎物。鹈鹕食各种各样的鱼，从小鱼直至大的鱼类。此外，也食腐肉、卵、幼鸟、两栖类和甲壳类。大部分食物对人类而言都没什么商业价值。

求偶仪式
繁殖生物学

鹈鹕拥有多种高度仪式化的求偶行为，虽然也有几个种类在随后的繁殖过程中对配偶并不忠诚，甚至对特定的繁殖地也喜新厌旧。鹈鹕很少发生打架争斗行为，虽然有时也会刺一下或碰一下对方。保护领域的鹈鹕会用喙尖戳入侵者，或者猛咬一口。

地面营巢的鹈鹕结成配对关系的过程错综复杂，涉及一系列群体互动、追求行为和在陆上（它们炫耀的地方）或水上或空中的成队活动。然后，雌鸟通过某种未知的方式吸引多只雄鸟跟随它，彼此互动，做出数种仪式化的举动，或针对对方，或填补空白，或强行介入。令人称奇的是，如此复杂的整个程序居然可以在1天内完成。

树上营巢的种类则较少群体互动。相反，雄鸟常常在某根栖息的树枝上四下寻觅一只雌鸟。在结对过程中采用的一些炫耀行为在繁殖

的初期阶段会继续使用，以加深配偶之间的感情。但之后，配偶间的互动就形同虚设了。交配出现在产卵前3～10天，有时则在双方刚刚走到一起数小时内就会发生，而在最后一枚卵产下后会立即终止。

地面营巢的鹈鹕很少自己筑巢或干脆不筑巢。那些亲自筑巢的则用喉囊搬运巢材，常常使喉囊鼓得像个垃圾袋。树栖鹈鹕则用喙横衔巢材。

鹈鹕的卵置于蹼足上面或下面进行孵化。双亲轮流孵3个小时至3天。尤其是孵卵初期，在双方"交接班"时，会有一次很明显的炫耀行为。

有些种类（包括卷羽鹈鹕、美洲鹈鹕、褐鹈鹕和斑嘴鹈鹕）虽然每次繁殖能够抚育1个以上的后代，但绝大部分并不这么做。因此，即便所有的鹈鹕都产2枚或2枚以上的卵，大多数仍只抚养1只雏鸟。而要达到最理想的窝雏数，唯有通过雏鸟之间直接的手足相残或者争夺食物来实现，结果都是最弱者丧命。在粉红背鹈鹕和斑嘴鹈鹕中，后生的雏鸟往往只会存活数周，直至最后饥饿而死。

由于亲鸟喂食频繁、食物充足，雏鸟生长发育迅速，10～12周后便可以飞行。有些种类还会专门给雏鸟喂水。在给较大的雏鸟喂食时，地面营巢类的亲鸟会非常粗暴地对待它们，逮住它们的头往下里拖。而陌生的雏鸟则一律遭驱逐。在喂食之后（甚至喂食之前），雏鸟便犹如大病发作，甚至会处于昏迷状态。

世界范围内的农业扩张和人类的定居活动使鹈鹕以及其他多种动物赖以生存的湿地面临遭破坏和缩减的危险。图中，一群斑嘴鹈鹕飞落在博茨瓦纳广阔的奥卡万戈内陆三角洲的一条河上。

鹈鹕

目 鹈形目
科 鹈鹕科
鹈鹕属7种：美洲鹈鹕、澳洲鹈鹕、褐鹈鹕、卷羽鹈鹕、白鹈鹕、粉红背鹈鹕、斑嘴鹈鹕。

分布 欧洲东部、非洲、印度、斯里兰卡、东南亚、澳大利亚、北美洲、南美洲北部。

赤道

栖息地 沿海或近海岸水域以及内陆水域。

体型 体长1.3~1.7米，翼展2~2.8米，体重2.5~15千克。雄鸟略大于雌鸟。

体羽 灰色、褐色或白色。初羽和飞羽为黑色，背腹会有几抹粉红色或橙色，脸部、喙及饰羽色彩鲜艳。褐鹈鹕羽色有褐、灰、黑3种颜色。

鸣声 嘶嘶声和咕噜声。未离巢的雏鸟鸣声十分嘈杂。

巢 树上筑巢种类在离地面30米的树上用干树枝构筑大型巢；地面筑巢种类利用浅坑营巢，有时衬以树枝、叶或芦苇。

卵 窝卵数1~4枚，粉白。孵化期1个月。

食物 鱼、两栖类、小型哺乳动物及水禽的幼鸟。

这种奇怪的现象有待进一步分析研究。

地面营巢类的雏鸟在具备活动能力后往往会聚群，多则有100只雏鸟成群活动。而亲鸟只寻找自己的雏鸟，然后给它们喂食，很显然它们是用视觉来辨认雏鸟的。在6~8周时，雏鸟的活动能力进一步增强，会到水边活动，偶尔还开始游泳，特别是当受到威胁时。在它们学会飞行之前，甚至还会练习联合捕鱼。而褐鹈鹕的幼鸟一旦会飞后就不再回巢。在幼鸟开始会飞之后，尽管有一些仍与亲鸟待在一起，同栖息同活动，但总体而言，亲鸟已很少甚至彻底不再给它们喂食。

除非受到侵扰或者卵遭遗弃，鹈鹕的孵雏成功率可以高达95%。然而，最终能够飞行的雏鸟比例却常常不足50%。鹈鹕在繁殖活动中最突出的特点便是它的不连贯性。

存在风险
保护与环境

饥荒，尤其对于刚会飞行的幼鸟以及未成鸟而言，乃是头号杀手。其他因素如大型哺乳动物的掠食、动物流行病、恶劣天气的影响、大量的寄生物附身、意外事故（特别是在某些地区由电线引起的事故）以及人类大规模的捕杀，甚至在美洲部分地区渔民焚烧活雏鸟的行为，都严重威胁着鹈鹕的生存。

处境最严峻的是斑嘴鹈鹕，1997年全球数量约为11500只，分别栖息于印度东南部、斯里兰卡和柬埔寨。而仅在古北区繁殖的卷羽鹈鹕不久前也曾面临危险，所幸的是由于保护得力，该鸟的数量如今已在上升中，总数估计有15000~20000只。目前，全世界有半数以上的卷羽鹈鹕分布在苏联各加盟共和国，尤其是哈萨克斯坦。

今天，数量最多的种类很可能是褐鹈鹕（包括数千只秘鲁亚种）。粉红背鹈鹕也广泛地分布于非洲部分地区，尽管具体数目还不得而知。

↗ 鹈鹕的喙进入水中后，上下颌前后摆开，喉囊张开，等待鱼类落其中。鹈鹕的身体和头部在水面上，使水不沿着喉囊进入体内。捕到鱼后，喙从水中撤出，将鱼吞入。由于那时喉囊中的水也许比鹈鹕自己都要重，因此它必须让里面的水流得差不多才动，这大概需要1分钟左右。

鲣鸟

鲣鸟为较大的海鸟，繁殖地的范围从北冰洋跨越热带直至亚南极地区。它们以富有戏剧性的"扎入式潜水"、亮丽的色彩以及遍布的群居地而出名。它们在保护自己的巢时坚强不屈，结果大量遭残害。

所有的鲣鸟都成群繁殖，既会出现上百万只秘鲁鲣鸟密密麻麻地挤在一起、密度达到每平方米3～4对的现象，也有如粉嘴鲣鸟那样，巢相当分散的。繁殖群的密度变化一定程度上与种类相关，而在种类内部往往是营巢密集种群的变化比营巢稀疏种群的变化小。此外，秘鲁鲣鸟还是"三大"营巢鸟类之一，另外2种分别为南美鸬鹚和秘鲁鹈燕。

流线型"扎入式潜水者"
形态与功能

鲣鸟拥有流线型的鱼雷式身体，腹部扁平，尾部渐长，翅膀狭长而成角度。飞行肌相对较小，翼负载很高。为了飞得远而快（必要的觅食适应性体现），身体就需要尽可能减小阻力，所以所有鲣鸟都具有高展弦比的翅膀，不过飞行能力和潜水能力则因各种类的体积、体重、翼占身体比以及尾长的不同而各异。如体轻、尾长、肱骨短的雄性蓝脚鲣鸟在浅水域潜水时异常灵活，而相比之下，体重、尾短、肱骨长的鲣鸟则能够潜入水流湍急的大海深处。对于鲣鸟而言，潜水对身体的冲击力可以由皮肤和肌肉之间可膨胀的气囊加以缓解。

不同种类的鲣鸟具有不同形状的喙。每个种类的喙横截面形状都各具特色，反映出每个种类在夹食力度及喙尖活动速度等功能上的差异，而这些都是适应各自觅食需要的体现。喙的侧缘为锯形，末端下弯的上颌可以向上活动，从而更容易吞入大的猎物。鲣鸟没有张开的外鼻孔，因为这与扎入式潜水相冲突。此

↘ 一对蓝脸鲣鸟

这种体重最重的鲣鸟有时起飞会有困难，所以其群居地常常位于悬崖边或其他有持续上升气流的地方，那样飞起来就容易一些。有学者认为，这一种类的加拉帕哥斯亚种（其中有些群体具有独特的橙色喙）应当被划为种。但事实上，褐鲣鸟和（尤其是）红脚鲣鸟的内部群体差异比蓝脸鲣鸟更明显。

外，鲣鸟具有双目视觉，这一功能对于进行三维感知至关重要。它们的腿矮粗结实，足上四趾间均具蹼。色彩耀眼的蹼在求偶炫耀时会被用来招摇。

所有鲣鸟都用尾脂腺的蜡质分泌物来保持羽毛防水，同时也可以抑制皮肤上的寄生物。它们的飞羽分不同阶段脱换，所以身上总是有些飞羽是新长的，有些是原有的，有些刚长齐了一部分。尾羽则不定期更换。换羽一般发生在一年内相对最悠闲的时期，而终止于任务繁重之际。

漂洋过海
分布模式

鲣鸟的繁殖地遍布三大洋，分布于北纬67°至南纬46°之间的各个地带。纽芬兰的北鲣鸟在冰天雪地的岩石上孵卵，而赤道地区的蓝脸鲣鸟则不得不忍受赤日炎炎的煎熬。蓝脸鲣鸟、褐鲣鸟和红脚鲣鸟分布广泛，而粉嘴鲣鸟则是唯一仅限于单个小地区分布的鲣鸟（印度洋上的圣诞岛）。

除粉嘴鲣鸟外，为人类记载最翔实的鲣鸟种类当数北鲣鸟、澳洲鲣鸟和南非鲣鸟，这3个种类的数量都不足750000只。北鲣鸟有42个繁殖群居地，主要集中在苏格兰；南非鲣鸟有6个群居地；澳洲鲣鸟则有37个繁殖群居

↗1.一只飞翔的南非鲣鸟，这一种类在南非以及纳米比亚沿海的炎热气候中繁殖；2."扎入式潜水"的北鲣鸟；3.当一只雌秘鲁鲣鸟有意寻觅配偶时，一只雄鸟便向它"推销"自己，求偶行为通常就是以这样的方式开始的。

地。其中，南非鲣鸟和澳洲鲣鸟实现了杂交。

数量最多的鲣鸟为秘鲁鲣鸟，除了在周期性的饥荒中数量会骤减外，一般情况下有数百万只。其次为广泛分布的红脚鲣鸟。数量最少的无疑是粉嘴鲣鸟，全世界仅有2500对左右。

鲣鸟在那些富有种类特色的栖息地营巢，有时会选择在沿海的岬角，不过通常还是在小岛上，因为在那里一方面可以避开陆地食肉动物，另一方面，周围都是潜在的觅食区。陡峭的悬崖、斜坡、平地、低矮的灌木丛以及处于"顶级群落"的林木都可以用来营巢。当2种或2种以上鲣鸟发生分布重叠时，它们几乎无一例外地选择使用不同的栖息地。

群体捕食
食物

与鸬鹚和鹈燕不同的是，所有鲣鸟的食物均只为海洋性食物。除了粉嘴鲣鸟，其他都在近海岸觅食，其中一些种类，特别是北鲣鸟、

↗北鲣鸟

澳洲鲣鸟和南非鲣鸟，会从群居地飞越数百千米去海上觅食，甚至在繁殖期也是如此。

　　群体捕食是鲣鸟的一大特色（尽管并非总是一成不变），捕鱼的群体可包含数百只鲣鸟（尤其是秘鲁鲣鸟和北鲣鸟）。它们从空中扎入水中追捕猎物的景象简直是下了一场名副其实的"鸟雹"。刚开始潜入水中时，可能只在水面下一两米。接下来，它们通过游泳，使用翅膀和脚，可以潜至更深处。红脚鲣鸟专捕飞鱼。此外，鲣鸟自然也不会放过被水下掠食者（如金枪鱼和海豚）赶到海面上来的鱼。一些鲣鸟会采取冲浪式行动，而蓝脚鲣鸟常常像

鹭鸶一样在海面潜水。鲣鸟经常会跟在渔船后面捡食腐肉，只要有死鱼扔下来，它们随即一哄而上，抢个精光。

群居地冲突
繁殖生物学

　　在建立起繁殖巢址前，雄鸟先从空中对地形进行侦察，然后选定一处新址，并用斗争和炫耀来加以维护。在澳洲鲣鸟属的 3 个种（北鲣鸟、澳洲鲣鸟和南非鲣鸟）中，尤其是北鲣鸟，领域斗争会非常激烈。而在鲣鸟属（其他 6 种鲣鸟）中，争夺相对比较缓和，而且并

不常见。事实上，粉嘴鲣鸟甚至极少扭打在一起，因为万一掉到丛林地上，它们就飞不起来，这样的风险无疑太大了。

主要的鲣鸟属种类（粉嘴鲣鸟和红脚鲣鸟除外）拥有基本类似的炫耀行为，尽管每个种都进化了各自的变异之处。所有鲣鸟的炫耀行为似乎是一种"改头换面后的挑衅"，即攻击性的行为（如咬地面或咬树枝）得到了规范，如今以一种"改进的""优雅的"形式出现。分布稀疏的地面营巢者如蓝脚鲣鸟，会沿着它们的领域周围游行，并在边界处炫耀。而对于澳洲鲣鸟属种类来说，巢址本身便是唯一的领域，它们就在那里炫耀。

雌鲣鸟在选定适合自己的雄鸟和巢址之前，会先通过飞行或步行四下寻觅配偶。鲣鸟属种类的雄鸟借助一种特殊的鸣叫，以及显眼的炫耀行为（除粉嘴鲣鸟外，各个种都相类似）来向雌鸟推销自己。特别是蓝脚鲣鸟，其炫耀行为中包括令人感到不可思议的翅膀的伸展及转动，即翅膀的上表面可以朝前面向雌鸟。相比之下，澳洲鲣鸟属种类的炫耀行为并不起眼，看来与鲣鸟属种类的炫耀行为有着不同的起源。伴侣们通过互动行为来构建并维持一段稳固的感情，如澳洲鲣鸟属种类及粉嘴鲣鸟会进行惹人注目的贴面炫耀。相互梳羽也有助巩固感情。当然还有交配，特别是澳洲鲣鸟属种类的交配频繁而持久，会给双方带来相当的触觉刺激。

鲣鸟的巢既有结构结实，筑于悬崖、树上或泥泞的地面的，也有仅仅象征性地堆积一些巢材的。如蓝脸鲣鸟和蓝脚鲣鸟的雄鸟会四处找来成百上千的碎片，从筑巢角度而言没有任何价值，但对于加强配偶感情有重要意义。

鲣鸟的卵与其他大部分海鸟的卵相比显得较小，重量占母鸟体重的比例从 3.3%（北鲣鸟）到 8%（粉嘴鲣鸟）不等。而那些雏鸟有可能面临长时间食物匮乏的种类所产的卵相对较大。澳洲鲣鸟属的 3 个种类以及红脚鲣鸟和粉嘴鲣鸟总是只产单枚卵，蓝脸鲣鸟和褐鲣鸟产 1～2 枚卵，蓝脚鲣鸟产 2～3 枚，秘鲁鲣鸟则产 2～4 枚卵。若卵在孵化期前半段时间里丢失，所有鲣鸟都能够重新再产

卵，但只有蓝脚鲣鸟和秘鲁鲣鸟会抚育 1 只以上的雏鸟直至其飞羽长齐。鲣鸟将卵放于蹼足下孵，那里血管丰富、非常暖和。孵化期为 42～55 天，具体依种类而定，其中粉嘴鲣鸟的孵化期最长。

所有鲣鸟的雏鸟孵化出来时基本上都是赤裸的，肤色因种类和地区而各异，这很可能是食物不同造成的结果。绒毛为白色（仅粉嘴鲣鸟的肩部有一簇黑色的羽毛）。蓝脸鲣鸟和褐鲣鸟通常孵两雏，间隔约 5 天，但先孵化的雏鸟总是将后出生的雏鸟驱逐出巢并杀死。不过，倘若先出生的雏鸟因食物匮乏而死，那么后孵化的雏鸟常常可以存活下来，这也给了一窝两卵存在的价值。人们曾将先出生的蓝脸鲣鸟的雏鸟从巢中挪走，待后孵化的雏鸟长大到差不多时再放回，以此来试图劝说先孵化的雏鸟接受它的同胞弟妹，结果被证明是不成功的，攻击依旧继续。蓝脚鲣鸟有时的确会抚育二雏，但一旦出现食物短缺，先出生的雏鸟便会霸占所有的食物，结果导致另一只雏鸟死亡。唯有秘鲁鲣鸟因洪堡洋流受益匪浅，它们可以获得极为丰富的凤尾鱼，因此常常抚育两

↗ 红脚鲣鸟与其他鲣鸟不同，它筑巢于灌木和树上，行为也略有差异。如它的炫耀行为就不如地面营巢种类那般复杂。而它那双脚为何会像西红柿一样红以及有何功能至今仍是个谜。

鲣鸟

目 鹈形目
科 鲣鸟科
3属9种：北鲣鸟、澳洲鲣鸟、南非鲣鸟、蓝脚鲣鸟、褐鲣鸟、蓝脸鲣鸟、秘鲁鲣鸟、红脚鲣鸟、粉嘴鲣鸟。鲣鸟有时被划为一个"超种"，分3个"分种"。

分布 北大西洋、南非、澳洲（前3种），泛热带海洋（后6种）。

赤道

栖息地 主要在海岛和岩石上繁殖。

体型 体长60～85厘米，翼展1.41～1.74米，体重0.8～3.6千克。雌鸟大于雄鸟，或两性相近。

体羽 所有种类的成鸟下体为白色（红脚鲣鸟的某些亚种除外），上体为数量各异的黑色或褐色体羽。绝大部分的喙、脸部和足部色彩鲜艳。

鸣声 嘶哑的咕哝声或洪亮的叫喊声，均既有单音又有多音；微弱的嘘嘘声。

巢 群巢，结构从简单粗糙到精致牢固不等。

卵 窝卵数1～4枚；颜色有浅色、白色、淡蓝色、绿色或粉红色。孵化期42～55天。

食物 鱼、乌贼和腐肉。

雏或三雏。鲣鸟雏鸟的生长发育速度因种类不同而存在很大差异，并有赖于可获得的食物来源的丰富程度。当食物充足稳定时，雏鸟发育相对较快，如澳洲鲣鸟属种类的雏鸟在100天内可以长齐飞羽，而相比之下，粉嘴鲣鸟则需6个月。

即将孵化的卵和刚孵出的雏鸟会被亲鸟转移至蹼足上面，否则会被压碎或窒息。雏鸟直接从亲鸟张开的嘴中取食往往很困难，于是亲鸟会把头倒转过来，使食物掉到上颌槽里。亲鸟会持续育雏至少2周，之后如果食物情况不乐观，需要双亲同时外出觅食，那么雏鸟便会被单独留于巢中而无人看护，这尽管是不得已而为之，却十分危险。雏鸟的乞食行为总是离不开对亲鸟喙的纠缠，而乞食引发的暴力现象在地面营巢的鲣鸟种类中比粉嘴鲣鸟更为普遍，毕竟对后者而言，从森林的树荫层摔到地

面，始终都是一种更大的危险。

飞羽长齐的雏鸟独立期的长短很重要。在鲣鸟属种类中，雏鸟在飞羽长齐后（"后飞行期"）还会依赖亲鸟1～6个月，以粉嘴鲣鸟以及红脚鲣鸟的某些种群为最长。在这段时期内，幼鸟向亲鸟学习如何熟练地捕鱼，然后再广泛地扩散分布开去，开始漫长的"前繁殖期"。然而，在澳洲鲣鸟属的3个种中，雏鸟一旦飞羽长齐就直接下海，没有亲鸟相伴，即不存在后飞行期亲鸟的支持或遗弃。这很大程度上直接影响了后飞行期雏鸟的存活率——澳洲鲣鸟属种类相对较低。

只有在澳洲鲣鸟属的3个种中，幼鸟的迁徙活动方向明确，其他鲣鸟都不同程度地略显散乱。鲣鸟的成鸟不陪伴幼鸟迁徙。在经历一段长短不一的流浪期后，几乎所有的幼鸟（除粉嘴鲣鸟的）都会回到它们的出生群居地进行繁殖。而一旦在一个繁殖群居地定居下来后，鲣鸟就极少再去别处繁殖。有些种类，特别是澳洲鲣鸟属种类和粉嘴鲣鸟，会忠于一个巢址和一个配偶，其他种类则可能会更换其中一者或两者。

鲣鸟的寿命受到人类活动的影响（如污染、捕杀、栖息地被破坏等）。有些鲣鸟可以活到40岁甚至更长，但它们的平均寿命还不及这个数字的一半。

数量下降
保护与环境

粉嘴鲣鸟目前已受到特别保护（其繁殖地圣诞岛约75%的地区属国家自然保留地，并正在重新植林）。然而，澳大利亚政府计划在最大的粉嘴鲣鸟群居地边上建立一个移民拘留中心，这引起了人们的担忧。

许多鲣鸟的数量都在减少。虽有各种保护法规，但捕杀鲣鸟和攫取鸟蛋的行为至今在许多泛热带地区仍在盛行。秘鲁鲣鸟则遭受着周期性自然灾害的影响，通常与厄尔尼诺现象有关，而洪堡洋流所经海域的过度捕鱼无疑进一步恶化了秘鲁鲣鸟的处境。非洲的一些鲣鸟，尤其是南非鲣鸟，同样也受到猎物被过度开发以及水域被污染所带来的威胁。

在帆船时代，三帆快速战舰（frigate）乃是当时的高速舰船，常用以对商船进行追捕。类似的，军舰鸟（frigatebirds，亦被称为"强盗鸟"）则为空中一霸。凭借非凡超群的飞翔和滑翔技术、无与伦比的速度和灵活性，它们不仅会突然俯冲至水面上进行捕食，更会从其他海鸟那里抢夺猎物和巢材。

军舰鸟一个尤其值得注意的特点是雄鸟那巨大的红色喉囊，在求偶炫耀时可以像气球一样膨胀，以吸引未来的配偶。军舰鸟主要在热带偏远的海岛群居地营巢。

最擅飞行的海鸟
形态与功能

军舰鸟是所有海鸟中最容易一眼就辨认出来的身影之一。它飞翔时，棱角分明的翅膀和剪刀形的长尾几乎不可能使人看错。距离近一些观察时，它那长长的喙，以及喙尖略呈马鞍形的锐钩，则同样醒目。

军舰鸟的体羽不具防水性，腿脚极为弱小（脚为不完全蹼足），因此它们很少游泳，出水也相当困难。但撇开这些，军舰鸟在觅食时会飞到很远的海域，而在非繁殖期更是翱翔于茫茫大海上并可至数千千米之外。

5个种类中有4种繁殖于大西洋，其中阿岛军舰鸟仅限于阿森松岛。唯一在大西洋没有发现的种类为白腹军舰鸟，它只栖息在东印度洋的圣诞岛。分布范围最广的2个种——黑腹军舰鸟和白斑军舰鸟，有近一半的繁殖点为彼此共享。

↗ 一只雄军舰鸟完全胀开了它那巨大的深红色喉囊

在求偶炫耀期间，雄军舰鸟这些惹人注目的"装饰品"充斥着繁殖群居地的树林，犹如盛开的一朵朵奇异的花。

向雌鸟炫耀
繁殖生物学

雄鸟通常在树上选择合适的巢址（白腹军舰鸟可在高达30米的树上筑巢），如果没有，

军舰鸟的打劫

腿弱、脚小、羽毛不防水，这些都限制了军舰鸟在海水中或海面上觅食，因此它们的捕食技巧是猛然俯扑到水面上，头部迅速向下伸，然后马上回撤，从而用喙活生生地将一条飞鱼或一只乌贼从捕食的金枪鱼嘴里叼走。它们用同样的方法来攫走浮在海面上的巢材——就算水平如镜，它们衔走一根细树枝时也不会荡起一丝涟漪。

一只军舰鸟往往需要数年才能达到如此造诣——使劫掠成为一种重要的觅食辅助手段，用以维持自身及雏鸟的生存。它们打劫飞行中的鲣鸟、燕鸥和其他鸟类，常常通过使之倒竖来强迫它们吐出食物。雄性成鸟还会追赶其他鸟（通常是同类），夺走它们的巢材。在一些群居地，军舰鸟的劫掠行为非常明目张胆，以致人们认为它们的大部分食物都是依靠这种手段获得的。而事实上，这主要是少数的特化种所为。其实，作为一种觅食技巧，劫掠意义深远：因为鸟类自身能够在水中觅食的深度范围是非常有限的，通过抢劫在水面附近潜水的其他种类，它们得以有效地提高可利用开发的水深范围。

如在阿森松岛上，它们就利用低矮的灌木，甚至光秃秃的地面来营巢。炫耀的雄鸟集体行动，多则一群30只。当寻觅伴侣的雌鸟从头顶飞过时，雄鸟便展翅拍打，头向后仰，猩红色的喉囊膨大，嘴里发出鸣叫声。如果没有成功吸引到雌鸟，雄鸟可能会加入另一个炫耀群体。显然，死守一个炫耀地不是明智之举。值得注意的是，炫耀中的雄鸟对同类没有攻击性。

当雌鸟降落至潜在的配偶身边，双方的头和颈便会纠缠在一起，偶尔还发出一些声音，并轻啄对方的羽毛。雄鸟之前的群体求偶炫耀非常热闹、生动活泼且场面壮观，然而接下来配偶之间的炫耀节目却显得低调散漫，这很可能反映了配偶关系相对比较淡薄。黑腹军舰鸟和白斑军舰鸟的雄鸟虽然同居一岛，但在炫耀群体的规模大小，以及是否坚持留在一个群体中直至成功吸引异性的倾向性方面，存在着明显的差异。

雄鸟（除了阿岛军舰鸟）负责收集筑巢用的树枝，但它们常常在飞行中不小心将树枝咬断。雌鸟筑巢，并保护巢不被其他雄鸟盗

走。然而，由于树枝不容易得到，巢往往简陋之极。有一些巢最终在雏鸟出生后变得支离破碎，接下来的日子，雏鸟便不得不战战兢兢地在一根小栖木上熬过数周。

白色单卵重量可达母鸟体重的14%，由双亲共同孵化6~8周，每次"轮班"时间最长为12天。亲鸟没有孵卵斑。在军舰鸟的群居地，存在一个令人不解的现象，即有时卵会被从巢中扔出来，雏鸟也会被杀死。研究发现这是没有配偶的雄鸟所为，其原因可能是想让被夺走的雌鸟重新回到可以被自己追求的行列，尽管现实中还尚未发现这样的雌鸟"再婚"。

和其他海鸟一样，军舰鸟的雏鸟生长发育十分缓慢，在巢中需要待5~6个月，而随后数月，有时甚至1年以上都仍依赖于亲鸟喂食。军舰鸟大概要到7岁左右才进行初次繁殖，而且生殖率极低，正因如此，成鸟平均至少能活到25岁。

一次成功的繁殖需要历时1年以上，因此

知识档案

军舰鸟

目 鹈形目
科 军舰鸟科
军舰鸟属有5种：阿岛军舰鸟、白腹军舰鸟、黑腹军舰鸟、白斑军舰鸟、华丽军舰鸟。

分布 泛热带地区。
栖息地 海洋。
体型 体长79~104厘米，翼展1.76~2.3米，体重0.75~1.6千克。雌鸟比雄鸟重25%~30%。

体羽 雄鸟全黑（白斑军舰鸟带有白色腋距）；雌鸟：阿岛军舰鸟为黑色，其他种背部、头部和腹部为略带黑色的褐色，而胸部和腋距（一些种类有）为白色。

鸣声 嘎嘎声、嘘嘘声、嘶哑的笑声和格格声。雄鸟发出有回音的鼓声、啁啾声或嘘嘘声。
巢 雌鸟筑巢，雄鸟收集巢材，筑于树上，若无地方便筑于空地上。
卵 一窝单卵，白色，光滑。孵化期44~55天。
食物 以飞鱼和乌贼为主，在飞行中捕食。

↗一只华丽军舰鸟和它的雏鸟

在当年育雏的亲鸟下一年就不能繁殖。于是，同某些大型信天翁一样，绝大多数军舰鸟隔年甚至更长时间才可能成功繁殖一次，因为它们需要一个复原期。在间隔年，另外的配偶会占据其巢址，所以军舰鸟不能每年都回到同一

↘由于羽毛不具防水性能，军舰鸟无法做"扎入式潜水"。但它们通过进化，善于从水面上捕获猎物。图中便是一只华丽军舰鸟在浅水域捕鱼。

个巢址，或约定在那里遇到自己的配偶。也正因如此，它们的配偶关系不牢固。繁殖成功率因地区而异，但总体上非常低，也许是所有海鸟中最低的，其原因可能是某些地区很难获得充足的食物。许多雏鸟即使能得到亲鸟长时间的食物援助，但独立后不久也会因饥饿而死。

华丽军舰鸟与其他种类相比，觅食区更靠近海岸线，并且食物供应明显更加可靠，因为不但孵卵的轮流时间更短（平均不超过1天），而且在雏鸟长到100天左右时，雄鸟会离开群居地，留下雌鸟单独抚养雏鸟。雄鸟离开的原因很可能是去换羽，然后在进行下一次繁殖时带着另一只雌鸟返回原地，而它此前的配偶还在那里喂养后代。这样一种两性劳动分工可谓非常独特，只是还尚未在做标记的军舰鸟身上得到证实。

军舰鸟有数个种群目前仍在受到大规模的捕杀。由于这种鸟寿命长，某个局部种群的大幅减少在几年内或许并不会引起人们的注意，但现在一些地区军舰鸟数量下降的幅度已经值得关注。

鹲

除了繁殖，鹲根本不属于降落到陆地上。它们散布在苍茫的大海上，成鸟那2根长长的中央尾羽尤为醒目。因有几分似大笋螺，水手们称其为"水手长之鸟"。

鹲栖息于暖和、晴朗的咸水域，适宜温度为24℃~30℃，经常出现在不见其他海鸟身影的偏远深海区，是中西太平洋地区和南印度洋地区信风的风向标。

为飞翔而生
形态与功能

鹲体型中等，身体结实，呈流线型；楔形尾的中部有狭长而灵活的"长旗条"尾羽，长出来很快，并不断更换，与其他飞羽无关。翼展可达1米以上。白尾鹲的翼展虽然只有红尾鹲的80%左右，但体重仅为后者的一半。

↗一只刚孵化的白尾鹲雏鸟，浑身是浓密的灰色绒毛，约有1~3厘米厚。雏鸟孵化后便单独留在巢中，双亲外出觅食。在繁殖群居地，这些幼小的雏鸟很容易遭到四处寻找巢址的同类或亲缘类成鸟的袭击。

由于骨盆、腿和蹼足小而弱，鹲在地面上显得有些难以立足。而相反，鹲的胸肌强健（高展弦比的翅膀自然具有高翼负载），并且由于振翅持续快速，飞行肌发达，胸部龙骨突出。喙颜色为鲜红或黄色，结实有力，下弯，锐利，侧缘呈锯齿状，鼻孔呈裂缝状。眼大而黑。鹲的体温会通过腹部的羽毛传给卵。幼鸟的羽毛为白底黑条纹，成鸟全身羽毛都具防水性。这种鸟可以长年累月地逗留在海上。

尽管鹲在产卵和孵卵期间离繁殖地较近，但它们通常见于遥远的海上，并且绝大多数都是独行侠，或者成小群活动，对混合的大繁殖群敬而远之。它们从几米至50米不等的空中潜入水中，双翅半收，有时在携猎物浮出水面前，翅膀会在水中打转成十字形。捕获的猎物通常可以达到其自身体重的1/5。和其他远洋觅食者一样，给雏鸟的食物装在嗉囊中或消化道的下部，在那里会被覆以一层黏液。鹲通过突然俯冲扎入水中，主要捕食乌贼和长达20厘米的飞鱼。

远洋之鸟
分布模式

红嘴鹲和白尾鹲见于三大洋，红尾鹲则生活在太平洋和印度洋。3个种中，以白尾鹲数量最多,分布最广泛,尤其是加勒比海地区。数量最少的很可能是红嘴鹲,不足10000对,最大的群体在加拉帕哥斯群岛。红嘴鹲也同样集中在太平洋,不过近年来数量大幅下降。

鹲营巢于海岛上,巢筑在悬崖或礁石洞中以及斜坡上的大石下,有时则筑于植被下,圣诞岛上的白尾鹲群体甚至将巢筑于丛林的树洞里或树杈中。不过最受青睐的还是悬崖山洞,既阴凉又便于起飞。过热的周围环境会让鹲弃巢而去。

鹲的繁殖群居地不大也不密,却时常会在种内部和种之间出现争夺巢址的情况,有时甚至很血腥。许多配偶在半隔离状态中营巢。一些群居地存在不育雏的成鸟侵扰育雏的亲鸟,甚至攻击雏鸟致死的现象。

虽然有时会出现大规模穿越赤道的行为,但鹲类都不是真正的候鸟。尽管其中有一些常年生活在群居地附近,但总体而言,鹲是远洋性鸟类,常常孤身翱翔于热带和亚热带的海洋上。

空中求偶
繁殖生物学

鹲初次繁殖在2~5岁,通常为3~4岁。一个繁殖周期为21~27周。繁殖过的配偶,倾向于相互保持忠诚,其中一方(一般为雄鸟)回到以前的繁殖点等待它的配偶。在繁殖前重新占据巢址可能很迅速,但也可能很耗时。

鹲没有那种仪式化的领域炫耀,却常常为巢址展开激烈的争夺:用喙刺戳、劈砍或互相扣住,而后双方扭打成一团,在失去平衡的情况下用翅膀做杠杆。也没有仪式化的缓和行为。

鹲的求偶行为主要用于形成配偶关系,而非巩固既有的配偶关系,通常在空中展开,非常复杂。有时会有多达20只鹲在100米的空中做大范围的盘旋,既有仪式化的振翅飞翔,也有双翼僵直不动的滑翔。红嘴鹲还会"载歌载舞",上下飞舞,伴以鸣声。这种炫耀行为主要基于一种动机,即吸引雄鸟。而一旦关系确立,随后配偶们便似乎很少在繁殖地开展有组织的互动活动。

巢仅为一浅坑,通常由雄鸟负责用喙将土层啄松,然后用长有锋利爪子的脚把土往

后刨。一枚卵的重量约为雌鸟体重的8%,由双亲共同孵化。最多孵到13天,食物告急时,雄鸟必须外出觅食。

雏鸟出生时覆有长而密的绒毛,并且比其他任何鹲形目的雏鸟都高等(如果鹲确实属于这一目的话)。它们的体重可达到成鸟的110%,甚至更高,但在飞羽长齐(出生后70~85天)之前体重会有所减轻。它们不像通常的鹲形目雏鸟那样由亲鸟把喙放入自己张开的嘴里进行喂食,而是自己将喙伸到亲鸟的喉部去取食。虽然刚孵化时雏鸟会得到亲鸟的精心呵护,但往往四五天后便因亲鸟双双外出觅食而无人照顾了。

待飞羽即将长齐时,雏鸟一般于前一周开始不再得到亲鸟的喂食。它们通常没有任何飞行实践经验,也不会由亲鸟陪伴下海,必须完全自力更生来度过这个过渡阶段,实现独立生活。

虽然并未被认为是受威胁种类,但在某些地区,人们为了得到鹲那漂亮的尾羽,一直在对它们进行残害。

知识档案

鹲
目 鹲形目
科 鹲科
属3种: 红嘴鹲、红尾鹲、白尾鹲。

分布 热带和亚热带地区。

栖息地 海洋。

赤道

体型 体长80~110厘米(包括尾部长羽),翼展90~110厘米。

体羽 银白色,背部和翼上有黑色条纹,某些成鸟略带玫瑰色或金色。雌雄鸟相似,只是雄鸟2根延伸的尾羽更长,而幼鸟没有。

鸣声 尖叫声。

巢 筑于空地上,或筑于悬崖洞中、树洞里。

卵 一窝单卵,红褐色,带点斑。孵化期40~46天。

食物 鱼和乌贼。

鸬鹚

鸬鹚的英文名源于拉丁语"corvus marinus"（意为"海乌鸦"）。它们非常适应于水中捕猎。身体呈流线型，下体较扁平，颈长而柔韧，翅又宽又长且钝，脚强健有力并置后。利用瘦削的体形，鸬鹚在水中穿梭自如，并在水底啄出猎物。它们中体型最小的是侏鸬鹚，最大的为鹅一般的普通鸬鹚，而最重的乃弱翅鸬鹚。

39种鸬鹚中有29种全部（或几乎全部）为海洋性，另有4种淡水鸟，6种栖息于近海水域、海湾或内陆。它们筑巢于岸上、经海浪冲刷过的岩石上、海岛上、悬崖上、树上、灌木丛中和芦苇荡里。它们既能够在热带的人工沟渠里觅食，也能够在冰天雪地的南极海域生存，唯有公海上没有它们的身影。

沿海潜水者
形态与功能

鸬鹚具有很大的蹼足，可产生强大的后推力，同时也相当灵活，这使得一些种类能够营巢和栖息于树上。其喙特别长，有锐钩。嘴和喉两侧可大幅扩展，使鸬鹚可以吞下大的猎物。眼睛的晶状体具有高度的可调节性，以提高水下视力。

和鹈鹕一样，鸬鹚的胸骨宽，但龙骨不像具有强健飞行肌的鸟类那般突出。例如在角鸬鹚身上，这些部位的肌肉占体重的比例仅为那些具备强大扇翅飞行能力的鸟类的一半左右。鸬鹚通常于低空沿水面飞行，颈伸展，翅膀持续拍打。鸬鹚的骨质较密，密度远高于鹈鹕，

再加上体内脂肪明显偏少，这些都有利于减小浮力，从而便于水下捕食。鸬鹚既可以在深水处潜水，也可以部分沉入水中。在水下时，它们用蹼和尾控制方向，而双翼紧贴于身体两侧。

1.红脸鸬鹚；2.长尾鸬鹚，广泛分布于非洲撒哈拉沙漠南部；3.点斑鸬鹚，仅见于新西兰沿海水域，成鸟在求偶期间具有2枚尤为突出的冠羽。

尽管大部分鸬鹚为黑色，但许多种类也会展现出色彩斑斓的一面，包括由冠和纤羽构成的绚丽的"婚饰"，以及颜色醒目的脸部皮肤、嘴裂和眼圈。幼鸟为单一的褐色和白色。像部分鲣鸟一样，某些鸬鹚在同一种群中也会表现出真正的多彩形态。

沿海或内陆
分布模式

鸬鹚广泛分布于大部分海岸线上，以及许多内陆水域。它们的繁殖地北起白令海峡，南至南极洲，遍布全世界。海洋性种类仅分布于沿海水域，大多数海岛上没有，同时中亚的北部地区及干旱的大陆性荒原也没有它们的存在。澳洲的种类最多，但数量最集中的乃是食物充足的沿海水域，如受洪堡洋流、本格拉洋流、加利福尼亚洋流影响的区域，以及南极和亚南极的寒温带地区。

仅限于南印度洋克古伦岛上的克岛鸬鹚
克岛鸬鹚在群居地营巢，所筑的地面巢紧紧挨在一起。

特化程度最低的种类，如普通鸬鹚，分布最为广泛。相反，南极洲的几个种类只限于特定的数个小岛，种群规模也极小（甚至仅有寥寥数百只）。唯一不会飞的鸬鹚见于加拉帕哥斯岛，只有 700 ~ 800 对，与秘鲁的南美鸬鹚数百万只的数量形成鲜明对比。遍布世界各地的普通鸬鹚究竟有多少只还无法计算。

以捕鱼为生
食物和觅食

所有的鸬鹚都在水中捕食猎物，并只利用双足来产生推力。相对于它们的体重，鸬鹚的血液所占比重很高，而体内贮存的氧可以使一些种类在水下活动4分钟。然而，鸬鹚总共的潜水时间与它们在水上的时间究竟成何种比例则难以估算。潜水速度约为 0.69 ~ 1.01 米 / 秒。没有鸬鹚赴远海觅食，不过从繁殖群居地到觅食区也可能需要飞行数十千米。通常有两三个种类的分布发生重叠，但各个种类在栖息地的深度觅食和底线觅食方面存在的

差异及其他因素往往可以降低竞争，尽管所捕的猎物有相当程度的重合。人们通过对鸬鹚回吐的黏液消化物（含有难消化的猎物部分和其他回吐物）的研究分析，发现了鸬鹚捕食的具体对象。虽然它们主要以各种鱼类为生，但也食两栖类、甲壳类、头足类和其他无脊椎动物。鸬鹚会存在群体捕食或合作捕食行为，其中群体捕食以浩浩荡荡的秘鲁南美鸬鹚觅食群为最。

对每日能量消耗的计算表明，野生普通鸬鹚每天需要摄入500克以上的食物。不过，鸬鹚的捕食效率非常高，两次时间相当短的捕鱼行动便可以满足一天的需求量。因为其羽毛不具防水性，所以它们的捕鱼行动持续时间通常比较短，大部分情况下约半个小时左右。

悬崖上的群体
繁殖生物学

所有鸬鹚都为群居性，虽然繁殖群规模很小（当然也有数个明显的例外）。繁殖群有两类：一类是数量多、密集度高的群体，见于丰饶的上升流区域，那里大量营养物从深海涌至水面，浮游生物和鱼类极为丰富；另一类则是更典型的小群体，由数十或上百只鸬鹚组成。繁殖群会年复一年地维持下去，在小岛上更是

如此，尽管有些种类会不时地迁址至数千米外。一个南美鸬鹚的繁殖群可有数百万成员，密密麻麻拥挤在一起，犹如一块地毯的绒面。它们觅食回来时，长长的队伍可绵延好几千米，周围是一片震耳欲聋的呱呱声。

在不分季节性的繁殖群中，如弱翅鸬鹚，繁殖行为几乎是不间断的。而在高纬度地区，繁殖期则仅限于短暂的夏季。有些种类则为随机繁殖，在各种季节均有可能发生。与鲣鸟特别是军舰鸟相比，鸬鹚的繁殖周期很短。雏鸟出生后5~9周便可飞行，"后飞行期"的亲鸟喂食通常持续1个月左右，少数种类要长一些。鸬鹚的标准繁殖周期为19~20周。在季节性气候条件下，鸬鹚一般每年成功繁殖1次。不过，弱翅鸬鹚可频繁繁殖，雌鸟会遗弃刚会飞的雏鸟，留由雄鸟照看，自己则与其他伴侣开始新的繁殖周期。此外，岸鸬鹚和南美鸬鹚有时会1年育雏2次。

鸬鹚开始繁殖时年龄相对较小，这和繁殖量大、发育迅速、寿命较短等特点一起构成了鸬鹚对近岸生活诸多适应性中的一部分，与远洋海鸟类的长途觅食习性形成了鲜明对比。

即使繁殖群年复一年地维系着，鸬鹚也不会像鲣鸟那样对某一个特定的巢址恋恋不舍。偶有种类例外，如南极鸬鹚会将耐用的巢基保留下来。当为巢址展开争夺时，双方用喙扭打在一起，或是啄住对方的颈或翅，不过时间不长，并且通常只是做做样子，更多的则是示威行为，如凝视、盯视、张开嘴怒视和"口头警告"（雄鸟沙哑地吼叫或咆哮，雌鸟发出嘶嘶声或咔嗒声）。再者就是抓起一把巢材，示

↗ **在希腊的克尔基尼湖过冬的普通鸬鹚的欧洲亚种**
普通鸬鹚的欧洲亚种与侏鸬鹚的里海种群为鸬鹚科中两种真正的候鸟。

知识档案

鸬 鹚

目 鹈形目
科 鸬鹚科

鸬鹚属多达39种，包括加州鸬鹚、南非鸬鹚、角鸬鹚、弱翅鸬鹚、普通鸬鹚、南美鸬鹚、巴西鸬鹚、红海鸬鹚、侏鸬鹚、红脸鸬鹚、欧鸬鹚、点斑鸬鹚及亚南极地区的蓝眼鸬鹚（有数种，包括一些地区性种）等。

分布 世界范围内，高纬度地区偏少。
栖息地 内陆水域和海滨。
体型 体长45～101厘米，翼展80～160厘米，体重 0.9～4.9千克。

体羽 一般为单一的黑色或褐色，或者基本为黑色同时泛有绿色光泽。有些种类胸部为白色。

赤道

鸣声 咕噜声、呱呱声、嘘嘘声，但大部分时候很安静。
巢 群体营巢。雌鸟筑巢，雄鸟提供巢材。
卵 窝卵数为1～6枚，淡蓝色，长梨形。孵化期为28～32天。
食物 小型鱼类和海洋无脊椎动物。

威性地抖动半天，然后狠狠地砸在巢底，而不是砸向对方。

通常，鸬鹚在不同的繁殖期内会更换配偶。当雄鸟在未来的巢址上做出一系列错综复杂的求偶炫耀行为后，雌鸟便会与之结成配偶。尽管各种的具体细节会依种类不同而有所差别，但炫耀行为在总体上具有很强的相似性。一些特别的羽毛特征，如头上的羽饰和腿上白色的股斑，会在求偶前长出来，用于增强炫耀性——翅膀轻轻地扑打，使白色股斑若隐若现。另外，绝大部分鸬鹚会将头部后仰，在一些种类中直至冠羽碰到尾基。后续的炫耀还包括在卵上跨来跨去。在产卵之前，双方会与不同的伴侣而非配偶进行交配。DNA 分析表明，在欧鸬鹚中，有18%的雏鸟为雌鸟与配偶以外的伴侣所生。

雄鸟负责选择巢址。在所有鸬鹚中，巢本身对于亲鸟在石子地面或泥泞地面、悬崖岩面或树上孵卵和育雏都具有重要作用。

双亲共同孵卵，亲鸟将蹼足伸到卵下面，使卵贴着腹羽接受热量。每次轮流孵卵的时间很少会超过 6 个小时。雏鸟刚孵化时赤裸，没有活动能力，但很快就会长出灰色或偏黑的绒毛，40 ～ 50天后则由真正的羽毛取而代之。雏鸟尖叫着乞食时喙是闭着的，它们进食时将喙伸进亲鸟的喉部摸索，这对于刚孵化的雏鸟而言非常困难，许多雏鸟在出生两三天后便会夭折。有些鸬鹚的雏鸟还需要忍受炎热，它们便通过颤抖喉部的皮肤、喘气、张开蹼散热等方式来调节体温。许多种类的雏鸟在会飞之前便离巢，像鹈鹕那样形成"雏鸟群"。雏鸟从出生到会飞的最短时间大约为 5 周（冠鸬鹚）。

以会飞的雏鸟数占产卵总数的比例来计算，鸬鹚的繁殖成功率为20％～60％不等，每次成功繁殖后平均抚育0.3 ～ 2.5 只雏鸟。很少有鸬鹚活 10 ～ 15 年以上。由于许多种类受到人类的伤害，鸬鹚的自然死亡率难以统计，不过现有的数据表明，初次繁殖前的死亡率为60％～80％，大部分集中在第一年。

对手和伙伴
保护与环境

许多鸬鹚种类遭到渔民的憎恨，因为它们不仅捕食对人类而言价值不菲的鲑鱼幼鱼，还捕食养鱼场饲养的鱼，尤其是美国密西西比河流域的鲶鱼。因此，鸬鹚，特别是角鸬鹚，常常成为人类大规模捕杀的对象。甚至有时连稀少的南极种类也惨遭不幸。不过，大部分鸬鹚的生存尚未受到威胁。

至少在15世纪的日本和17世纪初的欧洲，鸬鹚便已经被人们用于娱乐和商业捕鱼。这种捕鱼方式被形容为古代的水中"鹰猎"。一群鸬鹚被绳索拴成一排，颈上套以脖围，以防其将鱼吞下去，然后被放下水，不久拉上来，将它们捕获的猎物取走。最后，人们允许鸬鹚吃少量鱼，据说否则它们就会"罢工"。

鹭和鸦

鹭科种类的特征可大体概括为长喙、长颈、长腿、长趾型鸟类，适于涉水觅食。少数种类倾向于陆栖或树栖，因而上述典型特征有所退化。

鹭觅食时通常涉水，有时沿岸边或在陆上行走，也可能静静地站立，等待猎物的出现，而许多种类会使用更加主动的手段。鹭的颈和喙非常适合捕食移动的猎物：以细长的颈椎骨为支撑，头和颈猛然间迅速向前一戳，尖锐的喙便犹如一把镊子紧紧攫住猎物，或像一把双刃长剑将其刺穿。

"踩高跷"的捕鱼者
形态与功能

所有的鹭科种类都为高度特化的活猎物捕食类，它们的食物通常以鱼和水生甲壳类为主，但也食昆虫、两栖类、爬行类、哺乳类，甚至鸟类。大型的鹭如巨鹭或大蓝鹭，擅捕巨大的鱼。小一点的种类则将重点集中在小鱼和无脊椎动物身上。有些鹭食物特化，如黄冠夜鹭专食蟹和螯虾，牛背鹭专食直翅目昆虫（蟋蟀和蝗虫），而棕颈鹭则专食沙滩鱼。

大型的鹭具有大而有力的喙，以捕食大型猎物。若捕食快速游动的鱼类，则需细长的喙，这以栗腹鹭最为典型。陆栖的鹭类则具有较短、较粗的喙。而宽嘴鹭的大嘴像汤勺。长颈类的鹭在飞行时头和颈往回曲，这一造型成为鹭科的一大标志性特征。鹭的翅膀很宽，拍打节奏非常慢，但幅度大，所以它们能做长距离飞行。

许多种类的喙、腿、虹膜和面部皮肤的颜色会随季节而变化。非繁殖期时的色彩以黄、绿、棕为主，在求偶期间会变为红、橙、蓝，有时遭遇攻击时甚至会在数秒钟内变色。一些鹭类开始求偶时会在头、颈、胸或背部长出异常的羽饰，成为它们身上色彩最绚丽、长度最突出、质地最精良的部位。最具代表性的便是大白鹭、小白鹭和黄嘴白鹭背部的羽饰，在19世纪末、20世纪初为世人竞相求购。此外，鹭类普遍头部有羽饰。

若不觅食，鹭则大多时间留在栖息处休息或梳羽。鹭有种特别的羽毛，称为"粉冉羽"，会生出可吸收的粉粒，鹭用喙和栉状趾将其擦拭到全身的羽毛里。对于这些一天中大部分活跃时间都在水中度过的鸟而言，羽毛的保养显然具有重要意义。

普通鹭和白鹭（即鹭亚科）在体型、行为和着色方面都存在一定程度的差异。体型大的如巨鹭，小的如绿鹭类。既有守株待兔式的觅食者，也有主动出击追捕猎物的觅食者。既有一袭黑羽者，也有一身洁白型，还有多种羽色的，不过最常见的模式为上体颜色偏深，下体偏浅，颈部羽色具隐蔽性。这可以说是鹭科的主要特点。

鹭这种"大鸟"中，最大的便是巨鹭，不过曾有一个更大的种类生活于欧洲，直至有历史记载的年代，但如今已经灭绝了。鹭中最为人们所熟知的3大类是旧大陆的灰鹭、与其相对应的北美大蓝鹭以及南美的黑冠白颈鹭。3个种类的头部和身体均为蓝色、灰色或黑色，颈部为白色和大片的白色条纹。灰鹭和大蓝鹭都曾进行过大范围的迁移，繁殖地从北端扩展到了热带，并且分别在西非沿海和加勒比沿海发展了一个弱小的沿海亚种。

中等体型的鹭和白鹭通常以醒目的繁殖期羽饰为特征。它们中既有适应性最强的鹭，也有生存形势最严峻的种类。其中，小白鹭目前被认为含有数个特征显著，分布于欧洲、亚洲和非洲的亚种，近年来已经通过小安的列斯群岛进军新大陆。相反，蓝灰鹭、黄嘴白鹭和棕颈鹭则由于对栖息地要求太苛刻，分布极为有限。

夜鹭现在也被归入鹭亚科。这类鸟结实矮壮，至少与其他鹭相比显得喙短（且粗）、腿

在芦苇丛中一动不动，这只大麻鸦体现了一流的伪装效果。当颈向上伸直时，它身体的条纹与芦苇便混为一体。

短。主要在夜间觅食，一双大眼睛在不同的光线条件下非常有用。幼鸟的体羽具隐蔽性。分布最广泛的种类为夜鹭和棕夜鹭，两者加起来几乎遍布世界各地。夜鹭类中最为人熟知的便是夜鹭，其为一种群居鸟，常常可在城市里看到。鸦属中的夜鹭种类则见于潮湿的森林里（这种森林目前已遭到大范围的破坏），它们中包括最濒危的种之一：中国的海南鸦。

鸦（亚科）为独居性鸟，大部分羽毛为棕色至黄色，并常伴有大片的条纹，能够在芦苇荡的栖息地里将自己很好地隐藏起来。它们中最大的种非常结实，但其中的姬苇鸦却是所有鹭中最小的种。当受到侵扰时，鸦会立即一动不动，喙朝天，这种姿势被特称为"鸦姿势"，在其他鹭类中很少见到。

在进行近距离观察时可发现，鸦将喙朝上，眼睛聚焦于喙下方，有时整个身体还会像芦苇那样随风摇曳。大型的鸦能够捕食很大的鱼，但所有类都会捕食小鱼、青蛙和昆虫。大麻鸦以它隆隆的繁殖鸣声出名，在方圆5千米内都可以听到。

虎鹭（虎鹭亚科）因它们斑纹状的羽毛而

雪鹭很容易一眼就被认出来，不仅是因为它有一身洁白如雪的羽毛，还因为它在浅水中捕猎时会飞速涉水。这两大特点被认为会吸引其他的鸟类加入捕食的行列中。

↗ 逮住猎物（此处为一只青蛙）后，巨鹭会把它带到一个安全的地方，用喙将其戳死，然后头前尾后吞下去。接下来它会饮水、洗喙、梳羽，最后栖息。

得名，倾向于独居在茂密的热带潮湿森林中，通常为河岸边。一些种类见于低地，其他种类则居于山区。对于虎鹭的巢，鲜有文献记录。独来独往的习性以及极强的隐蔽性使它们的很多生物学特征至今都是谜。鸣声也难以表述，不过有低沉的吼声。

栗腹鹭（栗腹鹭亚科）乃是一种独特的鹭，喙和颈特别长。这一种类直到近期才被人们所了解。通过分子研究发现，该种类的进化历程很有特色。栗腹鹭栖息于热带湿地的溪流边，常常埋伏在水边伺机出击，充分伸展其长颈和头部刺向猎物。

宽嘴鹭（宽嘴鹭亚科）为最另类的鹭，喙形奇特，呈拖鞋状。人们曾认为它们与夜鹭具有密切的亲缘关系，但如今的分子研究表明两者存在显著差别，人们觉得它们相似很可能是因为两者都有夜间活动的习性。宽嘴鹭在浅水域像普通的鹭一样觅食，但它们还可以用喙从水中和泥土中铲食。

群体捕食大师
食物

鹭科的生理特征，即长腿、长颈、长喙决定了它们更适合在浅水域涉水觅食，充分利用它们的颈和喙来捕食善于逃跑的鱼和水生无脊椎动物。一些种类逐渐向陆上发展，变得适于

捕食昆虫。不过，一般鹭类都不挑剔，只要捕获到猎物便吃。而有些个体出现特化，如一些夜鹭专食营巢群居地其他鸟类的幼雏。但不管如何，鹭科所具有的那些最根本的适应性特征至少体现了它们在浅水域捕食鱼类和无脊椎动物的出众能力。

大部分鹭类个体的活动范围很大，不仅季

↗ 与众不同的宽嘴鹭实际上比所谓的夜鹭更习惯于夜行生活。白天很少见它们离开其在红树林的栖息地，它们通常就在那里梳羽，等候夜幕降临。

节性的迁移时会长途跋涉，日常的觅食也是如此。它们选择好觅食地点后，常常会和其他鸟一起等待猎物出现，若感觉无望，便前往下一个地方。有许多种类如小白鹭，一身白色的羽毛很容易吸引其他的鸟来到觅食地，从而形成一个以它们为核心的多种类群体。在猎物集中的区域进行群体捕食，似乎具有一种"共餐"优势——捕食者越多（在一个有限范围内），猎物越容易被捕获。

鹭还通过跟踪其他动物来实现共餐式觅食。最特化的共餐式觅食者便是牛背鹭，它们善于跟踪非洲水牛和人工放养的母牛，并且，像其他鹭一样，它们还会跟随侵扰猎物的其他事物，包括拖拉机和火灾。

然而，群体捕食也有缺陷。除了猎物资源本身被极大消耗外，群体成员之间也会相互抢夺猎物，结果自然是大型的鹭居于主宰地位。其他的鹭则相对更加独立，它们会极力维护自己的觅食范围，力图享用独有的觅食权。而事实上，即使在群体捕食时，鹭也会一方面维护自己周围的空间，另一方面则试图瓜分其他鹭的地盘。

鹭，作为一个整体，拥有多种觅食技巧。所有种类都会通过一动不动地站在一个地方或慢慢走动来觅食，其中一些种类则在这方面表现得更加突出，如大型的鹭，会静静站在水中，小型鹭则在垂悬于水面的树枝上潜伏。其他种类则在条件允许时采取更为主动的手段：如快速追赶逃跑的猎物；跃入空中向锁定的猎物飞去；在水面上空盘旋，将喙浸入水中，或者四处游动、捕食水面上的猎物。一些种类会用双足在水底搅动或刮擦，以此来惊吓猎物——有几种鹭长有颜色鲜明的黄色足，明显是作此用。有些则边飞边将双足放入水中拖曳。鹭还会用它们的翅膀来吓唬猎物，或者一张一合，或者跑动时始终展开。此外，它们也会通过将喙伸入水中颤动来吸引猎物。

许多鹭通过一系列的行为来获得最佳的捕食机会。棕颈鹭为了追逐成群游动的小鱼，常常又是走、又是跑、又是跳，还扑打翅膀。而黑鹭的行为则堪称一绝：选择好一个地方，用翅膀在头顶围成一个罩子，然后用脚搅拨水底的泥，

知识档案

鹭和鸦

目 鹳形目
科 鹭科
17属62种。

分布 世界范围内，除高纬度地区。

栖息地 湿地、沼泽和浅水域。

赤道

体型 体长从27厘米（姬苇）至150厘米（巨鹭），体重0.1～4.5千克（同样以上述2个种类为标准）。

食物 鱼、甲壳类、两栖类、某些昆虫、爬行类、哺乳动物和鸟。

接下来便可以用喙啄食那些被吸引到罩子下的鱼和那些被它的足部动作惊扰上来的鱼。

鹭使用工具觅食的本领也同样出众。人们曾在三大洲都观察到绿鹭和美洲绿鹭使用诱饵：它们将诱饵（食物、羽毛或树枝）放入水中，然后捕食那些被吸引而来的鱼，颇似钓鱼者用干苍蝇做诱饵来垂钓。而另一个极端则是，大型的鹭会在一个地方站着一动不动，短则几分钟，长则数小时，直至符合胃口的鱼自己送上门来。由于每天只需摄入少量食物便可以满足能量需求，它们因此养成了一种安静不张扬的捕食风格。鸦类的行为较类似，只是活动时腿部动作超乎寻常地慢。而小白鹭和相近的种类在捕食行为上形式最为多样，它们捕食猎物时可站立、可走动、可跳跃、可飞翔，可用足，也可用翅，可单独觅食，也可群体出动，可分享共餐，也可伺机掠夺。这种觅食手段的多样性以及随后对转瞬即逝的猎物有效的把握能力，是鹭类得以成功生存下来的一大关键因素。

实行"一夫一妻制"
繁殖生物学

大部分鹭有群居性——和其他种类一起在繁殖群居地营巢，在共生栖息地栖息，群体捕

采取一种"晒太阳"的姿势——直立，双翅向两侧张开成盾形，但不完全展开——加上喉部的颤动，鹭（这里为一只灰鹭）可以达到散热效果。

食。不过鸦类和虎鹭类为独居性，甚至有些普通鹭类如蓝嘴黑顶鹭和啸鹭，也倾向于享受小家庭的天伦之乐。

繁殖期通常与食物供应高峰期保持一致。开始繁殖时，雄鸟先挑选一处炫耀地，群居的鹭便成群聚集在那里，做出各种惹人注目的肢体行为，如伸喙、咬喙、保护炫耀地、模仿梳羽、四处飞翔，以及鸣叫等。而独居的鹭则通过悠扬的鸣声来进行求偶炫耀。雄鸟选择的炫耀地通常会变成日后的巢址。雌鸟进入炫耀地，冒着可能被驱逐的风险，挑选雄鸟。虽然在群居种类中混交比较常见，但大部分鹭为单配制。不过，大麻鸦为多配制，1只雄鸟在1个繁殖期可拥有5个配偶。

在配偶关系形成后，求偶和关系巩固仪式会继续展开。鹭用细树枝或芦苇筑巢，并常用质地更好的材料来衬里。依种类不同，鹭的巢既可以是一项浩荡的工程，也可以仅仅是个象征性的浅坑。雄鸟通常负责收集巢材，然后交

由雌鸟来筑巢。

普通鹭类的窝卵数为3～5枚，多于虎鹭类而少于鸦类。普通鹭类的卵为淡蓝色，无斑纹；鸦类和虎鹭类的卵呈白色至棕色。所有种类都是双亲共同看巢、孵卵、育雏，只有大型的鸦为雌鸟单独营巢。孵化期的长短取决于

鹭和鸦的代表种类
1.在食鱼的大蓝鹭；2.芦苇荡里的姬苇；3.夜鹭；4.大嘴麻鸦；5.裸喉虎鹭；6.在捕食昆虫的牛背鹭。

鹭的体型大小，即体型大的种类孵化期相对更长。孵化行为在最后一枚卵产下之前便开始，这样雏鸟孵出的时间会不同，从而使最年长的雏鸟在食物竞争上具有优势，这或许也有利于提高繁殖的成功率。很少有一窝雏鸟全部存活下来。虽然雏鸟刚孵化时没有行为能力，但生长发育很快，尤其是足部和腿部，数天或数周内便能爬出巢。亲鸟先将半消化的食物回吐到

巢里，再喂给雏鸟，当然也可能直接轮流回吐到雏鸟的嘴里。

大多数普通鹭类为群体营巢，巢址通常为不易受到天敌袭击的地方。有时，它们会和鹳、鹮、琵鹭以及其他水禽类共同组成超大型繁殖群。然而，有些种类，尤其是大的鹭，以及特化的种类如啸鹭，会单独营巢。除了这样的种类，其他种类的雏鸟在留巢期满后会扩散分布。位于北端或南端营巢的成鸟在它们的夏季繁殖地往往不会逗留很长时间便前往热带地区。

鸦的巢筑于芦苇荡里，每产1枚卵会间隔数天，因此它们的雏鸟在大小上有明显差异。在飞羽长齐之前一段时间，雏鸟便已经离巢在芦苇丛中攀爬了。

面对威胁顽强生存
保护与环境

鹭是一个极具复原力的群体。很少有鸟类像鹭这样遭受过重创。在过去数个世纪里，人类的入侵和捕猎导致数个岛上的种类灭绝。而在近代，为了得到它们的羽毛来做妇女帽子上的饰物，人们在鹭的繁殖群居地整群整群地残杀它们。英国的皇家鸟类保护协会、美国的奥杜邦协会，以及某种程度上整个现代自然保护运动的存在都是基于有识之士对阻止这种破坏行为的大声疾呼。在随后的1个世纪里，因这种行为而遭受重创的鹭种类大部分都成功地得到了再生，有些种类甚至进一步扩大了分布范围。但有一个例外，那便是黄嘴白鹭，过去因持续的捕猎而损失不断，如今则因栖息地丧失而面临威胁。此外，在某些地区，鹭仍在被食用，卵被收集，成鸟作为不受欢迎的掠食者而

遭到残杀。

当今，栖息地丧失问题困扰着许多种类。全球范围内的森林和湿地正面临威胁。海南鸦和栗头鸦因栖息地持续受到破坏已几近灭绝边缘。黄嘴白鹭因人们的沿海开发行为而被迫离开了繁殖群居地。珍贵的南亚种类白腹鹭因其栖息的湿地和低地森林丧失而面临生存难题。

然而，从总体来看，大部分种类还是安全的，并有许多种类在不断兴旺之中。小型的鹭类可生活在村庄、小镇甚至城市里，几乎是人类的邻居。小型的鸦、绿鹭和令人信赖的池鹭早晚出来觅食，平时则躲在树叶丛中，已全然适应了在人口密集的地区生活，而夜鹭还是发达地区公园里常见的景观。在世界上的一部分地区，几乎每个动物园和公园都有漫步徜徉的鹭，它们会从其他人工饲养动物的食槽中窃取食物。在乡村营巢的白鹭往往就在牛群边上、拖拉机后面或者公路旁觅食。

一些种类正在扩展它们的分布范围，反映出这些种群的扩散能力以及对人工环境的多面适应性。牛背鹭便是其中一个很好的例子。在 20 世纪，它的繁殖群居地已遍布除南极外的世界各大洲，伴随着农场和灌溉化牧场的扩张（通常构成对森林的破坏），牛背鹭也迅速兴旺起来，分布范围从南美洲拓宽至北美洲以及亚洲和澳大利亚。正如牛背鹭利用家畜饲养来扩大自身的分布，其他种类如今也在不断调整自己的行为，以便充分利用诸如养鱼场、稻田、水库、湿地管理工程等人工环境来促进自身的发展。

事实上，养鱼场和孵化场乃是鹭觅食的理想场所。在英国，灰鹭像世界上其他地区的许多鹭一样，曾在短时间内迅速成了掠食未采取保护措施的养鱼场内鱼的高手。而这种机会主义行为也使鹭和它们的食物供应者之间产生了冲突，结果在 20 世纪 70 年代末期，英格兰和威尔士每年有不少于 4600 只灰鹭被射杀，这使灰鹭的总数降至仅为 5400 对。不过，由于渔场主和环境保护主义者协力合作（后者建议用绳索来保护池塘），问题很快得到了解决。从那以后，英国的灰鹭数量不断增长，已达历史最高水平。因此，鹭和水产养殖业之间的互动须在世界范围内得到类似的管理，才能保证这种具有很强适应性的鸟类始终生活在安全之中。

↙ 大白鹭的雌雄鸟都会照看和喂养雏鸟。雏鸟通过啄拉亲鸟的喙来刺激亲鸟将食物回吐出来。大白鹭的雏鸟飞羽长齐通常需要 42 天左右。

在很多种人类文化中，鹳都是最具象征意义的鸟类之一。在欧洲国家，白鹳一直以来都是圣洁和可靠的象征。它们会做长途迁徙，却表现出高度的忠诚——春天如期返回巢址。

鹳是如此可靠，它们营巢于村庄，与人类愉快相处，甚至流传着鹳接送小孩的民间故事（源于德国和奥地利，已传遍世界）。鹳无论出现在哪里，都让人感到放心。

吉祥鸟
形态与功能

普通鹳为大型涉禽，长腿、长喙，仪态大方挺拔，走路昂首阔步，栖息于湿地、水边、农田和热带大草原。它们钟情于暖和的大陆性气候，尽量避开冷湿地带，广泛分布于热带和亚热带。少数种类营巢于温带，但在热带地区也有分布。鹳种类数目最多的为热带非洲和热带亚洲。

白鹳和黑鹳的分布尤为广泛，营巢地遍布欧洲、东亚、北非和非洲南部。两者一年内大部分时间在非洲或印度度过。普通鹳还包括秃鹳类和大型鹳类，如裸颈鹳、黑颈鹳、鞍嘴鹳以及非洲秃鹳，后者的翼展可达 2.9 米。除了裸颈鹳和黑尾鹳，普通鹳均为旧大陆种。

鹳的翅膀长而宽，飞行能力出色。飞翔时，颈普遍前伸，但秃鹳类例外，它们头部回缩。鹳能做出多种特技飞行动作，如俯冲、垂直下落、空中翻转等。黑鹳双翅相对较窄，更多地依赖于翻转飞行，为鹳类中所少见。大部分鹳会轮流进行翻转飞行和随上升热气流翱翔。

普通鹳的喙长而沉，大部分笔直，只有

↗尽管分布范围广泛，黑鹳仍倾向于避开有人类活动的区域。它们更偏爱森林，在多沼泽的空旷地上或溪流边捕食鱼类和水生无脊椎动物。

裸颈鹳的巨喙微向上弯。它们通过慢慢走动或站立不动来捕食多种水上和陆上的猎物。一只普通鹳会缓慢地穿过农田，伸长颈、低下头来寻找猎物。大型鹳长有巨喙，可以捕食大的猎物。黑颈鹳在捕猎时有时会来回跑动、跳跃及扑动翅膀，新大陆最大的鹳——裸颈鹳则通过触觉觅食。它们慢慢涉水，每过一段时间便将张开的喙伸到水里。秃鹳的巨喙可用于撬动、咬断和撕碎猎物，同时也是在觅食地与竞争者展开争夺的有力武器。

鹮鹳族包括像鹮一样具下弯喙的鹳和与鹮鹳具有亲缘关系的钳嘴鹳（如它们的名字所暗示的，在它们的上下颌骨之间有一道可见的空隙）。除黑头鹮鹳外，均为旧大陆种类，栖息于热带湿地，那里季节性的降雨使水位起伏很大，大型的螺非常丰富。4种鹮鹳都依靠触觉觅食，缓慢涉水，喙部分张开，伸入浅水中，一触到鱼迅速咬合。通常在水位下降、鱼变得更集中时，它们的捕鱼手段便特别有效。钳嘴鹳的喙可用于捕食软体动物，尤其是水中的螺。喙尖伸入壳的开孔，啄断螺的肌肉，然后将整只螺肉拉出来。钳嘴鹳会骑在游动的河马身上来捕食被河马搅起来的螺。

鹮鹳类、秃鹳类以及裸颈鹳头部不覆羽，两性相似，但雄鸟大于雌鸟。黑颈鹳和鞍嘴鹳的雄鸟具黑虹膜，而雌鸟为黄虹膜。鹳颈部皮肤下部具气囊，其中非洲秃鹳和大秃鹳具长而裸露的下垂喉囊。幼鸟羽色暗淡，出生一年内羽毛全部长齐。黑尾鹳成鸟体羽为白色，但雏鸟为黑色，很可能是为了增加隐蔽性。此外，非洲钳嘴鹳为黑色，而与它具有密切亲缘关系的亚洲钳嘴鹳则为白色。喙的颜色连同裸露的头部和腿部肤色，是区别各种鹳的重要特征。而这些部分的颜色在求偶期间会变得越发鲜明。例如，繁殖的黑尾鹳有一个醒目的蓝灰色喙，在靠近红色脸部的地方则成栗色。裸颈鹳只要一兴奋，它的粉色颈圈就会变成深红色。

温带繁殖的鹳以及一部分热带繁殖的鹳会进行季节性迁移，但热带种类的迁移距离相对较短，不及前者为适应会影响繁殖条件的降雨模式的变化而展开的迁徙。相比之下，欧洲白鹳的迁徙自"圣经时代"起便已出名。但鹳的迁徙依赖于上升热气流，而后者往往见于陆地上空，因此便限制了迁徙路线，它们只能在水面上做短途飞行。于是，欧洲白鹳选用2条路线前往非洲，一条经过伊比利亚半岛南下，另一条穿过中东进入埃及——2条路线都避开了在地中海做长途海上飞行。

猎手和食腐者
食物与觅食

大部分鹳单独或成小群觅食，不过当食物

生活于南亚和东南亚的彩鹳以繁殖群庞大而出名。例如2002年，有不少于5000只的彩鹳在村民的积极保护下，聚集在印度南部的小村庄——维拉普拉一起营巢。

丰足时，也会形成大的觅食群体，这在鹮鹳类中尤为常见。另外，白腹鹳也经常大规模群体狩猎，特别是在草丛的火堆边和成群的蝗虫附近。

通过沿热气流翱翔，鹳可以从繁殖群居地或栖息地出发进行长途觅食。尤其是白鹳、鹮鹳和秃鹳，能够飞到很高的高度，滑翔至远处的觅食点。这种方式有助于它们锁定食物集中的地方，然后进行群体捕食。在东非，会出现多达 7 个种类的鹳在同一个地点捕食的情况。

鹳类的食物多种多样。白鹳平时食水生脊椎动物、昆虫和蚯蚓，然而在非洲的过冬地却被称为"蝗虫鸟"，因为它们经常跟踪蝗虫群；此外，它们还会随时跟随割草机。鹮鹳类和钳嘴鹳类为特化鹳，猎食范围相对很窄。

秃鹳、大秃鹳和非洲秃鹳主要以食腐肉为生。它们与秃鹫和鬣狗一样，都以经常光顾动物的尸体而出名。其中，曾经在印度城市街头经常可以见到的大秃鹳会食包括人的尸体在内的多种遗弃物。虽然不善于撕肉，但庞大的体型和巨大的喙保证它们能够从秃鹫身边窃得少量肉。非洲秃鹳经常出没于被食肉动物捕杀的猎物尸体附近、牲畜围场、犁过的农田、垃圾场以及即将干涸的池塘（那里有育雏所必需的新鲜猎物）。它们还会从很远处就被草丛的火堆所吸引，并且沿着火势前进。其猎物大小差别很大：它们既会站在白蚁集中的土墩上捕

↗ 鹳的喙非常适于在浅水中搜罗鱼类和两栖类等猎物。下图中，一只白颈鹳捕获了一只圆鼓鼓的青蛙，觅得一顿大餐。

捉成群的白蚁，也会捕杀大型的猎物，如幼鳄鱼、红鹳的雏鸟和成鸟、小型哺乳动物等。

独居或群居
繁殖生物学

所有鹳类的繁殖周期都具有很强的季节性，取决于食物的供应情况。只有白鹳和黑鹳会定期离开热带，在温带的春季和夏季营巢。黑头鹮鹳在干旱季节营巢，因为那时快干涸的池塘里猎物集中，很容易通过触觉觅食捕获。

鹳的代表种类
1.非洲钳嘴鹳；2.黑头鹮鹳；3.非洲
秃鹳；4.白鹳。

非洲秃鹳也选择在干旱季节营巢，因为那时尸体和腐肉同样容易觅得。其他鹮鹳类则在潮湿季节营巢，这是猎物最丰盛的时候。而白腹鹳在埃塞俄比亚被认为是"雨的使者"，因为它们在每年的第一场大雨降临时开始营巢——大雨使它们所食的昆虫大量涌现。

鹮鹳类、钳嘴鹳类、秃鹳类以及白腹鹳都群体营巢，并且会和水禽类的其他种类群居在

一起。其他种类如白鹳和黑尾鹳，或者繁殖群很松散，或者为独居。大型的鹳倾向于单独营巢。黑头鹮的一个繁殖群居地可能会出现上万个巢，而欧洲的许多村庄里则往往仅有一对白鹳在当地营巢。

大部分鹳营巢于树上，但也会营于悬崖和

地面。非群居的热带种类如鞍嘴鹳会和配偶一年四季双飞双宿；白鹳则通常是繁殖期到来时和以前的配偶重新配对，因为双方都会被吸引到之前的巢址。巢址一般都靠近容易获得食物来源的地方，如黑头鹮鹳会选择快干涸的池塘边，非洲秃鹳会将巢筑在产生尸体和腐肉的牧场附近，白鹳则营巢于农田旁。

雄鸟挑选巢址，并捍卫它不受任何侵犯。一般是雄鸟开始做各种求偶炫耀行为，被吸引的雌鸟以表示满意的行为进行回应（见特别专题"抬头、低头、飞圈"）。炫耀行为依种类而各异，但通常包括身体的上下运动、鸣叫及喙的格格作响。在极端的求偶炫耀中，鹳可以将颈一直向后弯直至头触到背。在有些种类中，做出这样的姿势会将喉部的一个共鸣腔打开，从而使上下颌的快速咬动声更响亮。甚至刚孵化的雏鸟也会这么做。

双亲共同孵卵，一起喂养相对没有行为能力的雏鸟，喂食时，亲鸟将食物回吐到巢底。它们还会将水回吐到卵上和雏鸟身上，很可能是为了给它们降温。繁殖成功率取决于食物的供应状况和天气条件。事实上，只有当整个繁殖期都有充足的食物来源时，鹮鹳类才能将雏鸟喂养至长齐飞羽，而在降雨量很大的年份或地区，白鹳的繁殖成功率就很低。

数量下降
保护与环境

一些鹳的种群数量出现了大幅下降，甚至连长期以来被视为多子多福之象征的白鹳也难逃厄运。1900～1958年间，白鹳的西欧种群数量减少了80%，1900～1973年间则下降了92%。在瑞典和瑞士，已没有鹳营巢。

鹳的数量减少的确切原因不明，但可能的原因有夏季变得更凉更潮湿、巢址被破坏、杀虫剂的滥用、过度捕猎、人类农业实践活动的变更等。最后一个假设得到了事实的证明。欧洲的鹳类数量近年来一直呈下降势头，原因就在于越来越多的觅食地成了现代农业的牺牲品。而人类在其非洲过冬地的捕猎行为很可能也是导致它们数量减少的一大因素。

大秃鹳的种群数量在各个分布区域内都大幅减少；仅生活于东南亚红树林中的白鹮鹳因栖息地遭到破坏也面临危险。有些种类如黑颈鹳，在大多数分布区都已很稀少，另一些种类如钳嘴鹳虽然数量仍较多，却仅限于局部地区。黑头鹮鹳虽然在其他分布区很兴旺，但在美国佛罗里达州南部却在减少，原因是大沼泽地国家公园的生态变化使该鸟无法觅得足够的食物来育雏。总体而言，保护湿地和其他觅食地乃是保护鹳的根本之道。

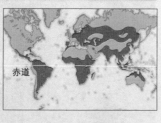

知识档案

鹳
目 鹳形目
科 鹳科
6属19种。

分布 遍于世界范围内的温带和热带地区。

普通鹳（鹳族）

4属13种：黑鹳、白腹鹳、白颈鹳、黄脸鹳、黑尾鹳、白鹳、东方白鹳、黑颈鹳、鞍嘴鹳、裸颈鹳、秃鹳、大秃鹳、非洲秃鹳。**分布**：旧大陆的热带和温带地区，另有美洲热带种1种。**体型**：体长75～150厘米，体重0.9～7.4千克。大部分种类雄鸟

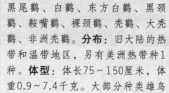

大于雌鸟。**体羽**：主要为白色、灰色和黑色。**鸣声**：通常安静，在营巢期间依种类不同会发出多种鸣声，如哞哞声、嘘嘘声和喙的格格作响声。**巢**：以树枝、草根和嫩细枝等巢材筑起的大型结构。白鹳的巢可反复使用，故可达数米深。**卵**：窝卵数通常为1～4枚，最多可达7枚；白色。孵化期29～38天，雏鸟留巢期55～115天。**食物**：多种鱼类、水栖昆虫和其他无脊椎动物，有些种类食陆栖昆虫尤其是蝗虫。

鹮鹳（鹮鹳族）

2属6种：黑头鹮鹳、白鹮鹳、黄嘴鹮鹳、彩鹮鹳、非洲钳嘴鹳、钳嘴鹳。**分布**：旧大陆的热带地区，另有美洲热带种1种。**体型**：体长80～105厘米，体重1～3.4千克。雄鸟大于雌鸟。**体羽**：5个种类为白色（其中2个带粉色），1个种类为黑色。**鸣声**：通常安静，在繁殖群居地会发出喇叭般的鸣声或嘶嘶声。**巢**：大型树枝结构。**卵**：窝卵数1～5枚；白色。孵化期25～32天，雏鸟留巢期35～65天。**食物**：鹮鹳属为食鱼特种，钳嘴鹳属则专食螺。

鹮和琵鹭

　　鹮和琵鹭乃是具有悠久历史的长腿涉禽，非洲白鹮在古埃及被作为智慧神索斯的化身而受到尊崇。2个亚科基本上是相似的，但在喙形上存在明显的区别。鹮的喙相对细长而下弯，琵鹭的喙则长而扁宽。

　　鹮和琵鹭都主要通过触觉而非视觉来觅食。鹮用它们的长喙在多种场所搜寻食物，如浅水中、软泥里、洞穴内、植被下、岩石旁、草丛中甚至硬地上。水栖类的鹮往往比陆栖种类的喙更细长。琵鹭的典型觅食方式是将张开的喙伸入水里左右摆动，这样，喙的宽度提高了碰触到鱼的概率。

▍长腿长喙
形态与功能

　　鹮类中有数种在形态上颇为相似，都为中等体型，腿长，喙长而下弯。而这些种类之间的亲缘关系并不是很清楚，有些种类的分布界线也比较模糊。其中有一些种类见于新大陆。如在北美，美洲白鹮在历史上曾是当地数量最多的涉禽。与它酷似的南美种美洲红鹮是其变种，而两者在委内瑞拉北部的大规模杂交表明，它们实乃同种。3种彩鹮类也出现于新大陆，其中彩鹮为最具世界性分布的鹮，来到北美的时间可能相对较晚；秘鲁彩鹮则为安第斯高山区的种类。另有其他几个种类如黄颈鹮等，也为南美本地种。

　　不过更多的鹮种类见于旧大陆。鹮属的种类生活于非洲大陆及其岛屿上。非洲白鹮和它的几个亲缘种分布于非洲、亚洲和澳大利亚。秃鹮和隐鹮则营巢于半干旱山区的悬崖上。

　　亚洲的几种鹮在数量上都已经是寥寥无几。尽管黑鹮在印度当地仍相当常见，但它在东南亚的种群（有时被作为一个独立的种即白肩黑鹮）已经或者接近灭绝。同样在东南亚地区，巨鹮的具体状况未明，很可能在实际中也已灭绝。仅为日本、中国和韩国所有的朱鹮，

↗ 一只澳洲琵鹭在巢内
澳洲琵鹭为群居营巢，规模从寥寥数对至巨大的群体不等，有时与其他水禽如朱鹮和白鹭为邻。

如今只分布在非常有限的地区。

琵鹭类为长腿、长喙的涉禽，其显著特征为喙扁平。唯一生活于新大陆的粉红琵鹭为粉红色，其余均为白色。与白琵鹭具有密切亲缘关系的3个种零星分布于欧洲、非洲、亚洲和澳大利亚。白琵鹭本身则是营巢地最靠北面的琵鹭，如今继续在北欧进行少量的繁殖。亲缘种中包括濒危种——东亚的黑脸琵鹭。另外2种为非洲琵鹭和黄嘴琵鹭，分布见于非洲的大部分地区和澳大利亚。

羽色和肤色对于鹮和琵鹭而言，是重要的外形特征。大部分种类基本的颜色为白色、黑色或褐色。有些种类如非洲白鹮和黄嘴琵鹭，在繁殖期会沿背部长出羽饰，也有些会长在胸部。平时为白色的朱鹮在繁殖期内羽色会变成灰色。有些鹮和琵鹭头顶长有冠羽，而其他种类的头部或颈部、侧身、翅内不覆羽。白类整个头部和颈部都不覆羽，裸露的皮肤通常便会显示带有特征性的肤色。如在求偶期间，美洲白鹮的脸部和膨大的喉囊肤色会变成鲜红色，而印度黑鹮的头部会长出鲜红色的突起。鹮类的幼鸟羽色普遍比成鸟暗淡。这在美洲白鹮身上体现得尤为明显，它们的幼鸟背部为褐色，羽毛也长得更多。而琵鹭类的脸部既有部分不覆羽的，也有全部不覆羽的（粉红琵鹭则为整个头部都不覆羽），代表颜色为黑色、黄色或绿色。

鹮科类的栖息地多样化，但最主要栖息于开阔、潮湿之地。琵鹭类和水栖的鹮类更偏爱开阔的沼泽、池塘和沿海浅水域。陆栖的鹮类如秃鹮和隐鹮则钟情于开阔的草地、牧场和半干旱地区。少数种类如橄榄绿鹮、斑胸鹮、凤头林鹮栖息于森林。此外，非洲白鹮、黄颈鹮和秃鹮等种类对火情有独钟，如秃鹮就在火灾多发季节营巢。总体而言，大部分种类栖息于海拔较低的湿地、森林和沿海地带。有些种类和亚种如秘鲁彩鹮以及黄颈鹮和橄榄绿鹮的种群则见于山区的高地栖息地。

群体觅食
食物与觅食

利用触觉觅食技巧，鹮类捕食运动缓慢或居于水底的猎物，琵鹭类则捕食鱼和甲壳类动

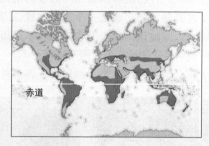

物。例如，美洲白鹮主要食鳌虾和招潮蟹，而粉红琵鹭食小鱼、虾、螺和水栖昆虫。但在湿地，鹮类和琵鹭类都捕食多种昆虫、蛙、甲壳类和鱼。陆栖种类则捕食昆虫、蠕虫和其他无脊椎动物。鹮类还会食腐肉。如非洲白鹮经常觅食腐肉、衰竭的水禽和破碎的鳄鱼蛋。此外，有研究发现，古巴的彩鹮食相当数量的植物性食物，尤其是水稻。这是一个重要发现，因为鹮科一直以来被认为是一个食肉科。不过摄食一定的植物性食物被认为仅限于陆栖种类。

大部分鹮类和琵鹭类为群居性。许多种类

↗一只秘鲁彩鹮在浴后晒太阳，炫耀它那富有光泽的绿色翼羽。秘鲁彩鹮见于秘鲁、玻利维亚和智利，经常出没于大的沼泽地和潮湿的牧草地，在那里的短草丛中或溪边的泥地上觅食。

组成密集型队伍或长长的波浪状队伍飞行，交替做振翅飞行和滑翔。一起返回栖息地的群体数量数以千计。大部分种类集群觅食，甚至相对为独居性的绿鹮和黑鹮也倾向于成对或成小群觅食。群居性的鹮类常常和其他涉禽一起在合适的觅食地组群，数量总共可达上千只。在这种情况下，它们会容忍其他鸟离自己很近，并且通常行动保持一致，原因很可能是一起捕捉猎物会使自己从中受益。其他涉禽则紧跟其后进行捕食。

鹮类倾向于食小型猎物，这样可以一口吞下，避免到嘴的肥肉被抢走。它们为昼行性鸟，而相比之下，琵鹭类更多地在黎明、黄昏和夜间觅食。沿海的种类觅食行动往往受制于潮汐。群居的栖息地一般位于觅食地附近，并且可能与鹭、鹳和鸬鹚共享，因此，有些种类的群居栖息地有数万只鸟。具体的栖息地点既可以是临时性的，只维持至食物供应完毕为止，也可以是长期性的，使用若干年。相对独居性的种类则为单独栖息，或仅与其他数只鸟一起栖息。

↗一对求偶中冠羽竖起的白琵鹭

这种鸟的配偶关系是短期的，只维持到一个繁殖期结束。并且，有配偶的雄鸟有时还会与其他雌鸟进行交配，甚至是那些不处于繁殖期内的雌鸟。

↙ 鹮和琵鹭的代表种类
1.非洲白鹮；2.彩鹮，通常与鹭群居营巢；3.噪鹮，在飞翔时发出一种独特的鸣声——响而沙哑的"哈—哒—哒"的声音，它的名字便由此而来；4.美洲红鹮；5.白脸彩鹮，繁殖地分布于美国西部至阿根廷；6.白琵鹭；7.粉红琵鹭，具扁宽的喙，这是琵鹭类的典型特征。

伸展和鞠躬
繁殖生物学

大部分种类群居营巢，但有些种类如栖息于森林中的橄榄绿鹮和斑胸鹮则单独营巢。而喉鹮虽然在非繁殖期为高度群居性鸟，但营巢时却为独居。营巢地通常选择孤立的地方，如岛屿、四周为空旷地的森林等，因为在这里地面食肉动物不太涉足。多数种类筑巢于灌木丛或树上，但也有相当一部分种类会另觅他处。美洲白鹮除了会在树上和灌木丛筑巢外，还会选择芦苇荡和地面。黄颈鹮会成对筑巢于棕榈树上、沼泽地中、山区悬崖或地面。几个陆栖种类包括秃鹮、隐鹮和肉垂鹮则营巢于悬崖上。喉鹮有时甚至将巢筑在电线杆上。此外，黑鹮会搬入猛禽类的旧巢中。

求偶期间，身体上用以炫耀的部位如美洲白鹮的红色喉囊、粉红琵鹭的头部色彩、非洲白鹮的黑色羽饰等，纷纷展现出一年中最亮丽的一面。在少数人们对其进行深入研究的种类中，雄鸟先挑选一个潜在的巢址，然后采取舒展身体和鞠躬弯腰的行为开始炫耀，并极力维护这片炫耀地。被吸引的雌鸟飞落在雄鸟身旁，做出谦恭的姿态，而雄鸟起初会拒绝它。当雄鸟接受雌鸟后，双方开始相互鞠躬、触喙和梳羽。独居种类则通过鸣声来给自己"做广告"以及保持交流。

雄鸟通常负责收集巢材，然后交由雌鸟筑巢，喉鹮的树枝交接和共同筑巢行为非常仪式化。两性一起护巢，保证巢不被占用以及树枝不被盗走。交配行为一般发生在巢中，而在有些种类中邻巢之间的鸟进行混交的现象很普遍。大多数种类每隔 1～3 天产 1 枚卵，并在卵全部产下之前开始孵卵，这导致雏鸟的孵化时间不一致。雌雄鸟共同负责孵卵和随后的育雏。起初亲鸟将食物回吐至雏鸟嘴里，后来雏鸟自己将喙伸入亲鸟的食管中取食。

雏鸟发育很快，特别是腿脚，不久就能离巢。在群居种中，它们成群栖息。雏鸟的成活率取决于食物的供应状况，一旦出现食物匮乏，那么雏鸟在任何阶段夭折都会是司空见惯的事。营巢周期通常持续2～3个月，有时雏鸟死亡则会再营巢一次。大多数种类的亲鸟在雏鸟长齐飞羽后就会离弃它们。不过在有些种类中，如隐鹮，亲鸟会再留下来一段时间。

由于繁殖依赖于食物供应情况，因此当地的气候状况左右着繁殖的时期。如非洲白鹮在非洲不同分布区域内的种群有不同的繁殖时期，一般与当地的降雨模式保持一致。即使同一种类在同一地区的营巢时期也可能每年都不一样，而不同种类，在同一地区也会在不同时期营巢。例如同样在委内瑞拉，绿鹮在雨季营巢，黄颈鹮则在旱季营巢，原因很可能是捕食的猎物对象不同。而热带森林中的鹮类，如斑胸鹮，似乎一年中的大部分时间里都可以营巢繁殖。

热带的鹮类，特别是独居性种类，往往为定栖性，常年居于同一个地方。在温带地区繁殖的种类会季节性迁徙至热带，而在深受季节性降雨影响的亚热带地区和半干旱地区，许多种类为移栖性，大洋洲白鹮就是一个很好的例子，它们随降雨模式四处迁移，在降雨适度的时期和地区进行营巢繁殖。大部分种类的幼鸟

在繁殖期过后便离巢扩散。

鹮的迁徙曾在人类文化中写下了浓重的一笔。历史上，当隐鹮在春季沿幼发拉底河返回时，人们会当作一个节日来庆祝，因为这一现象被视为丰产的象征，同时也指引人们前往麦加朝圣。隐鹮不仅在中东营巢，而且还北上阿尔卑斯山脉繁殖，这在16世纪的自然历史著作中有描述。类似的，非洲白鹮季节性地出现于尼罗河畔被认为与每年的洪水有关，而这对农业有重要意义。

处于灭绝的边缘
保护与环境

隐鹮和非洲白鹮在人类古代文化中有着重要地位，如今，在它们一度最受尊崇并被载入史册的地方，却已经看不到两者的身影，这着实令人扼腕痛惜。消失的原因主要是人类的捕猎和栖息地遭破坏——这也是影响全世界鹮类生存的两大因素。现在，野生的隐鹮仅限于北非一片很小的区域。尽管人们已经通过人工饲养繁殖方式来进行介入，且目前人工饲养的隐鹮数量已经超过了野生数量，但捕猎、侵扰和栖息地的变化仍导致了土耳其境内的隐鹮数量骤减。非洲白鹮自19世纪上半叶起就在埃及的领土上消失了。类似的还有朱鹮，在20世纪初之前的日本和中国以及第二次世界大战前的韩国都曾有广泛的分布，如今则已经成了处境最危险的鹮之一，野生数量仅为几十只。原因很可能是适宜的栖息地——四周为沼泽地环绕的松树林——大片丧失。

矮小植被的蔓延影响到秃鹮在非洲南部的栖息地，而巨鹮、黑鹮的数个种群以及黑脸琵鹭都接近灭绝的边缘。在夏威夷和牙买加发现的化石表明，在这些岛上的鹮类曾多次进化为不会飞的鸟，但总是因人类活动而遭灭绝。近来，由于人类捕杀和栖息地丧失的双重影响，岛上一些亚种也已经绝迹或正处在灭绝的边缘。

◤ **一对黑头白鹮及其雏鸟**
这种鸟经常遭到捕猎，卵和雏鸟会被人掠走。

红鹳

红鹳（又称"火烈鸟"）究竟丑还是美取决于它们的数量：一只红鹳看上去也许有些奇形怪状，然而，当 200 万只粉红色的红鹳聚集在肯尼亚里夫特山谷的纳库如湖畔时，绝对是一幅令人叹为观止的壮丽画面。

红鹳是一个古老的群落，化石证据表明其历史至少可追溯至中新世时期（约 1000 万年前）。红鹳的分类至今仍充满争议。有人将它们视为鹳形目的一个亚目，但它们的蛋清蛋白与鹭科种类相似。若从行为特征和羽虱角度而言，它们似乎更像水禽类（雁形目），但近来又有人认为红鹳与斑长脚鹬相似，从而强调它们与涉禽类（形目）存在亲缘关系。而由于红鹳与其他鸟都各不相同，有人则干脆将它单独列为一目，为"红鹳目"。安第斯红鹳和秘鲁红鹳与其余红鹳类的不同之处在于后趾缺失，但这 2 个种类以及小红鹳较之于大红鹳又具有一个更为特化的觅食器官。

奇怪的是，系统生物学的创始人林奈在他的描述中将美洲红鹳作为红鹳科的代表种类，而非人们更熟悉的大红鹳。想必是早期前往西印度群岛的旅行者们为他提供了他所描述的种类样本。

长腿涉禽
形态与功能

红鹳体大，头小，颈长，腿长，适于涉水。成鸟的体羽为粉红色和深红色，初级、次级翼羽为黑色，这使它们看上去非常醒目。美洲红鹳为最大种（如同美洲鹮和琵鹭分别为该类中最大的种一样）。体羽和翼羽在一个繁殖周期仅有单次一次性换羽。腿、喙和脸部色彩鲜艳，为红色、粉色、橙色或黄色。足相对较小，具蹼，可用于游泳或踩踏淤泥，以搅起食物残渣。雄鸟大于雌鸟，在某些种类中尤为明

↗小红鹳主要为非洲种，但在巴基斯坦和印度也有数量可观的种群。

红鹳"喂奶"

有2类鸟给雏鸟喂"奶"：红鹳和鸽子。与鸽子的"奶"相比，红鹳的嗉囊分泌物蛋白质含量较低（8%～9%对13.3%～18.6%）、脂肪含量较高（15%对6.9%～12.7%）。但2种分泌物几乎都不含碳水化合物。另外，红鹳的"奶"中含有约1%的血红细胞，来源则不明。因此，鸟乳在营养价值上与哺乳动物的乳不相上下。

和哺乳动物的乳一样，鸟乳的分泌也同样受一种激素，即催乳激素的控制。只是在鸟类中，雌鸟和雄鸟都会因催乳激素而导致嗉囊腺体细胞的增生，故两性都会为后代喂乳。而在哺乳动物中，喂乳永远都只是雌性的任务。对人工饲养红鹳的研究发现，少数并非亲鸟的鸟也会产生乳汁，甚至仅仅只有7周大的雏鸟也能扮演"养父母"的角色，给更小的雏鸟喂乳，可能是雏鸟持续的乞食声刺激了它们体内激素的分泌。嗉囊只有在食物完全清空后才会分泌乳汁，所以食物是不可能回吐出来的。

红鹳的嗉囊乳汁中含有大量的角黄素（成鸟羽色的着色色素），使乳汁刚开始呈鲜红色，不过不久就会褪色，变成浅黄色。角黄素贮存于雏鸟的肝内，而不是绒毛中或幼鸟的羽毛中，因此后者是灰色的。

这种特化的亲鸟喂食方式可能是为了保证雏鸟能够获得足够的食物，尤其是蛋白质。成鸟觅食水域的高盐碱度，它们不同寻常的喙结构和觅食习惯，以及它们的营巢地远离食物源，也许都在一定程度上促成了嗉囊进化为可以分泌乳汁的腺体。而这一机制得以成功的原因完全是因为红鹳的窝卵数极少（通常仅为一窝单卵），甚至比大部分鸽子还少。

显，而这种体型上的差别也是两性之间唯一明显的区别。

雏鸟孵化时长有灰白色绒毛、粉红色的直喙和圆胖的腿（两者在1周后都转为黑色）。幼鸟新长出的羽毛为灰色，带褐色和粉红色斑纹，腿和喙为黑色。待飞羽长齐后，喙开始从中部起下弯；上颌小，成盖形；下颌大，成槽形；边缘均有用于过滤的栉状结构即"栉板"。舌厚并具刺。

居于热带洼地
分布模式

化石表明，除了如今生活的地区，红鹳曾经遍布欧洲、北美和澳大利亚的许多地方。但现在，它们仅见于极为分散的洼地中。大部分种类居于热带，不过大红鹳也广泛分布于南部古北区——从地中海东北部至哈萨克斯坦。在大西洋两岸，红鹳见于沿海及内陆的湿地中，包括一些海拔高的湖泊。

所有红鹳的迁移活动往往都缺乏规律，具体则与季节、水位、食物供应状况以及年龄大小有关。某些分布区的红鹳会迁徙至那些冬季天寒地冻的繁殖地，然后返回，如哈萨克斯坦和俄罗斯境内的大红鹳。那些重新被找到和发现的"标记鸟"向人们表明，有时红鹳会利用非繁殖期进行大范围的迁移，从欧洲或亚洲的繁殖地飞往数千千米外的非洲湿地。有些曾在同一个群居地的红鹳会广为分散，而有些红鹳则会多年定居一地（见于法国）。可见红鹳的迁移模式错综复杂。另外，许多红鹳通常在夜间进行长途飞行。

抽水加过滤
食物与觅食

红鹳昼夜都进食。小型种类的食物与众不同，喜食生活在碱性湖和咸水湖中的青绿色细小海藻和硅藻。相比之下，大型红鹳则主要以无脊椎动物、幼虫和甲壳类为食。

红鹳的觅食方式非常独特。它们将喙倒置于水中，把舌头当作活塞，这样嘴张大时水和淤泥便通过具有过滤作用的栉板被吸入和排出，频率为每秒3～4次。这种过滤觅食的方

↗ 红鹳的代表种类

1. 在觅食的秘鲁红鹳；2.小红鹳，它为了滤食能够用喙每秒钟抽水 20 次；3.智利红鹳；4.大红鹳，为该科中分布最广的种类。

法与须鲸颇为相似。小型种类如小红鹳、秘鲁红鹳和安第斯红鹳的喙凹陷很深，精细的食物可以保留下来，而粗糙的东西一律被栉板排除在外。喙凹陷较浅的美洲红鹳、大红鹳和智利红鹳则为大型种类，主要以卤蝇、盐水丰年虾、蟹守螺等无脊椎动物为食，从水底淤泥中获得，方式一般为在浅水域涉水、偶尔潜水，或者有时像鸭子一样倒竖水中。红鹳身上鲜艳的红色源于它们直接或间接摄取的海藻中含有丰富的胡萝卜素。此外，青绿色的海藻是一种蛋白质含量极为丰富的物质，在东非，小红鹳经常数目众多地聚集成群，这与浮游型海藻钝顶螺旋藻形成的稠密"水花区"有关，它们的成功繁殖很可能就是依赖于这样的水花区。

30000 只的雏鸟群
繁殖生物学

　　红鹳的寿命很长，数只人工饲养的红鹳已有 60 岁，而在野生种类中活到 40 岁也可能相

当普遍。不过，虽然人工饲养的配偶可以在一起数年，但在大红鹳中配偶之间的关系却并不持久，不同的繁殖期会更换不同的配偶，甚至在同一年内 2 个连续的繁殖期中间也会更换伴侣——这是人们在法国南部的卡马格所观察到的。

　　所有红鹳种类的繁殖相当没有规律，它们

↗ 一只安第斯红鹳的雏鸟在巢墩上

与大多数涉禽类和水禽类不同的是，红鹳的雏鸟在孵化后会留在巢中 5～8 天。它们粉红色的直喙和圆胖的腿在出生 1 周后都会变成黑色。

红鹳的炫耀行为与它们日常所做的梳羽和伸展活动并无多大差别，只是炫耀行为的动作更有力度，在群体中更富有感染力，顺序也更固定（相比之下，雌雄鸟之间的交配炫耀几乎不存在或是相当不明显）。常见的行为有举头后的"翅膀敬礼"——翅膀向上展开再折起。给人的印象是一片粉红色中有一道黑色闪过。1."反转式翅膀敬礼"（图中为一只大红鹳）：身体前倾，翅膀部分张开，举过背。2.翅膀敬礼后有时会随之以"扭转梳羽"，此处为一只美洲红鹳扭转颈部，然后向前闪开一翼，露出黑色羽毛，用喙在翅膀后面梳羽。翅膀敬礼的具体方式依种而不同，如大红鹳3和智利红鹳4。

是否营巢繁殖很大程度上取决于降雨情况以及由此对成鸟食物供应状况产生的影响。巢墩用泥土筑起，可高达 30 厘米，从而能够不被洪水淹没，并避免地面温度过热。雌雄鸟共同筑巢，采用的方法很简单，用喙朝着脚或身子这边刨土。不过这种行为使营巢地逐渐恶化。在卡马格，繁殖岛每年都爆满。姗姗来迟的繁殖者只能试图在各个巢墩之间的坑洼处筑巢，或者只有等先来的繁殖者能够在它们营巢之前将巢墩腾出来让给它们。在毛里塔尼亚（西非）

的基奥尼群岛上，大红鹳将巢筑于大西洋中露出海面的岩石上，将卵产于光秃秃的石面上。

卵为一窝单卵，很大，呈白垩色，由双亲轮流孵化，轮班时间为 2 ~ 4 天。成鸟孵卵时，像其他鸟一样将双腿曲于身下，并不是像民间故事中所说的那样将腿从巢中垂悬下来。

雏鸟孵化后会留于巢中数日，亲鸟会喂以由其上消化道的腺体或者嗉囊分泌的一种分泌物。美洲红鹳长至 4 ~ 6 周时便能自己觅食，而至少在大红鹳和小红鹳中，亲鸟会一直喂养

红鹳起飞前会像这只大红鹳一样先跑上数步，然后振动翅膀，最后升入空中。

一个小红鹳群体在肯尼亚里夫特山谷的博戈里亚湖
数百万只鸟聚集于该地区的咸水湖中，从矿物质丰富的咸水中摄取大量浮游生物。

至雏鸟长齐飞羽，那时雏鸟的喙像成鸟一样长成钩状，具备了独立觅食的能力。

雏鸟离巢后会加入雏鸟群中。小红鹳的雏鸟群可有30000只雏鸟。亲鸟通过辨别雏鸟的鸣叫声来找到自己的雏鸟，然后给它单独喂食。这种喂食行为主要发生于夜间，并且随着雏鸟活动能力日益增强，往往需要花上半个小时甚至更长的时间。

大红鹳和小红鹳在非洲一些大的盐碱洼地营巢，当营巢地因高温日晒而干涸时，成群的雏鸟便需要踩着坚硬的盐层长途跋涉去觅水，有时行程长达80千米。这些自然营巢地在干旱年份或有洪灾时就不能用，也许10年里仅可用上一两次。在这样的条件下，红鹳必须与时间赛跑，即赶在洼地再次干涸前育完雏。这些地方的水盐分很高，雏鸟若不慎便有可能被套以一副盐碱"脚镣"——在它们的腿部周围形成一圈盐碱物，导致有时数千只飞羽未长齐的雏鸟活活饿死。对此，人们采取了大量的援救行动来减少损失。

在欧洲，人们通过在西班牙的研究发现：夏季，当在马拉加的繁殖地干涸时，数千只雏鸟的亲鸟会飞往150千米外的瓜达尔基维尔河口的沼泽地觅食。由于双亲共同喂养雏鸟，因此大部分鸟只需每两天这样往返一次，但仍有部分鸟会在同一天夜里赶回觅食区。类似的长途觅食飞行还发生在繁殖于安的列斯群岛博内尔岛上的美洲红鹳身上，它们中的一部分会飞至委内瑞拉沿海的湿地中去觅食。

雏鸟长到约11周后开始会飞，然后在接下来的2～3年内逐渐褪去幼鸟的灰色。但只有当羽色完全变成粉红色后，它们才会进行求偶炫耀和繁殖。在卡马格的研究表明，大红鹳从未在3岁以前繁殖，而大部分要到6～7岁才进行繁殖。在动物园中，只有当人们认识到了成鸟羽色的重要性并努力提高食物中的类胡

红鹳

目 鹳形目

科 红鹳科

3属5种：秘鲁红鹳、安第斯红鹳、小红鹳、智利红鹳、大红鹳。另大红鹳有2个亚种：大红鹳亚种和美洲红鹳亚种。

分布 世界范围内，大量分布在热带和暖温带地区，有些分布于高海拔地区。

赤道

栖息地 浅的盐碱湖和湖泊。

体型 体长80～145厘米，体重1.9～3千克。雌鸟小于雄鸟。

体羽 粉红色，两性相似。

鸣声 响亮似鹅叫声。

巢 泥筑的土墩。

卵 通常为一窝单卵，白色；重约100克。孵化期28～30天，雏鸟留巢期75天。

食物 海藻和硅藻，小型水栖无脊椎动物，尤其是甲壳类、软体动物以及昆虫幼虫。

萝卜素含量后，红鹳才得以成功营巢繁殖。最初，人们在食物中注意补充胡萝卜、胡椒、干虾等成分，如今，人们将合成角黄素添加至食物中，从而使人工饲养的大型红鹳种的繁殖变得越来越有规律。

红鹳在其生命的各个阶段都具高度群居性，炫耀地和营巢群居地自然是一片热闹。小规模的繁殖几乎鲜有听闻，虽然美洲红鹳算是一个例外——它在加拉帕哥斯群岛的孤立种群偶尔仅有三五对一起营巢。群体炫耀仿佛使群居地的所有红鹳同时都做好了配对的准备，从而可以确保在并不安全的繁殖栖息地实现快速、同步的产卵。

条件恶劣
保护与环境

红鹳的羽毛在阳光下会逐渐褪色，也许这便是它们的羽毛在过去没有被大规模用于交易

的原因之一。但红鹳的舌头曾被人们当作一道美味佳肴，而它们的脂肪至今仍被一些安第斯的矿工视为治疗肺结核的良方。

盐碱提炼工业的发展给世界许多地方的生态环境都造成了很大的威胁，然而，在卡马格及博内尔岛，由盐工业生成的人工湖却在相当程度上成功地为红鹳所接受。在卡马格的沙林德格罗附近，人们于1970年在盐池中建起了一个小岛，以解决红鹳在当地没有合适的自然栖息地的问题。用泥桶浇筑的人工土墩吸引了红鹳来岛上营巢。自1974年以来，红鹳一直在那里进行繁殖，至今该地仍是法国境内唯一的红鹳繁殖地。

红鹳鲜有天敌，因为它们往往生活在环境恶劣的地方，那里的水盐碱度非常高，以致盐水湖中几乎没有植被，周围的水域犹如一片荒漠。而在地中海的几个群居地很容易受到侵扰，偶尔连狐狸和迷路的狗都会伤害它们的卵和雏鸟。不过，该地区的主要天敌则是黄腿鸥，仅卡马格每年就有成百上千枚卵和幼雏被这种鸟掠走。不过，尽管如此，当地红鹳的数量仍在上升。在更靠北的分布区，大红鹳有时必须面对严冬的考验，连续数日的严寒天气会使它们遭受重创。如1985年1月，由于气温持续2周都在冰点以下，3000多只红鹳在法国南部因饥寒交迫而死。

栖息地的环境变化和开发利用使所有红鹳都深受影响。秘鲁红鹳数量已经很稀少，而深红色的美洲红鹳或许面临着更大的威胁，因为它们仅在环墨西哥湾的4个主要群居地（尤卡坦半岛、伊纳瓜群岛、古巴和博内尔岛）繁殖，而且动物园对它们的需求量也很大。由于途中运送条件恶劣，它们往往难以坚持到目的地，另有许多在被人捕获后死亡。至今，3个小型种类的红鹳在人工饲养条件下几乎或完全没有个体进行繁殖，人们仍在大量猎捕野生红鹳送往动物园。

之前，人们对各个红鹳种类的数量进行了估计，下面的数据只能大概地反映出目前世界上究竟有多少红鹳：小红鹳5000000只，大红鹳和智利红鹳各500000只，美洲红鹳100000只，安第斯红鹳和秘鲁红鹳各50000只。

数千年来，水禽类天鹅、雁和鸭不断为人类提供着蛋、肉和羽毛。人们将它们作为捕猎、娱乐和饲养的对象。在人类文化中，它们的影响范围涉及音乐、舞蹈、歌曲、语言、诗歌、散文等多个领域。然而，它们的湿地栖息地却遭人诟病，常常被描绘成危险可怕的人类疾病（如疟疾）之源。不过近年来，保护水禽及其赖以生存的湿地的重要性已为越来越多的人所认识。

与水禽和叫鸭亲缘关系最近的当数红鹳类、猎禽类、鹳类、鹮和琵鹭，但尚无足够的化石记录来揭示它们之间的确切关系及起源。在水禽类内部，虽然可分成多个族（拥有多达400个以上的杂交种便可说明这一点），但种与种之间的关系却很密切。大多数成员为人工饲养，也有部分为野生。有不少跨族的杂交种也为世人所熟知。

15个族
形态与功能

几乎所有的水禽类都营巢于淡水域的水面或水边，只有几个种类，包括黑雁、叫鸭和海番鸭，大部分时间生活在入海口和浅海中。水禽类基本上为水栖鸟种，身体宽、下部扁平、颈中等偏长、腿较短、具蹼足。潜水的习性经过多次进化，那些擅长潜水的种类身体极富流线型。喙通常宽而扁，喙尖长有一角质"嘴甲"，在某些种类中微具钩。颌骨两侧有栉状的"栉板"，一些种类用以从水中滤食。舌头相当短且厚，成锯齿状的喙缘用以咬住和处置食物。

多数鸭类腿长得非常靠后（有些极为靠后），因此在陆上行动时缓慢笨拙。但也有不少在水下潜水和觅食的种类如潜鸭类、秋沙鸭类和硬尾鸭类，同样能够在地面快速灵活地活动。极少数种类如红胸秋沙鸭，在水下时会使用翅膀，但总体而言，水禽类在潜水时翅膀贴紧身体。雁类和草雁类通常更倾向于陆栖，尤其是在觅食时。它们的长腿更靠近身体的中

↗ 鹊鸭

83

部，因而站立姿势挺拔，行走起来轻松自如。

　　基于各个种类的内部特征如骨骼，外部特征如成鸟和幼雏（小于3周）的体羽模式和类型、行为特征以及最近的DNA分析，本篇将水禽类分为15个族（外加神秘的麝鸭，暂时无法归入任何一族）。

　　澳洲的鹊雁是鹊雁族的唯一一种。它在整体外形上与叫鸭颇为相似，特别是两者都具有长腿和长颈，并且趾间的蹼都退化。虽然澳洲鹊雁的喙在基部深而宽，却是典型的水禽类喙形——向上穿过笔直的额，直至进入头部宽大的圆顶中。翅宽，振翅缓慢，飞行稳定，路线直。鹊雁的体羽像许多水禽一样为黑白色，但翼羽却并不像几乎所有的水禽那样一次性换羽，因此，在翼羽脱换期间，鹊雁仍具有飞行能力。与大部分其他水禽不同的是，鹊雁的亲鸟会给雏鸟喂食，方式为将食物从亲鸟的嘴中送至雏鸟嘴中。一般的群居形式为1只雄鸟与它配对的2只雌鸟，三者共同筑巢、孵卵、看雏和喂雏。而在其他水禽中，多配制是很罕见的。

　　近来对澳大利亚麝鸭的研究发现，该鸟与之前隶属的硬尾鸭族并没有亲缘关系。所谓的相似性很可能是趋同进化的结果，主要为后肢因潜水而都发展成重要的觅食工具。和鹊雁一样，麝鸭的雏鸟也由亲鸟喂食，雌雄鸟的体型相差很大（比其他任何鸭类都明显）。不存在配偶关系，相反，有一套"展姿场"繁殖机制：20只或更多的雄鸟聚集在同一个地方竞相炫耀，并使所有被吸引到展姿场内的雌鸟受精。雄鸟相互之间非常好斗，经常在水中追逐。

　　树鸭族广泛分布于热带和亚热带地区。但大多数种类限于相当小的分布范围内，不发生重叠。然而，茶色树鸭的分布却异常广泛，见于南北美洲、东非、马达加斯加和南亚地区。同时，在如此大范围而又不连续的分布区内，该种类的各种群在形态上并没有出现明显的变异。

　　树鸭的配偶关系为长期性，双亲共同育雏。它们中大部分体型相当小，腿长，站立时姿态挺拔。树鸭的名字源于它们普遍栖于树枝上的习性，而它们的另一个名字"啸鸭"则是源于它们发出的鸣声为尖锐的呼啸声。它们的

天鹅和雁的代表种类
1.疣鼻天鹅，喙基部有黑色的瘤（雄鸟的较大），为该种类的典型特征；2.大天鹅在做胜利炫耀；3.红胸黑雁摆出具有攻击性的示威姿势；4.粉脚雁，在冰岛、格陵兰岛和斯瓦尔巴特群岛繁殖的北方种类；5.灰雁，在用喙的下侧将1枚卵滚入巢中；6.头部长有独特圆顶的澳大利亚鹊雁；7.一只飞翔的斑头雁加入迁徙群；8.在苔原巢中的帝雁；9.加拿大黑雁的典型休息姿势；10.一只黑颈天鹅背着小天鹅；11.一只雄夏威夷黑雁在送走对手。

翅宽，飞行速度并不快。除了可以在陆上出色地行走，树鸭也会游泳和偶尔潜水。两性的体羽一样，颜色通常集中为褐色、灰色和浅黄褐色。茶色树鸭和其他3个种类在胁部的炫耀性饰羽很粗。长着绒羽的雏鸟浑身的羽毛与其他水禽类的雏鸟都不一样（扁嘴天鹅除外），其中最独特的是眼下方有一条浅黄色或白色羽线绕于头部，头顶羽毛为黑色。在进行交配后，树鸭配偶会陶醉于相互的炫耀中——双方做出相似的动作，如将靠近对方的那一扇翅膀展开等。

非洲的白背鸭（白背鸭族）与树鸭具有亲缘关系：雌雄鸟外形相似，维持长期的配偶关系，共同筑巢、孵卵和育雏。然而，白背鸭非常擅长潜水，这从根本上改变了它的体形。和麝鸭一样，它在外形上与硬尾鸭接近，但没有坚硬的尾羽。

澳洲灰雁（澳洲灰雁族）像雁族一样为食草类。它们的配偶关系也为长期性。雄鸟帮助筑巢，但不孵卵，这一点与天鹅族类似，与雁族不同。DNA分析表明，澳洲灰雁归属于一个古老的族，而与它亲缘关系最近的也许是扁嘴天鹅。

雁族为"真正的"雁。它们在交配前会相互炫耀，并且在成功将竞争者（1只雄鸟或1对配偶）驱走后，会举行一个胜利仪式。15个种类都分布在北半球，它们在南半球的生态位由草雁取而代之。雁类羽色不统一（尽管雌雄鸟相似），一些种类为黑色和白色，而其他种类以灰色或褐色为主。它们能够很好地行走和跑动，腿相当长，位于身体中部，颈中等偏长。雌雄鸟维持长期的配偶关系，但只有雌鸟单独筑巢和孵卵，雄鸟负责看护。

天鹅（天鹅族）拥有一身纯白的羽衣，有时为黑白相间，从体羽为白色、外翼为黑色至体羽为黑色、外翼为白色不一。各种类两性相似，亲鸟往往会照看雏鸟1年以上。7个种类中有4种限于北半球（人工引入除外），另外3种仅见于南半球，其中最古老的种类很可能是扁嘴天鹅。天鹅中有最大的水禽个体，翼展超过2米，体重逾15千克。天鹅颈非常长，但腿相对较短，陆上活动能力不强。它们以及雁类都是出色的飞行专家，有几个种类定期往

天鹅、雁和鸭各族

鹊雁族（鹊雁）
仅鹊雁1种。

树鸭族（树鸭）
1属8种。种类包括茶色树鸭等。

白背鸭族（白背鸭）
仅白背鸭1种。

澳洲灰雁族（澳洲灰雁）
仅澳洲灰雁1种。

雁族（雁）
2属15种。种类包括：白颊黑雁、黑雁、夏威夷黑雁、雪雁、白额雁等。

天鹅族（天鹅）
2属7种：小天鹅、黑天鹅、黑颈天鹅、疣鼻天鹅、黑嘴天鹅、大天鹅、扁嘴天鹅。

斑鸭族（斑鸭）
仅斑鸭1种。

硬尾鸭族（硬尾鸭）
3属7种。种类包括：黑头鸭、安第斯硬尾鸭、棕硬尾鸭、白头硬尾鸭等。

湍鸭族（山鸭、湍鸭和船鸭）
3属6种。种类包括：山鸭、短翅船鸭、灰船鸭、湍鸭等。

距翅雁族（距翅雁和瘤鸭）
2属3种：种类包括：瘤鸭、距翅雁等。

麻鸭族（麻鸭和草雁）
5属15种。种类包括：蓝翅雁、埃及雁、棕头草雁、翘鼻麻鸭、黑胸麻鸭、灰头麻鸭等。

红耳鸭族（红耳鸭和花纹鸭）
2属2种：红耳鸭、花纹鸭。

鸭族（水面觅食和嬉水类鸭）
11属57种。种类包括：疣鼻栖鸭、棉凫、奥岛鸭、坎岛鸭、桂红鸭、赤颈鸭、绿翅鸭、凯岛针尾鸭、莱岛鸭、绿头鸭、针尾鸭、斑头鸭、铜翅鸭、黑头凫、鸳鸯、林鸳鸯等。

潜鸭族（潜鸭）
4属17种。种类包括：粉头鸭、帆背潜鸭、凤头潜鸭、灰嘴潜鸭等。

秋沙鸭族（秋沙鸭）
10属20种。种类包括：黄嘴秋沙鸭、褐秋沙鸭、普通秋沙鸭、红胸秋沙鸭、中华秋沙鸭、棕胁秋沙鸭、斑头秋沙鸭、欧绒鸭、黑海番鸭、拉布拉多鸭、长尾鸭、鹊鸭、白枕鹊鸭等。

麝鸭族
麝鸭过去被归为硬尾鸭族中，最近研究发现它与该族无亲缘关系。故有待于重新归类。

北迁徙进行繁殖，常飞越数千千米。

斑鸭为斑鸭族的唯一代表，外形总体上与鸭相近，只是腿较短。两性体羽相似，全身带有灰褐色斑点，不过雄鸟的喙在繁殖期呈红色。雄鸟筑巢，但之后就不再操心"家庭事务"。由于与雁和天鹅无论在生理结构上还是行为模式上都存在许多相似性，故将斑鸭族置于紧随雁和天鹅族后面的位置。

硬尾鸭（硬尾鸭族）绝大部分见于南半球，仅有2种出现在赤道以北。它们为体小、矮壮的潜鸟，尾羽短而硬，用以在水中掌舵。腿长得很靠后，因而在陆上行动受限。雄鸟的体羽主要为深栗色或褐色，头部常常为黑色或黑白相间，并且许多种类的雄鸟在求偶期间喙呈明亮的蓝色；雌鸟一般为暗褐色。翅膀短粗，飞行快速、笔直，但需较长的助跑方可起飞。雄鸟的炫耀行为相对比较复杂。大多数水禽的翼羽和尾羽每年脱换一次，期间不会飞，然而绝大部分（如果不是全部的话）硬尾鸭却每年换羽2次。

山鸭、湍鸭和船鸭可能只是暂时地同归于湍鸭族下，有必要进一步研究。船鸭限于南美洲南部，绝大部分水栖，通常在海岸附近。4个种类中有3种翅膀极短，完全不能飞行，另外1个种类偶尔飞行，但飞行能力很弱。船鸭体格结实，颈短，腿短，喙有力。它们的英文名"steamer duck"源于它们在迅速逃离危险时腿和翅膀搅水的方式像轮船的轮子。船鸭的体羽主要为灰色，两性相似。山鸭和湍鸭生活在南半球的急流险滩中，以水生无脊椎动物为食，如石蛾（在北半球为鲑鱼的食物）。它们像船鸭一样有很强的领地性，配偶常年在一起，共同育雏。湍鸭有数个地理分布明显的亚种，它们适于在南美安第斯山区水流湍急的溪流中生存。它们的身体呈流线型，爪子锐利，可以抓住打滑的石头，尾长而硬，用以在急流中控制方向。

▶ **一群大天鹅聚集在日本的钏路湖**

钏路湖位于北海道的北部，当地春季温暖，即使在大部分水面仍冰冻时，近海水域仍不结冰，可供鸟类活动。

山鸭在新西兰的栖息地与湍鸭的类似。

距翅雁和瘤鸭共同组成了分布于非洲和南美洲的距翅雁族。它们与雁族颇为相似，体羽相像。雄鸟通常明显大于雌鸟。羽毛以黑色和白色为主，为黑色时常泛有绿色光泽。配偶关系相当松散，雄鸟很少与后代在一起。

由麻鸭和草雁构成的麻鸭族包括1属7种麻鸭（1种很可能已灭绝）和4属8种草雁。麻鸭在中美洲和北美洲之外呈世界性分布，而草雁仅限于南半球，但非洲的蓝翅雁和埃及雁例外。它们体型中等，其中草雁可持站立姿势，但2类均可既在水中又在陆上觅食。体羽各异，但大部分种类有一鲜艳的绿色翼斑（为长于次级飞羽外面部分的一色斑），同时翼覆羽为白色。其他常见的羽色有白色、黑色、栗色和灰色。在一些种类中，两性相似，而在其他种类中，则对比鲜明。不过，其配偶关系持久，双方共同育雏。炫耀行为与雁族类具有某些相似之处。一些种类（如果不是全部的话）和鹊雁一样按序脱换翼羽，并且，翼羽的脱换可能会隔年进行一次。

共同组成红耳鸭族的红耳鸭和花纹鸭之间的亲缘关系也同样存在疑问，有待进一步研究。小巧的澳大利亚红耳鸭像斑马那样长有黑白相间的羽毛，头两侧各有一粉红色的小色斑，两性相似。喙大，边缘具栉板，非常适于在水面过滤微型有机物。新几内亚的花纹鸭栖息于多种河流中，但主要生活在水流湍急之处。这种鸟具有领域性，两性相似，体羽呈黑白条纹，喙呈鲜艳的黄色。

水面觅食和嬉水类鸭（鸭族）为水禽中最大的族，包括了许多进化非常成功、适应性很强的种类。绝大多数为水栖类，体型小，腿短，在水面觅食或采取倒立姿势——在水面下的浅水中嬉水。嬉水类鸭见于世界各地，包括在偏远的海岛上，人们也发现生活着数种非迁徙型的种类，如莱岛鸭和奥岛鸭。其他许多嬉水类鸭，诸如针尾鸭、绿翅鸭、赤颈鸭等为典型的候鸟，可进行长途飞行。小型种类几乎能从水面垂直起飞，同时

◤ 水面觅食和嬉水类鸭的代表种类

1.埃及雁，它的拉丁学名的命名不正确，因为这种鸟事实上属麻鸭族；2.莱岛鸭，只分布于夏威夷的莱珊岛；3.翘鼻麻鸭的飞行特点为翅膀成弓形，扇动缓慢；4.针尾鸭，具有加长型的中央尾羽，因而得名；5.林鸳鸯，营巢于树洞中；6.棕硬尾鸭，一个北美种，繁殖地北起加拿大的不列颠哥伦比亚省和魁北克省，南至墨西哥边境；7.白脸树鸭，热带树鸭族的一个种；8.一只雄鸳鸯，这一漂亮可爱的东亚种类被广泛引入西方进行人工饲养；9.绿眉鸭，因其独特的白色头顶有时被称为"秃鸭"；10.云石斑鸭，因其湿地栖息地受到严重破坏，现被世界自然保护联盟列为易危种；11.一只雄赤嘴鸭，该鸟为南欧种，其显著特点是身体呈橘黄色，头部为浅色；12.一只雄绿头鸭在进行仪式化梳羽。

在空中也非常灵活。另有少数种类可栖于树枝等物体上，这在其他所有水禽中极为罕见。约有1/3的种类营巢于洞穴中，它们的雏鸟长有锐利的爪子和相当坚硬的尾巴，出生不久后便可以爬离洞巢。大多数种类主要分布在热带和亚热带地区，少数种类见于温带，如鸳鸯。在更小的种类如棉凫中，两性差别很大，羽色各异，从暗褐色到浅栗色、绿色、白色均有。

知识档案

天鹅、雁和鸭

目 雁形目
科 鸭科
50属162种。

分布 全球性，南极洲除外。

栖息地 主要在淡水域和沿海湿地。

赤道

体型 体长30~150厘米，体重0.25~15千克或以上。

体羽 各异。大多数为某种程度的白色，不少种类为黑色相间，少数为全白或全黑，灰色、褐色和栗色也较为常见。头部和翼斑常泛有绿色或紫色光泽。在某些属中，雄鸟色彩鲜艳，而雌鸟和幼鸟为具有隐蔽性的暗褐色；在其他属中则两性相似。

鸣声 一些属的种类鸣叫很活跃（常见的鸣声有嘎嘎声、咯咯声、嘘嘘声、嘶嘶声），其他的则大部分时候很安静，或在炫耀时有柔和的鸣声。

巢 植被性巢材，大部分筑于地面，偶有筑于岩脊或树冠者，约有1/3筑于洞穴中，或为树洞或为地洞。

卵 窝卵数4~14枚；白色、乳白色、浅绿色、蓝色或褐色，无斑纹。孵化期21~44天。雏鸟早成性，除鹊雁和麝鸭外自己进食。雏鸟长飞羽期为28~110天。

食物 以多种动植物，如鱼、软体动物、甲壳类、昆虫及其幼虫、水生和陆地植物的叶、茎、根、种子等为食。

87

叫鸭为一种栖息于南美湿地的水禽，虽然倘若体型再大一些，颇像小的火鸡，但总体而言外形似雁。它们的名字源于它们在建立和维护繁殖领地时会发出响亮而悠远的鸣声。

叫鸭有3个种类，但人们对野生叫鸭缺乏足够的研究。表面上看，它们与其他雁形目鸟几乎毫无相似之处，但其解剖结构与鹊雁类似。叫鸭看起来很重，可实际上相对却很轻，因为它们的生理构造较为独特：在松弛的皮肤下面有一层小气囊，触摸时会有细碎的响声。叫鸭通过颤动这些气囊可以发出辘辘声，似乎是作为一种近距离的威胁。和鹊雁一样，叫鸭的飞羽分批脱换，而不像其他的鸭类、雁类和天鹅类那样，每年会有一个不会飞的时期。

↗所有叫鸭（图中为黑颈叫鸭）的每个翅膀上都有两个距突出，用以和对手进行攻击性的行为。巨大的足适于在它们所生活的沼泽浅水中阔步走动。

吵闹的邻居
形态与功能

叫鸭的腿长而粗，足大，趾长，仅一趾根部微成蹼状。喙与其他水禽类的不同，下弯，更像火鸡的喙。叫鸭属雁形目的最大特点是同样具栉板（虽然并不很明显），黑颈叫鸭和冠叫鸭的栉板长于上颌内侧，角叫鸭长于下颌。当然，在骨骼方面，与其他雁形目鸟也存在许多相似之处。

叫鸭最常见的觅食行为是在领域内的浅水域中边走动（或涉水）边食草。由于身体轻巧，它们也会在漂浮的植被簇上行走。它们主要以根、叶、茎和肉质植物的其他绿色部位为食，也可能摄取少量的昆虫，特别是雏鸟。冠叫鸭还会食农业区的农作物。

叫鸭的尖叫声用于在繁殖前建起一块240平方米大小的领域，并在营巢期和育雏期进行维护。翼角处有两个尖锐的距突出，用于威胁和攻击入侵者。在叫鸭的胸肌里曾发现有碎裂的距，这样看来，争斗可能时有发生。

角叫鸭的角是一种细长的软骨组织，长15厘米，从前额突出来。它的功能不明，甚至不清楚它是否与其他体羽一起每年脱换一次。有人认为，角的长度与年龄有关，也许可

角叫鸭的名字源于它额上有个角——一根长达15厘米的软骨突出物。角的具体功能不明，但它脆弱的结构表明它很可能仅用于炫耀。

以显示出作为一个潜在配偶的质量如何。

雌雄鸟形相似，配偶关系似乎为终生性，繁殖期很长。具体的繁殖时期主要受气温和降雨的影响，通常集中于 9 ~ 11 月，即南半球的春季；但黑颈叫鸭例外，它们年内任何时期均可繁殖。求偶炫耀目前缺乏研究，但大部分似乎都有宣布领域、翱翔飞行、向毗邻的配偶发出鸣叫等行为。配偶经常会齐鸣，并且相互之间梳理头部和颈部的羽毛。

以南美沼泽为家
分布模式

所有叫鸭均为南美本地种，大部分都是定栖性，不过冠叫鸭会因气候条件和食物供应情况在冬季大规模集结迁移。黑颈叫鸭的分布范围最窄，仅限于哥伦比亚和委内瑞拉的低地。冠叫鸭见于安第斯山脉以东地区，北起玻利维亚西北部和巴西中部，南至阿根廷中部。角叫鸭则生活于东部低地，从哥伦比亚北部至玻利维亚东部和巴西中南部。

3 个种类都栖息于沼泽地，同时也见于开阔的大草原上、池塘边和水流缓慢的小溪中。叫鸭的飞行能力很强，可以翱翔至相当高的空中——可能用于求偶炫耀，也能够轻松自如地栖于树上或矮灌林中。在高空飞翔时，叫鸭看上去颇似食肉鸟。

营巢于水中
繁殖生物学

叫鸭的巢筑于离岸数米内的浅水中。巢材主要为树枝，外加部分柔软的茎和叶，不从巢址以外的地方运回，而是用喙就近取材。两性共同筑巢。交配发生在陆上，雄鸟骑在雌鸟背上，啄住雌鸟的颈羽以保持平衡。窝卵数 2 ~ 7 枚，但通常为 3 ~ 5 枚。卵的重量范围从角叫鸭的平均 155 克至黑颈叫鸭的 184 克。孵化期约为 45 天，雌雄鸟轮流孵卵，替换时会相互鸣叫和梳羽。

雏鸟一孵化出来便覆有浓密的绒羽，随即离巢跟随亲鸟活动。刚开始几天，亲鸟会在夜间给雏鸟喂食，将食物放入它们张大的嘴里。角叫鸭的雏鸟一生下来就长有翼距。成鸟很少游泳，但雏鸟很频繁，尤其是和涉水的亲鸟在一起时。游泳时成鸟的羽毛会湿透，但雏鸟的羽毛有时会被亲鸟涂上油，应该是为了提高防水性。雏鸟的生长发育缓慢，长到 75 天左右才会飞。之后通常会继续和亲鸟一起生活 1 年或更长的时间。

至今人们尚未对叫鸭采取具体的保护措施。这一种类面临的主要威胁是栖息地的恶化和遭破坏。在某些地区，还包括人类的捕猎。黑颈叫鸭被世界自然保护联盟列为近危种，主要原因是该鸟的数量估计仅为 5000 ~ 10000 只。冠叫鸭的数量被认为在 100000 到 1000000 之间，并且形势稳定。而角叫鸭据大致估计不足 100000 只，且数量在不断下降中。

知识档案

叫 鸭

目 雁形目
科 叫鸭科
2属3种：黑颈叫鸭、冠叫鸭、角叫鸭。

分布 南美洲。

栖息地 开阔、潮湿的草地和似沼泽的浅湖。

体型 体长 70 ~ 95厘米，体重2.5 ~ 4.5千克。

南回归线

体羽 黑色、灰色和棕色。两性相似。

鸣声 响亮的尖叫声。

巢 大型的植物巢材堆，通常筑于浅水中。

卵 窝卵数2~7枚；白色，略带浅黄色或浅绿色。孵化期40~45天。雏鸟很早离巢，自己从亲鸟嘴中取食。飞羽长齐需要60~75天。

食物 植物。

美洲鹫

新大陆鹫（美洲鹫）和旧大陆鹫（兀鹫）外形上相似，均为喙具钩，头部和颈部裸露，翼大而宽，善于食腐肉。然而，它们已经不再被认为具有密切的亲缘关系，最明显的区别是鼻孔——美洲鹫的鼻孔穿孔。并且，化石证据表明，美洲鹫曾生活于旧大陆，而兀鹫也曾见于新大陆，这样看来，如今两者在地理分布上的隔离具有迷惑性，而且就是发生在相对近期的事。

神鹫是美洲鹫中最引人注目的种类，乃最大的飞鸟之一，翼展可达 3 米。这种大型的鸟主要栖息于有强气流的开阔山地，而相对小型的美洲鹫则见于开阔的平地和森林。

与鹳有亲缘关系吗？
进化与体系

美洲鹫的化石记录可追溯至 3400 万年前的渐新世早期，其中包括具有 2000 万年历史的样本（源于欧洲的中新世）。一些已灭绝种类甚至比神鹫更大，如中新世晚期的"teratorn"，其化石遗迹于 1980 年在阿根廷发现，被称为"阿根廷巨鸟"。这种鸟的体重估计为最重的现存神鹫的 5 倍，翼展可达 7.5 ~ 8 米。美洲鹫过去也曾生活于新大陆，只是在大约 1 万前才不再出现。

一些分类学家认为现存的美洲鹫与鹳形目的鹳类亲缘关系最为密切，后者也食腐肉，但两者喙形不同，并且美洲鹫不营巢。即便如此，两者除了均食腐肉外，生理结构上也存在诸多相似点，如后趾退化或不具功能，脸部和颈部裸露，鸣管缺失导致基本不能发声。同

时，它们在繁殖行为方面也有类似之处，如炫耀时脸部皮肤涨红，给雏鸟喂滴流体。此外，美洲鹫也像鹳类一样，通过排泄物沿腿部淌下然后蒸发的方式来实现降温。然而，美洲鹫区别于其他食肉鸟的种种特征也许并没有想象中的那么重要，因为鹫鹰也具有某些和鹳相似的行为特点，而近来的 DNA 分析表明，所有猛禽类都有可能在水禽类中找到具有一定关系的亲缘种。

翱翔觅腐肉
形态与功能

美洲鹫的头部和上颈通常裸露，色彩鲜艳。在大的种类中，颈基周围有茸毛状或矛尖状的翎颌。雄安第斯神鹫生有高高的头冠，加州神鹫的喉鲜艳夺目并可膨胀，而王鹫的头色彩斑斓，用以炫耀。其趾长，适于扣牢食物，但爪仅微弯，整只脚并不是特别擅长攫取猎物。翅大而宽，尾硬，因而表面积很大，使它们能够沿上升气流进行长时间的翱翔，以最省力的方式寻找腐肉。

相对小型的红头美洲鹫和 2 种黄头美洲鹫

美洲鹫的代表种类

1a.飞翔中的安第斯神鹫；1b.安第斯神鹫前额肉冠的特写；2.濒危的加州神鹫；3.王鹫，一种茂密热带森林里的留鸟；4.黑头美洲鹫，在空中翱翔时常被当地的美洲人误认为雕。

的不同寻常之处在于它们同时使用视觉和嗅觉来对食物进行定位，尤其以擅长用嗅觉找出腐肉所在位置而出名，哪怕腐肉藏于洞穴中或植被下面。而王鹫和黑头美洲鹫即便花大量时间在森林中觅食，嗅觉的作用也是微乎其微的，它们主要依靠其他食腐动物的活动来帮助找到尸体。在觅食过程中，能够同时用嗅觉寻找腐肉的种类翱翔的高度往往比那些必须完全依赖于视觉进行大范围搜索的种类低。

除腐肉外，大部分美洲鹫也食卵、果实和一些植物性食物，或聚集在垃圾堆和屠宰场食废弃物。有些种类，特别是群居的黑头美洲鹫，夜间还会在共同的栖息地集会，交换一天的收获，商量次日的觅食地点。这种现象在非繁殖期尤为常见，可以为刚涉世的幼鸟提供经验和借鉴。

知识档案

美洲鹫

目 隼形目（或鹳形目）
科 美洲鹫科
5属7种：安第斯神鹫、加州神鹫、大黄头美洲鹫、小黄头美洲鹫、红头美洲鹫、黑头美洲鹫、王鹫。

分布 加拿大南部至南美洲南端。

栖息地 主要为各种开阔地带，如从安第斯高原到沙漠，也包括一些林地和森林。

赤道

体型 体长56～134厘米，体重0.85～15千克。

体羽 乌棕色，翼下侧有浅色斑。王鹫例外，为乳白色，带黑色飞羽。大部分种类头部和颈部裸露，皮肤色彩鲜艳。两性相似，幼鸟羽色偏暗，通常为棕色。

鸣声 不鸣叫，偶有嘶嘶声。

巢 单独营巢于地面、灌木下或树桩等处的天然洞穴里，偶尔将巢筑于距离地面很高的树洞中。

卵 窝卵数1～2枚；白色，长椭圆形，红头美洲鹫的卵有点斑。孵化期40～60天，雏鸟留巢期70～180天。雏鸟孵化时被有浓密的绒羽。双亲育雏，回吐喂食，刚开始直接用喙送至雏鸟嘴中。

食物 主要为腐肉，此外也食卵、果实和其他植物性食物。

鹗

鹗，或称鱼鹰，是最具特色的大型食肉鸟之一。它完全是一种食鱼的特化种，不同于其他任何昼行性的猛禽，故通常单独列为一科。

鹗捕鱼的过程堪称鸟类世界中最壮观的景象之一。从15～60米的空中俯扑下来，足置于最前面，翅膀半合。然后常常是完全扎入水中，最后擒着猎物浮出水面（擒获的鱼最重可达1.2千克）。

适于潜水
形态与功能

鹗腿长，脚很大，足底覆有角质刺，脚尖具长而后弯的锐利爪子。这些爪子是鹗潜水时理想的开路先锋，当然也是在水下捕鱼的利器，鱼身再滑溜，也难逃其爪。外趾很大，并且像猫头鹰的外趾一样可以往后转动，从而扩

大了可攫住的范围。由此，鹗的脚爪攫紧的力度非常强，甚至曾有报道说鹗逮住大型的鱼不放，结果自己一直被鱼拖着走。鹗的头窄，潜水时阻力较小。它们没有大部分鹰所常见的眉脊。鼻孔具瓣膜，入水时闭合，防止水进入。具有典型的食鱼类长肠，保证鱼吞入后得到充分的消化。鹗的翅形也相当独特，狭长，有点

↘1.鹗在世界上很多沿海地区和河流附近都可以经常看到；2.这种食鱼特种依靠敏锐的视力来锁定潜在的目标；3.粗糙的表面和弯曲的爪子使鹗的脚非常适于从水面下擒住表面光滑的鱼。

像鸥的翅膀，可以确保鹗在空中长时间觅食飞行的效率。

见于全球
分布模式

鹗在世界范围内繁殖，除了南美洲南部的陆地和非洲的撒哈拉以南地区。它们具有高度的迁徙性，冬季全部从北温带和温带撤离。不过，一些不迁徙的鹗会在澳大利亚及周围岛屿上繁殖（从新喀里多尼亚岛北部至苏拉威西岛和爪哇岛）。

欧洲的鹗往非洲迁徙，剩少量的留鸟于地中海和红海附近；北美的鹗往中南美洲迁徙，剩留鸟于佛罗里达和加勒比海地区。因此，鹗的过冬迁徙范围总体上与其他大型食鱼类猛禽（如海雕）相吻合，只有在澳州的情况例外，这或许是鹗在南半球繁殖分布反常的体现。在一些地区，鹗主要分布在沿海，而在另外一些地区，它们出现在湖泊和河流附近。这种差异可能与来自其他食鱼类猛禽和猫头鹰的竞争有关。

鹗能够捕食多种相当大的鱼，具体取决于当地有什么样的鱼，通常大小在 150 ~ 300 克左右。如果以 60% ~ 70% 的捕鱼成功率来计算，它们一般在 2 ~ 3 小时内就可以捕获一天所需的鱼。而它们的营巢地、栖息地和觅食地之间的距离往往在 10 千米以上。

扎水捕鱼
食物与觅食

鹗觅食时在水面上空做振翅飞翔或滑翔，需要查看猎物时会做短暂的盘旋，有时便直接扎入水中追逐猎物。它们的斑纹不同寻常，上体深色，下体浅色，使它们从下面看很难被发现，这种隐蔽性类似于战斗机的伪装。在即将触水时，鹗向前伸出爪子来捕鱼，有时从水面上直接逮到鱼，但更多的是完全沉入水中。在成功捕获猎物后，鹗浮出水面，展开双翅，奋力拍动，飞入空中，同时振落羽毛上的水。接下来它会调整鱼的方向，使之头向前，从而将空气阻力减至最小，最后飞到某根适于进食的栖木上或回到巢中。在鹗的很多分布区

▷ **一只年轻的鹗准备降落巢中**
它展开尾羽，同时悬垂翅膀的后缘以减速。但为防止失速，它又张开小翼羽翅膀前缘的一簇小型羽毛，使通过翅膀表面的气流呈多层次，从而保持其不摔落。

内，大型的留鸟鱼雕会抓住一切机会来抢夺鹗的猎物。

起死回生
保护与环境

在部分分布区，特别是北美东部，鹗的数量曾在 1960 年前后因 DDT（杀虫剂滴滴涕）污染而急骤减少。后来随着 DDT 被限用，鹗的数量得以回升，如今则受到多种措施的积极保护，包括在适宜地区设立筑巢平台等。而在世界的其他许多地方，鹗还会利用电线杆和高压线铁塔来作为巢址。

由于鹗会捕食那些对人类而言具有商业价值的鱼类，如鳟鱼和鲑鱼，因此一直以来饱受迫害，尤其在欧洲，以致它们在英国一度完全灭绝。不过，在消失了 50 年后，鹗于 1955 年重新在苏格兰营巢。从那以后，这种鸟一直备受保护，于是数量得以增长，并重新建立起了它们的种群。

鹗——食鱼猛禽

● 在清晨和临近傍晚时，鹗会在它领域内的大片水域区上空巡逻数次。一旦发现猎物（通常为在距水面 1 米以内游泳的鱼），它便在水面上盘旋，等待合适的机会。当鹗冲向水面时，翅膀展开得非常高，爪子置于前端。

● 鹗掠过水面，将鱼一把抓住。

● 在捕获猎物后，鹗用双足（除非是小鱼）将它带走，并调整好猎物在爪子中的位置——使其头朝前，这样有利于减小空气阻力。

● 鹗出击捕鱼的成功率为八成。它将捕到的猎物带到某根进食用的栖木上，用一只脚牢牢地扣住，用嘴将鱼撕碎。在繁殖期，鹗会将鱼带回巢中。

● 另一种捕食方法是从空中扎入水中，潜水数秒钟后浮出水面，爪子紧紧擒住猎物。在这种情况下，鹗会将过多的水从羽毛上抖落，鹗的羽毛尤其是脚上的羽毛不仅浓密，而且质地非常好，可以防止它变成一只落汤鸡。鹗的爪非常善于抓紧东西，有时甚至因为抓得太牢而被某条强劲的大鱼在水下拖着走，最终溺亡。

鹭鹰

鹭鹰为一种奇特的鸟，介于鹳类和猛禽类之间，故自成一科。因为通过步行，在非洲大草原上猎捕昆虫、蛇和小型啮齿动物，故被称为"步行鹰"。

鹭鹰拥有像鹳一样的粉红色长腿，直立可达1.2米，翼展也达到了2.1米。头的枕部长有长长的羽毛，尖端为黑色，颇像19世纪文员所用的鹅毛笔——它的英文名"秘书鸟"便由此得来。

非洲的步行鹰
形态与功能

尽管大部分时间在地面上，但鹭鹰同样具有出色的飞行本领，经常像鹳一样翱翔，颈和腿完全伸直。它们甚至会像某些鹰那样进行引人入胜的空中炫耀表演：像钟摆一样做起伏式的飞翔。先慢慢地向上向前飞，然后一个陡直的俯冲，接下来再开始向上"摆"，重复这一模式，期间，会不时发出深沉的呱呱声。此外，还有另外一种行为，可用于领域维护，也可以是2只刚刚长齐飞羽的雏鸟之间的嬉戏，即一只鸟张开翅膀步行追逐另一只鸟，在这个过程中2只鸟常常会跃起，相互用脚踢对方。

飞行时，鹭鹰尾部中间2枚长长的羽毛位于腿上方，拖曳于身后。幼鸟外形与成鸟相似，只是羽毛偏褐色，内翼为白色，尾下方覆羽带灰色条纹，脸部的裸露皮肤呈较淡的橙色。鹭鹰的眼睛为褐色，但有些成鸟的眼睛先是灰色，后又会变成黄色。

鹭鹰之所以被单独列为一科，是基于它独特的腿部形态和染色体组型。然而，它颇似猛禽类的喙和炫耀飞行总是让人将它和食肉鸟联系在一起。有人认为它与新大陆的叫鹤或旧大陆的鹤和鸨具有亲缘关系，依据也许是它们趋同进化了一种适于陆地生活方式的共同形态。尽管如今只有一个种类存活下来，且仅栖息于非洲撒哈拉以南地区的开阔大草原上，然而在法国的渐新世和中新世沉积物中发现了至少2种颇似鹭鹰（只是腿较短）的鸟类化石遗迹，至少有2000万年的历史。

靠腿捕猎
食物与觅食

鹭鹰通过在地面行走来觅食小动物，大部分猎物都被它们粗壮有力的脚趾所征服。如昆虫之类的小东西可能直接由喙啄取。较大的如啮齿动物、野兔和蛇，则可能被撕碎，但大部分还是一口吞下。鹭鹰捕猎时快步在草原上行走，通常可达到每分钟走120步，速度约为3千米/小时。或者，它们也会拖着步子走，同时将冠羽竖起来，犹如一个钉状的光环。

鹭鹰的主食取决于当地可获得什么样的食物。蝗虫、啮齿动物、甲虫、蜥蜴、白蚁和蛇，在不同的地区均有可能成为鹭鹰主要的食物。难以消化的食物皮毛、羽毛和骨骼残留物则被成团回吐在栖息处或巢址下面。

多产、广布
繁殖生物学

鹭鹰为领域性鸟，实行单配制。一对配偶的领域范围可达20～200平方千米，具体依当地的丰产程度而定。在物产丰饶的地区，一对鹭鹰可能会成为留鸟定居下来，而在条件起伏大的地区，它们通常只是在食物充足的季节光顾。夜间，鹭鹰栖息于矮树的树顶或旧的营巢地，通常在它们领域的中心区域。

鹭鹰的巢筑于树冠较平的树上，通常在低矮、带刺的金合欢树上。它们会产下1～3枚泛有绿色光泽的白色卵，孵化期和雏鸟留巢期分别持续42～46天和65～106天。典型的一窝雏有3只雏鸟，但很少能全部存活下来，繁殖期间的食物短缺常常导致后出生的雏鸟饿死。由于不能用脚携带猎物，鹭鹰便将食物吞入嗉囊带回巢，然后回吐给雏鸟，少数情况下，会用喙将大的食物叼回巢。刚开始，亲鸟会将食物撕碎了喂给雏鸟，或是将半消化的流体回吐给雏鸟；而数周后，当亲鸟一飞入巢中，雏鸟便会迅速迎上前将回吐的食物一口吞下。

亲鸟双方共同筑巢，轮流孵卵和为雏鸟喂食。当一方在巢中看雏时，另一方单独捕猎，会去饮水，如果有可能，还会盛在嗉囊里带回巢。雏鸟会做出一种特别的乞食行为，即用喙去触动亲鸟的喙，于是亲鸟将流体滴喂到每只雏鸟的嘴里。

鹭鹰通常在夏季的降雨期进行繁殖。如果食物充足，它们会育第2窝甚至第3窝雏，中

鹭 鹰
目 隼形目
科 蛇鹫科

分布 非洲撒哈拉以南地区。

赤道

栖息地 大草原和其他开阔地。

体型 体长125～150厘米，体重3.4～4.2千克。

体羽 上体浅灰色，翼翮羽、臀和股为黑色，腹部白色。喙有钩，且与蜡膜同为浅灰色。脸部有大量裸露皮肤，为橙色，项上有稀疏的长冠羽。两性一致。

鸣声 响亮的呱呱声。

巢 筑于树冠较平的树上，通常为低矮、带刺的金合欢树。

卵 窝卵数1～3枚；白色，泛有绿色光泽。孵化期42～46天，雏鸟留巢期65～106天。

食物 蝗虫、蚱蜢、白蚁、甲虫、啮齿动物、蜥蜴、蛇、其他鸟的卵和雏鸟。

间仅间隔数周。再加上窝卵数往往不只1枚，以及雏鸟发育迅速，鹭鹰因此成为非洲大草原上最多产的大型鸟类之一。尽管在一些人口稠密的地区已经消失，并且因灌木丛遭清除及人类建牧场而不得不迁至其他地区生活，但在其分布范围内，包括数个大型保护区内，鹭鹰仍有广泛分布。

1.限于非洲撒哈拉以南地区的鹭鹰。2.鹭鹰在隼形目的食肉鸟中独树一帜，通过步行来捕猎。它活动在非洲大草原上，以捕食昆虫、两栖类和小型哺乳动物为主。有时也会捕食蛇，用爪子将其按住。对于大的蛇，偶尔会将其甩到岩石上摔死。3a.虽然更习惯于在陆上捕猎，但鹭鹰也常常会在空中飞行；3b.像鹤一样飞行，腿和颈伸直。

隼

对大部分人而言，一提起隼，也许马上就会想到一只在路边盘旋的红隼，或是一只用于猎鹰训练的游隼。其实两者都是"隼"属中的一员，拥有长长的翅膀，生活于开阔地带。它们所属的隼科，为昼行性食肉鸟中第二大群体，与鹰科存在较大区别。隼科通常分为 2 个亚科：隼亚科（隼和小隼）、巨隼亚科（巨隼和林隼）。

隼科与鹰科的区别不仅体现在最明显的筑巢方式和初级翼羽的换羽顺序（隼科从最外面的第 4 枚羽换起），同时也体现在生理结构上存在着细微差别，如隼科的胸腔更结实，颈较短，有特殊的鸣管等。两科的化石遗迹均源于至少 3500 万年前的始新世，但各自进化的方向相当不同。隼科很可能起源于当时的南半球大陆，仅在 300 万年前才和北半球大陆分离。在那里，隼的原始多样性得到了保留：在至今发现的隼科 10 个属中，有 7 个为南半球独有的属。

巨隼和林隼
巨隼亚科

巨隼亚科为隼科两亚科中种类较少的亚科，主要限于南美，更确切地说分布在南美的新热带地区。种类包括与骛一般大小、行为似鸦和兀鹫的巨隼，外形似鹰、在森林树荫层捕食其他鸟类和爬行类的林隼，以及独特的笑隼，后者栖息于相对开阔的森林和林地中，主要捕食栖息地中栖于树上的蛇。

各种巨隼（其中最为人们熟知的为凤头巨隼）是食肉鸟中（除骛外）最不具有猛禽类特点的，很可能也是最原始的。它们为长腿的大型鸟，栖息于森林、草原或半沙漠地带，主要食昆虫、小动物、某些果实和芽以及任何可以觅得的腐肉。它们在一些地区很常见，看起来相当懒散，虽然必要时它们可以迅速地跑动或飞翔，但在更多的时候，它们不是栖于树上就是像小鸡一样在地面蹀步。巨隼会用强有力的脚爪将很沉的东西翻过来寻找食物，并常常与美洲骛联手，但它们脾气暴躁，有时会强行逼迫其他的食腐者吐出腐肉。一些种类以单独觅食为主，而其他种类则时常成群聚集在昆虫群附近、垃圾场和刚犁过的农田中。2 个栖于森林的种相对更特化：黑巨隼从貘身上捕捉扁虱作为美餐，而红喉巨隼成群生活，主要食胡蜂和蜜蜂的幼虫，并且常为其他林鸟的混合群体站岗放哨。

林隼为一种长腿鸟，同时尾也很长，用以在其所栖息的茂密森林中穿行时掌控方向。靠近脸部的颈毛与鹞鹰的相似，表明其也具有出色的听觉。它们在快速追捕蜥蜴和小鸟时才会利用短而宽的翅膀进行飞行，平时则经常跟随成群的蚂蚁去发现后者惊扰起的昆虫及由此吸引的小动物。自成一属的笑隼外形非常醒目，

隼的代表种类

1.笑隼，南美种类，有惹人注目的"面具"；2.斑林隼在食一只鸟；3.一只雌非洲侏隼，非洲种类；4.矛隼，最大的隼；5.西红脚隼；6.雄美洲隼，曾被称为雀鹰；7a.栖树的雄红隼；7b.盘旋飞行中的雌红隼；8.游隼；9.毛里求斯隼，限于毛里求斯岛；10.黄腹隼，分布于中南美洲，近来重新引入美国南部；11.凤头巨隼，墨西哥的国鸟。

有白色冠羽和黑色面纹。它可能是巨隼和林隼在林地的过渡形态，像林隼一样营巢于树洞中。

隼和小隼
隼亚科

隼科为世界性分布，但在非洲大陆及其岛屿上种类最多，尤其是隼属的隼类。除了隼属的隼，隼亚科还包括体型较小的小隼和侏隼，分为花隼属、侏隼属和小隼属。其中，与麻雀一般大小的黑腿小隼为世界上最小的猛禽。这些小型隼见于亚洲、非洲和南美洲，即"冈瓦纳"古陆的组成部分。

隼属的隼类不筑巢，它们很可能起源于小隼类——后者就在其他鸟类的弃巢中繁殖，并产下白色的卵，这是典型的洞巢鸟的表现，但在隼科内绝无仅有。南美的斑翅花隼在灶鸟类（灶鸟科）或灰胸鹦哥的大巢内进行繁殖，而其解剖结构在许多方面与巨隼类似，故有时被归入巨隼亚科。非洲侏隼则在白头牛文鸟或群织雀的大巢里营巢，这种鸟在两性着色上的差异与其他数种隼类身上的差异遥相呼应。而另一种侏隼——亚洲的白腰侏隼营巢于由啄木鸟或拟在树上掘的旧洞，这一点与小隼属的 5 个种类一样。

↗ 红隼

在食物方面，侏隼普遍特化为食昆虫、蜥蜴和小鸟，或从地面觅食，或从树干、树枝上捕食。小型的亚洲小隼（如菲律宾小隼）则善于在森林的树荫层追捕大型的飞虫，或者在强有力的脚爪的帮助下捕食小鸟和蜥蜴。亚洲小隼的典型特征是两性均为斑驳色体羽，而足部和蜡膜均为黑色。它们大部分成小群活动，成员常常紧挨在一起栖于树上，甚至一起分享猎物。至少有一个种类即白腿小隼，其成员还会将食物运送到同一个巢里，实行协作营巢，这在所有猛禽中显然只有红喉巨隼与其有共同之处。另外，侏隼和小隼在兴奋和炫耀时都会上

↗ 两只阿根廷叫隼的雏鸟在鸣叫乞食
这种见于南美南部的鸟和红腿巨隼一样偶尔进行群体繁殖。

下抽动尾巴，美洲隼等几种较小的隼类也有类似行为。

隼属的隼类在进化的最后几百万年里想必经历了一场世界性的辐射，在行为、鸣声和外形上相当统一，包括都长有深色的须纹。最小的隼类为名字中带"kestrel"的隼，共有10种，大部分见于非洲大陆及其岛屿上。其中，塞舌尔隼、毛里求斯隼和马岛隼并不比小隼大多少，并且也具有抽尾行为。

绝大多数"kestrel"类的隼都着下面两种颜色中的一种：美洲隼、红隼、黄眼隼、大黄眼隼、斑隼和澳洲隼主要为赤褐色（印度洋岛屿上的其他隼亦如此），而灰隼、灰头隼和马岛斑隼主要着灰色。黄眼隼、大黄眼隼和马岛斑隼的成鸟眼睛为浅黄色，斑翅花隼也是如此，而隼科其他所有种类的眼睛均为褐色。"kestrel"类的隼一般以昆虫和小型脊椎动物为食，并且大部分（并非全部）以在寻觅猎物时具有长时间盘旋的能力而出名。

在某些"kestrel"类的隼中，两性在色彩上保持一致，而另外一些则出入很大。此种现象也发生在红脚隼和西红脚隼中间，这一种类为小型候鸟隼，在体型和盘旋能力上与"kestrel"类的隼相似。它们分别在亚洲和欧洲繁殖，但一年中剩余的时间里都迁徙至非洲南部开阔的大草原和草地上。其中，东方的红脚隼迁徙的路程为猛禽类之最，从中国的黑龙江省至非洲南部，全长至少30000千米。红脚隼南下时，选择印度至东非的海上路线，返回时则飞越阿拉伯半岛和喜马拉雅山脉北部。

在它们的非洲过冬地，红脚隼和成千上万只从欧洲过来的黄爪隼每年都会回到原先的栖息处，其中最大的栖息处容纳的隼多达10万只。这些栖息处通常在村庄等人类居住地附近，有多种外来引入的大树。这些鸟便从这些树上飞散开去捕食当地大量的白蚁、蟋蟀、大蜘蛛和蝗虫等。

红脚隼的雄鸟外形像灰隼，而雌鸟，白色或赤褐色的胸部带有黑色条纹，更像燕隼——旧大陆的另一类小型隼，见于欧洲、非洲、亚洲和大洋洲。燕隼类具长翅，飞行速度快，大部分猎物通过飞行捕获，主要有蜻蜓、甲虫和

隼各属

巨隼亚科（巨隼和林隼）
6属17种。分布范围从美国南部（凤头巨隼）穿过中南美洲地峡至南美洲南端。

巨隼属
2种：凤头巨隼、瓜达卢佩巨隼。

黑巨隼属
2种：黑巨隼、红喉巨隼。

冠巨隼属
4种：红腿巨隼、冠巨隼、山地巨隼、白喉巨隼。

叫隼属
2种：黄头叫隼、叫隼。

笑隼属（笑隼）
1种：笑隼。

林隼属（林隼）
6种：斑林隼、灰背林隼、铅色林隼、领林隼、细纹林隼、巴氏林隼。

隼亚科（隼和小隼）
4属46种，见于世界范围内。

隼属（隼）
38种：红隼、美洲隼、游隼、塞舌尔隼、毛里求斯隼、马岛隼、黄眼隼、大黄眼隼、斑隼、澳洲隼、灰隼、灰头隼、马岛斑隼、西红脚隼、红脚隼、黄爪隼、烟色隼、艾氏隼、燕隼、非洲隼、猛隼、姬隼、橙胸隼、黄腹隼、食蝠隼、拟游隼、东非隼、矛隼、草原隼、地中海隼、猎隼、印度猎隼、澳洲灰隼、黑隼、褐隼、新西兰隼、灰背隼、红头隼。

花隼属（斑翅花隼）
1种：斑翅花隼。

侏隼属
2种：非洲侏隼、白腰侏隼。

小隼属
5种：红腿小隼、黑腿小隼、白额小隼、菲律宾小隼、白腿小隼。

游隼是世界上分布最广的鸟类之一，在许多地方，它们甚至会出现在城市里。都市游隼像图中的这位丹佛"居民"一样营巢于高楼大厦的顶上，主要以捕食鸽子为生。

有翅白蚁等昆虫性食物，不过在繁殖期，雨燕等小鸟成为它们的主食。另外有2种隼也与燕隼相似，分别是栖息于北非沙漠地带的烟色隼和体型较大、繁殖于地中海岛屿和非洲沿海的

作为食物链的最高端，食肉鸟（如图中的游隼）自然摄入了积累在猎物脂肪中的杀虫剂。不过，杀虫剂带来的危害更多的是破坏繁殖机制，而不是体现在直接消化产生的反应上。尤其是DDT会使卵壳变薄，导致卵经常会在孵化期间破碎。

艾氏隼。这2个种类均在夏末繁殖，这样，当它们喂养后代时恰逢有欧洲的候鸟迁徙到非洲，可以捕获那些易受攻击的候鸟幼鸟。同时，它们自己像燕隼一样也都是候鸟。不过它们几乎全部往马达加斯加岛迁徙，而燕隼则是迁徙至非洲大陆。

大型的隼类为身体壮实、飞行速度惊人的鸟，翅长而尖，胸肌发达，尾相对较短。它们在全速飞行中捕杀猎物（主要为鸟），不是用脚爪将猎物猛击致死，便是用爪子将猎物拖到地面后用成锯齿状的强健的喙咬死。其中最著名的无疑是游隼，它们拥有其他鸟难以望其项背的飞行速度和精确度。它们从高空像子弹一样俯冲直下时的最大速度达180千米/小时，有可能还不止。对于任何人而言，一只全力俯扑而下的游隼都是一道叹为观止的景观。因此一直以来，在古老的鹰猎术（用猎鹰捕猎）中，上至国王和酋长，下至平民百姓，游隼都是他们的首选猎鸟。

游隼也是所有食肉鸟中最具全球性分布的种类，其分布范围与其他许多隼类相重叠。在南美，游隼与大型的橙胸隼、中型的黄腹隼和小型的食蝠隼共存，这3种隼在颜色上均为黑色和橙色。在非洲，游隼与胸部为赤褐色的拟游隼和东非隼同处一地。此外，游隼还与大型、浅色的隼类即"荒原隼"发生重合，后者栖息于开阔地带，除了在空中捕猎也在地面捕猎。其中便包括整个隼科中最大的种类矛隼。矛隼居于北美和欧亚大陆的北极高纬度苔原，主要以雷鸟和地鼠为食，在不同的分布区分别以白色、灰色和褐色为主。其他的荒原隼还包

括北美的草原隼、非洲的地中海隼、中东和中亚的猎隼以及印度的印度猎隼。

在澳大利亚干燥、广阔的内陆地区，也有2种大型的隼：灰隼和黑隼，均为食鸟类，但它们之间究竟存在何种亲缘关系尚不清楚。澳大利亚境内另外2种隼褐隼和新西兰隼也是如此，两者都大量分布，长得却奇形怪状，腿都相对很长，翅短，都在空中和地面捕食多种小动物。这些成对的种类凸显了对隼类亲缘关系理解中存在的不定性和问题所在。此外，还有一对具有不定亲缘关系的相对种：大小如鸽子、见于北美和欧亚大陆温带草原的灰背隼与栖息于非洲和印度的沙漠和棕榈树草原的红头隼，两者均为特化成食小鸟的猛禽。

旧巢新用
繁殖生物学

隼属隼类的繁殖习性相当统一。从空中炫耀和栖木炫耀开始，通常以巢址为中心，雄鸟抬起翅膀，展示翼下的色彩，然后着陆，做出屈身动作，并发出鸣声。它们最常见的营巢方式有：筑巢于岩崖上的浅坑中，占用鸦、鹳等其他鸟类的旧树枝巢，或营于树洞中。如今，它们还会利用建筑物、巢箱、电线杆、高压线铁塔等设施来营巢。大部分种类在空间宽阔的领域内单对繁殖，但也有少数以小规模的繁殖群方式营巢，其中较为突出的便是黄爪隼在旧建筑物上的群体营巢。此外，红脚隼的2个种类在秃鼻乌鸦遗弃的繁殖群居地营巢，艾氏隼在近海岛屿的悬崖上营巢。而一对对的游隼和矛隼配偶可以前赴后继地使用那些固定的巢址

达 100 年以上。在英国，猎鹰训练者从 16 世纪至 19 世纪发现的 49 个游隼营巢的岩崖中，至少有 42 个在第二次世界大战爆发前仍在使用。

隼类的卵大，为赤褐色，直接产于巢底。若放在阳光下观察，卵呈浅黄色，而鹰科种类的卵壳为浅绿色。孵卵任务主要由雌鸟担负，雄鸟捕猎供应食物，但在小的种类中，雄鸟有可能留于巢中而雌鸟外出觅食。孵卵的雌鸟暂时不需要的多余食物则会贮藏起来留待日后所用。

卵每隔两三天产 1 枚，孵卵则待一窝卵全部产下后才开始，所以雏鸟的年龄和体型相仿。雌鸟随后和雄鸟一起外出给雏鸟觅食。有些种类捕食相对大型且灵活的猎物特别是其他鸟类，配偶之间会进行合作捕猎，常常是小而敏捷的雄鸟与大而强壮的雌鸟联手向猎物发动袭击，一旦成功，双方共享大餐。飞羽长齐后的幼鸟通常在亲鸟的领域内再逗留一两个月，然后四处流浪，直至年底换上成鸟的羽毛，尔后定居下来开始繁殖。

巨隼亚科的巨隼与其他隼不同，它们自己筑巢，为小树枝搭成的浅巢。红腿巨隼则偶尔会在松散的繁殖群中繁殖。至于林隼类，其繁殖栖息地很难找到，虽有 6 个种，但直至1978 年才首次发现它们的巢——那是一个领林隼的巢，营造于一个天然树洞中。

呼吁创新型管理
保护与环境

由于 DDT 和狄氏剂等农业化学药剂的污染，游隼的成鸟发生中毒、卵壳变薄现象，胚胎死亡率提高，于是数量急剧下降，最终导致了 20 世纪六七十年代游隼在欧洲和北美的大片地区一度绝迹。在上述农药被禁用后，其数量得以回升。另外，通过借用人工饲养繁殖的游隼（称之为"出租"）重新建立起了繁殖体系，许多新的配偶占据了过去曾被隼类使用过的空巢。

世界各地其他的隼类数量也在减少，栖息地破坏和杀虫剂为主要威胁。不过，人们在尽一切可能来降低负面影响。毛里求斯隼的故事便是一个很好的例子。这种尾长、翅相对短而圆的鸟曾经栖息的森林遭到严重毁坏，导致该

鸟的野生数量在 1974 年仅剩 2 对。幸亏大力进行人工繁殖，并采取富有创意的管理，如今至少有 50 对繁殖配偶，总数回升到了几百只。而为了实现这一目标，人们曾将它们放到次生林和灌木丛中去生活，那里有大量的绿壁虎和小鸟，包括数个外来引入的种类，可以供它们觅食。

在加勒比地区，凤头巨隼的一个岛上种群——瓜达卢佩巨隼，就没有这么幸运。它是迄今为止唯一灭绝的现代猛禽，大约绝迹于1900 年。

知识档案

隼

目 隼形目
科 隼科

10属63种，分为巨隼亚科和隼亚科2个亚科。

分布 全球性，南极洲和非洲雨林除外。南美种数最多，但大部分隼属的隼类见于非洲。

赤道

栖息地 从常青雨林到干旱沙漠均有。

体型 体长 14～65 厘米，体重 28 克至 2.1 千克。

体羽 主要为灰色、褐色、赤褐色、黑色或白色，下体颜色较浅，带有

条纹图案。两性一般相似，但少数种类的成鸟存在较大差异，通常雌鸟大于雄鸟。雏鸟常常有别于成鸟，一般胸部有斑纹，其他方面则更接近于雌鸟。喙基蜡膜和裸露的脸部皮肤呈醒目的黄色或橙色，雏鸟为蓝色。腿为黄色，少数为灰色，小隼属的小隼类则为黑色。虹膜通常为深褐色，但在少数种类中为浅黄色或浅褐色。

鸣声 发出各种尖锐的喊喳声、唧唧声、咯咯声和嘶嘶声。

巢 绝大部分不筑巢，产卵于树洞、悬崖壁凹或其他鸟的旧巢中。只有巨隼类用树枝和碎片筑一凌乱的平巢。

卵 窝卵数 1～7 枚；浅褐色，带有鲜艳的砖红色斑。树洞营巢的小隼类的卵为白色。孵化期 28～35 天，雏鸟留巢期 28～55 天，通常由雌鸟照顾，雄鸟外出觅食带回巢中。

食物 主要从地面和树叶中捕食节肢动物和小型脊椎动物，或飞行捕食。一些巨隼类则食植物性食物或腐肉。

鹰、雕和兀鹫

昼行性的鹰科是迄今为止世界上最大的食肉鸟群体。种类繁多，体型各异（小至如伯劳鸟那样的娇鸢和侏雀鹰，大至如天鹅般大小的虎头海雕和皱脸秃鹫），意味着该科无论在形态还是觅食习性上都呈现出广泛的多样性。

鹰科食肉鸟以壮观的空中炫耀表演而出名，但在领域炫耀中，有些种类（如蛇雕和非洲冠雕）只是做翱翔和鸣叫。领域炫耀行为既可以是模仿进攻，如一只鸟俯扑向另一只鸟；也可以演变成真正的攻击，即相互之间有接触行为；有时则会出现翻筋斗旋转而下的精彩场

空中食物接力

在白头鹞中，外出为雏鸟觅食的雄鸟并不返回巢中，而是雌鸟迎上前去，在空中仰面朝上接住由雄鸟扔下的猎物。

面。而求偶炫耀常常为反复的波状飞行，一般主角是雄鸟，先扇翅向上翱翔，然后合翅向下俯冲。一些种类如鱼雕，扇翅节奏会比平时慢，幅度则更大。另一些种类如非洲鹃隼，炫耀中会翩翩起舞。还有少数种类（如黑雕）向下俯冲时动作灵活多变，甚至会做出又翻圈又成环形飞行的动作。

在求偶期间一般是雄鸟给雌鸟喂食，通常在栖木上进行。然而，鹞类会进行壮观的空中食物接力——飞翔的雄鸟放下食物，雌鸟迎到半空中接住。

"鹰击长空"
形态与功能

鹰科中最大的 3 个群分别代表了公众最熟悉的食肉鸟：鹰、鹞、雕。其中人们最耳熟能详的鹰类有 6 属 58 种，大部分为鹰属种类（科内最大的属），如苍鹰、雀鹰等。它们为中小体型的鹰，翅短而圆，尾长，善于在林地或森林中曲折穿行，快速追捕小鸟、爬行类和哺乳动物，这些是它们中许多种类的主要食物。大多数在栖息地相当隐秘，不容易观察到。但非洲的一部分鹰如浅色歌鹰，见于开阔的大草

原，栖于显眼的栖木上，它们捕食各种地面小动物，此外还食珠鸡。

鵟类同样为一个大群，甚至更细化，包括13属57种，主要以小型哺乳动物和某些鸟类为食。真正的鵟（即鵟属的鵟）分布非常广泛，如欧洲的普通鵟、北美的红尾鵟、南美的阔嘴鵟、非洲的非洲鵟等。鵟类在新大陆最具多样性。体型大者如南美森林中强健的角雕，主要捕食猴和树懒；体型中等者如食鱼的黑领鹰；体型小者如以食昆虫和小型爬行类为主的南美鵟系列。而后两者也均见于南美森林。在世界其他地方，鵟类的多样性则体现在诸如稀少而引人注目的菲律宾雕（具有长而尖的头羽和巨大的喙）、小巧的非洲蝗鹰鵟、新几内亚山地林中的长尾鵟等种类身上。

真正意义上的雕类以腿部覆羽而有别于其他的雕，共有9属33种。其中体型最大、也最为人熟知的便是雕属的雕，包括北半球的金雕和澳大利亚的楔尾雕。大部分在食哺乳动物和部分鸟类之外还会食一些腐肉。但所有这些"穿羽靴"的雕都以捕食活猎物为主，并且有许多种类如鹰雕系列是非常活跃的食鸟类，在森林或林地的树荫层飞翔捕猎。少数为特化

种，如亚洲的林雕展翅翱翔在森林上空专门搜索鸟巢，非洲的黑雕则在凸出地表的岩石中间寻捕蹄兔。很多雕类一窝产2枚卵，但先孵化的雏鸟通常会攻击并杀死后出生的雏鸟。残杀手足的现象在其他一些食肉鸟中也有发生，表现为本能行为或通过食物争夺来实现，然而其起源及优点所在仍有待研究。

鸢和蜂鹰类包括15属29种，具有某些极端的特化形式。鹃头蜂鹰专门用它的直爪挖掘胡蜂的幼虫，而为了避免被蜇，其脸部长有羽毛。食蝠鸢喜欢在黄昏时用翅膀捕捉蝙蝠，然后通过它异常大的咽喉一口吞下。黑翅鸢像隼一样盘旋寻觅啮齿动物，用强健的腿脚将其击晕而捕获。食螺鸢和黑臀食螺鸢用它们具钩的长长喙尖从螺壳里啄出螺。而黑鸢和栗鸢则在非洲、印度和亚洲其他地方的乡村和小镇上四处觅食（腐肉），因而成为最常见、最适应各种条件的猛禽。

兀鹫类（9属15种）特化为食腐，虽然食腐的方式多种多样。达尔文形容它们"沉湎于糜烂"。多数为大型鸟类，头和颈裸露或覆以绒毛，翅宽，用于翱翔寻找尸体残骸。有些种类的喙粗壮，用以撕碎肉、皮肤和肌腱，有些喙

↖ 令人过目不忘的短尾雕
墨黑色的羽毛、醒目的红色脸部、黄色的喙，再加上短短的尾巴和长长的翅膀，使短尾雕很容易一眼就认出来。有时，这种鸟会连续飞上300千米的距离。

鹰科大型种类的代表种

1.斯氏鵟，从阿拉斯加迁徙至阿根廷，穿过中美地峡，以避免做长途海上飞行；2.棕尾鵟；3.白头海雕，是非常出色的捕鱼能手，但与鹗同处一地时会经常抢夺后者的食物；4.西班牙雕；5.饰冠鹰雕；6.黑雕；7a.一只兀鹫的脚，兀鹫能够在地面自如行走和跑动；7b.雕的脚爪强健有力，能够紧紧抓牢猎物；8.亚洲的白背兀鹫，栖息于印度的农田中；9.一只秃鹫在用喙给雏鸟喂水；10.胡兀鹫；11.棕榈鹫。

↗凤头鹃隼为热带种类，见于新几内亚、所罗门群岛以及澳大利亚的部分地区，通常以昆虫为食，包括毛虫和蝗虫等，偶尔也会捕食小型爬行类和蛙。

精巧，善于从骨骼缝隙间将少量的肉等啄出来。其他的则为特化种。白兀鹫是极少数会使用工具的鸟之一，会将其他鸟的卵摔到地上摔碎或者扔下石块将卵砸碎；胡兀鹫会将骨头扔到岩石上摔碎，然后用勺子状的舌头舔食骨髓；而棕榈鹫摄取的非洲油棕榈的果实比腐肉还多。

海雕和鱼雕类（2属10种），也食大量腐肉，不过它们的主食是鱼和水禽，这与它们的亲缘种叉尾鸢一样，只是后者体型较小，且为杂食鸟。最声名显赫的海雕便是作为美国国徽标志之一的白头海雕，这种鸟的数量曾一度大量减少，不过如今已得到恢复。相比之下，灰头鱼雕就没有这么幸运，栖息于亚洲一部分河流流域的它们在不断减少。而马岛海雕有可能是目前世界上最稀少的猛禽。

蛇雕和短趾雕类（5属16种）为大型猛禽，善于用它们的短趾和有大量鳞片的腿来捕杀蛇。它们头很大，像猫头鹰，再加上眼睛为黄色，因此很容易识别。它们像兀鹫一样一窝只产1枚卵，但与兀鹫不同的是，它们捕食活的猎物，衔在嘴中回到巢里吐出来，短趾雕便是如此。大部分栖息于森林或茂密的林地中，

如刚果蛇雕和珍稀的马岛蛇雕，后者在绝迹半个多世纪后直到1988年才重新出现。

色彩鲜艳的短尾雕，虽然与蛇雕有明显的亲缘关系，但是有其独特的弓形翅和极短的尾，使之得以在非洲大草原上游刃有余地低空滑翔，寻觅尸体腐肉和活的小型的猎物。而非洲鬣鹰和马岛鬣鹰很可能与蛇雕的亲缘关系更近。它们具有细长的腿和与众不同的双关节"膝"，从而能够从树洞和岩脊洞中拖出小型的动物。同时，它们瘦小、光秃的脸便于它们慢节奏地滑翔、灵活地穿过林地的植被，从缝隙或叶簇中觅得食物。

南美的鹤鹰在形态和习性方面与鬣鹰如出一辙，但鹤鹰很可能属于另一个群体鹞类（3属16种），因此这无疑是通过趋同进化实现生物相似性的绝佳例子。鹞类是一群相当统一的鹰，中小体型，尾长，翅宽，在草地上空（如乌灰鹞）和沼泽上空（白头鹞）缓慢地低空觅食。主要捕食小型动物和鸟类，另外也食某些爬行类和昆虫。它们的脸像猫头鹰，耳大，对藏于茂密植被中的猎物发出的声响非常敏感。绝大部分鹞营巢于深草丛中的地面或芦苇荡的

水面上，但澳大利亚的斑鹬例外，它营巢于树上，通常远离水域。

大多数热带猛禽为定栖性，生活在永久性的领域内。而在温带地区，由于气候更带有季节性和不可预测性，绝大部分种类都会进行某种形式的迁徙，在繁殖地和非繁殖地之间做距离不一的迁移。最长的迁徙为每年飞行约 2 万千米，由那些定期在东欧和非洲南部之间（如普通鵟）或北美和南美两端之间（如斯氏鵟）往返的猛禽完成。

成对、成群
繁殖生物学

大部分鹰科猛禽 1 年内只有一个配偶，有些数年内保持同一个配偶，而少数大型的雕甚至被传称配偶为"终身伴侣"，但这尚未得到证实。一雄多雌制，即 1 只雄鸟在同一段时期内与 1 只以上的雌鸟进行繁殖，在鹞类中比较常见；而一雌多雄制，即 1 只雌鸟与多只雄鸟进行繁殖，则在中美洲的沙漠种类栗翅鹰中很常见。这 2 种繁殖机制偶尔也见于其他种类中。

鹰科的所有成员都筑有自己的巢，巢材为树枝和茎，常常衬以新鲜植被，一般筑于树上和岩崖上，有时营于地面或芦苇荡中。不同种类之间不时会互换巢址。而隼和猫头鹰则不自己筑巢，经常占用鹰的弃巢。

大多数猛禽在繁殖期有非常明确的分工。雄鸟负责外出觅食，雌鸟留守巢周围，负责孵卵和看雏。这一模式会一直保持到雏鸟发育过半，然后雌鸟也开始离开巢址，协助雄鸟捕猎。与其他大部分营巢鸟类的后代不同的是，猛禽类的雏鸟一孵出来便覆有绒羽，并且眼睛睁开，喂食时它们会很配合地迎上前来吞下食物。

在多数猛禽中，雌鸟最初会将猎物的肉撕成碎片，之后由雏鸟从它的嘴里啄取，但雏鸟在会飞前便须学会自己撕碎猎物。在兀鹫类和一些鸢类中，亲鸟履行职责更为平等，它们轮流营巢，自己的食物自己解决，并带一部分回巢吐喂给雏鸟。

猛禽在栖息地内给自己安排空间的方式各不相同，很大程度上取决于食物的分布情况。存在 3 种主要的机制。第一种是配偶划定它们的巢域，每对配偶维护巢边上外加周围一定面积的区域。约有 3/4 的猛禽采用这种模式，包括最大的群体鹰类、鵟类和雕类中的部分种类。无论猎食区或巢址为专属还是发生重叠，在栖息地内不同配偶的巢之间往往间隔相当大，小型的猛禽为将近 200 米，大型猛禽则可达 30 千米以上。以这种方式来安排空间的种类成员通常为单独猎食和栖息，捕食活的脊椎动物，

↗西域兀鹫是少数几种在岩崖或洞穴群体营巢栖息的猛禽之一。

每年在数量和分布上体现出相当的稳定性。

第二种机制是一些配偶成群聚集在一起，在空间有限的地点"邻里"营巢，外出去周围地区觅食。这一机制在诸如黑鸢、赤鸢、黑翅鸢和纹翅鸢以及蝗鹭鹰、白头鹞、白尾鹞和乌灰鹞身上体现得非常明显。不同的配偶会在不同的时间或朝不同的方向捕猎，或数对配偶在同一区域内各自独立觅食，或是在不同的区域内进行轮换。

繁殖群一般由 10 ~ 20 对配偶组成，巢之间的间隔为 70 ~ 200 米。有时也会发现规模更大的繁殖群。在鹞类中，群居营巢倾向有时因一雄多雌制而得到进一步强化，因为每只雄鸟会有 2 只或更多的雌鸟将巢筑在一起。

在合适的营巢栖息地不足时，群居营巢对于鹞类和鸢类而言往往都是十分必要的。因此，即使它们会普遍采取巢掩盖措施，但群居的习性还是显而易见的。这样的种类常常只能零星地获得丰富的食物来源，如局部的蝗虫或啮齿动物泛滥成灾。这也使得它们在某种程度上具有移栖性，结果每年在局部地区的数量可能会出现很大的波动。鸢和鹞在非繁殖期也经常成群栖息，其中鸢一起栖于树上，鹞栖于芦苇荡或深草丛中，不过每只鸟均各自拥有一块站立的平台。白天，它们分散在周围地区捕猎，晚上则数十只鸟聚在一起栖息。

在非洲的一些地方，偶尔会有几个不同种类的数百只鸢和鹞栖息在一起。同一个栖息地每年都会被使用，但栖息的鸟类数量会差别很大。

第三种机制是配偶在密集的繁殖群中营巢，并群体觅食。这种机制见于食螺或食昆虫的小型鸢类，包括食螺鸢、燕尾鸢、娇鸢和灰鸢，但也出现在兀鹫属的大型种类中。在这些种类中，配偶营巢间隔非常近，通常不足 20 米，并且聚集成大的群体。一个群体一般至少有二三十对配偶，食螺鸢群体有时不止 100 对，而一些大型兀鹫则会超过 250 对。

同时，这些种类还集体觅食，一般成分散的群体。兀鹫则是在空中分散飞行，然后聚集到有尸体腐肉的地方。觅食群体在规模大小和组成成员方面都不固定，而是随着个体的加入或离开不断变化。它们的食物来源很明显比较

鹰、雕和兀鹫

在鹰科内，将绝大部分类分别归入几个不同的群中还是可以做到的，但少数种类则很难归类，而群与群之间以及群与所属种类之间的关系还有待进一步研究。鹰、鸢、鹭、雕等应当对应于不同群的俗名，但在使用上却并不一致，再加上复合名词如隼雕、鹭雕、鼍鹰的使用也不统一，从而使上述关系更为错综复杂。

鹰

6 属 58 种。种类包括：短尾雀鹰、尼岛雀鹰、苍鹰、古巴鹰、白腹鹰、拟雀鹰、蓝灰雀鹰、雀鹰、侏鹰、非洲鹰、栗肩鹰、褐肩鹰、多氏鹰、灰歌鹰、淡色歌鹰、非洲长尾鹰等。

鹭

13 属 57 种。种类包括：灰鹭、黑领鹰、蝗鹭鹰、非洲鹭、普通鹭、红尾鹭、毛脚鹭、阔嘴鹭、王鹭、里氏鹭、夏威夷鹭、斯氏鹭、大黑鸡鹭、雕鹭、冕雕、角雕、新几内亚角雕、白颈南美鹭、灰背南美鹭、铅色南美鹭、披风南美鹭、冠雕、栗翅鹰、菲律宾鹰等。

雕

9 属 33 种。种类包括：西班牙雕、楔尾雕、金雕、乌雕、格氏雕、白肩雕、茶色雕、黑雕、靴隼雕、林雕、长冠鹰雕、黑栗雕、猛雕、爪哇鹰雕、菲律宾

鹰雕、华氏鹰雕、黑白鹰雕、非洲冠雕等。

鸢和蜂鹰

15 属 29 种。种类包括：非洲鹃隼、凤头鹃隼、钩嘴鸢、燕尾鸢、黑翅鸢、澳洲鸢、纹翅鸢、娇鸢、栗鸢、黑胸钩嘴鸢、密西西比灰鸢、南美灰鸢、白领美洲鸢、方尾鸢、黑鸢、赤鸢、黑臀食螺鸢、食螺鸢、黑长尾鸢、长尾鸢、鹃头蜂鹰、食蝠鸢等。

兀鹫

9 属 15 种：秃鹫、胡兀鹫、棕榈鹫、非洲白背兀鹫、白背兀鹫、南非兀鹫、西域兀鹫、高山兀鹫、印度兀鹫、黑白兀鹫、冠兀鹫、白兀鹫、黑兀鹫、皱脸秃鹫、白头秃鹫等。

海雕

2 属 10 种：白尾海雕、白头海雕、白腹海雕、玉带海雕、虎头海雕、所罗门海雕、非洲海雕、马岛海雕、鱼雕、灰头鱼雕。

蛇雕

5 属 16 种。种类包括：斑短趾雕、短趾雕、刚果蛇雕、马岛蛇雕、蛇雕、山蛇雕、尼岛蛇雕、安达曼蛇雕、短尾雕等。

鹞及鼍鹰

3 属 16 种（包括鹤鹰）。种类包括：白尾鹞、马岛鹞、草原鹞、黑鹞、乌灰鹞、白头鹞、斑鹞、非洲鼍鹰、马岛鼍鹰、鹤鹰等。

集中，但时间和地点难以预测，可能某一天在某一个地方会觅得大量的食物，而改天换个地方就截然不同了。另外，这些种类始终栖息在一起，非繁殖期会形成规模更大的群体。

无论分散还是集中，绝大部分猛禽都会选

择一个特定的地方来营巢。可以是一处悬崖、一棵孤立的树、一片小树林，也可以是一片森林等。所筑巢很多都会长期使用，如一些金雕或白尾雕相继在某些特定的悬崖营巢已至少有一个世纪。一些雕类的巢，则会年年添砖加瓦，变得越来越大。如一个历史上著名的美国白头海雕的巢，面积达8平方米，巢材可以装满两辆货车；另一个在南非的黑雕巢则高达4米。而即使是一块地被植物，白尾鹃也可以营巢数十年。群居的猛禽倾向于年复一年地在同一个地区营巢，如在非洲南部，许多悬崖（至今仍在为南非兀鹫所用）从人们给它们取的名字中就可以看出之前数个世纪一直是南非兀鹫在那里营巢。和其他群居繁殖的鸟类一样，猛

雌鸟大于雄鸟

　　猛禽类最有趣的特点之一便是两性在体型上存在显著差异，雌鸟普遍大于雄鸟，在一些种类中甚至为雄鸟的2倍重。这种性二态很明显与猛禽类的生活方式有关，因为这样的特点也见于其他食肉鸟身上，如猫头鹰和贼鸥。不过，也出现在少数非猛禽的种类中，如水雉（水雉科）、彩鹬（彩鹬科）和三趾鹑（三趾鹑科）。

　　总体而言，在猛禽中，体型的差异程度和性别角色的分化程度与猎物的速度和灵活性成正比。极端的例子便是兀鹫，它们食完全静止不动的腐肉，因此在两性体型和角色方面没有明显的差别。在以螺等行动缓慢的猎物为食的种类中，雌鸟仅略大于雄鸟，同时两性在繁殖行为中有不少方面为共同承担。那些食昆虫和爬行类的猛禽则表现出相对较大的体型差异，食哺乳动物和鱼的种类更是如此，而捕食其他鸟类的猛禽则具有最明显的两性差异。在这些种类中，如果捕食相对于自身体型越大的猎物，那么两性差别就越大。因此那些捕杀比自己重的鸟的鹰类和鹰雕类在繁殖中会体现出广泛的两性差异，两性体型相差极大，以至于雌雄鸟会捕食不同大小、不同种类的猎物。

　　虽然了解了两性体型与食物之间存在着上述关系，并且也了解这种两性差异关系到繁殖行为中的性别角色，但至今尚不清楚为何在猛禽中较大者是雌鸟而非雄鸟。并且，最主要的差别似乎在于对根本资源的竞争力。在猛禽中，雌鸟争夺领地用以吸引配偶和抚育后代，于是通过自然选择的作用，雌鸟的体型会趋于适合它实现最佳生存和繁殖的最大值。然后，雌鸟会选择一个与它在体型上最匹配的雄性，无论比自己大还是小或接近，从而适应在所属种类中特定的"生态位"。这样的进化原理使两性体型差异的多样性更富有意义，不仅对于猛禽类，对于同样是雌鸟大的那些非猛禽类，甚至是对于占鸟类大多数的雄鸟较大的种类而言都是如此。

知识档案

鹰、雕和兀鹫
目 隼形目
科 鹰科
62属234种。

分布 全球性（除南极），包括许多海岛。热带种类最丰富。

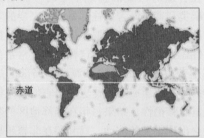

赤道

栖息地 从雨林至沙漠再到北极苔原。森林边缘带、林地和大草原最丰富。

体型 体长20～150厘米，体重75克至12.5千克。通常雌鸟大于雄鸟。

体羽 主要为灰、棕、黑和白色。雏鸟羽色有别于成鸟。两性成鸟略有区别，少数种差异明显。喙长，具钩；爪弯，一般呈黑色；腿、脚、喙基的肉质蜡膜常为黄色，有时呈橙、红、绿或蓝色。虹膜一般为深褐色，有些种类为米、黄或红色，极少情况下为灰或蓝色。

鸣声 各种啸声、喵喵声、呱呱声、吠声，通常很尖。大部分种除繁殖前一般较为安静，但一些林栖种类很嘈杂。

巢 树枝所搭的平台，常衬以绿叶，一般筑于树杈或岩崖。

卵 窝卵数1～7枚；颜色为白或浅绿色，常有褐色或紫色斑纹。孵化期28～60天，雏鸟离巢期24～148天。

食物 所有种类都喜食新鲜的肉，捕杀活的动物。部分种类食腐肉，兀鹫为代表。多数种类会捕获从蚯蚓到脊椎动物的各种动物。但少数特化为专食螺、胡蜂、蝙蝠、鱼、鸟、鼠，甚至油棕的果实。

禽的每对配偶也只维护巢周围的一小块区域，因此只要有足够的岩面，许多配偶都会拥挤在同一个悬崖，而不会去其他同样合适的空悬崖。总体而言，筑在岩石上的巢比树上的巢更长久，筑于树上的巢则比草被上的巢更长久。

无处安巢
繁殖密度

体型对繁殖的走向似乎会产生巨大影响。种类的体型越大，开始繁殖的年龄越晚，繁殖周期越长，则每次繁殖产下的后代越少。而猛禽类由于对巢的特殊要求，是极少数繁殖数量和成功率受限于巢址落实情况的几种鸟类之一。如在悬崖筑巢的猛禽类，它们的繁殖密度受限于合适岩面的数量，而它们的繁殖成功率取决于掠食者接近这些岩面的难易程度。在开阔地的猛禽则受限于树木的短缺，尤其是在大的草原和草地，常常有充足的食物，却鲜有树木。而即使在林地，适于安巢的地方也远比想象中的少。据一位生物学家得出的结论：在芬兰，方圆数百平方千米的成熟森林中，平均每1000棵树中适合白尾雕营巢的连一棵都不到；而在未成熟的森林中，适于营巢的树木更是稀少，甚至完全不存在。不过，从积极的方面来看，这一事实也意味着提供人工的巢址（如树

上、建筑物上、采石场、铁塔上的平台）可以用来提高食肉鸟的繁殖密度。

在巢址供大于求的地区，猛禽的数量则取决于食物的供应。食物多样化的种类往往拥有相当稳定的食物供应，即使在某个具体的区域，繁殖数量也保持相对稳定，数年间平均的起伏幅度不超过10% ~ 15%。在不受人类负面影响的地区，像金雕和猛雕这样的鸟类则成为数量长期保持稳定的范例，虽然因局部食物供应情况会使区域间的繁殖密度产生较大差异。

相反，如果依赖于捕食具有季节性波动的猎物，那么这样的猛禽类其繁殖密度每年都会不一样，或多或少地随猎物的波动情况而起伏。典型例子便是以啮齿动物如旅鼠为食的白尾鹞和毛脚以及以野兔和松鸡为食的苍鹰。啮齿动物的数量每隔3 ~ 4年达到一次高峰，它们的掠食者也是一样；而野兔和松鸡的循环周期为7 ~ 10年，它们的掠食者亦是如此。其中苍鹰的情况尤其具有指导意义，因为它们在猎物（如野兔）供应稳定的地区繁殖数量就稳定，在猎物供应有波动的地区就同样跟着起伏。

总体来说，较之于捕食大型、稀少猎物的大型猛禽类而言，小型猛禽类捕食的猎物较小但数量多，因此它们的繁殖密度相对较高。一

↗ 红尾的雏鸟孵化后，雌鸟会育雏1周。之后亲鸟双双外出捕猎以带给这些大食量的雏鸟足够的食物。雏鸟在会飞后继续留在亲鸟身边6~7个月，直到学会独立觅食。

↗ 澳洲黑肩鸢通常单独或成对栖于树上、桩上或者盘旋觅食。它们一般很安静，但也会发出各种轻微的鸣声。如一连串双音节的"噼唯—噼唯"声便与警告或觅食有关。

只小型的非洲鹰捕猎的范围为 1 ~ 2 平方千米，一只普通鹰的捕猎范围为 1 ~ 5 平方千米，而一只大型的雕捕猎的范围远大于此。猛雕，非洲最大的雕，以小羚羊、巨蜥和猎禽类为食，平均每 125 ~ 300 平方千米才出现 1 对，巢址间的距离为 30 ~ 40 千米，成为世界上分布最稀的鸟类之一。不过大型的食鱼猛禽为例外，它们在鱼类集中的地区呈高密度分布。而大型的群居性猛禽，如大型兀鹫，在群居地数量众多，但倘若考虑到它们极为广阔的觅食区域，实际上它们的整体密度也非常低。

身处险境的顶级掠食者
保护与环境

　　既然食肉鸟捕食其他动物，那么不管体型如何，它们存在的密度就必然低于构成它们猎物的鸟类和其他动物的密度。而它们在局部食物链中处于最顶端的位置也给它们带来了多方面的负面效应，这通常为人类活动的结果。首先，一旦栖息地出现任何恶化现象，如自然地被用以农业耕作或森林遭破坏等，那么猛禽类受到的影响最直接、最广泛。其次，当猛禽类将猎禽、家禽、牲畜作为它们的猎物时，势必会与人类产生冲突，而这种竞争的结果往往是它们遭到直接的迫害，或被枪击，或

落入陷阱，或被下毒。再次，也是最难以察觉的，它们因捕食猎物而在体内不断积累起有毒化学物质，如汞、DDT(二氯二苯三氯乙烷)、PCBs(多氯联苯)、狄氏剂等，通常源于农业杀虫剂或工业污水，结果很容易被感染以致中毒，如北美的白头海雕便是例子。

　　因此，世界范围内近 25 %（234 种中有 58 种）的鹰科种类被世界自然保护联盟列为受胁种也就不足为奇。其中有 8 种极危种，包括菲律宾雕、马岛海雕、马岛蛇雕、白领美洲鸢等。而在局部地区，形势更严峻，许多其他的猛禽种类数量也在大幅减少甚至绝迹，虽然在现阶段这些种类的总体数量还尚未出现危机。

　　栖息地遭破坏已经成为导致猛禽类和其他野生生物数量下降的主要原因。从长远来看，人口的持续增长、经济发展和人类社会的强盛，仍是它们的最大威胁。不管存在其他何种不利影响，栖息地对任何野生生物的数量、规模和分布范围都具有最终的决定作用。生活在特殊的或受限的栖息地的种类最容易受到影响，因为栖息地的总面积及其能承受的最大野生生物的数量都非常有限。大量栖息于森林、沼泽和岛屿的种类在全球范围内普遍受到威胁，原因便在于此。

　　由于一个地区对猛禽的承载能力有时依赖于巢址的获得情况，因此如上面提及的，通过人工增加巢址可以在一定程度上弥补不足。而倘若通过增加食物供应来提高一个地区的承载能力则要困难得多，因为刺激猎物数量的增长通常需要对土地使用模式进行改变。于是，最可行的办法往往是维护现有的优质栖息地，或至少防止其进一步恶化。在北美、非洲、亚洲和澳大利亚，一些大型的国家公园为猛禽类提供了绝佳的栖息地，使它们可以保持很高的数量。在人口众多的国家，通过这种方式得以保留下来的地区，大部分面积都太小而无法支持大量鸟类的生存，尤其是那些需要大片栖息地才能维持生存的大型种类。不过，如今在各个地方，人们都日益认识到减少对人类居住地周围的野生生物栖息地施以人为影响的重要性。

　　现在，人类对猛禽的直接迫害已不如过去

在17世纪的头10年里，白头海雕在北美很常见，约有500000只翱翔在北美大陆的海岸线上。然而，到了20世纪60年代，这种雄健的美国国鸟已几近灭绝，原因是人类的迫害和杀虫剂中毒，尤其是DDT。不过，在经过20年的法律保护和摄取无杀虫剂的食物后（DDT于1972年被禁用），从1995年开始，该鸟的数量开始显著回升。如今，仅在加拿大和阿拉斯加就活跃着约100000只白头海雕，从而使这种鸟暂时脱离了险境。

那样严重，至少在北半球国家，对动物的仁慈道义已演变为保护性的立法。这些立法在世界各地各不相同，在不同的国家获得的成功程度也各异。通常，在发达国家效果最明显，如欧盟、美国、加拿大、日本和澳大利亚。对立法的态度也不一，有尊重，也有漠视，尤其在欠发达国家。并且，由于鸟类的保护很难进行监督，所以在法律的效力和执行之间仍存在相当大的漏洞。

关于化学污染的威胁，从长期而言，唯一的解决办法便是减少生物杀灭剂的使用，从而使其在环境中的浓度降低。在许多北半球发达国家，人们通过用毒性小、药性持续时间短的新型化学制剂来代替以前那种杀灭剂，虽然新型制剂更昂贵。然而，廉价而危险的化学产品仍在制造，并广泛在欠发达国家中使用。结果不仅威胁到当地的种类，也威胁到迁徙至那里的猛禽。

在生物杀灭剂的使用导致环境水平开始下降后，人们采取了多种不同的措施来进行弥补。有数个种类被人工饲养繁殖，以重新放回野外。目前，这方面的工程包括：法国将人工饲养的西域兀鹫重新放回野外，瑞士将人工饲养的胡兀鹫放生回阿尔卑斯山（在这项方案实施了16年后，如今有70只胡兀鹫飞翔在阿尔卑斯山上空），美国纽约州将人工饲养的白头海雕放回野外，另外还有菲律宾的菲律宾雕和南非的白兀鹫。其他放回野外的计划还牵涉到将雏鸟从一个地区转移至另一个地区，如眼下在苏格兰重建白尾雕野生种群的行动便是如此。在英格兰和威尔士，人们从西班牙等赤鸢较为常见的国家引入赤鸢，然后将人工繁殖的个体放生到多林地带。

当某个种类在原本适宜的栖息地因人类活动而遭灭顶之灾时，人工繁殖然后放回野生界是唯一的选择。许多大型猛禽的种群极为分散，要使这些种类通过自然的方式重新连接起一块块孤立的栖息地基本上不可能，至少在可预见的将来不会实现。但人工繁殖然后放生的计划实施起来不仅难度大，而且成本高，因此，保护食肉鸟最经济有效的办法就是尽可能保护更多优质的栖息地，并将其他一切负面因素降至最低。

雉和鹑

地栖性的雉和鹑构成了鸡形目（松鸡和火鸡也属其中）最大的科。对于人类而言，雉科显得无比重要，因为它里面就有普通家禽的原种。普通家禽饲养始于至少 5000 年前，如今在地球上的数量据称有 240 亿只，几乎为全球人口的 4 倍。由于雉科的成员对人类而言具有很大的利用价值，因此许多种类目前面临威胁。

雉和鹑往往外表绚丽。在南亚许多地方被印度教徒崇拜的蓝孔雀以其美丽动人的身姿征服了全世界。另有数个种类，如山齿鹑和环颈雉，往往关系到价值达上亿美元的乡村产业的发展问题。

而有些种类则以它们的歌唱本领受到世人的喜爱（如鹑在巴基斯坦），还有些种类成为勇敢的象征（在古代中国，出征的将领会戴上褐马鸡的尾羽，即将军头盔上的雉鸡翎）。在爪哇，绿孔雀的尾羽乃是传统的服饰材料。而与之形成鲜明对比的是，该科中也有一些最不为世人所知的种类，尤其是喜马拉雅鹤鹑，至今只收集到 10 个左右标本，并且这些标本都是 1 个世纪以前的。阿萨姆林鹑同样在近年来未曾有过记录。

圆鸟圆翅
形态与功能

几乎所有的雉和鹑都为圆胖型的鸟，腿短，翅圆。从小型的非洲蓝鹑到高贵的蓝孔雀，均善奔走，疾跑肌肉发达，而极少飞行，除非为了逃离危险，从遮蔽物中冲出时才会迅速扇翅飞走。一些栖息于茂密森林中的种类如凤冠孔雀雉，倾向于穿过下层丛林偷偷溜走，只有在突然受到侵扰时方才奔跑。大部分种类不能远飞，为定栖性鸟，仅在出生地方圆数千米内活动。不过，有些鹤鹑类却会进行长途飞

↗见于喜马拉雅山的灰腹角雉，为5种亚洲山区雉类（角雉属）之一。这种鸟以它们的羽毛、食草性以及树上营巢的习性（为雉科中的唯一）而出名。

行，为迁徙性或移栖性鸟。例如，鹌鹑每年定期迁徙，花脸鹌鹑在非洲的一些种群则为移栖性，很可能是为了适应季节性的降雨模式，南亚的黑胸鹌鹑亦是如此。

新大陆鹑类为其中最典型的圆胖型小鸟，有明显的黑色、白色、浅黄色或灰色斑纹，有些具向前的硬冠羽。最出名的种类或许是山齿鹑，在美国是一种主要的猎物。

旧大陆鹑类栖息于非洲、亚洲和澳大利亚的草地中，虽然数量少，但分布广。其中有6个种类通常被两两归为一类，组成所谓的"超种"，表明它们之间的亲缘关系非常密切。它们是鹌鹑、西鹌鹑、花脸鹌鹑、黑胸鹌鹑、非洲蓝鹑和蓝胸鹑。

鹧鸪类是一个多样化的集合，主要为体型中等、身体结实的猎禽，见于旧大陆的多种栖息地。其中包括大型的雪山鹑，重3千克，栖息于中亚的高山苔原。在东南亚，有许多鲜为人知的鹧鸪种类栖息在热带雨林中，如华丽的冕鹧鸪。但鹧鸪类最常见于开阔的栖息地，如半干旱沙漠、草地、矮树丛。不少种类也适应在大片的耕田里生活，比较突出的是灰鹧鸪和石鸡，这2种鸟在欧洲许多地方的耕田中已很常见，并被引入到了北美。然而，现代农业技术尤其是杀虫剂和除草剂的广泛使用，使这些鸟近年来在欧洲的数量持续下降。非洲仅有鹧鸪类的两个属，分别为像矮脚鸡的石鹑（石鹑属）以及鹧鸪属，后者包括41种，大部分限于非洲大陆。这些与鹑相似的鸟非常健壮，生活于多种栖息地内，往往很嘈杂。1992年在坦桑尼亚的山区发现了一个新的种类：坦桑尼亚鹑。

雉类通常指该科中体型相对较大、色彩更鲜艳的成员。在16属48种中，仅有1种不分布在亚洲，那便是与众不同、楚楚动人的刚果孔雀，由W.L.查平于1936年发现，在鸟类学界轰动一时。雉类为林鸟，有些生活在东南亚的雨林中，其他的则见于中亚山区不同高度的森林中。虽然雄鸟色彩绚丽、鸣声响亮嘈杂，但大部分雉类很隐秘，难见其踪影。最突出的例子便是见于中国西部的红腹锦鸡和白腹锦鸡，这是2种有颈翎的雉。两者的雄鸟异常艳丽，其中雄红腹锦鸡的羽色为红、黄、橙，雄

↗在雉科中，雉类的求偶炫耀行为尤为突出。红腹锦鸡（和白腹锦鸡）的雄鸟能在突然之间展开平时贴于头侧面的覆羽，产生令人印象深刻的围领效果。

白腹锦鸡具白、绿、红和黑色。曾在很长一段时期内，欧洲的博物学家们认为中国艺术家所画的这些鸟纯粹是想象中的虚构之物，因为它们看上去实在太不可思议了。

雉科种类的群居结构体现出一种颇有意思

雉和鹑

目 鸡形目
科 雉科
47属187种。

分布 北美、南美北部、欧亚大陆、非洲、澳大利亚。此外，引入新西兰（在当地种类灭绝后）、夏威夷及其他岛屿。另有部分种类引入欧洲和北美。

栖息地 多种开阔、多林木的陆上栖息地以及灌丛、沙漠和耕田。

赤道

体型 体长12～122厘米，不包括炫耀用的尾羽；体重0.02～6千克。

体羽 一般为棕色、灰色，雄鸟的斑纹通常为醒目的蓝色、黑色、红色、黄色、白色等。性二态现象各异，有的种类雄鸟可比雌鸟大30%，并有复杂的结构用于炫耀，且具距。

鸣声 短促而响亮的啸声、哀号声及嘈杂的啼叫声。

巢 主要为简易的地面浅坑。如果有衬里，为草。角雉类可能营巢于树上。

卵 窝卵数2～4枚，重4.8～112克。孵化期16～18天，雏鸟出生几小时或几天后离巢。

食物 多样性，主要为植物的种子和芽，也食无脊椎动物、根和掉落的果实。雏鸟大多食虫。

↘ **雉和鹑的代表种类**
1.原鸡，见于东南亚，普通家禽的野生原种；2.白腹锦鸡，南亚山区一种美丽的鸟；3.石鸡，从地中海地区引入美国西部；4.西鹌鹑；5.山齿鹑，美国南部和东部一种常见的猎禽；6.灰山鹑；7.红腹锦鸡，源于中国的多山地带；8.红腿石鸡；9.山鹑；10.飞翔的环颈雉；11.蓝孔雀，为人们所熟悉的孔雀，起源于印度，被引入到世界各地。

的差异。大部分较小的鹑类和鹧鸪类为高度群居，但为单配制。较大的雉类有一些也为群居，如孔雀。但更多的尤其是栖息于茂密森林中的种类则为独居，它们通常为一雄多雌制（一只雄鸟拥有数只雌鸟作配偶）或为混交，即不形成配偶关系。

成对、成窝
繁殖生物学

在鹧鸪类和鹑类中，基本的群居单位为"窝"，即一组家庭成员，或许再加上其他数只伴随性质的鸟。在那些居于开阔栖息地的种类中，如雪鸡、石鸡、山齿鹑，"窝"通常会融合成大的"群"。而另一个极端是，一些林栖性种类如马来西亚的黑鹑或者部分鹧鸪，成鸟全年都单独或成对生活。结偶一般发生在"窝"解

散前，虽然雄鸟常常会加入其他的窝中去物色配偶。近来对鹌鹑所做的实验表明，这种行为很可能是为了避免"近亲繁殖"，尽管人们发现鹌鹑在择偶时往往对最初同一窝的"兄弟姐妹"一往情深，而不太选择"远亲"。

在相对更大、实行一雄多雌制的雉类中，求偶包含一系列持续时间长、场面壮观的炫耀仪式。其中非常独特但极为罕见的一幕是印度和尼泊尔的红胸角雉，雄鸟所做的炫耀将喉部铁蓝色的肉垂垂下，同时膨胀头顶2个细长的蓝角。喜马拉雅山的棕尾虹雉，色彩绚丽的雄鸟会在高高的悬崖和森林上空飞翔炫耀，并发出高亢的鸣声，着实令人惊叹。而最惊艳的求偶炫耀或许是来自马来西亚森林中的大眼斑雉之舞。雄性成鸟拥有巨大的次级飞羽，每根羽毛上都有一系列圆形的金色饰物，使之看上去成三

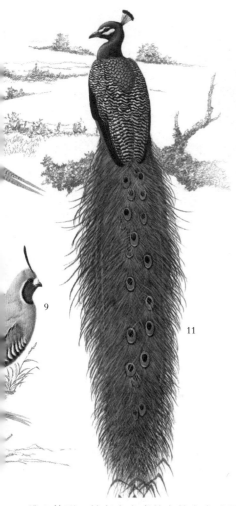

9

11

坑。窝卵数从斑雉的2枚至灰山鹑的近20枚（所有鸟类中最多的窝卵数）不等。由于卵经常被掠走，环颈雉的雌鸟每个繁殖期会营巢2次或2次以上。当产下2窝卵时，一窝雌鸟自己孵，一窝给雄鸟孵。除这种鸟外，其他雉科的雄鸟很少或根本不参与孵卵。曾发现过人工饲养的雌红腹锦鸡不饮不食（甚至不动）连续孵卵22天。有一回，当这种鸟如此静坐时，一只蜘蛛在它背上结了一个蜘蛛网。在野生界是否也会发生这样的情景尚不清楚。

雉科的雏鸟为早成性。一出生就能自己进食，数小时内便离巢，1周后就会飞。非洲蓝鹑的幼鸟仅有2个月大时便可以繁殖。由于繁殖能力强，雉和鹑能够在大量遭掠食的情况下依然生存下来。而人类也学会利用这一点来对它们进行捕猎。有许多种类都成为捕猎的对象，比较突出的是环颈雉。

◥ 在东亚，可以看到一些最精彩的雉类炫耀行为。右图中的婆罗洲种类鳞背鹇拥有铁蓝色的肉垂和角，使其头部看上去犹如一把拔钉锤。这种鸟被世界自然保护联盟列为易危种。而更壮观的是红腹角雉（下图）的炫耀，一块色彩亮丽的肉垂从喉部垂下来，蓝色的底色和红色的条纹形成鲜明对比。

维立体形。雄鸟会在森林中某个小丘顶上腾出一个舞台，用它那巨大的翅膀扫去落叶层以及其他的叶和茎。然后每天清晨，它都发出响亮的鸣声"号啕大哭"，以吸引异性。当一只雌鸟过来后，它便开始围着它起舞，在舞跳到高潮时，它会举起双翅，然后围成2个大大的半圆形扇形，露出翅上的千百双"眼睛"。而它真正的眼睛则通过2个翅膀中间的缝隙盯着雌鸟。

在斑雉的2个种类中，求偶炫耀以交配结尾，然后雌鸟离开，独自产卵育雏。而在原鸡类和环颈雉中，雄鸟与数只雌鸟结成配偶关系，并照看它的"后宫"直至它们产卵。这种繁殖机制在其他鸟类中几乎不曾出现过（但在哺乳动物中很常见）。

除角雉类外，所有的雉和鹑都在地面营巢，通常在浓密的草本植被中筑一个简单的浅

松鸡

松鸡为典型的北半球鸟类。它们的进化起源地被认为是在北半球高纬度地区，而如今它们的分布也集中于北温带北部森林区及北极苔原，在那里，松鸡是脊椎动物生物链的重要生态组成部分。它们数量多、体型大，因此是猞猁、貂、狐狸、猛禽等食肉类动物的一大食物来源。

人类同样视松鸡为美味佳肴。每年有成百上千万只松鸡被捕杀，供人们享用或娱乐。在许多北方文化中，对松鸡的捕猎是当地居民生活中的一件大事，而松鸡本身则是不少地区性民间传说中的主角。松鸡科中黑琴鸡的尾羽在苏格兰用以装饰男子的无边圆帽，在阿尔卑斯地区也出现在村民的帽子上。在阿尔卑斯山地区，人们还在传统的民间舞蹈中对在展姿场炫耀的黑琴鸡进行模仿；而一些美洲土著民族也会模仿草原松鸡的炫耀行为。

适应季节变化
形态与功能

在外形上，松鸡科具有鸡形目的典型特征，与鸡和鹧鸪相似。在体型大小上，它们介于鸽和雁之间。最小的种类为白尾雷鸟，重约300 克；最大者为雄性松鸡，重达 6.5 千克。松鸡科与其他鸡形目鸟的区别主要在于它们足部覆羽、鼻孔独特以及不长距。此外，它们的趾也被羽，或在冬季沿两侧长有细小的鳞片，利于它们在雪地中行走和挖穴。

松鸡类对寒冷的气候和冰天雪地的冬季体现出多种形态上、生理上和行为上的适应性，

从而能够在季节差异巨大的环境中生存下来。它们栖息于雪洞中，可以抵御严寒；以低能量但数量丰富的冬季食物为食；有大的嗉囊和砂囊，可用以储存大量的食物；摄入砂粒，以帮助研磨食物；肠长，且盲肠发达，使之能够在共生细菌的协助下消化纤维素。

有些种类特别是多配制的种类，两性相

↗ 雷鸟属的3个种类为居于北方的小型松鸡类，冬夏具不同的体羽。图中的这只白尾雷鸟正处于脱去夏羽换上一身洁白冬装的过程中。

异。雄鸟的体羽更醒目，体重可以达到雌鸟的 2 倍；雌鸟则较小，体羽成保护色，具伪装性。此外，雄鸟在眼上方有亮丽的栉，呈黄色至红色。一些种类的雄鸟在颈部还有色彩鲜艳、不覆羽的皮肤块斑，在求偶时可膨胀。在单配制种类中，区别就没有这么明显，两性基本相似。体羽季节性变化明显的只有雷鸟类，冬季体羽为白色，不过，柳雷鸟在英国的亚种例外，冬季不覆白色体羽。

松鸡科雏鸟出生时覆浓密的黄褐色绒毛。孵化后不久便开始长初批幼鸟体羽，并迅速长出翼羽，这使得雏鸟在出生第 2 周就能进行短距离的飞行。松鸡科主要生活于地面，只有在受惊扰时才会扑腾翅膀从遮蔽物中冲出，做长距离的滑翔。

多见于北方
分布模式

松鸡科遍布北半球的温带、北温带北部森林和北极生物区，生活于北部古北区的多种自然栖息地。一般而言，每个种类适应一种或几种植被类型，但也有些种类适应多种栖息地。针对处于不同生态发展阶段、位于不同高度和纬度的栖息地，它们体现出相应的适应性，如有特化为栖息于高山和北极苔原的（雷鸟属），有特化为居于北美大草原开阔草地上的（艾草松鸡属和草原松鸡属），也有适应多种类型和生态发展阶段的森林的，从新种植的林地到茂盛的落叶林，再到年深日久的开阔针叶林，不一而足（其他 4 属）。在许多地区，会有数个松鸡科种类同域分布，即共享同一片栖息地，或至少共同使用重叠区域。在某些同域分布的种类中，杂交很常见，但一般繁殖率低下。

和其栖息地分布广泛一样，大量的松鸡科种类广布于各个分布区。整个科的分布范围跨越 55 个纬度，北起格陵兰岛北部（岩雷鸟），南至墨西哥湾（草原松鸡）。其中，柳雷鸟分布范围最广，见于从北纬 76° 至北纬 47° 之间欧亚大陆及北美的亚北极和亚高地苔原。而岩雷鸟的分布纬度跨度最大，最北至格陵兰岛北部北纬 83° 的北极地区，最南至北纬 38° 的

塔吉克斯坦的帕米尔山脉以及北纬 49° 的洛基山脉。大部分林栖性种类分布范围相似，主要为欧亚大陆和北美的大部分北温带北部森林区和温带森林。而草原松鸡最初的分布范围相当有限，这反映了北美草地的自然扩张。

几个分布有限的种类很可能是在地理分裂过程中进化而来的。如栖息于黑海和里海之间高加索山脉的高加索黑琴鸡与黑琴鸡仅相隔数百千米，中国中部的斑尾榛鸡与它的姊妹种花尾榛鸡的分布区也不过隔了 1000 千米。俄罗斯远东地区的镰翅鸡与和它亲缘关系最密切的枞树镰翅鸡之间仅有白令海峡相隔。美国犹他州和科罗拉多州南部的小艾草松鸡直至最近才被承认为一个独立的种，它很可能就是通过地理分裂从艾草松鸡演变而来的。

松鸡科大部分种类为留鸟，一年四季居于它们的繁殖区域内。但所有的种类都会在夏季和冬季的栖息地之间进行某种程度的迁移，既有局部的栖息地转移或海拔高度变化，也有长途迁徙。一些林栖性种类，如枞树镰翅鸡和松鸡，夏季和冬季的栖息地会不定向地移动 1 ~ 15 千米左右。而在其他一些种类中，这种移动则具有定向性，与该种类栖息地和食物供应的季节性变化有关。在北极，许多雷鸟种群做局部迁徙；在山区，它们则会在夏季前往高海拔栖息地、冬季转至低海拔地区。而蓝镰翅鸡恰恰相反，繁殖在低处，过冬在高处。一些草原松鸡的种群会做数千米至 100 千米的短途迁徙。季节性迁徙现象最明显的是北极高纬度地区的种类，因为那里季节性变化最大，岩雷鸟和柳雷鸟会离开繁殖区南下到数百千米外的地区越冬。

充分利用较短缺的食物资源
食物

松鸡科的食物具有明显的季节性变化。在它们的大部分分布区内，冬季都是冰天雪地，食物普遍短缺，它们便最大限度地利用可获得的食物来源。多数种类依靠低营养但大量可得的冬季食物来维持生存。这一点在松鸡、枞树镰翅鸡、镰翅鸡和蓝镰翅鸡身上体现得淋漓尽致。它们几乎仅靠一两种针叶树的针叶度过漫

长的冬天。虽然针叶在它们所栖息的北温带北部森林区和山地森林中随处可见，但其给鸟提供的能量极少，因而它们不得不大量摄入。而针叶中所含的油脂对其他动物而言不仅味道难闻，而且还会中毒。

其他的松鸡科种类则相对觅食较多的过冬食物源，主要有柳树、桦树等落叶树的芽、细枝、柳絮之类，如有可能，也会摄取部分欧石楠灌木、苔藓、草、草本植物等。对部分草原松鸡的种群而言，橡树果是常见的过冬食物，此外，它们也会在耕地寻觅大豆和玉米等农作物。而对有些种类来说，要获得过冬食物，必须进行局部的栖息地转移，甚至做短途或长途的季节性迁移。

在没有积雪的季节里，所有的松鸡种类基本上都为食草类，有选择性地大量摄入多种植物。因为随着春季雪化，食物开始多样化，可以不同程度地获取地面和灌木层的叶、芽、花和果实。常见的夏季食物对象有欧石楠灌木、各种草本植物及草，也包括柳树、桦树等树木。各种类中，雏鸟刚孵化时均食无脊椎动物，随着年龄增长，逐渐转为植物性食物。成鸟偶尔也食动物性食物，但数量只占所消化的食物量的百分之几。

精彩的炫耀
繁殖生物学

在松鸡科的繁殖机制中，既有单配制的配偶关系，也有多配制的"展姿场"形式——数只至数十只雄鸟聚集在固定的炫耀地求偶。5个草原种类（草原松鸡、小草原松鸡、尖尾松鸡、小艾草松鸡和艾草松鸡）和 2 个栖息于森林边缘带的种类（黑琴鸡和高加索黑琴鸡）形成的展姿场中各雄鸟的领域很小，面积约为100 平方米，一般只用于炫耀。在林栖性种类中，松鸡和黑嘴松鸡形成的展姿场，雄鸟拥有更大的永久性领域，其中松鸡的可达 0.1~1 平方千米。而其他的林栖性种类中，有 4 种（披肩榛鸡、镰翅鸡、蓝镰翅鸡和枞树镰翅鸡）的展姿场面积中等，雄鸟的领域相对更为分散，而另有 2 种主要为单配制（斑尾榛鸡和花尾榛鸡）。3 个苔原种类（雷鸟属）则基本上为单配制。

春季，雪化之际，通常在每天的清晨和黄昏，雄鸟们开始竞争求偶。它们发出一系列的声音，诸如嘟嘟声、嘶嘶声、咯咯声、咔嗒声和口哨声等。同时伴以颈部、尾部、翼羽和颈

松鸡的代表种类
1.艾草松鸡的雄鸟在展姿场（共同求偶地）炫耀，后面背景为雌鸟；2.草原松鸡曾一度分布于美国大西洋沿岸至怀俄明州的广大地区，如今其分布范围已大大缩小；3.尖尾松鸡在炫耀场尖尖的尾巴，它的名字即由此而来；4.枞树镰翅鸡，冬季主要依靠食针叶树的针叶维生存；5.岩雷鸟夏季的体羽为深色；6.柳雷鸟脱去白色的冬装，换上铁锈色的夏装，翅和腹则仍为白色；7a.一只雄松鸡在展姿场鸣叫；7b.色彩偏暗的雌松鸡摆出邀请雄鸟交配的姿势。

部鲜艳气囊的炫耀。此外，还会进行扇翅或鼓翅炫耀飞行，尾部做拍打动作，以及偶尔的争斗等。交配、求偶炫耀和大部分的普通炫耀都发生在地面上。雌鸟在选定配偶前会光顾数只雄鸟。而在建立展姿场的种类中，多数雌鸟都与同一只主雄鸟交配。

松鸡科在地面单独营巢，只有雌鸟孵卵。巢为一简单的浅坑，稀疏地衬以从巢边上获得的植被，不过通常很隐蔽。每年产1窝卵，但倘若卵丢失，则可能会补育。雌鸟在交配后1周内开始产卵，每隔一两天产下1枚。松鸡类的卵与家鸡的蛋外形相似，颜色为白色中略带黄色，并有少量褐斑。窝卵数为5～12枚，依种类而不同。孵化期21～28天，从最后1枚或倒数第2枚卵产下后开始孵。

在柳雷鸟中，双亲共同陪伴和保护雏鸟。而在其他所有种类中，这完全成了雌鸟的任务。雏鸟孵化后很快离巢。在刚开始数周内，雏鸟需要摄入高能食物，因而无脊椎动物构成它们食物中的主要组成部分。它们留在雌鸟身边直至秋季，因为到那时，绝大多数种类的雏鸟已基本达到成鸟的体重。不过，松鸡的雄雏需要到第2年体重才能长满。所有种类的雏鸟1岁时便达到性成熟，当然它们不一定会在那时进行繁殖。

在非繁殖期，松鸡科的群居性各不相同。

总体而言，栖息地越开阔，种类的群居性越明显。森林种类往往为独居性，但并不相互回避，秋冬季节也会成群活动。草原种类一般群居性较强，而苔原种类冬季也可形成规模达上百只的群体。

松鸡科一窝可产许多枚卵，因此，它们的生殖潜力可谓巨大。然而，不同的年份雏鸟的成活率却相差很大。天气恶劣、天敌威胁严重的年份，多数雏鸟都会死亡。而其他年份，则会有许多新生力量加入次年的繁殖大军中去。因此，由于环境的不确定因素，松鸡科的数量每年波动很大。

呼唤栖息地管理
保护与环境

也许是由于分布广泛或者栖息地偏远，松鸡科的保护状况显得不如其他鸡形目鸟类那般迫切。全球范围内，18个种类中仅小艾草松

鸡一种濒危。然而，斑尾榛鸡和镰翅鸡已被列为近危，高加索黑琴鸡也面临威胁。另外，至少有 2 个亚种，即草原松鸡的亚种和松鸡在西班牙坎塔布连山脉的亚种，根据世界自然保护联盟的标准，也已符合全球性受胁种类的要求。还有许多种群在国家和地区一级上被列入了红色名录。

很多种类在 20 世纪数量下降，分布范围缩小。而草原种类在这之前便因农耕和城市开发丧失了诸多原始的分布区。在人口密集的地区，松鸡数量的下降尤为突出。如在中欧和北美东部的大片地区，已看不到松鸡的身影。因人为占地而导致栖息地的丧失和分解则仍是最主要的威胁。在林栖性种类中，由于栖息地遭大肆砍伐，其数量正大范围急剧下降。相比之下，苔原种类因栖息地偏远，仍占据着大部分原始的分布区，数量相对稳定。

稳定的数量最有可能见于拥有自然或半自然植被的大片栖息地中。因此栖息地管理在北美的披肩榛鸡和英国的柳雷鸟亚种等猎禽中较为常见，有助于保持乃至提高它们的数量。并且，松鸡科对人类具有很强的吸引力，它们可以在促进生态系统多样性中充当旗舰性鸟类。

⬊ 为了吸引异性，一只雄黑琴鸡在炫耀：展开尾巴，竖起眼上方的红色肉垂，半张翅膀。这种鸟见于欧亚大陆北部，其"展姿场"（共同求偶炫耀的场地）很出名。

松 鸡

目 鸡形目
科 松鸡科
7属18种：黑嘴松鸡、黑琴鸡、松鸡、高加索黑琴鸡、蓝镰翅鸡、枞树镰翅鸡、斑尾榛鸡、花尾榛鸡、披肩榛鸡、草原松鸡、小草原松鸡、尖尾松鸡、小艾草松鸡、艾草松鸡、岩雷鸟、白尾雷鸟、柳雷鸟、镰翅鸡等。

分布 北美、北亚和欧洲。

赤道

栖息地 森林、草原、苔原和丛林。

体型 体长31～95厘米，体重0.3～6.5千克。在一些种类中，两性在着色和体型上差异明显（雄松鸡的体重可为雌性的2倍）。

体羽 雄鸟大部分为黑色或褐色，带白色斑纹，冠呈红色至黄色。雌鸟为褐色，带黑白斑纹。雷鸟冬季全白。此外，各种类翅短而圆，尾有多种形状，通常较大。

鸣声 多种声音，如嘟嘟声、嘶嘶声、咯咯声、咔嗒声和口哨声等。此外，翅膀还会发出摩擦声和振翅声。

巢 地面一简易浅坑。

卵 窝卵数通常为5～12枚；白色至浅褐色，带深色斑点；重19～55克。孵化期21～28天，由雌鸟孵化。

食物 成鸟食叶、针叶、芽、细枝、花、果实和种子，雏鸟主要食无脊椎动物。

在欧洲移居者前往北美以前，火鸡在那里有广泛分布。当地土著人会对它们进行捕猎，而早期定居者也同样对这种鸟情有独钟，本杰明·富兰克林甚至提议将火鸡作为美国的国鸟（虽然未获成功）。然而，到了 19 世纪末，不加控制的大肆猎捕以及森林砍伐使之几近绝迹。

火鸡能得以重获新生，幸亏人们采取了有效的保护措施并实施"人工饲养繁殖—放回野生界"计划，如今在北美，火鸡的数量比欧洲移民者定居前更多，分布范围更广。通过指定具体季节进行有选择性的捕猎，美国各州的火鸡数量保持稳定。火鸡现在已重新成为一种受人欢迎的猎禽，同时又得到了有效的保护。

腿强健的大鸟
形态与功能

火鸡为大型鸟类，腿强健，雄鸟腿上有距。全科 2 个种类在体羽（尤其是尾羽）和雄鸟的腿距等部位存在差异。它们通常善奔走，但也能做短距离的快速飞行。2 种火鸡的体羽有相似之处，不过体型小许多的眼斑火鸡没有

◣ 色彩鲜艳、头饰醒目的眼斑火鸡栖息于墨西哥南部及中美洲。尤卡坦半岛上的玛雅人饲养这种鸟以作为庆典上的美餐。

普通火鸡雄鸟和部分雌鸟所具有的"胸毛"。2个种类的头部均裸露（普通火鸡的头部皮肤呈红色和蓝色，眼斑火鸡为蓝色并带红色和黄色斑点），具肉垂和其他用于炫耀的饰物。眼斑火鸡的距相比之下更细长，而它相对更圆的尾部带有独特的眼状斑纹，这种鸟的名字便由此而来。

大量被引进
分布模式

普通火鸡曾被认为必须栖息于大片未受破坏的森林中，而如今在栖息地和食物方面均已变成通化种。不过，这种鸟最喜居的似乎还是混合森林和农业区，另有些亚种更适应在美国西南部和墨西哥的干旱地区生活。

1519 年，赫尔南·科尔特斯和他的西班牙征服者们返回后将火鸡引入欧洲，随后短短几十年间，火鸡在数个国家得到广泛饲养。今天家养的火鸡可能是源于普通火鸡在美国西南部的一个亚种，也可能是源于墨西哥的一个亚种。之所以对起源存在不同的表述，原因很可能是普通火鸡之前曾被北美土著人在不同地方都驯养过。

种子、坚果和浆果
食物

2种火鸡均会食多种食物，不过以种子和浆果为主。而在美国部分地区，橡树果是当地普通火鸡的重要食物来源。火鸡有一个大的肌胃可以处理这些食物。在橡树林中，那些留在落叶层上独特的V字形刮抓痕迹，往往意味着普通火鸡的存在。食物的摄取会因季节和地区不同而各异，如秋冬季节以橡果等坚果为主，春夏则更多地食入绿色植物性食物和无脊椎动物。此外，火鸡还会捕食其他多种动物，诸如蜘蛛、蜗牛、蜥蜴、蛇和蝾螈等。

竞争激烈
繁殖生物学

普通火鸡为一雄多雌制，一只雄鸟与数只雌鸟发生交配。雌鸟长到1岁时便开始繁殖，而雄鸟虽然在那时也达到了性成熟，但由于遭到来自年龄大且有经验的雄鸟的竞争，其繁殖行为常常受抑制。雄鸟通过复杂的炫耀来吸引异性：将尾羽展开成扇形，垂下并震颤初级飞羽，膨胀头上的饰羽，在它们传统的"展姿场"趾高气扬地四处走动，同时发出咯咯的鸣声。

交配发生后，雌鸟独自离开去筑巢。巢址通常离炫耀地不远，而巢为地面的浅坑，简单地衬以树叶。虽然一窝卵为8～15枚，但一个巢里可能会有20～30枚，原因是经常会有多只雌鸟将卵产于同一个巢中。雌鸟单独孵卵，倘若暂时性离巢，即使是很短的时间，它也肯定会将卵掩盖起来。

雏鸟为早成性，出生前前2周由雌鸟喂养，夜间在雌鸟的照看下栖息于地面。待会飞后，雏鸟便栖息于树上，但通常仍会得到雌鸟的照顾。雏鸟以食昆虫为主，发育迅速。

同一窝的雏鸟生活在一起，直至6个月后，雄性雏鸟分离出来形成清一色的雄鸟群。这样的"兄弟群"自成一体，其他单独的雄鸟别指望加入它们的阵营中。由于在更大的群体中，年龄较大的雄鸟经常将年龄较小的雄鸟驱逐出去，因此幼小的兄弟群往往形成它们自己的集体。这期间对于年轻的雄鸟来说是一段艰辛的岁月，因为它们不仅要在自己的兄弟中间树立起支配权，而且还要帮助它们所在的兄弟

群在整个群体中争得地位。它们会展开残酷的争斗，以翅膀和距为武器，可长达2个小时，曾有过争斗死亡记录。然而一旦树立起支配地位，接下来便很少会受到挑战。在群与群之间，通常是较大的群获胜；同样，一旦支配地位确立后，整个群体会变得相当稳定。

雌鸟也有等级之分，但不如雄鸟那般明显。总体而言，年龄较大的雌鸟主宰年龄较小者，而在群体对抗中胜出的"姊妹群"，其成员在与其他群体的个体竞争中似乎也会获胜。

繁殖期来临时，雄鸟群体会解散，但兄弟群仍聚在一起。在展姿场，拥有支配地位的兄弟群，其成员获得的交配机会最多。

眼斑火鸡的群居行为鲜为人知。不过，这种鸟被认为全年始终群居在一起。另外，当受到惊扰时，火鸡会更多地选择飞行而非奔跑。

知识档案

火 鸡

目 鸡形目
科 火鸡科
火鸡属2种：普通火鸡，已发现6个亚种；眼斑火鸡，尚未发现亚种。

分布 普通火鸡广泛分布于美国东部和加拿大南部至美国的大平原和墨西哥（引入美国西部、夏威夷、澳大利亚、新西兰和德国）。眼斑火鸡则仅分布于尤卡坦半岛和危地马拉。

北回归线

栖息地 从温带到热带的多种栖息地（其中尤其喜居林地和开阔的混合林）。

体型 体长90～120厘米；体重3～9千克，有些驯养个体可达18千克。雄鸟体重可为雌鸟的2倍。

体羽 一般为深色，泛有青铜色和绿色的亮丽金属光泽，尤其是雄鸟。主要的次级翼覆羽为醒目的古铜色（眼斑火鸡）。头和颈裸露。雄鸟胸羽的羽尖为黑色，雌鸟为浅黄色（普通火鸡）。

鸣声 类似于鸡叫和鸭叫。

巢 由雌鸟筑于地面，隐蔽性强。

卵 窝卵数8～15枚；米色，带褐斑。孵化期28天。雏鸟通常出生一晚后便离巢。

食物 主要食种子、坚果、浆果、块茎和农作物（如玉米），但也会捕食无脊椎动物和小型脊椎动物。

虽然冢雉看起来是典型的雨林地面猎禽，但独一无二的孵卵技巧使它们有别于其他所有鸡形目鸟类。能够利用周围多种环境中的热源来进行孵卵，无疑是冢雉科最令人惊叹的一面。

自 16 世纪首次发现冢雉以来，它们与众不同的孵卵方法一直深深吸引着自然学家和科学家们。如今我们已经知道，这些方式几乎对它们行为的方方面面都产生了深远的影响。

大脚鸟
形态与功能

冢雉科现有 7 属 22 种，可分为以下几类：丛冢雉类（丛冢雉属和冠冢雉属 3 种）；红嘴冢雉类（红嘴冢雉属 3 种）；冢雉类（冢雉属 14 种，其中包含单一种类摩鹿加冢雉）；还有 2 种各具特色的种类，即斑眼冢雉和苏拉冢雉。最近对大洋洲的考古学研究发现，该地区另有 33 种冢雉在过去的数千年里灭绝，基本上是人类活动的结果。

冢雉归于鸡形目，在形态上与该目其他鸟类相似。它们的主要特点是身材紧凑，腿长，适于耙和挖的趾和爪相对较大，它们的名字便由此而来——"冢雉"在希腊语中为"大脚"之意。所有种类均为地栖性，在森林的地面层觅食多种昆虫、果实和其他可食之物。大部分种类的体羽为单调的褐色、灰色和黑色，鲜有斑纹图案。例外的是斑眼冢雉，具有褐色、白色和黑色组成的复杂斑纹，这种鸟是唯一生活

在干旱环境中的冢雉，这样的体羽明显有助于伪装保护。

多数种类虽然体羽色彩暗淡，然而头和颈基本不覆羽的区域皮肤却呈黄色、红色或蓝色。但有一类冢雉即丛冢雉，头部和颈部色彩鲜艳亮丽。并且这些种类的雄鸟具有不同的冠和肉垂，在繁殖期不仅大小会膨胀，颜色也会变亮。如灌丛冢雉的肉垂既是一种视觉信号，在膨胀时又可以帮助这种鸟发出一种深沉的鸣声。丛冢雉类是冢雉中唯一呈明显性二态的一类，在其他种类中，雌雄鸟通常差异不大。

远离掠食者
分布模式

目前，冢雉的分布范围以澳大利亚、新几内亚以及东南亚、菲律宾群岛、西太平洋群岛和西南太平洋密集的众多岛群为中心，东抵汤加王国的纽阿弗奥岛（虽然最近在美属萨摩亚及纽埃岛上发现了灭绝种类），西至孟加拉湾的尼克巴岛和安德曼岛（已相当远离其他的冢雉分布区）。在这大片区域里，见于最偏远地区的是冢雉属种类，其中的橙脚冢雉目前分布最广，从印度尼西亚的龙目岛一直到新几内亚东部的特罗布里恩群岛（另有许多真实的报

道证实这种鸟的幼鸟夜间会降落在远离陆地的船只上）。毫无疑问，冢雉属的种类是科内的"远征军"，身影几乎遍布西南太平洋的每一个岛屿。此外，前面提及的灭绝种类大部分也为该属种类。冢雉科分布有一个明显的特点，即在大型岛屿（诸如爪哇岛、苏门答腊岛、加里曼丹岛等）和东南亚大陆上几乎完全看不到它们。起源于新几内亚——北澳大利亚地区的冢雉，虽向四方八方扩张，但似乎没有能够进军亚洲大陆和东方动物地理学区中的大型岛屿。对于这一令人不解的事实，一种普遍接受的解释是在这些地区存在着大量会掠食冢雉的食肉动物，尤其是猫（猫科）和麝猫（灵猫科）。冢雉经常会长时间逗留于孵卵冢附近，这使它们会非常容易受到这些动物的袭击。事实上，在这片潜在的重叠区域，上述天敌的存在和冢雉的缺席体现出一种恰到好处的地理分布关系。

"热工程师"
繁殖生物学

关于冢雉的繁殖，几乎每个方面都受到它们特殊的孵卵方式的影响。它们会利用3种环境热源：地热、太阳辐射、有机物降解。一般

而言，使用前两种不受鸟类左右的热源孵卵，需要找到适宜的产卵地址，哪里有合适的土层或沙层，拥有理想的温度，才能挖穴孵卵。

那些在太阳照射的沙滩上孵卵的种类会简单地挖一个浅坑，将1枚卵产于其中，重新填好后便离开。而那种利用地热孵卵的种类一般会使用宽阔的、永久性的洞穴。这些洞穴通常分布不均，每年在某段特定的时期会有大量的冢雉聚集在里面产卵。如有大约53000只红斑冢雉前往新不列颠的一处火山岩洞。这些传统的孵卵地带与冢雉平时的分布区之间可能有相当远的距离，故繁殖的冢雉往往需要远行。

相反，利用有机物降解产生的热量孵卵的种类则是通过建一个埋有潮湿落叶的土堆给自己提供孵卵场所。通过精心选择土堆地址（以便最大限度地获取合适的有机物并避免干化）以及日常的维护，建立孵卵冢的冢雉能够主宰内部的孵卵条件。

操作孵卵冢最成功的无疑是斑眼冢雉。这种唯一生活在极端干旱环境中（澳大利亚中部）的冢雉，发展了一套复杂（而艰辛）的方法用于孵卵冢的构建和维护。人们于20世纪50年代对此进行了详细的研究，结果发现，堆内温

灌丛冢雉为大型冢雉之一，体长可达70厘米。它色彩鲜艳的头部与科内大部分种类普遍暗淡的着色形成鲜明对比。

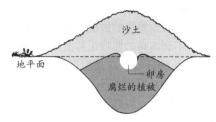

沙土

地平面

卵房

腐烂的植被

冢雉奇特的孵卵冢堪称鸟类界一绝。在澳大利亚南部，斑眼冢雉的雄鸟一年的大部分时间都在和孵卵冢打交道：掘洞，将落叶填入，铺以沙土；或者，对现有的孵卵冢进行改造。这样的孵卵冢在年复一年的使用后，直径可达5米。雌鸟将卵产于由雄鸟所挖的"卵房"里。孵卵所需的热量由植被降解腐烂提供。一旦卵产下并覆盖好后，亲鸟双方就不再理会，包括50~90天后出生的雏鸟。

度仅变化寥寥几度，斑眼冢雉就能够察觉到，并在必要时采取措施改变温度。为了防止堆内的湿落叶干化，它们会搬动多达数吨的沙土。

这种建孵卵冢法是冢雉中最常见的孵卵方式，除了3个种类外其余均采用这种方法。冢雉的孵卵冢无疑是非群居动物中最大的"建筑"之一。尽管如此，目前已知至少有5个建孵卵冢的种类在有合适的沙滩或地热可用时也会使用洞巢。而在新几内亚，有些种类似乎还会采取寄生方式，即将卵产于其他冢雉种类的孵卵冢中。

大部分冢雉的繁殖机制似乎为单配制，配偶一直相伴在一起，共同建孵卵冢。但也存在大量多配现象，甚至出现于基本为单配制的种类中。

丛冢雉类即为明显的非单配制。雄鸟维护它们的土堆，不允许其他雄鸟接近，但接受任何愿意与之交配并产卵于堆中的雌鸟。在这些种类中，由于雄鸟数目众多，雌鸟似乎可以自由选择。但它们并不混交，而是实行所谓的"阶段性单配制"——与一只雄鸟交配并在它的堆中产卵，然后前往下一站。

然而，无论孵卵的场所究竟为何种类型（堆或穴）以及利用何种热源，在所有种类中，孵卵的内部条件通常都非常接近。一般来说，卵周围的沙层或土层温度为32℃~35℃，但在不同的日子、不同的季节、不同的个体巢之间会存在一定的差异。冢雉的这种孵卵条件与其他绝大部分鸟类相比则区别非常明显，突出表现为高湿度、低含氧量、高二氧化碳含量。

此外，胚胎和卵壳对这种孵卵条件表现出明显的生理适应性，这也成为冢雉科最独特的特征之一。如它们的卵壳相对于卵的大小而言显得很薄，蛋孔很大并在胚胎的发育过程中会变形。研究表明，这些特点为排水和气体交换提供了极大方便。

冢雉的卵相对较大，重75~230克，为雌鸟体重的10%~22%。卵黄极为丰富，占到卵总重量的48%~69%。每枚卵产下的间隔期不定。由于孵卵场所始终保持暖和，因此每个胚胎在形成后就开始迅速发育。而雌鸟每个繁殖期会产12~30枚卵，于是在接连几个月里都会有独立孵化的雏鸟陆续从孵卵的堆穴中爬出来。

生活在澳大利亚中部干旱地带的斑眼冢雉在孵卵冢上需要比其他冢雉付出更多的心血。为了使卵免受温差的影响，孵卵冢需要挖得很深。而在整个孵卵过程中，它们必须经常性地调整泥土覆盖层的厚度，使孵卵冢内部保持恒定的34℃。

冢雉

目 鸡形目
科 冢雉科

7属22种。这些种类包括：红斑冢雉、马利冢雉、橙脚冢雉、波利冢雉、灌丛冢雉、苏拉冢雉、斑眼冢雉等。

分布 从尼克巴群岛穿过印尼东部（但不包括大的岛屿及大陆地区）、马里亚纳群岛、帕劳、新几内亚、澳大利亚，直至汤加。

赤道

栖息地 原始雨林和次级雨林、季风性灌丛、干燥的密闭森林以及干旱的低地桉树林（斑眼冢雉）。

体型 体长27～70厘米，体重0.29～2.95千克。

体羽 一般为褐色、灰色和黑色。有些种类的头颈部位有色彩鲜艳的裸露皮肤，少数种类有颈囊和肉垂，呈蓝色、红色和黄色。两性之间的体羽差异通常不明显，只有丛冢雉类季节性变化突出。

鸣声 为不悦耳的咯咯声和咕噜声，有些通过膨胀的颈囊发出隆隆的低沉鸣声，少数种类会进行复杂的齐鸣。

巢 卵产于孵卵冢，或者土壤可接收大量太阳光的洞穴及火山地带的洞穴中。

卵 白色和淡褐色，有些种类为粉红色带白垩色。一窝单卵，每个繁殖期一只雌鸟可产卵12～30枚。

食物 主要在落叶层觅食昆虫、果实和肉质根。

冢雉的卵孵化时会体现出一种地下孵卵的适应性。大部分鸟的卵内有一出气孔，通常这对于它们发育完全的胚胎在即将出生前的初次呼吸有着重要意义。但冢雉的卵没有气孔。所以与其他雏鸟常见的缓慢出壳不同，冢雉的卵孵化时呈爆炸性，雏鸟用腿、背和头强行将卵壳撑破。肺中的流质迅速消失，肺很快明显膨胀。

然而，孵化只是冢雉雏鸟面临的第一个挑战。破壳而出后，它们会发现自己身处30～120厘米深的地下，因此必须挖通道出去。这一过程完全需要它们自己动手，得不到任何帮助，并需要持续数小时至数天不等，具

体取决于卵埋藏的深度和掩层的属性。

出来之后，雏鸟的情况仍旧没有改观。它们还是得不到亲鸟的照顾（甚至见不到亲鸟），不得不离开孵卵地。在随后的数周乃至数月里，冢雉的雏鸟过着形影相吊的生活。觅食、觅水、寻找热源、躲避天敌，一切都不会有成鸟的指导和保护。因此，冢雉雏鸟的死亡率非常高也就不足为奇了。

身处险境中的卵
保护与环境

冢雉与人有密切的关系，它们的卵是当地许多土著人的重要食物来源。在许多地方，收集冢雉卵已有数千年的历史。然而，过度的收集导致了许多种类的灭绝，也威胁着大量现存的种类。此外，栖息地受破坏以及冢雉遭到猫、猪、狐狸等外来引入动物的掠食，也构成了严重威胁。

目前处境最严峻的是极危种波利冢雉，仅生存于汤加王国的一个小火山岛上。人们试图将这种鸟的种群转移到邻近的2个岛上，但目前不清楚这一做法是否能获得成功。另外，马里亚纳群岛上的马利冢雉为濒危种，还有7个种类为易危。

↗这只刚从孵卵冢中钻出来的灌丛冢雉雏鸟，来到这个世界上的艰辛程度是其他绝大部分雏鸟所不可能经历的——必须自己一点一点挖通往表面的路，这个过程会耗上几天。出来后还要自己觅食，没有亲鸟的帮助，甚至永远都不会见到亲鸟。

冠雉和凤冠雉

这个中南美洲的鸟科由3类组成：小冠雉、冠雉和凤冠雉。它们体大、头小、颈瘦、翅短而圆、尾长而宽。与其他猎禽不同的是，它们主要栖息于树上，不过通常在地面觅食。

凤冠雉科所有种类均显得"嘈杂"，这是它们在所生活的茂密且昏暗的森林里保持联络的需要。某些种类（尤其是冠雉类）的气管能够将声音增强放大，从而使它们的鸣声成为整个鸟类世界中最响亮、传播最远的声音之一。此外，凤冠雉类会发出一两种隆隆的鸣声或者口哨声。

美洲的热带猎禽
形态与功能

小冠雉属的11个种类生活在与人类居住地相当靠近的地方，群居性明显，一般二三十只成群。它们是凤冠雉科中最小的种类，着色也最暗淡，一般全身为褐色，喉部有裸斑，基本上不存在性二态。它们主要在地面觅食，暗淡的羽色为它们提供了很好的隐蔽性，但一有危险它们会立即上树。它们喜居低矮的灌木林地和多林木的河岸边，其中纯色小冠雉生存于美国得克萨斯州南部格兰德河下游的残余森林中。成群的小冠雉经常一起鸣叫，尤其是拂晓和傍晚时分，一阵阵有节奏的"喳—喳—拉—卡"声反复回荡在森林中。

冠雉类比小冠雉类体型大、着色亮，体羽呈褐色至黑色，边缘处带有白色，背羽和翼羽常泛有绿色光泽。许多种类生有长长的冠羽，形成一个冠。有几个种类的外侧初级飞羽成刺状，硬直，末端微弯，当鸟用力扇翅时会产生特别的击鼓声。

这些飞羽在褐镰翅冠雉、肉垂冠雉和4个鸣冠雉种类身上最为发达。当它们在树顶做这种壮观的鼓翅炫耀飞行时，还会伴以低沉沙哑的咯咯声鸣叫。

冠雉类在凤冠雉科中分布最广。冠雉属的15个种类具有代表性，它们虽栖于树上，但

许多冠雉类的一个显著特征便是醒目的粉色肉垂，如下图的这只栗腹冠雉。虽然体型小于凤冠雉类，但它们的体重也可达到1.9千克。冠雉共有24个种类，大部分归于冠雉属。

也在地面觅食。而仅见于南美的鸣冠雉属和肉垂冠雉的5个种类相对更为特化，树栖性更突出，腿更短，力量较弱，喉部有发达的肉垂。翅冠雉属的2个种类体型较小，无肉垂。

剩下的2个种类均限于中美洲。其中，山冠雉与其他种类不同的是，雌鸟大于雄鸟，并且体羽相异：雌鸟呈褐色，雄鸟为黑色。角冠雉在冠雉类中独树一帜，表现出某些凤冠雉类的特征，很可能与后者具有密切的亲缘关系。这种鸟在头顶中央长有一圆柱形的角，长约5厘米。

凤冠雉为科内最大、最重的一类，飞行能力较弱，大部分时间居于地面。它们的羽色从深蓝色至黑色，并经常泛有紫色光泽，多数具弯曲的冠羽。它们的典型特征，尤其在凤冠雉属中，为头部和脸部长有装饰性的肉垂和瘤，颜色从黄色至大红色和蓝色。盔凤冠雉和单盔凤冠雉在额上生有角质盔，用于复杂的求偶炫耀。巨嘴盔嘴雉的装饰性部位大大退化，只成剃刀状的尖锐突起。夜冠雉是全科色彩最鲜艳的种类之一，体羽为栗色，脸部皮肤呈红色和蓝色。此外，这种鸟完全为夜行性。

凤冠雉科的所有种类都以植物性食物为主，主要食果实，但也包括叶、芽和花。有些种类会捕食小动物、大昆虫和蛙。小冠雉类和凤冠雉类因腿长、脚大、爪利，会像鸡一样在森林地面的落叶层刨刮食物。而凤冠雉类还会摄取坚果和坚硬的种子，同时吞入小块的石子帮助消化。

巢一般筑于树上，有掩体遮蔽，常常结构松散，并且相对于成鸟的体型而言显得很小。卵相当大，其中冠雉类的卵表面光滑，而小冠雉类和大部分凤冠雉类的卵显得粗糙不平。雌鸟育雏，雏鸟孵化数小时后便能离巢，飞羽生长迅速。事实上，有些种类的雏鸟出生数天内就会飞。

▌易于捕获的猎物
保护与环境

凤冠雉科的大部分种类都遭到人类的无情猎捕，或作为美味，或用于娱乐。因性情温顺，又不能飞远、飞快，这使它们很容易成为

冠雉和凤冠雉
目 鸡形目
科 凤冠雉科
11属50种。种类包括：黑额鸣冠雉、鸣冠雉、栗腹冠雉、紫冠雉、白翅冠雉、盔凤冠雉、单盔凤冠雉、山冠雉、角冠雉、夜冠雉、纯色小冠雉、大凤冠雉、红嘴凤冠雉、褐镰翅冠雉、肉垂冠雉等。

分布 美洲，从美国南端（得克萨斯州）至阿根廷北部。

赤道

栖息地 茂密的热带森林，河边的低矮林地和灌木丛。

体型 体长42～92厘米，体重0.385～4.3千克。

体羽 主要为淡褐色，或者黑色带白斑。许多种类长有冠，一些长有角质盔或喙上的装饰物。翅钝，尾长而宽。

鸣声 多种沙哑的声音：哀号声、隆隆声、啸声等，通常为反复性。

巢 一般筑于树上，巢材为细树枝和叶等植被。

卵 窝卵数2～4枚，白色至浅黄色，重62克。孵化期21～36天，通常由雌鸟孵化。

食物 主食果实、种子、叶、芽和花，有些种类也食小动物或昆虫。

人类捕猎的目标。同时，在很多地方，热带雨林大量遭破坏，也威胁着这些鲜为人知的鸟。

白翅冠雉曾被认为已于1870年灭绝，但1977年重新发现了这种鸟。目前数量不超过200只，且大部分所生活的栖息地受到人类砍伐森林的威胁。

红嘴凤冠雉也濒临灭绝，其数量曾一度不足100只，不过一项人工繁殖然后放生自然界的行动在一定程度上成功地增加了这种鸟的数量。而科内最危险的种类当数野生灭绝的阿拉戈盔嘴雉。不过眼下有50只人工饲养个体，有望在不久的将来可以将人工繁殖的后代放回野生界。

秧 鸡

秧鸡为分布最广的鸟类之一。除南极大陆之外的世界各大洲和绝大部分海岛上，几乎所有雪线以下各种类型的栖息地（沙漠除外）都有它们的身影。然而，它们却钟情于茂密的植被，这也就意味着对于其大部分种类我们知之甚少。它们行踪神秘，因而有大量的新种类有待于进一步发现。然而，它们易于遭到外来食肉类动物的攻击，这使得大量种类正接近灭绝的边缘，或者业已灭绝。

秧鸡科大致可分成3类（非分类学上的分类），但3类之间的关系非常密切，不可能分为亚科或族。秧鸡类具细长喙，善于在沼泽草地上和灌木丛下跑动；田鸡和水鸡类习性与秧鸡类相近，但喙更短，圆锥形更明显；第3类为基本水栖的骨顶类，大部分时候生活在开阔水域中。

沼泽地机会主义者
形态与功能

秧鸡类为秧鸡科中的大群，其典型特征是身体短小紧凑，翅短而圆。大多数秧鸡类飞行能力较差，有些甚至完全丧失了飞行能力。但似乎矛盾的是，许多种类却会进行长途迁徙。虽然整个秧鸡科从5000万~8000万年前进化而来，但鲜有化石存在。最初，它们生活在潮湿的非洲森林中，相对未特化的身体结构使它们得以遍布世界各地的各类栖息地。绝大部分秧鸡类为机会主义进食者，往往有什么吃什么，诸如各种各样的植物性食物（包括某些农作物）、无脊椎动物、小型两栖类、鱼、鸟及

卵、腐肉，以及许多人工食物（如狗食、巧克力）等。大部分种类嗅觉灵敏。秧鸡类的另一大特征是喙偏长，略下弯。这是"通化种"所

一只普通秧鸡跳起来捕食——从水面跃起1米来啄一只蜻蜓。这种鸟通常深居沼泽地中，极少现身，很难被发现。

拥有的工具，可以用来在泥土中或水中搜索食物、寻找蠕虫（如弗吉尼亚秧鸡）、用力啄碎蛋壳、咬断蝗虫，甚至偶尔可用来捕杀青蛙或幼鸭。许多种类的群居组织和群居行为至今仍是谜，不过它们似乎应当是领域性的，往往在它们最常栖息的茂密植被地带用响亮的鸣叫声来划地而居。

相比之下，田鸡和水鸡类的喙普遍更短，不足以伸入泥土中觅食，因而更多地依赖于地面进食，摄取小型无脊椎动物以及种子。大部分种类或多或少都是食草类，其中有一些（如濒危的新西兰巨水鸡）几乎完全是素食主义者。它们并不十分依赖于湿软的沼泽地，可以在多种栖息地生活。如长脚秧鸡曾出没于欧洲、北亚和北非的许多条件恶劣的草地（以及耕地）中。这种深居简出的鸟虽然鸣声特别，听上去像是小刀在梳子的梳齿上磨，却很难发

现它们的踪影。不过，田鸡类和水鸡类的栖息地还是以水生环境为主。大部分种类为单配制，但有些种类的繁殖机制颇为复杂。此外，它们都长有额盾。

虽说秧鸡科的成员都会游泳，但只有骨顶类才是真正的水栖类。趾大，并长有相当大的瓣，这使它们能够自如地游泳和潜水，而且它们也很少远离有水的地方。甚至在偏远的安第斯山脉高处的湖中，也有它们的身影——2个最大的种，即角骨顶和大骨顶在此安家而居。由于没有必要在茂密的植被中藏身，骨顶类的体态显得要比其他类秧鸡臃肿。它们为杂食类，冬季主要食植物性食物，其他季节会在此基础上进一步多样化，如春夏会食季节性丰富的水栖昆虫。雏鸟刚孵化时几乎仅食昆虫，此后随着肠慢慢变大，逐渐转为食素者。骨顶类具群居性，尤其是在非繁殖期。如白骨顶会一

↘一身富丽堂皇的青绿色加上腿部醒目的黄色，紫青水鸡无疑是秧鸡科中最亮丽的种类之一。

次性脱换所有的飞羽，在4周内都有可能不会飞，这期间它们便聚集在大湖和海岸，成群规模可达数千只，既可以享用丰富的食物资源，又可以借助群体的力量保证安全。

秧鸡科的腿结实、肌肉发达，具三前趾、一后趾。走路时后趾做支撑，头和尾经常上下左右摆动。有些种类，如紫水鸡，能够爬树。腿、脚和喙通常着色鲜艳，雏鸟在长大的过程中这点尤为明显，而成鸟会用这些部位来作为解决领域争端的武器。虽有少数例外，但总体而言两性在体羽上并无多大区别，并且繁殖期体羽与非繁殖期体羽也基本相似。雏鸟的绒羽颜色几乎总是为黑色或褐色，仅栖息于森林的噪大秧鸡和非洲的倴秧鸡类例外，它们被认为是该科最原始的种类。

也许是喜居茂密植被中的缘故，大部分秧鸡科种类善于鸣叫，并经常整夜鸣声不断。它们会发出多种尖叫声、颤音、咕噜声和狗吠般的声音。苏拉威西的普氏秧鸡的鸣声一如它的英文名字"Snoring Rail"（意为"打鼾的秧鸡"）。而黄斑侏秧鸡的声音肯定会让人对非洲的夜晚难以忘怀：它们首先发出似猫头鹰叫的低沉鸣声，然后便是尖锐的哀号声，被形容为班西在痛哭（班西，盖尔族民间传说中的女鬼，她的哀号预示将有家庭成员死亡）或一个怪异的人出生时发出的啼哭。领域炫耀的鸣声往往特别响亮，而且具有反复性，如发出"嗒喀—嗒喀""卡喀—卡喀""夸喀—夸喀"的声音，在栖息地能传2～3千米远，而它们在那里50米外就已经看不见对方。这些鸟似乎有腹语术一般，常常只闻其声，却难觅其踪。

虽然许多秧鸡彻夜鸣叫，但大部分种类却在黎明和傍晚时最活跃。不过，骨顶类和水鸡类往往为昼行性鸟。和秧鸡科的其他许多生物特性一样，人们对其栖息行为也缺乏研究。不过多数种类被认为栖息于茂密的植被遮蔽物中。一些居于森林的种类会栖息树上。红颈秧鸡会使用群体栖息平台，而黑翅栗秧鸡会建一个圆顶栖息巢，可容纳7只成鸟同时栖息。此外，相互梳羽现象很常见，有些种类还会集体"晒日光浴"。

↗ 由于农业技术的变更，长脚秧鸡繁殖后代的高草草地大片丧失，导致它们在西欧的数量迅速下降。如今，这种鸟主要生活于东欧。

多为单配
繁殖生物学

除少数种类外，大部分秧鸡的繁殖栖息地鲜为人知。多数被认为是单配制，在繁殖期维护某块领域，有些种类会常年维护同一个领域。一些种类实行协作育雏。不少种类会齐鸣，这一行为主要用以领域维护，不过在黑苦恶鸟中会用于"大家庭"成员之间保持联系。绝大多数秧鸡在1岁时性成熟（虽然它们可能在年龄再大些才繁殖），而阿尔达布拉群岛（位于印度洋，为塞舌尔共和国的组成部分）的白喉田鸡在9个月时便达到性成熟，关岛秧鸡更是在只有16周大时就可以进行繁殖。秧鸡的寿命不是特别清楚，一些大的种类如骨顶类和新西兰秧鸡能活15年，然而大部分种类很可能在5～10年之间。

它们的求偶和结偶行为也鲜为人知，但那些不是很隐秘的种类例外，如骨顶类和水鸡类。在这些种类中，求偶炫耀一般很简单，通常为炫耀斑纹鲜艳的胁羽（许多田鸡类和秧鸡类也有）或尾下覆羽（青水鸡类也有）。求偶喂食比较常见，而在一些种类中，看似富有攻击性的求偶追逐最后常常演变为交配。

大部分种类单独营巢，不过当栖息地有限时，会形成松散的繁殖群，如紫水鸡。巢一般营于茂密植被中，通常在水边，多呈杯形（或者在一些林栖性种类中成圆顶形）。巢材为各种可获得的植被，衬里完好。有些倾向于水栖的种类会构筑大的营巢平台。例如，角骨顶会在大的锥形石堆上用水草筑一个直径达4米的巢，巢底刚刚没入水面下。整个营巢平台可重达1.5吨。秧鸡一般每年育雏1～2次，不过如果各方面条件都非常有利，许多种类会延长繁殖期。

秧鸡的窝卵数通常为5～10枚，孵化期为2～3周。但王秧鸡一窝可产15枚，而栗秧鸡仅产卵1枚，孵化期需37天。有些种类，如黑水鸡，雌鸟会将卵"弃"于其他雌鸟的巢中，由后者孵化。孵化工作既可以自首枚卵产下后就开始，也可以待一窝卵全部产下后再开始，具体依种类而定。一般双亲共同担负孵卵任务，雄鸟负责白天，雌鸟负责夜间。

雏鸟孵化后，很快具有活动能力，2～3天后便离巢，但仍然依赖于亲鸟的照顾，直

至飞羽长齐，一般为孵化后4～8周。在首枚卵产下后就开始孵化的种类中，同一窝雏鸟出生的时间会不同，首枚卵较其他卵先孵化。于是，当最先出生的雏鸟已经能够独立觅食时，它的兄弟姐妹可能还在卵中挣扎。

在被迫与先出生的雏鸟从亲鸟那里争夺食物的过程中，后出生的雏鸟经常处于挨饿状

▷ **秧鸡科种类头和喙形上的多样性**
a.褐斑秧鸡的喙细长，用于探食；b.斑胸胸田鸡具田鸡类典型的短喙；c.新西兰秧鸡有时会捕食小型哺乳动物；d.红瘤白骨顶的额盾顶部为红色；e.新西兰的食草种类巨水鸡有强健的喙，这种鸟曾在很长时间内被认为已经灭绝，直至1948年重新出现。

▷ **秧鸡科的代表种类**
1.红翅林秧鸡，一种南非的留鸟；2.普通秧鸡在雏鸟孵化后将蛋壳移走；3.弗吉尼亚秧鸡在美国北部很常见；4.在看雏的美洲骨顶；5.分布广泛的黑水鸡，无论游泳还是在漂浮的植被上行走都轻松自如；6.紫水鸡，欧亚种类，从非洲迁徙至地中海西部的湿地。

态。事实上，在一些种类中，如白骨顶，亲鸟会粗暴地教训某几只雏鸟，啄住它们的头晃来晃去，直至把它们重新放回水里。当食物供应不足时，这种行为似乎成了一种机制，旨在保证一窝雏鸟的数量。

大部分秧鸡应该为单配制，因为雏鸟出生后有较长一段时间需要亲鸟照顾。有10多个种类，如欧洲的黑水鸡和非洲的黑苦恶鸟，会形成"大家庭"，之前孵化的几窝雏鸟会帮助照看新孵化的雏鸟，有时则由其他成鸟协助看巢。

然而，在有些种类中，情况要复杂得多，这也表明关于秧鸡的繁殖行为还有大量的东西有待进一步去发现。以长脚秧鸡为例，一度人们认为它们是单配制，直到后来发现，其他的雌鸟在某只雄鸟的领域内似乎并不被视为入侵者。进一步的研究表明，相邻巢内的雏鸟常常与数只雌鸟和一只雄鸟有关，且雏鸟由雌鸟单独抚育。尽管部分为单配制，但多配制很常见。非洲秧鸡和北美花田鸡也存在相似的繁殖机制，由此反映出在多产的栖息地，单独一只亲鸟就可以找到足够的食物来抚养后代。

与此截然相反的是，某些种类实行一雌多雄制。如生活于天气变幻莫测、丰产季节短暂的非洲湿地中的斑纹田鸡，与其他秧鸡科种类不同，其两性体羽相异（雄鸟为浅褐色，雌鸟为淡灰色），雌鸟建立繁殖领域，连续与2只或更多只雄鸟进行交配，然后留下雄鸟单独孵卵。这种情形也见于某些涉禽类，这可能是为了充分利用短暂的繁殖季节。

此外，绿水鸡也为一雌多雄制。雌鸟与2只雄鸟（常常是"兄弟俩"）建立长期的配偶关系，三方共同承担孵卵育雏任务，有时先长大的后代也会帮忙。该鸟的这种行为被认为是源于失衡的性别比例：在绿水鸡的绝大部分种群中，雄鸟都多于雌鸟。

紫水鸡在欧洲和亚洲为单配制，但在新西兰（紫水鸡在当地的名字为"pukeko"）情况较为复杂。由于当地栖息地匮乏，它们成群生活，并且如果成员具有亲缘关系，往往会相当稳定。一个繁殖群一般有12只鸟，其中2～7只繁殖雄鸟，1～2只繁殖雌鸟，还有不繁殖的"帮忙者"，通常为先长大的后代，最多为7只。在这样的繁殖群内部，"乱伦"和同性交配相当寻常。但只有最具支配地位的雌鸟产下后代，一窝至多6雏，其他所有成员则帮助育雏。有时，紫水鸡也会形成没有亲缘关系的繁殖群，然而这些群体并不稳定，在产卵育雏方面也不甚成功。总之，秧鸡科种类的繁殖行为可谓灵活多变，这也是它们分布广泛的原因之一。

会飞与不会飞

秧鸡是个颇为矛盾的群体。虽然它们大部分飞行能力偏弱，但也有许多种类会进行长途迁徙，通常是夜间低空飞行。而另有32种完全不会飞，占到全科种类的1/4。

对于这种趋异进化现象的原因，我们或许可以从下面的事实中得到一些线索：所有不会飞的种类均生活于岛上（尽管并非所有岛上的种类都不会飞），尤其是生活于那些没有本地天敌的岛上。另一条线索来自紫青水鸡。这种色彩绚丽的秧鸡通常在北美繁殖，在南美过冬，然而却不时见于诸多大西洋中的岛屿上，甚至出现在南非的开普省，与其正常的分布范围相距7500千米之远。这种鸟的飞行能力较弱，因而很可能是被风吹离了航向。当它们意外降落后，会在与本地种类的竞争中被淘汰出局，或成为掠食者的美餐。但在岛上，未特化的它们具有相对更多的生存机会。

由于岛上没有天敌，两种因素导致了这些鸟的飞行能力下降，并最终变成不会飞。一是飞行肌成本高昂，在会飞的种类中飞行肌常常占到其体重的25%，而且消耗能量大。在不会飞的种类中，这些肌肉以及它们所附着的腰带部位都大大缩减。二是岛上种类的雏鸟无须从出生地远距离扩散开去，而那些试图做长途飞行的往往会葬身于茫茫大海中。

事实上，秧鸡本身有种不喜飞的倾向，即使那些会飞的种类也经常偏爱奔走，尤其在那些植被茂密的栖息地更是如此。而且有许多种类在换羽期也不会飞，它们会一次性脱换绝大部分飞羽。秧鸡科多数曾在会飞与不会飞之间交替进化，并且会飞的种类如紫水鸡和不会飞的种类如巨水鸡之间，在起源上存在密切的亲缘关系，这或许不足为奇，因为这样的变化可以迅速发生。

日趋危险
保护与环境

总体而言，秧鸡与人类之间的互动很少。少数种类，如长脚秧鸡、骨顶类和某些大型秧鸡，被人类捕猎当作食物或消遣，它们的卵也是美味佳肴。在一些亚洲国家，董鸡被养作斗鸡，当地的人们还会在腰间系上椰子壳来孵化从鸟巢中收集来的卵。黑水鸡和紫青水鸡等数个种类偶尔会被视为危害庄稼的害鸟。而新的种类仍在继续被发现，1997年一个考察队在印度尼西亚的卡拉克隆岛发现了2个新的秧鸡科种类。

目前，全球范围内有近1/4的秧鸡面临威胁。自17世纪初以来，至少有16个种类已灭绝。不会飞的种类尤易受到威胁，如今18个种类中有13个受胁种。而历史上灭绝的种类中绝大部分都不会飞。

岛上秧鸡种群的主要威胁来自早期殖民探险者们所引入的猫、鼠、猪等食肉动物的掠食，以及近年来的栖息地被破坏和过度放牧。早期探险者们的大肆捕猎也是导致某些种类绝迹的原因之一。而生活在大陆和大型岛屿上的一些种类也面临着威胁，主要来自栖息地的破坏。如普氏秧鸡的威胁来自因大量伐木而导致它栖息的森林大片丧失，而白翅侏秧鸡的威胁则来自它喜居的湿地栖息地不断缩减并被过度放牧。

有2个例子或许可以用来阐释秧鸡面临的威胁。在欧洲，过去1个世纪里土地的使用发生了重大变化，农业用地日益被置于密集型管理之下，结果，长脚秧鸡的数量受到影响。

这种鸟在非洲大草原过冬，在欧洲和中亚繁殖，栖息于开阔的低地沼泽和草地，尤其是用以做干草来源的草地。它们的主要威胁便来自湿地减少而导致的栖息地丧失，以及农业的密集化尤其是将收割干草的草地变成青贮饲料的生产地，这意味着收割频率大大增加，从而使巢的破坏率和成鸟的死亡率都上升。

除了保护剩余的沼泽地（特别是在东欧），人们还采取了其他一系列措施来使长脚秧鸡在耕地上继续生存下去，如在耕田的角落里保留少量的未耕区域，推迟收割，或从耕田的中心往外收割，使鸟可以逃避收割机。2000年，人们对东欧和俄罗斯作的一项系统调查表明，那里的长脚秧鸡数量几乎为事先估计的5倍，这一事实也说明有太多的东西有待于人们进一步去发现。虽然这些长脚秧鸡种群的具体情况尚不清楚，但西欧农业实践的日渐东扩，让人们对这种鸟的未来日益关注。

关岛秧鸡曾一度遍布于关岛这个太平洋岛屿上。虽然有野猪和野猫的存在，但20世纪60年代这一种类的数量一直在8万只左右。然而，在1968年偶然从澳大利亚引入棕树蛇后，

↘ 加州长嘴秧鸡曾经在旧金山湾地区的湿地中很常见，但现在却成了一项恢复计划的保护对象，以保证它们的生存与延续。

野生关岛秧鸡及其他一些本地种类的数量急剧下降。因为这种蛇既食卵又食雏鸟。到了1981年，该鸟的数量减至2000对。到1987年，野生关岛秧鸡绝迹，被宣布为野生灭绝种。

不过，1982年，人们实施了一项人工繁殖工程，如今约有180只人工繁殖的关岛秧鸡。1998年，一部分人工繁殖的关岛秧鸡被放入没有蛇的小片区域内。倘若能对蛇进行成功的控制，那么这种不会飞的鸟也许会有一个相对明朗的未来。

知识档案

秧 鸡

目 鹤形目
科 秧鸡科

34属约133种。笼统地分为3类（非分类学上的分类）。其中，长喙类秧鸡包括：关岛秧鸡、弗吉尼亚秧鸡、普通秧鸡、华氏秧鸡、新喀秧鸡、新西兰秧鸡、普氏秧鸡。田鸡和水鸡类包括：董鸡、黑苦恶鸟、长脚秧鸡、黑水鸡、萨摩亚水鸡、紫青水鸡、紫水鸡、巨水鸡、白翅侏秧鸡。骨顶类包括：美洲骨顶、白骨顶、大骨顶、角骨顶。

分布 欧洲、亚洲、大洋洲、南北美洲以及诸多海上岛屿和群岛。

赤道

栖息地 通常为潮湿的森林、丛林、草地和沼泽地。

体型 体长10~60厘米，体重20克（黑苦恶鸟）至3.2千克（巨水鸡）。雄鸟与雌鸟体型相近或比雌鸟重5%~10%。

体羽 主要为单一的棕色、灰色或红褐色，有时带有浅色的斑点或斑块，少数种类具有对比鲜明的亮丽羽色。有些种类中，羽色会因性别不同而不同，但大部分种类的雌雄鸟羽色相似。

鸣声 噓噓声、尖叫声和咕噜声，一种或多种声音混杂。许多种类的鸣叫声听起来不像鸟鸣。

巢 在全水栖的种类（骨顶类）中，巢为圆锥形,筑于树枝或圆石（角骨顶）之上，从浅水中露出。其他种类筑巢于草丛或芦苇荡中，有时带有巢顶。少数种类筑巢于灌木或矮树丛。所有种类的巢材均为植被。

卵 窝卵数通常为2~12枚，但有许多种类缺乏文献记录；颜色从白色至深茶色，常有颜色更深的褐色、灰色、紫红色或黑色点斑；重10~80克。孵化期20~30天。

食物 大中型的无脊椎动物、小型脊椎动物、某些种子、果实和植物新芽等，少数种类基本为食草类。

137

鹤

鹤是鸟类中的极品。它不但是最古老的群落之一，其起源可追溯至约 6000 万年前的古新世；而且寿命很长，人工饲养的鹤可存活七八十年。同时，鹤也是身高最高的飞鸟，其中一些种类直立达 1.8 米。

鹤以优美高雅而著称于世。长期以来，许多当地的人们对鹤都肃然起敬。但不幸的是，鹤已成为世界上最濒危的鸟类之一，目前 15 个种类中有 9 种面临威胁。人类无疑是导致它们近年来数量下降的始作俑者。

↗一只灰冠鹤在炫耀它那蔚为壮观的冠
冠鹤属的 2 个种类是进化历史最悠久的鹤，同时也是唯一栖于树上的鹤。

长颈、长腿
形态与功能

鹤的喙长而直，且强有力。所有种类都有修长的颈和腿。它们的鸣叫底气十足，声音洪亮、穿透力强，可传至方圆数千米之外。的确，在鸟类世界中很少有别的鸣声能出其右。有些种类的气管通过在胸腔内盘绕而得以加长，这一结构大大增强了它们的鸣声。鹤飞行时，脖子前伸，腿绷直，通常高于短而粗的尾巴。不过，在寒冷的天气里，飞行的鹤会弯曲它们的腿，将足收放于胸羽下面。尽管鹤绝大多数都为水栖，但它们的脚并不是蹼足，而且它们仅在浅水域繁殖、觅食和夜间栖息。

居于开阔空间
分布模式

鹤一般栖息于开阔的沼泽地、草地及农田。大部分种类通常将巢筑于浅湿地的偏僻处，但蓑羽鹤属的 2 个种例外，它们经常在草地或半沙漠地带营巢。

只有冠鹤属的 2 个种类栖息于树上。冠鹤也是鹤类的"活化石"。在遥远的始新世（5500 万 ~ 3400 万年前），这些羽毛蓬松、顶着绚丽的大头冠的鸟曾在北半球活跃了数百万年，直至地球变冷、适应寒冷气候的鹤出现。冰川期时冠鹤的生活范围仅限于非洲中部的热带大草原，因为当时北半球的大陆为冰雪覆盖，而那里却保持着热带气候。如今，冠鹤的2个种类仍点缀着非洲的草原，而其他13个适应寒冷气候的鹤种则漫步在北半球及澳大利亚的湿地中。

杂食机会主义者
食物

　　如今那些成功生存下来的鹤类都是见什么就吃什么的杂食者。这是在过去数千年间为了适应从农田里找到充饥之物而养成的习惯。鹤属中的几个种类、冠鹤属的2个种类以及蓑羽鹤属的2个种类最为短喙型，能够有效地捕食昆虫，从草的茎上啄取种子，或像鹅一样啃新鲜的绿色植物。而相比之下，大部分濒危鹤种都有着长而有力的喙，用以在泥泞的土壤中挖掘植物的根和块茎，或捕食小鱼、两栖类和甲壳类等水生动物。这样的种类以大型的鹤类为主，包括肉垂鹤、赤颈鹤、澳洲鹤、美洲鹤、白鹤、丹顶鹤和白枕鹤。

一唱一和
繁殖生物学

　　绝大多数野生鹤长到3～5岁时才开始繁殖。那些易于生存的种类如沙丘鹤和灰鹤，每次繁殖通常会抚育2只后代。相反，那些稀有的种类，包括美洲鹤和白鹤，往往仅抚育1只雏鹤，人工饲养也不例外。比起易于生存的种类，它们常常很难进行繁殖。

　　鹤为单配制。随着春季或雨季来临，成对的配偶退居偏僻的草地或湿地，在那里建立并维护自己的繁殖领域，可能有数千公顷大，具体依种类和地形而定。

　　成对的配偶会发出"齐鸣"二重奏，雄鸟和雌鸟各自的鸣声清晰可辨，同时又保持一致。在大多数种类中，当雄鸟每发出一串悠长而低沉的鸣声时，雌鸟就配合着发出数声短促的高音。从这种炫耀行为中可以区分鸟的性别。而这样的"齐鸣"有助于巩固配偶之间的

↗ 虽然名字叫蓝鹤，但它们生活在自然栖息地时从远处看上去为浅灰色。这一种类主要限于南非。

感情，促进繁殖领域的维护。然而，当2只鹤之间的关系稳固下来后，这种齐鸣更多地成了一种示威行为。拂晓时分，一对配偶纷纷开始齐鸣，表明各自的领域范围。邻近的配偶便报以更多的齐鸣，于是，齐鸣声回荡在方圆数千米内的湿地和草地上空。

　　一对关系稳定的配偶，双方的生殖状况通过激素周期的调节而保持同步。激素周期会受到天气、白昼长短以及各种复杂的炫耀行为如"齐鸣""婚舞"（见专题"丹顶鹤之舞"）等因素的影响。鹤在产卵前数周开始交配。为保证繁殖成功率，雌鸟必须在产卵前2～6天内受精。

　　配偶会在湿地繁殖领域内某个偏僻的地方筑一个平台巢。冠鹤类通常一窝产3卵，其他鹤类一般产2卵，其中肉垂鹤例外，更多情况下只产1卵。

　　雄鹤和雌鹤共同担负孵化任务。雌鹤一般负责夜间孵卵，雄鹤则白天接班。不在巢内的一方通常在离巢较远的地方觅食，有时和其他的鹤一起在"中立区"觅食。孵化期为28～36天，具体依种类以及亲鸟投入的精力而定。冠鹤类总是等一窝卵全部产下后才开始孵，因此雏鸟同时孵化。其他种类的鹤在第1枚卵产下后便开始孵，雏鸟出生时间一般差2天。

　　鹤的雏鸟一孵出来便发育得很好（即早成性），跟随它们的亲鸟在浅水域四处活动。

飞翔中的鹤伸展颈和腿，姿态优美流畅。鹤是出色的高空飞行家。灰鹤（见图中）迁徙穿越喜马拉雅山时飞行的高度超过9000米——相当于喷气式客机的航行高度。

2～4个月后长齐飞羽，体型较大的热带种类如肉垂鹤和赤颈鹤的雏鸟长飞羽期较长，而白鹤较短——因为靠近北极的气候使食物充足期变得很短，雏鸟在这段时间里必须快速发育。虽然鹤的卵大部分情况下都能得到孵化，但许多雏鸟会夭折，而且很多被列为濒危的种类每次繁殖只能抚育1个后代。雏鸟会飞后，仍与

鹤的代表种类
1. 黑冠鹤；2. 蓑羽鹤；3. 白鹤。
另仅显示头部的为：4. 美洲鹤；5. 赤颈鹤；6. 沙丘鹤。

亲鸟生活在一起，直到下一个繁殖期来临。在有些种类中，新长大的鹤会跟随亲鸟南下飞往数千千米外的传统过冬地，以熟悉迁徙路线。

先天与后天的关系在鹤身上得到了很好的体现。尽管它们做出复杂的视觉和听觉炫耀是基于一种天生的本能，但却是后天的学习决定了炫耀行为发生的背景环境。比如，由人抚养的幼鹤就更喜欢与人而非鹤发生联系，它们会引诱或者威胁人。此外，亲鸟还会教幼鹤去何处觅食以及觅何种食物。

生存面临威胁
保护与环境

以水生动物为食的鹤类面临的生存威胁最为严峻。它们数量下降的一个关键原因就是湿地的退化和消失。另外，庞大的体型和醒目的羽色使它们很容易被猎人和卵攫取者发现。

北美的美洲鹤被视为鹤中最珍稀的种类，在 20 世纪 40 年代初期仅剩 20 只左右，今天也不过约 400 只（野生和人工饲养的均包括在

内）。其次是丹顶鹤，野生的共有1800只左右。白鹤约为2500～3000只，白枕鹤和黑颈鹤各约5000只，肉垂鹤8000只，白头鹤11000只。所幸的是，鹤毕竟是受人喜爱的鸟，近年来许多亚洲国家通过努力，保护了那些对鹤的生存至关重要的湿地。而随着湿地区的人口数量飙升，湿地承受的生态压力与日俱增。

亚洲有5种濒危种，每种仅有寥寥数千只。不过由于鹤在许多亚洲国家的文化中具有特殊的象征意义，因此尽管数量少，但保护学家对避免让这些种类灭绝持乐观态度。只是高度依赖湿地的白鹤有可能成为例外。白鹤仅会从浅水域中挖掘水生植物中肉质的根和块茎，而不像其他种类那样在迁徙途中和过冬地能够在农田和草地觅食。在中国，保护大片的浅湿地无疑是一项重大挑战，因为每年10月至次年4月，半数以上的白鹤都生活在这里。

在非洲，4种地区性的鹤尽管在当地数量不少，但近年来由于人类的介入，已出现了大范围的减少。全世界18000只蓝鹤中，除了纳米比亚的100只左右，都集中在南非。然而在纳米比亚，将草地改种树林、大规模农场的细分以及中毒现象都严重威胁着作为该国国鸟的蓝鹤，同时当地肉垂鹤和灰冠鹤的数目也受到威胁。在西非，黑冠鹤的生存也因栖息地丧失、遭人类围捕和用于交易而受到威胁。但从全球角度来看，从东非到南非，灰冠鹤的情况还是相对比较令人放心的。不过，湿地放牧过度和人类的大量干涉还是在很多地区造成了该种类数量的下降。

和亚洲的白鹤一样，非洲的肉垂鹤也是湿地依赖型。所幸的是，非洲中部的数片大湿地（尤其是博茨瓦纳的奥卡万戈三角洲、赞比亚的卡富埃平地和巴韦卢沼泽地、莫桑比克的赞比西三角洲）栖息了相当一部分的肉垂鹤。而与筑坝相关的水利工程以及由此导致的湿地变迁则成为肉垂鹤生存的最大威胁。

为了保护受胁鹤种，人们设立了数个针对性强的保护行动方案。与北美的保护美洲鹤行动遥相呼应的是，俄罗斯在奥卡自然保留地成立了白鹤人工饲养繁殖中心。人工繁殖的鹤目

前正被用于试验，目的是增加迁徙至伊朗和印度的白鹤数量。为此，人们在试验中使用了大量技术手段，如将白鹤的卵放入野生灰鹤的巢中进行交叉孵化，将做上标记的白鹤与野生白鹤和野生灰鹤一起放飞等。然而，在伊朗和印度的已知过冬地，并未发现放飞的白鹤。倒是有一只在秋天与一群灰鹤一起放飞的白鹤，据报道次年春天与另2只迁徙回俄罗斯的白鹤在一起。目前，俄罗斯正在开发有关训练白鹤跟随机动滑翔机飞行的计划，旨在最终重建迁徙至伊朗和印度的该种类候鸟种群。

知识档案

鹤

目 鹤形目
科 鹤科
4属15种。种类包括 蓝鹤、黑冠鹤、白鹤、肉垂鹤、黑颈鹤、灰鹤、丹顶鹤、沙丘鹤、赤颈鹤、白枕鹤、美洲鹤等。

分布 除南美洲和南极洲外的各大洲。

赤道

栖息地 繁殖季节栖息于浅湿地，非繁殖期栖息于草地和农田。

体型 高0.9～1.8米，翼展1.5～2.7米；最小的种类体重2.7～3.6千克，最大的种类体重9～10.5千克。雄鹤体型通常大于雌鹤。

体羽 白色或各种暗灰色，头部为大红色裸露皮肤或细密的羽毛。次级飞羽长而密。尾羽长、悬垂，或有褶边、卷曲，在求偶炫耀时竖起。

鸣声 音尖，悠远。其中有12种可以从成鸟配偶的齐鸣中辨别雄雌。

巢 筑于浅水域或低矮的草地。

卵 窝卵数1～3枚，白色或深色，重120～270克。孵化期28～36天。

食物 昆虫、小鱼和其他小动物、块茎、种子以及农作物的落穗。

丹顶鹤之舞

照片故事
PHOTO STORY

● 鹤寻找终身伴侣时，彼此强烈的感情在"求偶之舞"中得到稳固和升华。这种华丽的求偶炫耀行为长期以来深深地俘获了当地人们的心。而鹤基于"婚姻"炫耀的"婚礼之舞"则在全世界的许多地方都非常出名，如美国的大平原地区、西伯利亚、中国和澳大利亚。

东亚地区的丹顶鹤是幸福和婚姻美满的象征。在日本，这一种类曾分布很广，但湿地的减少导致其数量下降。如今，位于日本北部岛屿北海道上的保护区钏路湿地已成为丹顶鹤重要的栖息地。在那里，丹顶鹤的数量冬季会上升，因为它们聚集在那里，准备于早春繁殖。它们的炫耀行为以邀请对方共舞开始，一方在另一方面前高高跃起、扑展双翅。北海道的土著阿伊努人自己创有鹤舞，他们称丹顶鹤为"Sarurun Kamui"，意为"湿地之神"。

●● 继续跳舞，伴侣们交替做着舒展、鞠躬和昂首阔步的动作，双翅部分张开。如此的炫耀行为极富感染力，只要有一对伴侣起舞，整个鹤群会很快响应。丹顶鹤的繁殖期为 3 月至 7 月。钏路国际湿地中心采取了极为有效的保护措施来提高该种类的繁殖成功率。如今，那里的丹顶鹤数量已由 1952 年的寥寥 25 只上升到了 600 只左右。

🔵 奔跑和短距离的飞翔同样是丹顶鹤一整套舞蹈动作中的有机组成部分。由于丹顶鹤的体重达 10.5 千克，是鹤类中最重的一族，所以它们需要助跑 9 米左右才能飞起来。与东亚大陆上的丹顶鹤不同，北海道的丹顶鹤为非迁徙性，一年四季的活动范围估计不超过 150 千米。

🔵 一对关系确定下来的配偶在进行"二重唱"——这是一种领域示威姿态。它们扬起头，伸展长长的气管，发出的响亮鸣声可传至方圆数千米之外。对于丹顶鹤（它的日文名为 tancho）嘹亮的号声，当地人专门发明了一个短语"tancho no hitokoe"（意为"鹤之音"）来形容这种示威性的声音。

鸨

鸨因其走路的步态而得到了"慢鸟"的雅号。其实，这完全源于大鸨，慢鸟一名最初便是用以形容这种鸨科中分布最北又最缺乏鸨类特征的鸟。不过，就鸨科整体而言，这个名字也相当适合，因为所有鸨都是典型的地面鸟类。

在非洲和欧亚大陆的开阔平原上生活的大型鸨类，就像世界各地大沼泽中的鹤一样，都是具有久远进化史的种类，繁殖晚，寿命长，体型较大，身体较沉，但又保持飞行能力。对于鸟类而言，还有什么比这更能体现适应稳定的栖息地生活的呢？然而不幸的是，当栖息地遭到人类的开发和破坏时，它们和鹤一样，成为最先的受害者。

会飞的地面鸟
形态与功能

尽管不同的种之间在结构、颜色、体型和行为上存在差异，但鸨科在总体上相当统一。所有成员均有较长的颈和腿，身体结实，喙短，后趾以及大部分鸟类都具有的尾脂腺均缺失。这种缺失和上体的保护色（通常是黑色巧妙地分布于浅黄色、赤褐色或棕色中间）无疑都是为了适应干燥、开阔的陆地栖息地的体现，因为后爪一般为栖于树上或灌木中的鸟具有，而尾脂腺分泌的油脂为防水所用。

小型的鸨类如小鸨、萨氏鸨、黄冠鸨和红冠鸨，腿和颈相对较短。它们以及非洲鸨属的大部分种类在飞行时振翅快速。而大型的鸨

类虽扇翅缓慢，但幅度大且有力，因而实际上飞行速度很快。在地面上，鸨有出色的步行能力，但往往走得很慢，典型的表现为高度紧张和警觉，一有危险迹象立即躲入遮蔽物下，或

↗ 一只白腹鸨展示了鸨科类典型的警觉姿态
鸨大部分时间生活于地面，在草地上觅食蠕虫、昆虫和类似的小型猎物，依靠观察力和敏捷性来躲避危险。

者摆出一副没精打采的样子静止在那里，借助身上的保护色伪装起来。

集中在非洲
分布模式

非洲是鸨的大本营，仅有 4 个种类不在那里繁殖，即澳洲鸨、黑冠鹭鸨、凤头鸨和南亚鸨。此外，大鸨和小鸨只有孑遗种群居于北非。这 2 个种类的分布不连贯，但其范围却穿过南欧平原直抵俄罗斯，其中小鸨进入了哈萨克斯坦北部的大草原，而大鸨的分布范围更是越过俄罗斯扩展到蒙古高原和中国北部。波斑鸨（有些学者将其分为 2 个种类）的分布区从加那利群岛东部经过北非、中东和俄罗斯中部的半沙漠地带直至戈壁沙漠。阿拉伯鸨仍见于阿拉伯半岛南部和非洲西北部，除此之外，这种鸟以及剩下的鸨类都只生活在非洲，集中于热带地区。

在非洲内部，不同的种类进化自 2 大区域：从赞比西河往西南至非洲南端，和从尼罗河至东北部的非洲角。有 6 个种类仅见于前一区域，4 个种类完全分布在后一区域。而灰颈鸨、褐黑腹鸨和白腹鸨则 2 个区域均有，后 2 个种类还见于西非的撒哈拉－萨赫勒草原地带，而白腹鸨在非洲中部另有一个分布稀疏的种群。阿拉伯鸨、棕顶鸨和萨氏鸨见于撒哈拉－萨赫勒地区，其中前 2 种的分布范围延伸至红海沿岸。只有黑冠鸨和褐黑腹鸨这 2 个种类在整个非洲都有广泛的分布，不过，由于人类活动，黑冠鸨在许多地区都受到了很大的限制。

走动觅食
食物

鸨习惯于在草地或灌木丛中通过漫步式的缓慢走动来觅食。它们的主要食物是无脊椎动物，一般从地面或植物上捕得，有时用强健的喙从地下挖掘。此外，它们也食小型脊椎动物和昆虫（如蝗虫）等。所有种类会摄取植物性食物，尤其是植物的芽、某些花及果实。一些大型的鸨，主要为南亚鸨属的种类，会食金合欢树渗出的树脂。

某个地方的食物集中，无疑会吸引鸟前往

知识档案

鸨

目 鹤形目
科 鸨科

9属25种。种类包括：阿拉伯鸨、澳洲鸨、黑冠鹭鸨、灰颈鸨、南亚鸨、褐黑腹鸨、蓝鸨、褐鸨、红冠鸨、白腹鸨、黑冠鸨、棕顶鸨、大鸨、波斑鸨、凤头鸨、小鸨等。

分布 非洲、南欧、中东和中亚至中国东北、印度次大陆、柬埔寨、越南、澳大利亚和新几内亚。

赤道

栖息地 草地、干旱平原、半干旱沙漠、稀树草原、荆棘林及金合欢林。

体型 体长40～120厘米，翼展1～2.5米，体重0.45～18千克。一些种类的雄鸟大于雌鸟。

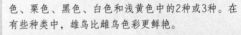

体羽 大部分上体具隐蔽性羽色，头和颈颜色醒目，为灰色、栗色、黑色、白色和浅黄色中的2种或3种。在有些种类中，雄鸟比雌鸟色彩更鲜艳。

鸣声 较大种类平时不出声，但许多在炫耀时会发出一连串的咕噜声或隆隆声。小型种类在繁殖期发出特别的、持续的、多为缺乏节奏的呼哧声。

巢 地面裸坑。

卵 大部分离窝数为1～2枚，但有些种类可多达6枚；呈橄榄色、棕色或淡红色；重从41克（小鸨）至146克（大鸨）不等；孵化期20～25天。

食物 普遍为杂食性动物，食物有芽、花、种子、浆果以及无脊椎动物（尤其是甲虫、蝗虫和蟋蟀）、小型爬行类、两栖类、哺乳动物和地面营巢鸟类的卵及雏鸟等。

觅食。在索马里，人们观察到鸨跳到灌木的高处去采撷浆果。在津巴布韦，黑冠鸨会涉水，显然是为了捕捉幼蛙，它还会驱逐接近它所觅食的白蚁穴的其他鸟。有几种鸨会聚集在灌木的着火点周围，捕食四处逃散和伤残的昆虫。鸨没有嗉囊，但它们的砂囊功能强大，盲肠很长，并且有摄入相当数量的砂粒的习惯，这些都有助于对食物的消化。

雄鸟炫耀
繁殖生物学

没有见过任何一只雄鸨孵卵，这种亲鸟义务的解脱似乎也可以反映出配偶关系的缺乏。在大型的鸨类中，雄鸟有一个"展姿场"，用以向周围的任何雌鸟炫耀自己。例如在南非，黑冠鸨的雄鸟之间至少保持700米的距离，但对对方的炫耀会作出反应，同时向每只经过的雌鸟进行炫耀，并最终与数只雌鸟进行交配。大鸨的雄鸟也具有类似分散性的展姿场机制，不过它们似乎不表现出领域性，而是四处活动，在相互保持一定距离的基础上，在多种地方进行炫耀。波斑鸨和澳洲鸨似乎也不形成配偶关系。在后3个

种类中，交配前的炫耀行为会持续很长的时间，并常常会受到竞争对手的阻挠。在它们中间，领域性让位于机会主义和（或）等级制度。

在非洲南部，栖息于茂盛的草地和草原中、下体羽色为黑色的非洲鸨属种类会进行精彩的空中炫耀，并很明显会维护群体的领域，一对对配偶在其中繁殖。所有鸨的雏鸟均为早成性，孵化后很快离巢。雌鸟最初会嘴对嘴给雏鸟喂食，并且在孵化数月内会陪伴在雏鸟左右。大鸨和小鸨具较强的群居性，时常成群出现。其他种类虽然有时也成小群活动，但更多的为独居。

处境不妙
环境与保护

人们对鸨知之甚少，很大一部分原因是对它们的研究难以展开，因为鸨非常警觉，一受到惊扰往往会弃巢而去，而且它们外表伪装性强，繁殖缓慢。鸨类高度的易受干扰性也成为它们数量下降的一个主要原因，尤其在它们分布范围的北部区域，那里的草地日益受到来自农业的威胁。大鸨能够忍受一定程度的侵扰，

鸨的代表种类
1.灰颈鸨，体重可达18千克，是最重的飞鸟之一；2.凤头鸨，为濒危种；3.大鸨，正在炫耀；4.非洲种类红冠鸨；5.波斑鸨，目前遭过度捕猎；6.澳洲鸨，在当地被称为野火鸡。

事实上，由于人类砍伐森林，它们只能在欧洲的大部分地区实现大规模的群居，但农业的机械化以及由于使用除草剂和化肥导致的农田单作化对它们而言却是灾难性的。由于草原被用以耕作，俄罗斯的大鸨数量从 20 世纪 70 年代初期的 8650 只减少到 20 世纪 70 年代末期的 2980 只左右。类似的，由于茂密的草地大量消失，小鸨如今在欧洲各地几近绝迹（除了伊比利亚半岛）。

同样，栖息地的丧失将印度的 3 种鸨类都推到了灭绝的边缘，其中 2 种形势尤为严峻。南亚鸨目前的数量不足 1000 只，只零星地分布在喜马拉雅山山麓的保护地带以及柬埔寨

中部和越南南部 2 块狭小的区域内。凤头鸨则限于印度最西部那些零散的小块草地中，尽管近年来已禁止对该鸟的捕猎，但除了将那里作为放牧保留地之外并没有采取其他的保护措施。喜马拉雅山山麓的草地很大一部分已被开发为茶园，而印度西部的草地正在成为牧场。无论哪种变化，都使得这 2 种鸨不太可能生存下来。

黑冠鹭鸨虽然对农业的适应性相对较强，但其数量却在过去的数十年间一直大幅下降，现在也只剩不到 1000 只。不过在拉贾斯坦邦，眼下出现了回升的迹象。与它亲缘关系最近的澳洲鸨，其数量下降通常被认为是最初欧洲移民定居当地时对这些鸟不分青红皂白地持续残杀造成的，然而似乎可以肯定的是，栖息地被用以耕作才是它们大量消失的主要原因。

波斑鸨的减少则直接是捕猎的后果。这种鸨在人类文化中曾有着重要的象征意义，因为它们是阿拉伯传统的"鹰猎"活动最青睐的猎物。近年来，科技的发展和石油带来的财富大大提高了对波斑鸨的猎捕效率，扩大了猎捕范围。也许在许多分布区内，这种鸟已几近绝迹。目前，在沙特阿拉伯建立了一个人工繁殖中心，一方面是为了研究鸨的繁殖生物学，另一方面是为了日后将人工繁殖的波斑鸨放生到因遭人迫害而数量大幅减少的地区。不幸的是，在非洲部分地区尤其是撒哈拉—萨赫勒地区，当地人的猎鸨行为似乎有增无减。结果，其他种类特别是棕顶鸨数量也急剧下降。

其他纯非洲的鸨类都尚未受到严重威胁，不过蓝鸨和褐鸨有限的分布范围值得警惕。而且，整个非洲大陆都面临着农业增产的巨大压力，很可能在不久的将来，这些热爱和平的地面鸟将成为新的绝种"候选人"。

鸻和麦鸡

　　鸻和麦鸡的名字源于拉丁语中表示"雨"的单词"pluvia"，原因有可能是鸻有时出现于一场大雨之后，或者，也可能是因为某些鸻的体羽颜色斑驳，仿佛是被雨淋过一样。除去种类间的体型差异，鸻身上各部位的比例可谓中规中矩：腿相对较长，喙较短，头圆，眼大。

　　鸻各种类在外形上相当统一：喙短，上颌微鼓，头圆，眼大，腿相对较长，身体相当紧凑精致。不同种类的觅食方式也一样：站立观望，跑动啄食，然后继续站立观望。科内有些种类会完成鸟类世界中最遥远的迁徙之一：在北半球的高纬度地区繁殖，但在赤道附近或南半球度过非繁殖季节。不过，其他种类则为定栖性，只做局部的迁移。

分化的科
形态与功能

　　鸻科分为2个区别明显的亚科：鸻亚科和麦鸡亚科。鸻亚科的鸟往往体型较小但头大，大部分种类以"plover"（鸻）或"sand-plover"（沙鸻）命名。例外的为小嘴鸻（Eurasian Dotterel）和几种名字中也带"dotterel"的澳大利亚和南美种类，如澳大利亚的黑额鸻（Black-fronted Dotterel）和南美的橙喉鸻（Tawny-throated Dotterel）。但名字带"dotterel"并不构成分类基础。此外，新西兰的弯嘴鸻（Wrybill）也为鸻亚科中的一员。目前，该亚科公认的共有8属。

　　麦鸡亚科的鸟较大，但头的比例相对较小。有不少种类名字中带"plover"，如非洲南部的黑背麦鸡（Blacksmith Plover），但该亚科种类越来越倾向于用"lapwing"（麦鸡，英语直译为拍翅）来命名。麦鸡翅宽，上有醒目的黑白斑纹，飞行时扇翅动作比较夸张，非常惹眼，"lapwing"之名也由此而来（最初仅用于欧洲的凤头麦鸡）。所有的麦鸡亚科种类通常均包含在麦鸡属中，但南美的杂色麦鸡有时自成一属，并有一些学者认为它应归入鸻亚科。

　　麦鸡亚科的成员一般有明显的黑色白斑纹，尤其在翅、尾和头部，幼鸟羽色普遍暗于成鸟。鸻亚科中不做长途迁徙的种类，幼鸟与

鸻亚科和麦鸡亚科

鸻亚科（鸻）	麦鸡亚科（麦鸡）
9属41种。种类包括：小嘴鸻、红膝麦鸡、黑额鸻、弯嘴鸻、栗胸鸻、澳洲小嘴鸻、环颈鸻、金眶鸻、马来鸻、红顶鸻、半蹼鸻、圣岛沙鸻、橙喉鸻、欧亚金鸻、灰鸻、滨鸻等。	1属24种。种类包括：三色麦鸡、黑背麦鸡、褐胸麦鸡、白颈麦鸡、凤头麦鸡、杂色麦鸡、凤头距翅麦鸡、白尾麦鸡、长趾麦鸡等。

灰鸻（图中前景）的名字反映了它体羽的季节性变化。在英国，它被称为灰鸻，因为它冬季的羽色脱换成银灰色。而在美国，它被称为黑腹鸻，指出了它在繁殖期的羽色。图中远景为一只翻石鹬。

成鸟相似，具有简单但醒目的体羽模式。进行长途迁徙的种类，繁殖期和非繁殖期的体羽会不同，但很多情况下差异并不大，不过在全北区繁殖的许多鸻类身上反差很大：繁殖期羽色可能会非常鲜艳，很多以黑色、白色、金色和栗色为主，特别是头和颈；非繁殖期羽色一般为暗淡的灰色和褐色，类似于幼鸟。

有醒目繁殖体羽的种类必须一年脱换2次体羽，而飞羽只在非繁殖期脱换一次。这些换羽都必须紧凑和同步，以满足季节性迁徙以及繁殖的需要。这一要求促成了这些鸟会进行一次繁殖前的部分换羽（体羽）和一次繁殖后的全面换羽（体羽和飞羽）。繁殖体羽不显著的种类也会遵循这一模式，或者一年一次性脱换体羽和飞羽。倘若繁殖经历了很长时间，或繁殖时期因季节性气候因素发生了变化，那么换羽的同步性就会受到影响，换羽时间会延长。幼鸟实行不完全换羽，在数月内更换掉幼鸟体羽（包括边缘呈暗色的背羽），但通常会至少保留某些飞羽至次年。

麦鸡类在翅的腕骨关节前缘有一骨质节，有些种类则有一明显的距。大部分种类具四趾，不过第四趾（后趾）发育不全。多数鸻亚科成员仅具三趾，趾一般不具蹼，但美洲的半蹼鸻等少数种类为部分具蹼。麦鸡类常常有色彩鲜艳的肉垂和裸露的脸部皮肤，其中澳大利亚的白颈麦鸡尤为突出。鸻类则只是眼眶比较醒目。此外，凤头麦鸡等几个种类头顶具冠。

剑鸻营巢于欧亚大陆、加拿大东部的北极区以及格陵兰岛。卵产于石滩上，隐藏于沙石之间，但还是会被北极狐、乌鸦、狗和獾叼走。

鸻和麦鸡的代表种类

1. 在巢中的欧亚金鸻；2. 双领鸻做出"断翅"假象，转移掠食者对巢的注意，它奇怪的英文名字"killdeer"（字面意思为"杀鹿"）则源于它的鸣声；3. 黑喉肉垂麦鸡呈警觉姿态，露出在翅膀腕骨关节处的距。

起源于冈瓦纳古陆
进化

居于南半球的鸻亚科留鸟在"属"一级上呈现出多样性，受认可的有 8 属。有 6 属见于大洋洲和东南亚，其中的 5 属为本地种，南美有 3 属（两属本地），非洲 1 属。相比之下，全北区候鸟仅有 3 属，而且其中一属也含有南半球种类。这种在南半球的分布本地性和属的丰富性模式表明，鸻亚科乃是一个古老的南半球群落，很可能起源于冈瓦纳。

相对而言，全北区的候鸟种类是进化史上较近的变更，很可能是随着更新世冰川作用的消退、北半球出现了大片的季节性繁殖栖息地而在过去的 2 万年里繁盛起来的。有意思的是，全北区的候鸟种类随后却促成了某些南半球留鸟种类的出现。如澳大利亚的红顶鸻和东南亚的马来鸻与在全北区繁殖的环颈鸻有密切的亲缘关系。类似的，在古北区繁殖的金眶鸻在东南亚有一个留鸟亚种（黑白林鸻）。许多在全北区繁殖的种类有宽广的繁殖区域，而主要在南半球繁殖的种类则基本为定栖性。

与鸻亚科的本地宗只见于大洋洲和东南亚以及南美不同，麦鸡亚科在非洲的种类最为丰富。所以有种假设认为，鸻和麦鸡的原种均自冈瓦纳总大陆进化而来，但由于发生大陆漂移，麦鸡的原种不久便被孤立于非洲。非洲在大约 1.25 万年前与其他南半球大陆分离，而作为鸻亚科故乡的南美洲和澳大利亚直至 4500 万年前才分开。

居于开阔地
分布模式

鸻见于除南极大陆外的世界各大洲，从潮汐线到高于林木线的草地分布着各种不同的种类。它们喜居于开阔的空间中，虽然被认为是涉禽类或岸禽类，但事实上却鲜有种类在觅食时会涉水。大多数种类沿海岸、海湾、河流、小溪或湖泊寻找食物，不过有些鸻类以及许多麦鸡类为草地种，与湿地并无多大联系。它们中有几个种类还学会了利用牧场和耕地。澳洲小嘴鸻（鸻亚科）见于澳大利亚半干旱的灌丛和草原，而长趾麦鸡（麦鸡亚科）较为独特，它与水雉在漂浮植被上觅食这一特性实现了趋同进化。和许多鸻类见于受潮汐影响的沿海不同，麦鸡类一般远离海岸线，为内陆种类，栖于湿地或草地。

对迁徙性种类而言，繁殖期与非繁殖期所生活的环境是不一样的。大部分鸻类在北半球高纬度地区（包括北极苔原）繁殖，营巢地

可能在海滩上，或者多砾石的河边和湖边，也有可能不在水域边上。而它们的非繁殖环境一般为与鹬类（鹬科）共享的潮汐海岸。像部分草地种类一样，这些沿海种类中有的也已经学会了在农田觅食。如欧亚金鸻（通常为沿海种类）在非繁殖期，它们会与凤头麦鸡一起在即将播种的耕田里觅食。

麦鸡类大部分分布于热带和亚热带，其中非洲种类最为丰富，24个种类中有11种仅限于或大部分限于该大陆。北美没有麦鸡类，南美有3种，南亚和东南亚4种，大洋洲2种。在南半球，南美的凤头距翅麦鸡及澳洲的白颈麦鸡和三色麦鸡分布至温带地区。在北半球，凤头麦鸡、黄颊麦鸡、白尾麦鸡和灰头麦鸡繁殖期见于高纬度地区，而非繁殖期均往南迁徙。但凤头麦鸡会留在北半球，即南下迁徙至西欧，那里受墨西哥湾暖流的影响，气候也相当不错。

麦鸡亚科其他种类的迁移模式各不相同。褐胸麦鸡为非洲内迁徙，繁殖于西非，迁徙至中非的维多利亚湖盆地。黑胸距翅麦鸡的一个种群从北非迁徙至希腊进行繁殖，但该种类的其他非洲种群为定栖性，只根据季节性降雨模式做局部的季节性迁移。其他热带、亚热带和南半球种类也为定栖性，进行季节性的局部迁移。这种迁移既可以是定期的，也可能会随着气候条件的变化而变化。

相比于麦鸡亚科，鸻亚科的分布更为广泛。有18个种类为全北区候鸟，在北半球繁殖，然后在北半球的冬季南下迁徙。其中一些种类迁徙的目的地仍在北半球，而其他在北极圈内的北美、欧洲和亚洲地区繁殖的种类会在非繁殖期迁徙至南美、非洲南部和大洋洲南部。

在北半球，鸻亚科的种类几乎全都是候鸟，而在南半球，则不仅有诸多来自全北区的候鸟，同时还有当地的留鸟或进行局部迁移的种类。例如，南美有6个种类为中南美洲的留鸟，或定居，或做局部迁移；另有6个种类为处于非繁殖期中的北美"客人"。而在北美，一共仅有8个种类，均为全北区候鸟，只有2个种类在非繁殖期留于北美。非洲和大洋洲的情况与南美相似。非洲有7个留鸟种类，大洋洲9个。有几个大洋洲种类在该地区内存

在坦桑尼亚恩戈罗火山口湖的浅水域觅食的黑背麦鸡

麦鸡类典型的觅食技巧包括跑动、突然停下和屈身猛然啄住猎物。

在清晰的迁徙模式。如弯嘴鸻沿新西兰南北迁徙，而栗胸鸻的一个种群则在新西兰与澳大利亚东南部之间迁徙。

"观望—跑动—啄食"模式
食物

鸻科种类觅食于开阔地，如潮退后留下的湿泥滩。红膝麦鸡（鸻亚科）和白尾麦鸡（麦鸡亚科）与众不同，在觅食时会涉水甚至游泳，它们也是该科中唯一在寻找食物时经常将头置于水下的种类。鸻科物种对视觉的依赖性很强，故眼很大，它们一般用短喙从表层或表层附近啄取食物。相比之下，鹬科类很大程度上依靠触觉捕食，它们的喙很敏感，并常常高度特化。

鸻科类主要食小型无脊椎动物，偶尔捕猎小型脊椎动物，但也会摄取某些植物性食物。澳洲小嘴鸻白天摄入植物性食物补充水分，夜间捕食无脊椎动物。大部分种类基本上为机会主义觅食者，一个典型的鸻亚科种类的食物包括软体动物、环节动物及蠕虫、甲壳类、昆虫（水栖和陆栖）以及蜘蛛。陆上的无脊椎动物不但被陆栖的鸻科类捕食，同时也是许多在湿地觅食的鸻科类的重要食物来源。在岸边觅食的鸻科类会将从水面上捕获的无脊椎动物带到岸上，然后消灭掉。大多数猎物会被整个吞下，但大的蟹则先被拖至干燥的地方，撕裂后

再食入。

鸻科类典型的觅食行为模式为"观望—跑动—啄食—暂停—观望—跑动—啄食"这样的循环，但有些种类并非仅凭视觉来获得食物。曾观察到灰鸻会窃取杓鹬和蛎鹬的食物。有些种类，如栗胸鸻，会用脚在浅水中抖动来惊扰猎物。觅食时间则取决于食物何时容易获得。尤其在潮汐环境下，一天中任何时间都有可能成为觅食的好时机。不过，由于依赖于视觉，鸻科类更倾向于在昼间觅食，只有在必要时才会夜间出动。

复杂的求偶仪式
繁殖生物学

鸻科类为季节性繁殖者，全北区的候鸟种类繁殖呈现高度的同步性，即都赶在短暂的丰产季节。但在澳大利亚内陆地区等气候缺乏可预测性的环境中，有些种类的繁殖随降雨模式的变化而表现出机会主义倾向。许多种类实行单配制，对配偶保持忠诚，双亲共同孵卵和看雏（雏鸟一孵化便能自己觅食）。小嘴鸻在鸻科类中独树一帜，实行一雌多雄制，雌鸟着色比雄鸟鲜艳，可与不同的雄鸟产下数窝卵。在一雌多雄或多配制下，作为单方的雌鸟或雄鸟有可能不参与育雏。

繁殖和求偶行为既有复杂的空中炫耀（通常出现蝴蝶式的飞翔），也有一系列的地面炫

鸻和麦鸡的炫耀有时包括在领域上方进行壮观的空中表演，会做扇翅翻转飞行（图1）。在地面时，若成功将对手从配偶身边或领域内驱逐走，则会发出鸣叫，并炫耀其体羽，包括冠羽和鲜艳的肉垂。例如，欧亚金鸻会伴以"二重唱"（图2）。图3中，黑胸距翅麦鸡摆出一副示威姿态。图4中则冲向对手。

耀，包括奔走、折翅、扇尾、弯身、屈膝等。同时，这些炫耀会伴以各种鸣声，包括悦耳动听的颤音鸣啭。而它们在维护领域和抵制掠食者的行为模式上也颇有特色。总体而言，鸻科类尤其是麦鸡亚科，在巢周围富有攻击性，会发出响亮的鸣叫，并冲向入侵者。此外，假装受伤以分散掠食者的注意力也很常见。

巢通常为光秃地面的一简易浅坑，有时衬以些许草或细贝壳和石子。长趾麦鸡与众不同，它的巢为精心构筑，甚至筑于漂浮的植被上。红膝麦鸡的巢相对也较为结实，巢的一面涂以泥浆。滨鸻将巢筑于植被下，有时会使用海燕类的弃洞。全北区繁殖的种类窝卵数一般为4枚，对南半球的鸻亚科种类来说则2～3枚较为常见。卵为椭圆形至梨形，颜色具隐蔽性，整窝卵的重量可达雌鸟体重的70%。孵化期从小种类的18天至大种类的38天不等。一窝卵全部产下后，孵化才开始。

配偶在适宜的栖息地会单独繁殖或结成松散的繁殖群，紧邻的成对配偶之间会维护各自的领域。如在栗胸鸻中，巢距保持在4～150

米之间。全北区种类的繁殖成功率每年各不相同，与其他北极动物的数量周期有关。例如，当小型哺乳动物如旅鼠数量稀少时，北极狐对地面营巢鸟类的掠食就会大大加剧。一项研究表明，在红顶鸻中，只有10%的卵孵化后的雏鸟可长至会飞。栗胸鸻每年的平均死亡率为23%～29%。而相关研究表明，红顶鸻的寿命至少可达8岁，灰鸻为9岁。

危险的迁徙之旅
保护与环境

鸻科中有些种类数量惊人，分布广泛，如仅欧洲就有约700万只凤头麦鸡。许多在全北区繁殖的种类分布于数个大陆上。与之形成鲜明对比的是，新西兰的滨鸻总共仅有140只，且限于查塔姆群岛的东南岛上。其他一些种类的分布范围也很有限，如圣岛沙鸻限于圣赫勒拿岛（距安哥拉2800千米的一个大西洋岛屿）；业已灭绝的爪哇麦鸡之前则仅见于印度尼西亚的爪哇岛上。

爪哇麦鸡的绝迹归咎于捕猎和栖息地的丧失。而滨鸻自19世纪末期起在新西兰的主岛消失，原因主要是引入了外来的天敌，包括鼠、鼬和猫；在东南岛上则受到不加控制的科学采集的威胁。这2个种类的脆弱性源于它们过少的野生数量和有限的分布。然而，分布广泛的种类也面临着威胁。例如许多鸻科种类的迁徙本性使它们特别容易受到伤害，因为迁徙将它们带到世界各地，这意味着它们的生存有赖于多个极为分散的地方，而那里的保护水平各不相同。

鸻科的雏鸟多具有保护性的褐色和黑色斑纹图案，由成鸟看护至出生后的21～42天，至飞羽长齐。图中刚孵化的剑鸻躺在露天的浅坑巢中，非常具隐蔽性。

瓣蹼鹬

小巧雅致的瓣蹼鹬是岸禽类中最特化的游泳型鸟。3 个种类均为瓣足，部分具蹼；跗骨侧面扁平，可以减小水中阻力；腹部的羽毛层似鸭，能够保留空气，从而使它们像软木那样浮在水上。事实上，瓣蹼鹬体轻浮性好，一场大风都可能将它们从水面吹走。

在非繁殖期，瓣蹼鹬的流浪个体可能会出现在世界的任何一个角落。它们是被大风刮走的，因为飞行本领弱，在恶劣的天气中它们只能被"呼来唤去"。在纽芬兰，它们的名字就叫"风中之鸟"。

精致的涉禽
形态与功能

瓣蹼鹬的颈相对较长，繁殖期的体羽非常漂亮，长于暮春，但很快就会褪色。各种类在头部均有部分白色的羽毛，配以红色和黑色的斑纹，红色的成分各异。灰瓣蹼鹬和红颈瓣蹼鹬的臀羽为深色，飞行时翅膀会露出白色的条纹。细嘴瓣蹼鹬则具白色的臀羽，翼上无条纹。灰瓣蹼鹬实际上是 3 个种类中最红的一种，"灰"只是指它们过冬的羽衣（或者更具体地讲，是指上体的主要羽色）。在美国，它们通常就因夏季的羽色而被人们称为"红瓣蹼鹬"。

两性差别明显，雌鸟不仅比雄鸟大（红颈瓣蹼鹬中大 10%，灰瓣蹼鹬中大 20%，细嘴瓣蹼鹬中大 35%），且繁殖体羽比雄鸟更鲜艳。负责营巢的雄鸟着色更具隐蔽性。这种差异反映了雌鸟在领域维护、炫耀表演、竞争求偶等方面起着主导作用。

红颈瓣蹼鹬和细嘴瓣蹼鹬的喙直而细，似针，灰瓣蹼鹬的喙较粗。3 个种类觅食时都很活跃，即使在啄食猎物时也很少停下来，而是在那里不停地"打转"，即成小圈快速游动，这一技巧可能是为了将水下的无脊椎动物搅到水面上来。

所有瓣蹼鹬都在沿海岸线的浅水域或海草漂浮物中觅食。细长的喙和大大的眼睛有助于它们迅速捕食猎物，主要为昆虫，尤其是蠓和蚋。不过，它们的捕猎范围相当广，诸如螺、水中的甲虫、石蛾、大的浮游生物等均包括在内。它们在繁殖地的觅食具有很大的机会主义性。如红颈瓣蹼鹬片刻之前可能还在游泳啄食刚浮出水面的蠓，转眼之间就已经沿着岸边走动，摄取在部分露出水面的石头上等待晾干的石蛾。它们所食的海洋浮游生物有微型鱼、甲壳类和水母。此外，灰瓣蹼鹬有时还会从鲸的背上啄食寄生物。

性角色换位
繁殖生物学

3 个种类中起源有所差异的细嘴瓣蹼鹬在

瓣蹼鹬

目 鸻形目

科 瓣蹼鹬科

瓣蹼鹬属3种：灰瓣蹼鹬、红颈瓣蹼鹬、细嘴瓣蹼鹬。

分布 在北半球繁殖，在热带或南半球过冬。

赤道

栖息地 繁殖时栖于浅水域边；过冬时，2个种类见于海上，1个种类生活在内陆水域。

体型 体长16.5～19厘米，体重30～85克。雌鸟大于雄鸟。

体羽 繁殖期红色、白色、浅黄色、灰色和黑色，雄鸟着色明显偏暗。非繁殖期上体深色，下体浅色。

鸣声 某些短促的鸣叫，有时嘈杂。

卵 窝卵数通常为4枚，呈椭圆形至梨形，茶色，带有不规则的黑色或褐色点斑；重6～9克。孵化期16～24天。雏鸟为早成性，18～21天飞羽长齐。

食物 以昆虫和海洋浮游生物为主。

北美中部的内陆地区繁殖，而其他2种的繁殖地则分布于环北极地区，其中灰瓣蹼鹬在高纬度的北极苔原和北温带北部林区繁殖，红颈瓣蹼鹬则在亚北极苔原繁殖。不过，各种类都会选择靠近沼泽和草地的浅水域、池塘和湖泊。红颈瓣蹼鹬偏爱永久性的淡水域，细嘴瓣蹼鹬喜欢淡咸均可的半永久性水域，而灰瓣蹼鹬钟情于苔原的临时性池塘。细嘴瓣蹼鹬在南美的内陆水域或沿海水域过冬，其他2种则在外海过冬。

雌性成鸟至少可以活5年，长到1岁就可以进行繁殖。繁殖期很短。通常，雌鸟在每年6月先于雄鸟抵达繁殖地，但有时雌雄鸟一起到，很明显这是成对的。否则，结偶在到达繁殖地后数天内完成。雌鸟可能会参与寻找巢址，然后两性共同筑一坑巢。不过，更多情况下似乎是雌鸟挑选巢址，雄鸟筑巢。巢一般隐藏在水边的干草丛中或苔簇中。孵卵和育雏全部由雄鸟负责。

保持配偶关系（通常比较短暂）的双方很少会分开很远，并通过反复的短促鸣声保持联系。单独的配偶有的结成松散的繁殖群营巢。在北极营巢的灰瓣蹼鹬和红颈瓣蹼鹬常常将巢筑于北极燕鸥的繁殖群居地及其附近，这样有利于更好地抵御掠食者。灰瓣蹼鹬在陆上交配，红颈瓣蹼鹬在游泳时交配，细嘴瓣蹼鹬则在水中站立或游泳时进行交配。

产卵间隔一般为24～30小时，在第1枚卵和第3枚卵之间的某个时间里雄鸟开始孵卵。产完卵后，如果周围有足够的雄鸟，红颈瓣蹼鹬和灰瓣蹼鹬的雌鸟便会与其他雄鸟发生交配。于是，第1窝卵产后7～10天，雌鸟开始为另一只雄鸟产卵。它会一直留在繁殖地，一旦与第1只雄鸟或第2只雄鸟产下的卵被毁，就会再产1窝卵。

孵卵的雄鸟很少离巢。卵小、求偶速战速决以及一雌多雄制，似乎是适应繁殖期短的体现。同一窝的雏鸟差不多同时孵化，为早成性，在3～6小时内就离巢。它们由雄鸟单独照看，孵化头几天以及天气恶劣时需要昼夜频繁喂食。雏鸟在雄鸟的监督下像小鸭子那样游泳，直至长到14～20天，即飞羽差不多长齐时，雄鸟离它们而去。

繁殖期过后，细嘴瓣蹼鹬会大规模聚集于咸水湖上，如犹他州的大盐湖，有记录表明那里曾聚集过600000只该种鸟。它们进行换羽、增肥，然后向南美迁徙。类似的，多达200万只红颈瓣蹼鹬在迁徙南方前聚集在纽芬兰的芬迪湾。

↗ **一只雄灰瓣蹼鹬在看雏**

雄灰瓣蹼鹬的繁殖羽色以栗色为主。雌鸟产完卵后，孵卵和育雏的担子就完全落到了雄鸟身上。

雄流苏鹬夺偶记

● 自成一属的流苏鹬是鹬类中最大，也是唯一不形成长期配偶关系的种类。相反，雄鸟只在炫耀地，即"展姿场"展示它们惹眼的翎领（它们的名字即由此而来）以吸引异性。通常，会有两种不同类型的雄鸟在一起炫耀：所谓的"主雄鸟"，即具深色翎领并维护领域的流苏鹬；"次雄鸟"，即具白色翎领、被允许进入主雄鸟领域并协助其吸引雌鸟的雄流苏鹬。

● 在芬兰的一处流苏鹬展姿场上，雄鸟在进行搏斗。主雄鸟在维护领域时富有攻击性，会袭击任何擅自进入领域的同性对手。于是，有不少雄性对展姿场敬而远之，从而形成第3种雄鸟——"边缘雄鸟"，它们几乎不参与繁殖。

●次雄鸟在展姿场里四下走动，试图通过做出顺从的举止以及在"扇翅跃起"表演中炫耀它们漂亮的白色翎领来取悦主雄鸟。从总体数量而言，次雄鸟少于主雄鸟。主雄鸟允许次雄鸟进入它们的领域是因为后者的存在可以提高竞争力，从而吸引更多的雌鸟来到它们的领域内。

●一只主雄鸟在向一只来访的雌鸟（左）炫耀，但该雌鸟来到这一领域有可能是受了那只半藏于翎领后面的次雄鸟的吸引。夏季，流苏鹬的雌雄鸟外表相似，只有在每年春季，繁殖期来临时，雄鸟才会长出装饰性的头冠和胸领，具体的着色则因鸟而异。

●主雄鸟与来访的雌鸟进行交配。在雄流苏鹬中，主雄鸟主宰了绝大部分的交配行为，据一项研究表明，将近占到90%。而次雄鸟的交配率比边缘雄鸟高，占据了剩下的10%中的大半。雌鸟则从一个领域来到另一个领域，半数以上会与不同的雄鸟交配，然后产下多窝卵。

水 雉

水雉最引人注目的特点是趾特别长，使其能够在漂浮的、甚至沉入水面的植被上游刃有余地穿行，尤其是在睡莲上，因此赢得了"莲上飞"的雅号。

尽管外形似秧鸡（秧鸡科），但事实上水雉与水禽类特别是彩鹬（彩鹬科）的亲缘关系更为密切，它们在骨骼结构、生化成分、行为特征，尤其是繁殖行为等多个方面存在相似之处。

长趾"莲上飞"
形态与功能

水雉类的体羽主要为醒目的栗色、黑色和白色，线条清晰。雏鸟颜色相对暗淡，而小水雉即使长齐成鸟羽毛后，看上去仍如同一只幼鸟。美洲水雉和肉垂水雉具黄色的飞羽，与众不同的翅膀为白色，翅尖为黑色。有6个种类喙上部具肉盾，这一凸起物在非洲雉鸻身上为浅蓝色，在马岛雉鸻身上为珍珠灰，在铜翅水雉身上为暗红色。美洲水雉的瓣足为黄色，肉垂水雉的瓣足为红色，冠水雉的瓣足为黄色或红色，并演变成为纵向的栉状结构。各种类的尾均很短，只有水雉例外，平时尾长就达30厘米，在繁殖期又会长出长达25厘米的深褐色中央尾羽。所有种类在翅膀的腕骨关节上都生出一个或利或钝的短距。

由于翅短，水雉类飞行能力较弱。但水雉在繁殖期后会进行相当远距离的迁徙，非洲雉鸻也时常在分布区内进行大范围的迁移，有时是为干旱所迫。在多雨季节，各种类都会充分利用上涨的水位四处活动，而当水日渐干涸时它们便重新退回到永久性湿地中。它们做短途飞行或炫耀飞行时，腿脚悬垂，但远飞期间拖曳于身后。从空中落下时，翅膀在闭合前常常会垂直竖起片刻，这一举动使它们（尤其是那些翅膀上原本带有醒目斑纹的种类）似乎一下子消失了。

虽然着色醒目，但它们在露天都可以变得很不起眼，而一有危险则会立即消失在植被中或躲入水下。它们时常很嘈杂，会发出一系列刺耳的声音，这种声音种与种之间、种内甚至个体之间都不同。不过，陪伴雏鸟的雄鸟也会发出某种柔和的鸣声。

水雉类见于热带和亚热带的潮湿地区。比起鸻形目的其他大部分种类，它们更习惯于水栖生活，常出现在淡水湖和水流缓慢的河流中和附近、沼泽地和稻田中。脚上的长趾使它们得以在漂浮植被和刚没入水面的植被上自如行走。并且，它们拥有出色的游泳能力，雏鸟在面临威胁时会潜到水中，只留喙尖在水面上。非洲雉鸻的成鸟在换羽期也会如此，因为那时它们不会飞。

水雉类基本上为食肉类，主要以水栖昆虫、软体动物和其他无脊椎动物为食，偶尔也摄取小鱼及水生植物的种子。它们觅食时大部分时间在植被上轻巧走动，少数情况下会游过一片空旷的水域或展翅飞过去。

性别角色颠倒
繁殖生物学

大部分种类的繁殖期与当地的雨季保持一致，因为那时昆虫食物更为丰富。除小水雉外，各种类均表现出颠倒的性角色，体型通常明显比雌鸟小的雄鸟负责筑巢、孵卵和育雏的一切事务。不过，有几个种类的雌鸟在育雏阶段也会"插手"，主要是看护雏鸟。

水雉类有时为一雌多雄制，这在水雉和铜翅水雉中似乎极为普遍，但在其他种类中则部分取决于栖息地情况。例如，美洲水雉在整齐划一的沼泽地繁殖时通常实行单配制，每对配偶拥有一大块领域；但它们在墨西哥和波多黎各那些池塘错落的地带繁殖时，雌鸟便会有1～4个配偶。小水雉为单配制，两性共同孵卵（并有孵卵斑）。此外，小水雉和冠水雉均为两性共同育雏。

雌鸟一窝产4卵（小水雉为3枚）。孵化期为3～4周。育雏时间可能会出现不同程度的延长，因为不同窝的雏鸟，甚至同窝的不同雏鸟之间，发育进度相差很大。如果有必要带雏鸟离巢，亲鸟通常将它们携于翅下，长腿则悬垂。

眼下水雉类尚未面临直接的威胁，不过在中国部分地区水雉的数量在减少。所有种类都高度依赖于其生活的湿地，一旦这些脆弱的栖息地出现缩减或遭污染，它们势必受到重创。

知识档案

水 雉
目 鸻形目
科 水雉科
6属8种：非洲雉鸻、马岛雉鸻、美洲水雉、肉垂水雉、铜翅水雉、冠水雉、水雉、小雉鸻。

分布 非洲撒哈拉以南地区、印度、东南亚、新几内亚、澳大利亚北部和东部、中南美洲。

栖息地 沼泽地，水流静止或水流缓慢、覆有漂浮植被的水域。

体型 体长15～30厘米，水雉除外；体重40～230克。大部分种类雌鸟比雄鸟大，最多可重75%。

体羽 羽色醒目。头颈主要为黑色和白色，背为不同程度的栗褐色，有些种类的飞羽为黄色或白色，一些种类下体着色较深。性二态不明显。

鸣声 普遍嘈杂，为各种断断续续的高声尖叫。

巢 结构简单，巢材为水生植物的叶，通常筑于漂浮的植被上或露出水面的平台上。巢偶尔会部分沉入水中。

卵 窝卵数一般为3～4枚；表面光滑，有深色点斑、条纹和线条。孵化期约为21～26天，雏鸟长飞羽期至少为数周。

食物 昆虫和水栖无脊椎动物，偶尔也食水生植物的种子。

↘ **一只非洲雉鸻利用河马的背做垫脚石穿过一个水潭**
很明显，由于趾特别长，可以分散体重，使非洲雉鸻可以轻松自如地在其湿地栖息地穿梭往来。

彩鹬

彩鹬的2个种类是典型的栖息于热带湿地的鸟，分别见于旧大陆的非洲撒哈拉南部至澳大利亚（彩鹬）和新大陆（半领彩鹬）。

彩鹬的确切归类问题一直未得到统一。西比利和门罗等部分权威人士认为它与水雉和鞘嘴鸥的亲缘关系较近，而其他学者则认为其与沙锥的亲缘关系更密切。

2个种类均色彩雅致、斑纹细密，上体为并不艳丽的黄褐色和栗色，直至几近黑色，头和肩带有某些明显的浅黄色条纹，这种体羽图案很具有迷惑性，再加上它们通常在黎明或黄昏时秘密行动，以及受到惊扰时善于"凝固"不动，往往难以被发现。旧大陆的种类会有一些引人注目的炫耀行为，而卵和雏鸟均完全由颜色相对暗淡的雄鸟照看。

新旧大陆之别
形态与功能

新大陆种类的体羽在头部和胸部几乎为黑色，背部和翅膀有细密的黄褐色图案，并带有浅色点斑。旧大陆种类的雌鸟则具有醒目的栗色头部和胸部，背羽和翼覆羽有精致的黄褐色虫迹形斑纹，而体型略小的雄鸟色彩相对暗淡，尤其头部更是如此。2个种类的下体均为白色，翅宽而圆，典型的飞行姿势是像秧鸡那样，将腿垂置。喙长，末端下弯，鼻孔的槽窄而深，可达到喙长的一半。当它们站在地面上

时，背上的图案呈明显的浅色"V"字形。

居于沼泽
分布模式

2个种类均被认为很大程度上属定栖性鸟，主要生活于低地。不过，当气候过于干燥时，它们也会进行大范围的局部迁移，有些可能属短距离的季节性迁徙。但有记录记载，在印度，一些被圈养起来的彩鹬在回归野生时，曾出现过转移900千米的长途跋涉。南美的半领彩鹬只是季节性地出现在它分布范围内的部分地区，而在中国，彩鹬仅在夏季繁殖时使用分布区的北半部分。2个种类都曾有出现在正常分布区之外的记录。2个种类在各个季节都主要见于沼泽，附近通常有茂盛的植被，当然它们也会光顾开阔的草地、牧场和受淹的农田。半领彩鹬还不时出现在河口的泥滩上。

2个种类都主要在黎明和黄昏时觅食，这种习性使它们难以被发现。而它们昼间极少飞行，在受到惊扰时倾向于保持静止不动，这进一步增强了它们的隐秘性。在觅食方面，它们为典型的涉禽，用喙在软泥和淤泥中探食种子、昆虫及其他无脊椎动物。

雌鸟炫耀
繁殖生物学

半领彩鹬在南半球的春夏季节进行繁殖，实行单配制，两性共同孵卵和育雏。这种鸟为半群居性，繁殖群不超过6对，分布在1～2平方千米的范围内。无证据表明它们有一雌多雄现象。

彩鹬的繁殖行为颇为不同。在非洲，它们通常紧随雨季的来临而繁殖，但在其他地方则更为多变。普遍实行一雌多雄制，雄鸟完全单独孵卵和育雏。在这一点上，彩鹬表现出与瓣蹼鹬和领瓣足鹬类似的性别角色颠倒现象。然而，在部分分布区内，如非洲南部，彩鹬也为单配制，雌鸟协助营巢和育雏。

繁殖期来临时，雌鸟开始在晚上进行炫耀。它们在地面鸣叫，或在做类似于丘鹬那种拉杆式飞行的低空炫耀飞翔时发出鸣声。由于气管长，呈螺旋形，具其回音效果，因此发出的一连串似猫头鹰叫的低沉炫耀鸣声可在1千米之外听到。雌鸟的食管有嗉囊，但并不具有消化功能，而是作为一个辅助性的回声腔。雌鸟通过炫耀来维护领域（通常为方圆200米）以及吸引雄性。其他入侵的雌鸟会受到驱逐，方式是张开翅膀并朝向前，露出有点斑的飞羽，同时扇动尾巴，喙朝下。向雄鸟求偶和维护领域不受掠食类侵犯时采用的也是这种行为。而当日后争夺雄鸟的竞争趋于激烈时，雌鸟会极

↗ **一只雌彩鹬展开翅膀进行领域炫耀**
彩鹬表现出很明显的性二态，雌鸟的斑纹远比雄鸟醒目。

力阻拦对手接近它们的配偶。

在求偶过程中，雌鸟主动出击，以展翅的姿势围绕雄鸟转，并发出悦耳的"嘘—嘘"声，听上去犹如风从瓶颈吹入的声音。交配后，雄鸟筑巢，雌鸟将卵（通常为4枚）产于巢中，然后去向其他雄鸟求偶。在一切顺利的情况下，一只雌鸟可以在很短的时期内连续吸引3～4只雄鸟与之交配，在前一窝还未孵化前会产下新的一窝卵。而当周围条件不允许时，它或许只能吸引到一只雄鸟，并帮助营巢。

雄鸟不具领域性，与同一只雌鸟交配的雄鸟常常会将巢筑得相当靠近。孵化的雏鸟等羽毛一干就可以跑动，由雄鸟单独抚养，若受到天敌或人类的入侵，雄鸟会做展翅威胁状，以起到迷惑或威慑作用。繁殖后，几只雄鸟及其雏鸟会成小群活动，直至雏鸟最终长大离开。雄雏鸟长到1岁时就可以进行初次繁殖，而雌性需要等到2岁。

彩鹬

目 鸻形目
科 彩鹬科

2属2种：彩鹬、半领彩鹬。

分布 非洲、印度、东南亚、澳大利亚（彩鹬）；南美洲南部（半领彩鹬）。

赤道

栖息地 沼泽、湿地、稻田、河流和湖泊边缘。

体型 体长20～28厘米，体重65～165克。雌鸟略大于雄鸟。

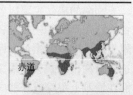

体羽 旧大陆种类上体和胸部为黄褐色，带有黑色和浅黄色斑纹。新大陆种类上体几近黑色。2个种类下体均为白色或乳白色，头和肩有浅黄色条纹，翼羽上有黄色圆形斑。旧大陆种类的雌鸟比雄鸟色彩亮丽。

鸣声 柔和、低沉的隆隆声、嘶嘶声。

巢 为简单的杯形巢，用茎和叶筑起，隐蔽于高大植被下面的地面。

卵 窝卵数2～4枚；乳白色至黄色、浅黄色，带有大量黑色和褐色的点斑；重13克。孵化期15～21天；雏鸟为离巢性（孵化后不久便离巢），但还依赖亲鸟数天。

食物 杂食性，食昆虫、甲壳类、蚯蚓、螺、种子等。

蛎 鹬

蛎鹬为嘈杂、醒目的沿海鸟类，见于除极地和海岛外的世界各个地区。最突出的特征是巨大的喙，用于啄开双壳类食物以及将牡蛎、帽贝和贻贝在岩石上凿碎。

蛎鹬为群居性，全年其他时间都成群生活，唯有繁殖期配偶在海滩、岩崖、海边农田建立领域（偶尔也会建在内陆的河流湖泊边上）。而在小石岛上繁殖的配偶，其领域往往很有限，营筑于垂悬的岩石下、洞穴中或灌木下。

破壳之喙
形态与功能

蛎鹬是一个形态统一的科。典型特点为喙长而直，呈红色，或钝或尖；体羽为斑驳色或

↗一只在孵卵的新西兰蛎鹬
蛎鹬会通过数种办法来保护它们的巢，其中既有向掠食者发动攻击，也有迷惑性战术，包括假育雏以及在没有卵时装受伤等。

黑色；腿相对较短。所有种类都栖于沿海。其中全黑种类（包括澳洲黑蛎鹬、非洲黑蛎鹬、北美蛎鹬和南美蛎鹬）普遍更喜居多岩石的海滩，而其他种类倾向于栖息在沙滩或泥滩上。

见于沙滩或泥滩的蛎鹬种类有相对更细长、更尖的喙，用以探食双壳类及蠕虫。而那些特化成用喙在岩石表面锤击贻贝或凿碎帽贝和石鳖的种类则具结实的钝喙。喙最长的蛎鹬是一种相对缺乏研究的亚种（蛎鹬普通亚种），见于亚洲。在多岩栖息地捕食较大型食物的种类常常具有更大的体型和更大的足，体现出在硬质层面生活的适应性。

软体动物的克星
食物与觅食

蛎鹬的成鸟主要以各种类型的软体动物为食，特别是藏于松软沉积物中的双壳类，以及附于硬质层面的帽贝、贻贝和牡蛎。为了打开这些猎物，蛎鹬会使用 2 种基本方法。如果它们在沙滩上跟踪或在沙中探食时能够对一个敞开的壳发动突然袭击，那么就会将喙伸入壳的两瓣之间，然后做出一个剪刀式的动作，把连接两瓣壳的内收肌剪断，最后将已毫无反抗能力的软体动物的肉啄出。倘若壳是紧闭的，那

北美蛎鹬在进行"吹笛"炫耀
它们四下里走动，颈成拱形，喙向地面，发出一种节奏快、音尖的颤声。

么蛎鹬会用喙将其中一面啄碎，然后取出肉。具体的蛎鹬个体往往会专食某种特定的猎物，然后发展出属于自己的捕食技巧。

蛎鹬的雏鸟在学会基本的觅食技巧前会依赖于亲鸟的喂食，直至最终掌握亲鸟独特的捕猎方法和对猎物的偏好。从初步具有独立能力到拥有足够的技巧可以自己捕食贻贝为生，蛎鹬也许需要 2 年时间，在这期间它们会在泥滩和沿海农田中广泛觅食沙蚕和其他无脊椎动物。在弗吉尼亚，出生一年内的美洲蛎鹬主要食成鸟打开的牡蛎壳内的残留物。因为它们的喙与头骨之间起铰链作用的部位还没有完全骨化，尚不足以用来撬开壳，必须等到第二年。

蝶飞和吹笛炫耀
繁殖生物学

蛎鹬需要长到 3 ~ 5 岁才开始繁殖，但在这之前往往会先结成配偶。不繁殖的鸟在繁殖期成群栖息在一起。繁殖的鸟会占据领域、争夺边界，通常是通过一种仪式化的"吹笛"炫耀：一只鸟站在它的领域边界处，颈成拱形，喙朝下，发出一连串笛声般的鸣叫。这种炫耀经常吸引来邻近领域的主人们。于是，可能会有 10 多对配偶聚在一起进行炫耀，或站立或上下跳跃。此外，该炫耀也会变成一个空中版本，那对于不经意间闯入蛎鹬领域的入侵者而言或许是最熟悉的。另一种代表性的炫耀为"蝶飞"，即一只鸣叫的鸟在领域上空飞翔，扇翅缓慢而夸张，仿佛是一只巨大的蝴蝶在飞。

通常的窝卵数为 2 ~ 3 枚，取决于种类。卵产于浅坑中，由双亲共同孵化。极少数情况下会出现 3 只鸟在同一巢中孵卵，意味着它们实行的是群育。卵和雏鸟被掠走的概率很高，所以一个繁殖期内补育数次相当常见。雏鸟出生后几乎立即就可以跑动，但由于蛎鹬特化的食物，它们无法自己觅食，必须跟随给它们觅食的亲鸟。先孵化的雏鸟先得到喂食，于是很快就形成了一个体型等级，体型最大的鸟有优先取舍亲鸟所提供的食物的权利。

由于数量少、分布范围极为有限，查岛蛎鹬面临灭绝的危险。得益于新西兰自然资源保护部采取大力措施，到 2000 年，该鸟的繁殖配偶增加到了 58 对，总数达到了 171 只，比 1987 年增长 68 只。而最后于 1913 年收集到样本的坎岛蛎鹬，基本上已灭绝，而它在分类学上的归属至今不得而知。

知识档案

蛎鹬
目 鸻形目
科 蛎鹬科
蛎鹬属11种：非洲黑蛎鹬、美洲蛎鹬、澳洲斑蛎鹬、北美蛎鹬、南美蛎鹬、查岛蛎鹬、蛎鹬、智利蛎鹬、澳洲黑蛎鹬、坎岛蛎鹬、新西兰蛎鹬。

分布 欧洲、亚洲、非洲、大洋洲、南北美洲（高纬度地区除外）。

赤道

栖息地 沿海各种地形、淡水域、微咸水域和沼泽。

体型 体长37~51厘米，体重425~900克。

体羽 为斑驳色或全身黑色，两性相似。

鸣声 多种或简单或复杂的笛音鸣声。

巢 沙滩或砾石滩上的浅坑，通常无衬里。

卵 窝卵数1~5枚（一般2~3枚）；褐色或灰色，带有黑色、灰色和褐色的点斑和条纹；通常重40~60克。雏鸟长飞羽期为28~35天。

食物 主要为双壳类软体动物，也食帽贝、蟹、蠕虫、棘皮动物（如海盘车、海胆等）。

滨鹬和沙锥

　　每逢北半球的冬季，欧洲大西洋沿岸的海湾便会聚集200多万只涉禽，其中大部分为滨鹬。荷兰的瓦登海乃是涉禽主要的越冬地和中途停留点，然而，由于过度打捞贝类，那里的涉禽不断减少。这些过冬的鸟中有近一半会前往英国，在一些大的海湾可聚集起10万只涉禽，如英国东部的沃什湾和西部的莫里凯比湾，都是重要的候鸟觅食地和栖息地，此外在北美还有不列颠哥伦比亚省的菲沙河以及德拉华湾。

　　观鸟者常常会惊叹于多达上万只的黑腹滨鹬和红腹滨鹬（以及少量的其他鸟）在潮退时遍布沙滩和堤岸，忙于觅食的景象。当潮水上涨、觅食地开始受淹，这些涉禽便逐渐集中在一起，形成大的群体。而潮水处于高位期间，它们不得不前往海拔相对较高的咸水沼泽地或耕田栖息。在潮水下落前，成群的鸟会在高空中盘旋飞转，远看犹如一缕缕飘动的烟。潮退后，栖息群体就会解散，这些鸟又纷纷回到岸边，开始新一轮的觅食。

↗ 沿海滨觅食的三趾滨鹬

长喙、长翅
形态与功能

　　由滨鹬和沙锥组成的鹬科是涉禽类中最大的科，它们起源于约3500万～4000万年前的第三纪晚期，如今已进化成具有多种生态形态类型，从微型的小滨鹬和濒危的土岛鹬，到大型的勺嘴鹬和长嘴杓鹬，其多样性相当惊人。与它们亲缘关系最近的是水雉、彩鹬、籽鹬以及澳大利亚的领鹬。

　　与这种形态上的多样性相对应的是，滨鹬和沙锥在配偶体制和孵卵育雏方面也体现出丰富的多样性。许多种类为通常的配偶制，但一些种类的雌鸟每年会产3窝卵，每窝卵由不同的雄鸟孵化。有时雌鸟产2次卵，第2窝卵则由自己孵化。而那些在"展姿场"繁殖的种类，雄鸟竞相接近雌鸟，只为提供精子。

　　鹬科类翅相对较长，尾短，腿（由于胫骨长）和颈通常较长。所有种类前三趾长、后趾短。喙形及大小各不相同，但至少达到头部的长度，往往会更长。体羽模式一般为上体呈保护性斑纹的褐色和灰色，下体颜色较浅，有时带有条纹和点斑。两性相似，但有些种类在繁殖期间雌雄鸟的体羽会不同。它们均善奔走，会涉水，必要时能够游泳。

大范围迁徙
分布模式

　　鹬科类大部分在北半球尤其是北极和亚北极地区繁殖。许多种类的繁殖范围为环极区，只有少数滨鹬类于热带繁殖。多数具高度迁徙性，在最北部繁殖的种类往往迁徙的路程最长。如红腹滨鹬的繁殖地在加拿大的北极圈内，而过冬地在南美南端的火地岛，每年往返行程近 30000 千米。也就是说，如果这种鸟能活 13 年以上，那么，就相当于它从地球飞到

滨鹬和沙锥的代表种类

1. 矶鹬；2. 求偶炫耀中的红脚鹬；3. 扇尾沙锥在做鼓翅炫耀飞行；4. 短嘴瓣蹼鹬；5. 红腹滨鹬；6. 黑腹滨鹬，腹部有与众不同的黑色斑纹；7. 斑尾塍鹬；8. 在进食的白腰杓鹬；9. 身着繁殖羽衣的勺嘴鹬。

了月球（385000千米）。

部分候鸟（如矶鹬）会单独或成小群迁徙，但大部分种类集体迁徙，规模一般为数百只。其中一些种类在过冬地体现出高度的群居性，成千上万只聚集在一起，并与其他种类形成混合群体。在北极高纬度地区营巢的种类如红腹滨鹬、翻石鹬、三趾滨鹬等，南下迁徙时会经过世界上众多的海岸线，远至澳大利亚、智利和非洲南部。而在西伯利亚繁殖的流苏鹬迁徙时先向西过欧洲西北部，然后南下地中海和撒哈拉沙漠，最后到达西非的塞内加尔三角洲，人们曾在那里发现过多达100万只的群居流苏鹬。

鹬科类繁殖于各种类型的湿地和草地，既有沿海的咸水沼泽，也有山区的高沼地。许多种类青睐临时性的池塘和雪化后的苔原地区。一部分种类在大草原或河边营巢。过冬地则主要为海湾的沙滩和泥滩，有些种类也会前往内陆的淡水域、牧场或多岩石的岸滩。1981年，澳大利亚的鸟类学家发现，澳大利亚的西北部地区是北半球繁殖的涉禽类最主要的越冬地。在高峰期，有50个种类，约750000只鸟出现在那里，占全世界所有涉禽种类的近1/4，其中多数为鹬科类。

> ↘ **一群在美国东海岸的德拉华湾歇息的翻石鹬**
> 每年5月，约有100万只涉禽逗留于这个重要的中途驿站。为了给接下来前往北极繁殖地的远行储备大量的能量，在2～3周时间内它们的体重会增长1倍。

觅食蠕虫和软体动物
食物

大部分种类在繁殖期的主要食物为双翅目昆虫，特别是大蚊和蠓。有时一下子没有昆虫可食，则也会摄取一些植物性食物。岸禽类过冬时主要食软体动物（如樱蛤和尖螺）、甲壳类（如蜾蠃蜚）以及海生蠕虫等。沙锥和丘鹬类则善从潮湿的土壤中捕食寡毛类环节动物，其中沙锥从沼泽地中获取，后鹬从潮湿林地觅得。鹬科类觅食表层食物时一般使用视觉来定位，但对于那些在表层下面的食物则通过触觉来探触觅得。此外，太平洋杓鹬相当特别，喜食其他鸟类尤其是海鸟类的卵。这些涉禽类在觅食时，位于头顶的眼睛可获得宽阔的视野。这一特点在丘鹬身上体现得尤为明显——它们具有全方位的视野。

雄鸟炫耀
繁殖生物学

在北极繁殖的种类会成对到达繁殖地，或抵达后2～10天内就迅速结偶，以充分利用短暂的繁殖期。在温带繁殖的种类繁殖期相对较长，个体可能会单独在繁殖地度过数周再开始营巢。所有种类都有复杂的炫耀飞行或鸣啭飞行，在交配前会做举翅等地面炫耀。鹬科类的鸣声从单音节至三单节不等，既有红脚鹬响亮的笛声般鸣啭，也有滨鹬类叽叽喳喳的啁啾。

知识档案

滨鹬和沙锥
目 鸻形目
科 鹬科
20属86种。

分布 大部分种类在北半球繁殖，少数在非洲和南美的热带地区繁殖。多数为候鸟。

赤道

栖息地 繁殖期栖息于湿地和草地，主要在苔原、北温带北部林区和温带地区；过冬时栖息于沿海、海湾和湿地。

体型 体长13～66厘米，体重18～1040克。

体羽 上体为带斑纹的褐色和灰色，下体为浅色。斑纹具保护性。许多种类在繁殖期羽色鲜艳。

鸣声 喊喊喳喳声、嘎嘎声、尖叫声和啸声。

巢 筑于草丛或干燥地面，极少数筑于树上或洞中。

卵 窝卵数2～4枚（通常为4枚）；梨形，底色为浅黄色或浅绿色，带有各种斑纹；重5.8～80克。孵化期18～30天。雏鸟为早成性，16～50天飞羽长齐。

食物 软体动物、甲壳类、水栖虫、苍蝇，有时也食某些植物性食物。

大部分种类营巢于干燥地面的草丛中或植被丛中，从而可以很好地隐藏起来。黑尾塍鹬常用植被在巢上面搭起一个穹顶，以进一步提高隐蔽性。在亚南极地区繁殖的沙锥类将巢营于其他鸟所掘的洞穴中。白腰草鹬、褐腰草鹬和林鹬有时将卵产于鸣禽类在树上或灌木中的弃巢里，其中白腰草鹬倾向于寻找林木茂密的地带进行繁殖。大部分种类至少在繁殖初期具有很强的领域性。营巢密度从长嘴杓鹬的每平方千米1对至尖尾滨鹬和西滨鹬的每平方千米510对不等。

产卵间隔为1～2天。孵化自最后一枚卵产下后开始，大部分种类孵化期为21～24天。卵成梨形，相对较大，整齐地排列于巢中。就比例而言，小滨鹬类的卵最大，1窝4枚。巢的重量可达到雌鸟体重的90%左右。绝大多数种类雌雄鸟共同孵卵，不过分工各异。但在流苏鹬和斑胸滨鹬中，只有雌鸟孵卵。在北极营巢的三趾滨鹬，雌鸟产2窝卵，1窝自己孵，1窝配偶孵。

雏鸟孵出的时间间隔不超过24小时。其绒羽具有隐蔽性。雏鸟一出生便具活动能力。待绒羽干后，它们一般由双亲照看，被带到合适的觅食地。在斑胸滨鹬和弯嘴滨鹬中，只有雌鸟育雏。半蹼鹬与众不同，为雌鸟孵卵，雄鸟看雏。黑腹滨鹬的雌鸟会将雏鸟留给雄鸟照

看，同时由其他不繁殖或繁殖失败的同类协助。在扇尾沙锥中，雌雄鸟会将孵化的雏鸟分成两部分，各带一半。而丘鹬和红脚鹬据说在飞行时会带上它们的雏鸟，夹于腿间，但野外考察的生物学家一直未目击过这样的情形。雏鸟会飞的时间从较小种类的16天左右至杓鹬的35～50天不等。

炫耀在扇尾沙锥中显得很嘈杂，它们会发出叽叽喳喳的声音。但它们的空中"击鼓"炫耀非常有名：成45°角向下俯冲，尾部呈扇形展开，2枚外尾羽相当于不对称的叶片，前缘为细条状。当速度达到65千米/小时，流经这些羽毛的空气使之产生振动，然后就发出类似击鼓的回声，很远都能听到。这种击鼓炫耀基本上由雄鸟完成，雌鸟只在繁殖初期才有可能做。雨天照样可以表演，但风大的时候例外。

▌依赖于中途驿站的危险
保护与环境

世界上一些重要的海湾聚集了众多的涉禽，其中大多数为鹬科类。它们的生存很大程度上有赖于这些地方，不是迁徙途中作暂时的停留，就是留在那里过冬，度过一段较长的时间。如此的高度依赖少数地方，使这些鸟很容

滨鹬亚科和丘鹬亚科

滨鹬亚科（滨鹬、杓鹬及其亲缘种）

16属61种。种类包括：翻石鹬、高原鹬、弯嘴滨鹬、三趾滨鹬、小滨鹬、斑胸滨鹬、尖尾滨鹬、西滨鹬、红腹滨鹬、黑腹滨鹬、勺嘴鹬、阔嘴鹬、长嘴半蹼鹬、短嘴半蹼鹬、黑尾塍鹬、斑尾塍鹬、太平洋杓鹬、白腰杓鹬、极北杓鹬、长嘴杓鹬、流苏鹬、土岛鹬、白腰草鹬、褐腰草鹬、林鹬、矶鹬、红脚鹬等。

丘鹬亚科（沙锥和丘鹬）

4属25种。种类包括：亚南极沙锥、扇尾沙锥、丘鹬等。

易受到栖息地破坏和污染以及人类过度捕猎它们所食的无脊椎动物所带来的影响。

而对这些鸟本身的捕猎也导致了数个新旧大陆种类的数量大幅减少。高原鹬于19世纪80年代和90年代在北美被当作美味佳肴遭到大肆捕杀，如今在它们的草原繁殖地也很少能见到它们的身影。大批的极北杓鹬也在19世纪七八十年代被射杀，尤其是在它们从阿根廷大草原北上返回苔原繁殖地的途中。现在，这种几近灭绝的鸟没有为人们所知的繁殖地或过冬地。不过近年来，人们偶有见到数只极北杓鹬飞过，在它们以前的繁殖地也发现过。

↗黑腹滨鹬往往大规模聚集在一起。如它们中的半数集中在英国的9个海湾过冬。

燕鸻和走鸻

燕鸻和走鸻是燕鸻科的典型代表，该科还包括分类性质并不明确的埃及鸻和澳洲小嘴鸻。埃及鸻通常被视为与走鸻类的亲缘关系更密切。而关于颇富争议的澳洲小嘴鸻，一些分类学者将它归入燕鸻类中，而其他人则将它归入另一科——鸻科中。

鸻科岸禽类身材苗条，长长的翅膀占据了整个身体的一大部分。许多种类生活于炎热干燥的地区，习惯在黎明、傍晚或夜间活动，昼间栖息。

燕鸻类
3属

燕鸻类为出色的飞鸟。翅膀长而尖，尾成叉状，捕捉飞行中的昆虫时身姿矫捷，这些都不禁让人想到雨燕和燕鸥。然而，与它们不同的是，燕鸻类还会在地面捕食昆虫，善疾走。绝大部分种类腿短，只有基本为陆栖性的澳洲燕鸻例外。燕鸻类通常聚集在平坦开阔地带，或在水边（尤其是河口和湖泊边上的泥滩），或在相对更干燥的地区，那里有丰富的昆虫。为群居性，无论是否在繁殖期都会成群。营巢时组成松散的小群，每对配偶维护自己的领域。雏鸟出生后在巢内或巢附近逗留2～3天，由亲鸟喂食，之后它们逐渐学会自己觅食。和其他涉禽一样，亲鸟经常做出精心编排的"断翅"表演，迷惑掠食者，保护雏鸟。

↘ 燕鸻和走鸻的代表种类
1.埃及燕鸻做出展翅炫耀，向它的配偶表示问候；2.跑动中的乳白色走鸻；3.领燕鸻做出典型的"断翅"迷惑性表演。

走鸻类
4属

走鸻类腿长，尾短，具有典型的直立姿势，善奔走，只有在迫不得已时才飞行。它们淡黄褐色的隐蔽性体羽比燕鸻类颜色浅，不过许多种类具有醒目的黑白色眼纹。它们倾向于在干燥地带和沙漠地区生活，通常在黎明黄昏时分甚至夜间活动。倘若在开阔的栖息地受到侵扰，它们会先逃离一段路，然后停下来伸长脖子回头看入侵者。

南亚走鸻属的走鸻为群居性，繁殖后成小群或以家庭成员为单位生活。对它们的情况并不是特别清楚，似乎为单配制，具有领域性，双亲育雏直至雏鸟飞羽长齐。成鸟不会做精心编排的迷惑性表演。

埃及鸻是一种色彩鲜艳而美丽的鸟，翅膀蓝灰，腹部为橙色，头部有醒目的黑白斑纹。它们钟情于在内陆湖泊和河流边缘栖息，以农田和草地为邻，食地面尤其是水边的昆虫和无脊椎动物。埃及鸻驯化度高，经常出现在人类居住地附近。它们的另一个俗名为"鳄鱼鸟"，源于希腊历史学家希罗多德的一篇文章，文中讲述了尼罗河上的某些鸟如何从晒太阳的鳄鱼的牙齿缝里觅得残留食物，后来有评注者认为这种鸟便是埃及鸻。除了在19世纪和20世纪两位知名德国鸟类学家的逸事趣闻中曾有涉及外，埃及鸻的这种行为从未得到真正的确证。

虽然在非繁殖期有时会成群活动，但埃及鸻基本上还是为独居性鸟，在领域内成对营巢。配偶中的一方从空中落下时，双方会通过复杂的展翅表演相互问候，那时翅膀上精美的斑纹会显露于前。孵卵的成鸟在暂时离巢时，会将卵埋于沙中，并把上面的沙子抹平，这样巢就不会被发现。即使在受到惊扰时，仍会完成这一举动，只是往往比较仓促。刚孵化的雏鸟也经常受到同样的待遇，整个被沙覆盖起来。大一些的雏鸟也可能会以这样的方式被隐藏起来。当卵的温度过高时，成鸟会用腹羽浸了水来给卵降温。雏鸟的冷却也是如此，只是雏鸟还可以从浸透的羽毛上吸水。迷惑性表演不常见，但成鸟偶尔会假装翅膀折断。在亲鸟

燕鸻和走鸻

目 鸻形目

科 燕鸻科

7属17种：澳洲小嘴鸻（有时归入鸻科中）、黑翅燕鸻、黄颈灰燕鸻、领燕鸻、普通燕鸻、灰燕鸻、乌燕鸻、马岛燕鸻、澳洲燕鸻、乳色走鸻、印度走鸻、黑腹走鸻、埃及鸻、约氏走鸻、栗颈走鸻、铜翅走鸻、双领斑走鸻。

分布 欧洲、亚洲、非洲和大洋洲。

赤道

栖息地 开阔地或灌丛，通常在干旱地区。

体型 体长18～30厘米，体重80～100克。

体羽 燕鸻类一般上体褐色、腰部和腹部为白色，许多在喉背汇合处色彩鲜艳。走鸻类通常为浅黄色和淡黄褐色，许多在头部和胸部有醒目的黑色斑纹。两性相似。

鸣声 似笛声，响亮，悦耳，带颤音。飞翔时鸣声频繁，在地面大部分时间安静，主要发声为接触鸣叫或警告鸣叫。

巢 筑于沙砾中的浅坑，衬里无或稀疏。

卵 窝卵数通常为2～3枚（少数情况下为1枚、4枚或5枚）；黄褐色、米色，或浅黄色，带有黑色、棕色和灰色斑纹；已知的卵一般重15克。孵化期17～31天，雏鸟长飞羽期已知的为25～35天。

食物 以昆虫为主，偶尔也食其他无脊椎动物。

的引导下，雏鸟很早就开始自己觅食。

燕鸻科中唯一受胁的种类是约氏走鸻，该鸟在过去曾一度被认为已灭绝。不过，1986年1月，在消失了86年后，少量的约氏走鸻在距当初最后出现地170千米外的地方重新现身。这种栖息于印度中部安得拉邦荆棘丛中的鸟如今为极危种。约氏走鸻这一夜行性种类的生存不断受到威胁，数量持续减少，而近来当地的一项灌溉工程又将严重侵占其栖息地。

鸥

鸥是北温带地区最常见的海鸟，经常沿着海岸线捕食潮汐猎物，或者深入内陆腹地寻找食物和繁殖地。有些种类如弗氏鸥，全部在内陆地区繁殖。整体而言，鸥科在觅食行为上表现出高度的机会主义性，这是它们有别于与之具有密切亲缘关系但相对更为特化的燕鸥科、剪嘴鸥科和贼鸥科的一个重要方面。

为适应各自不同的生活方式，鸥各种类间的体型差异很大，小至小巧玲珑的小鸥，大至身体壮实、经常劫食的大黑背鸥。较大的种类具强健的喙，微具钩状；较小的种类具镊子状的细长喙。绝大部分种类下体羽色为白色，背部和翼上表面着灰色或深色。下体羽色普遍偏浅，可以使它们在飞行过程中不容易被海水浅层的猎物（鱼）发现。不过，也有少数种类，尤其是岩鸥和白领鸥，全身着色都相对偏深。

优雅的飞鸟
形态与功能

鸥的喙和腿通常为黄色或大红色，但种类之间以及同一种类在一年内不同的时期都会有所不同。即使有的种类身材略显肥胖，然而鸥在飞翔时永远都是那么身姿优美，扇翅前飞、滑翔、向上翱翔，一切都游刃有余。而它们的灵活性使它们可以充分利用悬崖巢址附近的上升气流。鸥在水面也同样行动自如，因为它们的蹼足能提供充足的推力。其潜水能力相对不如燕鸥，但有些种类，如三趾鸥和小黑背鸥，同样会从空中扎入水中捕鱼。

绝大多数鸥都可以归入以夏季体羽模式而划分的两大群体中。"白头"群体包括大型的鸥类，如广布于欧洲和北美、为人们所熟知的银鸥以及和它具有密切亲缘关系、海洋性相对更强的小黑背鸥。往北，该群体还包括多种环极分布的种类，如北极鸥等。另一大群体为体型相对较小的"深冠"或"具罩"鸥，它们的繁殖体羽中一大特色是头部呈醒目的朱古力色或乌黑色。冬季，它们的冠羽脱换，头部以白色为主，带有残留的深色眼斑或领羽。这一群体在欧洲的代表种类为四处可见的红嘴鸥，在美洲有笑鸥、弗氏鸥、博氏鸥等。亲缘关系相对不密切的叉尾鸥有时被单独列为一属（叉尾鸥属）。另有2种与上述两大群体在外形上有明显差异的种类也各自成属，其中几乎仅在西伯利亚东北部繁殖的楔尾鸥（楔尾鸥属），头部和下体的羽色为玫瑰红，具黑领羽而非完整的冠羽；而同样也限于北极高纬度地区的白鸥（白鸥属）则浑身上下的体羽洁白一色。此外，两种营巢于悬崖的三趾鸥被列为三趾鸥属，夜行性的燕尾鸥自成一属（燕尾鸥属）。

白鸥

遍布北半球
分布模式

　　尽管鸥为全球性分布，但集中于北半球，在那里它们克服了最恶劣的海洋环境，成功生存下来。如白鸥在冰天雪地里繁殖，周围除了少量最顽强的植被外一片荒芜。鸥广布于温带和亚温带地区，而在热带较为稀少，原因是那里的海岸食物相对比较匮乏。多数种类一年内大部分时间生活在沿海或近海，其他种类则居于大陆腹地。如大黑背鸥和稀少的遗鸥在中亚草原的内陆海和湖中的岛屿上繁殖，与最近的海洋也相隔数百千米。

　　繁殖期结束，鸥无须再群居于陆地，于是许多种类会扩散至近海水域，有些如三趾鸥会开始远洋生活，这种在英国繁殖的鸟会飞至加拿大沿海。虽然这种扩散带有很大的随意性，但它们却常常会聚集在大陆架边缘、食物丰富的上升流水域。然而，较之于燕鸥和贼鸥，鸥科中真正的候鸟显得寥寥无几。例外的有叉尾鸥，这种鸟繁殖于环北极地区，于夏末向南迁徙，穿越大西洋和太平洋至非洲和南美过冬。

其中大部分选择大西洋路线，穿过赤道后随食物丰富的本哥拉洋流前往纳米比亚和南非。有时秋季的大风会将一些叉尾鸥吹到英国沿海，见到这些珍稀而优雅的来访者，热情的观鸟者自然是不亦乐乎。此外，有些种类会定期进行横跨大陆的迁徙，如弗氏鸥，在春秋季节会飞越北美大平原和墨西哥高地。

　　在非繁殖期，鸥一般继续保持高度的群居性，经常成大群觅食、栖息、沐浴。它们最钟情的栖息地是宽广开阔地带，可以提供全方位的视野，便于及时发现地面掠食者。不过，鸥还常常在机场四处游荡，结果为飞机的起飞和着陆带来了麻烦（如纽约牙买加湾湿地保留地的鸥类，经常在附近的肯尼迪国际机场进行"鸟类罢工"，从而影响了航班的起降）。

一流的机会主义者
食物

　　所有的鸥都可以在它们的嗉囊里储存大量

的食物，用以带回巢中回吐给配偶或雏鸟。它
们夜间栖息时通常嗉囊饱满，然后开始慢慢地
消化。消化不了的食物每过一阵子会被成团吐
出，对这些东西进行分析，可以很好地了解它
们的食物。

鸥有多种觅食习性，几乎是其他鸟类望尘
莫及的。例如，在北极，食物匮乏，北极鸥和
白鸥便经常食海洋性哺乳动物的排泄物，同时
也会与鲸联手，捕食被鲸赶到水面上的无脊椎
动物。燕尾鸥是一种与众不同的鸥，完全在夜
间觅食，它们大大的眼睛显然有助于锁定和捕
获鱼和乌贼。在温带地区，鸥在觅食习性上的
灵活性和创造性得到了充分发挥。如银鸥类会
将贝类带到空中，然后摔在硬面上如路面或屋
顶，从而将它们摔开。

许多银鸥类曾在垃圾场觅食废弃食物，结
果数量大幅增长。然而，随着垃圾倾倒逐渐被
垃圾回收和焚化所代替，它们的数量正在重新
减少。在内陆繁殖的鸥类也能享用多种天然食
物，小型的种类如小鸥和弗氏鸥，会像燕鸥一
样从水中或土中啄食蠓等小昆虫，或者在空中
捕捉昆虫。有很多种类，包括红嘴鸥和弗氏鸥，
会跟在犁后面觅食蚯蚓等土壤中的猎物。小黑
背鸥从本质上而言是一种食鱼鸟，但在有些地
方，它们会摄取大量的蠕虫。而在秋天，收割

后的农田也会给它们提供大量的食物来源。

大型的鸥类则经常捕食繁殖地内的鸟类
和哺乳动物。北极鸥是小海雀的一大天敌，而
大黑背鸥则会捕食多种海鸟，尤其是海鹦和海
鸦，此外还能逮住相当大的野兔。鸥也会像贼
鸥那样打劫其他海鸟，强迫它们吐出食物，如
与红嘴鸥或澳洲银鸥共享繁殖地的燕鸥便经常
遭到这样的劫掠。有时，这两种鸥会尾随觅食
的鸭、鸬鹚或鹈鹕，等后者觅得猎物便将它们
到嘴的肥肉抢走。同样，红嘴鸥和海鸥经常出
没于有成群麦鸡觅食的地方，因为麦鸡锁定和
啄出蚯蚓的水平远远高于它们，而这些鸥会突
然袭击觅食成功的麦鸡，逼迫后者乖乖吐出蚯
蚓。还有环嘴鸥也会从椋鸟和其他鸟那里争夺
食物。而在澳大利亚，澳洲银鸥开始学会在内
陆腹地犁耕过的田里觅食。

在大部分地区，鸥每年繁殖一次，繁殖
期很明显与夏天的食物旺季相重合。而在食物
供应的季节性相对不突出的热带，便会出现更
复杂的繁殖模式。如燕尾鸥在一年中的任何一
个月都有可能繁殖，育雏成功的配偶一般会
在 9 ~ 10 个月后进行下一轮的繁殖活动，而
育雏失败的配偶间隔更短。澳大利亚西南部的
澳洲银鸥与其他鸥类不同，它们会一年繁殖 2
次，分别在春秋两季。

↗ 一只刚孵化出的银鸥雏鸟
对于银鸥和其他大型鸥类而言，生命最初的数周内充满了危险，因为多数成鸟都会频繁残杀其他配偶的雏鸟来喂养自己
的后代。

以单配为主
繁殖生物学

鸥一般为单配制，配偶关系常常可以维持终身。然而，在三趾鸥等种类中，"离婚"现象相当普遍，尤其是那些经验不足的鸟。当个体发现现有的配偶不能生育时，就会寻找新的伴侣。在有些种类中，性别比例失衡，于是会出现雌鸟与雌鸟结对，分别与其他雄鸟交配，然后将卵产于同一巢中的情况。当繁殖期来临时，鸥会形成大而密集的繁殖群，繁殖地常常是前一年使用的地方。许多种类繁殖于悬崖岩脊上或沿海岛屿上，而内陆种类会选择沼泽地。海鸥会将巢营于离地面 10 米高的树桩或树杈上，并时常筑于石墙和建筑物上。与它们日益进驻人类居住地相适应的是，银鸥倾向于将巢筑于屋顶、高烟囱或其他建筑物上。一年大部分时间都在远海度过的三趾鸥，通常营巢于悬崖，但有时也会筑于房屋的窗台上。灰鸥的繁殖地堪称所有鸟类中最恶劣的栖息环境之一——秘鲁和智利境内炎热干旱的沙漠地带。而白鸥有时会在石头一样硬邦邦的浮冰上营巢。

营巢的密度取决于当地的食物供应情况、鸥的体型大小以及竞争程度。在温带地区，夏季鱼类供应充足，许多鸥便成大群繁殖，巢与巢之间的距离仅为 1 米，维护的领域与巢本身一般大小。这样的种类比较易于将小型的竞争种类从营巢地驱逐出去。如果是在岛上，那么数量不断增长的种类常常会将其他竞争力较弱的海鸟完全驱逐。如在苏格兰的五月岛，1907 年那里仅有一对银鸥，但在随后的 60 年间，银鸥迅速增长至 14000 对以上。而与此同时，原来在岛上繁殖的燕鸥被迫撤离。而在食物较为短缺的地方，鸥的营巢密度要稀疏得多。极端的例子是，总数只有 300 ~ 400 对的岩鸥仅见于加拉帕哥斯群岛，它们的巢相互之间往往远隔 3 千米以上。

↘ 鸥科的代表种类

1.三趾鸥的雏鸟；2.首次着过冬体羽的大黑背鸥，这是最大的鸥，图中这只在食一只死去的刀嘴海雀的腐肉；3.初次披上冬装的白鸥；4.小鸥的幼鸟，这种鸟是世界上最小的鸥；5.在巢中的叉尾鸥；6.楔尾鸥。

种类之分："先天"还是"后天"

银鸥和小黑背鸥是2个不同的种类，它们外形相异，如果聚集在一起，一般情况下不会发生杂交。然而，它们却向我们展示了2个具有密切亲缘关系的种类，一旦标志着种类之分的识别障碍被破除，杂交可能就会发生。

在2000000～10000年前的更新世冰期，今天银鸥的原种因被大量的冰川隔离在多个避难区而发生分化。限于中亚的黄腿种群日后便进化为小黑背鸥，而另一个粉腿种群，分布于亚洲西北部，后经过北美来到欧洲，在那里接触到小黑背鸥。但那时银鸥在生态和行为方面已经严重趋异，因而两者不太可能进行杂交。

今天，英国的银鸥与小黑背鸥不仅外表相异，而且迁徙习性相差更大，食物也有所不同。那么，在保持这些差异、保持种类的特性方面，"先天"对"后天"的影响究竟有多大呢？为了探索这个问题，人们设计了一个实验，将一个混合繁殖群中的卵在2个种类的巢中互换。即银鸥的雏鸟由小黑背鸥的亲鸟孵化并抚育，反之亦然。结果发现，交叉抚育的鸥在迁徙倾向上并无多大改变，但它们的繁殖习性则明显受到影响。许多在长为成鸟后，尤其是雌鸟，会与"错误"的种类成员发生交配，并成功抚育杂交的雏鸟。然而，倘若2个种类的雏鸟在受抚养的过程中"认识"到它们属于另一个种类，那么这种隔离繁殖机制就会宣告失败。

在营巢密集的种类中，繁殖期伊始，一对对配偶便会在领域圈定问题上展开激烈的竞争。雄鸟为主要的进攻力量，雌鸟也会加入其中。鸥类在这种竞争中有一整套令人印象深刻的代表其进攻性与缓和的炫耀行为及鸣声。尽管有时会发生旷日持久的争斗，但大部分行为都具有仪式化的特点，一般不会伤及对方。如红嘴鸥在相互对峙时经常会把头扭过去，将具有挑衅性的黑面罩和喙隐藏起来。银鸥的对立双方会在竞争的领域边界象征性地拖来一些植被并撕碎，然后都将头后仰，长时间地大声鸣叫，宣布自己获胜，完了之后继续对峙。这样的炫耀同时是一种力量的体现，因此也会吸引雌鸟，后者常常会以一种顺从、受惊的姿态试探性地接近单身的雄鸟。一旦被接受，雌鸟就会得到雄鸟的喂食，也意味着产卵开始拉开序幕。

　　一窝卵通常为2～3枚。热带的燕尾鸥比较特别，仅产1枚。两性共同担负孵卵任务，每天轮流数次，直至4周左右后孵化。出生的雏鸟待羽毛干后便具有活动能力，但会留在巢中或巢附近约1周，受到亲鸟的喂养和照顾。大部分种类的雏鸟在会飞之前都留在领域内。出生不久的雏鸟会啄亲鸟的喙来乞食，有些种类的成鸟在喙尖附近有一色彩醒目的点斑，可作为这种乞食行为的目标和刺激物。在无须亲鸟喂食后，雏鸟会在巢周围的植被或其他掩体中寻找一个庇护地。倘若入侵了邻近的领域，它们常常会遭到主人的猛烈攻击，有可能受伤

甚至死亡，特别是在大型种类中。

　　在大型的鸥类中，有些成鸟特化为捕杀其他同类的雏鸟，然后喂给自己的后代。在一个银鸥繁殖群居地，人们观察到有近1/4的雏鸟因这种方式而遭到残杀，并有许多卵被盗。在一窝产3卵的种类中，第3枚卵一般最小。由于每枚卵的孵化需要间隔数天，因此最后出生的雏鸟必须与比它年长的雏鸟竞争食物。当食物匮乏时，这第3只雏鸟往往会屈服，并更有可能成为成鸟捕杀的对象。偶尔，也会难以分清某只银鸥残杀同类的行为究竟是出于一种抚养自己后代的本能，还是捕食其他配偶的雏鸟的冲动。有一只这样的成鸟，在与配偶共同孵自己的卵期间，一共食了40多只雏鸟。当自己的后代孵化后，它又将几只活雏鸟带到巢址，但没有杀死它们。一周后，它自己的一窝雏鸟中增加了8只发育良好的活雏鸟。要养活这么一个大家庭显然不可能，但其中有一只它收养的雏鸟成功地被抚养至飞羽长齐。

↗ 一群三趾鸥飞越英国桑德兰群岛的岩崖
这种海岸性鸟地理分布广泛，营巢于近海岛屿、海上的浪蚀岩柱以及其他难以接近的沿海突出地。

黑背鸥在马尔维纳斯群岛的一个垃圾场食绵羊的腐肉
极强的适应性使鸥成为生存最成功的鸟科之一。

雏鸟出生 3 ~ 7 周后（具体依种类而定）离巢，那时它们已羽翼丰满。但脱换后的褐色体羽与它们的亲鸟颇为不同。这身体羽会逐渐褪去，直至繁殖年龄到后更换新羽衣。雏鸟会飞后，亲鸟通常会继续给它们喂食一段时间，在某些大型种类中可达 6 周。

和其他海鸟一样，那些"童年"生活经受磨炼的种类平均寿命相对较长。相关研究表明，红嘴鸥和银鸥可活 30 年以上。也许繁殖是一种带有危险性的冒险行为，需要相当的经验，因此鸥类普遍繁殖较晚：小鸥和红嘴鸥 2 岁，银鸥和小黑背鸥一般需 5 岁。当到繁殖年龄后，有些种类的鸟会回到它们出生的繁殖群居地来建立领域，有时甚至与自己当时出生的巢址非常靠近。而其他种类的鸥会迁移相当远的距离，加入其他繁殖群中，这种扩散现象也许有助于减少近亲繁殖所可能产生的负面效应。

繁盛时期
保护与环境

由于人类为它们提供了新的食物来源，许多（但非全部）种类的鸥如今出现了有史以来最好的发展势头。不过，其中也有一些种类面临威胁。如黑嘴鸥数量不足 2500 对，被列为易危种。而最稀少的鸥当数遗鸥，数量只有 1500 ~ 1800 对，分布于俄罗斯内陆腹地的阿拉库尔湖和巴伦托列伊湖。

截止本文撰写时，被世界自然保护联盟列为易危种的鸥科种类还有岩鸥、新西兰黑嘴鸥和大西洋鸥。此外，另有一些种类被列为低危/近危：如加利福尼亚南部和墨西哥的红嘴灰鸥，由于受厄尔尼诺—南方涛动现象（这是引起全球气候变化最强烈的海—气相互作用现象）以及过度捕捞的影响，数量呈周期性波动。

鸥的多种表示进攻与和解的仪式化炫耀行为
1.长鸣；2.乞食；3.在领域边界拽草；4.扭头；5.威胁。

燕 鸥

　　燕鸥是海岸线上和沼泽地中最优美、最引人注目的栖息者之一，它们的身材较鸥科类狭长，翅膀按比例更长。流线型的身体非常适于俯扑、潜水，因而它们能轻而易举地捕获大量的鱼类。

　　许多燕鸥是北温带海岸线上的夏季常客，它们轻盈的飞扬和迅猛的俯扑非常引人注目。一些大型燕鸥（如红嘴巨鸥）与鸥科类具有密切的亲缘关系，其他有些种类则与剪嘴鸥有明显的相似之处。

　　燕鸥的喙通常为鲜艳的黄色、红色或黑色；喙形各异，既有钳形也有匕首形，部分取决于所捕猎物的大小。飞翔时轻快有力，常常可以持续盘旋。足具蹼，但大部分燕鸥很少在水中久留。

黑顶粉胸
形态与功能

　　多数燕鸥（44 种中的 24 种）为"黑顶"的燕鸥属种类。这些海上的燕鸥（或称"海上的燕子"，依据它们的尾形和飞行的灵敏性）身材细长，翅长而尖，尾呈明显的叉状。典型的羽色为白、灰、黑，而粉红燕鸥等种类在繁殖期来临时胸羽会呈淡淡的粉红色。不过这种羽色会很快褪去，有许多鸟在抵达繁殖地后不久粉红色就消失了。幼鸟的体羽通常换成褐色（尤其是背羽），需要 2～3 年才会长齐成鸟的体羽。在栖息于沼泽的燕鸥（浮鸥属的 3 个种类）和玄燕鸥系列（玄燕鸥属的 3 个种类）中，体羽颜色一般更深，甚至为黑色。而差异明显的为蓝色的印加燕鸥，嘴裂有黄色的肉垂和白色的口须。大型的燕鸥如红嘴巨鸥和橙嘴凤头燕鸥，其动作的敏捷性和身姿的优美程度略为逊色。

几乎无处不在
分布模式

　　燕鸥见于全世界，遍布于除完全为冰雪覆盖的两极地区外的各个地区。与鸥科集中于北半球不同，燕鸥科分布于亚热带和热带的种类最多。燕鸥繁殖于世界各大洲，包括南极洲在内。有些种类在非繁殖期为远洋性鸟。而远洋性最突出的乌燕鸥，从飞羽长齐直至返回陆上进行初次繁殖（在 3～7 岁时）期间，一直生活在大海上。在南极过冬的北极燕鸥则经常沿着大片冰山边缘的浮冰游荡。除了这种世界性的分布，也有些种类如西非燕鸥，分布范围却很有限。

　　根据栖息地不同，燕鸥可大致分成两类：海洋性燕鸥和沼泽地燕鸥。海洋性燕鸥一般筑巢于沙滩或海岛，巢常常只是沙中的一个浅坑。有些海洋性燕鸥如普通燕鸥，将巢筑于咸水沼泽中，通常为草巢或残骸遗物上的浅坑。

↗ 北极燕鸥在从北极迁徙至南极的途中暂聚在纳米比亚
它们如此远涉重洋是为了在南半球度过另一个夏天。其两极往返之旅长达 35000 千米。

其他种类如粉红燕鸥和红嘴巨鸥，则是鸟类世界中分布最广的种类之一，它们"四海为家"。由于多数喜居暖和的热带和亚热带水域，而其他种类则偏爱在寒冷地区繁殖，因此海洋性燕鸥广布于北极和南极之间。相比之下，沼泽地燕鸥大部分生活于内陆的淡水沼泽、湖泊和河流中，经常见于各大陆的纵深腹地。它们用植被筑成浮在水面的巢，但用水草固定，以防止涨潮时移位。

　　燕鸥会进行远距离的迁徙，许多种类夏季飞往食物充足的高纬度水域繁殖，然后回到热带地区越冬。北极燕鸥的迁徙堪称鸟类世界之最：在北极圈北部繁殖，然后南下至南极过冬，单程直线距离就达到 17500 千米。它们这么做可以利用两个极地漫长的白昼来进行长时间的觅食。通过对燕鸥做标记，然后对它们的活动进行追踪，人们很大程度上已经清楚了这些燕鸥的迁徙路线。如许多加拿大境内的北极燕鸥，通过西风带穿越大西洋到达欧洲沿海，然后南下。虽然大部分种类从海上迁徙（途中进行觅食），但也不乏选择陆上线路的。如许多沼泽地燕鸥会从繁殖地穿越撒哈拉沙漠抵达它们在非洲的过冬地。

扎入式潜水者
食物

　　海上的燕鸥主要为食鱼类，但也捕食乌贼和甲壳类。这些黑顶的燕鸥乃是勇猛的潜水者，在空中盘旋锁定猎物后便会垂直潜入水中。总体而言，体型越大的种类，俯冲的高度更高，潜入水中的深度更深，如红嘴燕鸥可达水下 15 米深。与鲣鸟不同的是，燕鸥不在水下游泳，而是在近水面处捕获猎物。有许多种类包括普通燕鸥和粉红燕鸥等，借助食肉鱼将猎物赶到水面的机会轻松捕食。玄燕鸥类会像海燕那样用脚轻拍水面，它们通常捕食半空中的飞鱼。玄燕鸥类及其他一些热带种类在较远的近海处觅食，将猎物吞下后飞回来回吐给雏鸟。尽管绝大多数燕鸥为昼间觅食者，但也有部分种类如乌燕鸥曾有过在夜间觅食的记录。身材小巧的沼泽地燕鸥非常善于在空中捕捉昆虫，或先盘旋后俯冲至植被上将其啄住。同时，它们也会潜入浅水中捕食蛙和其他水栖动物。鸥嘴噪鸥为陆栖性最明显的燕鸥，善于俯冲至地面抓捕大型昆虫、蜥蜴，甚至小型啮齿动物。亲鸟给雏鸟喂食的频率取决于亲鸟觅食之旅的远近。一只沼泽地燕鸥可能每隔几分钟就会给雏鸟喂食，然而，前往数百千米外觅食的乌燕鸥每天只能给雏鸟喂一次。

↘ 燕鸥的代表种类
1. 蓝灰燕鸥；2. 小玄燕鸥；3. 白燕鸥；4. 印加燕鸥；5. 北极燕鸥；6. 黑浮鸥的幼鸟；7. 巨嘴燕鸥；8. 乌燕鸥，除非在繁殖期，平时很少在近岸见到这种鸟；9. 红嘴巨鸥的成鸟；10. 头一年过冬的红嘴巨鸥幼鸟。

终生伴侣
繁殖生物学

　　和其他许多海鸟一样，大部分燕鸥如果能成功活到成年，那么它们的寿命会很长。对北极燕鸥进行跟踪研究发现，它们可以活 33 年以上，20 年的寿命很可能是相当普遍的。繁殖行为有可能在 2 岁时开始，但温带种类一般在 3 ～ 4 岁（如灰背燕鸥和褐翅燕鸥 4 岁繁殖）。而热带种类普遍繁殖更晚，如多数乌燕鸥至少 6 岁才达到性成熟。

　　在纬度较高地区，燕鸥通常每年有一个固定的繁殖期，如在欧洲和北美为 5 月至 7 月。在热带，繁殖普遍不固定于某一段时期。有些燕鸥种群的繁殖行为间隔不到一年，但基本上保持同步。如在印度洋的姐妹岛上，褐翅燕鸥每 7 个月繁殖一次，适应性强的乌燕鸥则依具体地点不同而繁殖间隔 6 ～ 12 个月不等。

　　燕鸥的配偶关系通常为终身性。即使在非

▶ 一只普通燕鸥在扎入式潜水后带着猎物冲出海面
小鱼和虾是普通燕鸥的主要食物。

繁殖期配偶分离，但由于每逢新的繁殖期来临时，燕鸥往往会回到之前成功繁殖的地方，这样之前的配偶会再度相逢。大部分燕鸥会年复一年地回到同一个繁殖群居地，而那些在临时营巢地繁殖的种类会随环境的变化而经常更换繁殖地。淡水沼泽地、河边沙洲、沿海沙嘴等地方也许只在上一年或几年就会变得不适宜它们繁殖了。但成鸟通常会回到群居地找到配偶，然后一起选择一个新的营巢地。

大部分燕鸥在熙熙攘攘的群居地繁殖，密度一般都很高。它们集体栖息在一起，共同向入侵群居地的掠食者发起攻击。繁殖群的规模少至稀稀落落的几对（西非燕鸥），多至100万对以上（乌燕鸥）。中等体型的燕鸥（如普通燕鸥）成数十至数百对规模进行群体繁殖。而大型种类的繁殖规模一般也为数百对。

有些燕鸥在单个种类的繁殖群居地营巢，但有许多与其他种类的燕鸥以及鸥、剪嘴鸥、鲣鸟、海雀、信天翁、鸬鹚、鸭等共聚一地。这些混合种类群居地的出现并非偶然，很可能是栖息地有限的缘故。很多情况下，在大的混合种群内，燕鸥会和同一种类成员聚集在一起营巢。也有些燕鸥如弗氏燕鸥和黑浮鸥，选择与其他种类一起营巢，并且待其他种类定居下来开始营巢后它们才选定自己的巢址。

营巢群居地一般为平坦开阔之地，通常位于岛上或礁上，因为那里地面掠食者无法入侵。但玄燕鸥会拥挤于树上、灌丛中和悬崖岩脊上，而印加燕鸥青睐岩缝。白燕鸥则干脆不筑巢，最常见的是直接将单枚卵产于树枝上。大部分地面巢结构简单，基本上仅为一浅坑，鲜有衬材。但玄燕鸥和栖于沼泽地的燕鸥会筑一个大型的植被平台，其中后者会将芦苇筏系缚于水下的植被用以筑巢。

燕鸥在建立领域之前通常会花两三周时间来繁殖群居地周围活动。求偶仪式很复杂，特别是那些第一次寻找配偶的个体。在许多燕鸥中，求偶以"高空飞翔"开始——雄鸟高速起飞，为了显示它的实力，常常飞到数百米高的空中，雌鸟尾随其后。飞到顶端，未来的一对配偶便会一起滑翔，然后绕来绕去飞向地面。随着彼此日益熟悉，雄鸟开始不断为雌鸟喂食，这不仅仅是一种象征性的求偶行为，也有助于雌鸟补充营养，促进卵的形成，或许还可以使它对雄鸟的捕鱼能力心中有数。地面求偶通常发生在雄鸟选择的巢址附近，行为包括昂首阔步走路，优雅地用脚尖旋转，同时将尾竖起、翅垂下等。这些一般是交配的前奏。求偶期间，有配偶的和无配偶的燕鸥都会做"携鱼飞行"——由一只求偶的雄鸟发起，它将一条鱼带给一只雌鸟。当它降落在领域上后，2只鸟一起飞入高空，并常常有一两只其他的燕鸥加入。它们共同滑翔、盘旋，翅成弓状，同时发出独特的飞行鸣声。

燕鸥复杂的求偶

1.北极燕鸥的雌鸟在"高空飞翔"中追随雄鸟向上飞去；2.白额燕鸥的雄鸟在给它的伴侣喂食；3.普通燕鸥在交配；4.白嘴端凤头燕鸥的一对配偶做出直立成"杆"的姿势，常见于交配后或高空飞行后。

学习扎入式潜水

扎入式潜水捕鱼是许多燕鸥的看家本领。在欧洲，典型的扎入式潜水者为白嘴端凤头燕鸥。它们通常在海面上方5～6米处逆风飞翔，一旦发现水面下的猎物，作短暂的盘旋后随即垂直扎入水中，用喙像老虎钳一样将猎物夹于后颌处，然后迅速吞下。当需要喂雏鸟时，它们会将鱼横夹在嘴中带回繁殖群居地。

扎入式潜水是一种相当成功的捕食技巧。一只成年燕鸥一般平均每潜水3次可捕获一条鱼。但同时这也是一种难度很高的技巧，往往会有许多因素使之操作起来更加困难。如捕鱼的成功率受大风的影响突出，部分原因是在浅水位的猎物（通常为西鲱或沙鳗）会沉到深水处以避风浪。而平静的海面也会带来问题，主要是鱼类有可能发现头顶盘旋的燕鸥然后采取逃离行动，或者也有可能感觉到燕鸥进入水面的一刹那所产生的冲溅效应，于是及时改向逃走。

白嘴端凤头燕鸥的雏鸟不但必须学习捕鱼的最佳位置，而且需要花大量的时间来掌握技巧。刚开始，它们潜水很浅，并且往往是腹部先触水，结果自然是一无所获；然而，慢慢地，通过啄取少量海草和其他漂浮物，它们开始积累经验。由于在南下迁徙过程中会遇到大量的危险，因此雏鸟在飞羽长齐后会继续由亲鸟喂食3～4个月。这期间，雏鸟逐渐学会从更高的高度俯冲扎入，潜水至更深处接近猎物，那时可扎入水下1米左右。然而，在西非的过冬地，即使长到7～9个月大时，某些幼鸟仍不能像它们的亲鸟那样捕鱼。

这漫长的"学徒期"也许可以用来解释为何大部分白嘴端凤头燕鸥的幼鸟会在过冬地待上2年。

巢址的选择由配偶双方一起决定。两性共同维护巢所在的领域，通常只有1平方米大小，而在营巢最密集的凤头燕鸥类中，邻居之间触手可及。领域的大小与燕鸥种类体型的大小成反比，即大型的燕鸥其领域较小。在有些种类中，雌鸟留于领域内看守，而雄鸟外出觅食，带回鱼喂给雌鸟，然后又马上出发去捕鱼。这种劳动分工是雌鸟看护领域而雄鸟喂食给它。当雄鸟不在时，无配偶的其他雄鸟可能会勾引雌鸟，一般在求偶喂食后会发生交配。

通常的窝卵数在热带种类中为1枚，在高纬度地区的种类中为2～3枚。两性共同担负孵卵任务，为期3～4周，最长可达37天。长满绒羽的雏鸟孵化后很快就活跃于巢周围地区，除非受到惊扰很少会走远而迷路。它们会藏身于植被中、石头下、浮木下等。受到惊扰时，亲鸟会将雏鸟转移至相当远的地方。凤头燕鸥类的雏鸟发育迅速，会形成一个活动的雏鸟群来寻求安全。雏鸟群的成员高度聚集成群，一起行动，只有在接受各自的亲鸟喂食时才会分开。觅食回来的亲鸟通过鸣声在雏鸟群中辨认出自己的雏鸟，然后给它们喂食。亲鸟通常在雏鸟出生4～7天后开始需要辨认，因为那时的雏鸟具备了四处活动的能力，会离巢游荡。雏鸟期从秘鲁燕鸥的20天至褐翅燕鸥的65天不等。大部分燕鸥中，亲鸟育雏20～30天。而整个繁殖期在北极种类中仅持续2个月，温带种类为3～4个月，热带种类为3～5个月。

雏鸟在会飞后，需要学习大量独立捕食猎物的本领，而且还会由亲鸟喂食一段时间，直至逐渐"断奶"。雏鸟不仅要了解猎物的类型和具体的觅食地，而且还要学习如何进行扎入式潜水，后者具有很高的难度。如今已知燕鸥的"后飞行期亲鸟照顾"持续的时间从黄嘴端凤头燕鸥的7天至橙嘴凤头燕鸥的200多天不等，这比之前认为的持续时间长，原因是过去观察这些迁徙至过冬地的幼鸟接受亲鸟照顾的难度很大。

来自人类的压力
保护与环境

燕鸥日益受到人类引入的哺乳动物如猫、狗以及鼠的严重掠食。因人类活动而导致银鸥、狐狸、浣熊等天敌的数量增加，使燕鸥的繁殖成功率下降。当这些天敌来到近海的繁殖岛屿，地面营巢的燕鸥会遭受灭顶之灾，种群数量在短时间内就会急骤减少。

随着人类不断开发沿海地区用以休闲、商业捕鱼和其他活动，燕鸥寻求的孤立式繁殖环境已经越来越难找到。而近年来，燕鸥又面临一种新的压力——来自私人水上体育娱乐活动的威胁，这种活动所用的船只比传统的摩托艇更接近燕鸥的营巢群居地。由于越来越多的人口向沿海地区流动，原本在沿海沙滩和岛屿营巢的燕鸥不得不将群居地转移到并不适宜的地方。同时，银鸥数量的增加也使燕鸥的栖息地不断减少，因为前者会比后者先到达栖息地，而且其体型也大，在领域争夺中经常胜出，并且前者还会掠食后者的卵和雏鸟。在南非，土地利用的压力使西非燕鸥的数量降至1500对。而粉红燕鸥在西非过冬时被当作食物和消遣，大量遭到诱捕，导致这种欧洲鸟减少至1000多对。有些燕鸥种群曾于19世纪头十年因羽毛交易被大肆捕杀，至今恢复势头缓慢。在一部分地区，人们仍在收集燕鸥的卵用来做美味佳肴或当作壮阳滋补品。不过，在偏远地带，有许多燕鸥继续保持着繁盛状态，如在圣诞岛，乌燕鸥的数量有几百万只。

极危种黑嘴端凤头燕鸥有时被列为灭绝种，不过近来有过这种鸟过冬的数次记录，但其繁殖地不明。另有数种燕鸥受胁，包括克岛燕鸥和西非燕鸥。有些种类（黄嘴河燕鸥、桑氏白额燕鸥、玄燕鸥和灰燕鸥）的状况几乎不为人知。相关的保护措施有：保护群居地不被直接开发利用，为燕鸥创造合适的营巢空间，为它们搭建人工营巢岛屿或平台、转移天敌、减少人类干扰等。此外，由于不断开发渔业使燕鸥的猎物基地遭到破坏，因此保护它们的觅食区也变得日益重要。

知识档案

燕鸥

目 鸻形目
科 燕鸥科

7属44种。温带种类包括：白腰燕鸥、北极燕鸥、普通燕鸥、鸥嘴噪鸥、白额燕鸥、粉红燕鸥、橙嘴凤头燕鸥、白嘴端凤头燕鸥、黑浮鸥、须浮鸥、白翅浮鸥等；热带种类包括：玄燕鸥、白顶玄燕鸥、印加燕鸥、白燕鸥、褐翅燕鸥、黄嘴端凤头燕鸥、西非燕鸥、秘鲁燕鸥、乌燕鸥等。

分布 全球性。

栖息地 主要为沿海和近海水域，有些栖息于河流和沼泽。

赤道

体型 体长20～56厘米，体重50～700克。雄鸟大于雌鸟。

体羽 下体一般为白色，翕和翼上覆羽为灰色，繁殖期头顶为黑色（有些种类具冠）。

鸣声 可发出多种声音，既有高亢的，也有沙哑的，既有尖锐的，也有柔和的。

巢 通常为一简单的浅坑，偶尔有精致的衬里。有些会筑于漂浮的筏上（栖息于沼泽的燕鸥），有些筑于树上和悬崖岩脊上（玄燕鸥系列及白燕鸥）或岩崖洞隙（印加燕鸥），有时它们也会营巢于石头下面或地洞中。

卵 窝卵数1～3枚；浅黄色至褐色或淡绿色，带有深色斑点。大部分约重20克，但范围可从白额燕鸥的10克至红嘴巨鸥的65克不等。孵化期18～30天，多数雏鸟在出生1～2个月后会飞。

食物 以食鱼、乌贼和甲壳类为主，栖息于沼泽的种类食昆虫、两栖类和水蛭。

贼鸥

　　在繁殖期，贼鸥是高纬度地区的空中海盗和掠食者。它们频繁骚扰袭击燕鸥和三趾鸥等海鸟，直至它们丢下猎物或吐出最后一点食物，然后贪婪的贼鸥便在半空中将食物劫走。

　　在北美和其他一些地方，小型贼鸥被称为"jaeger"，源于德语中的"猎人"一词。而在英国的桑德兰，棕贼鸥在当地的名字为"skooi"，可能是源于表示"排泄物"的"skoot"一词，因为人们认为这种鸟是通过恐吓其他海鸟吐出食物而得到吃的。北贼鸥在桑德兰则被称为"bonxie"，可能源于挪威语中的"bunksi"一词，指的是一堆乱七八糟的东西，或是一个蓬头垢面的邋遢女人。

食物多样化
形态与功能

　　大贼鸥属的4个种类一般体羽为棕色，背羽有浅色斑纹。其中智利贼鸥有醒目的翼下覆羽。而灰贼鸥有2种羽色态（体羽二态），分别为深色态和浅色态，越靠近极地的个体浅色态越明显。3种小贼鸥属种类也表现出2种色态，不过长尾贼鸥的深色态很少见到。在短尾贼鸥和中贼鸥中，每种色态的鸟在总数中的比例因地理分布不同而各异。在桑德兰，不到25%的短尾贼鸥着浅色态。这一比例越往北越大，到挪威的斯瓦尔巴特群岛和北极圈内的加拿大地区则接近100%。着浅色态似乎在它们分布区的北半部分占优，而南半部分并非如

↗ 12月时一只灰贼鸥在它南极的繁殖地
繁殖期过后，这种南极鸟往北迁徙，有记录曾北至阿留申群岛和格陵兰岛。

贼鸥

目 鸻形目
科 贼鸥科
2属7种：大贼鸥属和小贼鸥属。

分布 高纬度地带：包括南极洲、亚南极地区、南美洲南部、冰岛、法罗群岛、英国北部、挪威、斯瓦尔巴特群岛、俄罗斯北部、北极和北温带北部森林区。

赤道

栖息地 苔原和沿海荒地。

大型贼鸥（大贼鸥属）

见于南极洲、亚南极地区、南美洲南部、冰岛、法罗群岛、英国北部、挪威、斯瓦尔巴特群岛和俄罗斯北部。共4个种类：北贼鸥、灰贼鸥、棕贼鸥、智利贼鸥。

体型：体长50~58厘米，体重1.1~1.9千克。雌鸟略大于雄鸟。**体羽**：棕色，翅上有白斑。**鸣声**：短促的尖叫声。**巢**：地面浅坑。**卵**：窝卵数一般为2枚，偶尔单枚；橄榄色，带褐斑；重70~110克。孵化期30天，雏鸟留巢期45~55天。**食物**：多样化，尤其是鱼、磷虾、海鸟的卵、雏鸟及成鸟。

小型贼鸥（小贼鸥属）

见于北极和北温带北部森林区。共3种：短尾贼鸥、长尾贼鸥、中贼鸥。**体型**：体重250~800克，雌鸟略大于雄鸟。**体羽**：全棕色或上体棕色下体乳白色，成鸟有加长型中央尾羽。**鸣声**：喵喵声。**巢**：地面浅坑。**卵**：窝卵数一般为2枚，偶尔单枚；橄榄色，带褐斑；重40~70克，孵化期23~28天，雏鸟留巢期24~32天。**食物**：小型哺乳动物、昆虫、浆果、鸟卵、鱼（通常从其他海鸟那里劫掠而得）。

此，那里的许多繁殖群自20世纪50年代以来着深色态的比例一直在上升。贼鸥成鸟的一大特征便是有2根加长型的中央尾羽，这在短尾贼鸥身上相当明显，而在长尾贼鸥身上则发挥到了极致。中贼鸥的中央尾羽则为交叉的棒状结构。所有小贼鸥的幼鸟下体均有条纹。

贼鸥的足部与鸥科种类相似，但具明显的、锋利的爪。喙强健，末端明显呈钩状，适于撕裂猎物的肉。在鸥和其他许多鸟科中，雄鸟略大于雌鸟，但贼鸥却相反，它们与食肉鸟

情况一样。无论在大贼鸥还是在小贼鸥中，雄鸟担负大部分的捕猎任务，而雌鸟留在领域内看护巢和雏鸟。

贼鸥食多种食物。中贼鸥夏季大量捕食旅鼠，冬季食小型海鸟，此外还会食鱼或从其他鸟那里掠夺食物（即为盗窃寄生或劫掠）。长尾贼鸥夏季食旅鼠、昆虫、浆果、小鸟和卵，冬季劫掠食物（主要对象为燕鸥）。在北极的苔原地区，短尾贼鸥食昆虫、浆果、小鸟和卵，还有部分啮齿动物；而在沿海地区，它们几乎完全依靠劫掠谋食，对象为燕鸥、三趾鸥和海雀。在南半球的大型贼鸥觅食的手段有：掠食企鹅（包括食腐），夜间掠食返回陆地的海鸟（如海燕），或捕食其他多种猎物，如鱼、甲壳类（如磷虾）、野兔等。北贼鸥以食鱼为主，有时食腐或劫掠夺食。其实它们的能力很突出，有人曾见过其捕杀比自身大数倍的猎物，包括苍鹭、灰雁、秋沙鸭和雪兔等。在繁殖期，北贼鸥是海鸟的一大天敌，主要掠食某些群居地的海鸟，特别是在苏格兰西部外海的圣基尔达岛上，它们在夜间袭击陆地上的海燕。此外，北贼鸥还会残杀同类，特别是在食物匮乏时，会直接吃掉附近领域的雏鸟。在桑德兰郡和奥克尼郡，北贼鸥主要食1岁左右的沙鳗，因此它们在那里的繁殖生态，从食物、雏鸟发育到成鸟的生存及非繁殖鸟的数量等许多方面都与沙鳗的丰产程度息息相关。

穿越世界的候鸟
分布模式

除了人之外，贼鸥是人们所见过的最接近南极极地的脊椎动物。而在北半球，北贼鸥近年来将它们的繁殖地向北、向东扩展到了挪威、斯瓦尔巴特群岛和俄罗斯北部，在这些前往新的繁殖群居地的鸟中间都可以看到曾在苏格兰的群居地被人们做了标识的雏鸟。向南扩展至温带地区的则显得很有限，可能是因为贼鸥有多种生理特征都适应于寒冷环境（如基础代谢快、体温高、体羽绝热性强、腿上覆有厚厚的鳞甲等），使得它们不进一步南下繁殖。

在非繁殖期，贼鸥飞越世界各大洋，进行长途迁徙。有些小型贼鸥也会直接穿越陆地

贼鸥的代表种类
1.北贼鸥在长鸣；2.着繁殖体羽的中贼鸥；3.短尾贼鸥在骚扰一群海雀，它们的食物有很大一部分是从其他小型鸟类那里掠夺而来的。

鸟时在英国桑德兰被做以标记，后在奥地利东部的一个农场因袭击母鸡而被击伤，结果仅隔1周后它在德国一条高速公路的中间绿化地获救。还有些幼鸟在瑞士的一个小镇上被发现，后又在波兰的一个池塘里袭击鸭子。

南半球的贼鸥则有多种迁徙模式，查塔姆群岛上的棕贼鸥全年均为留鸟，而在其他群居地的棕贼鸥以及智利贼鸥表现出有限的扩散或短途迁徙。灰贼鸥则做穿越赤道的远程迁徙。有一只在南极昂韦尔岛被做以标识的灰贼鸥雏鸟5个月后在格陵兰的哥德伯斯福德被击落，这是被人们做以标识的鸟类中迁徙路程最长的之一。

贼鸥与鸥有密切的亲缘关系，并且很可能是从鸥进化而来的，而鸥几乎肯定是起源于北半球。在贼鸥的进化早期，势必有一种形态延伸到了南半球，后在南极形成了3种极为相似的大型贼鸥种类。然后其中一个种类在近期（可以为15

迁徙。如北极的短尾贼鸥在奥地利和瑞士时有所见。而北贼鸥迁徙时往往与海岸线保留相当的距离，不过人们在中欧发现过少量被大风吹落、精疲力竭的北贼鸥幼鸟。有一只幼鸟，雏世纪末期）扩展至北半球，一些个体与中贼鸥的雌鸟杂交产生了北贼鸥。鉴于这种杂交以及行为和羽虱方面的比较，部分分类学者认为中贼鸥应当划入大贼鸥属。

俯冲捍卫
群居行为

贼鸥的成活率很高，每年成鸟的存活率一般超过90％。它们实行单配制，但新西兰和马里恩岛上的棕贼鸥会经常出现1只雌鸟与2只雄鸟共同营巢的情况，这种群居机制在其他所有海鸟中都不曾见过。贼鸥的配偶关系一般为长期性，不过每年也有少数配偶（通常低于10％）会"离婚"，其中大部分在接下来的一年或数年内常常会繁殖失败。有一些关系稳定的配偶（一般不足10％）偶尔有一年会不繁殖。有些情况下，这是因伴侣丧失或繁殖领域丧失而造成的，另外也可能是由于这些鸟在过冬后没有能够重新达到繁殖条件而导致的。

贼鸥的巢距相差特别大，从分开2千米（在北极苔原这一距离很常见）到仅间隔5～10米（出现于北贼鸥在桑德兰最大的繁殖群中）不等。

在桑德兰的福拉，100多对短尾贼鸥聚集在一片占地1.7平方千米的群居地繁殖，而这样的面积在北极苔原只是一对配偶的繁殖领域。造成这种差异的部分原因是在桑德兰营巢的贼鸥并不在领域内而是在海上觅食。它们坚决维护自己的巢，对于入侵者（包括人），它们会像战斗机一样俯冲下来攻击。而小型贼鸥还会利用"断翅"表演来分散掠食者的注意力，将它们引开巢址。

和大部分海鸟一样，在开始衰老之前（如北贼鸥为14～18岁），随着年龄的增长，产卵期会提前，卵的数量和大小都会增长；而之后，由于开始"步入老年"，它们的产卵期越来越往后推，窝卵数也越来越少。而除非食物供应特别匮乏（繁殖成功率也相应很低）或特别充足（繁殖成功率也相应很高），卵的孵化成功率和雏鸟的成活率会随年龄的增长而增长。

其实，从本质上而言，这些变化更多的是受到经验的影响，而非年龄本身。如在北贼鸥中，年轻的雄鸟觅食效率较低，而年轻的雌鸟很容易对雏鸟照顾不周，从而使雏鸟易被邻近的成鸟掠走。贼鸥只有2块孵卵斑，因此不能有效地孵2枚以上的卵。大部分产2枚卵的配偶都能成功抚养2只雏鸟，但倘若食物短缺，那么先孵化1～3天的雏鸟有时会袭击并杀死后出生的雏鸟。在桑德兰，短尾贼鸥开始繁殖的年龄为3～6岁，而北贼鸥在4～11岁开始初次繁殖。如此漫长的成长期有助于它们学会众多的本领，从而成为高效的"猎人"和"海盗"。

↙贼鸥经常将巢营于企鹅群居地附近，耐心地等待攫取无亲鸟照顾的雏鸟或卵的机会。图中，在马尔维纳斯群岛上，一只棕贼鸥正在食一枚企鹅卵。

海雀

与鸥、燕鸥和岸禽具有亲缘关系的海雀是为人熟知的海鸟，经常被视为北半球的企鹅，非常善于水下游泳。但所有现存的种类都保留着飞行能力，不会飞的大海雀则已于19世纪灭绝。

海雀是地球上最繁盛的海鸟之一，许多种类都有成百万只，如崖海鸦、厚嘴崖海鸦、小海雀、凤头海雀和侏海雀在全世界的数量均超过了1000万只。海雀是很多北极和亚北极水域的主要海鸟，对它们所在的繁殖群居地周围的大型浮游生物和小鱼而言是重要的天敌。它们身材紧凑，体格健壮，水下游泳时以翅膀作桨。它们中有世界上潜水最深的鸟类之一，在水下的速度和持续时间也都非常出众。

羽和喙多样化
形态与功能

海雀科为中小型鸟，尾短，翅小。事实上，它们翅膀的大小是一种折中的产物，用于飞行刚好够大，用于在介质浓度相对更高的水中则刚好够小，所以它们在飞行时必须呼呼作响地快速扇翅。

大部分海雀科种类腿长得靠后，许多可以做出直立姿势。其他种类尤其是斑海雀类，在地面上时往往倚靠它们的腹部而很少站立。有些种类的腿扁平，这是一种对游泳的适应性体现。具三趾，由蹼相连。在北极海鹦和白翅斑海鸽等种类中，腿脚呈鲜艳的橙色或红色，而在海雀和斑海雀类中，腿脚为蓝色。一些种类的喙也着色明亮：如白翅斑海鸽为红色，刀嘴海雀为黄色。

各种类的喙形相差很大，一定程度上反映出它们在食物和觅食方式上的差异。以食浮游生物为主的种类往往具宽而短的喙，食鱼种类的喙则较长，更像匕首。而在嘴内，食浮游生物者的腭和舌上覆有角状的突起，可能是为了帮助更好地控制猎物。食水母和甲壳类的白腹海鹦有一张奇特的勺状喙，在海鸟中独树一帜。海鹦类及刀嘴海雀则具扁平喙。

海鹦类3个种的喙大且色彩鲜艳，在求偶和建立配偶关系中扮演着重要角色。繁殖期

◥有些北极海鹦会在沿海的山坡上用喙挖一个90~120厘米深的繁殖洞穴（用蹼足将土刨出）。

间，它们的喙会围以9块独特的片状组织，在随后每年的换羽期会脱落。因此在非繁殖期间，它们的喙会小许多，颜色也相对暗淡。与海鹦类有密切亲缘关系的角嘴海雀则在喙基上侧生有一长约2厘米的肉质角，这一突出物很结实，并且在冬季不会脱落，甚至幼鸟也有。其功能尚不清楚。

许多海雀种类的体羽冬夏两季区别明显。如海鸽和白翅斑海鸽夏季体羽为黑色，带有一白色翼斑，冬季体羽则主要呈白色和灰色。斑海雀和小嘴斑海雀在夏天体羽呈保护色褐色，而在非繁殖期主要为上体黑色下体白色。在凤头海雀和须海雀中，长的头羽和"须"在冬季消失。其他有些种类的喉部夏季为黑色，冬季变成白色。只有角嘴海雀、海雀、克氏海雀和白腹海雀一年四季看上去都没有多大差异。

在换羽期（在大多数种类中紧随繁殖期之后），较大的种类飞羽同时脱换，因此可能有近45天不会飞。其中，崖海鸦、厚嘴崖海鸦、刀嘴海雀等大型种类的翼负载（身体体重与翅

海雀的代表种类

1.白腹海鹦的成鸟在营巢洞穴附近的悬崖高处放哨，配偶则在育雏；2.刀嘴海雀站立时颇像业已灭绝的大型亲缘种大海雀；3.一只冠海雀从营巢的洞穴中出来；4.侏海雀往往像椋鸟那样成大群飞行；5.北极海鹦一般在水下直接吞下食物，但若需要给雏鸟喂食，它们会将多达30条小鱼叼在嘴里返回巢中；6.白翅斑海鸽体羽为黑色，带有白色翼斑，而到了冬季它们会将体羽脱换成以白色和灰色为主。

膀表面积之比）非常高，以致倘若像其他多数鸟类那样进行间歇性换羽，也会使它们丧失飞行能力，而一次性换羽可以将它们不会飞的时间尽可能缩到最短。小型种类的翼负载比较低，如小海雀和须海雀，它们可以每次脱换一部分飞羽而仍保持飞行能力。不会飞的大海雀曾经也以这种方式换羽。

见于北方
分布模式

海雀科几乎完全限于北极、亚北极和温带水域，一年四季均生活于海上，最常见于大陆架水域。在大西洋，它们南至葡萄牙、东至地中海、西至美国马萨诸塞州；在太平洋，从下

加利福尼亚海域至中国的黄海。侏海雀是繁殖最靠北的种类，其巢址起码都在北纬 65° 以北。这种鸟以及白翅斑海鸽都会在北纬 80°以上的极地繁殖。

有 5 属 6 种分布于北大西洋，10 属 20 种见于楚科奇海以南的北太平洋（如果算上白令海的数百只侏海雀，那么为 11 属 21 种）。2种崖海鸦、侏海雀和白翅斑海鸽为环极分布。大量种类见于太平洋，尤其是白令海，除了刀嘴海雀属，其他各属在那里均有分布，说明海雀科有可能起源于太平洋，而这一点也得到在加利福尼亚发现的刀嘴海雀的化石标本的佐证。

专食海味
食物

海雀科的食物均来自大海，通过潜入水中追捕猎物觅得。它们分布于海边和近海，只有海鹦类会经常离开大陆架水域。所有种类都食鱼或浮游生物（无脊椎动物和仔鱼）。有些种类，如太平洋的海雀类和大西洋的侏海雀，几乎完全以浮游生物为食，其他有些种类如岩海鸦，则主要食鱼。事实上在北大西洋，侏海雀是唯一仅食浮游生物的种类，而在北太平洋则至少有 6 个种类，包括小海雀、海雀和白腹海鹦等。造成这种差异很可能是北太平洋的总生物量更大、浮游生物更多样化的缘故。

在侏海雀和其他食浮游生物的种类中，食物以"浮游生物糊"的形式留在喉囊中带回给雏鸟。侏海雀每天喂雏 5 ~ 8 次，每餐平均含有 600 种物质，重 3.5 克。而崖海鸦主要给雏鸟喂以从浅水域捕获的细鳞胡瓜鱼、沙鳗或西鲱。一条鱼重 10 ~ 15 克，亲鸟用喙纵向攫住，鱼头夹在嘴中，一天喂雏 2 ~ 5 回。海鸽和白翅斑海鸽则专捕居于水底类似大小的鱼，如鳉鱼和杜父鱼。亲鸟将单条鱼横向夹于嘴

中，每天喂雏 9 次左右。而海鹦类通常一次横向夹数条鱼在嘴里（最多曾有过夹 60 条仔鱼的记录）。

少生长寿
繁殖生物学

海雀科为长寿型鸟，曾数次发现被做以标记的崖海鸦和厚嘴崖海鸦成鸟 20 年以后仍在繁殖。和其他许多海鸟一样，海雀科表现出多种与长寿有关的特征：它们每年只产 1 窝卵，每窝仅有 1 ~ 2 枚卵；幼鸟在开始繁殖前会在海上度过两三年，很少有个体在 3 岁以前繁殖。北极海鹦便是典型代表。其幼鸟离开繁殖地后一直在海上生活，直到第 2 年夏天它才可能回到陆地，但逗留的时间最多不超过数周。在第 3 年夏天，它略提前返回，目的是寻找配偶和一个合适的洞穴用于繁殖。而雌鸟的首次产卵可能要等到第 4 年或第 5 年夏天。大型的海雀种类一般保持同一个配偶，年复一年使用同一个繁殖地，无论是小的岩脊（如厚嘴崖海鸦）还是一个地洞（如海鹦类）。然而，小型海雀种类会频繁更换伴侣。

虽然在北极繁殖的海雀种类可能在繁殖前几周才回到群居地，但为了在群居地完成繁殖后开始的翼羽脱换，崖海鸦离开群居地在英国度过的时间不超过 2 个月。繁殖前来到群居地是为了重新建立配偶关系和进行交配。交配地点为繁殖地附近（如崖海鸦和刀

潜水大师

海雀是一流的潜水者，能潜至 200 米以下，仅次于最大的企鹅种类。

近年来，人们发明了足够小的深度记录器，可安装在海雀身上。这些装置每隔几秒钟就会记录一次深度。结果表明，崖海鸦能连续做 20 次潜水，每次潜水之间只在水面停留不到一分钟，直至告一段落后才会休息数分钟。多数潜入的最大深度约为 60 米。即使在休息期间，有些个体还会连续做数次潜水，持续时间可达 3 分钟以上，期间只短暂地浮出水面一次，说明它们能够充氧的速度非常快。猎物直接在水下吞入，避免每次捕获后必须回到水面。

迄今为止，厚嘴崖海鸦保持着海雀科的潜水深度纪录——它们中的一只鸟潜至水面下 210 米。这种鸟潜水的最快速度约为 2 米/秒，而回到水面时速度略快，因为它们的密度小于水，蹿升时会得到浮力的帮助。水下的摄像画面显示，在返回水面的最后阶段翅膀合拢不用，那时的它们像蹿升的火箭，或似一连串气泡，无须再扇翅。

嘴海雀）或海上（如海鹦类和小型海雀种类）。交配次数很频繁，并且在一些种类中很嘈杂。崖海鸦在产卵前两三周会每天交配 3 ~ 4 次，平均每次持续 20 秒。相比之下，许多鸣禽类交配的持续时间仅为一两秒。所有海雀种类均实行单配制，雌雄鸟共同育雏。然而，崖海鸦的雄鸟有时也会倾向于和繁殖群居地中的"单身"雌鸟进行交配。如果群

崖海鸦露天繁殖，或在海蚀柱上，或在向海的悬崖岩脊上。这种环境看似不安全，但密集的营巢可以使它们减少鸥和乌鸦的掠食。

居地新来了一只雌鸟，则会引起一片骚动，可能有多达 10 只雄鸟同时试图与那只初来乍到的雌鸟交配。

海雀科的卵相对较大，为雌鸟体重的 10%～23%。在洞穴营巢的种类中，卵主要为白色，带少量深色斑。而小嘴斑海雀、长嘴斑海雀和斑海雀的卵具保护色，为橄榄绿色，带深色斑。这 3 个种类均单独营巢于露天。其中小嘴斑海雀营巢于苔原地面或多岩的山坡上，其他 2 种则主要将巢筑于有苔藓覆盖的大树枝上。斑海雀在针叶树上的巢可高达离地面 40 米，并且离海岸有 60 千米远。崖海鸦和厚嘴崖海鸦的卵是鸟类中色彩最鲜艳多变的卵之一，从蓝色或绿色至白色均有。

和其他大部分海鸟一样，多数海雀种类的繁殖地与觅食区有相当远的距离，并且食物供应只能满足单只雏鸟的需要。而一窝产两卵的种类要么在海岸线附近觅食（如海鸽和白翅斑海鸽），要么其雏鸟为早成性。2 枚卵间隔数天产下：在白翅斑海鸽中为 2～3 天，在雏鸟早成性的斑海雀类中为 7～8 天。

亲鸟双方轮流孵卵，既有像海鸽和白翅斑海鸽每隔数小时替换一次的，也有像扁嘴海雀五六天才轮换一次的。这种孵卵轮换期的长短很可能反映出不孵卵的一方外出觅食的远近。

↗ 崖海鸦和它的卵

崖海鸦的卵呈梨形，减少了从岩崖上滚落下去的可能性。随着胚胎的发育，卵的重心和滚动半径都会发生变化，后者从刚产下时的 17 厘米减至孵化成熟时的 11 厘米。崖海鸦卵的颜色和斑纹或许是所有鸟类中最丰富的。不同的底色（青绿色至白色）和斑纹（红色、褐色或黑色）有助于亲鸟在拥挤的繁殖群中辨别出自己的卵。

大部分种类在多数年份里有 50%～80% 的配偶会育雏成功。而育雏失败通常是由于遭掠食或不育，或在悬崖营巢的种类中卵从岩脊上滚落。而重要食物来源如鱼群的消失则会引发繁殖育雏的全面失败。北极海鹦在挪威的一个种群便是受到了这样的影响，结果在 10 年里仅成功育雏一次。簇羽海鹦也经历过类似情

在崖海鸦中，为警告入侵者有时会采取示威姿态（如图1）。争斗虽然很常见，但一般持续时间很短，因为它们很快会做出各种和解动作，如侧身梳羽（图2）、将头伸到一边或转过去（图3）以及仪式化地在繁殖群的其他鸟面前走过（图4）。

海雀的雏鸟何时离家

鸟类的雏鸟或为晚成性，即孵化时不覆羽、无行动能力，如鸣禽类；或为半早成性，出生时覆有绒羽、眼睛睁开，但需亲鸟喂食，如鸥类；或为早成性，出生后自己觅食，如鸭类。然而，海雀科的雏鸟却表现出与其他鸟科不同的发育模式。

多数海雀种类，包括海鹦类、小海雀类和海鸽类，雏鸟为半早成性：出生时覆绒羽，眼睁开，但依赖于亲鸟的喂食。这些雏鸟留在巢址27～50天，待羽翼丰满时才离开。侏海雀的雏鸟由父鸟陪伴前往海上，但其他所有半早成性种类一旦离巢后都独立于亲鸟。

另一个极端是4个太平洋种类扁嘴海雀、冠海雀、白腹海雀和克氏海雀。它们一窝产2卵，雏鸟为早成性，孵化2～3天后就在亲鸟的陪伴下离巢。雏鸟在出生时发育得很好，足部已接近成鸟的足，能跑能游，一离开营巢地就会活跃地潜水。不过，它们直至长到6周左右被亲鸟遗弃后才开始自己觅食。

第3种模式仅见于刀嘴海雀和2种崖海鸦：雏鸟在繁殖群居地由亲鸟喂养，出生18～23天后离开巢址，但那时体型仍仅有成鸟的1/4，并且不会飞。当巢址在悬崖上时，雏鸟借助只长了初级翼覆羽的翅膀滑翔至海上（真正的初级飞羽还有待日后长出）。在离开群居地后，它们继续由亲鸟喂养数周直至体羽长齐。母鸟则在繁殖地继续逗留数日后离去，开始换羽。

见于海鹦类、小海雀类的半早成性策略，在与海雀科亲缘关系最密切的鸥科和燕鸥科中具有典型性，且在海雀科数个种类中都有体现，因此很可能它们共同的原种即为半早成性。刀嘴海雀和崖海鸦的雏鸟离开巢址也相对较早，这似乎与亲鸟能带给雏鸟的食物量有关。它们为大型的种类，但翅较小，致使每次觅食之旅可以带给雏鸟的食物很少。因此雏鸟虽未发育完全，但在亲鸟的护送下离开巢址前往觅食区生活，可以省去亲鸟来回往返之苦。

早成性的海雀种类在其繁殖地时，成鸟很容易遭到隼和鹰的掠食。因此，将雏鸟很快带到海上，亲鸟就可以避免冒着被掠食的危险探访群居地。同时，带雏鸟到觅食区，也可以省却亲鸟往返消耗的大量能量，从而使它们能够养育2只雏鸟，而不是像其他大部分海雀种类那样只产1枚卵。当然，这种策略同样也是需要付出代价的，因为雌鸟必须产相对较大的卵，以给日后的雏鸟提供浓密的绒羽以及在海上生存和前往觅食区所需的能量储备。

在早成性种类中，所有陆地上的活动都在夜间进行。于是，雏鸟不得不在夜里找到前往大海的路。为保证雏鸟在黑暗中能够辨认出自己的亲鸟，成鸟和雏鸟的鸣声在个体之间具有可识别性。

况，只是时间间隔相对较短。

多数种类的雏鸟由亲鸟在繁殖群居地喂食。那些在开阔岩脊繁殖的种类如崖海鸦和刀嘴海雀，每次仅有一只亲鸟可以外出觅食，另一只必须留下来看护雏鸟，避免受到诸如鸥类等天敌的袭击。

即将离开繁殖群居地的海雀雏鸟用"刚会飞的幼鸟"一词来指代虽然方便却不够确切，因为种类之间差异较大。海鹦类、小海雀和白翅斑海鸽的雏鸟夜间会在无亲鸟陪伴的情况下单独练习飞行，因而它们在正式飞向大海、从群居地扩散开去前很可能已经飞行过数百米。相反，2种崖海鸦和刀嘴海雀的雏鸟在离开时还仍然不会飞，它们由父鸟陪伴。对于那些生活在300米高的悬崖上的鸟而言，离巢飞翔是一个壮观的场面。离巢前数小时，雏鸟就已经越来越兴奋，它们上下跳跃，练习稚嫩的翅膀，发出笛声般的尖声鸣叫。但在最后腾入空中飞向水面（父鸟紧随其后）之前会安静数分钟。在有些地方，崖海鸦和刀嘴海雀不能直接飞向海面，于是雏鸟必须先登上大岩石才能看到水面。父鸟和雏鸟通过鸣声辨识对方，前者找到后者后会给它带路。

一些繁殖群规模巨大，甚至超过100万只，斑海雀则单独成对繁殖，而海鸽和白翅斑海鸽则结成松散的小群繁殖。这些单独或松散成群繁殖的种类一般在沿海觅食，食物供应比较稳定。相比之下，大规模群体繁殖的种类前往更远的近海觅食，捕食的猎物（如鱼群或浮游生物）不仅分布零散，而且供应不稳定。不过，当猎物来源充满不确定性时，群体繁体有一个优势，便是可以从其他群体成员那里获得关于食物的信息。对于大的繁殖群来说，群居地与觅食区之间不断有鸟往来，只需沿着返回的那些鸟的飞行方向飞就能找到觅食区。

大海雀的前车之鉴
保护与环境

海雀科有 4 个种类被世界自然保护联盟列为易危种，其中 3 种（冠海雀、克氏海雀和白腹海雀）为雏鸟早成性。这些种类均见于海雀科在太平洋分布范围的南端，那里外来哺乳类食肉动物的引入、食肉性鸥和鸦的增多和海洋污染严重等问题非常突出。而第 4 个种类斑海雀生活于北太平洋相对偏远的区域，但它喜居的原始森林繁殖栖息地正受到伐木的威胁。

人类食海雀的肉和卵已有数千年的历史。传统的在局部地区撒网或布陷阱来捕猎，对海雀的数量影响很小。然而，使用火器射杀以及商业性收集卵则使许多繁殖群甚至一个种类完全灭绝。如在加利福尼亚外海的法拉伦岛上，由于人类过度收集岩海鸦的卵，致使这种鸟的数量从 1850 年的 400000 只锐减到 20 世纪 20 年代的数百只，随后幸亏及时采取保护措施，才使它们的数量在 20 世纪 90 年代回升到 100000 只以上。在俄罗斯新地岛上的厚嘴岩海鸦也有类似的遭遇，成鸟和卵都受到过度捕食。纽芬兰的芬克岛上曾经有大量的大海雀在那里繁殖，然而，随着 17 世纪该岛成为水手和渔民们经常光顾的中途停靠点，许多成鸟被当作美味，后来又因其羽毛而遭到捕杀。1800 年，该鸟在那里的繁殖群居地消失。最后一批大海雀于 1844 年在冰岛外海一个名为埃尔迪的小岛上被捕杀。

海雀科由于大部分时间在海上度过，因此特别容易受到油污染的威胁。排放到海里的油，无论是清洗油轮时故意排放的，抑或是因意外事故而造成的泄露，都会污染鸟的羽毛，破坏其防水性能。有时，鸟在试图清洗自己时会不小心将油摄入体内，引起中毒。油污染是 20 世纪大西洋的海雀种类大量死亡的主要原因。

此外，商业捕鱼也是一大因素。如人们在格陵兰外海用刺网捕鲑鱼，导致 1968～1973 年间每年有 500000～750000 只厚嘴岩海鸦受害。

另一种更普遍的现象是人和鸟对鱼的争夺。虽然对细鳞胡瓜鱼、沙鳗和西鲱的商业捕鱼近年来才兴起，但鳕鱼等较大的鱼类如今已被捕得所剩无几。于是，人类将在许多海雀种类所赖以为生的上述小型鱼类身上与海雀展开竞争。不过，尽管存在这样的威胁，海雀在北大西洋这片世界上捕鱼量最大的海区似乎生活得还不错。

知识档案

海 雀

目 鸻形目
亚目 海雀亚目
科 海雀科

12 属 23 种：扁嘴海雀、克氏海雀、冠海雀、白腹海雀、北极海鹦、角海鹦、簇羽海鹦、白翅斑海鸽、海鸽、白眶海鸽、海雀、崖海鸦、厚嘴崖海鸦、凤头海雀、小海雀、须海雀、小嘴斑海雀、长嘴斑海雀、斑海雀、侏海雀、白腹海鹦、刀嘴海雀、角嘴海雀。

分布 北太平洋、北大西洋、北冰洋及沿海地区。

栖息地 繁殖期主要栖息于岛上海岸以及海岬，非繁殖期主要栖息于沿海水域和大陆架水域。

赤道

体型 体长从 16 厘米（小海雀）至 43 厘米（崖海鸦），体重 85 克（小海雀）至 1.1 千克（崖海鸦），已灭绝的大海雀重达约 6 千克。两性体型非常接近，但雄鸟的喙通常略大于雌鸟。

体羽 大部分上体深色，下体浅色。有些具色彩鲜艳（红色或黄色）的喙或脚。

鸣声 多种口哨声、低吼声和似吠声。有些种类几乎不鸣叫。

巢 无巢，直接在开阔平坦的岩石或悬崖岩脊上繁殖，或在缝隙或洞穴中筑一简单的巢，斑海雀会将巢营于针叶树的大树枝上。

卵 窝卵数 1～2 枚；重 16～110 克。刀嘴海雀和海鸽类的卵呈梨形，颜色和斑点各异；名字中带 "Puffin" 和 "Auklet" 的海雀，卵为椭圆形，呈单色。孵化期 29～46 天，雏鸟留巢期 2～50 天不等。

食物 食鱼和海洋无脊椎动物，在海面潜水捕食。

沙鸡

沙鸡具有出色的隐蔽性，能够与所栖息的干旱沙漠和灌木丛融为一体。因此人们很少见到它们的身影，除非是在清晨或傍晚，数十只、数百只甚至数千只沙鸡成群飞往水源地饮水时。虽然它们看上去有点像松鸡（grouse）（它们的名字"sandgrouse"便由此而来），但这种相似性只是表面上的。

对于沙鸡究竟与鸽子的亲缘关系更密切，还是与涉禽（岸禽）更密切，分类学者们曾一度争论不休。

然而，最新的分子分析结果完全支持沙鸡与涉禽源于共同的原种这一观点。不过，沙鸡的骨骼与鸽子的十分接近，而事实上它们之间确实有亲缘关系，但在同一进化谱系中鸽子的起源相对更早。

防冷防沙
形态与功能

大部分沙鸡种类都具有伪装性质的点斑和条纹，蜷缩在地面时很难被发现。而它们长而尖的翅膀使它们同样可以迅速飞离，那种轻快、直线型的飞行与鸩类颇为相似。沙鸡的体羽浓密，浑身覆有一层厚厚的绒毛。这是一种很不寻常的特征，因为其他大部分鸟类有明显的不同体羽区，之间由裸露的皮肤区相隔。这层绒毛使沙鸡可以抵御沙漠巨大的昼夜温差和冬夏季温差。甚至它们的喙基也覆羽，以保护鼻孔免受风中沙尘的吹入。

尽管腿覆羽且很短，但沙鸡照样可以轻松地在地面奔走。它们的脚上具有 3 个宽而结实的前趾，均匀地分摊全身的体重，从而使它们能够在松散的沙堆中穿行自如。沙鸡 2 个属种类的主要区别在于是否具有后趾以及跗骨和趾上的覆羽程度。沙鸡属包括了科内的大部分种类，它们具有后趾，不过已相当退化，且不着地，另外跗骨只有前侧覆羽。而仅有 2 个种类的毛腿沙鸡属（见于中亚的草原和山区）后趾缺失，跗骨和前趾皆覆羽。

寻找食物和水源
食性

沙鸡主要食蛋白质含量相对较高（尤其是豆荚）、水分较少（一般含水量低于 10%）的小型种子。觅食时步子很小，用短喙不断地四下啄食。人们发现一只黑腹沙鸡的成鸟嗉囊可容纳 8700 粒木蓝种子，而一只仅出生几天的那马瓜沙鸡的雏鸟其嗉囊也能容下 1400 粒小种子。

沙鸡会摄入砂粒帮助嗉囊碾碎种子。此外，它们也食小的鳞茎、绿叶、浆果，尤其是在繁殖期，甚至会捕食昆虫。沙鸡白天大部时间都在觅食，只有在赤日炎炎的夏季正午才会躲在灌丛的阴凉处休息。曾出现过成千上万只非繁殖的沙鸡（那马瓜沙鸡）聚集在一起，但这种现象除了在水源地外很少见。在觅食地，它们成群的规模通常为了 10 ～ 100 只。

沙鸡每隔 2 ～ 3 天需要饮水一次，炎热天气可能每天一次，甚至一天两次。通常，数百或数千只沙鸡在固定时间聚集在水源地。大部分种类只在清晨饮水，但有 3 个种类（彩沙鸡、里氏沙鸡和二斑沙鸡）仅在夜间饮水。而这 3 个种类也形成了一个 Nyctiperdix 亚属，并且它们的两性体羽普遍都带有条纹，雄鸟有黑白相间的醒目额斑。

沙鸡飞往水源的单程距离可达 80 千米，不过一般很少远于 20 ～ 30 千米。飞行速度约为 70 千米 / 小时。它们在前往水源地的途

↖ 沙鸡的代表种类
1.毛腿沙鸡；2.彩沙鸡。

中会边飞行边鸣叫，于是前进的队伍会越来越庞大。在水源地，它们一般饮 10 口水，每口水都要将头仰起来吞下。但动作很快，通常一共只需 10 ～ 15 秒钟。倘若一对配偶同时在场，那么先饮完的一方会等另一方，然后一起飞走。有些种类，如卡拉哈里沙漠的杂色沙鸡，会直接着陆在水面上，饮水时像鸭子一样浮在水面，然后轻松起飞。沙鸡一

↘ 一群那马瓜沙鸡在非洲的一处水源地
每天固定的时间，有成百上千只那马瓜沙鸡聚集在一起饮水。非繁殖季节，它们会先在水源地逗留半个小时，然后再一起同时下水。

般不会饮盐分含量高于 40% 的水，因为它们的肾不善于排泄盐分高的浓缩物，并且与大多数岸禽不同的是，它们也没有可排泄多余盐分的盐腺。

在高温天气（约 37℃ 以上），沙鸡往往不再活动，它们停止觅食，寻找阴凉处垂下翅膀撑开折翅处加速散热，傍晚会进行沐浴，如白腹沙鸡（见于撒哈拉以北地区）会洗"沙浴"——背置于沙中，脚伸在半空中。夜晚，一些种类会挖浅坑栖息，而且接下来的几个夜晚会继续使用。

大部分沙鸡种类常年居于某地，有时也会"流浪"，即根据当地的食物和水源情况在它们变化多端的干旱栖息地进行大范围的迁移。

不过也有少数种类会在繁殖地和非繁殖地之间定期进行长途迁徙。那马瓜沙鸡分布最靠南的种群会北上至纳米比亚和博茨瓦纳，而黄喉沙鸡在赞比亚和博茨瓦纳的亚种则向东南迁徙至津巴布韦和南非。黑腹沙鸡的印度种群也为候鸟。而栖息于中亚草原的毛腿沙鸡并不做严格意义上的迁徙，但会出现"井喷"式迁徙——大量的鸟离开它们通常的分布区，远至欧洲和北京，并曾有 1888 ~ 1889 年在英国繁殖的记录。引起这种现象的原因很可能是雪封

携水飞行者

沙鸡的雏鸟食干种子，且不能飞往附近的水源地，但它们又必须饮水，于是这一任务就落到了雄性亲鸟身上。至少在孵化后的 2 个月间，雏鸟都通过吮吸浸润在父鸟腹羽中的水分长大。

在雏鸟很小时，母鸟先飞去饮水，回来后雄鸟接替它前往水源地，母鸟则继续照看雏鸟。在下水前，雄鸟会在干燥的沙土上擦掉具有防水性的舐腺脂。入水后，它只会齐腹深的涉水，而保持翅膀和尾部不沾水。它会不时晃动身体使水充分渗透到腹羽中。这一过程持续数秒钟至 20 分钟不等。回来后，雄鸟做直立状，雏鸟跑过去从它腹羽的中间部位吮水。当雏鸟饮饱后，雄鸟走开，找块沙地将腹羽擦干，然后"全家"出动去寻找当天的食物。

雄鸟的腹羽有一种独特的结构，使它们可以利用腹羽的内表面（那里的蒸发微乎其微）携带相对较多的水分。每枚腹羽中间部分的羽小支在干的时候成螺旋状卷曲，贴于羽片上，并且相互缠绕，使羽毛结构紧凑。而浸湿后，羽小支展开，与羽片成直角，形成约 1 厘米厚的密集细羽区，可像海绵一样吸水。

目前人们研究过的沙鸡均采用这种携水机制（只有一个种类例外，那便是西藏毛腿沙鸡，因为在中亚山区，它们的巢附近总是有雪化后的水）。这样做可以使雄鸟避免像鸽子那样从嗉囊中回吐水分而影响到自身体内的水分供应。并且，虽然一开始雄鸟要面对 3 只雏鸟，但通常只有 1 只雏鸟会活到会飞，因此，运水量也是有限的。

雄沙鸡的腹羽羽小支干的时候呈螺旋形结构（图 1），而湿的时候，羽小支展开（图 2），使羽毛可以吸收更多的水分。

一只那马瓜沙鸡的雄鸟从水源地回来后，雏鸟们在它的腹羽处饮水。一只雏鸟每次能用这些腹羽携水 15~20 毫升。

造成食物短缺所致。

营巢于沙漠
繁殖生物学

迄今为止，人类研究过的沙鸡种类均为单配制，但领域性并不强，它们会形成小规模的繁殖群。北半球种类在春夏季节繁殖，南半球种类则主要在冬季繁殖。不过在纳米比亚和非洲南部的卡拉哈里沙漠，繁殖时期会有所不同，至少部分取决于降雨和食物供应。求偶主要表现为低头翘尾的追逐炫耀，类似于某些示威炫耀。孵卵通常为雌鸟负责白天，雄鸟负责夜里，不过在 Nyctiperdix 亚属的 3 个种类中这个模式会有所变动。对那马瓜沙鸡的研究表明，当气温很高时，亲鸟会站起来将翅膀下伸，从而给卵形成阴凉，为其降温。但沙鸡的卵应该能够经受高温的考验，因为土壤的温度有时会高达 50℃。

当最后孵化的雏鸟绒毛干后，一窝雏鸟便随即离巢。由于亲鸟不喂食，雏鸟在出生数小时后就开始觅食小的种子。它们从母鸟的啄食中学会取食什么样的种子。

尽管沙鸡通常一窝 3 雏，但往往会有一只雏鸟早早夭折。雏鸟长至 4 周左右可以开始略做飞行，但随后一个月仍继续由雄鸟为它们提供水，然后它们具备了足够的飞行能力，便会跟随亲鸟前往水源地。在雏鸟出生的前 3 周，亲鸟每次只有一方飞往水源地，另一方照看雏鸟。雏鸟长到 1 岁左右达到性成熟。依据具体情况，有些种类，如分布在以色列的黑腹沙鸡和摩洛哥的斑沙鸡，一年会育 2 窝雏。

朋友和敌人
保护与环境

由于习惯于在清晨或黄昏的固定时间大规模聚集在水源地饮水，因此沙鸡很容易遭到掠食。它们是猛禽类特别是地中海隼最青睐的猎物之一，后者经常在水源地袭击它们。而狐狸、豹和猫鼬等哺乳动物也会在沙鸡的营巢地对它们发动攻击。此外，其雏鸟很容易受到茶隼、鸦等空中天敌的袭击。

如今沙鸡已经不像过去那样被人类大量捕杀，成为餐桌上的佳肴或消遣的玩物（过去人们曾试图将沙鸡引入美国的干旱地区用以消遣，但未获成功）。有些地方农业抛荒，再加上干旱，反而为沙鸡提供了更多合适的栖息地。当它们出现在人类定居地附近时，有些种类如白腹沙鸡，会进入农田觅食小麦、燕麦、小扁豆等农作物。在埃及，斑沙鸡和花头沙鸡会成群觅食从卡车上掉落下来的粮食（从尼罗河流域的原产地运往红海沿岸的港口）。人们挖的井也为沙鸡提供了水源，因此大部分种类的生存条件无疑因人类活动而得到了改善。目前没有一种沙鸡为受胁种类。

知识档案

沙鸡

目 沙鸡目
科 沙鸡科

2属16种：黑腹沙鸡、黑脸沙鸡、杂色沙鸡、栗腹沙鸡、花头沙鸡、二斑沙鸡、四斑沙鸡、里氏沙鸡、马岛沙鸡、那马瓜沙鸡、彩沙鸡、白腹沙鸡、斑沙鸡、黄喉沙鸡、毛腿沙鸡、西藏毛腿沙鸡。

分布 非洲、伊比利亚半岛南部、法国，中东至印度和中国。

赤道

栖息地 沙漠、半沙漠、干旱的草地草原、灌丛地。

体型 体长 25～48 厘米，体重 150～650 克。

体羽 雄鸟底色以浅黄色、赭色、赤褐色、橄榄色、棕色、黑色或白色为主，通常有点斑或条纹，并主要为黑色、白色或栗色的胸斑；雌鸟则一般为赭色或浅黄色，有黑色条纹。这种性二态在沙鸡中很明显，并固定不变。有6个种类的中央尾羽很长。

鸣声 柔和、悦耳的咯咯声，固定为2个或多个音节，通常在飞行时鸣叫。不同种类声音各异。

巢 露天的地面浅坑，或营于灌丛中、草丛中或大石下；有时稀疏地衬以干燥的植物碎片或小石子。

卵 窝卵数几乎总是3枚，偶尔为2枚；形长，两头圆；浅黄色、淡灰色、浅绿色或粉红色，带有褐色、红棕色、黄褐色或灰色斑。孵化期21～31天，雏鸟约4周后飞羽长齐。

食物 几乎均食小而干的种子，偶尔摄取其他植物性食物、昆虫和小型软体动物，会摄入砂粒。

鸽子

　　鸽子是生存最成功的鸟类之一，几乎像人一样随处可见。有成千上百万只原鸽的后代栖息于世界各地的城市里。在城市环境下，它没有天敌，因此可营巢和栖息于建筑物上，再加之人类经常给它们喂食，这一切使得鸽子极为繁盛，有时甚至因为数量过多而引发污染问题。在乡间的鸽类则从农业发展中受益。有一些原鸽的后代还被用于赛鸽运动，展示它们广为人知的导航本领。

　　鸠鸽科为一个非常突出的科，全球性分布。它们生活于除南极之外的世界各大洲，几乎到处都可以见到两三种。不过，只有原鸽和灰斑鸠会出现在北极圈的极北端。鸠鸽科广布于温带和热带地区，但在撒哈拉沙漠中部和阿拉伯半岛的大部分沙漠地带，它们只是匆匆过客。鸠鸽科具有很强的扩散性，可见于大部分近海和远海的岛屿，在东南亚诸岛和南太平洋岛屿上有广泛分布。而大西洋中部的岛屿以及夏威夷则是少数连一个种类都没有的地方。

↗ 两只冠翎岩鸠在相互梳羽
这种栖息于澳大利亚北部和内陆草地的鸟经常长时间栖坐着一动不动。

　　全科可分成 4 个亚科。其一是鸠鸽亚科，主要为食种鸟，广泛见于其分布区内；其二是果鸠亚科，见于非洲热带地区和东方动物地理学区；其三为凤冠鸠亚科，含 3 个新几内亚的本地种类；最后，萨摩亚的齿嘴鸠单独成一亚科。

▌肌肉结实
形态与功能

　　鸽子是相当结实的鸟，多数中等体型，羽毛柔软、生长很快。小至外形和行为似麻雀的地鸽，大至重达 2 千克以上的凤冠鸽。在大部分种类中，两性相似，只是雌鸟通常略显暗淡。有些种类的两性差异明显。如斐济橙色果鸠的雄鸟为鲜艳的橙色，而雌鸟为深绿色（但两者的头相似，均为黄色）；非洲和马达加斯加的小长尾鸠雄鸟有黑色的面罩，但雌鸟没有。

　　翅膀肌肉占到了鸽子平均体重的 44%，而在那些专门用于鸽赛的种类中甚至会更高。这些肌肉使鸽子能够垂直起飞。好的"赛鸽"

鸽子

目 鸽形目
科 鸠鸽科

42属309种。属、种包括：铜翅鸠类（铜翅鸠属）、凤冠鸠类（凤冠鸠属）、灰斑鸠、欧斑鸠、皇鸠类（皇鸠属）、粉红鸽、原鸽、欧鸽、地鸠、齿嘴鸠、小长尾鸠、橙色果鸠、华丽果鸠、斑颊哀鸽、哀鸽等。

分布 分布广泛，但南极、北半球高纬度地区以及沙漠中的极干旱地区除外。此外，许多孤岛上也有分布。

赤道

栖息地 大部分栖息于林地或森林，有些栖息于开阔地带或悬崖附近。无论是原鸽的野生后代还是驯养后代如今都可在世界各地的城市里经常见到。

体型 体长15～82厘米，体重30克至2.4千克。

体羽 多数呈灰色和褐色，有些羽色更鲜艳。大型热带种类绿鸠属的主要为亮丽的绿色。部分种类具冠羽。两性相似。

鸣声 咕咕声等多种柔和的鸣叫声，会发出简单的鸣啭，通常仅有数个音符。

巢 大部分在树枝上筑简单的细枝巢，少数营巢于洞穴或地面。

卵 窝卵数1～2枚（通常为2枚）；白色；重2.5～50克。许多种类会连续孵数窝卵。多数种类的孵化期为13～18天，大型种类可达28天。许多种类的雏鸟留巢期尚不清楚，但一般不超过35天，少数可能会更长。但有不少种类的雏鸟在发育完全之前便离巢，剩下的发育待离巢后完成。

食物 主要食植物性食物，包括新鲜的绿叶、果实和种子，结果有些种类成为庄稼的害鸟。亲鸟给雏鸟喂由嗉囊产生的乳汁。

平均飞行速度可接近70千米/小时。

大多数鸽子呈灰色、褐色或粉红色。许多在颈两侧、翼上或尾部有醒目的白色、黑色或彩色的块斑，其中有些块斑在炫耀中会变得更显眼。少数有小型的冠，其中铜翅鸠有长而尖的冠。

旧大陆热带森林中的食果类则显得色彩斑斓。在非洲和亚洲的绿鸠属种类中，体羽多数为柔和但相当惹眼的绿色，同时常常有黄色和紫红色做点缀；印度洋上的蓝鸠属种类则以蓝色为主；亚太地区的果鸠类（如果鸠属种类和皇鸠属种类）体羽图案非常惹人注目，拥有多种鲜艳色彩。

3种凤冠鸠种类主要为浅灰色，下体和翼覆羽为粉红色或栗色，另外翅膀上有一块大的白斑。它们比其他种类大许多，并具有大而扁平的冠。

齿嘴鸠的头、颈、胸和翕为泛有光泽的深绿色，背和翅呈栗色，而喙为红色和黄色，非常强健，颇似猛禽的喙。

部分为候鸟

分布模式

几乎在所有的陆上栖息地，从热带和温带森林到草原和半沙漠荆棘丛，从平地到喜马拉雅山的雪线以上，都可以见到鸽子的身影。由于大部分食种子，需要经常性饮水，因此它们很少远离水域。鸽子一般为树栖，但也有一些地栖和崖栖种类。许多在树上营

⟍ 斑肩姬地鸠以食草籽和谷物为主，这使它们广泛见于新几内亚南部和澳大利亚的农业区。

巢，在地面觅食。

大部分种类为定栖性，但飞行能力出色。少数种类做长途迁徙。有些种类，特别是干旱地区的种类如非洲的小长尾鸠和几个澳大利亚种类，会广泛移栖。其他一些种类为季节性候鸟。如鸥斑鸠在欧洲、中亚和北非的许多地方繁殖，然后飞越撒哈拉，迁徙至该沙漠南部的撒赫尔地区过冬。类似的，"新大陆"的美洲哀鸽从繁殖地南下至墨西哥越冬。

食种子或果实
食物

鸠鸽类主要从地面啄食种子，然后在功能强大的肌胃里研磨，常常会吞入一些砂粒帮助消化。在有些季节，多数种类也会食绿叶、芽、花和某些果实。于是，一些种类因为偷食成熟的庄稼或刚发芽的作物而严重危害农业收成。果鸠类几乎仅食果实的果肉。在这些种类中，砂囊能够将果肉剥离而将种子完好地排出。这种适应性使它们成为出色的种子传播者，有大量事例表明它们与结果类植物共生。

有不少种类会捕食少量的蜗牛或无脊椎动物，特别是在繁殖季节；而在城市里的野生种类，有时几乎无所不食。

食种类需要经常性饮水。与其他大部分鸟类不一样，鸽子为主动式饮水，即将喙伸入水中至鼻孔，然后将水吸入而不仰起头。有些种类会飞相当远的距离前往水源，在那里大规模聚集成群，尤其是在清晨和黄昏时分。

终身伴侣
群居行为

鸽子的鸣声为咕咕声、轻哼声及各种低沉的声音，大部分相对安静。某些种类有规律地重复单个音符，其他种类则多少会鸣啭。此外，有些种类会发出口哨声或尖锐的鸣叫。它们似乎没有专门表示惊恐的鸣声，只是有几个种类在逃跑飞离时扇翅声很响，而这在它们的炫耀飞行中也会出现。

繁殖期来临时，鸽群开始解散，纷纷结成配偶。据目前所知，鸽子均为单配制，配偶整个繁殖期都待在一起，有些种类的配偶关系会持续数年甚至为终身性。

雄鸟的鸣啭通常为简单的甚至相当单调的一连串咕咕声。有些种类的声音可传至很远，

鸽的代表种类

1.哀鸽，北美的常见种类；2.维多利亚凤冠鸠，鸠鸽科中最大的种类，雄鸟在做求偶鞠躬表演时会用上它的冠；3.欧斑鸠，在撒哈拉以南越冬，夏季回到欧洲；4.巨果鸠，成群觅食。

↗巨皇鸠以露兜树的果实为食。

虽然只是反复的单个音符。许多种类会进行炫耀飞行，既可用于示威，也可作为求偶的一部分。求偶可能很简单，如斑鸠类便是如此。但在其他种类中，求偶包括鞠躬等一系列很复杂的行为，并通常伴有咕咕声。

树栖种类筑细枝巢，外形看似脆弱，但实际上交织紧凑，通常位于树枝上或树枝间。其他种类筑巢于悬崖上，有时筑在人工设施上，少数种类会营巢于地面开阔地带。某些种类（如原鸽）将巢筑在天然的岩缝或岩洞中（如今，无论是原鸽的野生后代还是饲养后代都会经常筑巢于建筑物上）。此外，还有数个种类（如欧鸽）营巢于树洞或地洞中。所有这些种类通常都会筑某种形式的巢，但特别是在营洞穴巢的种类中，筑巢过程往往极为简单。一般为雌鸟筑巢，雄鸟供应大部分巢材。所有种类产下的卵均无斑，白色或接近白色。多数种类一窝产2枚卵，但较大种类和大部分热带鸠类通常为一窝单卵。较之其他鸟的卵，鸽子的卵相对于成鸟体型而言显得非常小，再加上窝卵数又少，这使得鸽子一窝卵的总重量与成鸟体重的比在所有营巢的陆地鸟类中最低（约为9%）。

不过，鸽子的繁殖期很长，有许多种类

渡渡鸟——一种灭绝的鸽子

长期以来，生物学家们一直猜测，渡渡鸟这种不会飞的、灭绝于17世纪的毛里求斯鸟是鸠鸽科的成员。DNA分析技术的出现终于使这种亲缘关系得到了证实。

牛津大学和伦敦自然历史博物馆的研究员们从唯一一个软组织保存完好的渡渡鸟标本中提取样本，然后与毛里求斯愚鸠（一种已灭绝、类似渡渡鸟的鸟，原先分布在附近的罗得里格斯岛）以及现存种类（包括鸠鸽类在内）的基因物质进行比较。经过分子分析发现，渡渡鸟和毛里求斯愚鸠起源于东南亚一种类似鸽子的原种。这种鸟在大约4200万年前与它的亲缘种分离，飞越印度洋，定居在马斯克林群岛岛链中第一批出现的火山岛上（形成于约2600万年前）。渡渡鸟和毛里求斯愚鸠随之成为2个种类。后来，由于岛链中的第一批岛屿下沉，这2种鸟分别"跳"到了毛里求斯（形成于800万年前）和罗得里格斯岛（形成于150万年前）。

与渡渡鸟亲缘关系最近的是尼柯巴鸠，其他的亲缘种类包括新几内亚的凤冠鸠类和萨摩亚的齿嘴鸠。

会连续产下多窝卵，有时一年内可产8窝卵。这种丰产性乃是基于它们拥有很短的孵化期（13～18天）、跟同等体型鸟类相比较短的长飞羽期（雏鸟通常在出生2周后便会飞）以及前后两窝雏可出现重叠现象，即亲鸟还在抚育前一窝雏时又产下一窝卵（有时产于同一巢中）。两性共同担负孵卵和育雏之责，并且双方都会分泌鸽乳。鸽乳富含能量和营养成分，有助于雏鸟迅速成长发育。据研究发现，所有露天营巢的种类中，其雏鸟在会飞时还未长成成鸟的体型，也没有达到成鸟的体重（通常为65%，而在华丽果鸠中仅为26%）。但在洞穴营巢的鸥鸽，其雏鸟飞羽长齐时，体型和体重已与成鸟相当。

有些种类开始繁殖的时间非常早，如地鸠长到5个月大时就开始繁殖。许多种类寿命相当长，尤其是在人工饲养后。

成败皆有
保护与环境

农业的发展使鸽子受益匪浅。许多种类善于在谷物和果实长到可为人食用前抢先觅食，在某些地区，它们对经济作物构成了严重威胁，如南美的斑颊哀鸽。鸽子会飞到一片区域迅速摄取食物填饱嗉囊，然后快速返回安全的林地慢慢消化。有些种类会成为农作物病的潜在携带者，甚至给人类的健康带来威胁，特别是那些生活在城市的野生种类。

灰斑鸠在20世纪中叶实现了分布范围的大扩张。之前，这种鸟只繁殖于欧洲的东南端，20世纪初，开始通过巴尔干半岛慢慢扩展。从1930年前后起，灰斑鸠迅速向欧洲西北部进军。于1955年首次在英国繁殖，15年后，几乎遍布不列颠群岛。1974年，它们来到葡萄牙。如今，其"势力范围"已伸入北非西部。

而另一方面，有些种类分布非常有限，特别是一些岛屿种类。还有许多种类面临栖息地丧失的严重威胁，这常常由人为因素引起，但飓风等自然灾害的影响也是一个方面。人们将人工饲养的毛里求斯粉红鸽重新放回野生界中，这种鸟的数量实现了增长。然而，这样的措施要取得成功必须先解决之前导致数量下降的根本原因（对粉红鸽而言为外来天敌的引入）。

鸟的数量多并不意味着其生存就一定有了保障。据估计，在18世纪末北美的旅鸽有30亿只，是世界上最繁盛的鸟类之一，其营巢群居地方圆数千米。即使到了1871年，在美国威斯康星州的一个散布的繁殖群仍有近1.36亿只。和其他所有鸽子一样，旅鸽的肉也是味道鲜美，而且它们很容易被击落，因此即使在它们数量大量减少后仍遭到人类的商业捕猎。旅鸽似乎非常依赖于橡果的丰产程度，而后者地区差异恰恰很大，于是它们经常成大群寻找资源丰富的觅食地。栖息地遭破坏加上本身遭捕杀，导致了它们在1900年前后野生灭绝，而最后一只旅鸽于1914年在辛辛那提动物园死去。今天，美洲哀鸽在美国仍遭到大规模捕猎，而在南美部分地区，斑颊哀鸽和不少鸽子的家养品种一样，是人类补充蛋白质的重要来源。

↙ 斑尾林鸽是欧洲数量最多、分布最广的鸽子。在非繁殖季节，它们通常成群活动，有时规模相当大。

杜鹃

作为春天的使者以及有趣的巢寄生现象研究的主体，大杜鹃可谓闻名遐迩，甚至是臭名昭著。杜鹃占据其他鸟巢的不良行径广为人知，以致在英语中专门根据它的名字产生了一个词"cuckold"（意为戴绿帽子者）来指妻子有外遇的丈夫。不过，大杜鹃这种鸣声比外形更为人熟知的鸟，在杜鹃科中却是一个例外：对这种繁殖于欧洲和亚洲温带地区的鸟，人们有详细的研究，而其他大部分杜鹃则是鲜为人知的热带种类。此外，并非所有的种类都像大杜鹃那样进行巢寄生。

杜鹃是极为多样化的一科：北美沙漠中结实强健的走鹃与非洲灌丛中小巧精致的白腹金鹃看上去几乎毫无相似之处。生理解剖的内部细节以及两趾向前两趾向后的对趾结构，使杜鹃有别于与其表面上相似的鸣禽类，而与鹦鹉和夜鹰的关系更密切。这种不同寻常的足部结构使杜鹃可以神不知鬼不觉地爬上纤细的芦苇秆，或者在地面悄无声息地疾走。

部分寄生
形态与功能

杜鹃科包括6个亚科，3个分布于旧大陆，3个见于新大陆，各自之间差异很大。在旧大陆，最大的亚科有54个种类，为清一色的寄生杜鹃。另外2个亚科中，其中一个由28种鸦鹃组成，分布于非洲、东南亚和澳大利亚；另一个由26种岛鹃和地鹃组成，分别限于马达加斯加岛和东南亚。在新大陆，其中有18种也被称为杜鹃的非寄生种类，构成与旧大陆亲缘种类不同的一个亚科。3种集体营巢的犀鹃加上圭拉鹃形成另一个亚科。第3个亚科则由10种鸡鹃组成，其中3种为寄生性。

许多种类颇似小型的鹰，喙明显下弯，尾长，并且和鹰一样会遭到小型鸣禽的群起围攻。杜鹃之所以这样不受欢迎，原因在于它们中有很多利用小型鸟类的巢来进行寄生式繁殖。约有57个种类将卵产于其他鸟类的巢中，这其中包括杜鹃亚科的所有种类，外加美洲鸡鹃亚科的3个寄生种类。关于在进化史上这种寄生习性究竟出现过多少次一直没有定论。

瞒天过海
繁殖生物学

守护领域的大杜鹃雌鸟会密切关注来来往往的鸣禽留鸟，事实上它主要是在寻找其中的某一种鸟，因为它的卵颜色很特别，需要找一个卵与之相配的潜在寄主。在发现合适的巢后（通常是一个雌鸟处于产卵期的巢），大杜鹃会悄悄地飞进去，将一枚或多枚寄主的卵吞到嘴

一只沟嘴鹃在食无花果
这种世界上最大的杜鹃将卵产于多种鸦类的巢中，如黑背钟鹊和斑噪钟鹊。

里，然后迅速放入一枚自己的卵，随后离开，这一切在10秒钟内完成。由于卵的颜色相仿，并且大杜鹃的卵相对较小，巢的主人回来后看不出一窝卵有被动过的痕迹。而大杜鹃在成功完成这一巧妙的行动后，会吃掉盗来的卵，作为对自己的犒劳。

大杜鹃的卵发育极为迅速，即使在寄生发生时寄主的一些卵已开始部分孵化，杜鹃的卵也往往是最先孵化的。出生的大杜鹃雏鸟具有突出的驱逐其他卵和雏鸟的本性。对此，英国医生爱德华·金纳（疫苗接种的发明者）在1788年首次予以了描述。大杜鹃的雏鸟会陆续拱走周围的其他一切东西，直至整个巢中只剩它自己。如此一来，它就消除了任何可能的竞争，确保它的"养父母"一心一意做一件事——抚育贪婪的杜鹃！而即便当悲剧发生时养鸟就坐在巢中，它们也不会干预和阻止杜鹃残害它们自己的后代。

当然，杜鹃并不是千篇一律地都采用这种模式。有许多种类如大斑凤头鹃、沟嘴鹃和嗓鹃，并不表现出驱逐行为。相反，它们的雏鸟与寄主（对它们而言通常为鸦类）的后代一同生活在巢中。然而，发育迅速、更活跃的杜鹃雏鸟还是会将雏鸦践踏致死，或者通过巧妙的方式独揽养鸟带回巢内的食物。

即使在孵化后，杜鹃的雏鸟为了能够从养鸟那里得到食物，也必须继续进行欺骗。它们往往通过模仿养鸟与巢中后代之间交流

杜 鹃

目 鹃形目
科 杜鹃科
28属140种。种类包括：黑嘴美洲鹃、大杜鹃、大斑凤头鹃、沟嘴犀鹃、白腹金鹃、嗓鹃、圭拉鹃、沟嘴鹃等。

分布 欧洲、非洲、亚洲、大洋洲、南北美洲。大多数种类为定栖性的热带或亚热带种类，有一部分候鸟种类会将分布范围延伸至温带。

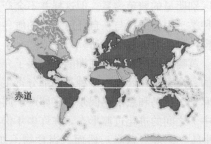

赤道

栖息地 从干旱沙漠至潮湿森林甚至高沼地（大杜鹃）均有，但大部分种类栖息于或稀疏或茂密的灌丛和林地，并通常有河流水道。

体型 体长17～65厘米，体重30～700克。两性一般大小相近，有时雄鸟略大。但就整科而言，同一性别的不同种类在大小和体重方面差异很大。

体羽 普遍为不起眼的灰色和褐色，下体通常有横条纹和（或）竖条纹，尾羽展开时有时带有醒目的点斑或块斑。

鸣声 一般听上去似笛声和口哨声，而双音节的打呃声正是这种鸟的英文名的由来。也有很多种类尤其是刚会飞的雏鸟会发出刺耳的鸣声。至少在部分种类中，两性鸣声相异。

巢 非寄生的种类在树上、灌丛或空旷的地面筑一树枝平台巢。

卵 寄生种类每个繁殖期一般产卵8～15枚，非寄生种类的窝卵数为2～5枚。卵重8～70克。非寄生种类的卵相对于雌鸟的体重而言显得很大，部分寄生种类的卵很小。孵化期约11～16天，雏鸟留巢期16～24天。寄生种类卵的颜色各异，主要与寄主的卵保持一致。

食物 几乎完全为食虫类。多数种类会食其他鸟无法觅得的有害猎物（如毛虫）。较大种类也会食某些小型脊椎动物。有一属（嗓鹃属）以食植物为主。

↙ 杜鹃的代表种类

1. 雉鸦鹃；2. 噪鹃；3. 沟嘴犀鹃；4. 在自己巢中的黄嘴美洲鹃，当食物充足时，这种鸟会变成巢寄生；5. 大杜鹃，正在盗一枚卵；6. 走鹃。

的信号来得逞。如大斑凤头鹃模仿雏钟鹊乞食的鸣叫声可以假乱真，而它乞食时张得大大的嘴甚至比同居一巢的寄主后代更能博得养鸟的同情。

　　杜鹃乞食的样子极为煽情，以至于在它离开养鸟的巢以后，也同样能引来其他鸟的眷顾。那些路过的小型鸟类，虽既不是亲鸟也不是养鸟，却会向这些"可怜乞讨"的鸟儿施舍食物。

　　从进化的角度而言，杜鹃的雏鸟成功得到养鸟的抚育实属不易，因为不利于这种行为的力量无疑非常强大。由于对卵颜色和大小的模仿可提高被寄主接受的概率，因此杜鹃会尽可能调整自己以适应当地的寄主种群特点。如非洲褐鸦鹃为非洲中部的一个寄主种类，它们在大部分分布区内产的卵为天蓝色，但在尼日利亚北部的一个地方产的卵为粉红色或紫红色。令人难以置信的是，它们的杜鹃寄生种在进化过程中将这种着色变化如实地继承了下来。这种局部模仿的精确性取决于杜鹃种类（无论为候鸟还是留鸟）对繁殖地的忠诚度，一只不想在自己出生地附近繁殖的雌鸟可能会很难找到合适的寄主。而这种机制得以维持似乎是因为雌性雏鸟不但从母鸟那里遗传了卵的颜色，而且往往会通过寄生感染同一种抚养它们的寄主。由此，杜鹃形成了多种以雌鸟为基础、基因区别明显的繁殖谱系。但这样并不会产生新的种类，因为雄鸟与来自任何谱系的雌鸟进行交配，只会促进基因流动。

　　黄嘴美洲鹃和黑嘴美洲鹃则代表了介于杜鹃的完全寄生和其他一些种类的部分寄生（如家麻雀、椋鸟和黑水鸡偶尔会将卵产于同类的巢中）之间的进化过渡形态。在许多年份，这2种鸟"正常"营巢。然而，当食物（如蝉）特别丰富时，雌鸟也会试图将卵寄生于同种或不同种的鸟巢中，同时自己育一窝雏。那么是什么样的生态因素导致了这种混合繁殖策略的

沙漠特种

如果说杜鹃科的非寄生种类也有与众不同之处的话，那么走鹃无疑是其中之一。这种地栖鸟生活在墨西哥和美国西南部的沙漠地带（在亚利桑那州数量最为丰富），曾因被误认为对猎禽有害而大量遭到残杀。事实上，走鹃主要以各种大型无脊椎动物以及小型蜥蜴为食。由于奔跑速度快（有记录表明它们的速度可达24千米/小时），它们可以通过跑动来追捕猎物。而游人的夸张描述更是提高了走鹃的知名度：有一种流行的说法是这种鸟会巧妙地挥动一片仙人掌叶子来戏弄响尾蛇，直至后者发怒向它发起攻击，结果惨死在这种鸟带刺的武器下。

相对更为可信和得到证实的是走鹃表现出一种鸟类中最不同寻常的生理特征，即在一定程度上为冷血动物！在沙漠的夜间，气温变得很低，大部分鸟需要加快新陈代谢来使体温保持在一个较高的恒定水平，这自然意味着将更快地释放体内的食物储备。走鹃则采取一种更为节省的办法：直接让体温略为下降，关闭"中央空调"而不产生不良影响，从而达到节能的效果。事实上，它们确实会进入一种轻度的休眠状态，面对突然的危险不会迅速作出反应。但对于鲜有天敌的走鹃来说，这种不足之处不会产生严重后果。

当曙光划破寒冷的沙漠之夜，走鹃开始采用一套精细的办法来暖身。它们用位于两翼之间的深色背部皮肤来吸收太阳光的能量，温暖皮肤和皮下血管。为了加快这一进程，走鹃会抖松覆在上面的羽毛，这样就可以方便太阳光的穿透。与通过活动热身来达到正常体温相比，这种快速有效的暖身办法可以帮走鹃节省一半的能量。

出现呢？这2种杜鹃的显著特征是：卵相对于身体体型而言显得很大，这些大的卵发育特别快，仅11天就孵化，为鸟类中最短的孵化期。卵迅速孵化对巢寄生的成功自然有着至关重要的意义，因为当杜鹃发现寄主的巢时，那里面已经有发育中的卵，倘若杜鹃的卵孵化远远晚于寄主的卵，那么寄生成功的可能性就非常渺茫。

寄生性杜鹃惹人注意的独特行为往往掩盖了另一个事实，即约有2/3的杜鹃种类在繁殖习性上为非寄生性，它们实行单配制，配偶相伴在一起共同抚育后代。雉鹃便是其中之一。它们抚养1~2只奇形怪状的黑色雏鸟，像其他许多杜鹃一样，在怀疑有天敌出现时，雏鸟会分泌出一种味道难闻的液体。然而，对于大多数种类，我们都知之甚少。

相对安全
保护与环境

与其他有些引人注目但只充当配角的种类不一样，许多杜鹃种类乃是灌丛、次生林中的主角。它们栖息于受人为影响的地区，而这样的地区随着人类的介入会越来越多。这种栖息地偏好对它们相当有利，从而使受胁种类的比例保持在相对较低的水平，不到10%。大部分受胁种见于东南亚，它们分布范围有限，栖息地面临丧失的威胁。如2个极危种苏门答腊地鹃和斯氏鸦鹃分别位于印尼苏门答腊岛和菲律宾民都洛岛上的森林栖息地，因农业开发而广泛遭到砍伐—焚毁式的破坏。

栖息于马达加斯加长廊林中的凤头马岛鹃，突出的特征是铁蓝色的眼纹和赤褐色的胸羽。

巢寄生的杜鹃

●一只大杜鹃雌鸟在它的领域观望，等待合适的时机前往它习惯于寄生的某种鸣禽类的巢中。苇莺和蒲苇莺是常见的受害者。大杜鹃会窃取寄主的一枚卵，随后食掉。

●一只苇莺在给仅剩的杜鹃雏鸟喂食，其速度等同于它给自己一窝三四只雏鸟喂食的速度。杜鹃能够确保寄主会努力为其服务的关键因素是它会模仿寄主一整窝雏鸟的声音，不断发出"嘶－嘶－嘶"的乞食鸣声。杜鹃对鸣声频率的精确把握弥补了张口面积小于 4 只雏苇莺总张口面积的不足。

●杜鹃每个繁殖期约产 8 枚卵，它会将其中一枚放入当时无亲鸟照看的寄主巢中。为了减少被发现的可能性，杜鹃的卵在大小和颜色上会尽可能与寄主的卵接近。

●在由苇莺抚养的3周时间里，杜鹃发育迅速，很快个头就超过了被蒙在鼓里的养鸟。在一些地区，由于杜鹃的巢寄生极为成功，寄主数量大幅下降，以至于杜鹃不得不更换另一个寄主种类。

●杜鹃的卵通常最先孵化。在出生一天后，杜鹃的雏鸟开始在巢中到处乱动，直到它背上的某个凹陷部位抵住另一样东西——一枚卵或另一只幼雏。然后它借助力气惊人的腿，在巢内往上爬，待抵达巢沿后，将背上的东西拱出巢外。它会一再重复这一动作，直至将巢全部清空。

麝雉

极具特色的麝雉自 1776 年被首次发现以来一直挑战着传统的分类学。这种鸟的一大突出特征是幼鸟的"肘部"长有 2 只爪，使它们可以攥紧树枝，而其他大多数鸟只是在胚胎期才会出现这一特征。麝雉的这一特点被古生物学者引为鸟类起源于爬行类的证据。

分类学者都同意麝雉应当被单独列为一科，但该科在过去习惯上被归入鸡形目，即"类似家禽的鸟"的集合，包括火鸡、雉、凤冠雉等，内部种类之间的亲缘关系尚不十分清楚。麝雉腿短粗、体羽粗糙、初级飞羽呈栗色、飞行能力弱，确实颇有几分像家养的母鸡。然而近年来，对麝雉的线粒体 DNA、核子 DNA、蛋白的蛋白质、眼圈周围的巩膜小骨所做的骨质特征和基因序列的研究分析都一致表明，它应归入鹃形目。目前仍不确定的只是在鹃形目内，麝雉究竟与杜鹃（杜鹃科）还是与蕉鹃（蕉鹃科）的亲缘关系更密切。

消化似牛
形态与功能

麝雉的归类之所以复杂，其中一个事实是这种鸟是鸟类中最特化、最精细的食草者之一。关键的适应部位为它的前肠，约占体重的 25%，如此之大，以致飞行肌退化，所以麝雉的飞行能力很弱。

多种植物的绿叶，尤其是芋类低位的嫩叶，占到麝雉食物的 80%，剩下的食物来源为花和果实。麝雉在清晨和傍晚觅食。其他食草鸟（如松鸡），其植物性食物在后肠消化，而麝雉则在宽敞的前肠将植物发酵。在那里，各类细菌分解植物细胞壁的纤维素，和牛、羊等反刍动物以及袋鼠一样。为了实现这种降解，食物会在肠内滞留很长时间，其中流体植物性食物 18 小时，固体植物性食物则长达 1～2 天。这与羊的食物滞留期类似，可用以解释为何麝雉的排泄物稀湿，而松鸡排出的为圆柱状的纤维成分。此外，这同样可解释为何常常见到麝雉在树上栖息时会将胸部贴于树枝，它们是在让消化酶更好地发挥作用。

这种奇特的消化机制被认为是麝雉会产生

↗冠羽长而尖、身体厚实的麝雉是亚马孙河流域一种富有特色的鸟，它喜居的栖息地是沼泽和水流缓慢的逆流水域。

知识档案

麝雉

目 鹃形目
科 麝雉科
仅麝雉1种。

分布 南美洲北部、亚马孙河流域和奥里诺科河流域。

栖息地 雨林。

体型 体长60厘米，体重800克。

体羽 背部深褐色，下体浅黄色，腹两侧栗色；脸部皮肤呈铁蓝色；头翎为栗色，具深色末端；尾羽末端为浅黄色。

鸣声 多种声音，包括求偶时的咯咯声、觅食时的喵喵声、表示警觉的呼哧声以及类似珠鸡的尖叫声。

巢 筑于树上或大灌木中，通常位于水面上方。巢材为树枝。

卵 窝卵数通常为2~3枚（偶尔4或5枚）；浅黄色，带褐色或蓝色斑点；重30克。孵化期28天，雏鸟出生10~14天后开始独立觅食。

食物 沼泽地植物的叶、花和果实。

赤道

↘麝雉一年四季群居，在繁殖期尤为明显。有时一棵树上会容纳数个巢。

一股难闻味道的根源所在。但它们的肉据说却非常鲜美，因而有时会遭到捕猎。只要不受烦扰，麝雉可以生活在人类居住地附近，如运河边上。有些个体在动物园里以绿叶为食，已经存活了5年以上。

额外的"帮手"
群居行为

麝雉成群生活，一般2～5只鸟在一起，有时会达到8只。相关的跟踪研究证实，这些群体为一对繁殖配偶外加它们之前抚育的后代（主要为雄鸟，因为雌鸟在长大过程中会扩散开去）。除了交配和产卵，这些额外的协助者会参与其他所有的繁殖活动，如领域维护、孵卵以及将植物性食物流体回吐给雏鸟，这种营养物富含细菌，由此将雏鸟日后进行食物发酵所需的微生物注入它们的肠内。

雏鸟长至2个月后开始会飞，出生50～70天后可以独立觅食，这时，麝雉"肘部"的爪子消失了。

蕉鹃

蕉鹃科是唯一仅见于非洲的一个大科，曾被认为与杜鹃有亲缘关系，主要是因为两者均为对趾结构。而有关羽毛寄生虫的研究认为，它与猎禽类（鸡形目）有某种亲缘关系。ＤＮＡ分析则重新界定了蕉鹃和杜鹃的关系，表明它们应当被归入２个不同的目，而不仅仅是２个不同的科。

人们对蕉鹃一度知之甚少，以致多年来一直称它为"食大蕉的鸟"（plantain-eaters），即蕉鹃科"Musophagidae"一词的字面意思。不过，在了解了这种体型中等、尾长、翅短而圆的鸟极少或从来不食大蕉和香蕉后，便用"turaco"一词取代了原来不当的叫法。事实上，在非洲，靠食大蕉生存至今根本不可能，因为人们将大蕉引入非洲大陆只是近期的事。

钟爱果实
分布模式

蕉鹃见于多种林地栖息地，诸如山地森林、丛林、大草原、郊区花园等。数十只鸟成群在植被中觅食，主要撷取各种果实，包括某些对人类而言为剧毒的浆果。它们消化的果实中的种子有80%被排放到母树之外的地方，这表明蕉鹃对种子的扩散分布起着重要作用。有少数研究表明，亲鸟给雏鸟喂的食物中，虽然偶尔也含有一些无脊椎动物，尤其是蜗牛，但基本上还是以果实为主。这在陆栖鸟类的雏鸟中是很少见的，因为它们中的大部分在从孵化到独立觅食

这段生长发育的高峰期内，一般都被喂以富含无脊椎动物等的高蛋白食物。

独特色素
形态与功能

蕉鹃不同于其他所有现存鸟类的一大特点是，它们拥有2种鲜艳的羽色素（均为铜的化合物）：绿色素和红色素。绿色素为14个种类的体羽提供丰富的绿色，而且是蕉鹃所独有的绿色素。（绝大多数鸟类通过特化的羽毛结构对七色光进行折射，从而使羽毛呈绿色）红色素则负责将大部分蕉鹃翅膀和头部的羽饰染

↗ 栖息于东非的白腹灰蕉鹃，其分布范围北起埃塞俄比亚和索马里，穿过肯尼亚，南至坦桑尼亚。这种鸟奇怪的英文俗名(go-away bird)源于它们的鸣叫声。

为深红色。雏鸟需要长达一年的时间才能拥有和成鸟一样的羽色，原因也许就是色素生成所需的铜相对比较稀少，很难获得。据估算，一只蕉鹃需要摄入 20 千克果实，才能得到足够的铜来为羽毛着色。

秘密繁殖
繁殖生物学

人们常常认为，既然蕉鹃成群觅食，那可能就意味着它们像其他某些热带鸟类一样为群居繁殖，整个群体组织起来，孵卵、看雏和为饥饿的雏鸟喂食等营巢事务由其他个体，而非亲鸟来负责。然而，就我们对蕉鹃繁殖习性有限的了解来看，这种模式迄今为止仅限于一个种类。普遍的现象似乎为单配制的配偶在它们所极力捍卫的领域内进行繁殖。而求偶则通常集中于雨季来临时。两性之间的高度相似性在单配制鸟类中具有代表性。两性唯一的差别似乎仅为喙色不同。

在产卵前几周，雌鸟会受到雄鸟的特别照顾——喂以浆果。窝卵数在大草原种类中为 2～3 枚，其他种类通常为 2 枚。一旦真正的繁殖行为开始后，两性共同担负孵卵、育雏、喂雏任务。它们的雏鸟覆有柔软的绒毛，色彩和疏密依种类各不相同。雏鸟饥饿时会张大橘红色的嘴巴，亲鸟则将由果实和昆虫形成的混合物直接回吐到雏鸟的咽喉里。与其他一些鸟类不同的是，这个过程很安静，或许是在它们的森林栖息地中食肉动物太密集的缘故。

孵化的雏鸟在由亲鸟喂食数顿后力量有所增长，这时便表现出颇有几分像古怪的麝雉。毛茸茸的雏鸟在翼关节长有小爪，加上配套的

↗作为西非潮湿的低地森林中的"居民"，紫蕉鹃特化成食果实种，尤其喜食无花果。它也被错认为"食大蕉的鸟"之一。

足部结构，它们能够爬出巢，坐在相连的树枝边上，或干脆坐在树枝上。事实上，雏鸟在长到 2～3 周左右，即在会飞前 1～2 周，就永远地离巢而去。而亲鸟完全断绝对雏鸟的喂食在许多种类中似乎是在 6 周左右，不过蓝蕉鹃的雏鸟会受到亲鸟 3 个月的喂养。

避难于基拉姆－伊杰姆
保护与环境

蕉鹃有 2 个种类身处险境。班氏蕉鹃仅限于喀麦隆的高地地区，数量不足 1 万只，集中在方圆不到 500 平方千米的山地林中。其中最大的一片基拉姆－伊杰姆森林受到了由当地居民发起的一项保护行动的保护。当地人以"他们的"蕉鹃为荣。另一个受胁种类为王子蕉鹃，在埃塞俄比亚境内的分布范围同样非常有限，并且栖息地丧失现象严重。

由于不像昼行性鸟那样容易观察到，无论是对普通大众，抑或是观鸟者和科学家而言，鸮（俗称猫头鹰）的习性并不为人们所熟悉。常常是听到其鸣声才让我们意识到它们的存在，尤其在热带地区，新的种类仍在继续被发现。

在整个鸟类界，只有不到3％的种类为夜行性，而鸮占了一半以上。它们犹如是夜间出没的鹰和隼。尽管最大的种类比最小的种类重100倍，但所有鸮一眼就能被认出来。这种一致性源于它们作为夜行性掠食者的独特适应性。只要有猎物的地方，鸮几乎无处不在。大部分栖息于树上，其他种类则生活于草地、沙漠、沼泽甚至北极苔原。许多热带的鸮其食物、行为和生物学尚不为人知，但一般认为多数的鸮主要在夜间捕食，其余的会在一天中的任何时间捕猎，不过集中于拂晓和黄昏。

外形特别
形态与功能

所有鸮通过它们的外形就可以迅速识别：采取直立姿势，尾短，头大，羽密，使它们看起来圆乎乎的，似乎没有脖子。同样有特点的还有前置的眼睛，特别大，通常为橙色或黄色，圆圆地睁于面盘中（脸部呈放射状的羽毛形成的盘状区域）。昼间捕猎的种类则眼睛相对更小、面盘不明显。许多在眼上侧有可动的羽簇，这些"耳羽"与听觉并

无关系，而是用于传递视觉信息。鸮的腿强健，通常覆羽；爪锋利，弯曲，用以抓捕猎物；喙短，具钩，下弯，有时隐在羽间不容易看到。

由于只在黑暗中活跃，所以不需要醒目的体羽。鸮一般白天栖息于安静的地方，常常紧贴于树干上。为增强隐蔽性，两性的体羽模式通常为各种暗淡的褐斑。倘若白天被小鸟发现，栖息的鸮会遭到围攻，只好离开避之他处。

生活于开阔栖息地的鸮着色浅于林地中的，如沙漠种类通常为沙色，而雪鸮主要为白色，与它的北极环境相适应。一些林地鸮呈现明显的色二态：在北方针叶林为灰色，到了南方的落叶林则变为褐色。除了少数种类外，幼鸟与成鸟基本相似。在大多数鸮中，雌鸟大于雄鸟，不过其差别通常没有一些昼间捕猎的食肉鸟那般明显。

人们对鸮与其他鸟的亲缘关系知之甚少。有人认为它们与鹰、隼等猛禽类具有亲缘关系，也有人认为与其他夜行性鸟如夜鹰等关系密切。鸟类分类学者对这两种观点均不支持。鸱鸮科与其他鸟科之间的关系仍是一个谜。

↗这只雕鸮降落于树上的样子使人很容易联想到这种凶猛的夜行性掠食者从夜空中飞扑下来捕食时，无数小啮齿动物惊慌失措的情景。

鸮

目 鸮形目
科 鸱鸮科
25属189种。

分布 全球性，南极除外。

赤道

栖息地 主要为林地和森林，部分栖息于草地、沙漠和苔原。

体型 体长12～71厘米，体重40～4000克。性二态不明显，但雌鸟通常略大。

体羽 褐色或灰色，带白斑或黑白斑纹。

鸣声 各种尖叫声。

巢 主要营于树洞，或利用其他鸟类的弃巢，少数筑于地面或地洞。

卵 窝卵数1～14枚，具体取决于食物供应状况，通常为2～7枚；白色，圆形；重7～80克。孵化期15～35天，雏鸟留巢期24～52天，但有可能在飞羽长齐（出生后15～35天）前便离巢。

食物 以地面小型啮齿动物为主，也食鸟、爬行类、蛙、鱼、蟹、蚯蚓、大型昆虫（小型类）。

广布而远至
分布模式

鸱鸮科中大部分为"典型的"鸮。最大的属角鸮属含有63种角鸮，分布极广，仅澳大利亚没有。均为中小体型，非特化，具"耳"，栖息于温带或热带的林地或灌丛中。大部分为夜行性，食昆虫，少数温带种类冬季改食啮齿动物。在许多栖息地，它们是最繁盛的鸮之一。在北美，角鸮经常见于城市和郊区。该属在新旧大陆上的种类没有密切的亲缘关系。

18种雕鸮为强健的夜行鸟，类似于昼间捕猎的雕和鵟。它们见于新大陆，以及非洲和欧洲的开阔地带和茂密程度适中的森林。而在北部苔原，它们的代表亲缘种为大型的雪鸮，这种鸟善于在北极夏天的漫长极昼里捕猎。

6种大型的渔鸮为鸮中的食物特化种，相当于鹗和鱼雕，以及热带美洲的食鱼蝙蝠。它们栖息于亚洲和非洲沿河流、湖泊和沼泽而布的森林。褐渔鸮见于印度至马来半岛的平原，横斑渔鸮则广泛分布于非洲南部的河流流域。31种鸺鹠广布于欧亚大陆、非洲和美洲。其中一些种类昼间相当活跃。鸺鹠类中包括如麻雀般大小的巴西鸺鹠，这一栖息

于南美热带森林的种类与美国西南部的娇鸺
鹠同为最小的鸮。

　　林鸮属的林鸮遍布世界各地（除澳大利
亚和偏远海岛）的森林中。受到人们广泛研
究的灰林鸮分布范围西起英国，涵盖欧洲和
非洲西北部，东至缅甸和中国的山区，可能是
该属 19 个种类中最为人熟知的鸟。横斑林鸮

在北美的潮湿林地及沼泽地带很常见，而点斑
林鸮则栖息于美国西部的成熟森林里。非洲
鸮属的 7 个种类分为 2 类，各自居于不同的
生态环境："长耳鸮"类生活于阔叶林或针叶
林地，"短耳鸮"类则见于沼泽、草地和其他
开阔地带。

　　小鸮属的属名（Athene）源于希腊的智慧

鸮的代表种类

鸮的代表种类
1.吠鹰鸮，后为巢中的雏鸟；2.白脸角鸮在倾听猎物的动静；3.鬼鸮在捕捉一只田鼠；4.捕获鱼的横斑渔鸮；5.点斑林鸮受到雀形目鸟的围攻；6.马来雕鸮和一只死鸟；7.眼镜鸮在观望；8.娇鸺鹠。

4个地理分布各异的小型夜行性森林种类。其中分布最广的便是鬼鸮。和其他数种北部针叶林鸮（如乌林鸮和猛鸮）一样，鬼鸮也分布于一条横贯新旧大陆高纬度地区的狭长带。

印度尼西亚和澳大利亚的鸮为中等体型，大多为鹰鸮。鹰鸮属是个大属，地理分布却很有限，不过相当重要，因为该属是鸮最古老的分化群体。在这一群体中，唯有亚洲大陆的褐鹰鸮有广泛分布。其他17个种类大部分仅限于单个岛屿，分布不发生重叠。此外，鸱鸮科的多数大属（包括雕鸮、角鸮、林鸮和鸺鹠属）在澳大利亚都没有分布，但鹰鸮属有3个种类相邻分布，其中包括小型的布克鹰鸮，这种鸟也见于新几内亚。

出类拔萃的掠食者
食物与捕猎

鸮食多种动物，具体取决于它们自身的体型大小和所处的栖息地。如灰林鸮生活在林地时以食鼠类为主，但在城市里，它们捕食鸟类，尤其是麻雀。小型的鸮主要为食虫类，中等体型的鸮以小型的啮齿动物或鸟类为食，大型种类则捕食哺乳动物（大至野兔甚至小鹿）和中等大小的鸟，包括其他的鸮和食肉鸟。

鸮的大部分猎物在露天的地面上捕获。栖于森林中的鸮具短而圆的翅，捕猎时静静地伏于低处的栖木上，用视觉和听觉注意着小型哺乳动物的动静。当听到有异常的声音时，它们迅速转动头部，直至双耳都能听清声音，然后径直飞过去。在精确锁定声源位置后，它们悄无声息地滑翔而下，在最后时刻将脚爪前置，擒住猎物，通常直接杀死。许多居于开阔地带的鸮经常在飞行中捕猎，它们的翅很长，从而可以像白天捕猎的鹞那样，几乎不费吹灰之力地在地面上空缓慢搜索。其中，长耳鸮约有20％的捕猎行为发生在夜间。一旦锁定猎物后，它们像在栖木捕猎的鸮那样从低处发动突然袭击，成功率约为两成，具体的数字因种类各异。鸮为机会主义捕食者，经常能逮到什么就捕什么。它们会在飞行中追逐昆虫（有时还有鸟类），会偷袭栖息的鸟，有几个种类（如纵纹腹小鸮和穴小鸮等）会贴于地面寻觅无脊

女神雅典娜。其中的成员之一纵纹腹小鸮有时在昼间捕食。这种鸟在西欧和北非至中国的开阔栖息地相当常见，19世纪80年代，被引入英国和新西兰。该属在新大陆的唯一种类为穴小鸮，这是一种长腿、昼间捕猎的地栖性鸟，居于开阔无树木的草地中，常见于草原犬鼠经常出没的地方。鬼鸮属基本见于新大陆，包括

椎动物，灰林鸮会扎入水中捕食青蛙，斑鹃鹠会在喂鸟站伏击前来偷食谷物和种子的松鼠，特化的渔鸮类会飞扑至水面捕食鱼类。此外，鸮还经常在路边捕猎，在发达国家有许多鸮死于交通工具。在北方过冬的鸮有时从栖木上捕猎，它们能听到啮齿动物在雪下面的动静，雪鸮和乌林鸮可穿透30厘米厚的松雪层捕获猎物。

与鹰和隼不同，鸮除了最大的猎物之外，都用喙解决。一些鸮会先去掉大型猎物的头，然后只吞下身子和尾巴，小型猎物则是整个吞下，头冲前。猎物身上富有营养的部位被消化后，骨骼、毛皮等难以消化的部位则被作为回吐物吐出，这些回吐物可用以研究鸮的食物。鸮没有嗉囊来储存食物，不过有时它们会将食物藏在隐蔽处。

鸮对猎物的数量会产生巨大的影响。一项研究发现，一对灰林鸮每天最多可捕食7只20克重的啮齿动物，平均每2个月可消灭觅食区内18%~46%的野鼠和28%~70%的林鼠。

而反过来，啮齿动物数量的阶段性波动也会对鸮的数量产生重要影响。在猎物稀少的年份，许多鸮或不繁殖或减少产卵的数量。这时，一些种类会远离它们通常的分布区。如当北极的旅鼠或野兔大幅减少后，大量的雪鸮会出现在美国。鸮在陌生的环境中常常很温顺：

北美的鸟类爱好者曾经将一只死鼠绑于一根不带钩的鱼线上，结果捕住了一只大型的乌林鸮——饥饿的鸮因为食死鼠而被线缠住。

恰到好处
繁殖生物学

大多数鸮为单配制。少数种类的雄鸟偶尔拥有2个或2个以上配偶，但这种情况只出现于猎物非常丰富的时期——如啮齿动物处于数量高峰期时，因为雄鸟必须为它的多个配偶和所有雏鸟提供全部的食物。

总体而言，鸮的繁殖时机的选择可谓恰到好处，从而使雏鸟开始学习独立觅食，以及成鸟开始每年一度的换羽时（这时它们的捕猎效率会下降），适逢食物最丰盛之际。这使它们在北部地区的繁殖一般发生在年初。如纽约州的美洲雕鸮在2月就产卵，那时还是一片冰天雪地，雌鸟就这样在气温远低于零度的条件下开始孵卵。而在热带地区，繁殖与降雨模式相适应，保证雨季来临昆虫大量涌现时，那些小型种类的雏鸟已孵化。许多鸮每年只育一窝雏，但一些居于开阔地带的种类只要啮齿动物繁盛时就繁殖，其中不少会一年产数窝卵。如果条件合适，大部分鸮的幼鸟会在出生的第一年就繁殖。有些种类，如斑林鸮，则在猎物稀少的年份完全不繁殖。

鸮不善筑巢。大部分营巢于树洞、岩洞或

离开阿拉斯加以及加拿大北部的繁殖地后，一只雪鸮在纽约州的一个沙滩上享受阳光。这种鸟定期南下过冬，可经常在海滩上看到，它们在那里食死鱼的腐肉，其他喜食的食物还有野兔和水禽。

地洞中，而一些居于开阔地带的鸮会在地面挖浅坑，穴小鸮则会自己掘地下的巢穴（尽管它们常常占用草原犬鼠的弃穴）。小型种类入住啄木鸟的旧树洞，那些找不到合适洞穴的较大种类和大部分林鸮都会选择人工巢箱。而那些找不到合适的天然缝隙的较大种类则会占据鸦或食肉鸟遗弃的树巢。

↗ 穴小鸮一"家"警觉地站在巢穴边上

这种小型的鸮能够自己挖地下巢，不过一般更喜欢借用草原犬鼠或囊鼠的弃窝。

　　孵卵往往由雌鸟单独负责，体型相对较小的雄鸟负责提供所有的食物，从雌鸟产卵前直至雏鸟（出生时眼闭，无行为能力，覆有稀疏的灰白色绒毛）不再需要喂食或不再需要为它们撕碎猎物为止。这种劳动分工使雌鸟可以积累起脂肪储备，并且即使在雄鸟捕猎困难的时候（如潮湿天气中）仍会留于巢中。在许多种类中，体型相对较大的雌鸟会竭力保护雏鸟不受到入侵者（包括人类，曾有人被它们啄瞎眼睛）的威胁。其他种类还会进行示威炫耀，雌鸟努力使自己看上去体型更大、样子更可怕。为降低被掠食的概率，露天营巢种类的雏鸟会比在洞穴中长大的雏鸟发育得快，并且通常在羽翼丰满之前就离巢。

　　刚刚长齐飞羽的幼鸟会发出响亮的声音来乞食，通常在它们扩散分布之前的数月里，会依赖于亲鸟的照顾。刚独立生活的鸮死亡率很高，如一半以上的灰林鸮在出生第一年内死去，其中许多是饥饿所致。但一旦能够度过这段时间，它们至少可以存活四五年，有些种类可以活 15 年以上。而较大种类的寿命很可能更长，有一只人工饲养的雕鸮活了 68 岁。

　　大部分鸮具领域性，并且不迁徙，尤其是那些见于热带和林地中的种类。它们的配偶常常终日生活在极力维护的领域中，当一种猎物不可得时就换一种猎物。这些种类的数量会保持长期的稳定。而猛鸮以及其他主要以啮齿动物为食的开阔地带种类，则觅食范围相对较小，通常在繁殖期维护领域，并且它们的数量往往会随着猎物数量的波动而波动。少数鸮会定期从北向南迁徙，如西红角鸮夏季在南欧度过，那里昆虫繁盛。短耳鸮为移栖性，哪里猎物丰富就前往哪里。在山区，有些种类会在当地进行垂直迁徙，即在冬季的风暴期或大雪封山期，从山上转移至附近的山谷中。

↗ 在一次示威炫耀中，一只长耳鸮展开翅膀，尽显它华丽的体羽和翼羽，使之看上去尽可能显得大，从而吓退天敌。

因棕榈鬼鸮的鸣声有点像磨锯声，故其英文名为"Saw-whet owl"，这是一种小型的夜行性鸟，广泛分布于美国的北部和西部。

领域性种类全年成对生活，但单独觅食，以不干涉相互之间的捕猎。非领域性种类在非繁殖期通常单独生活，不过有些开阔地带的鸮会聚集在猎物繁盛的区域，它们栖息在一起，但在傍晚捕猎时会分散开来，单独行动。只有穴小鸮有时为繁殖群居。

在猎物数量众多的地方，鸮的繁殖领域往往会相对较小。如在英国，灰林鸮在小型啮齿动物丰富的开阔林地维护一片 12 ~ 20 平方千米大小的领域；而在荒凉贫瘠的针叶林，它们的繁殖领域可超过 40 平方千米。大型的雕鸮捕食相对更大、更少见到的猎物，需要有相应较大的领域，它们的巢通常相隔 4 ~ 5 千米远。

不同种类鸣声各异
发声

为在夜间进行远距离交流，鸮具有发达的发声系统，它们比昼间捕猎的食肉鸟更经常性鸣叫。许多鸮类的领域鸣声相当于其他鸟类的鸣啭，用于警告同性对手，同时吸引异性。雄雕鸮的鸣声在 4 千米外都能听到，并且与其他许多鸮一样，配偶会频繁齐鸣，很可能是为了维护彼此之间的关系。白天捕猎的鸮一般不像夜行性种类那样善于鸣叫，但是所有的鸮都会发出鸣声。只是有些声音相当轻柔，只在近距离才能听到，如配偶之间的联络鸣声。此外，鸮在受惊吓或发怒时会发出响亮的咬喙声。

许多鸮对模仿它们鸣声的声音会作出响应，通过这种办法，可以知道它们的领域范围。鸮的当地名字常常会反映出它们独特的鸣声，如"saw-whet"和"boobook"，这 2 个名字都说明鸮的鸣叫犹如磨锯（前者是对磨锯这一行为的描述，后者是对磨锯声的拟声）。

由于鸮之间的交流很大程度上依赖于听觉而非视觉，所以体羽的模式和着色更注重隐蔽功能，而非识别功能（无论是个体还是种类的辨别）。因而鸮的体羽往往显得大同小异。具有密切亲缘关系的种类在外形上会相差无几，主要的区别在于鸣叫或鸣啭中的音符和韵律不

栖息于中美洲森林里的冠鸮
这种鸟有十分显眼的"眉毛"，实际上是常见于其他鸮类的白色耳羽的加长版。

同。事实上，野外鸟类学家在对鸺鹠、鹰鸮、角鸮等热带种类日趋熟悉后，他们就清楚如果不同地带的鸮发出不同的鸣声，很多情况下都代表是不同的种类。1980～2000年间，得到普遍承认的鸮的种类从123个上升至189个，这几乎完全是科学家们对鸮的鸣声及重要性日益了解的结果。即使在美国，虽然人们对鸮进行了1个多世纪的深入研究，但直到1983年，才认可了东美角鸮和西美角鸮为2个种类，而这一判定很大程度上便是基于它们不同的鸣声和鸣啭。

深受伐木的影响
保护与环境

鸮面临着多种威胁，其中包括杀虫剂的持续使用和栖息地的大片丧失等。而由于鹰、鸮等猛禽通常被认为不仅对家禽构成威胁，而且与人类共同争夺猎禽，因此时常招来杀身之祸，如雕鸮在欧洲人口稠密地区已经消失。不过，人类对鸮的主动迫害基本上已成为过去。今天，至少在发达国家，公众普遍意识到许多猛禽实际上是益鸟，因为它们捕食鼠和其他食谷类的啮齿动物。

目前鸮面临的最大威胁很可能便是栖息地遭破坏。鸮为掠食者，这就意味着它们与鸣禽等处于食物链低端的鸟类相比，存在的密度必然稀疏一些。为保证获得充足的猎物，许多鸮需要大片的完整觅食地。如一些大型的鸮，其巢域范围达10平方千米以上。因此，一旦自然栖息地被用于农业开发等，对鸮和鹰等猛禽带来的影响会特别大，尤其是对那些分布有限或对生态环境有特殊要求的种类而言，后果更为严重。

许多鸮的分布范围非常有限，尤其是那些热带岛屿的地区性种类，包括一部分角鸮、鹰鸮及仓鸮。如印尼苏拉威西北部小岛西奥岛上

↗ 这2只肯尼亚角鸮是仅剩的2500只濒危幸存者中的2只，这一东非种类因栖息地丧失和营巢于其上的大型森林树木遭非法砍伐而面临生存威胁。

的西奥角，已经有1个多世纪没有可靠的记录了，目前虽被列为极危种，但很可能已灭绝。而数个大陆种类也仅分布于很小的区域内，如肯尼亚角鸮只限于东非极为有限的沿海森林地带，林斑小鸮只见于印度中西部一条河的河谷。对这些种类而言，栖息地发生任何明显的变化都有可能给它们造成灭顶之灾。

即使对分布相对广泛的种类而言，因为对生态环境的特化要求也会引发保护问题。如栖息于美国西海岸古老森林中的斑林鸮，专食林鼠和飞松鼠，而这2种啮齿动物只有在生长100年以上、形成明显的灌木丛和地面植物等下层植被的森林中才会有繁盛的数量。因此，频繁伐木的现代林业无疑与斑林鸮的继续存在互不相容。这一两难问题导致环境主义与林业发展产生了冲突。

此外，外来物种的引入也会对鸮的生存构成威胁。圣诞岛鹰鸮只存在于印度洋的圣诞岛上。目前这一种类为极危种，原因是引入的蚂蚁数量迅速增长，正在改变这个小岛上的生态环境，并使鸮的大部分猎物正日渐消失。新西兰的笑鸮很可能已经灭绝，因为从欧洲引入的白鼬和鼬鼠不仅会毁坏它们的巢，而且与它们争夺食物。

世界自然保护联盟和国际鸟盟列出23种鸮为需要关注的受胁种类，其中7种极危，6种濒危，10种易危。所有这些种类的数量都很少，不是分布范围非常有限（常只见于一个小岛），就是栖息地受到严重破坏。23个种类中，12个分布在东南亚及相邻的大洋洲地区，9个见于非洲及周围岛屿，2个在南美洲。目前，在欧洲和北美，尚没有整体受胁的鸮。

> **鸮的部分种类**
>
> 种类包括：棕榈鬼鸮、鬼鸮、长耳鸮、短耳鸮、穴小鸮、林斑小鸮、纵纹腹小鸮、雕鸮、美洲雕鸮、巴西鸺鹠、花头鸺鹠、褐渔鸮、娇鸺鹠、鹰鸮、圣诞岛鹰鸮、布克鹰鸮、雪鸮、东美角鸮、西红角鸮、西奥角鸮、肯尼亚角鸮、西美角鸮、横斑渔鸮、横斑林鸮、乌林鸮、斑林鸮、灰林鸮、猛鸮等。

仓鸮和草鸮

仓鸮和草鸮在生理特征上有数个方面有别于鸮科的鸮：它们的脸为心形而非圆形，中趾和内趾一样长（鸮的内趾较短），中爪成锯齿状，叉骨融入胸骨。

仓鸮和草鸮主要依靠极为敏锐的听觉而不是视觉来对猎物进行定位。在全黑条件下的实验室进行的实验清楚表明，它们可以对鼠在落叶层活动发出的声音作出反应。

分布广泛的掠食者
分布/保护与环境

居于开阔地带捕食啮齿动物的仓鸮是鸟类界分布最广泛的种类之一，见于所有可栖息的大陆，以及诸多遥远的海岛上。其他 13 种仓鸮类分布于非洲、东南亚和大洋洲，以及加勒比海和印度洋中的岛屿上。其中在澳大利亚的种类最丰富，有 5 个本地种。鲜为人知的栗鸮被发现于从印度至爪哇和婆罗洲岛的亚洲森林中。

人们对坦桑尼亚栗鸮的了解仅限于 1951 年在刚果民主共和国东端的里夫特山脉收集到的一个样本。1996 年，人们在同一地区捕获了一只这种鸟，随后将它放飞。根据博物馆里样本的形状和 1996 年那只鸟的照片，这种坦桑尼亚栗鸮的亲缘种类有可能是仓鸮，而非栗鸮。由于分布范围极为有限，加上人类不断侵占它们的栖息地，该鸟被列为濒危种。另一种濒危种类马岛草鸮生活于马达加斯加岛的东北

部，面临的威胁来自因农业发展对森林进行砍伐和焚烧而导致的森林退化。

另外，受胁种类苏拉仓鸮和米纳仓鸮分别

↗栗鸮长有一张角形的面盘，并带有深色的纵条纹。和其他所有林栖性鸮一样，这种鸟也面临因森林退化而导致的栖息地丧失的危险。

知识档案
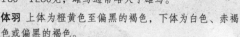

仓鸮和草鸮

目 鸮形目

科 草鸮科

2属16种。种类包括：仓鸮、马岛草鸮、马努斯草鸮、米纳仓鸮、苏拉仓鸮、塔里仓鸮、栗鸮、坦桑尼亚栗鸮等。

分布 欧洲（除最北端）、印度次大陆、东南亚、非洲、北美（北至加拿大边境）、南美、澳大利亚以及许多群岛。

赤道

栖息地 开阔地带，包括干旱和半干旱空地、农田、稀疏的林地和森林。

体型 体长23～53厘米；体重180～1280克；雌鸟通常略大于雄鸟。

体羽 上体为橙黄色至偏黑的褐色，下体为白色、赤褐色或偏黑的褐色。

鸣声 刺耳的嘶嘶声、尖叫声或呼啸声，另外也会有相当响的咬喙声。

巢 营巢于谷仓和其他不常用的建筑物、巢箱、河岸上的洞穴、岩洞、树洞或地面。

卵 窝卵数通常为2～9枚，有时可多达11枚；白色，椭圆形；大部重17～42.5克；孵化期27～34天；雏鸟留巢期49～64天。

食物 小型哺乳动物（最大至野兔大小）、鸟、鱼、蛙、蜥蜴及大型昆虫。

见于印尼的苏拉威西岛和塔利亚布岛。商业伐木造成大量低地雨林被毁，致使这两种鸟的栖息地不断丧失和退化，它们的生存受到威胁。而这种威胁将日益加剧，因为剩下的雨林大部分都正让位于林业发展。

人类的朋友
群居行为

夜间出没的习性、幽灵般白色的模样以及与废墟和教堂（在那里营巢）有某种联系，这些都使得仓鸮在许多民族的民间传说中都占有一席之地。不过，正如它们的英文名字所显示的，与仓鸮联系最为紧密的还是农业。但凡在庄稼生长和粮食储存的地方，总是有大量的老鼠，它们会吸引仓鸮。

仓鸮会毫不客气地使用专门为它们提供的人工巢箱，同时对巢址的选择也表现出机会主义倾向。例如在美国，它们经常在水边专门供林鸳鸯使用的箱内营巢。在荷兰，农民们主动邀请它们，安装特别的"门"来方便它们的进出，并在恶劣天气中给它们提供食物，否则它们会遭受重大损失。然而，仓鸮与农业的密切关系在西欧却差点给它们带来灭顶之灾，它们因杀虫剂和除草剂中毒的现象远远超过了其他鸮。在马来西亚，由于鼠灾使油棕榈种植业严重受损，人们便利用仓鸮和化学制剂来共同灭鼠。此外，仓鸮曾偶尔在人们为它们树立了繁殖用的巢箱后侵入种植园中。仓鸮每年能育数窝雏，成群活动，"家庭"成员常常可达40只。每一个仓鸮家庭一年可食鼠1300只左右，因而可以对因中毒而减少的啮齿动物数量的恢复起到遏制作用。

并非所有利用仓鸮来实现农业除害的计划都会获得成功。20世纪50年代，仓鸮被引入塞舌尔以治鼠。但不幸的是，它们发现当地的鸟更容易捕捉，结果在随后的12年间，它们使塞舌尔两个岛上的白燕鸥销声匿迹。

◤ 高度夜行性的仓鸮捕猎时更多地借助听觉而非视觉，这使它能够在一片漆黑的环境中照样可以精确锁定猎物。同时，它的翅膀构造使它可以悄无声息地飞行，成为猎物致命的掠食者。它觅食时可飞至5.6千米之外。

夜鹰

夜鹰以它们奇特的鸣声出名，为夜行性鸟，捕食飞虫。由于白天栖息时一动不动，再加上伪装性很强的体羽，它们很难被发现。对于这种行踪隐秘的鸟，流传着许多迷信的说法，如苏拉威西岛北部的环颈毛腿夜鹰被称为 "Satanic eared nightjar"（意为恶魔般的夜鹰），因为当地人相信这种鸟会啄出人的眼睛！

欧亚夜鹰在英语里有另外一个奇怪的名字 "goatsucker"（即 "吸山羊奶的鸟"，在别的语言里也有同样意思的词语来指代这种鸟，如意大利语中的 "succiacapre"），源于亚里士多德（公元前 384 ～ 前 322 年）时期的一种迷信说法——这种鸟会在夜间从山羊的乳头上吮吸乳汁。这一说法的依据可能是因为夜鹰的喙裂特别宽，以及习惯在牲畜（包括给羊羔喂奶的山羊）周围觅食昆虫的缘故。

飞扬的旗帜
形态与功能

多数夜鹰看上去像大的柔软的蛾，成斑驳色，颜色主要为褐色、浅黄色、肉桂色和灰色。相对醒目的白斑或黑白斑一般隐藏于折起来的翅和尾内侧或喉上部，雄鸟在炫耀时会展露出来。夜鹰的嘴非常宽，可将大型的蛾一口吞下。翅长而尖，尾一般长而宽，在有些种类中或短或成凹形。

夜鹰亚科的种类在喙基周围有明显的口须，其功能一方面可能是像一张网一样，诱使猎物飞入它张开的嘴中，另一方面可能是保护眼睛不受硬质猎物如甲虫之类的伤害。美洲夜鹰亚科的种类无口须。

↗ 燕尾夜鹰的口须
对于这些口须的功能，一直没有定论。有一种观点认为，它们像触须一样起到感知作用，使鸟知道该时闭上嘴咬住昆虫。

夜鹰

目 夜鹰目

科 夜鹰科

15属89种。种类包括：斑翅夜鹰、卡氏夜鹰、非洲夜鹰、欧亚夜鹰、普氏夜鹰、小夜鹰、波多黎各夜鹰、棕夜鹰、林夜鹰、灌丛夜鹰、美洲乌夜鹰、中亚夜鹰、三声夜鹰、美洲夜鹰、半领夜鹰、旗翅夜鹰、翎翅夜鹰、燕尾夜鹰、北美小夜鹰、牙买加夜鹰、非洲褐夜鹰等。

分布 遍布热带和温带地区（新西兰、南美最南部和大部分海岛除外）。

栖息地 多数种类栖息于靠近

赤道

草原和沙漠的森林边缘带，少数种类栖息于森林，在黎明、黄昏和夜晚活动。

体型 体长15～40厘米，体重25～120克。

体羽 具有隐蔽性的褐色、灰色和黑色，尾、翅和头部有白斑。雌鸟通常有别于雄鸟，表现为翅和头部的白色较少。一些热带种类具有特别长的翼羽或尾羽。

鸣声 响亮的反复性颤鸣声，雄鸟会发出口哨声；以及其他鸣声和振翅声。

巢 通常不筑巢，卵产于光秃的地面。

卵 窝卵数1～2枚；白色或浅黄色，常带斑。孵化期16～22天，雏鸟留巢期16～30天。

食物 昆虫。

有些热带和亚热带种类的雄性成鸟翼羽或尾羽特别长，因此求偶炫耀非常引人注目。如非洲的翎翅夜鹰和旗翅夜鹰，有一枚内侧的次级飞羽极长，似一面旗；而南美的几个种类如燕尾夜鹰则有很长的尾羽。越来越多的证据表明，这些具有突出饰羽的种类往往与其他夜鹰不同，为多配制。两个非洲种类雄鸟的那枚特化的内次级飞羽在繁殖期结束后，就会脱落或被折断。

生活在城市
分布模式

作为以食昆虫为主的鸟，夜鹰主要生活在热带地区，因此科内在暖和季节迁徙至温带的种类相对较少。在北美繁殖地最靠北的美洲夜鹰会迁徙至南美越冬，最南抵达阿根廷北部。欧亚夜鹰是唯一繁殖地遍及欧洲大部分地区和亚洲北部的夜鹰种类，同时它们也做长途迁徙，前往非洲过冬（在北起热带南至南非之间的地区）。此外，有一些热带种类在干旱季节因昆虫匮乏，也会进行短途迁徙。

美洲夜鹰亚科长期以来一直被认为仅限

于新大陆，然而近年来发现热带非洲的非洲褐夜鹰，以及亚洲和澳大利亚的毛腿夜鹰属7个种类也属于该亚科。夜鹰亚科则在各大陆的温带和热带地区有代表种类，其中最大的属夜鹰属，拥有种类不少于55种。

有数种夜鹰已适应在城市生活，营巢于平坦的建筑物顶，在城市上空捕食昆虫。如美洲夜鹰在北美已经成为驾轻就熟的"城市居民"，它们将巢筑于砾石覆盖的屋顶。斑翅夜鹰从1955年前后起就在巴西的里约热内卢定居。此外，还有林夜鹰，见于印尼城市雅加达和苏腊巴亚。

飞捕和突袭
食物

夜鹰有两种主要的觅食手段。有相当一部分像鹟（捕蝇鸟）一样从栖木上向昆虫发动突然袭击。其他种类则在持续飞行中捕捉昆虫，

▷ **一只在晒太阳的棕颊夜鹰**

在非洲南部和西南部的广阔区域进行繁殖后，棕颊夜鹰飞往北部的尼日利亚和喀麦隆过冬。

与燕子颇为相似。有些种类在不同的时候 2 种方法都会用到，但主要特化为某一种。翅长而飞行本领出众的美洲夜鹰类非常善于飞捕昆虫，而其他种类如翅较圆的非洲夜鹰，则专门凭借突袭来觅得昆虫。但无论使用哪种技巧，主要猎物都是飞虫，并通常为甲虫和蛾，不过也会食其他多种类型的猎物，包括苍蝇、臭虫、蟋蟀、蜉蝣、草蛉、白蚁和飞蚁。有人认为夜鹰利用回声定位来捕捉夜行昆虫，这种观点在详细的研究中并未得到证实。相反，有相当多的证据表明夜鹰借助视觉来捕食。在能见度过低的夜晚，它们大部分的觅食行为出现在拂晓和傍晚时分，而在子夜会暂停捕食，因为太黑看不清飞行的猎物。此外，过去认为夜鹰张着嘴四下里飞行像"撒网"一样捕捉昆虫的观点在当代的研究中也显得站不住脚，虽然在蚊子或白蚁密度很高时，夜鹰偶尔会采取撒网式方法，但对于单个的昆虫则都是采取追捕式手段。

美国南部的卡氏夜鹰（最大的夜鹰）有过捕食林柳莺等小型鸟类的记录，特别是在迁徙途中。此外，这种鸟也食过地面的树蛙。

↗ 伪装起来的欧亚夜鹰和它的雏鸟

由于这种鸟最常栖息的灌木丛开阔地因农业发展而受到破坏，导致其数量大幅下降。

细心的亲鸟
繁殖生物学

夜鹰的繁殖期与昆虫的季节性繁盛期保持一致，在温带地区为暮春和夏季，在热带通常为潮湿季节末期。有些种类每年只产 1 窝卵，许多会产 2 窝，并且大部分（如果不是全部的话）若第一次产卵育雏失败会进行补育。大部分种类不筑巢，将卵产于地面。极少数种类筑巢于地面上方，如半领夜鹰将巢筑在水平方向的树枝上，而非洲褐夜鹰筑巢于棕榈叶的中叶脉上。

孵化的雏鸟绒羽柔软且图案精巧，使它们可以躲过掠食者的搜寻。但卵和雏鸟很少长时

在饮水时张大嘴巴的纳昆达夜鹰

这种鸟见于南美洲安第斯山脉以东，栖息于森林、河边、草原和沼泽。

夜鹰的求偶

有些夜鹰具有壮观的求偶炫耀行为。1.美洲夜鹰的雄鸟在繁殖地上空从高处俯冲直下，然后在离雌鸟很近的地方向上折返，在这过程中某些翼羽内侧柔软的羽片在气流作用下会发出隆隆的声响；2.旗翅夜鹰的雄鸟绕着雌鸟做缓慢的鼓翅飞行，翅膀伸直扇动，产生一股上升气流，使加长型的内侧飞羽扬起，仿佛飘舞的旗帜。

间无亲鸟照顾，尤其是刚出生的雏鸟，亲鸟会不离左右。亲鸟将回吐的昆虫喂食给雏鸟。雏鸟很活跃，孵化后数小时便能走动。而亲鸟常常鼓励它们走到离巢数米外的地方，那里相对较为安全。但认为夜鹰的亲鸟飞行时会带上雏鸟的观点是不确切的，亲鸟只是偶尔在飞离时会将幼小的雏鸟卷在体羽中。许多夜鹰用巧妙的迷惑手段将掠食者的注意力从卵和雏鸟身上转移开，常见的为"伤残迷惑"，即亲鸟佯装受伤在地上扑腾。

不同种类的亲鸟双方在孵卵育雏中担负的职责各不相同，通常实行分工制。如在非洲夜鹰中，更具保护色的雌鸟基本上在白天孵卵，雄鸟则负责夜间，双方共同负责给雏鸟喂食。在欧亚夜鹰中，雄鸟几乎不孵卵，但倘若雌鸟产下第2窝卵，那么第1窝雏鸟完全由它来照顾。相比之下，在实行多配制的翘翅夜鹰和旗翅夜鹰中，雄鸟不承担任何亲鸟义务。

北美小夜鹰是目前已知的唯一一种在冬季会长时间冬眠的鸟。霍皮印第安人称这种鸟为"hoechko"（意为睡鸟）。这种传统的民间认识在1947年得到确认，当时人们在加利福尼亚州南部的一处岩缝里发现了一只冬眠的北美小夜鹰。如今，人们已经普遍了解这种鸟会连续几个月一动不动，体温保持在很低的水平（约18℃），从而使它们在无昆虫食物的季节里将能量消耗降至最低。

零碎的证据
保护与环境

有7种夜鹰为全球性受胁。其中，牙买加夜鹰很可能已经灭绝，因为自1860年以来就没有再发现过。其他几种受胁种类同样鲜为人知，中亚夜鹰只在中国西部地区发现过一个样本，Nechisar夜鹰仅能从1990年在埃塞俄比亚南部一只在公路上被轧死的鸟所残留的一片翅膀中找到证据，普氏夜鹰仅见于民主刚果共和国东部山林的一个样本，波多黎各夜鹰于1961年被重新发现，目前为极危种，因为数量少（1989～1992年全球数量仅为712只）且森林栖息地在持续丧失。

雨 燕

雨燕科的俗名"swift"恰如其分地体现了这种鸟最为人熟悉的一面：不停息地在空中快速盘旋、飞翔，几乎从不落到地面或植被上。而雨燕属的学名"Apus"也同样形象，这一希腊语的意思为"没有脚的鸟"。此外，雨燕目以前的名字为"Machrochires"，意思是"翅膀发达的鸟"（指前翅）。雨燕的突出特征是腿很短、翅特别长。一些候鸟种类在繁殖季节的身影使雨燕成为温带地区夏季的一个典型标志。

雨燕的身影和声音对都市居民而言都不陌生。有些种类，如欧洲的普通雨燕，经常将巢筑于大城市的建筑物上或建筑物内。使用这些人工巢址对雨燕来说司空见惯，但并不是它们唯一的选择。虽然在英国几乎没有记录表明这种常见的鸟在"天然"巢址繁殖，但在欧洲其他地方的原始森林，如在波兰保留下来的原始森林（尤其是比亚洛威查森林），雨燕的巢被发现筑于高处的断树枝洞里及腐朽的老树树干中。

飞行专家
形态与功能

雨燕的翅膀上有 10 枚长的初级飞羽和一组短的次级飞羽。狭长的镰刀形翅膀决定了它们的飞行模式，使之可以快速地扇翅飞行，而更重要的是让它们在滑翔时可以节省大量的能量。这种翅膀构造或许也可以用来解释雨燕相对较为缓慢的飞行代谢以及较低的胸—体重比，因为这样的翅膀不需要特别强大的胸肌。因基本生活在空中，雨燕不习惯飞落到地面。

事实上，翼长与腿长的高比例决定了它们很难从地面起飞。

但尽管如此，雨燕小巧的足其实力量惊人，它们锋利的爪能够很好地抓持在垂直面上（接触过雨燕的人会深有体会）。其他的适应性特征还包括血液中的血红蛋白含量很高，使它们在低氧条件下（即高空中）能够优化氧的输送。此外，这种飞行专家的喙很短，力量相对较弱，但喙裂很宽，使其可以在飞行中轻松地

↗ 至少有3种雨燕习惯将巢筑于瀑布后面垂直的岩面上，它们穿过水花进入巢中，并会因水花而变得兴奋。图中的大黑雨燕躲在阿根廷巴拉那河上的伊瓜苏瀑布后面。

大部分人对雨燕的印象是这种鸟在空中展翅翱翔时转瞬即逝。图中的这些普通雨燕向人们展现了它们优美流畅、适于飞行的身姿。

捕捉飞虫。

　　人们见到的雨燕几乎总是在飞翔，并且似乎飞得很快。其实，它们在觅食时为了看清猎物并在飞行中捕获，不会飞得过快，否则会增加捕食的难度。但在炫耀时，雨燕确实会飞得非常快，而且常常利用风向来迅速地掠过地面（即使它们那时的飞行速度并不突出）。

　　目前已证实普通雨燕经常在空中过夜。人们通过从飞机和滑翔机上观察以及用雷达定期跟踪，发现这些鸟在夜晚原本该找个巢栖息的时候，却长时间逗留在空中。它们很可能除了繁殖，根本不回陆地，这意味着一些幼鸟从某个夏末开始会飞后，直至2年后的夏天才首次着陆在某个潜在的巢址上，这期间它们需要不

间断飞行500000千米！

　　大部分雨燕的着色相当暗淡，少数种类的体羽在短期内呈现蓝色、绿色或紫色的彩色光泽。在营巢地，普通雨燕的个体相互之间通过鸣声（尖叫声）而非依靠视觉来辨认，原因很可能是巢址环境太暗的缘故。许多雨燕的尾为叉尾。而针尾型雨燕的尾羽羽干长于羽片，从而形成一排"针刺"，这种坚硬的尾羽在雨燕附于垂直表面时可起支撑作用。如烟囱雨燕的名字便是因它们习惯在高高的工业烟囱内繁

雨 燕

目 雨燕目
科 雨燕科
19属92种。种类包括：高山雨燕、普通雨燕、黑雨燕、烟囱雨燕、爪哇金丝燕、非洲棕雨燕、燕尾雨燕、白喉针尾雨燕、白喉雨燕等。

分布 世界性分布，高纬度地区和某些岛屿除外。
栖息地 空中觅食的种类很少栖息。

赤道

体型 体长10~30厘米，体重9~150克。
体羽 大部分种类为暗淡的黑色或褐色，不少带有醒目的白色或浅色斑纹。
鸣声 尖锐刺耳。
巢 筑于岩石上、缝隙中或洞穴内，多种巢材用唾液黏合。
卵 窝卵数1~6枚；白色；重1~10克。孵化期17~28天，雏鸟留巢期34~115天。
食物 飞虫和其他空中的节肢动物。

殖、栖息而得来的，这无疑是一种近代才出现的栖息地。

所有雨燕都专食昆虫和蜘蛛，并主要在空中捕获。人们通过分析它们的胃内成分、排泄物、回吐物、咀嚼物来研究它们的食物，结果发现，雨燕最主要的猎物是膜翅目的蜜蜂、黄蜂和蚂蚁，双翅目的苍蝇，半翅目的臭虫和鞘翅目的甲虫。

长途迁徙
分布模式

由于雨燕依靠捕食飞虫为生，因此它们必须在气温能够保证有足够数量的昆虫在空中飞行的地区过冬。于是，当它们在温带的分布区天气转冷时，大部分种类都纷纷向南撤退。如普通雨燕从英国迁徙至东非过冬，烟囱雨燕从加拿大飞往亚马孙河上游流域，白喉针尾雨燕从中国和日本前往澳大利亚越冬。这样的长途迁徙对雨燕而言不在话下。在所有陆地鸟类中，雨燕在空中是最游刃有余的，它们即使不迁徙，每天觅食时都会飞上数百千米。在实验中，处于繁殖期的高山雨燕成功地在 3 天内飞越 1620 千米返回营巢地；而另一只刚刚会飞的普通雨燕幼鸟同样在 3 天内，从英国飞抵西班牙的马德里。

各式各样的巢
繁殖生物学

人们对部分温带候鸟种类进行了详细研究，结果发现这些雨燕寿命颇长，对繁殖地和配偶都很忠诚。由于即使在它们经常繁殖的地区，空中食物大量存在的时间也只有 12 ~ 14 周，因此雨燕的繁殖不得不速战速决。如普通雨燕于 5 月初来到英国开始繁殖，7 月底便离开。通常雄鸟先行抵达，占据巢址。如今它们

雨燕的代表种类

1. 塞舌尔金丝燕，一种群体营巢穴的雨燕，这种鸟因巢穴被收集、杀虫剂的使用、湿地遭破坏而数量大幅减少；2. 普通雨燕在空中交配；3. 非洲棕雨燕；4. 高山雨燕；5. 印度金丝燕。

体营巢，数量可达数十万只。其中有些种类完全用唾液将巢筑于洞顶或洞壁，这些巢具有很高的经济价值，因为它们就是山珍海味"燕窝汤"的来源。收集这些燕窝是一件很危险的事，往往要借助摇来晃去的绳索和梯子爬到100米高的地方。鉴于燕窝的价值，大量的雨燕巢被摘取，每年有超过350万个燕窝从马来群岛的婆罗洲出口至中国。同时，这样大规模的繁殖群迅速堆积起大量的鸟粪，人们从洞底掘出这些排泄物来用作肥料。

在繁殖期的筑巢阶段，即便是那些只用唾液来黏合其他巢材的种类，它们的唾液腺也会增大许多。而将细树枝巢粘于垂直穴壁上的烟囱雨燕，其唾液腺竟会扩大12倍。和其他用细树枝筑巢的种类一样，这种鸟也在飞行中从树上折断树枝。其他巢材如羽毛、种子、草、禾秆等，则是被风吹来而集之。而在二战期间，用以干扰敌方雷达的金属碎箔片从飞机上飘下来后，也被雨燕用来筑巢。

巢的形状和筑巢的方式，往往具体的种类各不相同。如旧大陆的棕雨燕种类（棕雨燕属）仅见于有圆叶蒲葵生长的地方。它们的巢沿着蒲葵叶内面的垂直叶脉，用羽毛和纤维筑起，下端有一巢缘，它们平时就栖于上面，孵卵时则垂直贴于巢，2枚卵紧紧地夹于巢中。

新大陆的棕雨燕种类（美洲棕雨燕属）将巢筑于从棕榈树冠上垂下来的植被里面。它们的袋形巢粘于树叶上，鸟沿着叶侧面进入巢中，卵产于里面低位外侧面的杯形结构中。另

的巢址几乎全在屋顶上。雨燕会衔来一些巢材，在日后产卵的地方用唾液黏合起来筑起巢。雏鸟出生的前几天由亲鸟轮流喂食，亲鸟给它们带来的是"食团"，为存储在亲鸟喉部的昆虫咀嚼物，最重达1.7克，可包含1000多只昆虫和蜘蛛。在晴好的天气，亲鸟每隔半小时左右喂食一次，一天可喂给雏鸟30~40克食物。在这种理想条件下，雏鸟最短的留巢期约为5周；而倘若天气变恶劣，则可延长至8周。群体繁殖会使数十对普通雨燕在同一个屋顶下营巢，或更为常见的，在相邻的建筑物上繁殖。普通雨燕的雏鸟在出生后第1年很少返回繁殖地，并且直至第3年或第4年才开始繁殖。未成年的普通雨燕会在仲夏炫耀时形成大的群体，不断发出阵阵尖叫声，并常常极为兴奋地飞到有鸟繁殖的巢址上空，给那些鸟造成很大的干扰。

除了普通雨燕，约有70个雨燕种类包括一些金丝燕种类，在亚洲广大地区的洞穴内群

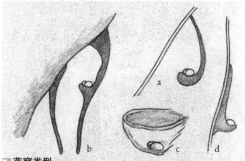

燕窝类型

a. 叉尾棕雨燕筑袋形巢，悬挂于棕榈叶上；b. 小燕尾雨燕的巢呈管状，附于岩石上或树干上；c. 爪哇金丝燕主要用唾液筑起的杯形巢；d. 棕雨燕类将它们的巢黏附于棕榈叶的内面。

在严寒中生存

像普通雨燕这样以飞虫为食的鸟，在它们分布范围的北部往往面临着一个重大的难题，即当天气转冷、变湿和多风时，它们的食物就会变得很稀少，甚至完全没有。在非繁殖期，它们可以逃避这种困境，南下飞往更暖和的地方，但在营巢繁殖时却不可能这样做。

研究表明，普通雨燕采取了多种适应性来应对这一困难。成鸟会储存大量的皮下脂肪，以备食物短缺时所用；它们可以连续数天栖息于巢中，保持很低的代谢水平和体温；雨燕卵的御寒能力比其他大多数鸟的卵都强；而亲鸟甚至会采取残酷的"控制生育"措施——有许多观察者都曾报道，在寒冷天气中，有的卵被亲鸟从巢中清除掉。

最让人感兴趣的是雨燕雏鸟长时间抵御寒冷和饥饿的能力。这不仅使雏鸟自己能够坚持生存下去，并且可以使亲鸟及时采取措施来恢复对它们的照顾。雏鸟在留巢期的某个阶段倘若挨饿一周或更长时间，只要情况得到改善，亲鸟重新给它们喂食，仍然可以顺利地生长发育。事实上，曾有报道称，普通雨燕的雏鸟10天滴食未进，体重下降50%，雏鸟的身体冰冷，处于休眠状态，甚至连有经验的观察者也以为它们已经死去。而它们的休眠确实很深，倘若给它们暖热过快，真的会死亡。因此，在这种气候条件下的雨燕雏鸟，长飞羽期需要60天，而它们在天气持续晴好的夏季可能只需5周。

休眠现象也见于其他数种雨燕，以及夜鹰和蜂鸟中。在欧洲，人们曾发现燕子也会出现类似的现象。有人据此猜测，鸟类可能也存在冬眠之说。如曾有8只白喉雨燕在1月的加利福尼亚陷入休眠状态，但原因很可能是出于对当地恶劣天气的一种反应，而非真正的冬眠。迄今为止，唯一真正冬眠的鸟只有北美小夜鹰。

有 2 个新大陆种类，即 2 种燕尾雨燕，也筑非常复杂的巢，形成一个长达 70 厘米的管状结构，从某个岩面上垂直悬挂下来。它们将巢营于管状结构的顶部，靠近黏附点。这些巢很耐用，可年复一年地使用。

烟囱雨燕的巢会沿垂直的烟囱而筑，相当于树洞巢的人造版（而它们同时也仍会在树洞中营巢）。其他有几个种类会飞到地面深穴中营巢，可深至地下 70 米。而黑雨燕则会将巢筑于面对着汹涌海浪的悬崖上，每当浪花上涌飞溅时，这种海蚀洞的入口就会被遮蔽起来。

上述各式各样的巢址和巢结构，体现了雨燕这一飞鸟群体在无法获得大量巢材的情况下，是如何充分利用安全的地方来完成繁殖的。其中大多数雨燕的巢都为哺乳类或爬行类的掠食者无法企及。这种难以接近性不仅保证了卵和雏鸟的安全，同时也保护了易受袭击的亲鸟，因为所有雨燕的成鸟在地面或栖木上时都缺乏机动能力。

适应生存
保护与环境

雨燕目前面临着数种威胁。人类对栖息地的破坏导致其中一些种类觅食区域缩小；因有利可图的燕窝交易而引发的过度收集使东南亚金丝燕的数量逐步告急；而许多地区杀虫剂的广泛使用，严重削减了它们的猎物——昆虫的分布范围和数量。不过，积极的一面是，由于部分自然栖息地的丧失，许多种类已然适应了人工环境中的现成巢址，以致有数种雨燕如今已很少再使用自然巢址。然而，这些种类几乎完全依赖于在人工建筑物上营巢（已是一种普遍现象）也带来了问题，因为人类在翻新楼顶时很少会考虑到鸟类因素。因此有待人们广泛采取对雨燕有利的建筑物管理措施，以避免它们的数量进一步下降。

↗ 由于营巢的洞穴内缺乏光线，许多金丝燕（图中为一只白腰金丝燕）会利用回声定位来探路。

蜂鸟是一个独特的群体，有 300 多个种类，是新大陆最大的鸟科之一，仅次于霸鹟科 (Tyrannidae)，后者为 370 多种。

蜂鸟的独特性体现在它们出类拔萃的飞行本领（悬停能力尤为突出）、绚丽多彩的体羽和普遍偏小的体型上。与花的特殊关系使蜂鸟在生态环境中拥有其他鸟所无法取代的"生态位"。它们几乎仅以高热量的花蜜为食，同时在这过程中为它们所专食的植物授粉。

尽管人们对蜂鸟内部的组成体系意见相当一致，但蜂鸟与其他鸟类群体的关系仍颇富争议。一般而言，蜂鸟科与凤头雨燕科和雨燕科一同归入雨燕目。这种分类观点近年来得到生物化学研究领域的支持。雨燕和蜂鸟拥有一种共同的酶——苹果酸脱氢酶，西比利和阿尔奎

↗ 蜂鸟的喙通常特别长，而舌甚至会更长。图中一只牙买加芒果蜂鸟伸出喙尖，从一棵野生大蕉花那里吮水。

斯特的 DNA 比较（1990 年）则对这一分类法予以了确认。蜂鸟科内部则分为 2 个亚科：隐蜂鸟亚科和蜂鸟亚科。

蜂鸟与隐蜂鸟
形态与功能

蜂鸟亚科有 96 个属，包含了 90% 以上的蜂鸟种类，乃是一个极为多样化的亚科。鉴于在这样一个大的集合中，种类关系肯定比隐蜂鸟亚科杂乱，因此一些分类学者拟寻求进一步分化出新亚科的可能性。比如有一种提议为将冠蜂鸟属和刺尾蜂鸟属并成一个独立的亚科（冠蜂鸟亚科），而将具有显著特征的齿嘴蜂鸟和矛嘴蜂鸟列为另一个亚科（矛嘴蜂鸟亚科）。虽然冠蜂鸟亚科的归类提议主要基于鼻盖和初级飞羽的位置和发育情况这些带有表面性的特征，但矛嘴蜂鸟亚科在后颈的肌肉组织和鸣啭的声音构成方面明显有别于其他所有蜂鸟种类。多数分类学者同意齿嘴蜂鸟和矛嘴蜂鸟不从属于隐蜂鸟亚科，然而对于支持它们组成亚科却持谨慎态度，因为尚无可用于比较的生理构造和分子结构方面的翔实资料。

蜂鸟亚科一个共同的特征是它们的肱骨肌腱模式相同，而喙也通常都为笔直型或略下

↗一只艾氏煌蜂鸟从一朵火红的火炬花上摄取花蜜，它的振翅速度达到每秒80次。为了提供这种悬停飞行所需要的能量，一只蜂鸟每天要消耗相当于体重一半的糖分。

弯，长度从紫背刺嘴蜂鸟的几毫米至剑嘴蜂鸟的 12 厘米不等。大部分在羽色上表现出明显的性二态。雄鸟的头部、背部和腹部经常着色鲜艳，由红、橙、绿、蓝等多种亮丽的色彩组成。在某些种类中，雄鸟还有非常醒目的宝石色装饰物，如可伸展的翎羽、冠、加长型的尾羽等。相比之下，雌鸟则显得不起眼，通常没有绚丽多彩的羽色。不过，在某些种类中，体羽的性二态现象不明显，甚至不存在，如人眼

几乎无法区分紫耳蜂鸟属和喉蜂鸟属中的雌雄鸟。着色亮丽的雄蜂鸟一般具有领域性。"展姿场"炫耀行为据悉只存在于少数种类中，许多蜂鸟亚科种类的求偶主要表现为空中炫耀。大部分巢为杯形（少数为钟摆式或圆顶形），筑于大树枝上或交叉的细树枝间。栖息地极为多样化，从沙漠边缘、红树林、热带雨林到安第斯山脉雪线以下的多年生草地都有蜂鸟的身影。

隐蜂鸟亚科的 6 个属（锯嘴蜂鸟属、镰嘴蜂鸟属、铜色蜂鸟属、髭喉蜂鸟属、隐蜂鸟属、齿嘴蜂鸟属）与蜂鸟亚科的区别在于它们独特的肱骨肌腱和以褐色、灰色和淡红色为主的着色模式。鲜艳亮丽的色彩很稀少，主要限于背羽上。隐蜂鸟普遍不具有领域性，见于热带森林的下层植被，如茂密的灌丛中。通常具有很长的喙，适于采食具管状花冠的花。与芭蕉科植物关系密切。在所有研究过的种类中，雄鸟都会聚集在展姿场来吸引异性。它们的炫耀很嘈杂，反复发出咔嗒咔嗒的鸣叫声，雄鸟会将舵羽（尾羽的一部分）展开成扇形，并且张大嘴露出黄色或红色的下颌内基（张嘴炫耀）。隐蜂鸟的巢呈垂吊式，通常呈锥形，附于柔韧性强的狭长叶子的内侧末端，或者当有河岸、洞穴植被或桥提供掩护时，它们会将巢附于垂下来的根或细枝上。

知识档案

蜂 鸟

目 雨燕目
科 蜂鸟科
108属328种。

分布 美洲，从阿拉斯加至火地岛，此外也包括西印度群岛、巴哈马群岛、斐尔南德斯群岛。许多见于南北两端的种类会进行迁徙。

栖息地 只要有花蜜生成的地方，从海平面至安第斯山脉雪线以下的各类栖息地不限。

赤道

体型 体长 5～22.1 厘米，体重1.9～21克。

体羽 大多数体羽为泛有光泽的绿色，同时在头、背、

喉、胸、腹、舵羽等部位经常有其他鲜艳亮丽的色彩。雄鸟通常色彩更绚丽，并且有些具冠和（或）特别长的尾羽。

鸣声 两性均会发出尖而短的领域鸣声和飞行鸣声。雄鸟的炫耀鸣唱通常比较复杂，带有一连串短促而反复的喉音和颤音。有些种类的雌鸟也会鸣唱，但复杂性稍逊。

巢 隐蜂鸟亚科的种类将巢通过蜘蛛丝附于叶下面或岩石上。蜂鸟亚科的种类大部分筑杯形巢，巢通常较小，附于大树枝或交叉的细树枝上；少数筑钟摆式或圆顶形巢。

卵 每窝卵数2枚（极少数情况下为1枚）；白色，长形；重约为母鸟体重的10%～15%。孵化期14～24天，雏鸟留巢期18～41天。

食物 以花蜜为主（占到90%），其他食物为小昆虫和蜘蛛。

蜂鸟的体型非常小。大部分种类只有6～12厘米长，2.5～6.5克重。圭亚那和巴西的红隐蜂鸟及古巴的吸蜜蜂鸟体重均不足2克，不仅是最小的鸟，而且也是世界上最小的温血动物。而镰嘴蜂鸟、剑嘴蜂鸟和蓝翅大蜂鸟等种类则重于平均水平，为12～14克。一如其名，巨蜂鸟为所有蜂鸟种类中的最大者，重19～21克，与一只小型雨燕相当。

适应悬停
特殊的生理构造

蜂鸟高度进化为食蜜类，几乎完全依赖于鸟媒花植物富含碳水化合物的糖类分泌物（花蜜）。它们的食物构成约为90%的花蜜、10%的节肢动物和花粉。蜂鸟用细长的喙（保护着里面特化的、长而敏感的舌）来获得花蜜这种流质食物。它们的特殊觅食行为必然要求有一种特定的运动模式——悬停式飞行，以使它们在采撷盛开的花朵时能够在空中保持位置不动。而正是在悬停时，翅膀发出的嗡嗡声使它们获得了"蜂鸟"这一名字。不过，这种独特的觅食方式也导致它们的脚无法行走或攀缘，只能用于栖木。悬停时，蜂鸟尖而平的翅膀主要做横向运动，翅尖的动作类似于直升机上的收敛式旋翼所做的一种平面八字运动。只要翅膀的角度略做调整，蜂鸟就可以利用这种技术进行各种可控的空中前进、后退和侧飞行为，甚至包括倒置飞行。小型种类如紫辉林星蜂鸟，悬停时的振翅速度平均为每秒70～80次，相比之下，巨蜂鸟仅为10～15次。而振翅速度最快的是某些北美种类，如红喉北蜂

鸟，在求偶炫耀飞行时，振翅速度每秒钟超过200次。

蜂鸟的这种悬停飞行模式造就了其特殊的骨骼和飞行肌结构。与其他飞鸟相比，它们的胸骨相对大而长，龙骨明显。具8对肋骨，比大多数鸟类多2对，帮助飞行时保持稳定。胸部带的喙骨不仅强健，而且在结构上也很特别：只有蜂鸟和雨燕在喙骨与胸骨相连的地方有一个浅的杯—球状关节。飞行肌通过肌腱与肱骨相连。蜂鸟的肱骨进化为可绕着肩关节自由活动，从而使翅膀得以理想地全方位运动，包括近180°的轴向旋转。事实上，只有肱骨在围绕关节运动，慢镜头照片显示，前臂骨骼几乎不弯曲。

蜂鸟飞行用到的两大肌肉组织为富含线粒体的胸大肌（附于胸骨、锁骨、肱骨）和胸深肌（位于胸肌下面，也着生于胸骨）。它们均完全由深红色的肌纤维组成，为强有力的飞行提供能量。这两大飞行肌肉组织总重占到了蜂鸟体重的30%以上，这一比例远高于其他出色的飞鸟如各种候鸟等，后者的飞行肌占体重的比例不超过20%。

由于悬停飞行耗能巨大，蜂鸟对氧的需求量为所有脊椎动物之最。它们的呼吸系统非常适于处理大量气体——2个紧凑而对称的肺用以气体交换，9个薄壁气囊相当于换气的风箱。蜂鸟栖息时的呼吸频率为每分钟300次，在

↘ **一只在觅食的绿顶辉蜂鸟**
蜂鸟完全在飞行中采蜜，这在鸟类中独一无二。

↗ 一只剑嘴蜂鸟的扇翅过程

这表明蜂鸟在悬停飞行中的极大灵活性。相对于腕骨和指骨，蜂鸟的前臂显得很短，再加上翅膀的肌肉平均占到体重的25%以上，这使它们在飞行时具有更出众的平衡性和灵活性。

高温下或飞行时会上升至 500 次以上；相比之下，椋鸟和鸽子的呼吸频率约为 30 次 / 分钟，而人只有 14 ~ 18 次 / 分钟。蜂鸟每次呼吸的潮气量（每次吸入或呼出的气量，一般缩写为 TV）为 0.14 ~ 0.19 立方厘米，为同等大小哺乳动物（如鼩鼱）的 2 倍。

一只 4 ~ 5 克的蜂鸟日需能量约为 30 ~ 35 千焦，为其基础代谢水平的 5 倍。为了满足这种巨大的能量需求，蜂鸟每天必须消耗约 1000 ~ 1200 朵花的花蜜。而每日随着这些花蜜摄入的水分为它们体重的 1.6 倍。这些大量的多余水分必须通过持续的多尿排除，从而引起体内盐分的平衡问题。蜂鸟借助其特定的生理构造解决了这一问题——它们的肾含有发育不完全的肾小管，由少量环形肾元及排泄废物的单元物质组成集合管。这使得蜂鸟对尿液的浓缩方式与其他鸟和哺乳动物不一样，它们将血浆的渗透浓度降至 15% ~ 24%，从而回收宝贵的盐分。不过，尽管有 76% ~ 85% 的溶质得以保存下来，但每天仍会有 10% 的钠和钾流失体外。这些盐分通常在花蜜中得到相应的弥补。研究表明，是食花蜜的习性促成蜂鸟进化成小体型。而相对小的肾处理相对大的水流量，这种制约只能通过前面提到的肾元产生浓缩尿液来解决。

蜂鸟的分布范围北起阿拉斯加，南至美洲超大陆圈内的火地岛，见于从海平面到海拔约 4500 米的所有存在开花植物的各类栖息地。其中约一半以上的种类生活在山区，每天需要面对 15℃ 以上的温差。因此，蜂鸟为了抵消环境温度和体温的差异究竟需要产生多少热量，成为生理学家关注的一个焦点。如果鸟的导热性（影响热交换的一种物理特性）很高，那么绝热性就会很低。而蜂鸟的绝热性可以说是很低，因为它们的体重很轻（对鸟而言，导热性随体重的减少而成指数增长），并且覆盖身体的羽毛数量相对较少。然而，蜂鸟每克体重的产热量很高。同时，由于体重轻，它们用于体温调节所需的能量远少于比它们大的动物所需的能量。

小型恒温动物面临的主要难题是如何储存足够的能量，以抵消热调节所需的消耗。一

↗ **蜂鸟的代表种类**
1.红隐蜂鸟；2.白顶蜂鸟；3.金喉红顶蜂鸟；4.鳞喉隐蜂鸟；5.红尾彗星蜂鸟；6.剑嘴蜂鸟；7.髯蜂鸟；8.白尾尖镰嘴蜂鸟；9.翘嘴蜂鸟；10.红喉北蜂鸟；11.巨蜂鸟。

般而言，动物体重增加，能量储存也增加，两者成 1.0 的线性比，而能量消耗的加大与体重增长的线性比为 0.75。两者间的差异给体型极小的动物带来了能量问题。于是，像蜂鸟等小型恒温动物就面临着这样的压力：一方面，它们必须满足每日的食物需求；另一方面，必须积蓄足够的能量储备来度过夜间的饥饿期。因此，食物的质量和获取的难易程度，以及降低能耗的机制，对体型极小的蜂鸟而言，显得至关重要。在蜂鸟中，这种机制表现为在日常的觅食和栖息之间，会有很长一段时间静止不动。在这段蛰伏期，气体代谢和体温依据环境温度进行调节，使体温保持在 18℃～20℃ 的范围内，蜂鸟陷入休眠状态，不能对外界刺激作出协调的反应。但由此节省的能量是相当可观的：夜间栖息阶段所需能量的 60% 便是通过这种蛰伏方式储存起来的。人们在对新北区（生态区名，包括北美洲寒带和格陵兰，相对于古北区）的候鸟型蜂鸟进行观察时发现，蛰伏会不定期出现，当夜间的能量水平低于下限时，蜂鸟便蛰伏。根据这些研究得知，蛰伏是一种能量调节机制，当能量低于临界值时就会引发蛰伏这种生理调节的极端模式开始生效。关于蛰伏无规律的原因，生理学家认为在于这种休眠状态存在的风险及能量成本。其中的风险主要为静止不动时，易于遭到掠食，以及剩余的能量若不足以进行热调节，那么就无法从蛰伏中苏醒过来。

上述因时间和环境条件受限而产生的对食蜜习性和能量调节模式的生理适应性，对于理解蜂鸟的总体习性具有根本性意义。充分利用能量丰富的花蜜，有助于增强个体对这种食物源的竞争力，有利于个体生存策略的发展。因此，一个普遍的结果是，几乎所有研究过的蜂鸟种类的雌雄鸟都单独生活，并通常极力维护蜜源（开花的灌木和树木），不让其他任何潜在的食物竞争者接近。蜂鸟实行多配制，两性只是为了产卵才发生短暂的关系。

肉搏战
群居行为

一般而言，在着色鲜艳亮丽的种类中，雄蜂鸟会在花丛建立觅食领域，使它们能够满足每日的能量需求。为保护花蜜资源，它们经常栖在附近的高树枝上，从而占据有利地形，便于发现天敌，并且通过"口头警告"和竞赛性的飞行阻止任何可能的入侵者（包括雌鸟）进入这片区域。"领域主人"经常先食空外围的花蜜，以降低或打消竞争者的兴趣。入侵者若对领域主人的威胁鸣声置之不理，那么就会遭到后者的猛烈追击，有时会导致"肉搏战"——实际的身体接触和争斗——两只在空中搏斗的鸟相互用爪子锁住对方，最后像坠落的石块一样摔在地上。不过，这种争斗很少会给蜂鸟造成严重伤害，只是偶尔会看到它们上体有些地方没有了羽毛，就是这种攻击行为的结果。

蜂鸟一天会沐浴数次。有些坐于浅水中，像麻雀一样泼水；有些则站于瀑布边的岩石上，等到湿气和水花从上面飘下来，便振动它们的翅膀，竖起体羽。隐蜂鸟和许多蜂鸟会在潺潺而流的森林小溪上空盘旋，然后突然飞下去，有时几乎整个身体完全浸入水中，这样的行为时常会反复数分钟。

在通常都很拥挤的栖息地，蜂鸟经常是先闻其声后见其影。刚进入栖息地最常听到的是它们并不悦耳的叽叽喳喳声和口哨声，声音很尖，为单音节。一次鸣声的持续时间一般不到半秒，通常由雄鸟和雌鸟在觅食途中或栖于灌木顶和树顶时发出，表明领域主人占有这些花蜜丰富的食物源。有时可听到有些种类的个体为了维护觅食领域而发出的追逐鸣声——一连串富有攻击性的快节奏啁啾声。这些响亮的声音信号无论是由雄鸟还是雌鸟发出都表现出种类之间各自不同的特点，因此是野外辨识的重要依据。

有些隐蜂鸟如隐蜂鸟属的部分种类以及一些蜂鸟亚科如紫耳蜂鸟属的部分种类，是蜂鸟科中白天鸣叫持续时间最长的鸟，它们可以不知疲倦地从太阳升起唱到太阳下山。这些鸟只

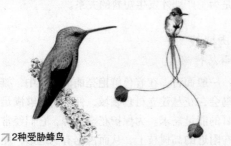

↗2种受胁蜂鸟
叉扇尾蜂鸟（右图）仅限于秘鲁北部的2个地区，且均面临森林退化的威胁；而栗腹蜂鸟（左图）为极危种，只生存在哥伦比亚境内的一小片区域。

在换羽期保持沉默。研究发现，大部分蜂鸟在换羽期都停止鸣叫。

除了不少利用展姿场模式进行炫耀的雄鸟（隐蜂鸟属、艳蜂鸟属、娇蜂鸟属的种类）会持续发出声音很尖的鸣啭外，在其他诸多蜂鸟种类中，两性的成鸟和幼鸟通常发出低柔的颤音鸣声。蜂鸟进行空中炫耀时经常会伴以特定的鸣声以及肢体的声音，如棕煌蜂鸟的尾羽和翅膀发出的声音（而他们平时不会发出这样的声音）。

发育三部曲
繁殖生物学

在每个繁殖期，雄鸟会与数只雌鸟交配。而剩下的一切繁殖任务包括筑巢、孵卵、育雏，均由雌鸟单独承担。繁殖期的开始因种类和地区各异。一般而言，大部分蜂鸟的繁殖高峰期与许多鸟媒花植物集中的开花季节密切相关。在厄瓜多尔境内的安第斯山脉高海拔地区，紫耳蜂鸟属、辉尾蜂鸟属、带尾蜂鸟属、毛腿蜂鸟属的种类在潮湿季节开始繁殖，通常在10月中旬，然后持续至3月，有时至4月。而在往北或往南海拔相近的山区，繁殖期通常会提早或推迟3个月，并且仅持续数周。在海拔较低的地区，繁殖周期的季节性则趋于不明显，有数个种类可在年内任何时候繁殖，在干湿季节的繁殖高峰期繁殖的数量相应减少。

许多非隐蜂鸟种类的雌鸟会将巢址选择在附近某处花蜜丰富的地方。对于合适的营巢树枝，它们会先在上方盘旋观察，然后反复降落在某一点上面。而隐蜂鸟的巢址不会选择在附近的食物源边上。该亚科的雌鸟通常用脚附于合适的绿色棕榈叶或芭蕉叶上（日后它们的锥形巢便附于其上）。这种行为是出于筑巢的考虑，在检验叶层的承受力。

蜂鸟的巢可见于各种高度，从仅高于地面几厘米至 10 ~ 30 米高的树顶均有。甚至在同一个种类中，巢址的位置也会不同，既有在下层植被的，也有在树荫层的。虽然所有蜂鸟的巢都便于飞入，但只有少数种类的巢完全筑于露天。巢通常由悬挂的树叶遮掩，避免受到直接的日照和雨淋。在巢址的选择过程中，均衡

的小气候条件如温度和湿度，似乎是保证胚胎顺利发育的主要因素。因此，巢址往往位于瀑布附近、森林小溪旁或湖边。所研究的种类中大部分筑巢时间为 5 ~ 10 天。雌鸟会定期对巢进行修补，尤其是在孵卵期。

所有蜂鸟的窝卵数均为 2 枚，卵呈白色，无斑，椭圆形。据报道只有中美洲纹尾蜂鸟的卵呈醒目的粉红色。但这种不同的卵色并非基因所致，而是由有时用于做巢衬里的红色橡木苔藓所造成的。雨水促成了这种色素与卵和雌鸟腹羽（经常沾到这种粉红色）发生永久性的化学反应。

大多数蜂鸟的孵化期为 16 ~ 19 天，比鸣禽类长 2 ~ 5 天。2 枚卵孵化的时间间隔为48 小时或者几乎同步，具体取决于每枚卵开始孵的时间。蜂鸟的雏鸟均为晚成性，出生时双目紧闭，无活动能力。在长达 23 ~ 26 天的雏鸟留巢期（安第斯山脉高海拔地区的蜂鸟为30 ~ 40 天），可观察到下列 3 个明显不同的发育阶段。

第一阶段，出生后的前 5 天，雏鸟几乎全身裸露，只有背部有数排长约 5 毫米的绒毛，眼睛仍闭合。在这一阶段，雏鸟（一般为 2只）躲在巢中不动。雌鸟觅食回来后，降落在巢缘，用喙触碰雏鸟的眼球后部。受到这一刺激后，雏鸟作出反应，张开嘴，接受喂食。雌鸟将精巧的喙伸入每只雏鸟的嘴里，把嗉囊中由花蜜和小节肢动物组成的食物吐到雏鸟的嗉囊里。如果人用火柴杆触碰此阶段的雏鸟的眼球部位，也会很容易诱使雏鸟张嘴。此时的雏鸟不会发出乞食鸣叫。

第二阶段，出生后的第 6 天至第 9 天，这时雏鸟的眼睛开始睁开，翅膀、尾部和背部的主要体羽开始生长。背上的绒毛没有脱去，但附于正羽上。这一时期雏鸟仍然不会发出乞食鸣声。

第三阶段从第 10 天起直至雏鸟会飞。从这一阶段开始，雏鸟基本上全身覆羽，常常面朝外坐在巢缘上。但它们还是不会发出乞食鸣声。

在第二和第三阶段，雌鸟逐渐向雏鸟靠近，开始在覆羽的雏鸟上方盘旋悬停，振翅频率日渐变快，声音清晰可闻。当雏鸟附于正羽

↗一只长尾隐蜂鸟栖息在附于一片棕榈叶下侧的锥形巢中。

上的背部绒毛被亲鸟振翅产生的气流吹动时，它们就会张开嘴，人拿草帽扇也会产生同样的效果。在这个发育阶段，张嘴刺激发生了变化，研究中没有观察到雌鸟再去触碰雏鸟的眼球。在张嘴及进食时，雏鸟基本上仍蜷缩于巢中，只是略将身体上迎。

出生后 15 天左右，雏鸟开始白天坐在巢缘上，背部很少靠着杯形巢。在喂食时间，雌鸟在雏鸟头顶悬停，吹动后者背部新长出的雏羽，只有在受到这种刺激后，雏鸟才会张嘴接受喂食。所有在露天的杯形巢中长大的蜂鸟雏鸟，在留巢期都不发出乞食鸣声，而是待飞羽长齐后才发出鸣声。这时的它们，通常无论雌鸟在场与否都会发出响亮的鸣声，只是看到雌鸟时显得更起劲。

露天巢址和低生育率很可能是促成蜂鸟的雏鸟发展出这种高度特化的张嘴反应行为的因素。因为倘若雏鸟发出响亮的乞食鸣声，并且在一些非特别的因素如风吹动巢的影响下，也会不加控制的乞食和张嘴，那么很容易将巢暴露给天敌。因此，用非常特殊的刺激方式来诱使尚不会飞的雏鸟张嘴，很可能是一种适应性的体现，目的是降低露天巢遭掠食的可能性。另一个与这种观点一致的事实是，在那些圆顶巢的蜂鸟如长尾蜂鸟和辉尾蜂鸟中，雏鸟孵化后很快就开始发出乞食鸣叫，这是对雌鸟进入巢中给雏鸟带来触觉刺激所作出的反应。

咬鹃

咬鹃是色彩缤纷的热带森林鸟类。尽管直立的姿势、强健的喙和很短的腿使它们外表看上去像鹦鹉，但事实上它们在现存鸟类中没有关系密切的亲缘种，因此自成一目。它们两趾向前的结构虽与鹦鹉相似，但近看可发现第一趾和第二趾向后——这种结构为咬鹃所特有。

咬鹃在新大陆的种类最为丰富，有3属23种分布在北起美国西南部（亚利桑那州东南部），南至阿根廷北部的广大地区。另一属2个种类——古巴咬鹃和伊岛咬鹃仅见于加勒比群岛。白领美洲咬鹃生活于多种不同类型和海拔高度的栖息地，从哥斯达黎加的潮湿热带森林到美国西南部海拔达2500米的干冷橡树林，不一而足。

有3个种类生活在非洲的潮湿热带区。其中最常见、也是分布最广的绿颊咬鹃见于低地森林至海拔3300米的山地林中。斑咬鹃的分布范围与绿颊咬鹃重合，但该鸟仅限于

↖白领美洲咬鹃为分布最广的咬鹃种类，从哥斯达黎加的雨林一直到美国西南部的一小片区域（在那里，这种鸟受到当地观鸟爱好者的青睐）。

高地森林中，主要在海拔1600米以上。

咬鹃属的11个亚洲种类分布在印度西部至中国西南部、东南亚大陆地区和印度尼西亚群岛之间的区域。其中马来、印尼地区目前的咬鹃种类为该区域之冠，苏门答腊有8种，婆罗洲有6种。有几个种类分布相当广泛，如橙胸咬鹃生活于缅甸至马来西亚、泰国和中国西南部至爪哇的大片常青林中。

▌色如彩虹
形态与功能

咬鹃天生适于在树上生活。它们短粗的腿基本上无法走路，短而圆的翅膀和长长的尾巴却使其在空中游刃有余，甚至能做短暂的悬停，这对于从叶簇中或树枝上摘取果实，或捕捉小动物都很有帮助。结实（喙缘通常成锯齿状）的喙可咬碎坚硬的果实、杀死小猎物，以及在朽木或白蚁窝中凿穴营巢。其鸣声在人耳听来不够悦耳动听，却可穿透茂密的植被，传播很远的距离。

美洲的25种咬鹃羽色绚丽，上体为绿色、青铜色、蓝色或紫罗兰，下体为对比鲜明的红色、粉红色、橙色或黄色。雌鸟通常与雄性成

知识档案

咬 鹃

目 咬鹃目
科 咬鹃科

7属37种。种类包括：斑尾咬鹃、绿颊咬鹃、角咬鹃、橙胸咬鹃、红枕咬鹃、凤尾绿咬鹃、古巴咬鹃、伊岛咬鹃、白领美洲咬鹃等。

分布 非洲南部、印度、东南亚、马来西亚、菲律宾、美国亚利桑那州东南部、墨西哥、中南美洲和西印度群岛。

赤道

栖息地 从平地至海拔3000多米的森林、林地和次生林。

体型 体长23~38厘米。

体羽 软而密。雄性成鸟的腹羽和尾下覆羽为红色、橙色或黄色，头、胸和上体通常为富有光泽的绿色或蓝色。雌鸟和幼鸟羽色与雄鸟相似或较暗淡。

鸣声 多种简单的声音，包括低沉粗哑的鸣声（如狗吠或猫头鹰叫）、颤鸣声、呜咽声和尖叫声。

巢 营于洞穴中。

卵 窝卵数2~4枚；白色或浅黄色至青绿色。孵化期为17~19天，雏鸟留巢期17~28天。

食物 昆虫、蜘蛛、小型蛙、蜥蜴、蛇和小型果实。

鸟相似，区别主要在整体的色调强度有差异，或者仅仅是尾羽外缘的斑纹不同。不过，在有些种类中，雄鸟明亮的绿色或蓝色成分在雌鸟身上则由红褐色或炭灰色代替。非洲咬鹃属的3个非洲种类与美洲种类体羽极为相似，只是在脸部的裸露皮肤上有色彩鲜明的小斑点。咬鹃属的11个亚洲本地种不像非洲和美洲的种类那样，具有亮丽的金属色，但在头部、腰部或下体有醒目的猩红色、粉红色、橙色或肉桂色斑。亚洲种类的雌鸟羽色通常较雄鸟暗淡，但两性在眼眶周围均有皮肤裸斑。

咬鹃科中最广为人知的种类见于墨西哥南部和中美洲的凤尾绿咬鹃，它们是世界上最美的鸟之一。其雄鸟上体一片绿光闪闪，下体为深红色，头顶由须发般的羽毛形成狭小、突起的冠。金属色的绿色翼覆羽长而弯曲，羽尖在翅膀合拢时超出翼缘之外。尾上覆羽同样发达，平时刚刚盖过暗黑色的中央尾羽，而在繁殖期，雄性成鸟会长出一对长度为整只鸟体长2倍的中央尾上覆羽，在这种鸟栖于枝头时，形成一道优美的下弯弧线，而在飞翔时，犹如在空中荡起片片涟漪。其他4种南美特有的绿咬鹃种类也同样华丽多彩，只是尾覆羽很少盖过尾尖。

囫囵吞"果"
食物及繁殖生物学

果实和无脊椎动物构成了大部分咬鹃的主要食物。它们将带核的果实（包括鳄梨等）整个吞下，在消化了富含营养成分的肉质后，将核回吐出来。咬鹃用喙从叶簇中和树枝上捕食动物性猎物的方法与它们摄取果实的方法非常相似，即在空中做短暂的悬停，然后飞扑过去捕食。猎食对象通常为大中型的昆虫，如毛虫和蝉，而大型的咬鹃种类常常捕食小型脊椎动物，如蜥蜴和蛙。动物性食物在营巢繁殖期显得尤为重要，而繁殖期也一般与猎物最繁盛的季节相吻合。

◥ 红头咬鹃是咬鹃属的11个亚洲亲缘种之一，这种鸟的一大特征是尾羽的斑纹非常奇特。

鼠 鸟

鼠鸟由于外形和行为似鼠而得名，其体型中等，身材粗短，体羽为褐色或灰色，尾很长，常成小群在厚密的灌丛中奔走或攀缘，在分布区很常见，具高度定栖性。在现存鸟类中没有关系密切的亲缘种，因此自成一目。

鼠鸟生活在非洲多灌木的草原和林地中，此外也见于次森林、森林边缘带和干旱的荆棘丛，甚至会出现在花园和耕地里，但不栖于茂密的森林以及沙漠和山顶。它们常常出没于水域附近，但似乎并不大量饮水。

具不同色斑的攀缘者
形态与功能

全部6个种类都很相似，羽毛相当蓬松，浑身主要为淡褐色或灰色，下体颜色较浅。2个属的区别主要在于骨骼特征不同。大部分种类具有醒目的色斑，如红背鼠鸟腰部有一栗色斑，白背鼠鸟腰部有一白色斑，蓝枕鼠鸟在背和头之间为浅蓝色斑。白头鼠鸟头顶为白色冠。几乎所有种类都具冠（除了白背鼠鸟，这种鸟在脸周围为一圈裸斑）和长而坚硬的尾。它们的翅短而圆，飞行时通常先是一连串快速的扇翅飞行，发出呼呼的响声，然后滑翔相当长的距离。在树枝之间攀缘时，它们一般用中间两趾向前抓持，另外两趾异常灵活，可向前、向后或向侧面抓持。这使得鼠鸟在灌丛中能够灵活自如地攀缘（它们往往吸附于树枝下侧，而非栖于树枝上面），并且可以用脚将食物送到嘴边。

鼠鸟的喙短粗，类似于雀类的喙。主要食浆果、果实和其他植物性食物，包括对于其他脊椎动物来说有毒的花和叶。如有记录表明，它们会食有毒的夹竹桃，而这种植物的汁会被当地一些土著涂在箭头上用以射杀猎物。鼠鸟偶尔也食动物性食物，会残害同类的雏鸟。此外，有些种类会食入潮湿的泥土或黏土，可能是为了帮助消化（尤其是在下午，它们那时以食树叶为主）。鼠鸟全天觅食，但中间有多次休息时间，那时它们会成群聚集在一起。它们也会花大量时间来梳羽、洗尘浴和日光浴，也许是为了减少体外寄生虫的数量（有的会很高），而日光浴也有助于保持恒定的体温。

群居领域的维护者
群居行为

所有种类都以家庭为单位生活，成员一般有3～20只。家庭成员全年都在一起，有时在树结果期间会形成更大的群体。鼠鸟具高度的群居性，群居成员之间经常相互梳羽，腹贴腹地悬于树枝上，夜间蜷缩在一起栖息。至少有4个种类能在夜间让体温下降，这是对体重

鼠 鸟

目 鼠鸟目

科 鼠鸟科

2属6种：斑鼠鸟、红背鼠鸟、白背鼠鸟、白头鼠鸟、红脸鼠鸟、蓝枕鼠鸟。

分布 非洲撒哈拉以南地区。

赤道

栖息地 开阔的林地、灌丛地带、荆棘丛、花园，茂密的森林和沙漠除外。

体型 体长30～35厘米，其中大部分为尾长（20～25厘米）；体重35～70克。

体羽 淡褐色或灰色，下体浅色，有蓬松的冠羽。某些种类的脸部或颈部有醒目的斑纹（为白色、红色或蓝色），尾特别长。两性相似。

鸣声 单一的口哨声或一连串喊喊喳喳的声音。

巢 露天的碗状结构，有时大而零乱，通常筑于密集的荆棘丛中。

卵 窝卵数一般为2～4枚；白色，带黑色或褐色条纹，大小为（20～23）×（15～18）毫米。

食物 叶、果实和浆果，偶尔会食其他鼠鸟的幼雏。

低于正常值后的一种适应。由于鼠鸟特化的食物会使它们能量不足，因此这种行为有可能经常性地出现。

鸣声包括多种口哨声和喊喊喳喳的联络声，并特别用于领域的维护。通常在一声口哨声后，会有一群鼠鸟从某片灌丛中成一列离开，飞过空旷地，然后隐入邻近的另一片灌丛中继续觅食。

群体全年维护自己的领域。虽然大多数实行协作繁殖，由年轻的家庭成员（两性均有）充当协助者，但似乎主要还是（或全是）单配制。繁殖期一般在湿季，具体时期与果实的供应情况关系密切。求偶行为有雄鸟给雌鸟喂食、与雌鸟磨喙以及"跳跃炫耀"（见于4个种类中），主要表现为其中一只鸟（通常为雄鸟，但不尽然）坐于枝头或地面，然后有节奏地上下跳跃数分钟，最后以交配结尾。

鼠鸟的巢为露天碗状结构，巢材为细枝，筑于离地面数米高的密集荆棘丛中，通常相当零乱。在纳米比亚，斑鼠鸟和红脸鼠鸟的巢常常位于胡蜂窝附近。鼠鸟一般一窝产2～4枚卵，除了巢寄生的杜鹃外，其一窝卵的重量占雌鸟体重的比例为所有鸟类中最小。孵卵任务由双亲共同分担，有时甚至一起同时孵卵，偶尔由协助者孵，孵化期为11～15天。雏鸟在出生10天后可能还不会飞时便离巢，但在此后的4～6周内仍由家庭群体的各个成员喂以回吐的植物性食物，存活下来的雏鸟在会飞后一般还会与家庭成员共同生活一些时日。雌鸟比雄鸟更有可能离开群体。

↗ **飞翔的斑鼠鸟**
它们以快速的扇翅飞行和滑翔从一棵树飞到另一棵树。

鹦鹉、吸蜜鹦鹉和凤头鹦鹉

美国前总统安德鲁·杰克逊的宠物鹦鹉曾留下了让人感到尴尬的一幕：在1845年杰克逊总统的葬礼上，这位黄颈亚马孙鹦鹉"政客"竟然口出污言秽语（也许是从说话不客气的主人那里学来的），结果引起公愤，被逐出庄严的葬礼仪式。不过，从中也可看到鹦鹉的活跃和聪明，只是有时过了头会使人难堪。

鹦鹉不仅以学舌出名，它们的长寿也同样颇有名气。一些饲养的大型种类（如凤头鹦鹉类和金刚鹦鹉类）可活到65岁。然而，尽管人类饲养鹦鹉的历史可谓悠久，但真正完全被驯化的只有澳大利亚的虎皮鹦鹉1种，在西方，它很可能是除狗和猫之外，最常见的家养宠物。

华丽喧嚣
形态与功能

鹦形目特点显著，相当统一，下仅有鹦鹉科1科。多数种类体羽主要为绿色，辅以耀眼的黄色、红色或蓝色，其他种类主要为白色或黄色，少数为蓝色。鹦鹉科在大小上差异很大，小至侏鹦鹉，仅重10克，大至枭鹦鹉的雄性成鸟，重可达3千克，是前者的300倍。外形也各不相同，有许多种类优美细长，其他的则短粗矮壮。

虽然一些非典型种类（如澳大利亚的地鹦鹉）似乎主要为独居，但绝大部分种类为群居性鸟类，通常成对、成"大家庭"或成小群活动。偶尔，在条件适宜时，一些小型种类会成

大群活动，如在澳大利亚的观鸟者有时可目睹不计其数的野生虎皮鹦鹉黑压压地密布于天空中。也许是基于"数大保险、人多安全"的原则，许多种类夜间栖息时也聚集在一起。集体栖息处通常位于传统的栖息地，会年复一年地使用；一般倾向为高大或孤立的树木，那里视野好，可以及时发现接近的天敌。亚洲的短尾鹦鹉类像蝙蝠一样，栖息时倒挂在树上，从远处看，很难辨别一棵大量栖息着短尾鹦鹉的枯树和一棵正常长满树叶的活树。

↗ 原产于中南美洲的金刚鹦鹉具有亮丽的羽色和嘈杂的鸣声，这也是大部分人对鹦鹉的典型印象。图中的金刚鹦鹉便展示了其鲜艳的色彩。

↗ 鹦鹉的代表种类

1.紫蓝金刚鹦鹉，正用它的对趾爪抓住一颗巴西果；2.彩虹鹦鹉；3.费氏牡丹鹦鹉；4.红顶鹦鹉；5.蓝顶短尾鹦鹉；6.红玫瑰鹦鹉；7.圣文森特鹦哥，这种鸟曾一度面临灭绝的威胁，幸亏及时采取保护措施，才止住了数量急剧下降的势头，但目前仍为易危种；8.红胁绿鹦鹉；9.黑顶鹦鹉，具有适于吸食花蜜的舌；10.夜鹦鹉，为濒危种；11.啄羊鹦鹉。

　　鹦鹉科为非常喧嚣的鸟类，声音尖锐刺耳。鸣声包括咔嗒声、吱吱声、咯嚓声、咯咯声、尖叫声等多种声音，其中许多非常响亮而难听。不过，澳大利亚的红玫瑰鹦鹉鸣声悦耳，似口哨声；而另一个澳大利亚种类红腰鹦鹉会发出婉转动听、抑扬顿挫的鸣啭，是最像在歌唱的鹦鹉。在一些种类中，配偶之间会一唱一和，交替发出鸣声。

　　由于存在诸多与众不同的特化特征，因此很难判定鹦鹉与其他鸟类之间的亲缘关系。它们经常被认为介于鸽形目和鹃形目之间，但鹦形目与这两目的关系显得有些牵强附会。虽然近年来基因技术迅速兴起，但至今仍无法破解鹦鹉的进化历程。这说明它们可能是从鸟类进化早期的某个谱系分化而来，是一个古老的群落。历史最悠久的鹦鹉化石源于距今5500万年前的一种名为 Pulchrapollia gracilis 的鸟。它的遗骸发现于英格兰埃塞克斯郡沃尔顿岬角的始新世伦敦黏土层中。此外，在美国怀俄明州的兰斯组白垩纪土层中，人们发现了另一块可能源于某只类似鹦鹉的鸟的化石。

鹦鹉科种类最具代表性的特征是它们独特的喙：下弯而微具钩的上颌与相对较小而上弯的下颌相吻合。上颌与头骨之间通过一个特殊的活动关节相连，从而具有更大的活动空间及杠杆作用。鹦鹉的喙为一种适应性很强的结构，它既可用于完成梳羽等细致活，同时在许多种类中可以有力地咬碎最硬的坚果和种子。此外，鹦鹉的喙还可以当作第3只“脚”——像一只抓钩，和2只脚一起协助它们在树顶攀缘。而印度尼西亚的巨嘴鹦鹉则拥有一张异常巨大而呈大红色的喙，这一醒目的结构被认为是用以视觉炫耀的。

鹦鹉以羽毛华丽而著称，一些大型的热带种类如南美的金刚鹦鹉系列，无疑是世界上最绚烂亮丽的鸟类之一。然而，尽管体羽鲜艳，但多数种类却能惊人地巧妙隐藏于树叶之间，它们的羽色与花和斑驳的光线融为一体。不过，澳大利亚的大型凤头鹦鹉却非常惹眼。它们一般呈白色、橙红色或黑色，大多数头顶具有醒目的竖起羽冠。多数鹦鹉的雌雄鸟在外形上相似或相同，但也有一些明显例外的种类。

鹦鹉各亚科

鹦鹉亚科（鹦鹉）

57属265种。种类包括：桃脸牡丹鹦鹉、澳洲王鹦鹉、帝王鹦哥、白眶绿鹦哥、波多黎各鹦哥、红尾鹦哥、灰绿金刚鹦鹉、琉璃金刚鹦鹉、褐喉鹦哥、灰顶鹦哥、卡罗来纳鹦鹉、马岛小鹦鹉、穴鹦哥、小蓝金刚鹦鹉、纯绿鹦鹉、南鹦哥、红胁绿鹦鹉、金鹦哥、红肩鹦哥、红尾绿鹦鹉、蓝顶短尾鹦鹉、虎皮鹦鹉、灰胸鹦哥、蓝翅鹦鹉、岩鹦鹉、黄耳鹦哥、地鹦鹉、红玫瑰鹦鹉、黄头鹦鹉、金肩鹦鹉、红腰鹦鹉、毛里求斯鹦鹉、紫头鹦鹉、红领绿鹦鹉、青头鹦鹉、大紫胸鹦鹉、非洲灰鹦鹉、蓝喉鹦哥、巨嘴鹦鹉等。

吸蜜鹦鹉亚科（吸蜜鹦鹉和吸蜜小鹦鹉）

12属54种。种类包括：黑鹦鹉、巴布亚鹦鹉、威氏鹦鹉、紫顶鹦鹉、杂色鹦鹉、鳞胸鹦鹉、施氏鹦鹉等。

啄羊鹦鹉亚科（啄羊鹦鹉）

啄羊鹦鹉属4种：啄羊鹦鹉、白顶啄羊鹦鹉、诺福克啄羊鹦鹉、蓝帽鹦鹉。

鸮鹦鹉亚科（鸮鹦鹉）

1种：鸮鹦鹉。

凤头鹦鹉亚科（凤头鹦鹉）

5属20种。种类包括：葵花鹦鹉、红冠灰凤头鹦鹉、粉红凤头鹦鹉、棕树凤头鹦鹉等。

鸡尾鹦鹉亚科（鸡尾鹦鹉）

1种：鸡尾鹦鹉。

侏鹦鹉亚科（果鹦鹉和侏鹦鹉）

3属11种。种类包括：红脸果鹦鹉、棕脸侏鹦鹉、德氏果鹦鹉等。

知识档案

鹦鹉

目 鹦形目

科 鹦鹉科

80属356种。

分布 中南美洲、北美洲南部、非洲、南亚和东南亚、大洋洲和波利尼西亚。

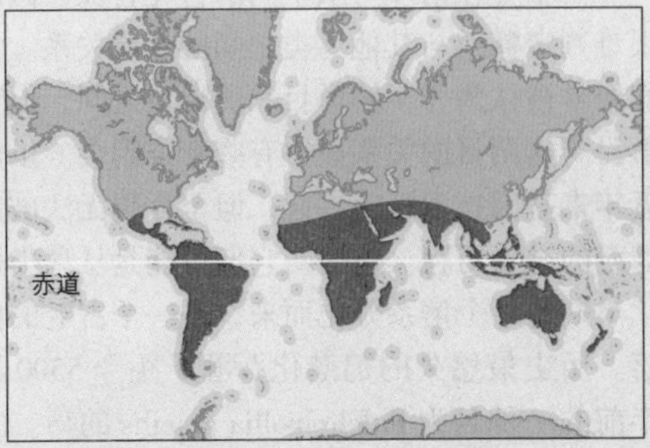

栖息地 主要为热带和亚热带低地森林和林地，偶尔也栖息于山地林和开阔的草地。

体型 体长9～100厘米。

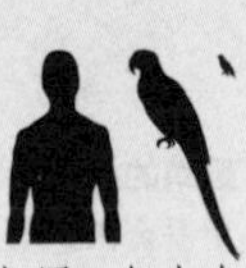

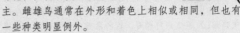

体羽 呈丰富的多样性，许多种类色彩鲜艳，其他种类以淡绿色或浅褐色为主。雌雄鸟通常在外形和着色上相似或相同，但也有一些种类明显例外。

鸣声 各种嘈杂声和刺耳的鸣声，一些饲养种类能够进行出色的效鸣。

巢 通常为树洞，极少数营巢于悬崖和土壤的洞穴中或白蚁窝里。有些种类群体营巢，巢材为草或细树枝。

卵 窝卵数一般1～8枚，具体取决于种类；一律为白色，相对较小，长16～54厘米。孵化期17～35天，雏鸟留巢期21～70天。

食物 主要食植物性食物包括果实、种子、芽、花蜜和花粉。偶尔也食昆虫。

一群蓝头鹦哥聚集在秘鲁马奴国家公园的黏土盐碱层
黏土盐碱层是崖壁和河岸上的腐蚀土层，鸟在上面食土可能是为了获得营养成分，也可能是为了中和食物中的毒素。

如澳洲王鹦鹉的雄鸟体羽为艳丽的猩红色，而雌鸟和幼鸟几乎完全为绿色。见于新几内亚和澳大利亚的红胁绿鹦鹉，雌雄鸟羽色差异极大，以致在很长一段时间里它们被认为是不同的种类：雄鸟体羽为翠绿色，翼下覆羽和胁羽为猩红色；而雌鸟体羽为鲜艳的大红色，腹羽和下胸羽为蓝紫色。这种鸟也是鹦鹉中唯一雌鸟比雄鸟更醒目艳丽的种类。鹦鹉的脚也与众不同：2个外趾后向，2个内趾前向，成对握。这种（对趾）结构不仅使它们抓握非常有力，而且可以将脚当成手一样来使用，即抓住东西递到嘴边。这种"动手"能力是其他鸟类难以望其项背的。不过，一些习惯于地面觅食的种类不具有这种能力。像人一样，鹦鹉也分左右手（对它们来说，为左右脚）。一项研究发现，在 56 只褐喉鹦哥中，28 只始终用右脚抓食，其他 28 只则一直用左脚抓食。沿着栖木或在地面走动时，大部分鹦鹉都是趾向内翻，摇来晃去的步态着实滑稽。

鹦鹉在飞行能力方面也各异。总体而言，小型种类飞起来轻松自如，大型种类飞行相对缓慢费力。不过，同样也有不少例外。如南美的金刚鹦鹉虽身体庞大，飞行起来却非常迅速。虎皮鹦鹉及许多吸蜜鹦鹉具高度的移栖性，在觅食过程中能飞行相当远的距离。鹦鹉一般不做长途迁徙，但红尾绿鹦鹉和蓝翅鹦鹉例外。这 2 种见于澳大利亚东南部的鹦鹉均为候鸟，每年飞越 200 千米宽的巴斯海峡前往塔斯马尼亚繁殖。

鹦鹉飞行能力的差异与各种类不同的生态需求有关，而不同的生态需求又反过来体现在翅膀结构的差异上。总体来说，飞行迅速的种类其翅膀狭长，飞行缓慢的种类其翅膀相应宽而钝。新西兰的鸮鹦鹉具很短的翅膀，是唯一完全不会飞的鹦鹉。

鹦鹉的尾部结构也变化多端。如金刚鹦鹉和巴布亚鹦鹉的尾特别长而优美，几乎占到这些鸟总长的 2/3。长尾可能起着重要的炫耀功能。而另一个极端是，蓝顶短尾鹦鹉的尾异常短钝，几乎为尾覆羽所遮盖。印度尼西亚和菲律宾的扇尾鹦鹉有醒目的加长型中央尾羽，由长而裸露的羽干组成，尖端扁平成勺形。其功能尚不清楚。新几内亚的侏鹦鹉的尾羽末端也为裸露的羽干，不过短而硬，类似啄木鸟的尾羽，帮助这些小型的鸟类在沿着树干攀缘和觅食时支撑身体。

凤头鹦鹉的代表种类
1.橙冠凤头鹦鹉；2.葵花鹦鹉；3.黑凤头鹦鹉；4.棕树凤头鹦鹉；5.粉红凤头鹦鹉。

脱离灭绝之灾

● 在人类进入新西兰以前，鸮鹦鹉这种不会飞的鸟在那里非常繁盛。由于受到毛利人的捕猎（为了得到它们的肉和羽毛），后来又成为波利尼西亚鼠、猫和狗等引入种类的口中餐，至20世纪60年代，这种鸟已濒临灭绝。图中便是一只鸮鹦鹉被一只猫袭击后留下的残骸。

● 不过，人们于20世纪70年代发现了孤立的鸮鹦鹉群体。为了保证它们的生存，人们将它们转移到了3个没有天敌存在的地方：豪拉基湾的小屏障岛、莫尔伯勒湾的莫德岛、斯图亚特岛外侧的鳕鱼岛。图中，"鸮鹦鹉恢复计划"的倡导者唐·默顿在检查一只幼鸟。目前存在一个关键的问题，即如何使日益老化的鸟进行繁殖？

● 鸮鹦鹉在鳕鱼岛的繁殖期与极大丰盛的芮木泪柏（一种当地产针叶树）结果期保持同步，而后者每隔 2 ~ 5 年出现一次。鉴于 2002 年这种树实现了一次大丰产，鸮鹦鹉保护者们将其他岛上所有达到繁殖年龄的雌鸟空运到该岛上，然后长期守夜对巢址进行密切监控。

● 送料斗提供额外的食物，帮助雌鸟达到最佳的繁殖状态。补充的食物会得到精心调节，目的是尽可能多地育出雌性雏鸟用以将来的繁殖。倘若雌鸟在产卵前体重过重，那么往往会产下雄性后代。

● 鸮鹦鹉的雄鸟在鹦鹉中独树一帜，它们聚集在展姿场发出交配信号。图中的这只鸟使用"回声碗"原理，可以将它的鸣声传至数千米之外，以吸引异性。

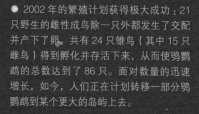

● 2002 年的繁殖计划获得极大成功：21 只野生的雌性成鸟除一只外都发生了交配并产下了卵，共有 24 只雏鸟（其中 15 只雌鸟）得到孵化并存活下来，从而使鸮鹦鹉的总数达到了 86 只。面对数量的迅速增长，如今，人们正在计划转移一部分鸮鹦鹉到某个更大的岛屿上去。

翠鸟

　　铁蓝色的喙、栗橙色的下体，欧洲的普通翠鸟给人的第一感觉就是这种鲜明的色彩对比。而当它飞身离去时，留给人的印象仿佛是一块活的碧玉。倘若传说真实可信的话，那么这种鸟原本是灰不溜秋的，在离开挪亚方舟时才变得绚丽多彩。

　　欧洲的普通翠鸟令人印象深刻，而在世界的另一端，也生活着一种与普通翠鸟相似的鸟，小体型，着天蓝色，那就是澳大利亚和新几内亚的笑翠鸟。这种深受人们喜爱的鸟，经常热闹地生活在花园和林地中，栖息于树上，食地面动物。新几内亚和附近的群岛拥有的翠鸟种类最多、形态最多样，非洲和南亚也有丰富的种类，其他种类（几乎都色彩鲜艳、惹人注目）则见于美洲和数百个星罗棋布的太平洋岛屿上。

伏击型掠食者
形态与功能

　　翠鸟栖息于森林、草原和水边，羽色明艳，实行单配制，或多或少具独居性倾向。大部分种类生活于热带，但每个亚科中均有一两个种类为候鸟，其分布范围扩展至温带地区。较为原始的种类栖息于森林，以食林地昆虫为主。更为特化的种类则或采取伏击式办法捕食小动物，或在空中兜捕飞虫，或在落叶层觅食蚯蚓，或追捕鸟类或爬行动物，或从栖木上或盘旋过程中（尤其是斑鱼狗）潜入深水中捕鱼。

　　翠鸟和本目其他科种类一样，头大，颈短，身材结实，腿短，肉质脚力量弱，二三趾之间部分相连。喙长、直、强健，食虫种类的喙为前后平，食鱼种类为左右平。新几内亚的铲嘴翠鸟具短而厚的锥形喙。其他种类则具尖

↗ 翠鸟的代表种类

1.蓝胸翡翠；2.白腹鱼狗；3.亚马孙绿鱼狗。从这3种鸟中可看出翠鸟科着色的丰富性，从鲜艳的蓝、绿、红至朴素的黑白色应有尽有。

翠鸟

目 佛法僧目

科 翠鸟科

14属86种。种类包括：蓝耳翠鸟、普通翠鸟、绿背翡翠、须翡翠、小翠鸟、斑头翡翠、红头小翠鸟、三趾翠鸟、斑鱼狗、小三趾翠鸟、矮三趾翠鸟、侏绿鱼狗、绿鱼狗、棕腹绿鱼狗、苏拉蓝耳翠鸟、铲嘴翠鸟、笑翠鸟、白头翡翠、蓝翡翠、白领翡翠、灰头翡翠、红林翡翠、赤须翡翠、林地翡翠、冠鱼狗、棕腹鱼狗、大鱼狗、鹳嘴翡翠、普通仙翡翠、白眉翡翠、土岛翡翠等。

分布 全球性，除纬度特别高的地区。

赤道

栖息地 雨林的纵深腹地、远离水域的林地、沙漠荒原、草原、小溪、湖畔、红树林、海滩、花园、山林、海岛。

体型 体长10~45厘米（包括尾羽）；体重8~500克。雌鸟在很多情况下略大于雄鸟。

体羽 上体天蓝色，下体淡红色，也有浅蓝、深蓝、绿色、棕色、白色和黑色等羽色，喙和腿为朱红色、褐色或黑色。雌雄鸟在大部分种类中相似，在少数种类中有明显差异。

鸣声 清脆的鸣啭，节奏渐缓、音调渐降，也会发出单独一声响亮、刺耳的叫声。偶尔鸣叫声很弱，显得比较安静。

巢 在土壤中凿穴营巢，也会利用地面或树上的白蚁窝，或者营巢于树洞中。

卵 窝卵数从热带种类的2~3枚至高纬度种类的10枚不等；白色；重2~12克。孵化期18~22天，雏鸟留巢期20~30天。

食物 陆地节肢动物和小型脊椎动物，水栖昆虫和鱼类。

锐的匕首状喙，不过红头小翠鸟成鸟的喙尖钝（幼鸟的喙尖锐利）。有数种亲缘关系并不特别密切的翠鸟种类均仅具3趾，第4趾缺失，原因不明。体羽和其他特征表明，三趾种类与三趾翠鸟属和翠鸟属中某些四趾种类有密切的亲缘关系，因此三趾翠鸟并不像之前人们认为的那样自成一个群体。

虽然翠鸟着色多样，但一般还是以蓝色和红色为主。肩和腰部通常为富有光泽的天蓝色，背和头顶为深色，中间由白色或浅色的颈羽分开。仙翡翠类的幼鸟羽色暗淡，明显有别于成鸟，而其他种类的幼鸟着色明亮，但与成鸟相比仍略逊一筹。种类间的地理差异很小，色彩进化的保守性使大部分亲缘种看起来十分相似。明显例外的有矮三趾翠鸟（这种鸟在菲律宾至所罗门的岛屿上的亚种呈现出红色至蓝色或黄色之间的多种不同羽色）、非洲的灰头翡翠和中国的蓝翡翠。其中后2个种类尽管外表不同，但它们的生化成分、生物特性以及地理分布上的关联性都表明，两者源于同一个原种。

生活在干地上的翠鸟为伏击型掠食者，对象是地面的小动物，而生活于水边的种类则是捕鱼高手。但无论是哪一种，均具有出色的视力。只是食鱼种类需要克服2个特殊的视觉问题，即光的折射（这使猎物看上去比实际的位置更靠近水面）和光的反射（来自水面的涟漪和波浪）。翠鸟的眼睛在眼眶内的活动范围有限，它们通过快速、灵活地转动整个头部来弥补这一缺陷，从而搜索跟踪运动迅捷的猎物。如白眉翡翠能够在90米开外锁定一只小动物。此外，白腹鱼狗对接近紫外线的光很敏感，而这同样有助于它们的捕猎。

所有翠鸟的每只眼睛里都有2个中央凹视网膜的凹陷入，聚集着大量的感光视锥细胞。翠鸟的视野在正面重叠，形成双目视觉。每只眼睛的其中一个中央凹用于双目视野，另一个中央凹用于形成头部一侧的单目视野。实验表明，翠鸟捕鱼时先通过单目中央凹上成的像发现猎物，然后头部像平常那样调整角度至60°（喙向下），同时头微微转动，使猎物的像成在一只眼或两只眼的双目中央凹上，从而精确计算出猎物的距离。如斑鱼狗能锁定水面下2米深的鱼，然后从2~3米的高度潜入水中。普通翠鸟在入水的那一瞬间，会将翅膀围绕肩关节向后转动，同时瞬膜（一层半透明的皮）前后移动，保护眼睛。翠鸟像箭一样进

251

↗在扎入水中后，普通翠鸟的眼睛由一层膜保护起来，这意味着它在随后的捕猎过程中依靠触觉来决定何时咬住猎物。

入水中，在用上下喙擒住猎物的那一刻通过翅膀减速制动，随即缩颈、转身、出水、飞入空中，然后通常沿原路返回。

有些翠鸟种类的进化史为人们所了解，而多数种类的进化史人们知之甚少。翠鸟科几乎可以确定是起源于热带雨林，其中有一部分源于澳大利亚北部地区（为栖息于林地、以昆虫为食的笑翠鸟亚科），一部分源于邻近的印度尼西亚、婆罗洲和东南亚地区（原为森林食虫类，后进化为水边捕鱼的翠鸟亚科）。2个亚科后来均扩展至亚洲，并多次（多达12次）反复进出非洲。此外，翠鸟亚科进入新大陆后，在那里进化成了大鱼狗和绿鱼狗（及绿鱼狗亚科）。

太平洋群岛上的数种翡翠很明显由分布广泛的领翡翠、白头翡翠和较为南部的白眉翡翠进化而来。红林翡翠、林地翡翠和蓝胸翡翠为同一个原种在近代的分化，它们的栖息地不同，不过由于生态特征差异明显，使它们得以在地理分布上存在一定程度的重合。白腹鱼狗、棕腹鱼狗、大鱼狗和冠鱼狗分布于北美、美洲热带地区、非洲和东南亚，4个种类有

密切的亲缘关系，其中大鱼狗和冠鱼狗被认为是从前两者在大西洋的小种群中进化而来的（白腹鱼狗至今仍会偶尔光顾欧洲）。

种类的增长同样体现在新热带地区的4种绿鱼狗身上。很久以前，它们共同的原种分化为2个地理分布不同的种群，2个种群在一定的条件下进化成不同的体型，从而成为2个不同的种类，但地理分布发生重叠。后来，这2个种类双双重演了分化历程，结果形成今天的4个种类，分布范围都差不多，而且相互之间的体重之比接近1：2：4：8。最小的侏绿鱼狗和其次的棕腹绿鱼狗外形几乎一模一样，而最大的亚马孙绿鱼狗和第二大的绿鱼狗也同样颇为相似。

主要在热带
分布模式

这些古代和近代的历史迁移包括在大陆内部和大陆之间以及大洋之间，最终带来的结果是许多地区的翠鸟种类相当丰富。相比之下，热带以北的温带区多样性不足，分布在北端的只有芬兰湾和鄂霍次克海西海岸的普通翠鸟以及阿拉斯加和纽芬兰的白腹鱼狗。中南美洲有5个种类：大型的棕腹鱼狗和4种中小体型的绿鱼狗。非洲大陆和马达加斯加岛有18个种类。从印度至日本和柬埔寨可见12个种类，更多的是迁徙经过的种类。11个种类分布在菲律宾，其中有6个为其他地方所没有。马来西亚和印度尼西亚也有11个种类。苏拉威西岛上同样栖息着11个种类，其中5种为该岛所特有。

在新几内亚、俾斯麦群岛和澳大利亚的约克角半岛，分布着16种栖息于森林的翡翠和

↗斑鱼狗是7种能够在盘旋中捕猎的翠鸟之一，它们可以从水面上空12米处直接潜入水中。在浑水域，它们从盘旋中潜水的次数是从栖木上潜水的4倍。

笑翠鸟以及 3 种食鱼的翠鸟。在澳大利亚其他地区有 6 个种类。从所罗门群岛和新西兰至塔希提岛和土阿莫土群岛的大洋洲地区有 11 个种类，其中 7 个是地区性种。苏拉威西岛面积虽小，但翠鸟科 3 个亚科（有些研究人员认为应为 3 个独立的科）中有 2 个亚科的多个种类分布在那里。其中为该岛森林中所独有的种类包括：苏拉蓝耳翠鸟、绿背翡翠、斑头翡翠和小三趾翠鸟。此外，普通仙翡翠、赤翡翠、蓝翡翠、白领翡翠、白眉翡翠和蓝耳翠鸟这些分布广泛的种类在苏拉威西也均可见到。

不仅仅食鱼
食物

所有食鱼的翠鸟都会摄取一定量的无脊椎动物。如在普通翠鸟的食物中昆虫占 21% 左右，其中大部分为水栖昆虫，也有一些捕自干燥的陆地上。斑鱼狗更多地在盘旋飞行时而非从栖木上潜入水中捕鱼，单从这个意义上而言它们是翠鸟科中进化最先进的，因为不必依赖于栖木就意味着可以在离岸更远的水域捕鱼。斑鱼狗在非洲完全以食鱼为生（而在印度，它们也食昆虫和蟹，甚至会捕食飞行的白蚁），在卡里巴湖，它们于拂晓和黄昏时分远至离岸 3 千米的水域捕食沙丁鱼和其他在那时浮上水面的深水鱼；在南非的纳塔尔，斑鱼狗捕食的鱼类中 80% 为重 1 ~ 2 克的罗非鱼；而在维多利亚湖，它们的猎物几乎全都是单色鲷属和鲹波鱼属的鱼。多风天气时，斑鱼狗便在近岸处觅食，它们仍通过盘旋飞行来潜入水中，因为水面有波纹，从栖木上往往很难发现鱼。只有

在水面平静时，它们才更多地从栖木上冲入水中。斑鱼狗会飞到捕食目标区的上空，在离水面 10 米处快速扇翅盘旋，然后整个身体几乎垂直、喙向下，保持这个姿势 5 ~ 10 秒后陡然潜入水下约 2 米处，偶尔一次会捕获不止一条鱼。北美的白腹鱼狗也以类似的方式捕鱼。

根据猎物为水栖性还是陆栖性来划分翠鸟种类是不确切的。如白眉翡翠生活在林地，但经常在沿着沟渠和湖边的灌丛中捕食。而它们的食物有多种，包括昆虫、蜘蛛、蚯蚓、软体动物、甲壳类、蜈蚣、鱼、蛙、蝌蚪、爬行类，甚至小鸟和哺乳动物。一项针对南美 5 种食鱼翠鸟的食物和觅食关系的研究表明，捕鱼现象与近岸水面的鱼类数量成正比，只要可捕获，任何类型的鱼都会成为它们的捕猎对象。一般而言，较大的翠鸟栖于更高的栖木上，潜入水下也更深，而猎物的大小与它们自身的体型和喙长成正比。

共同育雏
繁殖生物学

大部分翠鸟为单配制，具领域性，一对配偶维护沿着河边的一片林地，不许其他同类入侵。有几个种类为候鸟，既有在温带一

◤ 翠鸟的潜水过程

1. 翠鸟发现猎物，准备潜水；2. 奋力扇动翅膀，成 45° 角扎向水中；3. 翠鸟入水的那一刻通过尾羽的活动，调整好扑向猎物的最终方向；4. 双目闭合，将鱼捕获；5. 翠鸟带着鱼出水时眼睛仍没有睁开。随后它回到栖木上，将鱼在树枝上摔死，最后将鱼头前尾后吞下。

热带之间迁徙的种类，也有在热带内部迁徙的种类，其他种类则为定栖性。多数种类在出生后的第一年年末就开始繁殖，寿命都相当长。翡翠类有领域炫耀表演，在显眼的树顶栖木上高声地反复鸣啭，展开双翅露出有斑纹的内面，同时沿竖直轴方向转动身体。其他种类则几乎没有任何求偶炫耀。雌雄鸟共同挖巢穴，不过雄鸟很少参与孵卵。卵按产时的顺序隔日孵化，因此一窝雏鸟体型不一。亲鸟共同为雏鸟喂食。

澳大利亚的笑翠鸟和非洲的斑鱼狗具有相对复杂的群居体系。它们在营巢期间均有协助的成鸟，其中在斑鱼狗中有主协助者（帮助自己的亲鸟育雏的成鸟）和次协助者（帮助其他没有血缘关系的配偶育雏的成鸟）之分。一对配偶很少有一只以上的主协助鸟，但通常会有数只次协助鸟（尤其在那些食物资源不够充足的地方）。"协助"包括帮助维护领域和帮助给留巢期乃至会飞后的雏鸟喂食。斑鱼狗是翠鸟中唯一成松散的繁殖群进行繁殖的种类。

↗ 翠鸟的喙适应于不同的食物
1.铲嘴翠鸟的喙短，为锥形；2.笑翠鸟强健的喙有助于捕食蜥蜴；3.小翠鸟尖尖的喙使它成为一种典型的食鱼种类。

代表吉祥的笑翠鸟
翠鸟科

笑翠鸟分布于澳大利亚和新西兰（包括澳大利亚、新西兰、塔斯马尼亚及其附近的岛屿），笑翠鸟因叫声似怪笑而得名，是典型的森林翠鸟。笑翠鸟的鸣叫在凌晨或日落时可以听到，故有"林中居民的时钟"之称。笑翠鸟被认为是澳洲的标志性鸟类之一，曾经在悉尼奥运会上被当作吉祥物。

笑翠鸟的主食是小动物、蛇、蜥蜴与昆虫。笑翠鸟最为人所知，是它响亮，如卡通般的，像似人笑声的叫声，听到笑翠鸟叫声的人，都会不由自主地笑出来。

笑翠鸟是翠鸟科的一种食鱼鸟，身长有42～46厘米，嘴长8～10厘米，体重500克。笑翠鸟是在翠鸟家族中体型最大的一种，笑翠鸟的喙大而有力，上身棕色，腹部灰白相间，雄鸟翅膀有蓝色以做识别，不论在乡间，或是城市里面，笑翠鸟是澳洲常见的鸟。

笑翠鸟属包括4种，其中最著名的笑翠鸟是澳洲的特产，分布于澳洲东部和西南部，不过在新西兰北岛西部也有一小群，被认为是通过风偶然扩散过去的。蓝翅笑翠鸟分布于澳洲北部和新几内亚南部，其体型略小于笑翠鸟，身长38～45厘米，其习性和笑翠鸟大体相当。阿鲁笑翠鸟分布于新几内亚岛南部以及附近的阿鲁群岛，其外形很像蓝翅笑翠鸟，但是体型要小很多，身长大约33厘米。阿鲁笑翠鸟的食性和大型笑翠鸟有所不同，其食物几乎都是昆虫。棕腹笑翠鸟的体型更小，仅有28厘米，其食物主要也是昆虫，不过也吃蚯蚓和蜥蜴。棕腹笑翠鸟分布于新几内亚岛和附近岛屿。

美丽的蓝翡翠
翠鸟科

蓝翡翠是翠鸟科翡翠属的鸟类。蓝翡翠的分布范围很广，主要见于欧亚大陆及非洲北部，印度次大陆及中国的西南地区，中南半岛和中国的东南沿海地区，太平洋诸岛屿，华莱士区等。

蓝翡翠身长29～31厘米，体重71～138克，寿命10年。是一种以蓝色、白色及黑色

↗一只普通翠鸟的雄鸟在照顾它5天大的雏鸟

翠鸟的亲鸟双方共同担负孵卵、看雏、喂食任务。雏鸟孵化时全身赤裸，眼睛闭合，1周内开始长羽。

为主的翡翠鸟。以头黑为特征，翼上覆羽黑色，上体其余为亮丽华贵的蓝紫色。

蓝翡翠以鱼为食，也吃虾、螃蟹和各种昆虫。常单独站立于水域附近的电线杆顶端，或较为稀疏的枝丫上，伺机猎取食物。晚间到树林或竹林中栖息。

到了每年的5月至7月，是蓝翡翠的繁殖季节。它们营巢于土崖壁上或河流的堤坝上，用嘴挖掘隧道式的洞穴作巢，双方共同挖隧道，可以达到60厘米的深度。这些洞穴一般不加铺垫物。卵直接产在巢穴地上。一旦巢室完成后，雌鸟下4个或5个纯白色的卵。雌雄轮流孵化。雏鸟出生时肉眼看不见东西，是盲目。

岛屿种类面临威胁
保护与环境

总体而言，翠鸟与人类并没有直接的冲突。作为食鱼鸟，只有少数种类有时在人类的捕鱼区被视为害鸟而遭到迫害。通常，它们受到人们的尊重，甚至赞美。但过去，有大量的普通翠鸟被击落或网捕，人们用它们的羽毛来做钓鱼的浮标。而在更早的时候，人们（至少

在英国）认为在屋里放一具干化的翠鸟尸体可以避雷和防蛀，结果这种迷信思想导致了许多翠鸟被杀害。如今，人类对翠鸟的危害更多的是出于附带性质而非有意为之，包括淡水污染和栖息地（特别是雨林）的变迁。当然，捕鸟者也捕获了不少翠鸟。在印度阿萨姆邦的贾丁加，大量迁徙的普通翠鸟、鹳嘴翡翠、赤翡翠和三趾翠鸟被村庄上夜晚的灯标吸引而致死（然后很可能被食用了）。而在一些地中海国家，许多翠鸟误死于网中、枪下和石灰中，因为它们并不是人们捕猎的对象。

目前生存形势告急的翠鸟种类几乎没有，然而，有大量的种类仅限于热带雨林或太平洋的小岛和群岛上，意味着它们的命运很大程度上依赖于它们栖息地的保护情况。土岛翡翠的一个亚种在中太平洋的芒阿雷瓦岛上一直生活至1922年，如今几乎肯定已经灭绝；还有一个亚种仅见于土阿莫土群岛的尼奥岛上，数量只有数百只，被列为易危种。鲜为人知的须翡翠是另一种受胁种类，该鸟限于所罗门群岛的布干维尔岛和瓜达尔卡纳尔岛上的山林中，总数估计不足1000只，很可能仅有250只。

蜂虎

蜂虎体羽光滑、色彩鲜艳、身姿优美、声音悦耳，喜爱群居，非常引人注目，无疑是一群与众不同的鸟。无论在地中海、非洲、南亚、东南亚还是在澳大利亚，人们对蜂虎都喜爱有加，但养蜂人除外，因为蜂虎会大量侵袭蜂窝。

黄喉蜂虎是一种每位观鸟新手的"必看"鸟类。蜂虎在澳大利亚的唯一种类彩虹蜂虎，被视为春天的使者。在非洲大陆，村民们以住在红蜂虎的群居地附近而为荣。而多达50000只粉蜂虎聚成浩浩荡荡、熙熙攘攘的营巢群体，堪称鸟类世界的"七大奇观"之一。

▌喙大腿长
形态与功能

蜂虎是色彩非常丰富的鸟：大多数上体绿色，下体或绿色，或浅黄色，或栗色。此外，有一个种类全身以黑色为主，有一个种类以蓝色为主，有一个种类以粉色和灰色为主，还有一个以深红色为主。所有蜂虎都具黑色的眼罩，大部分上胸部有一黑色条纹，相连的下颚和喉部为夺目的黄色、红色、淡红色、蓝色或雪白，通常颊上还会有一条与其色彩对比鲜明的条纹。翅圆（栖息于森林的蜂虎种类）或长而尖（居于开阔地带，尤其是进行长途迁徙或捕猎的种类）。大部分蜂虎的翅为绿色，后缘宽，为黑色。尾相当长，斑纹不多，常常有略长或很长的中央尾羽，而在燕尾蜂虎中，外侧尾羽长。在其他生理结构方面，各种类大体相

似：头大，颈短，喙细长而下弯，腿很短，足偏弱。居于栖木上时，所有蜂虎的尾都会小范围地来回做弧形运动，这种平衡行为具有一种交流功能。此外，它们都会采取各种姿势来晒日光浴，其中最常见的姿势是背对太阳蹲伏，翕羽高高扬起。

由于种类之间在整体大小、翼形、尾形以及额、下颚、喉等部位个别羽毛形状上存在的一定差异，蜂虎在过去曾被分成8个属。2个大型的印度和马来西亚种类：赤须夜蜂虎和蓝须夜蜂虎因差异明显，无可争议地单独成为一属（夜蜂虎属）。这2种鸟体型大且相当重，行动相对较迟缓；喙基本成灰色，粗壮，喙尖弯曲，具凹凸槽；喉羽长而下垂；尾羽长，末端呈方形，内面呈黄色。不善鸣叫，鸣声有时显得刺耳。其中赤须夜蜂虎体羽为鲜艳的草绿色，头部汇集了多种色彩：淡紫色、粉红色、猩红色和些许蓝色，并且嵌有一双橘黄色的眼睛。而生活在苏拉威西岛森林中的须蜂虎体羽呈现为绿色、黄褐色、栗色和蓝色，身材更为"苗条"，但与夜蜂虎一样具有长而下垂的喉羽。不过，2种夜蜂虎均为5对肋骨，而这种须蜂虎有6对肋骨，故自成一属。

蜂虎的代表种类
1. 蓝须夜蜂虎；2. 黄喉蜂虎；
3. 须蜂虎；4. 小蜂虎。

离或仅仅是相连，因此很难界定它们之间的相互关系，或者说很难确定它们是各自独立的种类。

另一方面，绿喉蜂虎为一种定栖性鸟，分布范围广，从塞内加尔直至越南，分为数个种群，其中仅在大阿拉伯半岛地区就有4个种群，它们在冠羽和喉羽颜色方面存在显著区别（冠羽有绿色、橄榄绿和黄褐色之分，喉羽有绿色、黄色和蓝色之别）。也许绿喉蜂虎倒是真的可以分为数个种类。

基本在热带
分布模式

蜂虎集中在热带地区。3个相对原始的种类：蓝须夜蜂虎、赤须夜蜂虎和须蜂虎栖息于南亚和东南亚的雨林中，这一点连同其他线索表明，蜂虎起源于那里，后扩展至非洲并在那片大陆上繁盛起来。由于被孤立于南北热带草原中间的雨林中，这3个种类便独立进化至今。

红蜂虎和南红蜂虎被认为是在约13000年前从同一个原种趋异进化而来的。类似的，北部热带地区的赤喉蜂虎和南部热带地区的白额蜂虎在约75000年前由共同的原种分化而成。只有2个种类分布在欧洲和亚洲的广大温带地

如今，经过大量的研究分析，人们普遍同意，除上述3个种类外，其他所有种类应当同归于一个属（蜂虎属）。然而，对于蜂虎科究竟有多少种类，人们的观点却正在发生变化，很大程度上是因为当代对于种类的真正属性和如何界定种类的看法在发生变化。有3种蜂虎外形非常相似：繁殖范围从撒哈拉西部东至喜马拉雅西部山麓的蓝颊蜂虎，见于马达加斯加、非洲东海岸和干燥的安哥拉沿海的马岛蜂虎以及东南亚的栗喉蜂虎。这3个种类不仅外形和鸣声酷似，并且均为长途迁徙的候鸟。而它们的繁殖范围相互分

↗ 燕尾蜂虎在非洲南部的繁殖种群被认为是起源于从欧洲前往那里越冬的候鸟。

区。蜂虎一直都没有进军新大陆。澳大利亚只有彩虹蜂虎一种。

蜜蜂克星
食物

在养蜂技术广泛传播至温带地区和美洲之前，蜂虎的全球性分布范围与蜜蜂（蜜蜂属）的全球性分布范围相当一致。原因很简单，蜜蜂是绝大部分蜂虎迄今为止最常见的猎物。即使飞虫数量众多，但只要可捕得蜜蜂（无论是在蜂窝附近，抑或是在开花的树林和草本周围），蜂虎肯定会优先选择后者。它们捕食4种蜜蜂，其中包括大蜜蜂——一种危险的螫蜂，营大规模的群巢，东方人对其敬而远之。蜂虎的其他猎物还有熊蜂、胡蜂、大黄蜂，以及蜻蜓和豆娘。它们捕食的大部分蜜蜂都是有毒的，偶尔将目标瞄准少数不带刺的雄蜂，这很可能是因为蜂窝外蜜蜂数量稀少的缘故。一只黄喉蜂虎每天需要摄取225只蜜蜂或蜜蜂般大小的昆虫来维持它和后代的生存。

蜂虎捕猎时主要在栖木上注意飞来飞去的昆虫。它们警觉地伏于某个有利的位置，如树顶的枝条、篱笆或电线上，不时转动头部进行全方位扫视。出击飞行时会做翻身和扭身动作，随后很快就将猎物轻松擒在嘴里。然后优雅地滑翔回栖木上，将猎物抛到空中用喙尖夹

住，在栖木上狠砸数下。如果猎物带刺，蜂虎会攫住它的尾尖附近，然后在栖木上摩擦，像人使用橡皮时的动作。蜜蜂体内的液体被挤出来，沾在栖木上，刺和毒囊被去除。在数番击砸和来回摩擦后，猎物已是动弹不得，最后被整个一口吞下。

在开阔地带，体型相对较大且翅尖的蜂虎（即蓝颊蜂虎、马岛蜂虎、栗喉蜂虎、黄喉蜂虎、粉蜂虎、红蜂虎、蓝喉蜂虎和彩虹蜂虎）通过从树顶或高压线铁塔上像"接腾空球"那样来捕食。此外，它们有时也会在高处盘旋，然后追捕猎物，当然采取这种方式的频率各种类不一。人们曾观察到马来西亚的栗喉蜂虎在一大片上方布有纵横交错的电线的稻田里觅食，在那种情况下更容易准确判断猎物的距离和方位。它们迎着微风栖于电线上，发现80～95米开外的大黄蜂，迅速地直线出击，水平或略向上飞行，直至抵达猎物的正下方，然后喙猛然向上一伸，准确无误地将猎物擒获。

在非洲，红蜂虎通常在空中捕猎。通过网捕一些飞落在灌木上栖息的红蜂虎进行研究发现，它们的喙上粘有蜜蜂毒液的特别味道，因而它们似乎是在空中捕获蜜蜂后用喙刺破蜜蜂去毒，然后直接吞入，而不像其他蜂虎那样回到栖木上再做处理。此外，生活于撒哈拉南端的白喉蜂虎也打破了只有大型的长翅种类才

知识档案

蜂 虎

目 佛法僧目

科 蜂虎科

3属24种。种类包括：黑蜂虎、蓝颊蜂虎、栗喉蜂虎、红蜂虎、黄喉蜂虎、小蜂虎、绿喉蜂虎、马岛蜂虎、彩虹蜂虎、赤喉蜂虎、粉蜂虎、燕尾蜂虎、白额蜂虎、白喉蜂虎、蓝须夜蜂虎、赤须夜蜂虎、须蜂虎等。

分布 欧亚大陆、非洲、新几内亚和澳大利亚。

赤道

栖息地 主要居于开阔地带如林地和草原，有6个种类栖

息于森林。

体型 体长17～35厘米（包括尾羽），体重15～85克。

体羽 大部分上体绿色，下体浅黄色；有些种类全身以黑色、蓝色或深红色为主；眼罩黑色，颈羽黑色，喉部色彩鲜艳。雌雄鸟相似，某些雄鸟着色比雌鸟亮丽并其更长的尾羽。

鸣声 悦耳，为颤音或流音，偶尔也会发出类似乌鸦叫的刺耳声音。

巢 位于岩崖或平地的洞穴末端，无衬材。巢穴通道长可达3米，直径5～7厘米。

卵 窝卵数在热带为2～4枚，在欧亚大陆则可达7枚；白色；重3.5～4.5克。孵化期18～23天，雏鸟留巢期27～32天。

食物 飞虫，主要为胡蜂和蜜蜂。

在飞行中捕猎的规律。这种小型、圆翅的非洲蜂虎主要在空中捕捉飞蚁。它们从撒哈拉迁徙至赤道森林越冬，它们在那里的树荫层上空捕食，或从树顶"接腾空球"，或在持续的飞行中追捕猎物。另外，白喉蜂虎还有一条觅食之路。它们会栖于油棕榈低处的叶子上，当松鼠为了得到果核将外层的纤维一片片剥去时，白喉蜂虎便会迎上去，在半空中接住掉落下的油棕榈皮，然后回到栖木上津津有味地吃起来，仿佛这些棕榈皮是甲虫一般。

红蜂虎也有其他的特化觅食表现。它们会跟随迁徙的蝗虫群大量捕食蝗虫。灌木起火时，它们会远道赶来捕捉被火惊飞的昆虫，主

一只红蜂虎骑在一只灰颈鸨的背上，等着捕捉后者在草原中穿行时惊起的昆虫。

要有蝗虫、蚱蜢和螳螂，通过在烟火附近盘旋觅得。它们会经常跟在穿越灌丛的人和车辆后面，捕捉草丛中受到惊扰的昆虫。它们甚至还会利用在吃草或跑动中的羚羊——骑在羚羊身上把它们作为"移动的栖木"，无疑是进化了一大步。这种现象在热带北部较为常见，在塞内加尔至索马里，经常可以看到色彩鲜艳的红蜂虎骑在鸨、鹳、山羊或羚羊身上。但不知为何，这一现象在赤道以南很少见到。此外，颇令人意外的是，红蜂虎以及其他两三种非洲和东方

一小群彩虹蜂虎

这种鸟生活在澳大利亚，迁徙至印度尼西亚。营巢时成松散的繁殖群，有时巢与巢之间相隔很远，以致看上去似乎为独居性营巢。

的蜂虎偶尔会捕食鱼类。它们会在池塘或河流的平静水面上低空缓慢飞行，然后垂直扎入水面下数厘米的浅水中，随后马上重新返回空中，嘴里往往叼着一条小鱼。蜂虎食鱼，也许和它们的"远亲"翠鸟有时食蜜蜂是同一道理。

凿穴营巢
繁殖生物学

　　和翠鸟一样，蜂虎也在土壤中掘穴营巢。大部分种类既在直立的岸滩上凿穴，也会在平地上掘洞，不过赤喉蜂虎和白额蜂虎只见于在岸滩上营巢。小蜂虎会将巢筑于高处的土崖上或低处岸滩上，也经常营巢于地面马蹄坑内的"岸"上，此外，这种鸟还会选择土豚宽敞的洞穴通道，在通道上方凿一个它们自己的巢穴。蜂虎的巢穴通道在平地上为向下倾斜，在土崖上则为水平或向上倾斜，通道末端为一宽敞的椭圆形卵房。其中赤喉蜂虎的通道中有一隆起处，将外面的入口和里面的卵房隔开，可以防止卵意外滚出去。巢内无衬材，但不久就会积起一层被踏乱的难消化食物的回吐物，几乎能将一窝卵淹没。渐渐地，巢内就充斥着鸟粪和食物残骸，到处是食腐的甲虫幼虫。像海鸟群居地一样，一个大的蜂虎营巢群居地也会散发出一种氨的难闻气味。

　　在平地上掘洞时，蜂虎会使喙尖和两侧

↗绿喉蜂虎最多成对出现，而不会 3 只鸟一起出现，表明在这种鸟的繁殖机制中不像其他蜂虎那样有帮助育雏的"协助者"。

的腕骨成三角支撑，然后用双腿像人蹬踏自行车那样向后刨土。有些洞可挖至 2 米深。地面巢易于被水淹和遭到蛇及啮齿动物的袭击。而即使将巢筑于高处的土崖上，也并非就能高枕无忧，卵和雏鸟照样会常常受到从崖脚爬上来的巨蜥和从崖顶绕下来的蛇的侵袭。

　　蜂虎在出生的第一年年末就可以繁殖，或者协助繁殖的配偶育雏。在多数种类中，鲜有特别的求偶炫耀方式，常见的是求偶喂食，以及驱逐雄性对手和邻近的营巢配偶。不过白喉蜂虎会进行"蝶

↘1.蜂虎追捕蜜蜂时一般距离很短，路线很直，但有时也会有一些翻身和扭身动作；2.蜂虎头向上一转，逮住蜜蜂；3.滑翔至一根栖木上，将蜜蜂在栖木上摩擦，放掉毒液，取出毒囊和刺；4.一口吞入。

↗红蜂虎的成群规模一般为100~1000只。这种鸟在非洲南部的亚种（见图中）与北部亚种相比，区别在于喉部不像后者那样呈竹蓝色。

飞"求偶，伸展双翅，徐徐扇动，胸部深陷。在不少种类中，当配偶回来时，栖于枝头的另一方会张开翅膀、展开和抖动尾羽，并大声鸣叫以表示欢迎。雌雄鸟（以及协助者）共同凿穴营巢，但孵卵基本上由雌鸟担当。卵隔日产下（或在大的种类中隔2天产1枚卵），孵卵工作从第一枚卵产下后便陆陆续续地开始，而当第2枚或第3枚卵产下后则全面启动。因此，卵孵化时也按产卵的顺序大致间隔1天，一窝雏在年龄和体型上就逐渐递减，通常最晚孵化的雏鸟出生时，最先孵化的雏鸟已是它的两三倍重。

双亲和协助者平等地为雏鸟喂食，而喂食的昆虫通常比这些成鸟自己摄入的要大。因此雏鸟发育迅速，它们在会飞时体重可超出成鸟平均水平的20%。会飞后，雏鸟和亲鸟及协

助者仍有可能继续在巢穴里一起栖息数日，但一般它们开始在离巢有一段距离的植被上栖息。在有些情况下，"家庭成员"（黑蜂虎为4只，小蜂虎为6只，黄喉蜂虎为4~9只，白喉蜂虎可达12只）会始终居住在一起，直至次年的繁殖期到来。雏鸟在会飞后6周左右的时间里常常如影相随地跟着亲鸟觅食，依赖于它们。

非洲的赤喉蜂虎和白额蜂虎拥有鸟类界最复杂的群居机制之一。赤喉蜂虎的群居密度非常高，在1~2平方米的崖面有多达150个巢穴。其中约2/3由一对配偶独立营巢，剩下的1/3由配偶和1~3名协助者（通常为它们在前一年抚育的后代）共同营巢。见于塞内加尔、马里、尼日利亚的白额蜂虎也表现出类似的群居性，不过它们大部分巢中有协助者1~5名，最多可达6名，并且某些个体在不同的繁殖期会轮流扮演繁殖者和协助者的角色。通常，数对配偶和它们的协助者会形成一个部族，一个营巢群居地可有3~6个部族。

养蜂人的眼中钉
保护与环境

眼下尚没有哪种蜂虎的生存受到严重威胁，但倘若商业养蜂在非洲进一步发展下去，那么有些种类的数量将会下降。在古埃及，蜂虎被视为养蜂场的害鸟，至今在不少地中海国家每年都有成千上万只蜂虎被杀。然而，如今我们已经知道它们捕食的主要是大黄蜂、三角泥蜂等食蜜蜂的昆虫，因此从长远来看，不再迫害蜂虎，反而会使养蜂人受益匪浅。

↖ **2周大的黄喉蜂虎雏鸟**
它们在1周大时睁开眼睛，并且赤裸的身上迅速长出长而尖的灰色刺毛（日后发展成羽毛）。

犀鸟

大型的喙、头顶突出的盔、醒目的着色、多样的鸣声以及迅猛的扇翅动作，这些都让犀鸟显得不同寻常，几乎一眼就可以认出来。而它们的生物习性同样独特，尤其是繁殖习性堪称一绝：雌鸟在大部分营巢时间里都将自己封闭在巢穴中。

犀鸟为旧大陆鸟类，与外形相近的新大陆巨嘴鸟并无亲缘关系，两者之间的相似性仅为趋同进化的结果。将近一半的种类（24 种）分布在非洲撒哈拉以南地区（包括马达加斯加岛），一半以上的种类（29 种）见于亚洲南部。另有新几内亚的花冠皱盔犀鸟孤身东扩至所罗门群岛。大型的森林种类，包括除 1 种以外的所有亚洲种类和 7 个非洲种类，在各自的栖息地是最大的食果类飞鸟之一，对于许多林木种子的扩散起着极为重要的作用。有 10 多种非洲种类和 1 个亚洲种类栖息于草原和林地中，主要为食肉类。弯嘴犀鸟类大部分为小型种类，如德氏弯嘴犀鸟，以食昆虫为主。另外，还有大型的地犀鸟属 2 个种类，尤其是其中的地犀鸟，乃是最大的空中掠食者之一。

犀鸟的近亲
犀鸟的归类

大量的解剖学、分子学和行为学方面的证据表明，与犀鸟亲缘关系最密切的是戴胜科的戴胜和林戴胜科的林戴胜。其中戴胜与小型的弯嘴犀鸟尤为相似，两者都集中分布在非洲，生活习性都具有地栖性和树栖性。各种证据显

示，这 3 个科的原种起源于非洲。

非洲的犀鸟（除了 2 种地犀鸟外）相互之间的亲缘关系较之它们与东方犀鸟种类之间的关系更为密切。弯嘴犀鸟类是最小的犀鸟群体，分为 14 种，包括变异的白冠弯嘴犀鸟。其中有数个种类的幼鸟与雄性成鸟相似（其他许多犀鸟也是这样）。大型的噪犀鸟种类则不同，幼鸟的脸部为褐色（在其中长有肉垂的较

⬂ **一只东南亚的马来犀鸟衔着一只老鼠回巢**
像大部分犀鸟一样，这种鸟也为杂食性，食物从果实和昆虫到叶簇中的小动物不一而足。

犀鸟

目 佛法僧目
科 犀鸟科
9属54种。

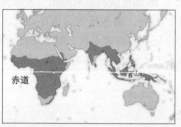

分布 非洲亚撒哈拉以南地区、阿拉伯半岛、巴基斯坦、印度、东南亚及其岛屿（东至新几内亚）。

赤道

栖息地 多数种类栖息于森林，约有1/4的种类（非洲种类仅1种除外）栖息于草原。

体型 体长30～160厘米（包括盔犀鸟特长的中央尾羽），体重0.085～4.6千克；翼展可达180厘米。雄鸟通常比雌鸟大10%左右，喙长15%～20%。

体羽 以黑色和白色为主，不过有些种类以灰色和褐色为主。犀鸟除黑色素外体羽似乎无其他色素。喙、盔、脸部和喉部裸露皮肤、眼、足通常着色丰富鲜艳，有黑色、红色、蓝色和黄色等。幼鸟在体羽、脸部皮肤、眼、喙及盔的颜色和结构方面与两性成鸟存在差异。

鸣声 有多种声音，从基本的咯咯声和口哨声到柔和的呼呼声、低沉的隆隆声、嘈杂的喧嚣声和尖叫声不一而足。

巢 营巢于树洞、崖洞或岸上泥洞等天然洞穴中。在绝大部分种类中，雌鸟将巢的入口封堵起来，只留一道狭窄的垂直缝隙。

卵 窝卵数在较大种类中为1～2枚，小型种类可多达8枚；椭圆形，白色，壳有明显的凹陷；孵化期25～40天，雏鸟留巢期45～86天，具体取决于体型大小。

食物 为食虫类和食果类，另有2个种类为食肉类。

大种类中，这种褐色扩展到整个头部和颈部），而雌性成鸟保留了这一着色，只有雄性成鸟才变成黑色。在东方种类中，如印度灰犀鸟和斯里兰卡灰犀鸟，以及斑犀鸟类中的印度冠斑犀鸟等，幼鸟也与雄性成鸟相像，但两性成鸟在喙、盔的大小和形状上极为相近。而在皱盔犀鸟属和犀鸟属的其他大部分东方种类中，如白颊犀鸟，幼鸟和雄性成鸟相似，头部或着浅色，或为褐色，雌性成鸟则变为黑色。

2种地犀鸟与其他各种犀鸟的区别在于颈椎骨数量不同、巢的入口不封堵及不采取其他

↗一只非洲的雄黑盔噪犀鸟向人们展示了犀鸟最典型的特征：巨大的喙和醒目的盔。盔尽管看上去很坚实，但实际上相当轻，因为里面中空，仅由很薄的骨质结构支撑。

形式的卫生措施。它们普遍被认为具有很强的原始性，与其他种类差异明显，应当成立一个独立的亚科，即地犀鸟亚科。但与其他非洲种类不同的是，它们与东方种类有着相似性，尽管这种关系初看并不明显。地犀鸟与大型的林栖性东方犀鸟（为犀鸟属中的种类）有一个共同的特征，即舐腺由一簇特别密的羽毛所遮盖，这簇羽毛的用途是能促进舐腺油脂的利用，使鸟更好地把它们的喙、盔和白色的体羽部位染成红色、橙色或黄色。

如果仅有这一点相似，那么有可能是纯属巧合，然而另一个事实是，地犀鸟与部分东方犀鸟都长有一种特别的羽虱。而长有这种羽虱的东方犀鸟为群居性的凤头犀鸟属种类，如凤头犀鸟，在犀鸟科内也属原始种类，只是体羽模式大部分与皱盔犀鸟的种类相似。

独特的盔
形态与功能

犀鸟的喙很大且与众不同，这或许可用以解释为何犀鸟是唯一一种前两节颈椎（寰椎和枢椎）融合在一起的鸟。喙长而下弯，上下颌尖充分吻合，像一把灵巧的钳子；喙的内缘为

锯齿状，可咬碎食物。盔位于喙的上方，最简单的形式为一条狭长的、用以加固上颌的脊。但在许多种类中，盔常常进化为某种特殊的结构，如圆柱形、上翻形、褶皱形或胀大形，有时盔的大小甚至超过了喙本身的大小。

幼鸟的盔都只有初步发育，而大部分种类的成鸟中，雄鸟的盔相对更大更复杂。除了 1 种犀鸟（盔犀鸟）其他所有种类的盔外层为很轻的角蛋白鞘，里面由薄的骨质结构支撑，其用途很可能是为了显示个体的年龄、性别和种类。在大部分非洲噪犀鸟种类中，如黑盔噪犀鸟，雄鸟的盔特别大且与口腔相通，而它们的鸣声带鼻音，很可能便是盔具有放大声音的功能。在大型的亚洲犀鸟种类中，盔大且形状特别，如双角犀鸟的双角盔和马来犀鸟的上翻盔，可用于搏斗或击落果实。而盔犀鸟的盔无疑最特别，在短直的喙上方为一块实心的角蛋白，被称为"犀鸟的象牙"，和头骨一起可占到这种鸟体重的 10% 左右。它可当作一种有用的挖掘工具，从树洞或朽木中凿出小动物，而在雄鸟之间进行维护领域的空中较量中自然是它们出击的"重拳"。

犀鸟的翅宽，在较大种类的飞行过程中，当气流通过飞羽根部时会产生一种嗖嗖的声音。由于没有翼下覆羽（犀鸟的另一大特征），因此这种气流声相当明显。在有些种类中，这种声音因气流掠过短而硬的外侧初级飞羽而变得更响。大部分种类的尾羽很长，尤其是白冠弯嘴犀鸟和盔犀鸟，后者的一对中央尾羽可长达 1 米。少数犀鸟尾羽较短，包括几种尾羽为白色的皱盔犀鸟（如花冠皱盔犀鸟）和 2 种地

栖性的地犀鸟。

犀鸟的头部和颈部在颜色和形态上也颇为引人注目。眼睛的着色常常是各个种类各不相同，甚至两性之间也不一样（如黑嘴斑犀鸟等一些斑犀鸟属和犀鸟属的种类）。眼周围和喉部裸露皮肤的着色可用来辨别一只犀鸟的种类、性别和年龄。在有些种类中（地犀鸟和某些皱盔犀鸟），喉部皮肤甚至可膨胀，或像肉垂一样悬下来，此外，黄盔噪犀鸟也是如此。犀鸟的其他特征还有，眼睫毛长，腿和脚趾相对短粗，足底宽，3 个前趾的基部融合在一起等。

果实散布者
食物

大型的林栖性犀鸟主要为食果类，大多数为了寻觅结果的树木而进行大范围的活动。果树的零星式分布和结果的无规律性意味着这些鸟不具有领域性，而是倾向于成群一起觅食。它们用长长的喙和颈啄取果实，抛到空中后吞入食道，用短粗的舌头帮助咽下。难消化的残留物如种子和果核，通常在远离母树的地方被回吐出来或排泄掉，因此有助于种子的散布。人们曾观察到处于繁殖期的犀鸟一次觅食可吞下 185 颗小果实，然后带回巢中回吐出来喂给雏鸟。有一只繁殖的雄银颊噪犀鸟，在它 120 天的繁殖期内，觅食 1600 趟，估计运送果实达 24000 枚。此外，犀鸟若遇到小型的动物性食物，也会"开荤戒"，特别是在繁殖季节，有些种类会主动觅食动物性食物，可能是为了给发育中的雏鸟提供额外的蛋白质补充。

大部分小型的弯嘴犀鸟主要为食虫类，在方便时才会摄取一些小动物和果实。多数种类为定栖性，通过复杂的炫耀维护一片永久性的领域。不过，有些习惯于多雨季节在开阔草原上繁殖的非洲种类，在随后的干旱季节因食物供应减少会被迫进行大范围的转移。

除了上述两大觅食习性外，还有其他一些特例。大型的东方森林犀鸟如白冠弯嘴犀鸟和盔犀鸟为定栖性种类，前者在叶簇和地面耐心觅食小动物和果实，后者在无花果不足时，会从朽木和松动的树皮中啄食猎物。小型的非洲森林种类如斑尾弯嘴犀鸟和冕弯嘴犀鸟，一

1.双角犀鸟嘴里衔着果实；2.白头犀鸟，仅见于菲律宾的棉兰老岛及邻近岛屿；3.红弯嘴犀鸟，弯嘴犀鸟中较小的种类，以食昆虫为主；4.棕颈犀鸟，为濒危种，数量不足1万只；5.盔犀鸟的盔非常独特，为实心，这种鸟的头骨占到体重的10%；6.红脸地犀鸟，两种非洲地犀鸟之一，以鸣声响亮而出名。

般以果实为主，并且在非繁殖期常常会成群觅食，不过在它们的食物中仍然包括不少小动物。但只有大型的地犀鸟才是真正的食肉类，它们用镐一样的喙来制服野兔、龟、蛇、松鼠之类的大猎物。

"闭门修炼"
繁殖生物学

犀鸟的性成熟期为1～6岁（前者为弯嘴犀鸟类，后者为地犀鸟和犀鸟属种类），具体依体型而定。野生犀鸟的寿命未知，但小型的人工饲养种类通常可以活20年以上，较大种类的寿命更是可超过50岁。繁殖季节主要取决于食物类型，如林栖性的食果类，由于果实全年可得，几乎没有季节性，相比之下，栖息于草原的食虫类，集中在暖和、潮湿的夏季繁殖。

在大型的森林种类中，正式繁殖前通常会有对雌鸟的求偶喂食、相互梳羽、交配、寻找巢址等行为。大部分种类具有响亮的鸣声，在定栖性种类中用以宣称和维护领域，在移栖性种类中用于进行远距离交流。在有些种类中，鸣声会伴以各种醒目的炫耀行为，如栖于开阔草原的小型弯喙犀鸟类。在那些不只是维护巢周围区域的非食果类中，领域的大小从10平方千米（红喙弯嘴犀鸟）至100平方千米（红脸地犀鸟）不等。

犀鸟营巢于天然洞穴中，通常为树洞，但也有岩洞和岸边泥洞。除了 2 种地犀鸟，几乎其他所有种类的雌鸟都会将巢的入口封堵起来，只留一道狭小的垂直缝。一开始雌鸟从外面用泥土筑巢，而当它进入巢内后，便用自己的粪便（通常会掺和难消化的食物回吐物）筑巢。有些种类的雄鸟会帮助运来泥块或黏性食物，而在少数种类中，如噪犀鸟类，雄鸟会在食道中将泥土和唾液拌成特别的丸状物，然后回吐给巢内的雌鸟，用以筑巢的入口。此外，雄鸟还会衔来巢的衬材，如干树叶或树皮。

在有些属中（噪犀鸟属、盔犀鸟属和菲律宾犀鸟属），雄鸟会负责随后整个营巢期内雌鸟和雏鸟的喂食任务。在另外一些属中（弯嘴犀鸟属、犀鸟属和斑犀鸟属），雌鸟常常在雏鸟发育到一半时便破巢而出，协助雄鸟觅食，而它们的雏鸟会自己将巢重新封堵起来，等会飞后才出来。垂直的缝隙对居于巢底、低于缝隙的鸟来说，具有良好的空气流通性（通过对流），同时很小的开孔和木质的巢壁提供了很好的绝热性。而封闭式的巢以及长长的备用逃离通道（通常位于巢上方）具有较好的保护性，可避免争夺者和掠食者的侵扰。

雄鸟通常将单件的食物衔于喙尖带回巢，或将许多果实吞入食道后，通过缝隙一次一个喂给雌鸟和雏鸟。只有生活在干旱的纳米比亚沙漠的蒙氏弯嘴犀鸟一次将数件食物夹在喙中带回巢喂食。难消化的食物回吐物和残骸通过缝隙吐出，粪便也从这里排出。在大部分种类中，雌鸟在繁殖期间同时脱换所有的飞羽和尾羽，一般在产卵时脱羽，待出巢时便重新长

齐。与上述犀鸟的基本繁殖模式不同的是，地犀鸟的雌鸟并不封巢（虽然它在孵卵期和育雏早期也坐于巢中，并由雄鸟和协助者喂食），食物以食团形式（多种食物混合在一起）喂送，排泄物和食物残留物并不排出巢，此外也不见特别的换羽现象。

大部分犀鸟为单配制，配偶双方共同担负营巢和随后的育雏，分工明确，雌鸟看雏，雄鸟觅食。然而，有数个属的部分种类会进行协作育雏，某些个体（一般为成熟的雄鸟以及幼鸟）自己不繁殖，而是协助其他配偶育雏。这些种类的特点是成群生活（在凤头犀鸟中规模可达到 25 只），而且未成鸟的着色往往与成鸟差别很大。据报道，协作繁殖现象见于多种不同形态和生物习性的犀鸟中，包括红脸地犀鸟、白冠弯嘴犀鸟、白喉犀鸟、噪犀鸟、棕犀鸟等。事实上，犀鸟科也许是协作繁殖比例最高的鸟科，可能有 1/3 的种类都实行这一繁殖方式。

危险的岛屿种类
保护与环境

有数种犀鸟（尤其是东南亚和西非的种类）在它们的整个分布范围内都出现了数量大幅减少之势。而仅栖于单个岛屿或小型群岛的种类处境更危险，因为它们原本就稀少的数量很容易受到栖息地破坏的影响。其中，见于菲律宾群岛的黑嘴斑犀鸟形势最危急，而印度的拿岛皱盔犀鸟和印尼的松巴皱盔犀鸟以及其他岛屿种类（特别是菲律宾群岛上的种类），也同样面临着严重的威胁。总体而言，大陆上的犀鸟分布相对广泛，不过西非雨林中的褐颊噪犀鸟和黄盔噪犀鸟、博茨瓦纳和津巴布韦干燥的柚木草原上的南非弯嘴犀鸟，以及亚洲的棕颈犀鸟和白喉犀鸟，也都分布有限、数量下降，值得关注。

◤ 在非洲，一只雄红喙弯嘴犀鸟将食物送给它躲在树洞里等待产卵的配偶。这种在繁殖期间将巢封闭起来的做法在所有犀鸟中独树一帜。

巨嘴鸟

巨嘴鸟类最显著的特征便是它们巨大而绚丽的喙。其中喙最大的当数雄巨嘴鸟，体长 79 厘米，喙长就占了将近 23 厘米。巨嘴鸟频繁见于人类的各种作品中，俨然成了美洲热带森林的传统象征。在鸟类极大丰富的热带，或许只有蜂鸟比它更吸引艺术家们的目光。

巨嘴鸟科与拟䴕科有密切的亲缘关系，起源于一个共同的美洲原种。一些分类学者认为巨嘴鸟类与美洲的拟䴕种类应当组成一个科，独立于其他拟䴕种类。其他学者则倾向于将各种拟䴕和巨嘴鸟归为同一科的 2 个亚科。然而，巨嘴鸟类在生理结构和遗传基因上的统一，以及表现出诸多不同于其他鸟类的独特特征，使这个富有特色的群体更适合自成一科。

多功能喙
形态与功能

巨嘴鸟的喙实际上很轻，远没有看上去那样重。外面是一层薄薄的角质鞘，里面中空，只是有不少细的骨质支撑杆交错排列着。虽然有这种内部加固成分，巨嘴鸟的喙还是很脆弱，有时会破碎。不过，有些个体在喙的一部分明显缺失后，照样还可以生存很长时间。巨嘴鸟的舌很长，喙缘呈明显的锯齿状，喙基周围无口须。脸和下颚裸露部分的皮肤通常着色鲜艳。有几种眼睛颜色浅的种类在（黑色）瞳孔前后有深色的阴影，使它们的眼睛看起来成一道横向的狭缝。

数个世纪以来，自然学家一直在研究巨嘴鸟这种如此夸张的喙究竟作何用途。它使这些相当笨重的鸟在栖于树枝较粗的树冠上时，能够采撷到外层细枝（不能承受它们的重量）上的浆果和种子。它们用喙尖攫住食物，然后往上一甩，头扬起，食物落入喉中。这一行为可解释喙的长度，但没能解释其厚度和艳丽的着色。巨嘴鸟以食果实为主，食物中也包括昆虫和某些脊椎动物。一些巨嘴鸟会很活跃地（有时成对或成群）捕食蜥蜴、蛇、鸟的卵和雏鸟等。有些巨嘴鸟会跟随密密麻麻的蚂蚁大军捕捉被蚂蚁惊扰的节肢动物和脊椎动物。打劫鸟巢时，巨嘴鸟五彩斑斓的巨喙常常使受害的亲鸟吓得一动都不敢动，根本不敢发起攻击。只有在巨嘴鸟起飞后，恼怒的亲鸟才会进行反击，甚至会踩在飞行的巨嘴鸟的背上，但在后者着陆前，亲鸟会谨慎地选择撤退。巨嘴鸟的喙同样使它们在觅食的树上对其他食果鸟处于支配地位。此外，也可以有助于不同的巨嘴鸟种类相互识别。如在中美洲的森林里，黑嘴巨嘴鸟和厚嘴巨嘴鸟的体羽如出一辙，只有通过喙（和鸣声）才能区分。其中厚嘴巨嘴鸟的喙呈现出几乎所有的彩虹色（七色中仅缺一种），从这个意义上而言，它的另一个名字彩虹嘴巨嘴鸟

267

↗ **巨嘴鸟的代表种类**

1.一只绿巨嘴鸟在鸣叫；
2.黑嘴山巨嘴鸟在攀上枝头时露出腰部的一抹黄色；3.一只栗嘴巨嘴鸟扬起头使夹于喙尖的食物吞入喉部；4.一只巨嘴鸟在觅食；5.圭亚那小巨嘴鸟在寻觅巢穴；6.一只飞翔的橘黄巨嘴鸟；7.一只领簇舌巨嘴鸟准备离巢。

知识档案

巨嘴鸟

目 鴷形目

科 巨嘴鸟科

6属34种。属、种包括：簇舌巨嘴鸟属如领簇舌巨嘴鸟和曲冠簇舌巨嘴鸟，另有黑嘴山巨嘴鸟、扁嘴山巨嘴鸟、绿巨嘴鸟、黄额巨嘴鸟、橘黄巨嘴鸟、圭亚那小巨嘴鸟、茶须小巨嘴鸟、厚嘴巨嘴鸟、巨嘴鸟、红嘴巨嘴鸟、黑嘴巨嘴鸟等。

分布 美洲热带地区，从墨西哥中部至玻利维亚和阿根廷北部，西印度群岛除外。

赤道

栖息地 雨林、林地、长廊林和草原。

体型 体长36～79厘米（包括喙），体重115～860克。雄鸟的喙通常比雌鸟的长。

体羽 黑色配以红色、黄色和白色，或黑色和绿色辅以黄色、红色和栗色，或全身以绿色为主，或以黄褐色和蓝色为主，搭以黄色、红色和栗色。两性在着色上相似，小巨嘴鸟类和部分簇舌巨嘴鸟类除外。

鸣声 一般不悦耳，常常似蛙叫声、狗吠声，或为咕哝声、咔嗒声或尖锐刺耳的声音。少数种类拥有优美动听的鸣啭或忧伤的鸣声。

巢 营巢于天然洞穴中。有些会入住啄木鸟或大型拟鴷的弃巢，或直接驱逐巢主后进行扩巢。

卵 窝卵数1～5枚；白色，无斑纹。孵化期15～18天，雏鸟留巢期40～60天。

食物 以果实为主，也食昆虫、无脊椎动物、蜥蜴、蛇、小型鸟类及鸟的卵和雏鸟。

也许更贴切。而它的亲缘种黑嘴巨嘴鸟的喙主要为栗色，同时在上颌有不少黄色。巨嘴鸟的喙还可用来求偶，因为雄鸟的喙相对更细长，犹如一把半月形刀，而雌鸟的喙显得短而宽。

居于雨林
分布模式

大型的巨嘴鸟类，即巨嘴鸟属的 7 个种类，主要栖息于低地雨林中，有时会出现在邻近有稀疏树木的空旷地上。在海拔 1700 米以上的地方很少看到它们的身影。它们的喙成明显的锯齿状，成鸟的鼻孔隐于喙基下面。体羽主要为黑色或栗黑。大部分鸣声嘶哑低沉，但黑嘴巨嘴鸟的鸣啭（"迪欧嘶，啼—哒，啼—哒"）在远处听起来相当悦耳动听，红嘴巨嘴鸟的鸣声（"迪欧嘶—啼—哒—哒"）也是如此。它们会反复鸣叫这样的音符。

簇舌巨嘴鸟属的 10 个种类较巨嘴鸟属的种类体型小而细长，尾更长。它们也栖息于暖林及边缘地带，很少出现在海拔 1500 米以上的地方。上体黑色或墨绿色，腰部深红色，头部通常为黑色和栗色；下体以黄色为主，大部分种类有一处或多处黑色或红色斑纹，有时会形成一块大的胸斑。它们的长喙呈现出多种色调搭配，包括黑色与黄色，黑色与象牙白，栗色与象牙色、橙色、红色等。喙缘一般呈明显的锯齿状，外表为黑色或象牙色，看上去有几分像牙齿。曲冠簇舌巨嘴鸟头顶有独特的

冠羽，宽而粗，富有光泽，犹如是金属薄片上了釉后盘绕起来。簇舌巨嘴鸟的鸣声通常为一连串尖锐刺耳的声音，或者如摩托车发出的那种咔嗒咔嗒声；少数种类则没有类似的机械声响，而是为哀号声。至少有部分簇舌巨嘴鸟种类全年栖息于洞穴中，迄今为止这在其他巨嘴鸟种类中不曾发现，尽管其他的巨嘴鸟在鸟类饲养场里也会栖于洞中。

绿巨嘴鸟属的 6 个种类为中小型鸟，体羽以绿色为主。鸣声通常为一连串冗长而不成调的喉音，类似青蛙的叫声和狗吠，以及干涩的咔嗒咔嗒声。它们大部分居住在海拔 1000 ~ 3600 米的冷山林中，也有少数种类部分栖息于低地暖林。秘鲁中部的黄额巨嘴鸟为濒危种。

6 种小巨嘴鸟生活于洪都拉斯至阿根廷北部的低地雨林中，极少出现在海拔 1500 米以上。与其他巨嘴鸟相比，它们的群居性不强，而体羽更多变。所有种类都有红色的尾下覆羽和黄色或金色的耳羽。它们和几种簇舌巨嘴鸟是巨嘴鸟中为数不多的两性差异明显的种类，雏鸟长到 4 周大就可以通过体羽来辨别性别。茶须小巨嘴鸟的喙为红棕色和绿色，带有天蓝色和象牙色斑纹。而南美东南部的橘黄巨嘴鸟体羽主要呈绿色和金色至黄色，带有些许红色。这种鸟是该属中的唯一种类，似乎与簇舌巨嘴鸟有一定的亲缘关系。橘黄巨嘴鸟通常见于海拔 400 ~ 1000 米的地区，有时被视为果园害鸟。

4 种大型的山巨嘴鸟相对鲜为人知。如它们的属名"Andigena"所显示的，这些鸟生活在委内瑞拉西北至玻利维亚的安第斯山脉中。它们的分布范围从亚热带地区一直延伸至温带高海拔地区，甚至接近3650 米的林木线。黑嘴山巨嘴鸟可谓是色彩斑斓的典型代表：下体浅蓝色（在巨嘴鸟中所罕见），头顶黑色，喉部白色，背和翅以黄褐色为主，腰部为

↗一只扁嘴山巨嘴鸟在炫耀它那醒目的喙

这一受胁种类面临的威胁不仅来自森林退化，而且还有非法的国际笼鸟交易。

中美洲的厚嘴巨嘴鸟拥有异常绚丽的喙。这种鸟以食果实为主（图中在食一枚万寿果），但它也会在食物中加入鸟的卵和雏鸟、昆虫、小蜥蜴和树蛙，以补充蛋白质。

黄色，尾下覆羽为深红色，腿和尾尖为栗色。雌雄鸟在鸣叫时会先低下头、翘起尾，然后扬起头低下尾发出鸣啭（这一过程与小巨嘴鸟极为相似），同时会伴以咬喙声。其中最为人熟知的是扁嘴山巨嘴鸟，它们红黑色喙的上侧有一块凸起的淡黄色斑。这种鸟是山巨嘴鸟中2个受胁种类之一，原因是安第斯山脉西坡的森林遭到大量砍伐。因种植农业经济作物、经营农场及采矿导致的森林破坏也许很快将威胁到大部分巨嘴鸟的生存，因为它们的栖息地将被人类占用。

缓慢的发育者
群居行为

巨嘴鸟既有程度不一的群居种类，也有不群居的种类。群居的巨嘴鸟成群规模一般不大，飞行时成零零星星的一列，而不像鹦鹉那样成密密麻麻的一群。大型的巨嘴鸟种类飞行时常常先扇翅数下，然后收翅呈下落之势，继而展翅作短距离滑翔，之后重新开始扇翅上飞。由于长途飞行对它们而言显得困难重重，因此它们很少穿越大片的空旷地或宽阔的河流。小型种类的扇翅频率相对则要快得多，其中簇舌巨嘴鸟外形似长尾小海雀，但飞行时也呈单列。巨嘴鸟喜栖于高处的树干和树枝上，雨天它们会在那上面的树洞里用积水洗澡。配偶会相互喂食，但栖于枝头时并不紧挨在一起，而是用长长的喙轻轻地给对方梳羽。

偶尔，巨嘴鸟也会玩起"游戏"，可能与确立个体的支配地位有关，而这会影响日后的配对结偶。如2只鸟的喙"短兵相接"后，会紧扣在一起相互推搡，直到一方被迫后撤。然后会有另一只鸟过来将喙指向胜利者，而获胜的一方将继续接受下一只鸟的挑战。在另一种游戏中，一只巨嘴鸟抛出一枚果实，另一只鸟在空中接住，然后以类似的方式掷给第3只鸟，后者可能会继续抛向下一只鸟。

巨嘴鸟后背和尾基的脊椎骨进化得很独特，从而使尾部能够贴于头部。巨嘴鸟栖息时会将头和喙埋于向前覆的尾羽下，看上去犹如一个茸球。

多数大型的巨嘴鸟种类将巢营于树干上因腐朽而成的洞中，并且若营巢繁殖成功，则会年复一年地使用。不过，由于这样的树洞并非随处可得，因而有可能会限制繁殖的配偶数量。一般而言，巨嘴鸟钟爱的洞为木质良好、开口宽度刚好够成鸟钻入，洞深 17 厘米至 2 米。当然，树干根部附近若有合适的洞穴，也会吸引通常营巢于高处的种类将巢营于近地面处。如巨嘴鸟会营巢于地上的白蚁穴或泥岸中。小型的巨嘴鸟种类通常占用啄木鸟的旧巢，有时甚至会驱逐现有的主人。大型的扁嘴山巨嘴鸟会经常侵占巨嘴拟䴕的巢，如果后者在树上的巢对前者而言足够大。一些绿巨嘴鸟种类会在朽树上凿洞穴，而小巨嘴鸟种类、山巨嘴鸟种类以及橘黄巨嘴鸟通常先选择洞穴，然后在此基础上做进一步的挖掘工作。事实上，在许多巨嘴鸟种类中，某种程度的凿穴是它们繁殖行为的重要组成部分。巢内无衬材，一窝 1 ~ 5 枚卵，产于木屑上或由回吐的种子组成的粗糙层面上，随着营巢的进展，这一层会越积越厚。

亲鸟双方分担孵卵任务，但常常缺乏耐心，很少会坐孵 1 小时以上。它们易受惊吓，一有风吹草动，就会立即离巢飞走，并往往不会将卵遮掩起来。

卵孵 16 天左右雏鸟出生，全身裸露，双目紧闭，无任何绒毛。足部发育严重滞后，不过踝关节处长有一肉垫，即面积较大的钉状凸出物。雏鸟刚开始便依靠两只脚上的肉垫和皮肤粗糙、凸出的腹部，形成"三足"鼎立之势来支撑身体。和啄木鸟的雏鸟一样（巨嘴鸟与啄木鸟外形相似），它们的喙很短，下颌略长于上颌。雏鸟由双亲喂食，随着它们的发育，食物越来越多地为果实类。但它们的发育极为缓慢。小型巨嘴鸟种类的雏鸟长到 4 周时身上的羽毛还相当稀少，而较大种类的雏鸟在一个月大时很大程度上仍属于赤裸状态。双亲共同照看雏鸟，但夜间没有固定由哪一方负责看雏。大的排泄物和残留物会用喙啄出巢，有些种类如绿巨嘴鸟，巢保持得相当整洁，而红嘴巨嘴鸟会让腐烂的种子留在巢中。

当雏鸟终于羽翼丰满后，它们看上去与亲鸟颇为相似，只是色调较为暗淡，还没有表现出成鸟的鲜艳色彩。并且喙相对较小，喙缘不成锯齿状，也没有垂直的基线，整个喙需要 1 年或 1 年以上的时间才能在大小和特征方面长得与成鸟的喙一样。

小型巨嘴鸟种类的雏鸟在出生 40 天后离巢而飞，较大种类的雏鸟则需要 50 天以上，一些山巨嘴鸟种类的雏鸟留巢期更是长达 60 天。某些簇舌巨嘴鸟的幼鸟在会飞后仍由成鸟领回巢中，与亲鸟一起栖息，不过其他绝大部分种类的幼鸟此后便独立栖息于叶簇中。

↗巴西簇舌巨嘴鸟喙上一排黑色的短线条颇似英文 letter。这种鸟的两性差别在于脸部色彩，雄鸟（如图）的脸部为黑色，而雌鸟为栗褐色。

拟䴕

大部分拟䴕在嘴裂、下腭和鼻孔周围长有须（或须丛）。在某些非洲种类中，须特别长，甚至超过了喙的长度。该科须䴕科的名字便由此而来。有些非洲和亚洲种类因其反复性的鸣声似刺耳的金属声，因而被称为"补锅鸟"或"铜匠鸟"。

拟䴕与巨嘴鸟的亲缘关系非常密切，以致有些分类学者将两者作为一个科的 2 个亚科（或者将美洲的拟䴕种类和巨嘴鸟一起归入巨嘴鸟科）。但巨嘴鸟在许多方面仍有别于拟䴕，而对于拟䴕总体而言，各种类之间在结构和行为上相似。鉴于没有人会将一只巨嘴鸟误认为是拟䴕，且两者之间不存在中间形态的鸟类，因此在本书中把巨嘴鸟单独归为一科。

结实、多彩
形态与功能

拟䴕身材紧凑、厚实，头相当大，喙短粗结实，呈锥形，喙尖锐利。在较大种类中，喙尤为强健。在斑拟䴕属和须拟䴕属的种类中，喙缘成锯齿状，有助于它们攫住食物；而巨嘴拟䴕和尖嘴拟䴕的喙上下颌之间形成一道明显的缝隙。舌端成笔尖状，帮助它们摄取果实、果汁和花蜜。腿短而强健，脚具对趾（和它们的巨嘴鸟、啄木鸟亲缘种一样，每只脚上的二、三趾向前，一、四趾向后）。拟䴕更多见于叶簇中而非树干上。它们的短尾在凿穴时可做支撑物。大型的拟䴕行动略显笨重，但其他种类（如红头拟䴕及钟声拟

䴕类）身手敏捷，觅食时像山雀那般灵活。翅短而圆，不宜做长途飞行。地拟䴕种类活动时做并不优雅的跳跃状。

在大多数拟䴕种类中，两性相似，但也有部分例外。南美的彩拟䴕属种类有着绿色的翅、背和尾，下体为黄色，带有绿色条纹。而两性在头、喉和胸等部位着色各异。有几个种类中，雌雄鸟的差异非常大，以致最初被认为是不同的种类。如红头拟䴕的雄鸟整个头部和喉部为猩红色，胸部为橙色，项部有蓝色的领羽；而雌鸟头两侧为蓝色，喉部为灰色，上胸为橘黄色。类似的，在拟䴕属种类中，两性也相异，呈现出或轻微或明显的性二态。如黑斑须䴕的两性均为猩红色头和喉，下体黑色带黄绿色和米黄色条纹。而雌雄鸟的区别在于雌鸟喉部有黑斑，下体黑斑比雄鸟多，此外两者翅膀内侧的斑纹不同。大部分亚洲拟䴕的体羽以绿色为主，种类之间的差异集中在头部的色彩（以褐、红、黄、橙为主，有时也有蓝和白）及着色模式上。除少数种类外，大多数的雌雄鸟极为相似，只是雌鸟通常大于雄鸟。其中的大拟䴕为全科最大的种类，其喙为黄色，上体为栗褐色和浅蓝色，头部为紫罗兰般的蓝黑

色，下体有多种色彩（包括橄榄色、褐色、蓝色、黄色），尾下覆羽为红色。而非洲的拟䴕较少呈绿色，大部分种类的着色以黑色、褐色、黄色、红色和白色为主，与亚洲种类相比体羽上带有更多的点斑和条纹。某些森林拟䴕（如褐拟䴕属的种类）呈单调的褐色，有大量的口须和其他须，头部或多或少地为裸露不覆羽。

广布于非洲
分布模式

只要去非洲，肯定能听到拟䴕反反复复、甚为单调的鸣声，因为这片大陆上所有主要的植被区都有它们的存在。目前非洲有 7 属 41 种拟䴕，并且，与亚洲和美洲的种类相比，它们在体型、喙形和着色模式上更为分化。为适应非洲干旱的栖息地，促成了地拟䴕类和其他一些种类的出现。而亚洲和美洲热带地区的拟䴕平均体型更大，善于鸣叫，主要为树栖性。

拟䴕的代表种类
1. 巨嘴拟䴕，见于哥伦比亚和厄瓜多尔的雾林中；2. 非洲中部的黑背拟䴕；3. 南美的红头拟䴕。

美洲现有 3 属 15 个种类，东南亚有 3 属 26 种（其中 2 属各仅含 1 个种类）。在拟䴕中，有一些明显趋同进化的例子。如见于非洲和东南亚的一些黑色、黄－白色和褐色的种类，见于非洲和美洲的具斑种类，以及非洲中部的黑背拟䴕和南美西北部的白背拟䴕。只有生活在中国和喜马拉雅山脉的少数亚洲种类会进行迁徙。其他拟䴕则出于降雨和食物供应的变化会做局部转移。

善食果实和昆虫
食物

大部分拟䴕食果实，不过有些种类取食时，果实从树上采撷下来后往往会掉落。有几种拟䴕的觅食方式则相对更为高效，它们在食用果实时会用一只脚帮助拿稳果实。大的果核会被吐出，因此，拟䴕为许多森林树木的种子散布做出了贡献。有些种类如大拟䴕和尖嘴拟䴕，食花瓣、花蕾和花蜜。绝大多数（可能为全部）种类会给刚孵化的雏鸟喂食昆虫。有些种类则经常食昆虫，主要为白蚁，既有在空中飞行的，也有聚集在地面的。斑拟䴕属的种类会将喙探进树上的白蚁窝洞口来捕食白蚁。此外，拟䴕也会食蚂蚁、甲虫、蝗虫等其他昆虫。大型的种类如纹拟䴕及地拟䴕类，偶尔食蜥蜴、蛙和小鸟。少数种类（绿拟䴕属）会将

外形与蓝喉拟䴕相似的休氏拟䴕
这种鸟的一个显著特征是其绿色的头顶后部有一小块红斑。

拟鴷

目 鴷形目

科 须鴷科

13属82种。属、种包括：黑斑须鴷、白背须鴷、红头拟鴷、黑背拟鴷、查氏拟鴷、地拟鴷属、东非拟鴷、大拟鴷、纹拟鴷、斑拟鴷、尖嘴拟鴷、巨嘴拟鴷、钟声拟鴷属、黄额钟声拟鴷等。

分布 非洲的撒哈拉南部、巴基斯坦、斯里兰卡东部至东南亚、中国南部、菲律宾、印度尼西亚西部、巴厘岛哥斯达黎加至南美北部。

赤道

栖息地 森林、亚热带和相邻温带地区的原始森林和次生林、多种林地、某些种植园及非洲的部分稀树干旱栖息地。

体型 体长9～33厘米，体重7～295克。

体羽 亚洲种类体羽以绿色为主，头周围有黄色、蓝色、红色和黑色斑纹；非洲种类为褐色或绿色，常常有大量白色、黑色、红色和黄色的点斑或条纹；美洲种类为黑色、橄榄色或绿色，带有部分白色、红色、黄色、灰色和蓝色斑纹。大部分美洲种类两性差别明显，其他地区的种类则绝大多数为两性相似。

鸣声 为单音节"砰"的声音或一连串类似雁叫或吹笛的鸣声，节奏较快，呈反复性。或为悦耳的口哨声及其他鸣啭。齐鸣现象普遍。

巢 多数种类在朽木上凿穴营巢，其他种类会在泥岸、地洞或白蚁窝中营巢。巢内通常无衬材。

卵 窝卵数1～6枚；白色。孵化期12～19天，雏鸟留巢期在大部分小型种类中为17～30天，某些较大种类可长达42天。

食物 以果实、芽、花、花蜜、昆虫为主，较大的种类也食树蛙、蜥蜴和小鸟。

某处特定的地方保持干净作为"砧板"，用来去除大型昆虫的翅和腿，然后再食用或喂给雏鸟。东非拟鴷为高度食虫性，在低矮的灌木及地面觅食。红头拟鴷则在落叶层寻觅蜘蛛和昆虫。难消化的昆虫残骸作为回吐物被吐出。无论是食果类还是食虫类的拟鴷，经常与其他种类组成混合觅食群体进行觅食。

大部分拟鴷种类都具有很强的领域性，它们对同一种类的其他成员、对其他的洞穴营巢鸟（如啄木鸟和椋鸟）、响蜜鴷及食果类的竞争者都富有攻击性。

二重唱
繁殖生物学

拟鴷的繁殖行为不同种类之间各异，且鲜为人知。事实上，有34个种类的窝卵数尚不清楚。已知的种类中哥斯达黎加山区的尖嘴拟鴷每窝只产1枚卵，而且繁殖季节受限程度大，限于每年3月。其他有许多种类则全年皆能结偶营巢，繁殖期可以很长，跨越干湿季节，连续育三四窝雏（如黄额钟声拟鴷）；或者在有数个多雨季节时选择其中一个进行营巢，或者在主要的湿季内完成繁殖（如地拟鴷类）。大部分拟鴷每年重新凿穴营巢，但也有一些种类会沿用之前的洞穴，只在育完一窝雏后对巢穴进行加深。拟鴷栖息的洞穴比它们繁殖的洞穴浅，倘若营巢洞穴丧失，那么栖息洞穴有可能在拓宽后用做巢穴。地拟鴷类之一的

↗红额钟声拟鴷的食物包括多种浆果，尤其是槲寄生的浆果，果核则通过咳嗽和头部动作回吐出来。

东非拟鴷会在平地上挖一条垂直向下的通道，然后在离底部较高的地方再掘一条水平通道，末端才是巢室，这样可避免巢被不大的雨所淹。斑拟鴷在找不到合适巢址的情况下偶尔会使用燕子的弃巢。在亚洲，大型的拟鴷种类会故意将小型种类的洞穴弄得特别大，使之不适合后者营巢。这种行为的意图可能是为了减少它们自身巢穴附近所生长的果实被后者争夺。

白耳拟鴷在求偶炫耀中会竖起它们的耳羽，此外还会将头左右摇摆及做鞠躬动作。

雌雄鸟共同挖凿营巢洞穴、孵卵、喂雏和保持巢内卫生。雏鸟刚孵化出时双目闭合，浑身赤裸，但和所有拟啄木鸟种类一样，脚踝处具肉垫（只有在肉垫覆羽后，雏鸟才会用脚贴附于穴壁进行攀爬）。对于雏鸟的排泄物，起初成鸟通常将其吞入，后来它们将排泄物和木屑混合在一起团成丸状物抛出巢外。在数个亚洲和美洲种类中，会有额外的协助者（一般是亲鸟之前的后代）帮助育雏和喂雏。几种地拟鴷类、部分须拟鴷属和绿拟鴷属的种类及巨嘴拟鴷群居营巢，协助者协助营巢活动，并且与亲鸟和雏鸟同栖息于一个巢中。非洲褐拟鴷属的种类成群繁殖，可多达150对配偶在同一棵大树上营巢繁殖。许多非洲拟鴷会受到响蜜鴷的"巢寄生"，后者的介入可导致拟鴷卵的破碎（如果这样，拟只有重新营巢繁殖，而如果响蜜鴷之前的卵没有寄生成功的话，这又为它提供了更多的机会）。然而，在查氏拟鴷中，事实上是一只次成鸟趁其他成员追赶响蜜鴷之际将巢内4枚卵一一打碎或扔掉（它这么做的原因很可能是为了在接下来重新产一窝卵时可以成为主成鸟）。

由于观察拟鴷难度大（它们中有许多营巢于高树的树顶）以及它们通常形成长期的配偶关系，因此其求偶行为尚不特别清楚。雄鸟会进行空中炫耀，然后追随雌鸟。在群居的须拟鴷属和东非拟鴷属种类中，主雄鸟和主雌鸟会一起齐鸣进行"二重唱"，以防止群居的其他成员进行齐鸣。如果将主配偶中的一方移走，立即会有其他成员来接替成为剩下一方的齐鸣搭档。在地拟鴷类中，两性会双双展开头羽和尾羽，雄鸟绕着雌鸟踱步，然后一起进行齐鸣。此时雄鸟会翘起尾巴，而雌鸟通常尾部下垂，并且边鸣啭边不时转动头部，对"邻居"们的反应保持警觉。齐鸣现象在3个大陆的拟鴷种类中都很常见。用于配偶之间和群居成员之间交流的齐鸣声柔和、传播距离近，而对手之间和相邻群体之间的齐鸣声则响亮、传播距离远。齐鸣见于一年内各个季节，繁殖期更为繁密。有时，一个群体内成员的齐鸣会随即得到其他成员的响应，然后引发更多的齐鸣和群体之间的互动，从而会出现接连数天齐鸣声此起彼伏的现象。齐鸣可用以保持配偶关系、调节群内成员关系和维护领域。亲鸟和后代通常栖息在一起，但在大拟鴷属的某些种类中，雏鸟在出生数天后便独立生活，而当亲鸟准备再次繁殖时它们会被逐出领域。

蓬头䴕

蓬头䴕这一名字因该科有些种类头大且羽毛蓬松而来。它们栖息时颇似毛茸茸的儿童玩具。这种鸟经常在人靠它们很近时仍一动不动，致使早期的观察者认为它们很傻。

认为蓬头䴕蠢笨乃是冤枉了它们，实际上这种鸟颇富心计，是高超的伺机而动型捕猎能手。静止不动是为了保存能量，而它们敏锐的眼睛却是在时刻扫视着周围植被中有无猎物。一旦发现猎物，它们马上"复活"，随即生龙活虎地追捕猎物。有些蓬头䴕的视力异常敏锐，能锁定50米开外的小昆虫。生活在中南美洲热带森林和开阔林地中的它们，会捕食无脊椎动物、小型两栖动物和爬行动物。在许多方面，它们简直就是新热带版的翡翠。少数种类的食物中还包括果实。

早在1个多世纪前，人们就认为在现存种类中蓬头䴕是鹟䴕最密切的亲缘种。这一观点为近年来的研究进一步证实，其中最有力的证据是DNA比较。尽管在总体外形和体羽方面存在明显区别，但蓬头䴕和鹟䴕在形态和行为上具有许多共同点，尤其是足部结构和骨骼结构。事实上，有些学者便将这2科归为单独一目。而这2种鸟与其他鸟的亲缘关系则一直存在很大的争议。有些学者坚持蓬头䴕和鹟䴕与啄木鸟、拟䴕和巨嘴鸟的关系最密切，而其他学者则认为它们与佛法僧类有亲缘关系。各方的证据相互冲突，这一问题的解决有待进一步研究。

↗斑背蓬头䴕喜居巴西热带低海拔干旱森林和白色沙土层。这种鸟在岸滩或平地上凿穴营巢。

隐蔽的潜伏者
形态与功能

与鹟䴕的色彩绚丽相反，蓬头䴕除少数种类外大部分都着色暗淡，体羽以黑色、灰色和

↖ **蓬头翠的代表种类**
1.一只领蓬头翠和它的昆虫美餐；2.白脸翠育雏时一般有一两名协助者，双目闭合、浑身赤裸的雏鸟必须够到巢口才能接受亲鸟和协助者的喂食。

褐色为主。这有助于它们栖于枝头和静伺猎物时保持隐蔽。它们的这种静伺策略曾被认为会使它们易受到其他掠食者的袭击，但近年来的研究发现有些蓬头翠气味难闻，让潜在的掠食者兴致索然。所有蓬头翠的腿脚都相对较短，外趾和内趾朝向后，以适应栖木生活方式。

蓬头翠中最大的种类为白脸翠和几种黑翠类。黑翠类的体羽一如它们的名字所显示的为暗淡的黑色或灰色，与它们色彩艳丽的喙形成鲜明对比。它们的喙中等长度，弯曲，适合于捕捉大型昆虫，特别是蛾和蝴蝶。黑翠类是最活跃的蓬头翠之一，它们会快速扇翅飞行然后滑翔追捕猎物。它们也会在植被上啄食猎物或像霸鹟那样盘旋捕食，采用后一种方式时长尾会派上用场，以增强在空中的浮力和机动性。白脸翠的背为浅灰色，下体赤褐色，喉部为白色，有醒目的白色额斑。喙强健，喙尖具钩，似佛法僧的喙。白脸翠通常静伺捕猎，但也会用结实的喙主动从朽木中啄食昆虫。

须蓬头翠属的 7 个种类由于羽毛蓬松通常

被称为蓬翅蓬头翠类。这一类鸟看上去整天昏昏欲睡，并且很不起眼，但它们能够依靠圆形翅膀悄无声息地快速飞行。有些种类脸部的须很发达，有助于保护脸不受猎物在垂死挣扎时可能带来的伤害（尤其是它们将猎物对着树枝摔打至死时）。它们的喙强健、具钩，可捕食小型两栖动物、蜥蜴和昆虫。这一类鸟是少数体羽性别差异明显的蓬头翠之一。如白须蓬头翠的雄鸟，上体为黄褐色，带有细密的肉桂色斑点，脸和额也有肉桂色条纹，下体为浅色，带大量条纹。相反，雌鸟以灰色为主。

蓬头翠属和小蓬头翠属的蓬头翠为中小种类，有许多相似之处，尤其是都具有像伯劳鸟那样的钩喙，所以有时被合并为一属。蓬头翠属的种类体羽模式复杂，色彩相对丰富，往往带有红色，脸部为白色。其中领蓬头翠的喙较为独特，短粗，呈亮丽的橙色。相比之下，小蓬头翠属的种类以黑白两色为主，喙宽而粗。在 2 个属中，均有一些种类的上喙尖呈刀叉状，切入下喙的槽口。这种结构的具体功能尚不清楚，但一般认为，当这些鸟在捕杀昆虫并将昆虫的翅膀剥离时，它们用这样的喙像"钳

↗当燕翅鴷栖息时，它收拢的长翅几乎可伸至尾端。这种鸟见于亚马孙河流域高树的栖木上，时常在快速飞行中捕食昆虫。

子"一样钳住昆虫。

富有特色的黄喉蓬头鴷是 Hypnelus 属的唯一代表。这种鸟的喙尖也为叉形。其上体为暗褐色，散布着斑点，有一块很宽的白色颊斑，白色领羽；下体浅色，喉部为肉桂色，有一条很宽的黑色胸斑。这种以褐色为主、多斑纹的中型蓬头鴷与小蓬头鴷属的 5 个种类亲缘关系密切。它们坐在栖木上静伺捕猎时纹丝不动，而与其他蓬头鴷不同的是，它们的许多猎物来自地面。强健且具钩的喙使它们可以捕捉昆虫、蜥蜴甚至小蛇。

最小的蓬头鴷为矛蓬头鴷和 6 种小蓬头鴷种类。由于矛蓬头鴷小且不易观察到，人们对这个单一种类知之甚少。这种鸟也整天做昏睡状，长时间栖于枝头，捕捉相对较大的昆虫，然后用厚实的弓形喙撕裂后食之。它们也会取食果实，这在蓬头鴷中相当罕见。其上体为暗褐色，下体为白色并有大量黑色条纹。脸部有一醒目的白色额斑。相比之下，小蓬头鴷种类更为活跃，它们常用细长而下弯的喙在叶簇中啄食昆虫。大部分种类的喙色彩鲜艳，虹膜为红色，其他种类的这 2 个部位则色调暗淡。整体而言，它们的体羽呈赤褐色、暗褐色或灰色。有些小蓬头鴷在警觉时会将尾部展开左右抖动。由于尾和翅相对较短，它们捕食时的飞行动作像松鸦那样的俯扑式滑翔。

最与众不同的蓬头鴷为燕翅鴷。这种小型鸟更多的是在空中活动，与没有亲缘关系的燕子和燕鸻存在某些相似性。燕翅鴷在快速飞行中捕食昆虫，或者从位置突出的栖木上发动伏击。有时，它们在 2 次追捕行动期间会通过滑翔以保存能量。它们相对较长的翅和较短的尾适合于这种快速飞行及滑翔策略。燕翅鴷的喙短，口裂大，可以在飞行中直接吞入空中的猎物。不过，和其他蓬头鴷一样，它们也会花许多时间在栖木上静伺猎物。这种鸟上体为蓝黑色，喉部和胸部也着深色，而腹部为赤褐色。它们最醒目的部位为白色的背和腰，这在它们栖息时基本看不出来，但在飞行时很显眼，这也许是为了向其他燕翅鴷炫耀。

蓬头鴷

目 鴷形目
科 蓬头鴷科
10属34种。属、种包括：黄喉蓬头鴷、矛蓬头鴷、白脸鴷、燕翅鴷，典型蓬头鴷类包括领蓬头鴷等，蓬翅蓬头鴷类包括白须蓬头鴷等，小蓬头鴷类包括栗头蓬头鴷等，黑鴷类包括白额黑鴷等。

分布 墨西哥至秘鲁、玻利维亚和巴西南部。

赤道

栖息地 雨林、森林边缘带、干燥开阔的林地、灌丛和草原。

体型 体长12～35厘米，体重14～122克。

体羽 黑色、白色、褐色、赤褐色、浅黄色，通常带有条纹或点斑（不醒目）。两性差异仅在少数种类中比较明显。

鸣声 从微弱到响亮均有，很少有悦耳动听之音。多数种类普遍比较安静，群居种类常显得喧嚣嘈杂。

巢 在地洞或白蚁窝中营巢，偶尔使用其他鸟的弃巢。巢内有时衬以叶或草。

卵 窝卵数2或3枚，偶尔4枚；白色，无斑；孵化期未知，雏鸟留巢期为20天（白脸鴷）或30天左右（白额黑鴷）。

食物 主要食无脊椎动物（尤其是昆虫），有时也食蛙、蜥蜴和小型蛇类，极少食果实。

啄木鸟

独特的攀树、啄树习性，令啄木鸟与众不同。而它们的击木交流同样令人印象深刻，这事实上是独一无二的，在繁殖季节可在世界上许多森林里听到。

凭借它们特化的啄树本领，啄木鸟无疑是树栖性昆虫的头号克星，无论是藏于树皮下或木质中的昆虫还是借助长长的通道在树内部筑窝的昆虫（如蚂蚁和白蚁等）都是它的猎物。而啄木鸟自己也在树上凿穴营巢以供繁殖和日常栖息，它们所掘的树洞通常会使用若干年。

典型的啄木鸟
啄木鸟亚科

典型的啄木鸟种类为中小体型的鸟，强壮、结实。它们的喙适合于砍凿。舌能伸得特别长（绿啄木鸟的舌可伸出10厘米），舌尖具倒钩，因而整个舌头是非常高效的捕食装置，使啄木鸟可以从缝隙里及由昆虫幼虫和蚂蚁、白蚁所挖的通道中啄取猎物。它们的脚爪特别适合攀爬，2趾向前、2趾向后，第4趾可往侧面屈伸，从而使尖钉状的爪子总是能够置于和树干、树枝的线条完全相吻合的位置上。（不过，在大型的象牙嘴啄木鸟中，第4趾为前置。）第一趾可能会相当小，并且在数个种类中缺失，如三趾啄木鸟。

啄木鸟的支撑尾羽呈楔形，羽干具有辅助稳定作用，从而极大地方便了它们的攀树和啄食行为。这样的尾可以使啄木鸟的身体完全不贴于攀爬面，使它们在啄食和来回攀爬期间能够保持一种放松的姿势。这是一种特殊的适应性，可以保护啄木鸟的内部器官尤其是脑在啄击时不受震荡影响。这种保护对啄木鸟而言绝对是不可或缺的，因为它们每天都要进行大量的啄击活动（如黑啄木鸟每日的啄击次数为8000～12000次）。

典型的啄木鸟种类主要食节肢动物，特别是昆虫和蜘蛛，但也会摄取植物性食物（如果

在亚马孙河流域，一只鳞胸啄木鸟在觅食花。大部分啄木鸟为食虫类，但也有少数种类会食花和果实。

知识档案

知识档案

啄木鸟

目 䴕形目
科 啄木鸟科

3个亚科28属218种。

分布： 南北美洲、非洲、欧洲、中亚和南亚、东南亚、澳大利亚。

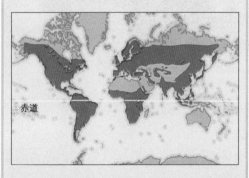

赤道

栖息地： 热带和亚热带的阔叶林，果园、公园和草地。

体型： 体长8（鳞斑姬啄木鸟）～55厘米（帝啄木鸟），体重8～563克（同样以上述2个种类为上下限）。

实、种子和浆果）。此外，它们还会从树洞巢、露天巢和吊巢中掠食其他鸟的雏鸟。橡树啄木鸟食橡果，并将它们贮存在专门挖掘的洞穴里以备过冬所用。吸汁啄木鸟类的舌尖像粗糙的刷子，它们会在树上横向钻一圈孔（即所谓的"环剥"行为），然后用舌舔舐流出来的树汁。这种习性也普遍见于欧亚大陆的斑啄木鸟。

啄木鸟往往在树缝或树杈上处理大的食

⟩ 啄木鸟的代表种类

1. 北美黑啄木鸟；2. 黄腹吸汁啄木鸟；3. 在喂雏的红头啄木鸟；4. 大斑啄木鸟；5. 蚁䴕；6. 觅食中的绿背三趾啄木鸟；7. 绿啄木鸟；8. 做起舞状的北扑翅䴕；9. 三趾啄木鸟。

物，如大型甲虫、雏鸟、果实、坚果、球果等。大斑啄木鸟有它们自己的"砧板"，它们将球果楔入砧板的洞里，然后啄出里面富含脂肪的种子。在这种鸟的领域内会有三四个"主砧板"，每个主砧板下面可剩有多达 5000 枚球果的外壳。在砧板上处理果实和种子或者储存在专门的贮藏处（如美洲啄木鸟属的种类），有助于它们在冬季气候寒冷、昆虫呈季节性匮乏的地区生存。

啄木鸟捕猎时有多种技巧。最简单的是直接从树叶、树枝或树干上啄取。稍微复杂一点的是将喙伸入树皮的缝里，剥落部分树皮。吸汁啄木鸟和三趾啄木鸟会先钻圆孔，然后将舌头伸进去捕捉藏于树皮下或木质中的昆虫。其他啄木鸟，包括大型种类在内，干脆砍凿或撬起大片的树皮，然后掘很深的洞来觅食昆虫。一只黑啄木鸟一顿需要食入 900 只棘胫小蠹（树皮甲虫）幼虫或 1000 只蚂蚁。地啄木鸟基本上只在漏斗形的蚁穴中捕食蚂蚁——将它们具有黏性的舌头沿着通道伸入巢室，卷走成年蚂蚁和蚁蛹。一只绿啄木鸟每天需要食入约 2000 只蚂蚁，大部分为草地蚂蚁。当条件不允许时，如欧洲 1962～1963 年极度寒冷的严冬，

就会有很大一部分啄木鸟死亡。此外，还有些种类，如黄须啄木鸟和刘氏啄木鸟及其美洲啄木鸟属中的亲缘种，经常在飞行中捕捉昆虫。

大部分啄木鸟为定栖性种类，会在同一领域内生活很长时间。只有少数种类，包括北美的黄腹吸汁啄木鸟和三趾啄木鸟及东亚的棕腹啄木鸟为候鸟。大斑啄木鸟的北部亚种隔上数年会进行一次爆发式迁移，原因是它们的主要食物来源——种子作物出现短缺。大斑啄木鸟在球果匮乏的年份会深入欧洲的中部和南部地区。在北美和欧洲的森林周期性遭受虫害（特别是在森林火灾后）时，三趾啄木鸟便会来到相关地区。

绝大多数啄木鸟都具有领域性，有些情况下会在个体、配偶或群体领域内生活数年。一只被做以标记的大斑啄木鸟在它 25 公顷的领域内生活了 6 年。在所研究的大部分种类中，多数个体终生生活在领域内或领域附近。而维护领域则有助于保证繁殖的成功率，同时保证有充足的食物供应以及能够栖息于可遮风挡雨的洞穴中（这对啄木鸟而言格外重要）。

啄木鸟的繁殖行为通常从击木开始，接下来是扇翅炫耀飞行和发出响亮的鸣声。雌雄鸟都会做出这些行为，以此来炫耀领域范围和带有洞穴的树、吸引潜在的配偶来到巢址（即"巢展示"）、带给伴侣性的刺激以及威胁对手。不过，在大部分情况下，雄鸟更为活跃主动。

啄木鸟不会每年都重新凿穴营巢，旧的巢穴可以用上若干年，如黑啄木鸟会使用同一个巢穴达 6 年，而在绿啄木鸟中更是可长达 10 年或 10 年以上。

姬啄木鸟
姬啄木鸟亚科

姬啄木鸟亚科为小型种类，在树枝上攀缘的方式与啄木鸟相同，或有时似山雀。其飞行呈波状。觅食方式为在树皮和软木上啄食蚂蚁、白蚁和钻木的昆虫。尾部没有大型啄木鸟那样坚硬的尾羽，在姬啄木鸟属的各个种类中尾部有 3 条醒目的纵向白色条纹。姬啄木鸟在树干、树枝上凿洞营巢，或将现成的洞穴拓宽

啄木鸟的亚科

啄木鸟亚科（典型的啄木鸟）

24 属 185 种。见于美洲、非洲、欧亚大陆，栖于森林、果园、公园、草地、带有山丘或泥滩的农业区，栖息地海拔上限为 5000 米。属、种包括：北扑翅鴷、帝啄木鸟、大斑啄木鸟、白背啄木鸟、叙利亚啄木鸟、黄冠啄木鸟、绿背三趾啄木鸟、金背三趾啄木鸟、北美黑啄木鸟、黑啄木鸟、地啄木鸟、橡树啄木鸟、红腹啄木鸟、红头啄木鸟、刘氏啄木鸟、黄须啄木鸟、三趾啄木鸟、黑背啄木鸟、灰头绿啄木鸟、绿啄木鸟、吸汁啄木鸟类如黄腹吸汁啄木鸟等。**体型**：体长 16 ~ 55 厘米，体重 13 ~ 563 克。两性在体型和体重上的差别很小，大部分情况下雄鸟略大。相对较为明显的性别差异主要表现在觅食方面。**体羽**：上体羽色通常与栖息地相适宜（为黑色、褐色、灰色或绿色）；头和颈一般着色鲜艳，有红色、黄色、白色或黑色块斑或条纹；喙呈黑色、灰色、褐色或白色。雏鸟孵化时浑身赤裸，双目闭合。两性体羽差异很小（有时甚至看不出来），主要表现在须纹、冠和颈羽上，在多数情况下，雄鸟的这些部位为红色。**鸣声**：响亮而尖锐的"咔哒"声，会发出一连串这样的"咔哒"声或其他尖锐的声音。大部分种类会用喙啄木，有些种类则演变为相互叩击。**巢**：凿穴营巢。**卵**：窝卵数 3 ~ 11 枚；白色。孵化期 9 ~ 19 天。**食物**：昆虫及蛹、蜘蛛、浆果、果实、橡果、种子、树汁、蜜。

姬啄木鸟亚科（姬啄木鸟）

3 属 31 种。见于美洲、非洲、欧亚大陆；栖于热带和亚热带森林、次生林、林地、咖啡种植园，栖息地海拔上限为 3000 米。种类包括：安岛姬啄木鸟、鳞斑姬啄木鸟、暗绿姬啄木鸟、斑胸姬啄木鸟、白眉棕啄木鸟等。**体型**：体长 8 ~ 15 厘米，体重 8 ~ 16 克（安岛姬啄木鸟可达 28 克）。**体羽**：在姬啄木鸟属的种类中，体羽为浅褐色，头顶有红色、橙色、黄色斑；尾上有 3 条白色条纹；头顶有黑白点斑（南美种类的雌鸟为白色点斑）；额为橘黄色（亚洲种类的雄鸟为褐色）。Sasia 属的种类两性差异很小，其中安岛姬啄木鸟的雄鸟头顶有红斑，而雌鸟没有。**鸣声**：尖锐的声音或一连串尖叫声。**巢**：凿穴于腐朽的树干中或软木中。**卵**：窝卵数 2 ~ 4 枚；白色。孵化期 11 ~ 14 天。**食物**：昆虫、蛹、蚂蚁、白蚁、钻木的甲虫。

蚁鴷亚科（蚁鴷）

蚁鴷属有 2 种。见于非洲和欧亚大陆，栖于开阔的落叶林、有草的空旷地、矮树林、花园，栖息地海拔上限为 3000 米（在非洲）。种类为：蚁鴷、红胸蚁鴷。**体型**：体长 16 ~ 17 厘米，体重 30 ~ 39 克。**体羽**：以褐色为主，像夜鹰那样密布斑纹。眼中有深线。两性相似。**鸣声**：可连续发出 18 个"喹"的音节。**巢**：天然洞穴、啄木鸟的旧巢及巢箱；无巢材。**卵**：窝卵数 5 ~ 14 枚；白色。孵化期 12 ~ 13 天，雏鸟留巢期 21 天。**食物**：蚂蚁。

为己所用。在求偶中，它们会鸣叫和击木。一窝卵为 2 ~ 4 枚，孵化需要 11 ~ 14 天。雏鸟在出生 21 ~ 24 天后会飞，它们可能会与亲鸟栖息在一起，直至下一窝卵孵化（如暗绿姬啄木鸟）。在亚洲、非洲和美洲的断续分布表明，这一类鸟的起源很早，这一点得到了 DNA 分析的印证。

蚁䴕
蚁䴕亚科

蚁䴕生活在开阔的树林、果园、公园和长有小矮树的草地中。和啄木鸟一样，它们借助舌头来获得食物（主要为各种蚂蚁）。蚁䴕的英文名（"wryneck"，意为歪脖子鸟）源于它们在巢中的防御行为：在受到天敌的威胁时，它们会像蛇那样盘起颈部并边摆动边发出嘶嘶的声音。拍摄镜头显示，这种行为能够有效地吓退小型掠食者。春季繁殖时，蚁䴕的一个突出特征是会发出带有鼻音的"喹"的鸣声，音略微偏高，两性均会发，旨在吸引异性来到日后的巢址。一窝 7 枚或 8 枚卵产于光秃的巢中（它们入住现成洞穴时会将里面的一切东西都扔出洞外，包括之前已经开始繁殖的其他鸟的巢）。卵的孵化期为 12 ~ 14 天，雏鸟留巢 21 天，亲鸟喂以蚂蚁和蚁蛹（一窝雏鸟日均消耗蚂蚁约 8000 只）。雏鸟会飞后亲鸟会继续照顾 2 周时间。

每年 7 月，蚁䴕开始从欧洲和亚洲的繁殖地南下迁徙至非洲和东南亚越冬。它们的种群数量在下降，近年来在英格兰已经几乎看不到蚁䴕的身影。红胸蚁䴕见于非洲南部，包括海拔 3000 米的山区，举腹蚁占到了这种鸟食物的 80%。

促进和妨碍
保护与环境

啄木鸟在森林的生态系统中扮演着重要角色。它们的取食使树皮和钻木昆虫的数量保持在较低水平，因此有利于树干的健康及树皮的覆盖质量。在啄木鸟啄食过的地方，其他小型鸟类（如山雀、鸭和旋木雀）便能顺利地觅食剩下的昆虫和蜘蛛。而啄木鸟的洞穴会被其他

一只大山雀很明显是在等待一只大斑啄木鸟在一根枯枝上啄食完毕。当后者飞离后，前者会去察看啄出来的洞，期望发现一些残留的食物。

许多营洞穴巢的食虫鸟用来繁殖或栖息，而鸮（猫头鹰）、欧鸽、巨嘴鸟以及貂和其他哺乳动物也会占用它们的巢穴。因此啄木鸟间接地给众多的昆虫和鼠类带来了压力。而且，因为啄木鸟对大量朽木的啄食，使得其他各种降解有机物更易进入土壤，所以在物质的分解—再生过程中同样发挥着重要作用。

啄木鸟的行为有时也会与人类发生冲突。在局部地区可能会成为一种害鸟，例如啄破灌溉管道（以色列的叙利亚啄木鸟便有这种不良习性）、在电线杆上打洞（有数个种类会这么做）、将巢穴筑到人们房屋的绝缘塑料泡沫中（大斑啄木鸟）。它们对果实的偏好使果园主深为头痛（常见于美洲啄木鸟属的种类中）。此外，当白背啄木鸟钻进它们最钟爱的觅食处——覆于地面的柔软腐木层时，它们有时会招致香菇种植者的愤恨，因为他们正是利用这一层介质来培养产品的。

目前有 3 种啄木鸟处于灭绝边缘。事实上，古巴东南部的象牙嘴啄木鸟过去已经被列为灭绝种，然而，20 世纪 90 年代末期，有迹象表明这种鸟仍存在，于是被重新列为极危种，但存活的数量非常有限。关于其他 2 个极危种，墨西哥马德雷山脉的帝啄木鸟自 1956 年起一直未出现过；而冲绳啄木鸟正面临着栖息地丧失的危险，成为森林退化的受害者，它们所栖息的宽叶林被大量用以建造高尔夫球场、修建公路和水坝及进行商业伐木。

刺鹩

刺鹩科是一个不引人注目的小科，仅有 2 个现存种类，与其他雀形目鸟没有密切的亲缘关系。2 个种类的飞行能力都很弱，这一特征可能与在人类到达新西兰之前那里没有哺乳动物天敌有关。随着天敌的引入和栖息地的变更，至少有 2 个种类业已灭绝，而现存的 2 个种类的分布范围也大为缩小。雄刺鹩是新西兰最小的鸟。

刺鹩科被认为已灭绝的 2 个种类中，丛异鹩已有数十年未曾出现，而来自库克海峡地区的新西兰异鹩有可能是一种不会飞的鸟——1894 年，一位守灯塔人的猫就捕获了 15 只这种鸟，那只猫很可能消灭了这种鸟的整个种类。

易受威胁的小鸟
形态与功能

刺鹩科 2 个种类身材矮胖，腿和脚趾相对较大，翅短而圆，几乎无尾。体羽柔软呈绒羽状。喙细长而锐利，其中刺鹩的喙微向上弯。

异鹩属被认为是新西兰的本土种类。其中岩异鹩占据着高山和亚高山带的森林，而已灭绝的丛异鹩则生活在低海拔的栖息地中。岩异鹩见于新西兰南岛海拔 1200～2400 米之间的西部山区，尤为喜居植被稀疏的岩石露出层（低矮的丛林和荒原）、岩屑堆和冰碛层。和刺鹩一样，它们主要食节肢动物，取自石缝中、密矮的草皮下，甚至雪层下（当岩异鹩进入在雪层和地表之间的空隙中时）。它们还会将食物贮藏在领域里的缝隙中，通过发出单音节的

鸣声来维护领域。刺鹩则从树皮及树荫层的叶簇中啄食它们的猎物。

营巢协助者
繁殖生物学

刺鹩科为洞穴营巢种类，刺鹩倾向于在树洞中营巢，而岩异鹩会在中空的木材里、岩缝中和地洞中营巢。刺鹩的雌鸟每隔一天产下 1 枚卵，卵的重量约为它自身体重的 20%，而它的第一窝卵有 5 枚，因此意味着它在 9 天时间里需要产下相当于自身体重的一窝卵。雌鸟由此产生的能量需求影响到了这一种类的繁殖行为。如雄鸟在雌鸟产第一窝卵之前及期间负责给它喂食，为它补充产卵所需的全部营养。雏鸟孵化时仅有 1.3 克，需要亲鸟精心呵护，而这在整个漫长的雏鸟留巢期基本上都由雄鸟来担负。在共育 2 窝雏的 60 天繁殖期内，雄鸟这种高度的亲鸟责任感表现得极为突出，它负责大部分的筑巢工作、昼间的孵卵、给雏鸟喂食。

刺鹩偶尔会有 1～3 只"协助者"帮助亲鸟喂食留巢的雏鸟和刚学会离巢的幼鸟。当这种现象发生在育第一窝雏时，一般雏鸟为 8 天

刺鹩

目 雀形目
科 刺鹩科
现有2属2种：岩异鹩、刺鹩。

分布 新西兰。

栖息地 森林或林地。

体型 体长7～10厘米，体重5.5～20克。

体羽 雄鸟上体绿色，下体米色，有

时身体两侧呈黄色；雌鸟全身羽色相对暗淡，上体黑褐色，刺鹩的雌鸟多条纹。

鸣声 岩异鹩发出3个音节的"呼呼呼"声以及一种似笛声的鸣声；刺鹩反复发出"吡—吡"的声音，遇惊吓时则发出听上去忧伤的渐低颤音。

巢 刺鹩筑巢于树干（包括直立的朽木）的树洞中；岩异鹩与之相似，但除此之外还会筑于岸滩的洞穴中和其他地面巢址。

卵 窝卵数2～5枚；白色。孵化期19～21天，雏鸟留巢期23～25天。

食物 以节肢动物为主。

大，而协助者为两性成鸟（通常为雄鸟），与亲鸟可能没有血缘关系。它们所做的工作包括给后代喂食、保护它们不受掠食者侵袭以及清除排泄物。

在育第一窝雏时有2种类型的协助者：有些定期并经常性协助单个巢，而其他的零零星星地协助多个巢。人们对一个刺鹩种群进行了详细研究，结果发现大部分成鸟协助者为未结偶的雄鸟，日后它们中的一部分会与它们先前所喂养的雌性雏鸟结成配偶。因此，获得更多的结偶机会很可能是它们从事协助行为的原因之一。

由协助者喂养的后代其体重并不明显重于那些离巢独立觅食的后代，但它们可以从协助者那里获得更多、更好的食物。同时亲鸟也受益匪浅，它们喂雏和护巢的负担得以减轻。此外，一个繁殖期内第1窝的雏鸟随后也会帮助给第2窝雏鸟喂食。

雏鸟离巢时体重明显重于成鸟。倘若育第2窝雏，窝卵数会少1枚左右，不再有求偶喂

食，巢的布置也相对简单，并且在第一窝雏学会独立后才开始孵卵。

岩异鹩不实行协作繁殖机制，亲鸟双方一起喂雏，繁殖期（很短，与高山环境中的生活相适应）在各方面共同参与。雄鸟在整个繁殖期都会给雌鸟喂食，但有时雌鸟也会有所回报。

岩异鹩的卵约为雌鸟体重的13%，窝卵数3枚左右。每年只育一窝雏，除非遭侵袭而不得不补育。和刺鹩一样，它们似乎也为单配制。倘若机会合适，幼鸟会在离巢的同一个繁殖期内马上结偶。刺鹩科2个种类的鸣声都很简单，主要以时间间隔不等的方式重复单个音节。

来自白鼬的威胁
保护与环境

自从欧洲移民来到新西兰后，尽管在它们的栖息地中大部分的森林动物为外来种类而非本地种，刺鹩仍是刺鹩科中处境最乐观的种类。它们喜居的天然栖息地之一海滩森林仍相对繁盛。并且，刺鹩似乎能够很好地应对栖息地的退化或变迁以及外来天敌的威胁。

相比之下，欧洲移民定居新西兰之前曾见于南北两岛的岩异鹩，近年来分布范围则大幅缩小，主要的威胁来自一种引入的哺乳动物（白鼬）的掠食。岩异鹩目前被世界自然保护联盟列为近危种。尽管人们进行了大量的研究来规划新的控制白鼬的办法，包括改进陷阱装置，诱饵、毒素的使用以及发展生物工艺技术等，但要在近期实现对岩异鹩的保护看起来希望不大。

作为刺鹩科中较小的种类，刺鹩比岩异鹩常见，尽管它们倾向于避开人类的居住地。图1为纯色的雄鸟，图2为多条纹的雌鸟。

八色鸫

色彩鲜艳、身材丰满的八色鸫是一群引人注目的热带鸟类，主要分布在东南亚。它们有如珠宝般耀眼的羽色，再加上其稀有性，使之成为像极乐鸟那样具有独特魅力的鸣禽。

"pitta"一词源于印度南部的马德拉斯地区，意思就是"鸟"。1713年，这一词首次用以称呼印度的蓝翅八色鸫。

森林地面的群居者
形态与功能

八色鸫为长腿短尾鸟，喙和脚强健，适于在森林地面或近地面处生活。它们夺目的羽色包括鲜艳的猩红色、绿松石色、铁蓝色，各种丰富而细密的绿色，天鹅绒般的黑色及瓷玉般的白色等。然而，最亮丽的部位往往很难看到，因为它们通常藏于身体的内侧。而八色鸫经常一动不动地背对着有动静的方向然后迅速逃离飞进植被丛中，这种习性使人们更难以一

睹它们绚丽的风采。

有些八色鸫翅上有白色的斑或在肩部和初级飞羽上有蓝色的斑，这些可能是为了方便在昏暗的环境中进行视觉联络。较大的种类，如栗头八色鸫，还具有大得出奇的眼睛，以提高在森林纵深处活动时的视力。少数甚至表现出部分夜行性，不过大部分仍在夜间栖息，栖于高处的树上，喙藏进翅膀内。

在拂晓和黄昏，在暴风雨来临前或在有月光的夜晚，八色鸫经常会栖于离地面10来米的枝头，头向后仰，大声鸣叫，而附近的八色鸫常常会积极响应。领域性很强的它们对模仿自己鸣叫的声音会迅速作出回应，哪怕在非繁殖期（那时它们一般为独居、只占据觅食领域）也不例外。面对入侵者，八色鸫会进行威胁炫耀。如噪八色鸫会蜷伏起来，抖松羽毛，展开翅膀，喙向上竖起。蓝背八色鸫也有类似的炫耀，不同之处是会把头伸到后面，从而露出喉部下面三角形的白斑。

亚洲至非洲
分布模式

八色鸫广泛分布于热带亚洲，见于从平地到海拔2500米之间的地区，并扩展至日本

↗ 一只马来八色鸫正栖于一块岩石上
这一东南亚种类为候鸟，会迁徙至澳大利亚西北部越冬。

八色鸫

目 雀形目

科 八色鸫科

八色鸫属32种。种类包括：非洲八色鸫、蓝胸八色鸫、蓝尾八色鸫、蓝八色鸫、蓝斑八色鸫、蓝头八色鸫、蓝背八色鸫、马来八色鸫、双辫八色鸫、仙八色鸫、大蓝八色鸫、黑冠八色鸫、泰国八色鸫、绿胸八色鸫、蓝翅八色鸫、噪八色鸫、栗头八色鸫、吕宋八色鸫等。

分布 非洲、东亚、南亚至新几内亚、所罗门群岛和澳大利亚。

赤道

栖息地 常青林、落叶林、竹林、红树林、多林的峡谷、次生林和种植园。

体型 体长15～29厘米，体重42～207克。

体羽 绚丽多彩，有鲜艳的蓝色、绿色、红色和黄色，头部和下体色彩最醒目。两性差异细微，但4种斑纹种类除外，它们的雌鸟着色单一。幼鸟羽色暗淡，多为褐色，具斑纹。

鸣声 一连串音高各不相同的短促口哨声，通常为双音节，有多种颤鸣。警告鸣声是响亮的吼叫声。

巢 大型的球形结构，由细枝和细根零乱筑成，外面常覆以苔藓，里面衬以柔软物质。入口在侧面低处，正面有一小型平台。

卵 窝卵数1～7枚，通常为2～5枚；形状从偏圆的椭圆形到球形各异，有些富有光泽；白色或浅黄色，带灰色或淡紫色条纹或者有红色或紫色斑点；重约5～10克。孵化期15～17天，雏鸟留巢期12～21天，具备独立能力很早（为出生后5～24天）。

（仙八色鸫）、澳大利亚和所罗门群岛（有6个种类）以及非洲热带地区（非洲八色鸫）。所有种类均生活在森林类的栖息地中，尤其是低地至中部山区常青雨林的残余区。亚洲雨林中栖息着最稀有、最鲜为人知的八色鸫种类（包括极富特色的双辫八色鸫、蓝八色鸫和大蓝八色鸫），其中有一些如红腹的吕宋八色鸫以及呈黑色和天蓝色的蓝胸八色鸫则仅限于少数菲律宾岛屿上。呈醒目的蓝色、黄色和黑色的泰国八色鸫，其有限的分布具有独特的意义：它

↗作为东南亚低地森林中的一种留鸟，蓝尾八色鸫经常出没于石灰岩悬崖觅食它偏爱的蜗牛。由于其羽毛鲜艳而频繁遭到猎捕，如今已被列入《濒危野生动植物种国际贸易公约》（CITES）附录二中。

沿泰国和缅甸分布的500千米范围恰好是2个重要的动物区系的汇合处。目前，这种鸟的分布只剩1个点，已知仅有12对配偶尚存，被列为极危种。

除了一些因季节和海拔而发生的小范围迁移外，只有8种八色鸫（其中包括蓝翅八色鸫、马来八色鸫、非洲八色鸫等）已知会做定期的迁徙。这些种类为夜行性候鸟，有许多记录表明光对它们有特殊的吸引力。非洲八色鸫在半个世纪前还被认为是定栖性鸟，直到有位生活在坦桑尼亚的鸟类学家经过对这种鸟几年的观察记录后发现，它们在夜间飞入有光的屋子这一行为具有季节性。进一步研究发现，非洲八色鸫在东非会做定期迁徙，而在西非和中非对它们夜间活动所做的记录表明，这还不是全部，因为它们每年会前往津巴布韦境内赞比西河下游的低地森林中繁殖。

在马来西亚，一项针对八色鸫夜间迁徙的研究不仅确知了它们进行迁徙的日期，而且还发现八色鸫并不像其他夜行性鸣禽那样迁徙的高峰期出现在满月期间，而是发生在新月期间。此外，一些候鸟种类的个体经常被报道迷失在通常的迁徙范围之外，如有一次一小群八色鸫着陆在海上的一艘船上。

1. 蓝翅八色鸫；2. 泰国八色鸫，被世界自然保护联盟列为极危种。

觅食于落叶层
食物与觅食

八色鸫很多时候都在森林地面的落叶层和腐殖层觅食小动物，尤其是蠕虫、蜗牛和昆虫。它们用强健的喙将树叶和碎片翻过来，或用脚将其耙于一边。偶尔，它们会侧着头通过听觉来发现猎物，或者干脆扑腾翅膀来惊起猎物。

有些八色鸫钟情于蜗牛丰富的栖息地，如蓝尾八色鸫喜居石灰岩悬崖，在那里它们会利用一块岩石或一根原木做"砧板"，来砸开蜗牛的壳。一项针对一只人工饲养的绿胸八色鸫食物习性的研究发现，这种鸟最爱食蠕虫，每天的蠕虫摄入量约等于它自身的体重。

共同孵卵育雏
繁殖生物学

八色鸫通常在离地面 3 米以内的树桩、板根、伐倒的树木及植被丛中筑大型的巢，有时也筑于岸上或岩缝里。若巢受到威胁，亲鸟会通过鸣叫努力将入侵者引开。在高纬度地区，繁殖期只限于夏季，但在赤道附近的八色鸫，除了季风高峰期，在年内大部分时间里都有可能繁殖。

求偶由雄鸟发起，表现为在雌鸟面前做出一种直立姿势，张开翅膀，跳起求偶舞蹈（包括身体的多种上下运动），同时伴以响亮的鸣声。如果雌鸟作出回应，交配随之发生。接下来，雄鸟在雌鸟的帮助下开始筑巢。两性共担孵卵和育雏之责，给雏鸟喂食并清理排泄物。在雏鸟会飞后，亲鸟会很快将它们逐出巢，开始产第 2 窝卵。

适应性强但并非高枕无忧
保护与环境

尽管八色鸫科被认为是严格意义上的林栖性鸟，但事实上它们是极少数对栖息地变更能作出积极反应的鸟类之一。人们通过在马来西亚沙巴州的研究发现，即便是受到森林砍伐的不利影响，有数个种类仍会回到轻度受损或部分再生的森林中生活。也正是如此强的适应性才使泰国八色鸫得以继续存在。但是目前这一种类在原产地泰国受到栖息地毁坏的严重影响，除非在邻国缅甸（这种鸟在那里也曾繁盛一时）能够发现新的种群，否则很有可能将于不久后灭绝。

其他几种分布在有限的大陆区域或海岛上的八色鸫也为受胁种类，主要威胁来自栖息地的大面积受损。此外，八色鸫还受到被人类捕猎的威胁，用于笼鸟交易或作为餐桌上的美食。面临这一威胁的不仅有留鸟种类，也有迁徙途中的八色鸫，并且在某些地方，如越南，仙八色鸫等一些种类所受的这种附加威胁日益严重。

霸鹟

　　霸鹟，这一名字源于少数种类（主要为王霸鹟类）的行为极富攻击性。该科是整个鸟类界最大的科之一，也是最多样化的科之一。很难用三言两语来概括一个如此庞大而各异的群体。霸鹟几乎已经适应了各种类型的栖息地，尤其是亚马孙河流域和安第斯山脉的森林。虽然有些种类分布至加拿大北部和巴塔哥尼亚南部的温带地区，但几乎所有的霸鹟都会迁徙至热带过冬。不存在所谓"典型的"霸鹟，不过就整个科而言，当数小型的啄食种类最为常见。

　　霸鹟遍布美洲大陆，而在新热带地区种类最丰富，该地区所有鸟类中有 1/10 为霸鹟科成员。而且，霸鹟占到南美全部陆地鸟种类的约 18%，这一比例在哥伦比亚和委内瑞拉为 20%，在阿根廷则上升到将近 26%。霸鹟不但在新热带呈现出高度的多样性，在其他局部地区也常常保持着很高的种类数量（有时一个地区可达 20 种以上），从而表明霸鹟在所生活的栖息地中扮演着多种生态角色。

繁盛的新大陆鸟科
形态与功能

　　霸鹟觅食有一个基本程序：在栖木上停留长短不等的时间，然后出击捕捉猎物。在此基础上，发展出多种形式。其中最为人们熟悉的觅食行为是空中掠食，即霸鹟先栖于露天枝头，而后猛然间飞到空中捕食飞虫，完毕后重新回到原来的栖木上。如果说空中掠食是北美霸鹟的"典型"觅食行为，那么事实上该科的大部分种类（见于南美森林中）乃是叶簇啄食者或伏击式啄食者：它们在周围寻觅食物，发现后或者直接在原处啄食，或者快速跃到某个层面（如植被、树枝、地面等）将猎物啄出。与空中掠食种类不同，伏击式啄食种类很少捕食飞行中的猎物。

　　各种伏击行为包括：从栖木上飞扑至地面袭击猎物，在地面追赶猎物，沿着地面或水面

　　↗在墨西哥，一只群栖短嘴霸鹟在一片灌丛顶观望，注意着它的主要食物昆虫的动向。这种鸟经常在人类居住地附近营巢，有时它们的巢就吊在电线杆上或电线上。

上方飞行追踪猎物，沿着树枝直线飞向猎物，在盘旋中扑向猎物，或者同时采取上述行为中的数种。须霸鹟类和鹟鸳霸鹟类等一些种类在觅食时会轻轻拍动或摆动翅膀和（或）尾巴来引诱猎物上钩；而窄嘴霸鹟类使用的招数是直立栖于枝头，不时地将一只翅膀举过背。在捕获猎物后，许多种类会回到某根显眼的或露天的栖木上享用猎物。

不同的觅食策略与各自种类的体型大小和形态结构有关。霸鹟以食昆虫为主，但几乎所有的种类都会摄取部分果实，尤其是在非繁殖期。空中掠食飞虫的种类往往腿较短，翅长，尾长，这样它们在空中追捕猎物时就会有更强的机动能力。而在地面觅食的种类腿强健，可站得很稳。在栖木上啄食的种类一般小巧灵活，颇似莺类，长腿、长尾，从而在枝头逮住猎物时可保持身体平衡。

觅食方法同样与喙的形态有密切关系。多数霸鹟的喙宽而扁，呈三角形，喙基最宽。这种类型的喙通常见于空中掠食的种类，如王霸鹟类和绿霸鹟类。

有些种类的喙很宽，几乎成匙形，它们（如哑霸鹟类）常常用喙将树叶的内面向上猛地撩起，然后一口咬住猎物。同时，这些种类往往有明显的口须。更为极端的喙形见于铲嘴雀类，它们的喙基宽度相当于喙的长度。在霸鹟科中还有一类不同寻常的喙，即弯嘴霸鹟类的下弯喙。由于弯曲度高，当喙与叶面成平行角度时，喙尖与叶面具有一定的斜角度，从而使这些鸟捕捉猎物时具有更高的精确度。

与空中掠食种类和伏击式捕食种类的宽喙相反，在叶簇中和栖木上啄食的种类一般具细而精致的喙，更像一把镊子，使它们在近距离内能准确地捕获隐藏的猎物。经常食果实的种类，如拟霸鹟类，喙短而厚，喙基较宽。捕食大型猎物的种类则具有相当长且强健的喙，无论是生活在森林中的阿蒂霸鹟类还是栖息于开阔草地的鹍霸鹟类都是如此。霸鹟科最大

的喙见于恰如其名的船嘴霸鹟。

多数霸鹟上体为暗绿色，下体为浅黄色、赭色或白色。有不少种类全身均为暗淡的灰色或褐色，尤其是那些居于开阔地带的种类如鹍霸鹟类和地霸鹟类。也有部分种类体羽醒目，有细密的斑纹、艳丽的色彩，如白颊哑霸鹟和白头沼泽霸鹟。多数种类都具有一种或数种细密的斑纹，如翅斑、飞羽边缘的斑纹、眼线、眼眶、眼睑和尾斑。

➘ 铲嘴雀类具有很宽的喙，可从叶的内面铲食昆虫。图中的这只白喉铲嘴雀见于巴西的米纳斯吉拉斯州。

相当一部分种类有某种形式的冠斑，呈单一的白色或浅黄色，但通常色彩绚丽。最炫目的是皇霸鹟的大型横向冠，为猩红色，羽尖黑色，泛有蓝色光泽。冠斑平时往往隐藏起来，仅在炫耀时才会显露。

只有少数种类的体羽非常艳丽。其中朱红霸鹟拥有红色的头和上体。而多色苇霸鹟在当地被称为"Siete colores"（即"七色鸟"），全身汇集了绿、黄、白、黑、蓝、橙、红 7 种鲜艳的色彩。

最大的霸鹟种类见于安第斯山脉的高海拔草地及智利和阿根廷的低地中。这些被称为鸥霸鹟的鸟从高处的栖木上扫视地面，搜索大型昆虫和小型蜥蜴，捕获后用它们大而具钩的喙将猎物撕碎食入。它们的亲缘种地霸鹟类主要为地栖性鸟，居于安第斯山脉开阔的草地或岩石地带。喙细长、腿长的它们沿地面追逐昆虫时颇像鹨（田云雀）。

大型的霸鹟种类普遍具有类似的体羽模式，即下体黄色，背褐色，头顶有黑白相间的条纹。其中最为人们所熟知的是外表醒目的大食蝇霸鹟，广泛分布于北美至阿根廷中部之间的区域。这种惹眼的鸟有着很强的适应性，食物多样化，涉及昆虫、鱼、蝌蚪、果实等。而体型最小的霸鹟是哑霸鹟类和侏霸鹟类，它们

中的一部分甚至比许多蜂鸟还小。

大部分霸鹟，包括姬霸鹟类、扁嘴霸鹟类和拟霸鹟等，都为中小型鸟，斑纹不明显，外表相似，容易混淆。它们中有许多生活在热带森林高处的树荫层，很难被观察到。所以就整体而言，这些鸟是霸鹟科中最难识别的。

此外，还有许多种类在上述宽泛的分类描述中没有合适的位置。如蚁鹟为地栖性的森林种类；尖尾霸鹟栖息于草地中，是目前已知的唯一一种在一定程度上食种子的霸鹟；飘带尾霸鹟、鸡尾霸鹟和异尾霸鹟则均以它们醒目的尾羽而别具一格。

大多数霸鹟会发出各种鸣声，但它们的声音常常为不清晰的、微弱的口哨声或颤音。然而，即使是这些简单的鸣啭，对于外表极为相似、亲缘关系非常密切的种类而言仍可以起到举足轻重的区分功能。几乎所有的霸鹟都有晨鸣的习性，仅在清晨鸣啭，其他时间则保持静默。尽管其他鸟科的某些种类也会晨鸣，但在霸鹟科显得尤为突出。

鸣啭是维护领域、进行求偶炫耀和领域炫耀的重要手段。朱红霸鹟、飘带尾霸鹟和叉尾

各有所用——霸鹟的羽毛变异

虽然多数霸鹟外形单调，但它们的羽毛却存在着多种微妙的变异现象，有些情况下甚至发展到极致。其中最惹人注目的或许是一些开阔地带种类的尾羽变异。如剪尾王霸鹟和飘带尾霸鹟最外侧的尾羽特别长，形成明显的叉形尾，用以在空中炫耀。在另外2种开阔地带的种类中，羽尾的变异之大堪称全科之冠：鸡尾霸鹟的2枚中央尾羽与背成直角，外侧尾羽向两面伸展，使这种鸟的造型看上去颇似一架飞机。在炫耀时，雄鸟徐徐扇翅向上飞，尾的中间部分往前形成拱形，几乎盖到头顶。而其亲缘种异尾霸鹟的外侧尾羽末端很宽，可灵活转动。在飞行时，这些羽毛会转到尾下方指向地面。至于在炫耀中如何使用则尚不清楚。

许多霸鹟具有冠斑，冠斑的羽毛是它们身上最变化多端的部位之一。雄鸟的冠通常较雌鸟的冠大而艳丽，也更为复杂。最简单的冠乃单独一块羽毛，颜色有白色、赤褐色、橙色、红色或最常见的黄色。冠斑一般被边上相对暗淡的羽毛遮掩，通常只在炫耀时才显露出来。在侏霸鹟类中，冠斑演变为长长的黑色冠羽，末端为灰色或赤褐色，在它们焦躁不安或进行炫耀时，冠羽会竖起。

最壮观的冠乃是皇霸鹟的冠。一般情况下，这种鸟的冠处于下垂状态，看上去像"锤头"。然而冠竖起时，就仿佛一把耀眼夺目的扇子，垂直地架于身体之上，颜色为猩红色和蓝色。在野生界，通常情况下很少见到皇霸鹟的冠会竖起。不过，当有人为因素介入时，如研究人员撒下雾网，它们会竖起冠，然后头部左右摇摆，同时喙还会有节奏地一张一合。

王霸鹟在做复杂的空中炫耀时会发出鸣啭。其他许多种类也会有类似的复杂炫耀。多数霸鹟的雄鸟经常在同一根栖木上进行炫耀和鸣啭，而其他一些种类（如 Mionectes 属的种类）则

↗ 纹霸鹟的雏鸟在乞食
这一北美种类通常一窝雏为 4 只。其分布范围从新英格兰地区至太平洋沿岸。

在分散的"展姿场"这么做。

极力维护领域
繁殖生物学

大部分霸鹟为单配制，但有不少种类的雄鸟并不参与孵卵育雏之事。在许多非候鸟种类中，配偶常年生活在一起，居于永久性领域内。其他霸鹟，尤其是候鸟种类，在新的繁殖期来临之际会建立新的配偶关系。

通常雌鸟单独筑巢、孵卵和育雏，小型种类更是如此。雄鸟一般在巢边看守，保护领域和巢址。通常为两性共同喂雏，但在一些小型种类中由雌鸟独自承担。

在多数种类中，雏鸟在离巢数月后具备独立生活能力，于次年在自己的领域内开始繁殖。在许多热带种类中，雏鸟一直和亲鸟生活在一起，直至下一个繁殖期到来，或更往后，有时在接下来的数年中都会协助亲鸟抚育随后出生的雏鸟。然而，多数霸鹟的繁殖行为至今仍鲜为人知。

霸鹟的巢就如同它们的行为习性一样变化多样。形状最简单的是杯形巢，但同样有松散凌乱与细密编织之分。有些筑于树的高处，有些隐于叶簇间，有些营于地面。多色苇霸鹟的杯形巢为一个精致的倒锥形结构，附于芦苇的

见于南美中部草原地带的短尾田霸鹟，由于大片开阔的草地被用于牛群的放牧，它们正面临栖息地被人类占用的严重威胁。

一侧。有几个种类筑不同类型的球形巢，有遮蔽物，入口在侧面。其他种类将巢筑于树洞或堤洞中。一些筑洞穴巢的蝇霸鹟种类有种奇特的习性，它们会用爬行动物（特别是蛇类）蜕下的皮衬于巢中。

最复杂的霸鹟巢是那些悬垂结构巢。部分为袋形结构，有些入口在顶部，其他的入口在底部或侧面。还有一部分较隐秘，看上去就像是从树枝上挂下来的苔藓。另外有一些种类如黄眉哑霸鹟，会将巢筑于胡蜂窝边上，以避开天敌。而强霸鹟的营巢行为则更加与众不同，这种鸟会强占其他鸟正在使用的巢，通常瞄准的是酋长鹂的垂悬式袋形巢。即使后者正在孵卵，它们也会将主人驱逐出巢，并将卵清空。

霸鹟一般生活在它们所极力维护的领域内，那些候鸟种类也常常会在迁徙地建立领域。有时，迁徙会同时带来行为习性的重大改变。如东王霸鹟在北美的繁殖地为食虫鸟，栖息于开阔的灌丛，平时嘈杂，具有很强的领域性和攻击性；而在亚马孙河流域的过冬地，生活在森林中的它们变得很安静，以食果实为主，经常组成大群四处"流浪"。

分布范围受限
保护与环境

霸鹟几乎见于美洲各个类型的栖息地中。

在某些地区，有数个霸鹟种类生活于同一片栖息地。由于在体型、觅食手段、食物类型、觅食地和营巢地、领域范围、喜居植被等方面存在差异，种类之间的竞争程度得以降低。

有许多种类尽管已经适应了在非常有限的特定栖息地生存，但它们往往是最有可能出现数量下降的。一般而言，数量减少的种类都会受到栖息地缩减的影响，而对分布很有限的种类来说，原本就已有限的栖息地一旦缩减，那么后果就会更为严重。这样的种类（或亚种）包括见于小岛上的霸鹟，如科岛霸鹟（限于哥斯达黎加外海的科科斯群岛）和诺尔拟霸鹟（仅见于巴西外海的诺尔那群岛）等，以及巴西东南部的几种最易受威胁的种类米州姬霸鹟、长尾姬霸鹟、巴伊姬霸鹟、叉尾哑霸鹟和凯氏哑霸鹟等由于分布范围极其有限，所以一直就很罕见，而森林迅速退化使它们的处境更加危险。

和保护其他绝大部分鸟一样，保护霸鹟所面临的一个普遍问题就是大片栖息地遭到破坏并日渐丧失。这一问题已经导致那些原先常见的种类其数量也开始大幅减少，包括赭色阿蒂霸鹟、鸡尾霸鹟、灰胸纹霸鹟等。最后，还有部分种类如白尾霸鹟和巨王霸鹟，似乎因某种不明原因而出现数量减少现象，不过，栖息地遭破坏和缩减无疑也是重要因素。

伞 鸟

　　新热带的伞鸟是鸟类中最多样化的群体之一。种类的体型差异为鸟科之冠，既有仅长 8 厘米的迷你型姬伞鸟，也有和鸦一般大小的伞鸟。既有食虫类，也有特化的食果类。在体羽方面，既有灰暗单调的，也有鲜艳夺目的。而在繁殖机制中，既有单配制，也有一雄多雌的"展姿场"机制。

　　伞鸟科究竟包含多少种类这个问题尽管长期以来一直颇受争议，但传统的归类除了少数种类有出入外，其基本框架已为解剖学和分子

三色伞鸟有时因其鸣声低沉而被称为 calfbird("牛鸟")，但它更为人熟悉的名字则是 capuchinbird（"僧侣鸟"），因为这种鸟与众不同的羽衣颇似修士的道袍。

学所印证。它们与具有密切亲缘关系的霸鹟和娇鹟一起使美洲热带地区成为世界上多样性最丰富的鸟类区。

▌四大亚科
形态与功能

　　伞鸟与娇鹟的亲缘关系最为密切，具有诸多共同的进化特征。两者还是霸鹟的姊妹科。伞鸟与其他两种鸟的区别之处在解剖学上最突出的特征便是它们独特的鸣管（鸟类的发声器官）。而该科的单一性则同时得到分子系统学研究的支持。有个别属，如悲霸鹟属，在传统分类中被归入伞鸟科，现在已知应当划为霸鹟科。而其他有些属，如霸鹟科的厚嘴霸鹟属、蒂泰霸鹟属和斑伞鸟属以及娇鹟科的希夫霸鹟属，则回归伞鸟科。

　　伞鸟科由 4 个亚科组成。第 1 个亚科为伞鸟亚科，乃是"典型的"伞鸟，包括许多栖息于低地雨林树荫层的种类以及钟伞鸟类和果伞鸟类。第 2 个亚科为冠伞鸟亚科，成员为实行"展姿场"繁殖机制的冠伞鸟类、红伞鸟类和大部分安第斯食果伞鸟类。第 3 个亚科为割草

伞鸟

目 雀形目
科 伞鸟科
33属94种。

分布 墨西哥及中南美洲。

栖息地 热带至温带山区的各种森林。

体型 体长8～50厘米，体重6～400克。

体羽 高度多样化。许多

赤道

种类的雄鸟呈华丽的红色、紫色、蓝色等，并常有用

以炫耀的饰羽；雌鸟一般相对暗淡，也没有饰羽。

鸣声 多样化，既有高音的口哨声和快节奏的颤音，也有低沉的鸣声或似锤或钟发出的铿锵声。有些种类的翼羽发生变异，在飞行时可发出响亮的机械声响。

巢 大部分为露天的碗状巢或碟状巢；有些巢相对于鸟的体型而言显得很小且脆弱（冠伞鸟类例外，它们的泥浆碗状巢筑于岩面上）。

卵 窝卵数1～3枚；底色为浅黄色或橄榄色，有褐色和灰色的深色斑。孵化期19～28天，雏鸟留巢期21～44天。

食物 果实和昆虫。

鸟亚科，包括其他的安第斯伞鸟以及见于安第斯山脉和南美温带地区的割草鸟类。第4个亚科为厚嘴霸鹟亚科，这是一个多元化的集合，由过去分别归于伞鸟科、娇鹟科和霸鹟科的数个属组成，包括蒂泰霸鹟类、悲霸鹟类、厚嘴霸鹟类和紫须伞鸟类。

由于生态和行为的多样性，伞鸟各种类在体型、体羽和形态方面表现出广泛的差异性。就身体比例而言，从翅短、体沉的安第斯食果伞鸟和体巨、翅宽的伞鸟类至体微、翅长、如燕子般的紫须伞鸟，不一而足。在着色上，既有呈高度性二态的种类（雄鸟鲜艳华丽），也有两性均为灰色或褐色的种类。鲜艳的着色既有来自色素胡萝卜素产生的大红色、黄色、粉红色和紫色，也有因光线透过羽支分布不均的气泡而形成的蓝色（如在"真正"的伞鸟种类中）。

许多种类具有复杂的性二态体羽模式及特化的羽毛，如雄性冠伞鸟的冠羽等。羽毛模式变异的现象，如经常在空中飞行的燕尾伞鸟，雌雄鸟均有长长的叉形尾，由不同长度的羽毛形成。不少种类进化出肉垂、覆羽的瘤或用于求偶炫耀的裸露皮囊（见于三色伞鸟、钟伞鸟类和伞鸟类）。少数种类（如红伞鸟和冠伞鸟类）有特化的飞羽，用以在炫耀飞行时产生机械声响。包括伞鸟、镰翅伞鸟、厚嘴霸鹟类和蒂泰霸鹟类在内的其他种类则长有形状奇特的初级飞羽，其功能未知。

伞鸟喙的大小和形状也各不相同。许多食果种类嘴裂宽，便于吞下大的果实。割草鸟类

的喙呈锥形，具啮喙（锯齿状边缘），用以食芽、叶、果实和种子。

伞鸟的鸣管同样表现出极大的多样性。该科种类中既有鸟类界最简单的鸣管，也有最复杂的鸣管。许多伞鸟的鸣管非常简单，没有特别的支持结构或内部肌肉组织，因而发出的声音也就很简单。而那些拥有复杂响亮的鸣声用于多配制炫耀的种类则进化出有多种特征的鸣管。果伞鸟的气管和支气管特别大，从而能够产生有回音的低沉鸣声。钟伞鸟的鸣管巨大且肌肉发达，发出的声音之响堪称鸟类之最。

伞鸟的食物也是不拘一格的。典型的伞鸟

↗ 食果伞鸟类为一群翅膀较短、相对较重的鸟，见于安第斯山脉和附近区域，栖于枝头，以食果为生。图中为一只横斑食果伞鸟。

类、安第斯伞鸟类和冠伞鸟类以食果实为主。其中小型种类享用多种小果实，较大的种类通常专食鳄梨科的大果实。白颊伞鸟特化为食安第斯山脉高海拔地区的槲寄生浆果。割草鸟类则用它们锯齿状的锥形喙摄取植物的芽、果实和种子。相比之下，蒂泰霸鹟类、悲霸鹟类、厚嘴霸鹟类和尖喙鸟广泛捕食昆虫。食果习性被认为与一雄多雌的繁殖机制之间存在一定关系，因为食果有利于将雄鸟从亲鸟义务中解放出来，这一点在伞鸟及娇鹟、极乐鸟、园丁鸟等身上得到了体现。

来自美洲热带的鸟
分布模式

伞鸟全部见于新热带，北起墨西哥北部、南至南美南部。红喉厚嘴霸鹟虽经常出现于美国最西南部，但很少在那里营巢。多数种类栖息于潮湿的热带雨林和山林中或者高地山林中。而割草鸟类居于多灌木的开阔地带以及安第斯山脉和南美南部的耕地中。

许多伞鸟属的种类为异域分布或邻域分布（即分布在不同的地理区域或者分布区域相邻但不重叠），从而在整个新热带范围内实现了相互弥补。有些伞鸟为分布区域狭窄的当地种，如黄嘴白伞鸟和绿伞鸟仅见于哥斯达黎加

↗ 冠伞鸟类（图中为圭亚那冠伞鸟）的雄鸟具有独特的半月形冠，在求偶炫耀中扮演着核心角色。这些鸟实行一雄多雌制，雄鸟除了交配不参与其他任何繁殖营巢行为。

西部和巴拿马，而姬伞鸟、黑黄伞鸟和灰翅伞鸟则限于巴西东南沿海的山区。

单配或多配
繁殖生物学

鸟类界各种各样的繁殖行为有许多都可在伞鸟中见到。安第斯伞鸟类、割草鸟类、食果伞鸟类、厚嘴霸鹟类和蒂泰霸鹟类实行单配制，配偶双方共同承担亲鸟之责。紫喉伞鸟为高度群居性，生活在由雌雄鸟组成的混合群体中。雌鸟负责筑巢和孵卵，其他所有成员助维护领域和为雏鸟带来昆虫食物。很明显，群体中只有一对主配偶，其他的不论雌雄均为附属的协助者，至于它们是否为主配偶之前的后代则尚不清楚。紫须伞鸟类似乎也为群居性，并有着类似的协作繁殖机制。

虽然大部分伞鸟的繁殖行为仍有待进一步研究，但很明显它们实行一雄多雌制，雌鸟承担所有亲鸟义务。一雄多雌种类的雄鸟通常聚集在展姿场进行求偶炫耀。有些种类拥有高度集中的传统展姿场，如圭亚那冠伞鸟的雄鸟常常一二十只（或更多）聚集在一起炫耀，每只雄鸟在林地中维护一片界线清楚的"宫院"。白须娇鹟也有类似的机制。求偶炫耀的主体行为具静态性：雄鸟蹲伏于"宫院"的中央，展开它华丽的体羽，头侧摆，以便使半圆形的冠羽能够完全被飞到展姿场上方树上的雌鸟看到。其他一些伞鸟种类的炫耀地则非常分散或由某只雄鸟单独使用。在栖于树荫层的某些种类（如伞鸟属、白伞鸟属和南美白伞鸟属）中，雄鸟聚集在特定的树顶或相邻的树上炫耀，但这种繁殖机制很难观察到，因而人们了解甚少。

伞鸟的炫耀行为既有形体动作，如见于冠伞鸟类和红伞鸟类的各种炫耀姿势和仪式化的行为，也有以声音为主的炫耀模式。在部分种类中，如钟伞鸟类和尖声伞鸟，强烈的性选择促使它们拥有了鸟类界最响亮的鸣声之一。钟伞鸟类的鸣声，从响亮的"啵"的声音到清脆的电子音"喷—叽"声均有，可谓变化多端，并且在1千米以外都能听得很清楚。较大的果伞鸟类则发出似牛哞的低沉鸣声。三色伞鸟发出响亮的呜呜声，音会渐强，犹如快速转动起

来的链锯或摩托车。而栖息于巴西东南部山林中的黑黄伞鸟则会发出优美空灵的口哨声，在 3 秒钟的持续时间里音徐徐变高。当雄鸟聚集在一起时，通常交替鸣唱，于是便会形成一片此起彼伏、持续不断的清脆歌声。

伞鸟的巢也是各种各样的。在许多种类中，具保护色的雌鸟单独筑简单的树枝平台巢，然后一窝产下 1 枚卵。巢结构很松散，经常可以从下方透过巢底看到卵。不过，由于巢非常不起眼，从而最大限度地降低了遭掠食的可能性。

悲霸鹟类、安第斯伞鸟类和食果伞鸟类的巢为相对结实的碗状结构。冠伞鸟类的巢为泥浆和细枝结构，混以唾液，筑于垂直的岩面上，可能是另一种保护形式。也正因如此，冠伞鸟类限于有巨石或岩崖的潮湿森林等地带生活。厚嘴霸鹟类则筑垂悬的编织巢，并在孵卵过程中会不断加厚。蒂泰霸鹟类营巢于洞穴中。紫须伞鸟类与蜂鸟颇为相似，在树枝上筑微型的碗状巢。

↗3 种亚马孙伞鸟属的伞鸟共同的特点是有一簇浓密的头羽和一个长长的肉垂（1 个种类为大红色，另 2 个种类为黑色）。图中为一只亚马孙伞鸟。

伞鸟的亚科

伞鸟亚科（"典型的" 伞鸟、钟伞鸟和果伞鸟）

14 属 36 种。属、种包括钟伞鸟类、三色伞鸟、伞鸟类、斑伞鸟、绿伞鸟、黄嘴白伞鸟、紫喉果伞鸟、镰翅伞鸟、尖声伞鸟等。

冠伞鸟亚科（冠伞鸟、红伞鸟和食果伞鸟）

4 属 16 种。属、种包括圭亚那冠伞鸟、圭亚那红伞鸟、食果伞鸟类等。

割草鸟亚科（割草鸟和安第斯伞鸟）

8 属 13 种。种类包括秘鲁割草鸟、尖喙鸟、白颊伞鸟等。

厚嘴霸鹟亚科（厚嘴霸鹟、蒂泰霸鹟、悲霸鹟和紫须伞鸟）

7 属 29 种。属、种包括：厚嘴霸鹟类，包括红喉厚嘴霸鹟类；蒂泰霸鹟类；悲霸鹟类，包括鸭伞鸟等；紫须伞鸟类。

注：有几个属的归类未知，大多数分类系统将它们视为 "目、科未定"。

鲜为人知的种类
保护与环境

许多伞鸟种类都很少为人所熟知，因此对它们的保护状况也不是很清楚。然而，有相当数量的种类正面临不同程度的威胁。仅见于巴西大西洋沿岸潮湿低地林的斑伞鸟因森林退化而处境危险，目前这种鸟的合适栖息地只剩下一些孤立的小片区域。秘鲁割草鸟栖息于秘鲁西北部沿海沙漠中零星的林地和灌丛中，其数量在最近数十年间一直呈下降之势，如今又受到伐木取材和农业发展的威胁。灰翅伞鸟据悉只存在于巴西东南部奥高斯山脉海拔 1500 米以上的山坡中。尽管这种鸟的分布区距里约热内卢不到 50 千米，大部分地区处于受保护的国家公园内，但人们对其数量状况知之甚少，加上分布范围之小和易受森林火灾的影响，故被官方列为易危种。

而最鲜为人知的伞鸟或许便是姬伞鸟，这种鸟只在 19 世纪里约热内卢的科学馆藏中可经常看到，体小，呈绿色，有白色翅斑和像载菊鸟那样的红色冠。在消失了 1 个多世纪后（人们曾认为这种鸟或许因森林退化而已灭绝），1996 年，观察者们在奥高斯国家公园南部的特瑞斯波利斯—加拉佛再次发现了姬伞鸟。但此后就未曾再见过这种鸟。

娇鹟是一个新热带群体，以鲜明的性二态、"展姿场"繁殖行为、复杂的求偶炫耀而出名。它们与伞鸟的亲缘关系最密切，两者之间具有许多共同的进化特征。

娇鹟一般为小巧精致、非常活跃的鸟，喙短，头大，翅宽而圆，尾短。大部分种类的体羽呈现明显的性二态：雄鸟具有多种鲜艳色彩和醒目斑纹，有数个种类的雄鸟还拥有长而艳丽的尾羽、可竖起的喉羽、将喙盖住的豪华冠羽。与之相反，所有种类的雌鸟都呈隐蔽的绿色，使它们成为最难被人类发现的鸟之一。

↘一只白须娇鹟雌鸟展示了它的绿色保护色，这样的着色使许多娇鹟雌鸟与周围的森林环境融为一体。

绚丽的雄鸟、暗淡的雌鸟
形态与功能

娇鹟与伞鸟和霸鹟的区别体现在鸣管结构等形态特征以及分子特征和生命史特征等方面。多数的娇鹟属（如长尾娇鹟属和娇鹟属）为进化谱系单一的群体。然而，形态学和分子系统学的研究确认了有几个传统的娇鹟属并不是娇鹟进化支上的成员。如希夫霸鹟属的3个种类如今被认为应当归入伞鸟的一个亚科（厚嘴霸鹟亚科）。阔嘴霸鹟的隶属关系则一直游离不定，但明显不属于娇鹟科。

在所有呈性二态的娇鹟种类中，雄鸟在达到性成熟时体羽的发育都滞后，其中出生后第一年的体羽和雌鸟相似，为绿色。有部分种类的雄鸟甚至长出明显的亚成鸟体羽，会一直被覆2～4年，然后才长出真正的雄性成鸟体羽。

娇鹟的生理特征呈现多样性。少数在求偶炫耀飞行中翅膀会发出机械声响，其初级飞羽和次级飞羽、翅膀肌肉组织、与产生声音有关的骨骼都出现了变异。而娇鹟在鸣管结构上的变异程度则达到了极致——所有的属及许多种类仅通过鸣管就能加以辨别（这在鸣禽类中实属罕见）。

娇鹟

目 雀形目
科 娇鹟科

13属50种。种类包括：盔娇鹟、蓝背娇鹟、长尾娇鹟、白须娇鹟、巴西霸娇鹟、线尾娇鹟等。

分布 中南美洲。
栖息地 热带森林。
体型 体长9～19厘米，体重10～25克。

赤道

体羽 大部分种类的雄鸟着色醒目，底色为黑色，有红、橙、黄、蓝或白色斑；雌鸟为橄榄绿。少数种类主要为橄榄绿或褐色，两性无区别。

鸣声 多种刺耳的尖叫声、颤音、喻喻声，无真正的鸣啭。有些种类翼羽变异，会发出响亮的机械声响。

巢 敞开的杯形巢，通常筑于低位植被中。

卵 窝卵数几乎总是2枚，白色或浅黄色，有褐斑（在拟稿希夫霸中为黑斑）。孵化期17～21天，雏鸟留巢期基本上都是13～15天。

新热带的森林居民
分布模式

娇鹟全部分布在新热带，北起墨西哥南部，南至巴西南部、巴拉圭和阿根廷北部。主要栖息于潮湿的低地热带森林中，少数种类生活于潮湿的山区雾林和季节性干旱的低地热带森林。和许多新热带的食果鸟一样，一些山区种类会在不同的海拔高度做季节性迁徙，但低地种类为永久性的留鸟。许多娇鹟和它们的亲缘种类呈异域分布或邻域分布，从而使娇鹟在新热带的生态位得到弥补。

转食果实
食物和觅食

大部分娇鹟为食果鸟。它们生活在森林的下层植被中，以食小型果实为主，偶尔捕食昆虫。有意思的是，它们通过快速飞行袭击的方式来摘取果实的特征很明显，它们的食果习性由食虫习性演化而来，但仍保留了过去飞捕式的觅食习性，因而以同样的方式来对付它们的植物性"猎物"。雌鸟的巢域很大，不完全为领域性。雄鸟大部分时间都在传统的炫耀地度过，在繁殖期它们用以觅食的时间一般不足全天的10%。

鸟类学家大卫·斯诺提出了这样一个假设，即娇鹟的食果习性促进了它们"展姿场"一雄多雌制的发展。因为昆虫通常具有隐蔽性或具有毒性，并且难于捕食；相反，果实不仅明显且数量众多，很容易找到和食用。倘若一种鸟能够进化成以果实为主来喂养后代，那么为了减少被掠食的可能，通过自然选择作用，亲鸟营巢活动较少的个体会生存下来，从而导致的结果便是窝卵数少，同时雄鸟不参与营巢活动。

向雌鸟炫耀
繁殖生物学

娇鹟以它们的展姿场繁殖机制而出名。雄鸟维护一片并不具有资源意义的领域，大小为直径数米至数十米。雄鸟的展姿场领域既有集中连成一片的，也有散布的。雌鸟承担所有亲鸟的职责，雄鸟只负责贡献精子。雌鸟从雄鸟中挑选交配对象。因而展姿场机制对娇鹟而言大大促进了它们第二性征的发展。

雄鸟的展姿场炫耀行为在不同的属和种类之间各异，但炫耀行为的演变模式与全科的整体进化方向保持一致。白须娇鹟拥有大型的展姿场，娇鹟的繁殖炫耀行为在这里得到了充分

➤**一只白冠娇鹟的雌性幼鸟**
这种与科内种类最多的属同名（种名与属名相同）的鸟广泛分布于中美洲南部和南美。

展现：每只雄鸟在地面上清整出一片"宫院"，与邻居的间隔数米，然后在宫院上方或围着宫院快速飞行，伴以尖锐的鸣声，同时变异的翼羽也会噼啪作响。雌鸟会光顾多个展姿场，然后选择一个交配对象，之后独自承担起所有的营巢育雏任务。雌鸟将它们精致的碗状巢筑于某些低位植被（常常在森林的溪流边上）2根平行或分权的树枝上。在经过19天左右的孵化后（这对于小型鸟类而言已是相当长的孵化期），雌鸟通过回吐方式将昆虫和果实的混合物喂给雏鸟。巢不会出现在雄鸟的展姿场附近。

科内最大的属娇鹟属的种类则在高处的栖木上炫耀，通常离地面3～10米，炫耀过程包括快速滑行、背对、扭摆等行为。线尾娇鹟有一个独特之处，它的尾羽末端具有丝线般的长长尾丝，炫耀时会派上用场：背对着雌鸟，雄鸟翘起它的尾，左右扭摆，尾丝便轻拂着雌

↗梅花翅娇鹟最出名的是它变异的次级飞羽在飞行时会产生独特的机械声响。

鸟的下颚。

据目前所知，盔娇鹟是唯一一种建立配偶关系的娇鹟。这种鸟的雄鸟维护领域，雌鸟在领域内营巢。雄鸟仅通过维护领域来间接地履行亲鸟之责，而不直接营巢或育雏。这种在娇鹟科中罕见的行为无疑只是它们展姿场繁殖机制的次级衍生物。

娇鹟的轮转式求偶

娇鹟科长尾娇鹟属5个种类（包括蓝背娇鹟和长尾娇鹟等）的求偶炫耀无疑是鸟类中最壮观的求偶行为之一。这一属的雄鸟拥有近乎独一无二的协作式展姿场机制，即2只甚至3只雄鸟一起炫耀。

整个求偶过程分成3个阶段。在第一阶段，2只雄鸟并排栖于一棵树上，几乎靠在一起，面朝同一个方向，共同发出一长串高度同步的口哨声，听上去似乎是由一只鸟发出来的。不过事实上，2只雄鸟中占支配地位的一方发出的每个音符比另一方早1/20秒。这种齐鸣的目的是为了吸引雌鸟。

随着某只雌鸟的接近，求偶步入第二阶段。2只雄鸟飞到靠近森林地面层的茂密植被上，落在一根特定的炫耀栖木上。并排栖于枝头的2只雄鸟开始轮流跃起，跃起的高度为离树枝数厘米，同时发出带鼻音的鸣声。随后雌鸟有可能来到炫耀木上，于是2只雄鸟会转过来面对它，继续一起跳舞，但以另一种形式：离雌鸟更近的那只雄鸟会腾空而起，然后面朝它往后盘旋，最后飞落在另一只雄鸟后面，而那只雄鸟则快速向前，然后也跃起，再盘旋后退。就这样，2只雄鸟在雌鸟面前犹如形成了一个旋转的转轮。而接下来，这种轮转式舞蹈的节奏会越来越快，鸣声也会越来越热烈，直到主雄鸟突然发出一两声非常尖锐的声音，2只鸟的动作戛然而止，随后次雄鸟离开炫耀木。

第三阶段，主雄鸟绕着雌鸟做炫耀飞行，与栖木成十字形，并时而落下来蜷伏在上面，向雌鸟展示它头上红色的盾，然后继续它的蝶式飞行。偶尔它会飞到边上的一根树枝上，在那里蜷伏一段时间后扑动翅膀飞回炫耀木。倘若雌鸟仍留于炫耀木上，说明它愿意交配，于是雄鸟就会飞落在它身边，最后骑在它身上。

合作的雄鸟之间没有血缘关系。长尾娇鹟属的雄鸟需要3年甚至更长的时间才能长齐成鸟体羽。而之后一般需要再经过几年的竞争才有资格成为炫耀搭档，然后成为次雄鸟。次雄鸟日后可以从主雄鸟那里继承炫耀木。在长尾娇鹟中，由于雌鸟会从多只雄鸟中选择交配对象，因而能成为一窝雏中所有雏鸟之父的雄鸟可谓少而又少，这使得长尾娇鹟的雄鸟交配成功率比其他任何野生动物都难以测算。

灶 鸟

灶鸟的名字源于棕灶鸟独特的巢，这种鸟在巴西被称为"泥匠"，可谓再恰当不过。灶鸟的科名"Furnariidae"源于拉丁语"furnarius"一词，意为"炉灶"；而灶鸟的俗名中经常出现的西班牙语"hornero"（意为烤炉或面包师）也从该词发展而来。

由泥浆筑起、用草和纤维加固（事实上任何植物性材料、毛发、线绳和塑料均可）的灶鸟圆形巢犹如过去面包师的烤炉。整个巢由一条狭窄的通道和一个约 20 厘米宽的巢室组成，巢室内衬有柔软的植物纤维（偶尔也有塑料）。然而，筑这种奇特的巢也有不利之处，在有些地方灶鸟变成了臭虫的寄主，此外还有多种苍蝇也会寄生在灶鸟的巢内，除了食其排泄物，它们还会叮咬雏鸟身上的肉。

由于巢与众不同，灶鸟便出现在一些民间传说中。有一种说法认为所有灶鸟巢的开口都面向一个方向——这一点只要找个地方查看几个灶鸟巢就马上知道不足为信了。而另有一种观点坚持巢口确实有共同的定向性，不过是针对筑巢时当地的气候状况（如盛行风向）而言——这一点相对较难证实，有待进一步研究。

而在灶鸟很常见的巴西，有乡间传说认为在孵卵期雄灶鸟为了确保雌鸟的忠诚会将它关闭在巢内。这种说法乃是基于如下的事实，即在繁殖营巢期间，灶鸟配偶中的一方通常始终留于巢中，而另一方独自觅食。因为平常配偶一般都是成对觅食，所以很容易得出这样的结论：其中一方被囚禁在了巢内。然而，通过对做以标记的鸟进行观察，清楚地发现实际上是配偶轮流留于巢中。

▎多样却单调
形态与功能

灶鸟是种类最丰富、最多样化的鸟科之一，而另一方面又与鹌雀科一起并称外形最单调的南美鸟类。它们在地理分布上比较特殊，

↗淡黑抖尾地雀也被称为"草丛鸟"，是分布最靠南的灶鸟之一，限于马尔维纳斯群岛。

知识档案

灶 鸟

目 雀形目
科 灶鸟科*
58属217种。

分布 墨西哥中部至南美南部，特立尼达岛和多巴哥岛，马尔维纳斯群岛和斐尔南德斯群岛。

栖息地 基本上包括了美洲所有类型的栖息地，从森林深处至开阔的干旱地带、从海平面到雪线应有尽有。

体型 体长10~26厘米，体重9.5~90克。

体羽 主要为暗褐色，头、翅、尾常为赤褐色，下体通常为浅色，或无斑纹或具条纹或带点斑。极

少数种类的体羽模式很醒目，但颜色仍为各种褐色。

鸣声 音质不悦耳，但声音多变，通常带回音，具体包括刺耳的咔嗒声、咯吱声、尖叫声、清晰的口哨声或颤音等。部分（有可能为全部）种类在鸣声方面表现出性差异。

巢 位于鸟类界巢最多样化之列，从泥室到大型的树枝结构不一而足，洞穴巢也很常见，巢材从柔软的纤维到树枝均有。

卵 窝卵数2~5枚；一般为白色，也可能为暗白或蓝色。孵化期15~22天。

食物 以昆虫和其他无脊椎动物为主，但也会食小型脊椎动物如小型的蜥蜴（包括安乐蜥属和蛇鳞蜥属的种类）。

*注：有时也包括鹩雀科，本书将后者列为单独一科（见鹩雀）。

即种类更多地集中在南回归线以南地区。如巴西的里约格朗德州（与乌拉圭接壤）境内的灶鸟种类就比面积虽更大但更接近热带的米纳斯吉拉斯州多。灶鸟生活于多种栖息地，其中的一些"生态位"在欧洲、亚洲和北美相应地由山雀、云雀、穗鹏、河乌或鸫所占据。

根据生态特征和行为习性，灶鸟科可分成3个亚科：灶鸟亚科、拾叶雀亚科和针尾雀亚科。灶鸟亚科中包括掘穴雀类，为地栖性鸟，通常居于开阔的干旱陆地，善奔走而很少飞行，外形与单调的穗鹏相似；也包括习性近似

的爬地雀类，只是这些鸟着色更暗淡，尾相对更长，喙也更长更弯，与掘穴雀类不同的是，爬地雀类较多地出现在水域附近；此外还有抖尾地雀类，这些酷似河乌的鸟更多生活在有水的环境中，少数种类甚至为部分海洋性鸟，如逐浪抖尾地雀就很少离开水域，它们平时就在水边觅食。所有灶鸟亚科的种类均营巢于岩石间或地洞中，或自掘洞穴或利用其他鸟及啮齿动物的洞穴。巢穴的深度可达1.2米。

拾叶雀亚科中的典型灶鸟种类居于草原类型的栖息地中，常见于开阔的山谷和涝原。由于森林退化，许多种类如今正在扩大它们的地理分布。最为人们熟悉的棕灶鸟，就已经很好地融入了人类环境中，在南美南部许多地区的乡间和城市中都可以经常看到它们的身影。随着森林不断遭到砍伐（用以发展农业、建造公园和铺设草坪），这种鸟的分布范围正在向其他地带拓展。

针尾雀亚科包括针尾雀类、卡纳灶鸟类和棘雀类。大部分为小型鸟类，尾较长，有层次感，常成叉状，且种类之间表现出极大的差异性。阿根廷线尾雀的尾部仅有6枚主尾羽，其中较短的那对外侧尾羽隐于尾覆羽中；中间和里面的2对尾羽很长，但几乎退化成光秃秃的羽干。该亚科的成员主要栖于茂密植被中，见于森林边缘带、芦苇荡、灌丛、草地或红树林

↗ 灶鸟的代表种类
1. 棕灶鸟，背景图为这种鸟呈炉灶形的巢；2. 鳞喉爬地雀。

入口在下方，巢内衬以羽毛。有些种类的巢直径有30厘米，入口在侧面，进去后先是一个小洞，然后经过一段迂回曲折的过道，最后在靠近巢顶的地方才是一个大的巢室。此外，还有各种形式的荆棘巢，也有通道至巢室。针尾雀属的针尾雀在筑巢时会添以猫头鹰的回吐物或食肉动物风干的排泄物（包括猫、狗的）。通过对掠食者袭巢现象及袭巢对营巢行为的影响进行研究后发现，用动物的排泄物或骨骼来筑巢可以有效地避免被掠食者袭击。

↗在巴西，一只棕灶鸟从安全、结实的巢中注意着外面的世界。灶鸟的名字便源于这些与众不同的巢——颇似过去面包师的烤炉。

湿地，少数种类居于荒凉地带，也有一些生活在森林中。

筑巢专家
繁殖生物学

灶鸟科作为一个整体以它们不同寻常的巢而闻名，但在科内，则是针尾雀将筑巢行为发展到了极致。拟鹩针尾雀在生长中的芦苇上面编织一个涂以黏土的草球，入口靠近顶部，由一个编织的遮篷（有时甚至由一扇可转动的编织活门）遮掩；在顶部通常为一个凹陷的泥土平台，作为"歌唱的舞台"。其他由草或别的巢材筑起的球形巢也见于地面或地面附近。

红脸针尾雀的巢同样为球状，不过悬于下垂细树枝的末端。有些种类将巢筑于树枝上，

高山卡纳灶鸟类用荆棘枝筑大型的露天吊篮巢，为垂直的柱形结构。若没有荆棘枝，则会筑于仙人掌上。棕额棘雀用荆棘枝筑的大型结构巢看上去很零乱，刚开始分为2个巢室，在随后的繁殖期内，会不断添加新的巢室，以致乍一看感觉像是多对配偶的群巢。整个巢可长达数米，但仅仅是巢室的叠加，似乎不曾有过一对以上的棕额棘雀繁殖

灶鸟的部分属和种

属、种包括：卡纳灶鸟类，包括高山卡纳灶鸟等；抖尾地雀类，包括海滨抖尾地雀、皇抖尾地雀、逐浪抖尾地雀等；爬地雀类，包括鳞喉爬地雀；掘穴雀类；针尾雀类，包括白冠针尾雀、红脸针尾雀、锈背针尾雀、纯色针尾雀等；棘雀类，包括棕额棘雀等；美洲针尾雀类；诺氏拾叶雀、栗顶针尾雀、阿根廷丝尾雀、绣眼棘尾雀、集木雀、大弯嘴雀、棕巨灶鸫、白喉巨灶鸫、棕灶鸟、棘尾雷雀、拟鹩针尾雀等。

配偶同时住在这样一个巢里。多余的巢室可能留给亲鸟之前抚育的那些尚未繁殖的后代做栖身之地，或者也可能成为其他灶鸟种类甚至其他鸟类的巢。

集木雀的巢也为大型的荆棘巢，在筑巢过程中通常会加入各种残骸碎片，如骨骼、金属、彩色的破布等，同样可能是为了避免遭到袭巢。在呈拱形的通道里衬有树皮、蛇皮、螺壳、蟹壳等碎片。在巴西南部，集木雀将巢筑于狭叶南洋杉上，这种树的叶子非常尖而硬，可用来抵御掠食者。由于人们对这种鸟知之甚少，各种关于避免袭巢的假设都还有待进一步的科学验证。

拾叶雀亚科的种类多数栖于树上，筑的巢相对较为简单（巨灶鸫类是其中仅有的几种筑大型荆棘巢的鸟，白喉巨灶鸫的巢直径可达1.5米）。也有许多种类营巢于岸边，巢的通道可有1.8米深，并且相当蜿蜒曲折。巢室可能为精致的编织结构，也可能由树叶、植物纤维或细根铺垫而成。也有不少种类使用岩缝、树缝或岩洞、树洞，在里面筑一个简单的巢。

标准的灶鸟巢几乎都是封闭式的，但也有例外。栗顶针尾雀便经常在距离水面数厘米的芦苇上用草筑一个扁平的敞开巢，然后衬以羽毛。然而，这种巢最后也有可能被封闭起来，因为偶尔巢缘会筑得很厚，在巢顶只留出一个小孔。一些高山卡纳灶鸟类将卵产于隐蔽的地面浅坑中，有时会在坑内衬以少量猫头鹰回吐物中的骨头和毛皮。珍稀种类锈背针尾雀会在涨潮时缠于枝头的某团漂流植被上筑一个简单巢，或者使用其他灶鸟的弃巢。美洲针尾雀类也会利用弃巢，但除此之外它们还使用其他多种巢址，包括仙人掌中的洞穴。灶鸟科的窝孵数种类之间相差很大，可能介于2～5枚之间，而4枚较为常见。如果确实是这样（目前尚无相关数据），那么灶鸟就不像其他许多赤道附近的热带雀形目鸟那样拥有很少的窝卵数。

通过与另一个热带鸟科蚁鸫科的比较，发现灶鸟科种类遭到巢袭的概率（可能）较低，而窝卵数更多、巢相对更复杂。这一事实再次表明，灶鸟的独特筑巢行为有利于降低巢被袭击的可能性。

面临危险的少数派
保护与环境

灶鸟科中有数个种类的保护问题形势严峻。其中最珍稀的或许便是诺氏拾叶雀，这种鸟首次发现于1983年，据目前所知仅生活在巴西阿拉戈阿斯州的一小片残留森林中。另有26个种类也面临着较大的生存威胁，像其他许多鸟类一样，栖息地丧失是主要问题所在。

↗在阿根廷的潘帕斯草原，一只栗顶针尾雀藏身于长草丛中。这种自成一属的鸟被认为与针尾雀属的针尾雀有密切的亲缘关系，栖息于南美中部的低地沼泽和多灌木的草原中。

鸳 雀

鸳雀科的鸳雀原先的俗名为"woodhewer"（意为砍林鸟），是中南美洲的树栖鸟类，主要见于低地森林中。在亚马孙河流域的种类最为丰富，少数种类分布至附近的山脉或进入中美洲地区。

一如它们现在的名字"woodcreeper"（意为攀林鸟），大多数鸳雀都完全生活于树上。

红嘴镰嘴鸳雀为镰嘴鸳雀属 5 个种类之一。该属的鸟均有镰刀状的长喙，用以在原木、树干和附生植物（即无根的攀缘植物）上啄食昆虫和无脊椎动物。

它们在树上活动时用尾做支撑，用强健的腿和脚爪抓持树皮。它们从树干往上攀爬并攀缘至树枝时通常呈螺旋式，而沿树干下来时则比啄木鸟更灵活。在到达上限高度后，它们向下飞到另一棵树的根部，然后再往上攀爬，这一点与旋木雀颇为相似。例外的是，有少数鸳雀种类相当一部分时间在地面或贴近地面处觅食。

鸳雀与灶鸟的亲缘关系并不明朗，因为仅有少数种类似乎介于"典型的"鸳雀和灶鸟之间。尽管很多学者都认为鸳雀有足够的独特之处应该自成一科，但这并不意味着它的归类就不存在异议。事实上，颇令人意外的是，过去的分类体系将鸳雀和灶鸟合并为一科——"鸳雀科"，而后来有的分类体系则将两者一同归为"灶鸟科"。

▌树干上的觅食者
形态与功能

大部分鸳雀为身材细长的中型鸟，着色从褐色和橄榄色至赤褐色，在头、背和下体有多种点斑或条纹。尾部均为赤褐色，翅膀通常也为同样的颜色。尾有明显的层次感，部分尾羽坚硬的羽干盖过羽片，末端常常向内弯曲。种

鸦雀的代表种类
1.纯褐鸦雀；2.黄喉鸦雀；3.黑嘴镰嘴鸦雀；4.长嘴鸦雀。

类之间差异最明显的为体羽模式和喙的结构，其中喙从短、粗，直到长、细、明显下弯，差别非常大。

斑顶鸦雀为一种相当典型的鸦雀种类，喙细，略下弯，长度适中，为2.5厘米（这种鸟总体长度为20厘米）。见于多林木的山坡，生活的最高海拔可达3000米，高于大部分鸦雀种类。它们单独或成对在山林里的附生植物、蕨类植物和凤梨科植物中觅食，会用喙撬开树皮，主要捕食小型的无脊椎动物。斑顶鸦雀是一天中最早活跃、最晚栖息的鸟类之一。它们独自栖息于树缝或树洞里。

可岛鸦雀的喙很直，相当强健，可捕食较大的猎物如小型蜥蜴。这种鸟喜居森林边缘地带，但也频繁出现在空旷地和开阔的林地中，在那里它们有时从地面或掉落的木枝上觅食。它们比斑顶鸦雀体现出更明显的独居性，很少加入混合种类的觅食群体，也很少成对出现。

不过，在任何时候都有可能听到这种鸟优美的口哨声。

纯褐鸦雀和该属（褐鸦雀属）的其他种类在数个方面有别于其他鸦雀，因而有些研究者推测它们可能代表了典型的鸦雀种类与灶鸟之间的一种联系。它们的体羽斑纹比其他鸦雀细密，而它们的体羽结构更接近于灶鸟。此外，较之于典型的鸦雀种类，它们栖于枝头时更倾向于和树枝成十字形。它们有很大一部分时间活跃在近地面处，常常跟随成群的蚂蚁捕捉被蚂蚁惊起的猎物。在混合觅食群体中倘若有大型的蚁鸟，那么纯褐鸦雀一般就在群体外围觅食；若没有这样的前提，它们则会在混合群体中居于支配地位。它们偶尔会从近乎垂直的树干上发动突袭，捕食其他树上或植被上的各种小型猎物，甚至会在半空中将猎物捕获。在该属的所有种类中，均是雌鸦雀单独育雏，雄鸟不参与。

楔嘴鸦雀为全科体型最小的种类。与其他

知识档案

䴕雀

目 雀形目

科 䴕雀科

13属52种。属、种包括：斑䴕雀、北斑䴕雀、镰嘴䴕雀类（包括黑嘴镰嘴䴕雀等）、可岛䴕雀、大棕䴕雀、长嘴䴕雀、绿䴕雀、纯褐䴕雀、霸䴕雀、斑顶䴕雀、楔嘴䴕雀等。

分布 墨西哥北部至阿根廷中部。

赤道

栖息地 主要为低地的森林、森林边缘带和开阔林地。

体型 体长14～36厘米，体重11～160克。

体羽 浑身以棕色或橄榄色至赤褐色为主，常在头、背和下体有条纹或斑点，翅和尾为赤褐色，尾羽的羽干呈坚硬的刺状。

鸣声 颤音、咔嗒声、反复的口哨声，通常很响亮，有时动听。

巢 营于树洞中，有时也筑于松动的树皮后。

卵 窝卵数1～4枚（通常为2～3枚）；纯白。孵化期15～21天。

食物 昆虫、其他无脊椎动物、小型脊椎动物（尤其是蜥蜴）。

所有雀不同的是，这种鸟的短喙微微上翘。主要栖息于茂密的森林中，从树干上啄食微型无脊椎动物。它们通常营巢于近地面的树缝或朽木的树洞里，偶尔见于离地面6米之高的树上。双亲共同营巢育雏，并常常一起外出觅食，通过独特的"噼嘶嘶嘶"的鸣声保持联系（常常一次发出两声）。亲鸟每次用喙衔一只小昆虫回巢喂给雏鸟。楔嘴䴕雀是䴕雀中分布范围最广的种类之一，不仅见于从墨西哥南部穿越中美洲直到亚马孙河流域的广大地区，而且还出现在巴西东部大西洋沿岸的森林中。总体分布范围在科内仅次于绿䴕雀，而如今已知，绿䴕雀很可能可分为数个具有密切亲缘的不同种类，而非单独一个种类。

斑䴕雀和北斑䴕雀在不久前还被视为是同一个种类。而近来通过形态和鸣声方面的研究，发现至少可分成2个种类，分别分布于安第斯山脉的两侧。两者最显著的区别在于它们的鸣啭：在一个种类为连续4～6声口哨声，在另一个种类中则为短促的颤音。而通过对外形的详细研究，进一步发现北斑䴕雀有黑色的眼罩，喉部颜色比斑䴕雀深，喙相对较短、较窄。斑䴕雀的宽喙似乎和它伏击猎物的习性相适应（类似于霸鹟），而北斑䴕雀则与其他绝大多数䴕雀一样以啄食为主。和纯褐䴕雀一样，斑䴕雀也经常在森林下层植被中跟随成群的蚂蚁以捕捉被蚂蚁惊起的猎物。

一般而言，体型最大的䴕雀种类拥有最

大的喙。与扑翅䴕（大型的北美啄木鸟，长约30厘米）一般大小的大棕䴕雀便有一张巨大的喙，而长嘴䴕雀长而直的喙占体长的1/5以上。大棕䴕雀及其亲缘种用它们粗壮的喙在朽木中掘食，长嘴䴕雀则用细长的喙在亚马孙河流域受淹森林的树荫层沿着水平伸展的树枝在附生植物中啄食。此外，和大部分䴕雀生活于茂密的森林中不同，大棕䴕雀见于南美中部开阔的冲积平原。大棕䴕雀和长

↗ **在阿根廷，一只弯嘴䴕雀将昆虫猎物衔回巢中喂给雏鸟**

所有䴕雀均营洞穴巢，通常为天然洞穴，有时也营于啄木鸟的弃巢中。这一种类见于南美中部的"格兰查科"——贯穿阿根廷、玻利维亚、乌拉圭和巴拉圭的大冲积平原。

↗ 一只大棕鸳雀栖于树洞口

长而强健的喙是大棕鸳雀最突出的特点。它们有时会在地面觅食，这在鸳雀中相当罕见，不过其他时候会用喙在朽木中啄食。

虽然在其森林栖息地很难发现它们，尤其是凭视觉来识别它们，但通过四处可闻的鸣啭可知道它们的存在——鸳雀主要在拂晓和黄昏时分鸣啭。

尽管了解不多，但可知鸳雀的繁殖习性表现出相当的统一性。所有种类均营洞穴巢，巢址通常为天然的树洞，有时也会利用啄木鸟的旧巢。大部分鸳雀的窝卵数为 2～3 枚，有些种类一窝只产 1 枚卵，极少数种类的窝卵数可达 4 枚。与其他多数洞穴营巢的鸟一样，卵为白色，无斑纹。

嘴鸳雀的共同之处是均营巢于离地面 2 米以内的树洞中。

虽然体型不如大棕鸳雀和长嘴鸳雀大，但镰嘴鸳雀类长长的下弯喙占到它们体长的 1/4。它们可以用喙在附生植物、树干、树枝以及其他鸳雀的喙无法伸入的树缝和裂缝中啄食。尽管这样的喙保持完好对于这些鸟而言无疑具有重要意义，但一只被人们在巴西东南部捕获的黑嘴镰嘴鸳雀其上喙的前 1/3 已不复存在。这只鸟的体重正常，不过体羽状况糟糕，表明它不能有效地进行梳羽和控制身上的寄生虫数量。

在其分布区的许多地方，镰嘴鸳雀类与竹林的存在有密切关系，它们似乎特别适于生活在竹林中，因为它们的长喙非常擅长在这种大型禾本植物中空的管状结构里觅食。和其他许多食竹特化种一样，镰嘴鸳雀类的发展演变历程也鲜为人知，这也从侧面说明了在那种植被茂盛的局部性栖息地很难开展研究。镰嘴鸳雀类与其他多数鸳雀的相似之处是它们也营巢于树洞中。

成对或不成对
繁殖生物学

鸳雀通常单独或成对出现，但有时也成小群（可能为家庭成员）或者加入混合群体中。

鸳雀在繁殖习性方面最具多样性的或许体现在不同种类的配偶关系上。大部分鸳雀建立长期的配偶关系，两性共同抚育后代，这在大型鸳雀和小型种类中比较普遍。然而也有许多其他种类并不如此，特别是有一个种类（见于安第斯山脉的霸鸳雀）的雄鸟似乎会聚集在分散的"展姿场"进行炫耀，从山岭上发出响亮的鸣声来吸引异性。"单亲家庭"似乎在褐鸳雀属和绿鸳雀属的种类中较为常见，但也出现在其他属的种类中，只是相对较为罕见。

具有典型配偶关系的种类有斑顶鸳雀。这种鸟产卵于隐蔽的树洞或经过加宽的树缝中。巢穴中衬有木屑和树皮碎片，由亲鸟双方共同收集而来，并在营巢期会不断添加。双亲共同承担孵卵和育雏任务。雏鸟孵化时双目闭合，全身基本赤裸，留巢期间往往比较嘈杂。此外，2 种斑鸳雀也保持相当长的配偶关系，双亲共同抚育后代，2 个种类均营巢于洞穴中，一般为离地面 6 米以内的树洞。

而在可岛鸳雀和纯褐鸳雀中，雌鸟完全单独营巢，并经常攻击入侵的雄鸟。它们会将昼间 80% 的时间用以孵卵，其他时间则外出衔回一些树皮衬于巢内。雌鸟独自喂雏，大约每隔半小时为雏鸟带回一样食物。还有一点与斑顶鸳雀形成鲜明对比，即这些单亲家庭的后代在离巢前一直保持沉默，而一旦离巢后便不再回巢，连栖息也不回来。

蚁鸟的名字源于其中一些种类有跟随蚂蚁群的习性。尽管它们并不食蚂蚁本身（蚁酸对它们这般体型的鸟来说具有毒性），但却大量捕捉被蚁群从隐秘处惊起的猎物。

蚁鸟分为 2 个有明显区别的科：蚁䴗科，为典型的蚁鸟，有 45 属 204 种；蚁鸫科，为地蚁鸟，有 7 属 62 种。"地蚁鸟"一词主要指的是该科种类倾向于在地面营巢。事实上，在觅食时，2 个科的大部分种类都偏爱浓密的下层丛林，它们在雨林栖息地经常出现于地面或近地面处。蚁鸫科本身又分为 2 大类：以"Antpitta"命名的蚁鸫类和以"Antthrush"命名的蚁鸫类。蚁科则可以大致分为 3 类：蚁䴗类、蚁鹩类和裸脸蚁鸟类。

新热带森林中的地面鸟
形态与功能

蚁鸟长期以来被认为与食蚁鸟（食蚁鸟科）和窜鸟（窜鸟科）有密切的亲缘关系，而近来的研究表明，Pittasoma 属的两种蚁鸫与食蚁鸟的亲缘关系比它们与其他蚁鸫的关系更密切。蚁鸟相对较疏远的亲缘鸟则有灶鸟（灶鸟科）和鸸雀（鸸雀科）。这 6 个科共同构成了雀形目的"亚鸣禽"分支，分类依据主要为鸣管肌肉的数量和结构解剖原理。当代有些分类系统将亚鸣禽分为灶鸟小目和蚁䴗小目，前者包括灶鸟科、鸸雀科、蚁鸫科、食蚁鸟科和窜鸟科，而后者仅含蚁䴗科一科。

在蚁鸫科的地蚁鸟中，以"Antpitta"命名的蚁鸫类为长腿型鸟，尾极短，看起来像八色鸫（八色鸫科），善于在森林的下层丛林中跑动或跳跃，但从不走路。几乎所有种类的腿部都为淡蓝色至蓝灰色，仅沃氏蚁鸫为粉红色。这一类鸟一般不跟随蚁群。以"Antthrush"命名的蚁鸫类也为长腿鸟，但尾相对较长并翘起，头也常翘起。和以"Antpitta"命名的蚁鸫类不同的是，这类鸟习惯于在下层丛林中走动，而不是奔跑或跳跃。

在蚁䴗科中，蚁䴗类为较大的鸟类，喙明显具钩，外形似伯劳鸟（伯劳科）。这类鸟一般见于下层丛林至中低树荫层之间，偶尔会加入混合种类群体。蚁鹩类为较小鸟类，通常生活在中上树荫层，喙相对较细，善于从叶簇中啄取昆虫。

蚁䴗科的第 3 大类为裸脸蚁鸟类。这一类鸟被视为"职业蚂蚁跟踪者"，它们生活中的大部分时间都在与成群的蚂蚁打交道。正如它们这种生活习性所决定的，裸脸蚁鸟类很少出现在离森林地面层数米以上的地方。大部分种类眼眶周围不覆羽，眼皮着色鲜艳，从而和蚁群一起觅食时不会导致蚂蚁爬到它们的脸上来。蚁䴗科种类的体型大小范围从长 7.5 厘米、

知识档案

蚁鸟

目 雀形目

科 蚁鸲科和蚁鸫科

2科52属266种。

分布 墨西哥南部至南美南部，其中蚁鸲科种类集中在亚马孙河流域，蚁鸫科种类主要分布在安第斯山脉。

栖息地 森林中茂密的下层丛林，有时栖于树线以上和森林树荫层。

赤道

体型 体长7.5~35厘米（典型蚁鸟），10~24厘米（地蚁鸟）；

体重7~275克（典型蚁鸟），20~235克（地蚁鸟）。

体羽 典型蚁鸟：雄鸟为灰色至黑色，有不同数量的白色点斑或横斑，偶尔体羽为赤褐色。雌鸟羽色相对更暗淡或呈深褐色；两性均隐藏有白色的翅斑。地蚁鸟：暗褐色、黑色或深红色，但体羽模式醒目。

鸣声 典型蚁鸟的警告鸣声和联络鸣声为尖锐的颤鸣，地蚁鸟的鸣声简单但响亮，可传至很远。

巢 典型蚁鸟：敞开的杯形巢，筑于树杈。地蚁鸟：筑于地面或近地面处、水平面上或天然洞穴里。

卵 窝卵数一般为2枚；在典型蚁鸟中为白色带深色斑点，在地蚁鸟中通常为蓝色。孵化期约为14天，雏鸟留巢期7~14天。

食物 以昆虫为主，以某些小型果实和脊椎动物为辅。

重7克（短嘴蚁鸫）至长35厘米、重275克（巨蚁鸲）。

蚁鸲科的种类在体羽模式上呈现性二态。雄鸟一般为灰色至黑色，带有数量不等的白色点斑或条纹，偶尔也有赤褐色的斑纹，如棕顶蚁鸲。雌鸟通常着色较暗淡或呈更深的褐色。但在有些种类中，雌鸟的体羽反而是辨别种类的依据。所有蚁鸲科种类都有一块隐藏起来的白色翅斑，这可以用来区分蚁鸲科和蚁鸫科，因后者没有这一体羽特征。白色翅斑用在雄鸟的求偶炫耀和两性的领域维护行为中。蚁鸫科种类不显性二态，雌雄鸟的羽色均为相对暗淡的棕色、黑色和深红色，但体羽模式相当吸引人。

大部分典型的蚁鸟种类鸣声不悦耳，尤其是报警鸣声和联络鸣声为刺耳的颤音。但也有少数种类，如斑背蚁鸲，鸣声和鸣啭优美动听。地蚁鸟种类的鸣声也同样简单，不过通常很响亮、可传至很远。这类鸟因着色隐蔽、声音洪亮，故往往是"只闻其声、不见其人"。

混合鸟群的核心
群居行为

典型的蚁鸟种类乃是新热带地区混合觅食群体中的核心力量。尽管许多观鸟者在欧洲或

↗ 波纹蚁鸫是一种较大型的蚁鸫，栖息于委内瑞拉西部至玻利维亚的安第斯山麓，在潮湿的森林地面层觅食。

北美也经常可以看到混合的鸟群穿过林地（在欧洲，主要成员可能为山雀、戴菊、鸸、旋木雀和雀类；在北美，主要为迁徙的莺、山雀和啄木鸟），然而在茂盛的树荫层高达60～80米的低地热带森林中，这种行为无疑达到了一种高潮。

人们对这些鸟群的功能还尚未完全了解，各种解释可归纳为两个方面：其一，集群行为有利于提高觅食效率，因为是由许多鸟而非单只鸟寻找食物；其二，结合成群有助于降低被掠食的风险，因为群体成员可以给没有意识到天敌存在的个体提供早期预警。而这2种原因均能够提高个体的存活率。各种食虫鸟和杂食鸟混聚在一起，以大约0.3千米/小时的速度在森林中扫荡，遍及从地面至树荫层附近的各个觅食层面。路线毫无规律，经常会反复交叉，这都取决于食物的可得程度。

通常会有一只鸟或一种鸟来维持整个群体的凝聚力和推动力。在中美洲，这一角色常常由一只森莺如三纹王森莺来扮演，但在南美，

蚁鸟的科

蚁鹀科（典型蚁鸟）

45属204种。种类包括：灰翅蚁鹀、双色蚁鹀鸟、蓝蚁鹀、镶背红眼蚁鸟、巨蚁鹀、大蚁鹀、雷斯蚁鹛、棕顶蚁鹛、短嘴蚁鹛、点斑蚁鸟、斑背蚁鸟、眼斑蚁鸟、白羽蚁鸟、斑翅蚁鸟等。

蚁鸫科（地蚁鸟）

7属62种。属、种包括：以"Antpitta"命名的蚁鸫类如黑顶蚁鸫、纹头蚁鸫、沃氏蚁鸫、巨蚁鸫、巾冠蚁鸫等，以"Antthrush"命名的蚁鸫类。

▲ 蚁鸟的代表种类
1.横斑蚁鹀；2.白胁蚁鹛；3.棕顶蚁鸫；4.白羽蚁鸟。

则更多地落在了蚁鸟身上（如蓝蚁鹛）。当核心鸟穿过不同类型的森林栖息地时，会频频发出鸣叫，其他鸟就会被吸引到群体中来，但不会跟随队伍离开它们自己的巢域。因此，对于具有高度领域性的种类而言，也许只有一对（可能连同它们长齐飞羽的幼鸟）会始终留在群体中。

极少数情况下，混合鸟群会与跟随蚁群的蚁鸟群体联合起来。倘若如此，会有多达30种不同的蚁鸟出现在一个地方。而随后可能会有比这个数目更多的唐纳雀、莺、啄木鸟、灶鸟和鸡雀等不同种类一纳加入进来。

当群体出了领域后，成鸟不会一直跟随。某些蚁鸟种类在发现介入自己领域的混合群体中有同类时会更倾向于加入其中，因为这样做可以保护自己的领域。而倘若混合群体经过它们的巢域时恰逢它们觅食和活动的高峰期如清晨或傍晚，那么参与率也会比较高。正午时分或恶劣天气下，蚁鸟一般很少出现在混合鸟群中。

蚁鸟和蚁群

行军蚁亚科的蚂蚁（如游蚁）以在热带森林中频繁成群活动而出名，它们或是"搬家"或是外出觅食。许多种鸟便利用这种行为来捕食被蚁群惊起的无脊椎动物和小型脊椎动物。这样的鸟主要有杜鹃、鸡雀、典型蚁鸟和唐纳雀。

约有50种典型蚁鸟是"职业"蚂蚁跟踪者，经常光顾蚁群，另有其他多个蚁鸟种类偶尔也会加入。定型移栖的大型蚁群每次能吸引1个或2个主要种类的蚁鸟25只左右，而零星的个体则有可能来自多达30个其他种类。那些职业蚂蚁跟踪者的食物有一半都是从蚁群那里获得的，所以它们经常密切关注蚁群的动向。

而在伴随蚁群的鸟中间往往有严格的等级机制。较大种类如眼斑蚁鸟占据蚁群前方的中心地盘，较小种类如双色蚁鸟则占据外围部分。而一些小型种类如白羽蚁鸟则会从外围突入，试图利用整片区域，结果往往落得被痛击的下场。大型的地盘鸟如黑顶蚁鸫虽有潜在的支配地位，实际上却只在外围活动。

地盘不仅有横向性，也有纵向性。许多"非职业"蚁群跟随者或在外围觅食，或在上方觅食，有的甚至在职业种类的地盘之间觅食。许多不经常跟随蚂蚁的鸟会在蚁群出了它们的领域后选择撤出。而职业种类在一定程度上会进行资源共享，尽管某个种类的个体在其他同类进入自己的领域后对它们具有支配力。

↗求偶喂食是蚁鸟建立单配制配偶关系过程中重要的一环。在眼斑蚁鸟中，还伴有大量的鸣啭。1.一只雌鸟（左）向它的伴侣发出鸣叫，后者仪式化地上下摆头；2.雄鸟觅来食物后衔在嘴中，同时发出轻微的鸣啭；3.接下来它把食物喂给雌鸟；4.雌鸟采取低位接受食物；5.喂食完毕后，雌鸟轻啄雄鸟的喙，后者又做摆头状。

↗ **在哥斯达黎加的一片雨林中，一只蓝灰蚁鹩雌鸟在看护它的巢**
和其他大多数典型的蚁鸟种类一样，蓝灰蚁鹩的巢也呈碗状，筑于树杈上。

▌巢形：科的标志
繁殖生物学

　　典型的蚁鸟种类一般在树杈上筑一敞开的碗状巢，极少数情况下营巢于树洞或地面。这种巢结构和筑巢位置似乎可以用来区分蚁鸟的2个科，因为蚁鹩科的地蚁鸟据悉不会在树杈上筑敞开的碗巢。它们的巢相当零乱，无明显的结构，巢材为树叶和苔藓，筑于地面或近地面处，也见于某些水平面上，偶尔营于天然的洞穴中，如中空的原木。神秘莫测的斑翅蚁鸟在过去很长时间里都被视为是一种地蚁鸟，现在发现它们的巢乃是筑于树杈上的敞开的碗状结构，凭借这一具有决定性的证据，这种鸟在分类学上被归入蚁鸥科。

　　典型蚁鸟通常一窝产2卵，卵为白色，带深色斑，而地蚁鸟的卵一般为蓝色。实地研究表明，蚁鸟的孵化期为14天左右，雏鸟为晚成性，由双亲共同抚育，1～2周后会飞，之后通常仍会继续留在亲鸟身边一段时间。雄性幼鸟在建立自己的繁殖领域前甚至会带一只雌鸟到它亲鸟的领域内。

▌缩减的森林栖息地
保护与环境

　　典型的蚁鸟和地蚁鸟均为森林鸟类，普遍需要大片不受破坏的栖息地来维持可持续的数量规模。对于2个科而言，数量下降的主要原因都是因森林砍伐而导致的栖息地破坏和缩减。不幸的是，如今生存受到威胁的蚁鸟种类正在迅速增多。

　　这些受胁种类可分为2大类：一类为栖息地特化种，对栖息地的小环境有特殊要求；另一类的分布范围恰巧为森林退化现象严重的地区。第一类的典型种类有雷斯蚁鹩，仅分布于巴西里约热内卢州一片很有限的沙丘地带，完全依赖于在当地被称为"restinga"的一种以凤梨科植物和仙人掌居多的沙滩灌丛栖息地。眼下，度假区开发使这一片地区面临威胁，这种鸟目前被列为濒危种。在受到森林退化威胁的种类中，镶背红眼蚁鸟现为极危种，原因是它所栖息的巴西巴伊亚州的一小片次生林正在迅速消失。

伯劳是一群凶猛的掠食者，用具钩的喙来杀死猎物。它们主要食昆虫，但也捕食蛙、蜥蜴、啮齿动物和其他鸟，其中有些猎物甚至和它们自己一般大小。伯劳的一大突出习性是会将猎物刺穿钉在荆棘上（有时钉在具倒钩的金属丝上），留待日后食物稀少时取回。

伯劳的分类目前正经历变动。过去被视为一个科，如今一般划为3个科（如本书）：伯劳科（"真正的"伯劳，或普通"鹃"），包括以前被归入盔鹃科的林鹃属；丛鹃科（丛鹃）；盔鹃科（盔鹃）。另有一个种类棘头鹃，过去自成一个亚科，即棘头鹃亚科，归在伯劳科，现在普遍认为该鸟与伯劳科无亲缘关系，本书将它和钟鹊一起归入钟鹊科。

俯扑掠食
形态与功能

所有伯劳都像猛禽一样拥有强健有力、尖锐具钩的喙，可直接杀死猎物。灰伯劳等种类捕食小型脊椎动物，用喙击中猎物后脑勺而将其置于死地。伯劳的腿脚强健，爪锋利，可抓持猎物。在许多种类（特别是2种鹊鹃中，尾很长，而白肩鹊鹃的尾可长达30厘米。该鸟见于非洲中东部和南部地区，体羽以黑色为主，翅和胁为白色。鉴于其群居行为和分布范围，虽然它与黄嘴鹊鹃在羽色上有明显差异，但一般认为它们有着密切的亲缘关系。黄嘴鹊鹃分布在非洲中部，上体为褐色，带有大量黑色条纹，下体为浅黄色，喙呈黄色，翅上有栗色斑。

在欧洲，最常见的伯劳为体型较小的红背伯劳。这一种类两性差异十分显著：雄鸟背为醒目的栗色，头和腰为灰色，下体粉红色，尾黑白色；而雌鸟的底色在红褐色至灰褐色之间游离，下体有大量的虫迹形斑，这一体羽特征为伯劳属种类的大部分幼鸟所共有。其他许多伯劳属种类，如灰伯劳和领伯劳，体羽为黑色、灰色和白色的混合。两性相似或大致相似。

伯劳通常占据树上的有利位置搜索地面猎物，然后俯冲下去攻击。不过，它们也会捕捉空中的飞虫。许多伯劳会将猎物钉在荆棘或具钩的金属丝上，有时也挂于树杈上以备后用。将猎物钉起来或楔起来很有用，使灰伯劳等种类可以撕裂小型脊椎动物，因为它们不像猛禽那样可以直接用爪解决问题。这同时也是一种食物储备形式，为以后在恶劣天气下昆虫出没较少而难于觅得时提供保障。

源于非洲辐射
分布模式

科内有2个属仅限于非洲亚撒哈拉地区：林鹃属和鹊鹃属（各有2个种类）。最主要的属伯劳属中，有9个种类只见于非洲，有6个

伯劳

目 雀形目
科 伯劳科

3属30种。种类包括：灰伯劳、南灰伯劳、呆头伯劳、楔尾伯劳、黑额伯劳、红背伯劳、林䳭伯劳、云斑伯劳、棕背伯劳、灰顶伯劳、南非伯劳、领伯劳、灰背长尾伯劳、圣多美伯劳、白肩鹍䳭、黄嘴鹍䳭、白腰林䳭、白顶林䳭等。

分布 大部分广布于非洲，但伯劳属的分布范围扩展至欧洲、俄罗斯、印度、亚洲大陆、菲律宾、日本、婆罗洲、新几内亚和北美。

赤道

栖息地 在非洲栖于干草原、农田和开阔的林地；在非洲之外，见于半开阔的栖息地、果园、草地、树篱、开阔的松树林和橡树林。

体型 体长15～30厘米，体重20～100克。

体羽 通常为黑色、白色和灰色的混合，但也会出现醒目的颜色。除极少数种类外，两性相似或基本相似。

鸣声 悦耳的颤鸣，有时含有大量效鸣，也会发出尖锐刺耳的声音。

巢 筑于树上或灌丛中。

卵 窝卵数一般为4～7枚；底色有多种，带褐色、紫褐色等条纹或斑点。孵化期12～15天，有些种类会更长；雏鸟留巢期12～20天，具体依种类和气候条件而定。

食物 以昆虫和其他无脊椎动物为主，有些种类会经常捕食小型脊椎动物。

种类或在非洲有种群，或在那里过冬，此外也有一些种类广泛分布在北半球的温带甚至北极地区。如灰伯劳遍及欧洲和俄罗斯，它还在北美的北部地区繁殖；而在北美南部，其生态位由外形相似的呆头伯劳所取代，该鸟的分布范围南至墨西哥。

灰伯劳在欧亚大陆南部、中东和北非干旱地区的生态位由南灰伯劳亚种所代替，如今这些南灰伯劳亚种被视为一个独立的种。灰伯劳在中国东部和中部的生态位则由楔尾伯劳取代，这种鸟有一个大的亚种即楔尾伯劳西南亚种，生活在中国西藏海拔5000米的地方。棕背伯劳也有广泛的分布，从土库曼斯坦穿过亚洲直至新几内亚。相比之下，灰顶伯劳仅限于菲律宾，而濒危种类圣多美伯劳只见于几内亚湾的圣多美岛。

在非洲，伯劳很大程度上限于干草原至耕地这些栖息地中，虽然它们也见于开阔的林地，如南非伯劳几乎完全栖于短盖豆林地中。而在非洲之外，伯劳生活在多种类型的半开阔栖息地中，那里昆虫丰富，栖木遍布。大部分种类显然已经适应了耕作密集度低的农业区，喜欢那里的果园、草坪和树篱。至少有一个种类，即在中东繁殖的云斑伯劳，经常见于开阔

的松树林和橡树林中。

以食虫为主的林䳭伯劳、黑额伯劳和红背伯劳在北半球繁殖后所有种群都迁徙至非洲。有趣的是，后两个种类的西部种群会做环形迁徙：秋季，它们向东南方向飞，主要前往希腊及其岛屿，然后经过埃及飞至非洲南部；春

↗ 棕背伯劳有大约9个亚种，在亚洲有广泛的繁殖区域，西起土库曼斯坦、东至中国东部沿海以及新几内亚。这种鸟栖息于有少量林木的农耕区及灌丛中。

在博茨瓦纳奥卡万戈三角洲的莫瑞米自然保护区，一只白肩鹊鹃展示着它那与其他伯劳不同的黑白色长尾。这种鸟被命名为"鹊鹃"，这显然是因为它们的尾与鹊尾相似。

季，它们在返途中会先往东飞，经过阿拉伯半岛、以色列、叙利亚和土耳其。其他一些种类，如尼泊尔的棕背伯劳，会做不同海拔的迁移。也有局部迁徙者，如冬季食小型脊椎动物的灰伯劳。而生活在热带地区的领伯劳，其各个亚种由于常年都能找到充足的食物，因此主要（如果不是全部的话）为留鸟。即使迁徙，伯劳属的种类也具有领域性。有些如红背伯劳，会在过冬地维护它们的领域，雄鸟往往会先于雌鸟从过冬地返回繁殖地。

复杂的炫耀
繁殖生物学

伯劳属的多数种类成对繁殖，但至少有一个非洲种类即灰背长尾伯劳实行协作繁殖，群内只有一对配偶营巢繁殖，由数量不等的协助者相助。同样的现象也出现在林鹃属的2个种类白腰林鹃和白顶林鹃以及鹊鹃属中。在加纳南部，黄嘴鹊鹃终年成群生活，平均规模为12只成员，协助维护领域以及给繁殖的雌鸟和雏鸟喂食。

在非洲，伯劳的繁殖期通常出现于雨季到来时，那时昆虫繁盛，连续育2～3窝雏

很正常。在北半球，繁殖期限于短暂的夏季（5～7月），一般育一窝雏，但经常会因育雏失败而补育。

伯劳属种类的求偶炫耀主要由大量的抖翅、展尾、头部运动和其他行为组成。如林鹃伯劳会快速地上下点头，竖起头羽，弯曲双腿，拍动翅膀，并向雌鸟献歌——这有可能会促成双方进行齐鸣。此外，在大部分伯劳属种类和鹊鹃属种类中，雄鸟还会对雌鸟进行求偶喂食。

两性共同筑巢和喂雏，孵卵则一般由雌鸟单独完成。鹊鹃属种类的巢大而松散。伯劳属种类的巢也相当大，由树枝筑成，里面衬以纤维、卷须、草或其他材料。大部分巢看上去相当零乱，但至少云斑伯劳筑于树上或灌丛中的杯形巢整洁而精致。林鹃属种类的巢也比较精致，一般会缠以蜘蛛网，通常位于细长树枝的水平树杈处。

密集型农业的受害者
保护与环境

圣多美伯劳为科内唯一的极危种，仅限于非洲的一个岛屿上，并且只栖息于低地原始森林和中等海拔高度的森林中，这在伯劳属种类中相当罕见。在北美和欧洲，许多伯劳种群因农业的密集型发展而深受影响，数量在不断下降。

一对红背伯劳在照看它们的雏鸟
大部分伯劳筑巢于树的高处，但红背伯劳习惯于在灌丛和荆棘中选择巢址。

澳大利亚的琴鸟以其壮观夺目的求偶炫耀、独特的歌声和效鸣而著称。雄琴鸟的尾羽、炫耀行为和鸣声，被认为是雌性选择配偶的性选择模式下雄性华丽特征的典型代表。

华丽琴鸟，这种澳大利亚最引人注目的鸟之一，因一名在丛林里生活数年的前囚犯而于1797年首次受到新南威尔士当局的关注。从一开始，这种鸟的归属就充满了争议。在早期的描述中，有人认为它是一种雉鸡，有人认为它是一种地栖性极乐鸟，有人认为是一种家禽，更有甚者认为这是一种"孔雀鹑"。具有讽刺意味的是，"琴鸟"这一名字乃是源于当时英国科学家的一种错误认识，它们在研究了从澳大利亚送过去的某些琴鸟皮肤后认为这种鸟的雄鸟尾羽在炫耀时肯定一直像一把竖琴那样扬起。在半个世纪后，欧洲移居者们才发现了另外一种琴鸟（也是除华丽琴鸟外唯一的现存种类），并以维多利亚女王的夫君艾尔伯特王子之名命名为"艾氏琴鸟"。

如今，DNA研究和其他方面的证据表明，琴鸟最密切的亲缘鸟类是薮鸟科（1属2种）的2个丛林种类。并且，琴鸟很可能像那些丛林鸟一样，直接起源于大洋洲，而不是从北半球迁移过来的。

华丽张扬的尾
形态与功能

华丽琴鸟在澳大利亚东南部的自然分布范围为维多利亚州南部至昆士兰州东南端，见于大分水岭地区从海平面至海拔约1500米之间的多种潮湿森林栖息地中。有一部分生活在维多利亚州的华丽琴鸟于20世纪三四十年代引入塔斯马尼亚岛的2个地方，结果在那里建立起了种群，并且分布范围得到了扩大，而同期在澳大利亚大陆上的许多种群却似乎出现了下滑之势。

艾氏琴鸟的分布范围非常有限，目前主要集中在昆士兰州东南端和新南威尔士州东北端海拔300米以上的山区。可见，2个种类的分布范围相差很大。此外，人们还发现了迄今为止唯一一种已知的琴鸟化石"Menura tyawanoides"曾经的分布区，结果显示琴鸟科在过去的分布比现在广。

和鸡一般大小的华丽琴鸟是世界上最大的雀形目鸟之一。成鸟上体为深灰褐色，下体为深灰至浅灰色。雄鸟拥有豪华的尾羽，长如裙裾，中间是2枚电线般的中央尾羽，然后是12根散开的丝状羽，最外面的便是"琴羽"——2枚巨大的S形舵羽。丝羽和琴羽的内面为银白色。琴羽上面有一排半透明的赤褐色月形凹口，琴鸟属的学名"Menura"（意为"新月"）也许便是由此而来。琴羽末端为黑

琴 鸟
目 雀形目
科 琴鸟科
琴鸟属2种：艾氏琴鸟和华丽琴鸟。

分布 仅限于澳大利亚东部。

栖息地 温带、亚热带雨林和硬叶林。

南回归线

体型 体长：华丽琴鸟雄鸟103厘米，雌鸟76~80厘米；艾氏琴鸟90厘米。体重：华丽琴鸟雄鸟0.89~1.1千克，雌鸟0.72~1千克；艾氏琴鸟0.93千克。

体羽 上体深灰褐色或红棕色，下体

灰褐色至赤褐色。雄鸟的尾羽非常突出，长如裙裾，有高度变异的舵羽；雌鸟的尾羽较短且简单。

鸣声 鸣啭响亮、穿透力强，可模仿别的鸟的鸣声和其他一些声音，警告鸣声和炫耀鸣声音很高。

巢 大型的圆顶巢，巢材有树枝、树皮、苔藓、细根和蕨类植物的叶，衬材有细根、柔软的植物性材料及鸟的体羽，入口在侧面。巢址可位于地面、泥岸、岩面、巨石、树的扶持物、外露的树根、原木、草丛以及死树或活树上（巢离地面的高度可达22米）。

卵 窝卵数一般为1枚；椭圆形；浅灰色至紫褐色，带有深褐色或蓝灰色斑点和条纹；平均重62克。孵化期约为50天，雏鸟留巢期约47天，从会飞至完全独立最长需8~9个月。

食物 以土壤和朽木中的无脊椎动物为主。

色，呈梅花形。丝羽的羽支无羽小支，所以看起来像是装饰着精致的花边。体型较小的雌鸟尾也相对更短、更简单，琴羽上的凹口也不明显。艾氏琴鸟比华丽琴鸟略小，背、胁和腰部更多地为赤褐色，而腹部颜色相对更浅，雄鸟的尾也不及华丽琴鸟的那般长而复杂。

琴鸟主要栖于地面。灰色的腿相当长，脚爪强健，因而奔跑轻松，扒掘有力。翅短圆，飞行能力弱，一般只能做滑翔式下坡。但它们却栖于高树上过夜——通过一连串笨拙的拍翅跳跃花相当长时间才最终到达树上。

地表觅食者
食物

华丽琴鸟主要通过在5~15厘米深的表土层扒掘无脊椎动物为食。每片扒掘地间隔在2米以内，各自的平均面积为0.25~0.5平方米。通常在这样的一片扒掘地中平均每1.5分钟可捕获25~29只猎物。

通过对成鸟胃内成分的分析，发现华丽琴鸟的食物中含有多种无脊椎动物，如蚯蚓、甲壳类、蜈蚣、千足虫、蜘蛛、蝎子、蟑螂、甲虫、苍蝇、蚂蚁和蛾，既食成虫，也食幼虫或

↗ **一只华丽琴鸟在喂雏**
这种鸟通常一窝只产一雏，雌鸟对后代关怀备至，在雏鸟会飞后仍会继续照顾其半年以上。

琴鸟的效鸣

效鸣占到雄琴鸟鸣啭的70%～80%。2种琴鸟都主要仿效其他鸟类的鸣叫或鸣啭。雄华丽琴鸟能够模仿同一片栖息地中约1/4的鸟类，总数可多达20来种，其中大部分都模仿得很到位。当然并不是每只雄鸟都会模仿这么多种类。雄艾氏琴鸟的效鸣能力稍逊一筹，总共可模仿17种鸟的声音，而其中又以缎蓝园丁鸟的鸣声为主要效仿对象，通常这种效鸣声最为响亮。此外，雄琴鸟也会模仿其他声音，如其他鸟类的扇翅声、抖羽声、咬喙声、乞食声以及蛙叫声和一些哺乳动物的叫声。

雄华丽琴鸟能够同时模仿几种声音。它们还经常突然中断鸣啭，同步模仿正在其他鸟发出的鸣声，或者用效鸣与邻近的雄鸟展开"对唱"。琴鸟模仿人类环境的声音则常常是被夸大了。不过，也确实有一些琴鸟的效鸣录音相当令人信服，模仿的有人的口哨声和只言片语、车辆发出的声音、相机的拍照声和乐器声——尽管其中一部分是由人工驯养的琴鸟所效仿的。

效鸣很大程度上是后天培养起来的，由年轻的雄鸟从年长的雄鸟那里习得，而非直接从种类遗传而来。从澳大利亚引入塔斯马尼亚的琴鸟起码整整一代都始终保留着纯大陆种类的效鸣，最后才开始模仿该岛上一些本地种类的声音。雄幼鸟通常需要假以时日才能完善自己的效鸣，而雌性成鸟偶尔也广泛模仿其他声音。不足为奇的是，在不同的地理区域，被模仿的对象会各不相同，而琴鸟自己的"领域歌"中也往往带有各地的"方言"。同一片特定区域的雄鸟通常在数年里有一部分共同的模仿对象，而这些对象与其他地区（声音上相隔离的区域）的模仿对象可能截然不同。

琴鸟为何效鸣？没有一致的答案，但一种较为可信的解释是雌鸟在挑选配偶时会选择发出新奇声音的雄鸟。而至于新奇的效鸣是暗示着雄鸟的基因质量还是仅仅为一种有效却随意的性吸引手段，则是一个更难解答的问题。

蛹。此外，某些种子也会列入其中。雏鸟的食物与成鸟相似。

华丽琴鸟的这种觅食习性促成了表土层和落叶层的不断翻新，因而被认为有利于森林地面层裸露区域的保持、营养成分的循环以及桫椤（类似蕨类的热带树木）的再生。关于艾氏琴鸟的觅食行为和食物，目前知之甚少，但很可能与华丽琴鸟基本相似。

领域性和独居性
繁殖生物学

华丽琴鸟的成鸟具领域性，以独居为主。雄鸟的领域一般为方圆2.5公顷左右，可包含6只雌鸟的领域或与其发生重合。在繁殖期，雄鸟主要通过频繁地响亮鸣啭来维护领域，但其他雄鸟的入侵会引发"冲天式"威胁炫耀、长途的追逐并发出各种声音，甚至偶尔会导致激烈的搏斗。两性未成鸟常常形成活动范围很广的小群体，会进行各种炫耀行为。当这些巡回群体经过时，领域主也有可能临时性地加入其中。

华丽琴鸟能存活20～30年。雄鸟出生后需要7～8年才能长齐成鸟的尾羽。而雌鸟可能在5～6岁时便开始繁殖。雄性成鸟会在领域内建许多"炫耀冢"（为微微隆起的土堆，直径约1.5米）。繁殖季节，雄鸟白天有一半的时间都在炫耀冢上歌唱和炫耀，表演的高峰期为天亮后3小时以及中下午。

炫耀的关键部位是雄鸟精致复杂的尾，尾会扬起，前倾至背和头上方。在"初始炫耀"阶段，尾闭合，只是快速地抖动。在"全面炫耀"阶段，尾完全展开，来访的雌鸟透过带花边的羽毛看到鸣啭的雄鸟。雄鸟迅速地左右移动，然后反复跳跃，翅膀松弛，同时嘴里发出类似拨弦或马疾驰的声音。随后，交配就发生在炫耀冢上。华丽琴鸟的鸣啭包括一种特有的"领域歌"和多种模仿其他鸟的声音，鸣声响亮、绵长，富有穿透力。

华丽琴鸟的雄鸟实行混交。它们与任何交配对象都没有长期的配偶关系，不承担抚养后代的亲鸟义务。雌鸟的领域可能完全在某只雄鸟的领域内，也可能与数只雄鸟的领域发生重叠，或者与所交配的雄鸟的领域全然不相干。华丽琴鸟的巢很大，空间宽敞，顶有遮盖物，通常筑于地面或近地面处。

雌鸟的繁殖过程也有许多不同寻常之处。通常一窝只产1枚卵。尽管在冬季繁殖，但孵卵恒常率仅为 45%。每天卵都有数个小时被搁于一边，这时胚胎的温度便降至环境温度。所以胚胎的发育非常缓慢，孵化期可长达 50 天，这比其他差不多大小的鸟的孵化期要长 80%。但由于卵壳的孔隙率和水分蒸发率相对较低，所以卵不会严重失水。雏鸟的发育在同等体型的雀形目鸟当中也属于极缓慢型，以致雏鸟留巢期几乎像孵化期那样长。而育雏失败最重要的原因则是天敌（主要为引入的哺乳动物）的袭击，有时母鸟也遭残害。雏鸟在长到成鸟体重的 63% 时开始会飞，但在离巢后的 8 ~ 9 个月里仍部分依赖于母鸟，后者每天喂雏 88 ~ 138 次。

艾氏琴鸟的雄鸟也具领域性，在地面或近地面处由藤蔓和细树枝搭成的平台上炫耀。它们在冬季繁殖期频繁地鸣啭，其中也包括模仿其他种类的效鸣。全面炫耀时尾部动作与华丽琴鸟相似，此外还会跳一种"跃起舞"。雄鸟的行为常常会引起藤蔓和树枝的振动，有时甚至连数米外的叶丛也会颤动。艾氏琴鸟的鸣啭为一连串短促而响亮的声音，前后会伴以柔和的音符。鸣啭通常持续 30 ~ 50 分钟，而 1 个小时以上也相当常见。雏鸟习性与华丽琴鸟相似，但这种极为隐秘的鸟的交配机制和群居机制仍是一个谜。

森林管理带来的威胁
保护与环境

2 个种类尤其是华丽琴鸟在过去因它们的肉和羽毛而大量遭枪击或诱捕。目前，华丽琴鸟仍较繁盛，但艾氏琴鸟已被列为易危种，现存数量可能不足 1 万只。因农业和林业发展以及人类定居而导致的栖息地缩减对这 2 种鸟影响很大，不过眼下最大的威胁来自人类对森林的密集型管理，选择性的伐木使它们的栖息密度大为下降，而它们在松树和桉树种植林中的密度仍然很低。此外，无论成鸟还是雏鸟都会受到外来哺乳动物的掠食。

↘ **雄琴鸟站在炫耀冢上炫耀**
雄琴鸟中间的尾羽向前倾泻至背部和头顶，外侧的条状"琴羽"看起来则像一把竖琴。如内图所示，华丽琴鸟（图 1）略大于艾氏琴鸟（图 2）。

园丁鸟

　　许多鸟类学家都认为园丁鸟是迄今为止鸟类界行为最复杂、最吸引人的鸟。很多种类的雄鸟不但会筑造复杂精致的"求偶亭"，用各种各样（通常都是色彩斑斓）的物件如果实、浆果、真菌、锡箔和塑料等来加以装饰，而且有些还能用嘴衔着"漆刷"给它们涂上天然色素。

　　园丁鸟身材结实，脚爪强健，喙粗厚，体型介于椋鸟和小型鸦之间。科内园丁鸟属的 3 个种类为单配制，具领域性；其余 17 种据悉或据推测为一雄多雌制。一雄多雌种类的雄鸟负责搭建"求偶亭"，这一充满智慧和美感的行为使它们长期以来为世人所津津乐道。事实上，近来证实园丁鸟确实比分布在同一动物地理区、生态环境相似、同等体型的其他鸣禽拥有相对更大的脑，并且筑求偶亭的园丁鸟种类的脑比不筑亭种类的脑大。

　　园丁鸟的求偶亭结构非常复杂，装饰很有"品位"，以至于早期的欧洲移民者根本不相信

↗在昏暗的森林地面，覆以橙色和黄色鲜艳体羽的雄辉亭鸟显得格外醒目。和其他善炫耀的园丁鸟一样，这一种类搭建规模中等的"林荫道"式求偶亭。

这是鸟筑的，而是以为某些妇女为了哄小孩特意搭建了这样的结构。新几内亚人对园丁鸟的勤勉和"艺术才华"非常欣赏，将它们的行为比做男子娶妻的贵重"彩礼"。不过，雄鸟所筑的求偶亭与营巢无关，后者完全是雌鸟的事。

建筑大师
形态与功能

　　最大的园丁鸟为大亭鸟，最小的是金亭鸟，后者比前者轻、小 30%～40%。在同一种类中，雄鸟通常比雌鸟重而大，但金亭鸟和辉亭鸟属的种类例外。

　　全科有多达 50～60 种不同的体羽模式，因为 20 个种类中绝大部分既有幼鸟体羽模式又有雄性成鸟模式与雌性成鸟模式，有些种类甚至还有雄性亚成鸟模式。单配制的园丁鸟属种类为性单态，而一雄多雌制的种类基本为不同程度的性二态。园丁鸟属种类两性相似，通体绿色，在胸、翅、尾、头、喉部位带斑点。一雄多雌的齿嘴园丁鸟两性也相似，为上体黄褐色、下体灰白色且有大量褐色条纹。其他林栖性一雄多雌种类的雄鸟则色彩缤纷：有闪烁着金色、橙色和黑色光芒的，如辉亭鸟、贝

园丁鸟

目 雀形目

科 园丁鸟科

8属20种：贝氏辉亭鸟、辉亭鸟、黄头辉亭鸟、阿氏园丁鸟、桑氏园丁鸟、浅黄胸大亭鸟、大亭鸟、黄胸大亭鸟、斑大亭鸟、西大亭鸟、金亭鸟、冠园丁鸟、纹园丁鸟、褐色园丁鸟、黄额园丁鸟、缎蓝园丁鸟、齿嘴园丁鸟、绿园丁鸟、斑园丁鸟、白耳园丁鸟。

分布 新几内亚和澳大利亚。

栖息地 热带、温带和山区的雨林，河边林地和稀树林地，岩石峡谷，草地，干旱地带。

体型 体长为21～38厘米，体重70～230克。一般雄鸟大于雌

鸟，但金亭鸟和三种辉亭鸟雄鸟略小。

体羽 有9个种类的体羽以褐色、灰色或绿色等保护色为主。其余种类的雄鸟为鲜艳的黄色、红色和蓝色，具黄色或橙色的冠；雌鸟为暗淡的褐色、灰色或绿色，腹部有横斑。

鸣声 善模仿其他鸟类和动物的叫声及机械声响。鸣声为刺耳的颤音和似猫叫的哀号声。

巢 大型的露天碗状或杯状结构，巢材为树枝、树叶和植物卷须，筑于树杈、藤蔓、槲寄生灌木或树缝（金亭鸟）里。

卵 窝卵数1～2枚，少数情况下为3枚；白色至浅黄色，有斑纹或虫迹形，主要集中在大的一端。孵化期21～27天，雏鸟留巢期17～30天。

食物 果实、昆虫、其他无脊椎动物、蜥蜴和其他鸟的幼雏。

氏辉亭鸟、黄头辉亭鸟和阿氏园丁鸟；有呈蓝黑色的，如有名的缎蓝园丁鸟；有呈夺目的金黄色和橄榄色的，如金亭鸟；也有全身褐色但冠为对比鲜明的橙色或黄色的，如褐园丁鸟属的大部分种类。居于草地和干旱林地的斑大亭鸟、大亭鸟、浅黄胸大亭鸟和黄胸大亭鸟则浑身为暗淡的灰色或淡褐色，小簇的项羽呈粉色。一雄多雌制种类的雌鸟体羽模式具隐蔽性，多斑纹，常为横斑或点斑，羽色暗淡，主

要为褐色、橄榄色或绿色。幼鸟和未成鸟的体羽模式一般与雌性成鸟相似。

一旦能长成成鸟，那么园丁鸟的平均预期寿命会相当长，一些个体可存活20～30年。一雄多雌种类的雄鸟出生后需要7年才能长齐成鸟体羽。与一般鸣禽9～10枚次级飞羽不同的是，园丁鸟有11～14枚次级飞羽（包括第3列飞羽），而它们的泪腺（头颅的一部分，在眼眶附近）之大只有琴鸟（琴鸟科）能与之相比。

▌雨林居民
分布模式

有10种园丁鸟仅生活在新几内亚，有8个种类只见于澳大利亚，还有2个种类在这2个地区均有分布。大部分园丁鸟栖息于湿林中，其中阿氏园丁鸟（这种鸟于1940年才被发现）出现在海拔4000米以上的森林中。有几个种类的分布范围极为有限，如贝氏辉亭鸟只生活在巴布亚新几内亚的阿德尔贝特山脉，

◤ 园丁鸟是鸟类界的能工巧匠，雄鸟筑求偶亭来吸引雌性进行交配，因此求偶亭是一只雄鸟是否适合繁殖的外在体现。大亭鸟会使用多种天然和人工物品来装饰它的亭，而当有雌鸟出现时，它还会竖起冠羽来炫耀。

↗一只绿园丁鸟和它的后代

澳大利亚的园丁鸟属种类在它们碗状巢中间的衬材下面会铺上一层朽木或泥土，这在园丁鸟科中很罕见。

金亭鸟和齿嘴园丁鸟仅见于澳大利亚昆士兰北部热带地区阿瑟顿台地及周围 900 米以上的雨林中。有些种类，特别是新几内亚的辉亭鸟和澳大利亚的斑大亭鸟和大亭鸟，分布范围广泛而连续。而其他多数种类的分布区相当零碎。有 15 个种类栖息于热带湿林、山区雨林、雨林边缘地带、硬叶林，5 个大亭鸟种类生活于河边林地、稀树林地、岩石峡谷、草地和半干旱地带。单配制的园丁鸟属的某个种类可能会与一个或多个一雄多雌制的种类同域分布。

以森林果实为食
食物

绝大多数园丁鸟以食果实为主，但也会摄取花、花蜜、叶、节肢动物（主要为昆虫）和小型脊椎动物。无花果是澳大利亚园丁鸟属种类的主食。动物性食物对一雄多雌制种类的雏鸟而言非常重要，母鸟会喂以某种特定的动物（如蝉、甲虫、小蜥蜴或蝗虫）。与极乐鸟不同，园丁鸟不用脚爪来抓持或处理食物及其他东西，也不以回吐的方式给雏鸟喂食。园丁鸟属的种类会将果实储存在领域内，某些一雄多雌制种类的雄鸟则将果实储藏于求偶亭。

园丁鸟的喙基本上乃通化的杂食类的喙，结实、强健，而不像极乐鸟的喙那样特化。例外的是黄头辉亭鸟的喙细长，这明显是为了适应食花蜜的习性。而齿嘴园丁鸟的喙似隼的喙，适于食叶。这种鸟在冬季会食入大量的树叶，用它们结实而"具齿"的喙来撕裂叶和茎。它们的颌骨内表面有复杂结构，可咀嚼叶

子，这在鸣禽中很罕见。辉亭鸟属、蓝园丁鸟属和大亭鸟属的一些种类在冬季会聚集成群，有可能入侵果园。缎蓝园丁鸟还会成群地在地面觅食草本植物。其他一雄多雌制的大部分种类似乎为定栖性，在冬季往往独居。

筑亭求偶
繁殖生物学

雄园丁鸟（园丁鸟属种类除外）通过清整场地、搭建和装饰求偶亭来吸引异性，并可能还用以向雄性对手示威。筑亭种类为一雄多雌制，雄鸟以鸣声和（或）绚丽的体羽吸引尽可能多的雌鸟来到它们的求偶亭，求偶亭对它们的成功繁殖具有举足轻重的意义。雌鸟在选择雄鸟时会辨别评估它们鸣叫的频率和强度、对求偶亭的呵护程度、亭本身的质量和（或）数量、亭的装饰以及它们的炫耀行为和体羽。最终，年长资深的雄鸟往往得到雌鸟的青睐，最有可能获得与多只雌鸟交配的机会。值得注意的是，色彩绚丽的种类其雄鸟只筑一般的求偶亭，而着色相对暗淡的雄鸟筑的亭则大而复杂。

求偶亭的选址往往需要符合一种或多种微环境特征。直至不久以前，人们一直认为一雄多雌制种类的雄鸟会形成集体炫耀的展姿场，相关的群体聚集在某些求偶亭炫耀。然而这样的推测只在齿嘴园丁鸟中得到了证实。雄齿嘴园丁鸟会在森林地面的落叶层清出一块求偶区域，铺上绿叶，叶子颜色较浅的一面朝上，然后几乎持续不停地鸣叫，吸引雌鸟前来。由于

↗一只头顶有醒目的黄色冠羽的雄阿氏园丁鸟

这种见于新几内亚高地、筑"五月柱"的鸟，正受到来自森林砍伐的威胁。

它们的求偶区域在栖息地中呈不均匀分布，于是在某些地区便产生了密集的炫耀群体，从而形成了展姿场。而对黄头辉亭鸟、缎蓝园丁鸟、浅黄胸大亭鸟、冠园丁鸟、阿氏园丁鸟和金亭鸟的研究发现，这些种类并不形成集体炫耀的展姿场，它们的求偶亭分布均匀。斑大亭鸟则会在某些栖息地形成展姿场。

求偶亭的亭址往往会使用数十年，雄性成鸟在这一点上表现出极大的忠诚度，如有些缎蓝园丁鸟的亭址已使用了长达50年时间。雄性未成鸟要当五六年的"学徒"，它们参观成鸟的求偶亭，然后搭建简单的"实习"亭来锻炼手艺。筑亭本领不是天生的，至少从对缎蓝园丁鸟的研究中可断定其很大程度上为后天习得。

在所研究的筑亭种类中，雄鸟仅维护求偶亭及周围区域，而雌鸟只维护它们的巢址。雌鸟会连续数年使用同一处巢址。巢通常是以粗树枝为框架、辅以干树叶和细枝筑成的碗状结构，里面衬以植物卷须和其他类似的柔软物质。冠园丁鸟和金亭鸟的巢平均离地面2米，而缎蓝园丁鸟和齿嘴园丁鸟的巢离地面达15米。

单配制的园丁鸟属种类常年维护它们的领域，配偶会生活在一起数年（如果不是终生的话）。雄鸟不筑巢、不孵卵、不看雏，但喂雏。

转移效应

在园丁鸟中，多配制的雄鸟被认为将华丽的炫耀体羽"转移"到了求偶亭身上。这种转移在不同的种类之间有明显的表现：保留绚丽雄性成鸟体羽的种类筑的求偶亭小而简陋，而那些最复杂精致的求偶亭则都是羽色暗淡的雄鸟所建。

基本的求偶亭有3种。第一种是齿嘴园丁鸟的"求偶场"，实际上并不是一种结构，而是在森林地面清空一片区域，然后铺以树叶而成。第二种是金亭鸟、阿氏园丁鸟和褐园丁鸟属种类的"五月柱"求偶亭。其中褐园丁鸟属的这些新几内亚种类曾经被称为"园艺工人"，因为它们会清整出一块像草坪一样的苔藓"垫"，然后在上面进行精心布置和装饰。典型的五月柱求偶亭为许多树枝堆积在一棵树苗或树蕨的直立树干周围。有3个种类建的五月柱求偶亭很复杂，看上去像小塔或茅屋，地面为整洁的苔藓垫，装饰物有色彩斑斓的花、果实、甲虫的翅鞘、树脂、真菌、昆虫的脱落物等。

转移效应在某些褐园丁鸟属种类和它们的五月柱求偶亭上得到了很好的体现。冠园丁鸟所筑的为简单的树塔（图1），褐色园丁鸟筑的则为复杂的棚屋结构（图2）。长有橙色大型冠的冠园丁鸟筑的求偶亭最简单，有冠但部分退化的纹园丁鸟筑的亭（图3）相对较为复杂，而完全不具冠的褐色园丁鸟筑的亭则最为复杂精致。

这种冠与求偶亭华丽程度之间的关系首次为人们注意是在20世纪60年代，那时具有耀眼羽冠的黄额园丁鸟的求偶亭还尚未发现。根据转移效应，人们推测这种鸟的求偶亭结构会比较简单。后来在伊里安查亚发现了黄额园丁鸟的亭，果然与冠园丁鸟的简单树塔结构相似。

第三种求偶亭为辉亭鸟属、蓝园丁鸟属和大亭鸟属的"林荫道"求偶亭。如辉亭鸟、缎蓝园丁鸟（图4）和斑大亭鸟的亭为两道并排的树枝墙，中间形成一条林荫道。在这些种类中，也同样存在明显的转移效应。不具冠的种类所筑的亭比具冠种类的亭结构更复杂、布置更精致。

雄性成鸟的冠所具有的醒目视觉信号转移到求偶亭上，这其中无疑是雌鸟的性选择在起作用。雌鸟挑选那些能筑出好求偶亭的雄鸟为偶，这促进了求偶亭建设，是因为那样的雄鸟繁殖的频繁程度远高于求偶亭不起眼的雄鸟。而另一方面，当雄鸟的第二性征转移到求偶亭上面后，鲜艳的体羽反而成了一种不利因素，会招引天敌来到求偶亭，而它们自己大部分时间都在那里度过。

园丁鸟——
鸟类界的艺术家

● 大亭鸟是园丁鸟科中最大的种类。这种澳大利亚鸟浑身羽色暗淡（只有冠例外，为醒目的淡紫色），善于筑"林荫道"类型的求偶亭。图中的这只大亭鸟偏爱白色，用蜗牛壳和碎瓶来装饰它的亭。

● 缎蓝园丁鸟也建林荫道求偶亭。这种鸟的典型特点是对蓝色的物体情有独钟，并且表现出明显的性二态。图中，雌鸟在亭中等候，而熠熠生辉的雄鸟（该鸟的名字便从雄鸟的羽色得来）衔来羽毛。此外，缎蓝园丁鸟还会以植物汁和唾液的混合物做涂料给林荫道的内壁"粉刷"。

●● 伊里安查亚的褐色园丁鸟所筑的求偶亭无疑是迄今为止鸟类构筑的最复杂精致的结构。形状似茅屋，编织于小树苗之间，褐色园丁鸟对其精心呵护，会使用多年。这种其貌不扬的小鸟为了装饰和布置求偶亭会找来成堆的鲜花或其他各种各样的东西，如绳子、罐头盖、浆果、菌类植物等。

● 一只金亭鸟在建它的"双五月柱"求偶亭。这种鸟所筑的塔状结构可达 2 米高。

● 色彩鲜艳的澳大利亚种类黄头辉亭鸟则以细树枝编织一个相对简单的求偶亭。

细尾鹩莺及其亲缘鸟

在澳大利亚和新几内亚所覆盖的 40 个纬度的各种栖息地中，几乎都有细尾鹩莺的存在。如红翅细尾鹩莺栖息于澳大利亚西南部降雨充沛的茂密森林中，而埃坎草鹩莺生活在内陆沙漠三齿稃丛生的沙丘中。细尾鹩莺的显著特征是尾比身体还长，并且大部分时间都高高翘起。

细尾鹩莺类为澳大利亚和新几内亚特有的小型鸟类。它们出现的地带通常有较厚的地表覆层，它们可以凭借长腿在上面快速跳跃。翅短而圆，很少做远距离飞行。帚尾鹩莺类生活在浓密的石南丛中，行踪隐秘，往往只被人们偶尔瞥见。草鹩莺类栖于沙漠、干旱灌木丛、多岩石的高原，也很少见其身影。

作为澳大利亚的本地种，华丽细尾鹩莺体现了细尾鹩莺属种类的典型特征，即具有高高翘起的长尾和生动醒目的羽色。

小巧玲珑、不出远门
形态与功能

细尾鹩莺类的雄鸟呈色泽鲜艳的红色、蓝色、黑色和白色，而雌鸟和未成鸟通常为褐色。在帚尾鹩莺类中，两性也有明显的区别，而其他 3 个属的种类在实地观察中很难区分雌雄鸟。

全科大部分种类以昆虫为主食，但草鹩莺类还会用它们结实的喙啄食大量的种子。由于该科鸟类一般在地面活动，因此觅食通常也在地面进行，不过有些种类会在灌丛中甚至高树的树荫层觅食。因翅小而弱，它们仅在少数情况下短距离突袭空中的飞虫。

虽然分布遍及多种栖息环境，但多数种类常年只生活在某片特定的区域。它们具有很强的领域性，除了"直系亲属"外，其他同类一律不得侵入。

它们的领域面积为 1 ~ 3 平方千米，可满足它们对觅食、繁殖和栖息方面的需求，于是它们年复一年地定居在那里。

生活在大家庭中
繁殖生物学

虽然体型小，但与北半球的对应鸟类相

比，细尾鹩莺科种类的寿命相当长（在10年以上）。长寿而定栖，这使它们的家庭关系相当持久，而不像其他鸟那样一般只体现在雏鸟依赖于亲鸟喂养和保护的那段时期。大部分细尾鹩莺生活的群体中往往有2只以上具有繁殖能力的成鸟，但唯有一只雌鸟产卵。尽管在某些群体中，年长的雄鸟会使雌鸟的部分卵受精，但令人诧异的是，有很大比例的卵的"父亲"为其他雄鸟，并且常常来自群体之外。经过详细的研究并辅以无线电遥测技术，发现事实上是由雌鸟挑选伴侣，在繁殖期雌鸟于日出前外出寻觅交配对象。

在绝大多数种类中，雌鸟包办筑巢、产卵、孵卵及雏鸟刚孵化时的育雏工作。只有在它外出觅食匆忙回巢时，雄鸟才会护送它返回。雏鸟出生10天左右离巢，但一开始还不能飞，不过可以在地面快速跑动和躲藏。倘若有天敌逼近巢，所有群体成员都会拼命地"鼠窜"：不再像平时那样跳跃，而是贴于地面跑动，尾下垂，同时发出吱吱的尖叫声。"鼠窜"之名便由此而来。这种行为非常有效，可以引开从蛇到人等多种入侵者对巢的注意力。

雏鸟离巢后数周内仍由成鸟喂食。细尾鹩莺在一个繁殖期会营巢育雏数窝，当繁殖雌鸟开始育第2（或第3）窝雏时，群体中不繁殖的成员便会接过之前那窝雏鸟的抚养工作。在繁殖期后半阶段，先孵化的那窝雏鸟会帮助亲鸟照顾它们的弟妹们，这些鸟似乎从小便开始养成了"协助"这一习性。

未来在公园和花园
保护与环境

当年欧洲移居者和随之而来的野猫和狐狸等外来动物对细尾鹩莺及其亲缘鸟的生存环境产生了重大影响，所幸的是其大多数种类存活了下来。目前只有2个种类为受胁种：白喉草鹩莺和马里帚尾鹩莺。另有4个种类——杂色细尾鹩莺、白肩细尾鹩莺、灰草鹩莺和帚尾鹩莺——有个别的种群为易危。

值得注意的是，该科的某些种类在城市郊区日益繁盛。尤其是华丽细尾鹩莺，在澳大利亚6个州的首府的公园和花园里已很常见，为

辉蓝细尾鹩莺常被认为是澳大利亚最引人注目的鸟。图中为一只黑背亚种，见于东南部。

当地人们的生活增添了生机和活力。

在过去的50年间，有3种新的草鹩莺得到承认，分别是：灰草鹩莺、卡氏草鹩莺和短尾草鹩莺。此外，有1个种类（埃坎草鹩莺）在时隔85年后被重新发现，还有3个种类（多氏草鹩莺、白喉草鹩莺和黑草鹩莺）人们对它们有了更全面的了解。

知识档案

细尾鹩莺及其亲缘鸟

目 雀形目

科 细尾鹩莺科

5属27种。属、种包括：真正的细尾鹩莺类、草鹩莺类、帚尾鹩莺类、紫冠细尾鹩莺、红翅细尾鹩莺、华丽细尾鹩莺、黑草鹩莺、多氏草鹩莺、埃坎草鹩莺、灰草鹩莺、卡氏草鹩莺、短尾草鹩莺、白喉草鹩莺、马里帚尾鹩莺等。

分布 新几内亚和澳大利亚。

栖息地 从雨林边缘地带至沙漠干草原、盐池、沿海沼泽地、石南丛、三齿稃丛和沙漠平原。

南回归线

体型 体长14～22厘米，体重7～37克。

体羽 从（某些雄鸟）醒目的蓝色到暗淡的褐色不一而足。

鸣声 有短促的联络鸣声，有颤鸣，也有持续、悠长的鸣啭。

巢 细尾鹩莺类和帚尾鹩莺类为圆顶巢，入口在侧面；草鹩莺类为半圆顶巢或圆顶被截平。

卵 窝卵数2～4枚；白色，有红褐斑；孵化期12～15天，雏鸟留巢期10～12天。

食物 昆虫和种子。

吸蜜鸟和澳鸥

吸蜜鸟是大洋洲地区最繁盛的雀形目鸟，仅澳大利亚就有超过 70 个种类。它们扩散分布至多种类型的栖息地，从红树林、雨林到次高山林和半干旱林地等。

在大洋洲的许多地方，吸蜜鸟都是那里种类数量最多的鸟，在方圆 1 平方千米内可有多达十多种吸蜜鸟。这些食植物花蜜和富含碳水化合物的无脊椎动物渗出物的鸟，形成了多种群居模式，既有简单的单配结偶形式，也有迄今为止世界上最复杂的鸟类群居模式之一。

巧舌如簧
形态与功能

所有吸蜜鸟都有伸缩自如的长舌，舌尖如刷子，用以从花中吸取花蜜。它们是重要的授粉鸟，其中有许多种类可能与某些植物共同进化。

总体而言，吸蜜鸟身材细长，呈流线型，翅长而尖，飞行成波状。但种类之间在体型和习性方面差异很大。它们身体结实，腿强健，爪锋利，能够在花枝间自如穿梭攀爬，有时还可倒挂其上。许多种类的喙长而下弯，尖端锐利，喙形因具体食物不同而各异。大部分种类色彩单调，但少数着色鲜艳，类似它们在非洲和亚洲的对应鸟类太阳鸟以及美洲的对应鸟类蜂鸟。几乎所有种类都有彩色皮肤的裸斑，小至嘴裂处的条纹、眼圈、眼斑，大至颜色鲜艳的脸部裸斑。在多数种类中，两性相似，不过雄鸟通常大于雌鸟。少数种类呈明显的性二

态，幼鸟的体羽与雌性成鸟相似，如白肩黑吸蜜鸟；或雏鸟在会飞后出现性分化，如月斑澳蜜鸟。

澳鸥也有如刷子的舌头，但几乎全为食虫类。与大部分吸蜜鸟不同的是，澳鸥为地面觅食者，并且全部呈现性二态。有 3 个种类的雄鸟具有鲜艳夺目的红色或橙色体羽。幼鸟的羽色与雌性成鸟相近。

见于西南太平洋
分布模式

吸蜜鸟生活在西南太平洋，以澳大利亚、新几内亚、印度尼西亚、新西兰和夏威夷为中心。而澳鸥仅限于澳大利亚。

吸蜜鸟 40 个属中有 14 属仅包含 1 个种类，10 个属各自只有 2 个种类。少数属所含种类较多，如澳洲吸蜜鸟属和吸蜜鸟属分别有 20 种和 13 种。而摄蜜鸟属是分布最广的属，西起苏拉威西岛的西部，北至密克罗尼西亚，东至斐济。吮蜜鸟属的吮蜜鸟类和岩吸蜜鸟属的岩吸蜜鸟类都见于澳大利亚。

分子研究证实，澳鸥类（过去为澳鸥科）和麦氏极乐鸟实际上属于吸蜜鸟科，而食蜜鸟属的食蜜鸟类则不是真正的吸蜜鸟。此外，过

吸蜜鸟和澳鸥

目 雀形目

科 吸蜜鸟科（包括澳鸥亚科）

42属182种。吸蜜鸟有40属177种，属、种包括：蓝脸吸蜜鸟、矿吸蜜鸟、缝叶吸蜜鸟、西尖嘴吸蜜鸟、垂蜜鸟类等；澳鸥亚科的澳包括2属5种：绯红澳鸥、橙澳鸥、白额澳鸥、黄澳鸥、鸥漠澳鸥。

分布 西南太平洋，主要集中在澳大利亚、新几内亚、印度尼西亚、新西兰和夏威夷。澳鸥仅限于澳大利亚。

赤道

栖息地 吸蜜鸟见于除开阔干旱地带和草地外的各种栖息地；澳鸥栖于开阔的灌丛、干旱林地、沙漠、水域边缘附近。

体型 体长：吸蜜鸟8～48厘米，澳鸥10～13厘米；体重：吸蜜鸟6.5～150克，澳鸥10～11克。

体羽 大部分种类为绿色、灰色或褐色，有些种类带有黑色、白色或黄色斑纹。澳鸥为红色、黄色或黑白相间，雄鸟着色比雌鸟醒目。

鸣声 小型吸蜜鸟种类的鸣声通常悦耳，较大种类声音沙哑。澳鸥的联络鸣声带有刺耳的鼻音，啁啾声富有攻击性，会发出音很高的口哨声。

巢 杯形巢。澳鸥的巢筑于地面或近地面处的灌丛中。

卵 吸蜜鸟的窝卵数1～5枚（平均为2枚）；白色、粉色或浅黄色，有红棕色斑点。孵化期12～17天，雏鸟留巢期10～30天。澳鸥的窝卵数通常为3～4枚；白色或粉白色，带红棕色斑点。

食物 吸蜜鸟以无脊椎动物、花蜜和其他糖分泌物为主，有时也食果实。澳鸥则从地面获取昆虫。

去被视为吸蜜鸟的2个塞班种类笠原吸蜜鸟和金绣眼鸟事实上为绣眼鸟（绣眼鸟科）。

食蜜等级

食物

只要有花蜜可得，所有吸蜜鸟都会食之。而同时，大部分种类也会食无脊椎动物。各个种类对花蜜或昆虫的依赖性差异很大，不过所有吸蜜鸟都会摄取部分昆虫来补充花蜜所不含的营养成分，有些种类甚至几乎完全为食虫类。它们获取昆虫和蜘蛛的方式有多种，如在叶簇中啄取、从树皮下掘取及在空中飞捕。许多种类也会从除花蜜以外的其他食源中摄取碳水化合物，如虫蜜（某些木虱若虫体表分泌的一种含糖物质）、木蜜（桉树的叶分泌的黏性物质）和蜜露（木虱和介壳虫的分泌物）。在雨林，果实也会成为吸蜜鸟（如新几内亚吸蜜鸟属的种类）的一大食物来源。彩蚊蜜鸟则几乎完全以果实为食。

生态学家通常将吸蜜鸟分为长喙类和短喙类。中小体型的种类（如抚蜜鸟属和矿吸蜜鸟属的种类）其喙短而直，主要为食虫类。相反，长喙类更多地食花蜜。其中，尖嘴吸蜜鸟类的喙长而弯，用以从管状花中食蜜。此外还

有中等体型的澳蜜鸟类，为通化的食蜜鸟，觅食对象包括多种植物的花；另有垂蜜鸟类，它们偏爱桉树和山龙眼的花。

相互之间会争夺花蜜资源的数种长喙类的吸蜜鸟何以能生活在同一片区域呢？答案在于较小种类和富有攻击性的较大种类之间存在一种高效的平衡。较大种类，如垂蜜鸟类，会毫不客气地将其他吸蜜鸟排除在花蜜最丰富的花丛之外，却不能独霸大片区域内所有的花。这一局限性使较小种类仍得以从蜜源相对匮乏的花中获得足够的蜜，从而实现共存。而多个种类的共领域性集中体现在以食虫为主的吸蜜鸟中，如矿吸蜜鸟类，它们会齐心协力维护共同的领域，几乎禁止其他任何鸟类入侵，从而在它们的群居地形成一种垄断。

吸蜜鸟的迁移与它们主食的植物开花模式有关。有些植物定期开花，另有许多植物则取决于不可预知的降雨。少数吸蜜鸟能够紧扣富有规律的开花模式，每年进行大范围的迁徙。如澳大利亚东南部的黄脸吸蜜鸟和白枕吸蜜鸟每逢南半球的秋季会定期往北迁徙，后于次年春季返回。虽然有些个体留在南部过冬，但这些种类在南半球的夏季更倾向于留鸟和候鸟混合在一起生活。一些栖于干旱地带的吸蜜鸟和

澳鸥，如黑吸蜜鸟和绯红澳鸥，会随着降雨模式及由此而来的花蜜和昆虫的大量出现而同样做大范围但无规律的迁移。有许多吸蜜鸟很可能就在方圆100千米的局部地区跟随当地的开花时节活动。还有不少种类，如矿吸蜜鸟，常年仅在面积不足1平方千米的巢域内活动。

群居地的"骚动"
繁殖生物学

大部分吸蜜鸟和澳鸥应当都是单配制，群居。对一些种类的后代进行基因检测发现，绝大多数为单配繁殖。一雄多雌的新西兰缝叶吸蜜鸟则为例外。而另一种性二态的吸蜜鸟月斑澳蜜鸟的交配机制中也存在大量配偶外繁殖的现象。

吸蜜鸟有时会同时捍卫觅食领域和繁殖领域均不受同种成员或其他种类的入侵。觅食领域可能仅限于某棵开花的树的一部分，而时间也只限于产生花蜜的那一段时间。有些种类的配偶只在繁殖时才建立和维护领域，平时成松散的群体觅食，或者如黄脸吸蜜鸟，组成混合种类的觅食群体。其他种类，如矿吸蜜鸟，则全年维护它们的领域。配偶的领域可能很分散，如白耳汲蜜鸟；可能与邻近配偶的领域疏远相连，如盔吮蜜鸟；也可能紧密相连，并共同维护群居地，如矿吸蜜鸟。

吸蜜鸟和澳鸥的繁殖期很长，许多种类可育一窝以上的雏。大部分筑杯形巢，目前已知的只有2种胶蜜鸟筑圆顶巢，以及缝叶吸蜜鸟和考岛吸蜜鸟属中至少有1个种类营巢于树洞中。窝卵数1～5枚，通常为2枚。在多数种类中，雌鸟单独孵卵，不过有些种类亲鸟双方共同孵卵育雏。在矿吸蜜鸟属种类中，经常有"协助者"帮助亲鸟照顾后代；而在抚蜜鸟属、蓝脸吸蜜鸟属和澳洲吸蜜鸟属种类中，则仅仅偶有协助者。吸蜜鸟具有典型的雀形目鸟换羽模式，即在繁殖期结束后换羽。

具繁殖群居地的吸蜜鸟（如矿吸蜜鸟类）以及领域松散相邻的种类（如黄翅澳蜜鸟）有时会出现复杂的集体炫耀现象，被称为"骚

当各种植物开花时，吸蜜鸟便出动食蜜。图中一只绯红澳鸥正停在一棵红千层上面。

↗ **吸蜜鸟和澳鸲的代表种类**
1.黄垂蜜鸟；2.王吸蜜鸟；3.蓝脸吸蜜鸟；4.西尖嘴吸蜜鸟；5.绯红澳鸲。

动"。10多只鸟聚集在一起，拍动它们半张的翅膀，相互之间或对着某只特定的鸟反复鸣叫。这种行为似乎是发生在有入侵者或新的个体进入邻鸟的领域之际。

岛屿种类面临威胁
保护与环境

在吸蜜鸟中，分布仅限于海岛的种类形势最为严峻。在夏威夷曾经至少有5种吸蜜鸟，但其中3种（鬃吸蜜鸟和考岛吸蜜鸟属的2个种类）已灭绝，其余2种——考岛吸蜜鸟和毕氏吸蜜鸟——似乎自20世纪90年代起也销声匿迹。缝叶吸蜜鸟在1885年前后从新西兰的

主岛上消失，如今这种鸟的天然种群仅限于豪拉基湾的小屏障岛，在其他几个小岛上则为人工引入的种群。许多华莱西区域内的吸蜜鸟种类都只分布在单个岛屿上，如斯兰岛、布鲁岛和韦塔岛，对这些种类而言，因森林退化而导致的栖息地破坏构成了日益严重的威胁。在澳大利亚大陆，王吸蜜鸟、红脸裸吸蜜鸟和黑耳矿吸蜜鸟则因农业发展而导致它们的森林和林地栖息地遭受重创。这3个种类目前均被列为濒危种，人们正在开展恢复性工作，保护和扩大它们剩余的栖息地，通过人工繁殖来增加数量，以及将人工繁殖的个体放回过去的分布地，在与之前不同的地区建立种群。

刺莺

刺嘴莺科的英文名既可作 "Acanthizidae" 也可作 "Pardalotidae"，而刺莺同样除了被称为 "warbler" 外有时也被叫作 "pardalotid"。没有一个普遍一致的名字，从中也反映了这 67 个现存种类在形态、栖息地和行为方面的多样性。刺莺着色一般较为柔和，中小体型，小者如仅重 5 克的褐阔嘴莺，大者也不过为重 80 克的棕刺莺。

无论是从热带雨林到沙漠、从海岸到高山还是从地面到树荫层，刺莺在分布区的各种栖息地中都很常见。全科突出的特点是群居结构和鸣声丰富多样，即协作繁殖现象很普遍，许多种类具有优美的嗓音，有时还能进行效鸣和齐鸣。

歌声甜美的昆虫猎人
形态与功能

形态差异会体现在觅食方式和食物上，而后者反过来又促成生态特征相似的鸟实现形态

一只黄尾刺嘴莺栖于巢边枝头
这种鸟有时会在巢顶再筑一个假巢以愚弄诸如噪钟鹊（噪钟鹊属）等经常盗卵的鸟。

上的趋同进化。大部分刺莺的喙直而细长，与它们以昆虫和其他小型节肢动物为主的食性相适应。其中那些在树荫层啄食昆虫的种类为小型鸟，似莺；而基本在地面觅食的种类往往体型较大，看上去像鹩或鹛。那些着色鲜艳的食蜜鸟会让人想到啄花鸟。食蜜鸟的喙短而粗，用以食小昆虫和桉树叶表面的甘露。褐阔嘴莺有类似的喙，很可能用途也差不多。白脸刺莺的喙强健，似山雀的喙，从侧面反映出种子在它们食物中的重要地位。

多数种类限于澳大利亚并常年居于那里，新几内亚有 3 种山鼠莺和约一半的丝刺莺类及噪刺莺类。噪刺莺类是该科唯一分布较广的属，有 3 个种类见于东南亚，2 个分布于新西兰，1 个在南太平洋群岛上。许多种类为定栖性鸟，但食蜜鸟类为移栖性，而白喉噪刺莺在其分布区南部的种群则几乎完全为候鸟。

全科 16 个属可分为 4 大类：食蜜鸟类、刺莺类、丝刺莺类（丝刺莺属）及亲缘种类，最后一个大类包括刺嘴莺类（刺嘴莺属）、噪刺莺类（噪刺莺属）和褐阔嘴莺。上述 3 个属涵盖了科中 2/3 的种类。有些学者将 4 种食蜜

鸟单独列为一科即食蜜鸟科，其余的种类组成刺嘴莺科。

漫长的繁殖周期
繁殖生物学

刺莺的繁殖周期一般很长。大部分种类在各自的领域内营巢繁殖，但多斑食蜜鸟会形成松散的繁殖群居地。产卵间隔为 2 天，窝卵数通常为 2 ~ 3 枚，有些种类会产 4 枚卵。卵的孵化期相对于这些鸟的体型而言显得很长，如白眉丝刺莺重仅为 13 克，孵化期却要 17 ~ 21 天。雏鸟留巢期依种类体型而定，而雏鸟一般在离巢后 6 ~ 8 周（至少不会少于 3 周）内仍由亲鸟照看。许多种类会育多窝雏，因而整个繁殖期持续 3 ~ 5 月甚至更长时间。不过，即使是小型种类的刺莺也很长寿，如人们曾对一只才 7 克重的褐刺嘴莺做了标记，17 年后在野外再次发现了它！

刺莺筑掩体巢，入口在侧面，巢筑于地面或近地面处，非常隐蔽。白眉丝刺莺会将巢营于落叶层下面的洞穴中。斑刺莺会在地面刨一浅坑，这样巢底就低于地表。食蜜鸟类营巢于树洞中，或在松土中挖一条通道，在末端建一个巢室。黄喉丝刺莺在丝刺莺类中独树一帜筑吊巢，可达 1 米长，一般垂悬于溪流上方。噪

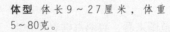

有些食蜜鸟也被称为"钻石鸟"，它们会在地面挖半米深的洞穴营巢。图中，一只斑翅食蜜鸟正站在它的巢穴边。

刺莺类筑钱包状的悬挂巢，巢尾很长，入口有遮盖物，有时与胡蜂窝比较靠近。岩刺莺的巢常常从洞穴的顶部吊挂下来。进入斑纹白脸刺莺的巢室需要先经过一条长 20 厘米、直径 3 厘米的通道，该通道的功能尚不清楚。黄尾刺嘴莺的巢最为奇特，为圆顶结构，入口在侧面，被隐藏起来，巢上方筑有一个起眼的却是假的"杯形巢"，可能是为了戏弄掠食者或巢寄生者。

虽然有入口隐藏的圆顶巢，刺莺仍常常成为杜鹃进行巢寄生的受害者。扇尾杜鹃便常寄生于丝刺莺类和刺嘴莺类。所有金鹃类一般都将卵产于较小的刺莺种类的巢里。其中红喉金鹃固定将卵产于悬挂巢，如噪刺莺类的巢中；而黑耳金鹃寄生于多种刺莺，尤其是那些产的卵均为褐色、与杜鹃的卵相似的种类。

知识档案

刺 莺

目 雀形目
科 刺嘴莺科
16属67种。种类包括：斑纹白脸刺莺、褐刺嘴莺、黄尾刺嘴莺、栗尾地刺莺、短翅刺莺、棕刺莺、多斑食蜜鸟、随莺、仙噪刺莺、豪勇噪刺莺、白喉噪刺莺、岩刺莺、灌丛丝刺莺、斑刺莺、褐阔嘴莺、白眉丝刺莺、黄喉丝刺莺等。

分布 澳大利亚和新几内亚，噪刺莺类也见于东南亚、新西兰和西南太平洋岛屿。

赤道

栖息地 从热带雨林至高山和干旱丛林的各种陆上栖息地。

体型 体长 9 ~ 27 厘米，体重 5 ~ 80 克。

体羽 食蜜鸟类为灰色和褐色，带白色点斑或条纹以及黄色或红色块斑。其他种类为褐色或灰色，泛有浅绿色、黄色或赤褐色光泽；有些种类脸部着色醒目或腰部呈黄色。

鸣声 有些种类发出刺耳的声音或嗡嗡声，但其他许多种类嗓音甜美。能进行效鸣或齐鸣。

巢 圆顶巢，有些巢的入口隐蔽；或吊巢，悬于茂密植被下；也有的种类营巢于树洞中或自掘地道在末端建巢室。

卵 窝卵数 2 ~ 3 枚，偶尔 4 枚；许多卵有斑纹，有些为纯白或纯褐。孵化期 11 ~ 22 天，雏鸟留巢期 10 ~ 25 天。雏鸟会飞后继续接受亲鸟 3 ~ 8 周的照顾。

食物 主要为节肢动物，有些也食果实。

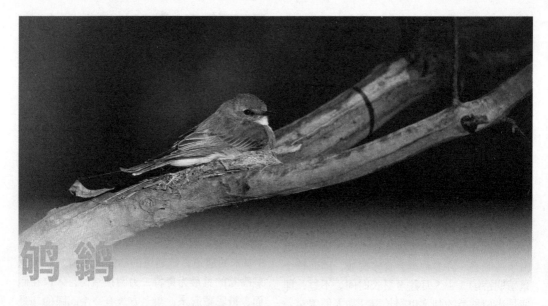

鸲鹟

鸲鹟科除了叫 "Eopsaltriidae" 外，有时也叫作 "Petroicidae"。全科含 13 属 44 个种类，大部分见于澳大利亚和新几内亚。此外，包括新西兰鸲鹟和查岛鸲鹟在内的 3 个种类为新西兰所独有；另有 1 个种类黄腹鸲鹟仅分布于新喀里多尼亚。

尽管名字中带有"鸲"，但鸲鹟与美国或欧洲的鸲鹟并没有亲缘关系。科内的一些种类（尤其是特岛鸲鹟属和小鹟属的种类）被认为经过趋同进化后与旧大陆的鹟相似，还有部分鸲鹟（如薮鸲鹟属和地鸲鹟属的种类）外形像鹟，只有剩下的一些种类才与旧大陆的鸲较为相似。

静伺—突袭的食虫鸟
形态与功能

就整个分布范围来看，鸲鹟占据着多种生态位，既有澳大利亚开阔的干旱大草原（如褐背小鹟），也有水流湍急的溪流岸滩（如特岛鸲鹟），还有新几内亚的山林和高山灌丛（林鸲鹟）等等。在这些栖息地中，大部分种类生活于下层植被，它们也在那里觅食。许多种类都是静伺—突袭的食虫高手，经常一动不动地栖于水平枝头、岩石或原木上，然后突然之间扑向地面或树干上的节肢动物。此外，小鹟属的种类也会从栖木上袭击空中的飞虫。

各种鸲鹟的体羽各不相同，多数种类（如小鹟属、黄鸲鹟属、杂色鹟属和歌鸲鹟属的种类）为橄榄绿至黄褐色。新西兰鸲鹟属和红背

刺莺属均有红胸的鸲鹟，巧合的是，该科只有这两属的种类表现出明显的性二态。另有一些鸲鹟具黑白羽色，还有一个种类蓝灰薮鸲鹟的着色则一如其名。鸲鹟科幼鸟体羽的特点是胸部浅色，带有褐色斑纹。

薮鸲鹟属和地鸲鹟属的种类在地面筑浅坑巢，里面衬以细枝和小根。其他鸲鹟筑小的杯形巢（其中黄胸小鹟的巢为澳大利亚最小的鸟巢），一般位于植被的低位，如小树或藤蔓 1 ~ 5 米高的纵向分杈上，偶尔也有筑于离地面 20 米高的树上。巢的外侧用树皮或苔藓伪装起来，通过蜘蛛网的丝缠在一起。巢内通常衬有小的枯叶、羽毛、柔软的细根、纤维或者哺乳动物的毛发（如绿小鹟的巢）。

↗ 一只火红鸲鹟衔着捕获的昆虫
火红鸲鹟那红色的胸部便是其名字的由来。

知识档案

鸲 鹟

目 雀形目

科 鸲鹟科

13属44种。种类包括：褐背小鹟、黄胸小鹟、绿小鹟、林鸲鹟、特岛鸲鹟等。

分布 印度尼西亚、新几内亚、澳大利亚、新西兰、新喀里多尼亚，绯红鸲鹟也见于斐济、萨摩亚、所罗门群岛和瓦努阿图。

南回归线

栖息地 红树林、沿海丛林、开阔林地至低地森林，雨林至山林和高山灌丛。

体型 长10~23厘米。

体羽 大部分种类为橄榄绿至黄褐色，粉红色至红色、褐色、黑白色，有一个种类蓝灰薮鹟全身为蓝灰色。两性体羽相似，但新西兰鸲鹟属和红背刺莺属的种类除外。幼鸟胸部浅色，带有褐色斑纹。

鸣声 一般为音尖、短促、断断续续但持续时间很长的口哨声或颤音，常抑扬顿挫，也会发出叽叽喳喳声。

巢 小而浅的杯形巢，筑于植被低位处，通常离地面1~5米，偶尔高达20米。薮鹟属和地鸲属的种类在地面筑碗状的浅坑巢。多数种类在7月到次年1月繁殖，但北部种类的繁殖期为6月到次年3月，有些种类如黄脚小鹟则从5月就开始繁殖。

卵 窝卵数一般为2枚，偶尔3枚；浅黄色，淡橄榄绿色、青蓝色或灰白色，均带有褐色、红色、灰褐色或蓝灰色斑点，卵中间一圈斑点较大，大的一端斑点较小但数量更多。

食物 以节肢动物为主，偶食草籽和小型爬行动物。

拯救黑鸲鹟
保护与环境

鸲鹟科的许多种类分布范围非常小，因而被视为稀有鸟类。由于澳大利亚南部林地被开发利用，冠鸲鹟的2个亚种被列为易危和近危，另有5个种类因分布和数量下降而被提上保护议程。

曾一度，鸲鹟科中有一种世界上最稀少的鸟之一，那便是查岛鸲鹟（又称黑鸲鹟）。这种鸟在新西兰东南部查塔姆岛上的种群已绝迹，到1976年时仅在附近的小芒格尔岛上剩有7只黑鸲鹟。1979年，所有存活下来的黑鸲鹟被转移到芒格尔岛，结果在那里数量不增反减，到1981年只剩下5只：4只雄鸟和1只雌鸟。人们采取紧急措施，进行交叉抚育并对巢进行保护等，到1999年，这种鸟的数量上升到了259只。但在它们保护区内意外引入的天敌对它们构成了长期威胁。且黑鸲鹟有限的基因库意味着一旦暴发疾病后果会非常严重。鉴于数量日益增长，人们计划将它们转移到更大的皮特岛上。

↗ **一只黄鸲鹟在喂雏**
这种鸟一般每窝产2~3枚卵。孵化期持续15天左右，雏鸟出生10~14天后离巢。双亲共同负责为雏鸟喂食。

刺尾鸫及其亲缘鸟

刺尾鸫及其亲缘鸟为大洋洲地区的食虫类地面鸟，行踪隐秘，在下层丛林中活动的刺尾鸫的英文名"logrunner"（意为林中跑动的鸟）便由此而来。刺尾鸫属有2个种类：刺尾鸫本身和它的姊妹种黑头刺尾鸫。

该科内部各属、种的归属关系并不确定。如今，基因研究表明，刺尾鸫属可能应当自成一科，而啸冠鸫类、鹑鸫类和丽鸫类则归为另一科"鹑鸫科"。此外，还有4个种类有时被划入刺尾鸫科：白眉长颈鸫、蓝顶鹛鸫、大黑脚风鸟和小黑脚风鸟，而实际上它们的归属问题更不确定，过去归入本科的主要理由是其栖于地面的习性，本文没有将它们列入刺尾鸫科。

鹑鸫类在体型和体羽方面似鹑，而在地栖及食种子和昆虫等习性上则像鹑。图中为一只桂红鹑鸫。

觅食于落叶层
形态与功能

刺尾鸫类见于澳大利亚东部沿海及新几内亚的雨林，啸冠鸫类分布在澳大利亚境内从雨林到沙漠的多种栖息地中，鹑鸫类在澳大利亚见于从林地至沙漠的干旱栖息地，而在新几内亚则见于雨林中，丽鸫类也生活在新几内亚的雨林里。大部分种类很可能为定栖性，有些栖于沙漠的种类或许表现出部分的移栖性。所有种类的飞行能力都相对较弱，依靠隐秘的习性和保护色来避免被发现。也正因如此，人们对它们中的大多数种类都知之甚少，黑头刺尾鸫是唯一得到详尽研究的种类。

各种类均有强健的腿和喙，用以在落叶层和土壤中刨扒，它们觅食的主要对象是无脊椎动物。

刺尾鸫类具有结构特别的骨盆，使腿可以侧向运动，尾也与其他种类不同，尾羽羽干发生变异，末端呈硬刺状。它们便充分利用了这2个特征：在落叶层觅食时，身体倚在一条腿和坚硬的刺状尾上，腾出另一条腿来刨扒，直至发现猎物后用喙啄食。另外，有些种类会食一些小型的脊椎动物，如石龙子、蛙等，沙漠

知识档案

刺尾鸫及其亲缘鸟

目 雀形目

科 刺尾鸫科

5属16种，有时另有3属4种归入该科。属、种包括：刺尾鸫、黑头刺尾鸫，啸冠鸫类包括黑喉啸冠鸫等，鹩鸫类，丽鸫类等。

分布 东南亚、新几内亚和澳大利亚。

赤道

栖息地 沙漠灌丛、林地和雨林。

体型 体长17～31厘米，体重45～210克。

体羽 大部分种类为褐色、黑白色或橄榄色，有些种类带蓝色。两性外表差异从细微到明显均有。

鸣声 发出多种鸣声，从嗡嗡声至口哨声和似钟响的声音。

巢 杯形巢或圆顶巢，筑于茂密的灌丛或地面。

卵 窝卵数1～3枚；白色或浅蓝色。孵化期17～25天，雏鸟留巢期12～29天。

食物 以无脊椎动物为主，也食某些小型脊椎动物和种子。

种类还会食部分种子。

多为所闻而非所见
繁殖生物学

很可能绝大部分种类都具领域性，实行单配制，不过某些种类有协作繁殖的记录。黑头

刺尾鸫常年2～6只个体成群生活在一起，虽然似乎并不协作繁殖，但联手觅食及保卫领域。多数种类会发出响亮且各具特色的领域鸣啭，有些还会齐鸣。由于它们生性隐秘，人们往往更多地通过鸣声而非视觉观察来发现和识别之。

大部分种类一窝产2～3枚卵，巢为杯形巢，筑于灌木上或地面。繁殖期从6月到12月，沙漠种类则在大规模降雨后进行繁殖。而刺尾鸫类的巢为大型的圆顶结构，筑于地面或近地面处，每窝只产1或2枚卵。新几内亚种类的繁殖行为和习性鲜为人知，它们的孵化期和雏鸟离巢期也尚不清楚。

部分种群面临威胁
保护与环境

许多种类由于分布范围小且对栖息地有特殊的要求，因而很容易受到栖息地退化所带来的影响。

黑喉啸冠鸫目前正受到过度放牧和栖息地缩减（具体而言为清除油桉丛以发展农业）的威胁。这种鸟现在只有4个隔离的种群，分布在澳大利亚的南部和西南部，其中2个种群被列为易危，一个种群为濒危。斑鹩鸫的一个种群也"榜"上有名。其他大部分种类则似乎尚无危险，不过新几内亚种类的保护状况目前基本不清楚。

长约25厘米的黑头刺尾鸫要比南部种类刺尾鸫大许多。这2种鸟的英文名字除了"logrunner"外，还有一个名字"spinetail"（即为"刺尾鸟"），因为它们的尾羽羽干呈刺状，突出在尾尖之外，起支撑作用。

鸦

鸦科的成员对大多数当地人来说都相当熟悉，因为这些鸟通常又大又嘈杂，很引人注意。有些种类，如家鸦，特化为与人类共存，已经在大城小镇生活了数个世纪。也有些种类，包括短嘴鸦和澳洲鸦，近年来才进入城市，但如今在那里已有大批定居者。冠蓝鸦是北美地区最经常光顾人工喂鸟装置的鸟之一，得益于人类的友好，这种鸟的分布范围正在向西扩展。

鸦的体型、着色、智慧及食腐习性使它们频频出现在民间传说中。在欧洲，乌鸦和渡鸦常常被认为是不祥的征兆，很可能是由于它们在战场上的食腐行为所造成的。渡鸦在北美土著民族的传统中则具有积极的象征意义，被视为缔造者和民间英雄的化身。

时至今日，人们对鸦的态度仍有明显的分歧。许多人认为它们是有害的掠食者，需要加以控制；而其他人则钦佩它们拥有像人一样的智慧和群居性。

体大、强健、聪慧
形态与功能

鸦科中有体型最大的雀形目种类渡鸦类，此外还有多种相对较小的鹊类、蓝鸦类等。有些被认为是鸟类界最具智慧的种类。许多种类栖息于林地，事实上，亚洲和南美的大部分蓝鸦类和鹊类几乎仅限于森林。而欧洲和北美众多为人熟悉的种类则喜居开阔的栖息地，非洲和澳大利亚则没有森林种类。

鸦科中分布最广、最为人们熟知的无疑是鸦属的乌鸦类和渡鸦类。这些鸟体型大，尾短

↗在印度尼西亚的巴厘岛上，一只塔尾树鹊在炫耀它那刮铲形的长尾，这样的尾使它成为鸦科中最具特色的种类之一。这种鸟栖息于东南亚许多地方的森林边缘地带。

2种星鸦分别生活在欧亚大陆和北美。其中，欧亚大陆的星鸦主要呈栗色，有白色条纹，而北美星鸦以灰色为主。2个种类都主食种子或坚果，冬季则依靠贮藏的食物储备过冬。

许多长尾的鸦都被称为"鹊"，虽然它们之间似乎并没有密切的亲缘关系。这些鸟中既有呈斑驳色的欧洲、亚洲和北美的鹊类，也有不少着色鲜艳的南亚种类如蓝绿鹊以及中国台

↗ 鸦的代表种类
1.秃鼻乌鸦这一欧亚种类以其繁殖群庞大而著称；2.渡鸦，鸦科中体型最大的成员，由于遭枪击和中毒，如今这种鸟在人口稠密的地区已不常见；3.松鸦见于从英国至日本的温带林地中；4.一只冠蓝鸦衔着一枚橡果，这是它最喜爱的食物；5.一只喜鹊衔着一枚浆果。

或中等长度，体羽为全黑、黑白相间、黑色和灰色，或浑身乌褐色。该属在欧洲的代表种类有渡鸦、小嘴乌鸦、羽冠乌鸦、秃鼻乌鸦和寒鸦；在南亚有家鸦和大嘴乌鸦等种类；在非洲包括非洲白颈鸦和非洲渡鸦。在北美和澳大利亚有多种一身黑的乌鸦，在结构和外形上都很相似，只是鸣声不同。因此，北美的短嘴鸦、鱼鸦、西纳劳乌鸦和墨西哥乌鸦更容易通过声音而非外形来区分，澳大利亚的澳洲鸦、小嘴鸦、澳洲渡鸦等种类则几乎只能靠鸣声来辨别。在向偏远岛屿扩张方面，该属也比科内其他各属更为成功，在西印度群岛、印度尼西亚、西南太平洋和夏威夷都有局部分布。

红嘴山鸦和黄嘴山鸦2种山鸦拥有和鸦属种类相似的全黑式光滑体羽，只是喙较细长，下弯，呈红色或黄色。过去它们被认为与鸦属种类具有密切的亲缘关系，但近来的基因研究表明，山鸦与科内其他种类都不同。它们主要为山鸟，分布范围可达喜马拉雅山近9000米的峰顶，同时在某些地方也见于海边岩崖附近。

知识档案

鸦
目 雀形目
科 鸦科
24属118种。

分布 全球性，除北极高纬度地区、南极、南美南部、新西兰及多数海岛。

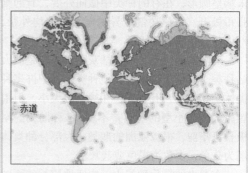

赤道

栖息地 多种栖息地，包括森林、农田、草地、沙漠、草原、苔原。

体型 体长19～70厘米（包括某些鹊类的长尾），体重40～1500克。

体羽 一般为全黑，或者黑色带白色或灰色斑纹；许多种类的翅和尾有醒目的斑；不少蓝鸦类有亮丽的蓝色、栗色、浅黄色或绿色斑纹。两性在羽色方面通常相似。

鸣声 多种刺耳的声音，也有些相对悦耳的鸣声。有些种类能够效鸣。

巢 由树枝筑成的碗状结构，位于树上，衬有柔软物质。有些筑圆顶巢或营巢于洞穴中。

卵 窝卵数一般为2～8枚；白色、浅黄色、米色、淡蓝色或浅绿色，常有深色斑。孵化期16～22天，雏鸟留巢期18～45天。

食物 丰富多样，包括果实、种子、坚果、昆虫、地面无脊椎动物、小型脊椎动物、其他鸟的卵或腐肉。许多种类（或许为大部分种类）会贮藏食物。

鸦的部分种类

种类包括：红嘴山鸦、黄嘴山鸦、短嘴鸦、澳洲渡鸦、小嘴乌鸦、渡鸦、寒鸦、鱼鸦、灰乌鸦、夏威夷乌鸦、羽冠乌鸦、家鸦、大嘴乌鸦、小嘴鸦、关岛乌鸦、新喀鸦、非洲白颈渡鸦、秃鼻乌鸦、西纳劳乌鸦、墨西哥乌鸦、澳洲鸦、非洲渡鸦、白尾地鸦、冠蓝鸦、暗冠蓝鸦、红嘴蓝鹊、褐鸦、北美星鸦、星鸦、松鸦、丛鸦、西丛鸦、灰胸丛鸦、灰噪鸦、北噪鸦、蓝头鸦、青绿蓝头鹊、蓝绿鹊、喜鹊、盘尾树鹊、塔尾树鹊等。

湾蓝鹊。这些鹊类都具有短而强健的喙、变异的长尾，亚洲的鹊类尾上有黑白斑。亚洲的鹊和鸦之分主要依据尾的长度，但这些种类之间真正的关系仍有待进一步研究。东南亚的树鹊类上喙相对较短却明显弯曲，长尾的中央尾羽末端呈圆形，在有的种类中微向外展，有的则张得极开。塔尾树鹊变异的尾羽末端均外张，形成与众不同的刮铲形。

美洲的蓝鹊类（不包括灰噪鸦，它是旧大陆种类）有别于科内的其他种类。其中许多种类体型相当小，有些甚至和鸫一般大小。但褐鸦较大，与小型的乌鸦差不多。2 种鹊鸦的尾极长且华丽，很像亚洲的鹊类。大部分种类体羽为蓝色，少数为褐色或蓝灰色。

在科内的异化种类中，中亚地鸦类的不同寻常之处在于它们基本生活在地面。它们栖息于干旱的半沙漠地带和草原地带，遇有危险时通常跑离而非飞走。（体型小许多的褐背拟地鸦曾被认为与地鸦类有亲缘关系，如今被归入山雀科。）

然而，除了地鸦类和其他极少数特例外，鸦科整体而言相当统一。体型大，身体结实，腿、喙强健；外鼻孔由须状羽毛覆盖，这一点使绝大部分鸦有别于其他鸣禽。（某些椋鸟、卷尾鸟和极乐鸟也有类似特征。）鼻须一般相当明显，而塔尾树鹊的鼻须特别密、短，似一团天鹅绒。只有蓝头鸦终生都没有鼻须。秃鼻乌鸦和灰乌鸦在雏鸟时鼻孔覆须，但随着发育长大，鼻须逐渐消失，最后脸部只剩裸露皮肤。

鸦的适应能力和聪明才智在它们的食物和觅食行为中体现得最为突出。大多数种类既食动物性食物也食植物性食物，尤其是大的昆虫和小坚果。许多种类能迅速适应对新的人工食物源的利用。鸦普遍具有强健、通化的喙，对付食物游刃有余。多数种类在撕裂食物时还会使用脚来抓持。许多只用下颌骨来啄食持在脚上的食物，而蓝鸦类则在下颌骨上长有一个特别的骨质突，使这一行为变得更为高效。不少种类都有过"浸泡"或"清洗"食物的记录，也许是为了去除黏性物质或软化硬质食物。贮藏食物在鸦科种类中也很普遍。新喀鸦则会制作工具来帮助获取食物，它们会对树枝和树叶进行处理后用来探入树洞中寻找昆虫蛹。这种鸟会在不同的地方制作不同类型的工具，有些甚至能制作钩来钩取猎物，实为动物世界中的一绝。

人们常常认为鸦几乎能以食任何食物为生，然而许多人工饲养个体虚弱的身体状况表明它们的营养需求与其他绝大部分鸟类并无多大差别。事实上，杂食性并不代表就能始终获得食物，许多种类的鸦在雏鸟全部孵化后无法找到足够的食物来喂雏。

鸦的长寿也可能被粗心的观鸟者们高估了。由于鸦往往会在适宜的领域内一代一代地生生不息，所以会有古老的民间说法认为"乌鸦的寿命是人的 3 倍，而渡鸦的寿命是乌鸦的 3 倍"。实际上，人工饲养的渡鸦有记录的最长寿命是 29 年，而且那只渡鸦为自然老死，说明野生的渡鸦通常活不到那么久。对几种乌鸦个体做以标记进行跟踪研究发现，有 1/3 ~ 1/2 的雏鸟在出生第一年内死亡，并很少有成鸟能活 10 年以上。不过，这样的存活率在鸟类中也已经是相当高的了。因此，一些

↗蓝绿鹊是几个长尾、色泽艳丽的亚洲种类之一。这几种绿鹊很可能与蓝鹊类（而非更为人们熟悉的美国和欧洲的鹊类）的亲缘关系更密切。

大型的鸦以雀形目鸟的标准来衡量的话似乎确实属长寿之列。

数项对做以标记的鸟的研究表明，多数种类的鸦至少出生2年后才开始繁殖，有些短嘴鸦个体直至六七岁才繁殖。不过，小嘴乌鸦和喜鹊在出生后次年便会成对维护领域。这种性成熟的延后现象可以反映出繁殖机会的不足或是为了让雏鸟在开始繁殖前积累更多的经验。

协作繁殖
繁殖生物学

鸦科多数种类会维护它们各自营巢繁殖的领域。如渡鸦、松鸦和西丛鸦的配偶双方都会向进入领域的入侵者发出威胁。少数种类实行群体营巢，比较突出的有寒鸦，松散的群体营巢于洞穴中；秃鼻乌鸦较为密集的群体在树顶营巢。营群巢的种类终年群居，而许多维护繁殖领域的种类在非繁殖期会成群，其中一些会形成大的栖息群体。其他种类，如佛罗里达丛鸦，则长年坚守自己的领域。短嘴鸦虽然也长年维护领域，但在一年的某些时期内会组成大的觅食群和栖息群，它们在白天维护领域，夜间则加入领域外的栖息群中。对数个种类的个体做标记后进行跟踪研究发现，这些鸦会年复一年地长期占据同一领域，而配偶关系常常维系终生。有些佛罗里达丛鸦个体一生都不离开它们亲鸟的领域，并且就在它们出生的地点进行繁殖。

有数个种类的繁殖期与食物供应的高峰期吻合，以利于雏鸟的发育。如秃鼻乌鸦在英格兰为3月产卵，正好赶上4月蚯蚓的繁盛期；松鸦在4月末至5月产卵，随后迎来5月底、6月初树上食叶毛虫的高峰期。

许多种类实行协作繁殖，有2只以上的鸟照看一窝雏并帮助喂食。最常见的是协助方为繁殖配偶的后代，在巢域内已生活1年或1年以上。这种情况在松鸦中尤为普遍。而在乌鸦类中，已知的仅见于短嘴鸦和小嘴乌鸦的某些种群。短嘴鸦的"大家庭"可包括15个成员，均为一对配偶的后代，它们留在巢域内生活可长达6年或更长时间。在灰胸丛鸦中，会出现数对配偶同时在一个群体领域内营巢的现象，

↗佛罗里达丛鸦为美国西部丛鸦的一个孤立亲缘种，如今被世界自然保护联盟列为易危种，原因是房地产业和柑橘种植业大量介入这种鸟在"阳光地带"的栖息地，至2000年，该丛鸦的数量仅为1万只左右。

那些领域内的其他个体会给几个巢的雏鸟喂食，而那些繁殖配偶在自己的雏鸟离巢后也会给其他巢的雏鸟喂食。DNA检测研究发现，一个巢中的雏鸟事实上会是数对配偶的后代。相比之下，在与灰胸丛鸦有密切亲缘关系的佛罗里达丛鸦中，协作繁殖模式则要简单得多，一个巢内的所有雏鸟全部是一对繁殖配偶的后代。

在绝大部分种类中，雌鸟独自孵卵（在2种星鸦中为双亲孵卵）。在巢中孵卵的雌鸟通常由雄鸟和协助者喂食。由于孵卵一般始于最后一枚卵产下前，因此一窝雏会在数天里陆续孵化，致使各雏鸟大小不一。当食物匮乏时，最小的雏鸟往往死亡。在有些乌鸦种类中，最小的雏鸟会在出生后即被抛弃，以减少雏鸟对有限的食物供应的竞争。双亲喂给雏鸟的食物常常贮藏于喉部带回巢。绝大多数种类（倘若不是全部的话）的雏鸟在会飞离巢后仍由双亲喂养数周，并且至少在部分种类中，它们完全独立后会继续在亲鸟的领域内逗留数月；而在协作繁殖种类中，它们则会留下来生活若干年，或者在离开数周至数月后重新返回。

机智的乌鸦和
谨慎的丛鸦

● 有许多种鸦会用它们的智慧来高效地获取食物。生活在南太平洋瓜德普罗岛和梅尔岛上的新喀鸦进化出了非常高超的觅食技巧。其中尤为令人惊叹的是这种鸟会使用工具将昆虫和蛆（它们的主要食物）从树缝中赶出来。为此，它们不仅会从森林地面找来树枝直接用之，而且还能用多种原材料（如竹子、树叶的中脉和边缘等）来制作工具。常见的工具包括通过不同方式做成的各种钩（如图中所示的倒钩工具，乃是将一根森林中的藤茎剥光，只剩末端的刺）以及标准的渐尖式"探针"——用喙撕碎露兜树的纤维叶而得。制作工具的行为在整个动物王国都极为罕见。

● 生活在日本仙台市的小嘴乌鸦发明了一种充满创意的方法来碾碎用喙无法撬开的胡桃。它们栖于交通灯上，等信号变红、车辆停下时飞到路面将胡桃放下。待转为绿灯后，它们避到安全的地方，而车辆将胡桃压碎。当再次红灯时，它们迅速飞过去捡起桃仁。鸦借助人类活动来解决问题的另一个例子则来自北欧冰上渔民的逸事趣闻：羽冠乌鸦学会通过浮标来判断冰洞下面装有诱饵的鱼钩是否被鱼食入。得出肯定的结论后，它们会飞下来，用喙将鱼线往上拉，同时用脚抓住地面防止滑动，最终熟门熟路地将"非法所得"占为己有。

● 在剑桥大学，对西丛鸦的实验研究证实了对这种鸟在野外观察后所作的假设，即那些窃取其他鸟所藏食物的个体在它们自己的贮藏行为被注意到后，会更倾向于将自己的食物转移到别的地方。由此抽象为，盗窃的鸟具有利用对过去经历的记忆来规划未来的能力，研究小组将这种能力称为"心理的时间之旅"。这一发现表明，"心理理论"（个体自身的经历会映射在其他个体的意图和信念中）可能并不只存在于人类中。在丛鸦充满竞争的群居世界里，它们记住自身的行为并预测其他成员的行为显然大有裨益，而这也似乎培养了它们审慎的思维能力。

● 为了调查鸦在使用和制作工具时是否具有认知功能（表现为适应性思考的复杂心理过程），牛津大学的一个研究小组对 2 只新喀鸦"贝蒂"和"阿伯尔"做了一系列实验。在一项确定它们是否理解工具的基本物理原理和功能的实验中，2 只鸟被要求从一根直树枝和一根弯树枝中选择一样，用来取回一个直立于试验管底部的一桶食物。结果两者都选择了正确的工具并成功地取出

了食物（见左图）。随后，当只提供直的金属丝时，贝蒂通过将金属丝反复弯曲最后制成了钩（见右图）。上述实验表明，这些鸟并不简单地遵循已会的行为模式，而是能够调整它们的行为来满足具体任务的需要。生物学家们希望通过对这种鸟学习能力的进一步研究以及对它们脑的解剖来更多地了解它们究竟是如何获得这种特殊本领的。

极乐鸟

　　极乐鸟，或者说至少是体羽豪华壮观的雄性成鸟，被许多人认为是世界上最华美绚丽的鸟。如黑镰嘴风鸟，其中央尾羽犹如一把1米长的军刀。它们极为活跃且喧嚣，像鸦或椋鸟那样有着强健的脚爪；既有单性态、隐蔽性强的种类，也有呈明显性二态的种类；既有单配制，也有一雄多雌现象。

　　之所以被称为"极乐鸟"，乃是因为当初西方人接触到的第一批雄性成鸟的样本为一堆连腿都没有的空外壳（提供样本的是巴布亚人，数千年来，羽毛交易在巴布亚及其周围地区都是一项重要的商业活动），这使16世纪的自然学家们认为既然没有胃也没有腿，那么这些美丽的鸟一定终日漂游在"极乐天堂"，只有死后才坠落到地面。

　　在过去的上万年里，对新几内亚和邻近岛屿的部落民族来说，极乐鸟一直是各种神话、仪式、个人饰物、舞蹈的焦点。没有其他哪一科的鸟能像极乐鸟（尤其是一雄多雌种类的雄鸟）那样在体羽结构和着色上表现出如此的多样性，这些用以吸引择偶雌鸟的绚丽羽毛代表了对"性选择"的一种终极表述。

华丽的雄鸟
形态与功能

　　单配制种类两性相似，而一雄多雌种类一般呈现出性二态，程度从轻微到极致不一。5种均为蓝黑色的辉极乐鸟、同样体羽暗淡的褐翅极乐鸟以及一身黑色的麦氏极乐鸟在体羽上不存在两性差异，被认为是单配制种类。两种性单态的肉垂风鸟也曾被认为是单配制，但如今已知其中一种为多配制。其他色彩相对更为鲜艳的性二态种类似乎都是一雄多雌制。

　　一雄多雌种类的雄鸟体羽极为多样化，从以黑色为主同时有一片片色彩鲜艳、富有金属光泽的区域，到集黄色、红色、蓝色和褐色于一身同时又有大量特化的炫耀羽饰或由变异

↗图中的王极乐鸟是全科最小的种类，而最大的种类为卷冠辉极乐鸟。王极乐鸟的巢为杯形巢，筑于树缝中。

知识档案

极乐鸟

目 雀形目

科 极乐鸟科

17属42种。种类包括：蓝极乐鸟、新几内亚极乐鸟、黑镰嘴风鸟、褐镰嘴风鸟、王极乐鸟、萨克森极乐鸟、劳氏六线风鸟、瓦氏六线风鸟、长尾肉垂风鸟、丽色极乐鸟、丽色掩鼻风鸟、大掩鼻风鸟、小掩鼻风鸟、褐翅极乐鸟、绶带长尾风鸟、幡羽极乐鸟、麦氏极乐鸟、黄胸极乐鸟、卷冠辉极乐鸟、号声极乐鸟等。

分布 印度尼西亚摩鹿加群岛北部、新几内亚、澳大利亚东部和东北部。

栖息地 热带森林、山林、亚高山带森林、干草原林地和红树林。

体型 体长15～110厘米，

南回归线

体重50～450克。雄鸟一般大于雌鸟，黄胸极乐鸟除外。

体羽 大部分雄鸟色彩缤纷，具有复杂华丽的饰羽；雌鸟和雄性未成鸟则具有暗淡的保护色，腹部常有横斑。有些单配制种类为全身黑色或蓝黑色。

鸣声 多样，有似鸦叫的声音，有似枪响的声音，也有钟声般的鸣声。

巢 通常为敞开的大型杯形巢或碗状巢，由附生兰的茎和（或）蕨类植物、藤本植物、树叶筑成，位于树杈或藤蔓之间。

卵 窝卵数1～2枚，少数情况下为3枚；浅色，一般底色为粉红色，有多种颜色的斑纹，经常有犹如笔画粗的长条纹，集中在大的一端。孵化期14～27天，雏鸟留巢期14～30天。

食物 很多为食果类，有些为食虫类，此外也食叶、芽、花、节肢动物和小型脊椎动物。

的羽毛形成的各种奇形怪状的头"线"和尾"线"，简直令人眼花缭乱。不过每个一雄多雌制的属都有一种基本的雄鸟体羽结构，在求偶炫耀时通过该属所特有的方式展示出来，以最佳的效果呈现在潜在的配偶面前。有几个种类

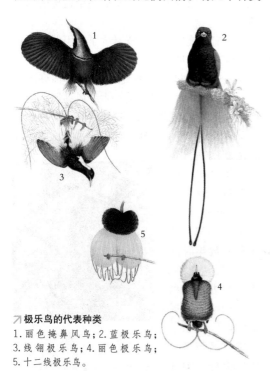

极乐鸟的代表种类

1.丽色掩鼻风鸟；2.蓝极乐鸟；3.线翅极乐鸟；4.丽色极乐鸟；5.十二线极乐鸟。

还具有着色艳丽的裸露皮肤（头、肉垂、腿、脚），雄鸟的这些部位比雌鸟醒目，因而可能同样与求偶有关，当然也可作为区别种类的依据。在一些种类的雄性成鸟中，部分外侧初级飞羽的形状发生了不同程度的变异，也许是用以在炫耀飞行时发出声响。已知单配制种类的雌鸟会发出清晰可闻的鸣声，但在一雄多雌种类中，所有响亮的鸣声均来自炫耀的雄鸟，而雌鸟基本沉默。辉极乐鸟类有盘绕起来的长气管，被置于胸肌上方的皮下组织，由此产生低沉、可传至很远的颤鸣，为极乐鸟中所独有。

长期以来，园丁鸟被认为与极乐鸟亲缘关系最密切，有些鸟类学者将两者合为一科，即极乐鸟科。然而，随着越来越多的生物和分子鉴定问世，如今已很清楚，极乐鸟最密切的亲缘鸟类为鸦和类鸦鸟这些更高级的鸣禽和雀形目鸟，而与园丁鸟的亲缘关系相对较疏远。

镰冠极乐鸟、鸦嘴极乐鸟和黄胸极乐鸟3个种类形成"宽嘴"系列，它们均筑圆顶巢，幼鸟和雌鸟的体羽也与其他种类不一样。3种鸟在科内的不同寻常之处还在于自始至终都只食果实（它们很宽的嘴裂便是对这种食物方式的适应），并且腿脚较弱。它们一直被视为极乐鸟科中一个富有特色的亚科，然而经过近年

来的分子研究，它们现在被认为应当成为一个独立的科，与极乐鸟并无亲缘关系，而是为相对原始的鸣禽类。此外，麦氏极乐鸟也是科内值得怀疑的一员，如今的分子研究表明，它很可能属于吸蜜鸟科。

人们对一只小黑脚风鸟的一份旧样本做了一次 DNA 检测，结果发现这种见于新几内亚高地、外形似八色鸫的鸟或许应归入极乐鸟科。但随后对该鸟繁殖生物学和外部形态的研究清楚表明，它与极乐鸟基本无共同之处。

源于新几内亚
分布模式

绝大部分极乐鸟限于新几内亚和邻近岛屿，这里无疑是本科的发源地。不过，褐翅极乐鸟和幡羽极乐鸟见于印度尼西亚的摩鹿加群岛北部，大掩鼻风鸟和小掩鼻风鸟则见于澳大利亚东部有限的区域内。而在新几内亚岛有广泛分布的丽色掩鼻风鸟和号声极乐鸟其分布范围也恰好抵达澳大利亚东北端的湿林。

部分新几内亚种类广泛分布在低地，然而大多数种类分布范围有限且（或）零散，在山区的栖息地海拔高度不连续。另有少数种类生活在近海岛屿上。大部分种类栖息于热带湿林、山林至亚高山带森林中，少数栖于亚高山带林地、低地草原或红树林里。

食物多样
食性

极乐鸟为杂食类，食物丰富多样，不过若考虑到种类之间巨大的体型和喙形差异，这种多样性就不足为奇了。极乐鸟的喙从像鸦那样短而结实的喙到像椋鸟那样细巧的喙再到长而下弯的镰刀形喙（用以在苔藓和树皮下面以及其他喙无法够到的叶基之间捕食节肢动物、昆虫蛹和其他猎物）应有尽有。大多数种类以食果实为主，同时也食多种节肢动物、小型脊椎动物、叶和芽。镰嘴风鸟类和掩鼻风鸟类则高度特化为食虫鸟，很少食果实。此外，掩鼻风鸟类为长喙型鸟，雌性成鸟的喙通常比雄性成鸟的大。这一点值得注意，原因在于许多极乐鸟在非繁殖期必须应对资源有限的困境。那时

喙形的性别差异可大大降低两性之间对有限的节肢动物资源的竞争，因为雌雄鸟会选择不同种类或不同大小的猎物。

典型的极乐鸟会使用它们的脚来抓持或处理食物（园丁鸟不会这么做）。而亲鸟会以回吐方式来喂雏（这也有别于园丁鸟）。雏鸟刚孵化出来时，亲鸟喂以节肢动物，但慢慢地转为以果实喂食或者以果实与节肢动物混合喂食。

终极炫耀
繁殖生物学

极乐鸟的各个属表现出从单配制到一雄多雌制的多种繁殖行为。单配制种类的配偶关系似乎为常年性，配偶共同维护一片多用途的繁殖领域，一起看巢、育雏。然而，大部分极乐鸟实行一雄多雌的交配机制，雄鸟与多只雌鸟发生交配，而只有雌鸟单独营巢：从筑巢、孵卵到抚养后代，雄鸟都不会参与。多配制的雄鸟其炫耀方式既有单独炫耀也有集体的展姿场机制，还有多种中间形式。雄鸟会占据一处求偶场所——某块地面炫耀场或者一根或数根栖木，一片领域内可包括一个或多个这样的求偶场所。

多配制雄鸟的炫耀既是为了吸引雌鸟，也可用以建立雄鸟的支配等级（如在聚集于展姿场的极乐鸟属极乐鸟种类中）。和其他许多雄极乐鸟一样，六线风鸟类（六线风鸟属）的雄鸟在地面求偶场或栖木上单独炫耀，而这些地方会被后代年复一年地使用。要占据这些传统的炫耀场所，年轻的雄鸟必须耐心等待，因为它们像年轻的雄园丁鸟一样，往往需要数年时间（也许长达 7 年）才能褪去和雌鸟体羽相似的未成年体羽。由于一只雄成鸟与多只雌鸟交配，因此

↗威氏极乐鸟的栖息地尚不特别清楚，但通过其头顶的蓝色裸露皮肤，这种鸟一眼就能被辨认出来。

繁殖雄鸟的数量相对于雄性未成鸟及雌鸟的总数而言显得很少。来自雄性未成鸟和雄成鸟对手的压力则使得只有最健壮的雄成鸟才能在繁殖群中占得一席之地，也只有最出色的雄性未成鸟才能继承炫耀场所。有意思的是，人工饲养的年轻雄极乐鸟繁殖相对较早，都还没有长出成鸟体羽就开始繁殖，这表明在野生界居支配地位的雄性成鸟的存在抑制了其他雄鸟的性激素分泌。雌鸟则没有出现这样的抑制现象，它们在长到 2 ~ 3 岁时便能进行繁殖。

虽然这样一种少数雄鸟使多数雌鸟受精的繁殖机制导致极乐鸟各种类的雄鸟外表进化得各不相同，但其实它们在基因上仍是相当接近的。因此，雄鸟外形明显不同的 2 个种类在基因上也许是有联系的，于是当它们相遇时便有可能发生杂交。迄今为止，有记录的极乐鸟杂交现象，属之间的有 13 次、属内部的有 7 次，均发生在种类的分布范围和喜居的栖息地出现重叠的区域。由此可见，不仅同一个属内的种类会进行杂交，即使来自不同属的种类，即雄鸟的外形有可能截然不同，也会杂交。这样，杂交产生的后代长大成雄性成鸟后会继承双亲各具特色的体羽特征。而许多这样的鸟曾被错误地认为是新的种类（因为大部分仅是基于对一两只个体的了解）。

某些种类的食物以热带森林果实为主，这似乎对一雄多雌制的发展起着重要作用。果实的质量和（或）果实在森林中的时空分布情况可能会左右这些鸟繁殖机制的类型及雄鸟扩散和炫耀的方式。在果实极度繁盛的季节，多配制的雄鸟大部分时间都会在炫耀场度过，雌鸟得以能够单独营巢育雏，但果实临时性的广泛分布使那时的领域维护成为一大难题。

极乐鸟一般在树枝上筑敞开的杯形巢或碗状巢，有些种类喜欢将巢筑于森林空隙带中孤立的树苗的小树冠上（不过树叶茂盛），这样可以降低攀树型掠食者对卵、雏鸟和营巢成鸟的威胁。巢材为附生兰的茎和（或）蕨类植物、藤本植物、树叶。

极乐鸟的卵通常为椭圆形，粉红色至浅黄色，带犹如笔画的长宽条纹，颜色有褐色、灰色、淡紫色或紫灰色。一窝为 1 ~ 2 枚卵，少

↗ 在一雄多雌制的新几内亚极乐鸟中，当雄鸟将雌鸟吸引到它的展姿场来后，就会开始它精心的炫耀：身体前倾，尾翘起，头低下，翅伸挺。

数情况下达 3 枚。卵似乎为连续产下（不像园丁鸟那样隔天产 1 枚卵）。孵化期为 14 ~ 27 天，雏鸟留巢期 14 ~ 30 天，高海拔地区的种类相应延长。无证据显示极乐鸟在 1 个繁殖期内会育 2 窝雏。

易危但未濒危
保护与环境

目前尚未有极乐鸟濒危，不过有 4 个种类（蓝极乐鸟、麦氏极乐鸟、瓦氏六线风鸟和黑镰嘴风鸟）被列为易危种，另有 8 个种类为近危种。而这些鸟在它们分布范围内的大片区域里仍然可能是安全的，因为那里人类难以进入，很大程度上不会介入。但有些种类，包括西巴布亚地区（新几内亚西部，以前为伊里安查亚）的几个种类尚无任何调查，有待进行客观的评估，有可能其中分布范围有限的数个种类已受到栖息地破坏的威胁。

极乐鸟中最易受威胁的种类或许就是最引人注目的蓝极乐鸟，因为对这种鸟的生存具有至关重要意义的中部山林因农业发展正日益减少，当然还有人类对它们优美的羽毛的需求。而它们有可能进一步受到新几内亚极乐鸟的潜在竞争，后者的分布区与蓝极乐鸟分布区的海拔下限相连，且适应性更强。

黄鹂

黄鹂是一种鲜艳亮丽的鸟，雄鸟身上覆有大片夺目的黄色、红色或黑色。黄鹂的英文名"oriole"被认为是源于拉丁语"aureolus"一词，意为"金色"。然而，尽管色彩绚丽，却很少见到它们的身影，原因是黄鹂往往栖于森林或林地的树荫层。不过，悠扬清脆的歌声和鸣叫常使观鸟者们在瞥见一抹金色或红色之前便已意识到它们的存在。

黄鹂的大洋洲亲缘种裸眼鹂着色具隐蔽性，为绿色和灰色，但成群的习性使它们更容易被发现。黄鹂与新大陆的拟鹂并没有密切的亲缘关系，后者属于一个完全不同的科：拟鹂科。

树荫层之鸟
形态与功能

所有黄鹂在形状和体型上都颇为相似。印度尼西亚和新几内亚的岛屿上种类最多样化，体羽颜色也最为丰富。非洲的黄鹂，羽色几乎均为黄色和黑色（只有一个种类为黄色和橄榄绿色）。相比之下，澳洲黄鹂的羽色从黑鹂的全黑（尾下覆羽为栗色）、朱鹂的朱红色和黑色到裸眼鹂的暗黄绿色，显得丰富多彩。多数种类为定栖性鸟，有些种类为寻觅果实会进行大范围活动，少数为真正的候鸟。金黄鹂冬季从欧洲迁徙至非洲的非繁殖地，另有中亚的种类在印度越冬。

所有种类都见于森林或林地，并限于在树上觅食，只有金黄鹂和东非黑头黄鹂在地面觅食掉落的果实或在草丛觅食昆虫。黄鹂是少数食大量毛虫的鸟之一，它们在树枝上将大的昆虫摔死，将毛虫剥皮。

绝大部分黄鹂为独居，或成对、成家庭单元生活。在非洲，非洲黄鹂、东非黑头黄鹂和绿头黄鹂偶尔会加入混合种类的觅食群体，和其他鸟一起徐徐穿过森林或林地。当单独觅食时，黄鹂经常在果树之间或其他食物源之间做1~2千米的长距离飞行。而食果习性也使黄鹂会与人类产生矛盾，因为它们会进入果园觅食樱桃、无花果或枇杷。

裸眼鹂比黄鹂着色暗淡，体更沉，行动也相对较笨拙。与黄鹂微弯的喙不同，裸眼鹂的喙短而结实，末端具钩。它们的群居性比黄鹂突出，经常结成嘈杂的小群，多时可达30只。它们在森林中不同的树上到处觅食繁盛的果

裸眼鹂广泛分布于大洋洲。

实。裸眼鹂会给桑葚和无花果等果实经济作物带来损失，与人类利益发生冲突。

在印度尼西亚的一些岛屿上，当地的黄鹂和吮蜜鸟在体羽方面惊人的相似，简直难以区分。同时，它们在生态习性上也相近，在同一棵树上觅食果实时，体型相对较小的黄鹂通过效鸣（模仿对方的鸣声）来避免遭到体型较大的吮蜜鸟的攻击。

↗ 一只雄金黄鹂在配偶的注视下给雏鸟喂食

这种鸟是欧洲唯一的黄鹂种类，其分布范围延伸至非洲和亚洲。

有待进一步揭秘
繁殖生物学

许多黄鹂由于生活在森林树荫层上层，行踪隐秘，因而人们对它们的繁殖习性知之甚少。事实上，有几个种类的巢和卵至今都还未被发现过。研究最详细的种类之一为欧洲的金黄鹂，这种鸟占有大片的领域，基本上为单配制，但会有多达4只雄性协助者帮助营巢。

黄鹂的巢为杯形巢，很深，由草和须地衣等质地优良的巢材精心编织而成，悬于树枝下面，末端有几分像吊床。衬材为更柔软细密的材料。特别是那些用须地衣筑成的巢，常常有巢材垂下来，使巢变得隐蔽。在非洲的黄鹂种类中，巢更多地位于树的内层，很少筑于树荫层的外缘。在北方种类中，雌雄鸟共同筑巢并分担孵卵和育雏之责。而在所研究的少数热带种类中，孵卵基本由雌鸟完成，雄鸟负责提供食物。

裸眼鹂的巢比黄鹂的巢浅而薄，筑于树荫层长树枝末端的树杈处。巢材为细枝和草，不像黄鹂那样精心编织成巢。

面临威胁
保护与环境

有3种黄鹂被认为全球性受胁。淡色鹂仅见于菲律宾的吕宋岛，那里的森林破坏严重威胁着这种鸟的数量。白腹黄鹂限于西非外海的小岛圣多美岛上，它们的森林栖息地面临被可可豆种植业蚕食的危险。而繁殖于中国南部小片常青阔叶林中的鹊鹂则受到来自木材砍伐的压力。

知识档案

黄 鹂

目 雀形目

科 黄鹂科

2属28种。种类包括：东非黑头黄鹂、非洲黄鹂、黑鹂、金黄鹂、绿头黄鹂、淡色鹂、朱鹂、白腹黄鹂、鹊鹂、绿裸眼鹂、白腹裸眼鹂等。

分布 非洲、亚洲、菲律宾、马来西亚、新几内亚和澳大利亚，欧洲有1个种类，大部分种类集中于全科分布范围的东半部。

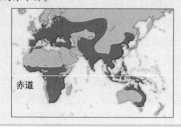

赤道

栖息地 林地和森林。

体型 体长20～30厘米，体重50～135克。

体羽 以黄色为主，或为黄色和黑色，偶尔为朱红色和黑色。雌鸟除少数特例外一般着色不如雄鸟醒目，不少种类的雌鸟体羽带条纹。裸眼鹂为相对暗淡的橄榄绿、灰色和黄色，雄鸟眼周围为红色的裸露皮肤。

鸣声 黄鹂具有清脆、婉转的鸣啭，也有低沉的鸣声或哀鸣声。有些黄鹂能够效鸣。裸眼鹂会发出奇特的啁啾声。

巢 敞开的杯形巢，筑于树的高处。

卵 黄鹂的窝卵数为2～4枚，裸眼鹂通常为3枚；苹果状；暗橄榄绿色，带有红色、紫红色、紫褐色和褐色斑纹。

食物 果实和昆虫，包括大的毛虫。

鹃鵙

鹃鵙，有时被称为"毛虫鸟"，与鹃或鵙都没有亲缘关系，只是多数种类的喙像鵙的喙，而体型及体羽色彩或模式似鹃而已。全科分为2大类：鹃鵙类（8属72种），普遍着色暗淡，体型从麻雀般大小到与鸽子差不多；色彩醒目的山椒鸟类（1属13种），相对更为活跃，群居性明显，大小和外形似鹟鸰。

与山椒鸟科亲缘关系最密切的似乎为黄鹂科，有时两科被合并在一起。传统分类学将林鵙类和鹟鵙类归入山椒鸟科，本书也采纳这一归类法。但近年来的研究表明，这两类鸟可能与啄果鸟科和钩嘴鵙科的非洲丛鵙类有更为密切的亲缘关系。

既非鹃也非鵙
形态与功能

鹃鵙有2个属见于非洲，其中非洲鹃鵙属（6个种类）限于非洲大陆，而另一个属鹃鵙属（总共47种，只有5种为非洲本地种）也分布在从巴基斯坦东部穿过东南亚至新几内亚和澳大利亚之间的广大区域。自成一属的细嘴地鹃鵙仅限于澳大利亚，食果鹃为婆罗洲所特有，而橙鹃鵙只见于新几内亚。其余的种类则分布在印度次大陆、东南亚、马来西亚、印度尼西亚、澳大利亚，北至中国和俄罗斯东部，以及一些海岛上。

鹃鵙的翅长而尖，尾（圆形或渐尖）中等长度，不少种类有发达的口须遮住鼻孔。许多种类，包括非洲鹃鵙属和鵙属的鵙类以及山椒

鸟属的山椒鸟类，在腰部及背部下侧有可竖起的羽毛，羽干呈刺状。这些羽毛平时看不见，但在防卫炫耀时会竖起，并且很容易脱落。有些属如非洲鹃鵙属和鹟鵙属刚孵化的雏鸟覆有白色或灰色绒毛，日后则长出有细密斑纹的羽毛，会与巢和周围环境极为吻合。两性通常可区别，有时差异非常明显（如在非洲鹃鵙属的非洲种类中），不过刚长齐飞羽的幼鸟与雌性成鸟相似。

鸣鹃鵙类为小型鸟类，通常呈斑驳色。白肩鸣鹃鵙的独特之处在于雄鸟的繁殖体羽为黑白色，换羽后非繁殖期的体羽变成与雌鸟体羽相似，即上体褐色，下体白色并带有些许褐色条纹。

相比之下，山椒鸟类色彩艳丽夺目；翅窄，上有醒目的翅斑；尾长、渐尖。两性差异明显，幼鸟体羽颜色和模式与雌性成鸟接近，但这一特点并不十分突出。赤红山椒鸟呈大红色，而头、喉、背、翅（大部分）和中央尾羽等部分的黑色使之显得尤为耀眼。另外，这种鸟的雌鸟也同样惹目，底色由雄鸟身上的红色变为了黄色，而黑色区域则扩展到下颚、喉和

额。这一类鸟中相对最不起眼的是灰山椒鸟，但也仍然相当漂亮：雄鸟的背和腰为灰色，尾黑白色，项和头顶黑色，额和下体则呈白色。

成群觅食
食物和觅食

科内绝大部分种类会时常成群。尤其是山椒鸟类，经常会20来只鸟嘈杂地聚在一起，穿过树顶觅食昆虫。它们中多数种类会加入混合种类的觅食群体中，这在非洲、印度和东南亚的森林和林地中很常见。鵙鵙类也有同样的觅食习性，但它们及某些鸣鹃鵙种类还会用它们相对较短的喙和很宽的喙裂在空中捕食多种昆虫。林鵙类在觅食时显得较为笨拙，行为迟缓，它们一般在飞行中捕捉昆虫，但必要时也会在地面觅食。鹃鵙属较大的鹃鵙种类会形成松散的觅食群，在森林树荫层食某些果实和昆虫。大多数鸣鹃鵙种类也食果实和昆虫，但栖于山林中的黑胸鸣鹃鵙可能仅食果实。部分鸣鹃鵙以在地面觅食为主。细嘴地鹃鵙则完全生活在地面，成小群四处走动，食物几乎全部为

↗ **鹃鵙的代表种类**
1.大鹃鵙；2.红肩鹃鵙。

小动物。

灰山椒鸟为全科唯一做长途迁徙的候鸟，它们在飞往东南亚过冬前会成群（可多达150只）聚集在中国和俄罗斯境内的繁殖地上。科内其他种类主要为定栖性或移栖性，不过澳大利亚种类会根据降雨模式进行南北方向的大范围迁移，而一些印度种类会做不同海拔之间的迁移。

知识档案

鹃 鵙

目 雀形目

科 山椒鸟科

9属85种。属、种包括：山椒鸟（类包括灰山椒鸟、长尾山椒鹟鵙鸟、赤红山椒鸟、小山椒鸟等），食果鹃、黑鹃鵙、鹟鵙类、细嘴地鹃鵙、大鹃鵙、长嘴鹃鵙、橙鹃鵙、鸣鹃鵙类（包括白肩鸣鹃鵙等、林鵙类等）。

分布 非洲亚撒哈拉地区和马达加斯加岛，从巴基斯坦穿过东南亚、中国南部、俄罗斯至日本，菲律宾、印

赤道

度尼西亚、澳大利亚以及某些太平洋和印度洋岛屿。

栖息地 茂盛的原始森林和次生林，少数种类栖于森林边缘带、落叶林地或沿海丛林。

体型 体长12~34厘米，体重20~111克。

体羽 大部分种类为某种程度的灰色，常有黑色或白色区域，雌鸟往往比雄鸟着色浅，或下体有横斑。在某些种类中，雄鸟主要为黑色，雌鸟为黄色。亚洲的山椒鸟种类色彩醒目，雄鸟以红色和黑色为主，雌鸟则主要为黄色和黑色。

鸣声 既有响亮、高音、悦耳的口哨声，也会像鵙那样发出刺耳的声音，常有复杂的鸣啭。鸣鹃鵙类会颤鸣，而鹃鵙属的一些种类会发出知了般的叫声。

巢 细巧的杯形巢，筑于高处的树杈上或附于水平的树枝上。巢材为细树枝、小树根和蜘蛛网。通常比较脆弱，但由苔藓和地衣很好地隐蔽起来。一些澳大利亚的鹃鵙种类偶尔会将巢筑在一起。

卵 窝卵数2~5枚；白色或浅绿色，带褐色、紫色或灰色斑。孵化期：在已知的种类中，小型鸣鹃鵙为14天，鹃鵙属和非洲鹃鵙属的鹃鵙种类为20~23天；上述2类的雏鸟留巢期分别为12天和20~25天。

食物 以食节肢动物为主，尤其是毛虫。有些种类也食果实，其他种类会食少量的蜥蜴和蛙。

丛䴗

较之于伯劳科普通的䴗，丛䴗科种类在它们的栖息地显得相对不起眼。然而，它们的歌声和鸣声会暴露它们的存在，如丛䴗属种类悠扬的口哨声和黑䴗属种类别开生面的齐鸣等。和伯劳科一样，所有丛䴗科种类的喙都具有锋利的钩，喙缘呈锯齿状。科内大部分鸟都非常漂亮。

丛䴗科的分类至今仍存在争议。近来一项权威的研究认为该科当含有包括盔䴗类在内的18属84个种类，但本书仍将盔䴗单独列为一科。

森林中的一抹亮色
形态与功能

丛䴗科种类着色醒目。如分布广泛的灰头丛䴗背为绿色，下体为黄色。西非的红胸丛䴗也有类似的体羽模式，只是后者在下体的颜色形态上有所不同，除了黄色，还有猩红色或橙色。仅分布于非洲西部的非洲黑䴗，下体为深红色，上体黑色，冠和尾下覆羽呈金色。另一个黑䴗种类热带黑䴗主要为上体黑色、下体白色。白喙黑䴗则一身体羽均为黑色。在前2种黑䴗中，两性相似，但在白喙黑䴗中，雌鸟显得较为暗淡，体羽无光泽。

丛䴗科种类主要为食虫鸟。然而，它们不像伯劳那样栖于枝头伺机捕猎，而是隐于浓密的植被中，像只特大号的莺在树枝和叶簇间觅食。依种类不同，猎物可取自森林的各个层面。其中某些红翅䴗属的种类，在地面跳跃活

◣ 一只红胸黑䴗在用一条条树皮编织一个精致的巢
这种鸟的巢通常筑于离地面2～7米高的树杈上，巢材还有地衣、卷须、草和蜘蛛网等。

丛鸥

目 雀形目
科 丛鸥科

7属46种。种类包括：灰头丛鸥、橙胸丛鸥、红胸丛鸥、绿胸丛鸥、非洲黑鸥、热带黑鸥、白嘴黑鸥、布氏黑鸥、黑冠红翅鸥、蓬背鸥、大嘴蓬背鸥、非洲鸥、库山丛鸥等。

分布 非洲亚撒哈拉地区，另有黑冠红翅的孤立亚种见于非洲北部和阿拉伯半岛东部。

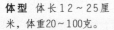

赤道

栖息地 茂盛的热带森林，低地或山区的开阔落叶林地，草原地带。

体型 体长12～25厘米，体重20～100克。

体羽 许多种类着色鲜艳，有深红色、黄色、绿色。两性通常相似，有时相异。

鸣声 多种多样。有时发出哀鸣声，也有优美的鸣啭。许多种类会齐鸣，某些还会效鸣。

巢 筑于树上或灌木上。

卵 窝卵数2～3枚；多种底色，有褐色或紫褐色条纹。孵化期12～15天，雏鸟留巢期为12～20天。

食物 主要食昆虫和其他无脊椎动物，某些种类也经常性食小型脊椎动物。

动，主要在地面捕猎。丛鸥属的较大种类具强有力的喙，可捕食小型脊椎动物，并且像伯劳一样，它们也会储备猎物。

亚撒哈拉地区的居民
分布模式

几乎所有的丛鸥科种类都生活在非洲撒哈拉以南地区，唯一例外的是黑冠红翅鸥，该种类在亚撒哈拉地区也有广泛分布，同时在北非和阿拉伯半岛也有孤立的亚种。科内大部分属既有栖于茂密的低地热带森林和山区热带森林的种类，也有栖于开阔的落叶林地中的种类。如蓬背鸥和大嘴蓬背鸥均遍布西非和中非，但前者见于稀树林地，后者见于低地森林。也有些种类如非洲鸥，则限于大草原地区。丛鸥科中大部分种类为定栖性鸟，不过有些种类会进

行局部的迁移甚至高度迁移。

丛鸥属有一大特色，即存在一大一小的"姊妹种"，着色如出一辙，生活在同一栖息地中。如橙胸丛鸥简直就是小型版的灰头丛鸥，两者均见于西非的大草原。这种重复现象的意义尚不清楚，特别是这一特点所涉及的种类在生态上并不重合。

数量缩减
繁殖与保护

据目前所知，丛鸥科所有种类似乎都为单配制，具领域性。繁殖期倾向于雨季。多数种类的求偶炫耀未曾有描述，但少数种类有详细研究。如蓬背鸥类的雄鸟会抖松腰部的羽毛，使之看上去像一团蓬松的菌类植物；而红翅鸥类会做炫耀飞行，翅和尾都展开，同时伴以悦耳的鸣啭。巢通常为精致的杯形巢，一般每窝产2枚或3枚卵。许多种类的繁殖习性仍鲜为人知。

形势最严峻的丛鸥科种类很可能便是布氏黑鸥，人们对这种鸟的了解仅限于1988年在索马里捕获的一只个体。其他有些种类也很稀少，如库山丛鸥只生活在喀麦隆西部几个小型的栖息地中，而绿胸丛鸥也仅见于喀麦隆和尼日利亚东部一个小的种群。这2种丛鸥，连同其他许多种类，都面临着来自森林退化的威胁。

↘ 一只橙胸丛鸥在照顾基本上已羽翼丰满的幼鸟。这种鸟与和它着色相似但体型大许多的灰头丛鸥共享领域。

河 乌

河乌是一类独特的雀形目鸟，善于在水下觅食。它们的形态特征使其能够在水流湍急的溪流底轻松自如地游来游去，在那里觅食水生无脊椎动物。除了这种潜水的习性，河乌的英文名字"dipper"（意为沾水的鸟）源于它们的一种炫耀行为：它们栖在溪流中的栖木上（每次觅食也是从那里开始），整个身体上下摆动，同时不断眨动它们的白色眼睑。

只见于南美有限范围内的稀有种类棕喉河乌，既丧失了水下觅食的习性，也没有了沾水炫耀这一河乌科其他种类的标志性动作。但人们第一次邂逅河乌时往往是只看见一只圆胖的深色小鸟一头扎进水流湍急的小溪便消失不见了，或者只听见在潺潺的水声中传来一声刺耳的尖叫声。

淡水潜鸟
形态与功能

所有河乌看上去都颜色深、体型胖、尾短

在它们通常的栖息地中（水流湍急的溪流边），一只白胸河乌嘴里衔着带给雏鸟的食物。白胸河乌主要在岸边捕捉蝴蝶、蜉蝣和其他昆虫。

粗，喙似鸫的喙，腿强健，脚上的爪发达。5个种类在形态上非常相似，区别仅在于体羽中白色斑或其他色斑的分布不同。它们像海洋中的海雀那样呈流线型，但略显臃肿，原因是它们有加厚的体羽用以防水和绝热，并且胸部的肌肉组织高度发达，使它们的短翅能够在水下拍动。河乌的尾脂腺也异常发达，从而保证了羽毛具有一流的防水性：当它们出水时，水滴直接从体羽上滚落下来而不会沾湿羽毛或皮肤。只要溪流不完全冰封，河乌可在气温在 −45℃ 的严冬里生存，它们甚至能够在冰下觅食。它们会在浅水中涉水觅食，也会游泳或潜水。某些种类可在水下逗留长达 30 秒钟，不过大部分潜水时间较短。猎物取自岩间、石间和草丛中，主要为水栖昆虫和软体动物，当然就摄取的生物量而言，鱼也占有重要的比例。

河乌过去一直被认为与鹪鹩的亲缘关系最为密切，然而如今的分子研究表明，与它们亲缘关系最近的是鸫和鸫。相对于其数量而言，河乌的分布显得非常广泛，一共仅 5 个种类，却见于五大洲。其中，白胸河乌的分布范围遍及非洲西北端。只有一个地方存在 2 种河乌同

↗3只美洲河乌的雏鸟从溪边的巢中探出头
美洲河乌雏鸟留巢期相对较长，为22～23天，在这段时间里，双亲共同喂雏。之后，雏鸟就需要自己去觅食。

域分布，即中亚东部，在那里白胸河乌生活在高海拔地区，而褐河乌栖于低海拔地区。5个种类的栖息地类型一样。

营巢于溪边
繁殖生物学

河乌在夏、冬两季具有很强的领域性，通过伸颈炫耀和驱逐入侵者来维护它们的领域。领域的大小取决于溪流的河床可觅食的程度。它们在食物最丰富的早春进行繁殖，通常为单配制。两性共同筑巢（需14～21天），但雌鸟分担其中大部分的工作。巢筑于树根之间、小的悬崖上、桥下或墙壁上，有时会筑于瀑布后面，成鸟穿过瀑布进出。巢大但不起眼，可能是因为筑在缝隙中的缘故，也可能是外层的苔藓使巢很隐蔽地融入了周围环境中。

雏鸟留巢期相对较长，但繁殖成功率一般较高，可达70%。倘若受到干扰，雏鸟会在出生14天后（即体重长全）离巢。颇令人诧异的是，雏鸟在会飞前便能自如地游泳和潜水。河乌的特别之处在于它们会使用同一个巢（重新垫以衬材）来育第2窝雏，连续重复使用可达4年之久。在换羽期（很短）河乌会变得很隐秘，而其中美洲河乌会暂时丧失飞行能力。雏鸟离巢后的死亡率很高，前6个月超过80%，但之后每年的死亡率维持在25%～35%之间。合适的繁殖地会被持续占据，小部分不繁殖的剩余个体（或者根本就不存在）只能频繁出没于不适合繁殖的区域。因此很少见到一只成鸟在繁殖期死亡后由其他鸟取而代之。

河 乌

目 雀形目
科 河乌科
河乌属5种：美洲河乌、褐河乌、棕喉河乌等。

分布 南北美洲的西部、欧洲、非洲北部、亚洲。

赤道

栖息地 通常为山区清澈的溪流。

体型 体长15～17厘米，体重60～80克。

体羽 主要呈黑色、褐色或灰色，有时嘴周围、背部或头顶为白色。两性外形无区别。

鸣声 各种类均会发出一种"呲"的刺耳声，此外也会有颤音丰富的鸣啭。

巢 大型圆顶结构，长、宽、深各约为20、20、15厘米，入口直径为6厘米。一般位于急流上方，由苔藓筑成，里面衬以草和枯叶。

卵 窝卵数4～6枚，通常为5枚；白色。孵化期为6～17天，雏鸟留巢期17～25天（若未受干扰，则一般为22～23天）。

食物 以水栖幼虫为主，尤其是翅目昆虫、蜉蝣、石蛾。也食甲壳动物和软体动物，偶尔食小鱼和蝌蚪。

渴望清水
保护与环境

各种形式的水质恶化都会对河乌带来巨大的威胁，诸如工业污染和酸化，矿业和农业发展导致的水流淤塞，以及农业废物排放造成的水质富营养化等。此外，河流和溪流的改道则会破坏栖息地。

上述问题在亚洲和南美的山区尤为常见，而那里生活着4种河乌。其中，棕喉河乌特别容易受到威胁，因为这一种类不仅数量少，而且分布范围小，又没有受到保护。

鸫科是一个分布广泛的大群体，在各大陆都有代表种类。但作为一个整体，它们与鹛、莺、鹟之间几乎不存在特别显著的差异，因而界定一只鸫并非易事。不过，大部分种类都具有以下特征：喙短而细；具 10 枚初级飞羽，其中外侧的那枚飞羽长度大大退化；尾羽一般为 12 枚（少数为 10 枚或 14 枚）；跗骨整体覆鳞（即正面所覆的不是分散的鳞片）；脚爪强健发达；除啸鸫类外，幼鸟体羽多斑；筑杯形巢。此外，鸫通常在地面觅食动物性食物，偶尔从树上和灌丛中摄取果实。

鸫属、夜鸫属和地鸫属中某些"真正的"鸫类以及 2 种歌鸫和两种孤鸫，具有高度发达而复杂的鸣啭，特别是能够同时发出不同的声音。这一特点使它们不仅有别于外形相似的其他鸟类如鹨，同时也有别于同一属中鸣啭本领较弱的其他鸫类。

广布而多样
形态与功能

似乎可以肯定的是，鸫起源于东亚，而如今正是那里的鸫多样性最为丰富。啸鸫类（其中含有全科体型最大的种类）生活在喜马拉雅山和其他东亚山脉的急流险滩边，喙具强有力的钩，在岸边岩石间觅食动物性食物。燕尾类（身材修长的鸟，具长尾）和水鸫类也同样特化为在山区湍流沿岸觅食。

蓝大翅鸲这种翅长、腿短、羽蓝的鸟，几乎与典型的鸫无相似之处，它归入鸫科往往让人一开始时颇感不解。这一种类具群居性，经常在空中活动，生活在喜马拉雅山和周围山脉林木线以上的高海拔地区，成群在光秃秃的山坡上觅食。同样不像鸫的还有 3 种宽嘴鸫，这些宽嘴鸟见于东南亚的热带森林中，体羽为绿色、蓝色和紫罗兰色。尽管鲜为人知，但它们在生态上的对应鸟类很可能是美洲热带地区的伞鸟。

鸫属或"真正的"鸫类含有约 60 个种类，是目前全科最大的属。它们更加不具特化性，占据着核心分布区，是其他各个特化种类进行辐射分布的基础。对于这些鸫，几乎人人皆知，因为除了澳大利亚，它们在每个大陆都至少有一种常见的花园种类。迄今没有哪一个陆地鸟类属有如此广泛的分布。欧歌鸫、槲鸫和乌鸫在欧洲是最为人们所熟悉的鸟中的几种。

在世界的其他地方，这 3 种鸟在花园草坪和游乐场所的角色便由其他鸫来扮演，如非洲南部的橄榄鸫，巴西的棕腹鸫，中美洲的褐背鸫和北美的旅鸫。而岛鸫由至少 50 个亚种组成，分布在印度尼西亚和西太平洋之间的诸岛上。每个亚种与邻近的亚种有明显区别，而常与距离较远的岛屿上的其他亚种更为相似。但可以肯定的是，岛鸫的各个亚种源于共同的原种。而除了新几内亚的一两个亚种外，其他亚种都没有扩散到其他任何较大的陆地上去。

真正的鸫类最出名的特点之一便是它们的鸣啭，通常由一连串短促多变、婉转柔和的颤音组成。少数种类，包括新疆歌鸲、隐夜鸫和几种孤鸫，尤以优美动听、清脆多变的歌声而著称。它们能够在瞬息之间巧妙地变换各种口哨声、嗡嗡声、笛声般的升调颤鸣等，使听者很容易以为是许多鸟在同时歌唱，而实际上这全部出于一只鸟之口。其他一些种类能进行出色的效鸣。在欧洲，人们知道乌鸫和欧歌鸫能够模仿电话铃声，而有记录表明南美的罗氏鸫竟能模仿170多种鸟的鸣叫和鸣啭。

该属种类的巢为大型的杯形巢，通常由干草或根纤维筑成，有时会覆上一层泥（常混有枯叶）予以加固，最后会在巢内衬上柔软的草或其他类似材料。而在某些种类中，几乎巢周围的任何东西都会被用来筑巢，如纸、线、破布、羊毛、动物的毛发等。大部分巢址具有很好的隐蔽性，位于地面（如许多非洲的歌鸲种类）或位于植被的低位处，也有的位于树的高处。矶鸫类、蚁鸥类的一些种类营洞穴巢，无论是在平坦的地方还是在陡峭的悬崖上，它们经常与野兔和蹄兔分享任何可得的洞穴。在中

↗ **鸫的代表种类**

1.欧亚鸫，古北区的常见种类；2.欧歌鸫，在食一只蜗牛；3.白眉歌鸲，15种非洲歌鸲中的一种；4.田鸫，同样在古北区有广泛分布；5.旅鸫。

鸫

目 雀形目
科 鸫科
49 属 304 种。

分布 全球性，包括许多海岛，新西兰只有 2 个从欧洲引入的种类。

赤道

栖息地 多种有林木的栖息地，包括热带、温带和山区的森林到城市花园、公园、开阔的荒原和沙漠边缘地带。

体型 体长 11～33 厘米，体重 8～220 克。

体羽 主要为灰色、褐色和白色，但许多个体（特别是雄鸟）有除黄色之外的各种颜色的斑。有数个种类为全黑或以深

蓝色为主，头和翼覆羽上有蓝色斑。雌鸟与雄鸟相似，但一般没有亮丽的颜色，对比鲜明的体羽模式不存在或不明显。鸫类一般着色相对更为暗淡，褐色更深，但也有种类具蓝色和红色，尤其是红尾鸲种类，尾部有大片的红色。鸲类因生活在开阔地带，体羽具隐蔽性，能起保护作用；燕尾以黑白色为主；宽嘴鸫类则有非常醒目的体羽，从深绿色至蓝色和紫色均有。另有几个种类，尤其是乌鸫，某些个体的体羽呈异常的白石榴色（表明色素缺失）或完全白化。

鸣声 许多种类具有悦耳的鸣啭，会发出鸟类界最优美的歌声之一。警告鸣声通常为尖锐而断续的颤鸣，音细而高。罗氏鸫尤擅长效鸣。

巢 杯形巢，筑于各种隐蔽之处，如树上、灌丛中、岩洞或地洞中，极少情况下筑于露天地面。通常由雌鸟单独筑巢。

卵 窝卵数 2～6 枚，少数为 7 枚（偶尔在营洞穴巢种类中会更多）；卵为白色、蓝色、绿色或浅黄色，无斑或带有褐色、黑色的斑点或零散的斑纹。孵化期 12～15 天，雏鸟留巢期一般为 11～18 天。双亲共同喂雏和看雏。

食物 多种无脊椎动物，尤其是昆虫及其蛹，以及蚯蚓。大部分种类也食果实。

亚开阔的沙漠地带，沙鸫和漠鸫常利用鼠兔（长相似沙鼠）的窝。啸鸫类的大巢经常重复使用，经过年积月累会变得相当庞大。并且它们通常将巢筑于瀑布边上，有时甚至位于瀑布后面的岩脊上，从而很好地避开了天敌的袭击。

鸫属中北方的种类会做长途迁徙，而热带种类一般为非候鸟（虽然在繁殖后也经常做范围较大的迁移活动）。中纬度地区的一些种类为部分候鸟，有些个体会南下或迁徙至海拔较低的地区过冬，而其他个体只要能找到足够的食物便会留在繁殖地。有几个种类是突出的长途迁徙者，如一些灰颊夜鸫在西伯利亚东部繁殖，而在南美的亚马孙河流域越冬；2 种鸲类（沙鸫和漠鸫）及白背矶鸫每年从中亚和西伯利亚东部飞往非洲亚撒哈拉地区，全程近 9000 千米。而一些穗的迁徙距离甚至比这一路程更长，它们在其分布范围的最东端即阿拉斯加西北部繁殖，而后穿越白令海峡、东亚、中亚、阿拉伯半岛，到东非越冬。

地鸫属的种类很可能比鸫属种类起源早，但无论如何，它们之间具有密切的亲缘关系，

并且大体的形态特征一致。只是地鸫类的喙和腿普遍更强健，并且翼下羽毛模式常为醒目的黑白相间。由于行踪隐秘，它们中有些种类鲜为人知，有时对这些鸟的了解仅限于从未经勘探过的偏远海岛上所得的一两个样本。地鸫类生活在森林的近地面处，主要分布在亚洲和非洲部分地区的有限范围内，有几个种类见于印度尼西亚、菲律宾和其他西南太平洋岛屿很小的区域内。

地鸫类中特殊的种类主要有以虎斑地鸫为核心的 6 个种类，它们之间具有密切的亲缘关系，共同起源于一个近代的原种，过去在分类学上一直被视为单独的一个种类。它们的繁殖区域从西伯利亚、中国北部、喜马拉雅山脉至越南、印度南部、斯里兰卡以及从新几内亚到澳大利亚西部。其他在通常的分布范围外的种类还有北美西部的杂色鸫和墨西哥的阿芝鸫。对于这 2 种鸟以及如今见于南美部分地区的 25 种鸫属种类，它们究竟是如何从旧大陆的起源地来到现在的分布区的，一直没有找到明确的答案。考虑到需要穿越太平洋这一显而易见的

↗一只杂色鸫栖于雪松枝头

这种色彩鲜艳的鸟仅分布在北美洲西部，其繁殖区从阿拉斯加至加利福尼亚，而它们有许多就在加利福尼亚过冬。

难题，它们的原种很可能是在某个阶段穿过一座如今已消失的陆地桥才得以到达新大陆的。

由鸫类、歌鸲类及其亲缘种类（包括歌鸫类）组成的大集合为林地和热带森林中的小型鸫，当然也有不少种类见于树木稀少的山坡和荒地。它们主要在地面觅食，就比例而言，它们的腿比鸫属种类长。近来的分子研究发现，这一群体的起源可能更接近于鸲而非鸫，并有些分类学者将它们单独列为一个亚科归入鸫科中。然而，这种归类并没有得到普遍的认可，因为有可靠的生态证据和行为证据支持它们与鸫同样有密切的亲缘关系。

许多种类以食昆虫为主，它们或从植被中啄取或从高处的栖木上俯扑至地面捕猎（如矶鸫类）。少数种类，如非洲热带地区的鸫鹛类，有跟随蚂蚁群的习性，捕捉被蚂蚁惊起的昆虫。这一类鸟集中分布在亚洲和非洲，而新大陆完全没有。

保护性强的配偶
群居行为

在所研究的鸫中，大部分种类具有相似的群居机制。在繁殖期，单配制的配偶维护它们

↗美丽的东蓝鸫曾经在美国落基山脉以东地区很常见，然而在过去的25年里，这种鸟的数量持续减少，可能是受到家麻雀和椋鸟竞争的结果。

的营巢领域。在留鸟种类中，配偶会终年生活在一起。而在非繁殖期，部分种类尤其是欧洲和北美的鸫类，倾向于高度群居，成群觅食，集体栖息（特别是在寒冷天气）。尽管鸫被普遍认为性情安静温和，但它们在保护领域和幼雏时富有攻击性。某些种类会发出响亮的预警声，通知其他种类有天敌存在。

体型相对较大的鸫在保护巢时会具有攻击性，其中田鸫表现得尤为独特。这种鸟为半群居性营巢（这在鸫科中很罕见），当有掠食者接近巢时，它们会用粪便砸向掠食者。甚至出现过这样的情况：有鹰被田鸫的粪便砸了一身，连飞都飞不了，最终被活活饿死。一些平时大量时间生活在高处有利位置守卫领域的鸥类以及一些栖息于开阔地带的矶鸥类，还会勇敢地群起而攻之，将掠食者击退，或者假装受伤来转移掠食者对巢和雏鸟的注意力。

↗ 一群槲鸫在觅食浆果

尽管一如它们的名字，槲鸫对槲寄生浆果青睐有加，这种果实在它们的食物中占有重要地位，但它们同样会捕食昆虫和蠕虫。

孤立种类面临险境
保护与环境

因鸫类、鸭类和歌鸥类主要栖息于林地或森林，故亚洲和非洲日益突出的森林退化问题使许多种类的数量出现下降或栖息地面临被破坏的威胁。此外，不加控制的捕猎也影响到数个种类的生存。而如今更需关注的可能是将一些外来物种引入到某些地区、特别是岛屿上，那些物种所携带的疾病和寄生虫有可能带来灾难性的后果。如在夏威夷，2种当地的孤鸭、考岛孤鸭和拉奈孤鸭，已有20多年未出现过，现在可能已经灭绝，其罪魁祸首被认为是随野猪传入夏威夷的蚊子所携带的疾病。

而常见种类的处境也值得担忧。如欧洲的欧歌鸫，近年来数量在下降，原因是杀虫剂的广泛使用以及在某些分布区遭到大肆捕猎，那里的人们仍将这种鸟视为美味佳肴而进行大规模诱捕或射杀。在北美，近年来随着褐头牛鹂的扩张，棕林鸫的数量在不断减少。因为褐头牛鹂是一种巢寄生鸟，对部分鸫的繁殖成功率产生了严重的影响。一些孤鸫种类不仅受到栖息地被破坏的威胁，更被用于笼鸟交易，而这很可能是导致古巴孤鸫的一个亚种灭绝的根本原因。

鸫的部分种类

属、种包括：鸭鸫类，宽嘴鸫类，燕尾类，蓝大翅鸫，新疆歌鸫，夜鸫类（如隐夜鸫、灰颊夜鸫、棕林鸫等），歌类，欧亚鸫，矶鸫类（如白背矶鸫等），孤鸫类（如考岛孤鸫、拉奈孤鸫等），水鸫类，类（如漠、沙等）。真正的鸫类有旅鸫、乌鸫、褐背鸫、田鸫、岛鸫、罗氏鸫、槲鸫、橄榄鸫、棕腹鸫、欧歌鸫等，地鸫类包括阿芝鸫、杂色鸫、虎斑地鸫等。

百 灵

在新大陆的大部分开阔地带都可以见到百灵的身影，在非洲的干旱地区其种类则尤为丰富多样，有时一个地区就汇集着 10 多种百灵。许多种类拥有美妙动听的鸣啭，并常在飞行过程中发出。

尽管很多种类见于干旱沙漠或半沙漠地区，但这绝不意味着百灵就仅限于炎热地带。如角百灵便繁殖于开阔的北极苔原和高山上，同时遍及北美的许多地区。而近来一项调查发现，在英国繁殖的鸟类中，百灵科的成员之一云雀分布范围最广。

旧大陆的鸣禽
形态与功能

大多数百灵基本上为褐色，多条纹。有些在它们的体羽中（尤其在翅和尾上）有深色斑纹及白斑，通常情况下只能在它们飞行时才会见到。色彩最醒目的种类之一是拟戴胜百灵，翅上具黑白相间的斑纹，体羽为微泛粉红的浅黄色，看上去像戴胜而得其名。很明显，百灵的体羽一般呈保护色，使它们在地面活动时（特别是在孵卵时）具有很好的隐蔽性。

有几个种类的亚种其着色与它们所生活的环境表层颜色保持一致。这一点在漠百灵身上体现得淋漓尽致：经常可以看到沙色的漠百灵生活在沙漠里，而就在周围的深色旧熔岩流附近则生活着深色的漠百灵。角百灵的胸和脸为黑色，额上有马蹄铁形的黑色斑纹，最后形成

向后倾斜的角羽，很漂亮。多数种类具有颇为强健的喙。有一个种类即厚喙百灵，喙形状奇特，大小与锡嘴雀的喙差不多。而其他种类如拟戴胜百灵等则具有长而下弯的喙。厚实的喙适于咬碎种子坚硬的外壳，而弯曲的喙则适于在土壤中掘食。不过事实上，有许多种类（不仅限于具弯喙的鸟）觅食时都会在地面用喙掘土以寻找昆虫，摄取种子则更为常见。

↗非洲南部的钉踝百灵会用它们的长喙在土壤和沙中掘食昆虫。

和其他许多主要生活在地面的鸟一样，百灵通常具有相当长的腿和后爪，使它们能够站稳。尽管有部分种类—有风吹草动就会立即飞走（甚至飞得很远），但许多种类倾向于逃跑，这些种类往往擅长利用地形和周围植被来为自己的撤离做掩护。有些种类则在面临威胁时习惯性地蜷伏，依靠它们具保护色的体羽来躲过天敌。不少种类的领域内没有树木或灌木，但其他种类常常栖于树木、灌木的枝头或桩上。许多种类，包括多种歌百灵，则居于开阔的丛林地带。

以种子为主
食物

绝大多数百灵成鸟以食种子为主，但它们

↗ 在肯尼亚的马赛马拉国家公园，一只棕颈歌百灵在鸣啭。和其他许多百灵不同的是，这种鸟的鸣声为重复的单音节。

也会摄取部分无脊椎动物，特别是在喂雏期间，动物性食物对后代的生长发育至关重要。在许多栖息地（如沙漠）中，种子的供应非常有限，因而百灵的数量可能会很少，而且分布很稀疏。然而，当种子一下子异常丰富时（如在平时干旱的地区偶然有大的降雨或者农作物成熟时），便会有数十只甚至数百只百灵成群出现。它们一般为同一个种类，但混合种类也并不罕见，因为适合一种百灵的环境条件通常也适合其他百灵。

以鸣啭吸引异性
繁殖生物学

大多数百灵在繁殖时具高度的领域性。雄鸟通过边飞翔边鸣啭来维护领域以及吸引异性。许多种类，包括云雀、林百灵、草原百灵等，都具有优美动听的歌声。其中草原百灵经常在地面鸣啭，过去在地中海地区常被人们作为一种鸣禽笼养。这些鸟的辨识鸣声和警告鸣声在人耳听来也同样悦耳，并且比起其他一些鸟类（如麻雀）的鸣声来要复杂得多。

在不少地方，百灵的繁殖期与降雨密切相关。降雨期来临后，它们迅速开始繁殖，以确保雏鸟孵化时能赶上草籽数量处于高峰期。在这种情况下，只可能育一窝雏，随后亲鸟迁移至其他地方，当然也可能留在原地等待下一次降雨。而温带地区的种类经常在一个繁殖期内育 2 窝甚至 3 窝雏。

知识档案

百 灵

目 雀形目
科 百灵科

13～15属，约80种。属、种包括：拟戴胜百灵、歌百灵类（包括歌百灵等）、阿切氏歌百灵、草原百灵、黑百灵、凤头百灵、白颊雀百灵、角百灵、漠百灵、红顶短趾百灵、小短趾百灵、拉氏歌百灵、云雀、拉扎云雀、厚嘴百灵、林百灵等。

分布 欧洲、亚洲、非洲、美洲和澳大利亚。

赤道

栖息地 开阔地带。

体型 体长 12～24 厘米，体重 15～75 克。

体羽 大部分为褐色，多条纹，有些带黑白斑纹，黑百灵为全黑。

鸣声 鸣啭优美动听，有些种类的颤鸣较短，但其他种类的很长；经常在飞行中鸣啭。

巢 多数种类用枯叶在地面筑杯形巢。有些种类的巢较复杂，局部圆顶。

卵 窝卵数 2～6 枚；在大多数类中有斑纹。孵化期 11～16 天。

食物 种子和昆虫。

◥百灵的代表种类

1. 黑百灵，为欧亚大陆中部的种类；
2. 云雀，著名的鸣禽；3. 角百灵；
4. 非洲的白颊雀百灵；5. 歌百灵。

几乎所有种类都筑地巢，有时在露天，但一般至少部分隐藏于植被中。少数种类，主要是最炎热的沙漠地带的种类，直接营巢于灌丛中的地上，那样，空气的流通可使巢的温度略为降低。正午时分，亲鸟有时会长时间站在巢上为卵遮阴。

在炎热干旱地区，百灵的窝卵数常常很低，如在东非赤道附近繁殖的白颊雀百灵一窝只产2枚卵。而在温带繁殖的种类，如云雀、林百灵和在欧洲繁殖的凤头百灵，窝卵数经常可达到4枚、5枚甚至6枚。据描述，少数沙漠种类会在巢（一般筑于斜坡上）较低的一侧下面用石子筑一道扶壁。有人认为这样做可使巢在遇山洪暴发后能尽快变干，但它们筑这道石壁更可能仅仅是为了挡风。

雏鸟在出生的前几天总是会得到一些昆虫食物，然而许多种类在雏鸟孵化一两周内（那时雏鸟还不会飞，距离离巢还有相当长一段时间）便将它们的食物转变为植物性食物。这一突然的变化使雏鸟在离巢时羽毛质量相当低。但在迄今所研究的百灵种类中，都会出现后幼鸟期的全面换羽。其他大部分雀形目鸟在后幼鸟期只脱换躯体羽毛，而将在巢中长成的翼羽和尾羽留至第一次繁殖后脱换。百灵这种换羽模式的好处是可节省亲鸟的精力，因为如此一来，亲鸟在育雏过程中便无须提供额外的食物来保障雏鸟长出高质量的羽毛。相反，雏鸟可以在开始独立生活后自己慢慢地积蓄换羽所需的营养和能量。

威胁来自干旱和猫
保护与环境

有数种百灵被列为受胁种类。其中处境最严峻的是拉扎云雀。这一种类仅限于佛得角群岛的拉扎岛，营巢区域为一块面积只有数平方千米的火山平原。1990年，那里总共有拉扎云雀250只。但这种鸟只在有降雨时才繁殖，所以会出现有一段时间无繁殖机会的现象。结果在1998年一项对该岛的大调查中，这种鸟仅剩92只。人们对拉扎云雀采取了保护措施，不过由于在大普查中发现岛上有猫，因此这一种类的前景也许并不乐观。拉扎云雀的雌雄鸟在喙的大小上表现出巨大的差异，可能是为了能够在它们的领域内占据更广阔的生态位。

其他各受胁种类均生活在非洲大陆上，分布范围都很有限。其中一个种类——阿切氏歌百灵，栖于索马里西北部的内陆腹地，自1955年以来未曾发现过。但这种鸟极为隐秘，所以不能认定已经灭绝。

鹟

鹟为栖于林地或森林中的小型鸟类，一般可以通过它们捕食飞虫的方式来加以识别。它们采取"静伺"策略，从低处的栖木上突袭半空中的猎物。利用这种方法，斑鹟每 18 秒钟便能捕获一只昆虫。当气候转冷、飞虫稀少时，它们不得不在树荫层的叶簇间盘旋觅食，这无疑需要耗费更多的能量。

鹟见于欧洲、非洲、亚洲、澳大利亚的大部分地区及太平洋岛屿上，生活在沿海丛林至海拔 4000 米的高山林中。在欧洲，它们是受人们喜爱的花园鸟类，有些鹟（如姬鹟属的种类）也很乐意到人们为它们所设的巢箱营巢。不过，一半以上的种类分布在东南亚和新几内亚。在热带地区，有些种类如马尔鹟，在非繁殖期会成小群活动，而灰鹟则会加入混合种类觅食群。

耐心的食虫鸟
形态与功能

不同的鹟从具有多种颜色到几乎为单一的褐色或灰色各不相同。在许多种类中，两性羽色差异较大，但体型接近；而在其他种类中，通常是那些色彩单调的种类两性非常相似。典型的鹟具有相对宽而扁的喙，鼻孔周围有被称为"口须"的变异羽毛，有助于捕捉飞虫。腿、脚较弱，可能是因为这些鸟的觅食方式只需它们栖于枝头静静等候就行了。并非所有的鹟都只食昆虫，有许多也会摄取果实和浆果。有一个非洲种类，白眼黑鹟，甚至会捕食其他小鸟的幼雏。

大多数热带种类为留鸟，但有些会进行季节性迁移，而高海拔地区的种类会在繁殖期结束后迁徙至低海拔地区。欧洲和亚洲的种类前往非洲、印度或东南亚过冬。英国的斑姬鹟迁徙至南非越冬，在那里它们由外往里脱换初级飞羽，这在鸟类中别具一格。从莫斯科出发的斑姬鹟会先向西飞行，于秋季在葡萄牙北部暂做停留，补充迁徙所需的脂肪。它们在那里也会建立领域，可为期 3 周，在增加了相当于体重 70% 的脂肪后，它们便可以直接飞越撒哈拉。

↗ 一只白翅斑黑鹟在南非的阿多大象公园内
斑鹟为一种夏季从非洲迁徙至欧洲的候鸟，能做出明显的直立姿势。它们经常在醉鱼草上捕食蝴蝶。

善于欺骗
繁殖生物学

多数鹟在树杈上筑小型的杯形巢，当然也有不少例外，如欧洲的斑姬鹟、白领姬鹟以及鹟属的某些非洲种类，它们在树洞内营巢。

大部分种类被认为是单配制。但斑姬鹟和白领姬鹟有时实行多配制，它们有一种不寻常的繁殖机制，即有些雄鸟会接连建立 2 个或 2 个以上的领域，每个领域吸引一只不同的雌鸟。如一只雄斑姬鹟于春季到达繁殖地后，会在巢穴周围建立一片领域，旨在引来一只雌鸟。倘若成功，它继而会在数百米开外建起第二片领域以再吸引一只雌鸟。甚至有记录表明它们可以成功吸引 3 只雌鸟。第一个领域与第二个领域之间的平均距离为 200 米，但已知的最大距离可达 3.5 千米，中间会有其他许多雄鸟的领域。

通过建立 2 个领域，雄鸟在前来的雌鸟面前便可隐藏起它们已经有配偶的事实。在努力吸引第二只雌鸟时，它们表现得像"未婚者"一样。而在第二只雌鸟产下卵后，雄鸟经常会弃之而去，大部分精力用于帮助第一只雌鸟喂雏。由于独自育雏，第二只雌鸟也许只能眼睁睁地看着部分雏鸟活活饿死。由此，雄鸟以欺骗方式增加了其后代的数量，但雌鸟付出的代价比较大。一些研究发现，约有 15% 的雄鸟

能成功吸引一只以上的雌鸟，而更多的是试图这么做但以失败而告终。但不管怎样，欺骗性的雄鸟还是占少数的。

在大多数种类中，雄鸟在雌鸟产卵前会守在它们身边以防止其他雄鸟与之发生交配。然而，"重婚"的斑姬鹟雄鸟前往第二个领域时便无法顾上它的原配，结果就存在其他雄鸟使其原配受精而成为部分雏鸟"父亲"的风险，导致同一窝雏有不同的父鸟。但即使是单配制的雄鸟也会面临这样的风险，因为它们必须经常将入侵者逐出领域而不得不离开巢。有观察结果表明，倘若一只雄鹟离开雌鸟 10 米之外，发生配偶外交配的可能性就相当大。在所研究的各窝雏鸟中，育雏的雄鸟只是约 3/4 的雏鸟的真正父鸟。然而，尽管多配制的雄鸟面临更大的风险，但它们通过与第二只雌鸟进行交配而能拥有更多的后代。因此，双配制对于斑姬鹟而言实际上是一种适应性的体现。

相比之下，对白领姬鹟（斑姬鹟的密切亲缘种）的实验表明，这种鸟的雄鸟会进入其他个体的巢中，但不是直接在那里繁殖，而是察看在一个繁殖群居地中哪些地方最适合它们日后繁殖。实验者人为地增加了某片区域内的雏鸟数量而使另一片区域内的雏鸟数量减少。结果在次年，大部分雄鸟选择了在雏鸟数多的地方进行繁殖。

鹟

目 雀形目

科 鹟科

17 属 115 种。种类包括：灰鹟、暗鹟、斑鹟、白腹蓝姬鹟、白领姬鹟、斑姬鹟、马尔鹟、白眼黑鹟、鲁氏仙鹟等。

分布 欧洲、亚洲、非洲、澳大利亚、太平洋岛屿。

赤道

栖息地 以森林、林地和丛林为主。

体型 长 10~21 厘米。

体羽 具相当的多样性。有些种类为单一的灰色或褐色，其他种类或为黑白色或为醒目的蓝色、黄色、红色。在着色单调的种类中，两性差异甚微；而在色彩鲜艳的种类中，两性差异明显。

鸣声 具有多种声音，会发出从简单的单音节到颇为复杂的鸣啭。

巢 大部分种类在树枝上筑杯形巢；少数种类营巢于洞穴中，但并不自己掘穴。

卵 窝卵数 1~8 枚，通常为 2~6 枚。白色、绿色或浅黄色，通常有斑；在营洞穴巢的种类中，卵为蓝色而无斑。孵化期 12~14 天，雏鸟留巢期 11~16 天。

食物 以昆虫为主。

椋 鸟

椋鸟科各种类具有许多共同的特征，同时既包括了世界上最常见的鸟，也有最稀有、最濒危的种类。在旧大陆分布范围内，很多种类都与人类有着密切的关系。其中一些被视为宠物，尤其是诸如鹩哥等种类，具有令人惊叹的效鸣能力，甚至能模仿人说话；有些被当作美味佳肴，还有些则是农业上的害鸟。

有一些椋鸟能够在害虫控制中起到积极作用。自古以来，人类农业生产最大的祸害之一便是蝗虫，而早在许多个世纪以前，人们就注意到粉红椋鸟、肉垂椋鸟以及家八哥等种类喜

在南非的克鲁格国家公园，一只红嘴牛椋鸟在一只非洲羚羊身上捕捉寄生虫。大型的哺乳动物通常会容忍这种鸟在自己身上啄食扁虱等寄生虫，即便它们会从伤口处吸食相当分量的血。

食这种害虫。此外，肉垂椋鸟在医学领域也有重要价值：这种鸟能够再吸收自身肉垂的现象被用于癌症研究中，而其羽毛的再生能力被一些人乐观地认为有望据此解决人类的秃顶问题。

活跃、适应性强
形态与功能

椋鸟为中小型鸟，其活跃的身影、响亮的鸣声和嘈杂声都让人感到它们就生活在人类居住地附近。在总体外形上，它们呈现出相当的多样性：那些森林种类，如鹩哥和非洲的辉椋鸟类，往往具有宽而圆的翅膀；而那些栖于相对干旱而开阔之地的种类，如家八哥和肉垂椋鸟，则具长而尖的翅。椋鸟科种类的腿、脚较大，强健有力，它们倾向于行走而非跳跃。在2种非洲牛椋鸟中，趾长而锐利，使它们能够附在大型哺乳动物的毛皮上面。

喙相当结实，通常直，长度适中。这样的喙使椋鸟在食物方面具有更大的选择空间，大部分种类都既食果实也食无脊椎动物。有些种类捕食范围更广，花蜜和种子也包括在内。黑冠椋鸟的舌尖如刷子，用以采集花粉和花蜜；

椋 鸟

目 雀形目

科 椋鸟科

29属114种。种类包括：紫翅椋鸟、灰椋鸟、白头椋鸟、秃椋鸟、暗辉椋鸟、群辉椋鸟、山辉椋鸟、蓝耳辉椋鸟、粟头丽椋鸟、黑冠椋鸟、细嘴栗翅椋鸟、粉红椋鸟、灰背八哥、家八哥、鹩哥、长冠八哥、大王椋鸟、苏拉王椋鸟、白腹紫椋鸟、肉垂椋鸟、雀嘴八哥、红嘴牛椋鸟等。

分布 非洲、欧洲、亚洲、大洋洲部分地区，引入北美、新西兰、澳大利亚南部和许多热带岛屿。

赤道

栖息地 森林、热带草原和温带草地。

体型 体长16～45厘米，体重45～170克。

体羽 以深色为主，但常泛有绿色、紫色和蓝色光泽。有些种类呈鲜艳的橙色和黄色，有些为暗淡的灰色，有些具裸露皮肤或肉垂；两性通常相似，但有时雄鸟着色相对更醒目。

鸣声 有多种口哨声、尖叫声和叽叽喳喳声。有些种类能模仿其他动物的声音，包括人说话声。

巢 多数位于洞穴中，由干草筑成的大型结构。有些筑圆顶巢或吊巢，许多种类成繁殖群或松散的群体营巢繁殖。

卵 窝卵数一般为1～6枚；淡蓝色带有褐斑，但部分种类的卵无斑。孵化期11～18天，雏鸟留巢期为18～30天。

食物 大多数食果实和昆虫，有些也食种子、花蜜和花粉，2种牛椋鸟特化为专食大型哺乳动物身上的寄生虫。

一些八哥种类刷子般的冠也具有重要的授粉作用。2种牛椋鸟的喙的活动方式如同一把剪刀，可从野生动物或家禽的毛皮中捕捉扁虱。许多椋鸟种类长有色彩醒目的眼（通常为黄色）。

一些东南亚椋鸟种类的头部特别是眼周有裸露的皮肤区域，这些区域在白头椋鸟和家八哥中呈黄色，在长冠八哥中为蓝色，在鹩哥和秃椋鸟中为红色。而裸露皮肤的面积在秃椋鸟身上达到极致，这种鸟的头羽只剩沿头顶中央向下的狭长一条。鹩哥和肉垂椋鸟则在头部长有肉垂，并且在后者中，当进入繁殖期后头羽会消失，似乎就剩下肉垂，而在繁殖期结束后，

印度和东南亚的鹩哥被普遍认为是鸟类界最优秀的模仿者，它们能发出各种声音，包括口哨声、嘶哑的咯咯声等，能逼真模仿人类说话的声音。

肉垂被重新吸收，羽毛再次长出来。粉红椋鸟和黑冠椋鸟具有很长的头羽，竖起来可成冠；而苏拉王椋鸟则长有硬直的冠，始终竖着。

科内大部分种类为群居性，成群繁殖、成群觅食，夜间成群栖息。有几个种类既会和同类栖息在一起，也会和其他鸟一起栖息。栖息处通常位于树上，但近年来紫翅椋鸟逐渐养成了栖息于城市中的习性，成群规模可超过100万只。如此巨大的栖息群，再加上它们集结飞行时精确到位的队形，无疑向城市的居民们展示了鸟类世界最令人惊叹的壮观场面之一。而另一方面，这些栖息的鸟在它们身下的马路和人行道上留下了大量的排泄物，则成为城市的一种公害。

流浪者和居家者

分布模式

科内大部分种类为留鸟，常年生活在小岛、群岛上，或者栖息于森林中，但它们的活动范围仅限于寻觅充足的果实来源。其他则既有局部迁移的种类，也有长途迁徙的候鸟，还有些种类为移栖性鸟。

白腹紫椋鸟和蓝耳辉椋鸟在非洲做局部迁移，印度的黑冠椋鸟也是如此。灰椋鸟则从俄

紫翅椋鸟通常单独繁殖，但也会形成大的繁殖群，主要出现在城市中心，有时整个天空都是黑压压的这种鸟。如图中巨大的紫翅椋鸟繁殖群席卷过一个弃用的码头上空。（右小图为一只成鸟在给一只会飞的幼鸟喂食。）

罗斯东部、中国北部和日本的繁殖地迁徙至中国南部和菲律宾过冬。紫翅椋鸟在北欧和北亚的种群迁徙至温和地带越冬，如从西伯利亚南下至印度洋北部沿海或从斯堪的纳维亚半岛往西南方向迁徙至大西洋沿岸。

有些椋鸟具有移栖性，尤其是肉垂椋鸟，在蝗虫繁盛的地方定居下来繁殖，而当蝗虫消失后，它们就会前往其他地方。粉红椋鸟的繁殖地也同样取决于昆虫特别是蝗虫的丰盛程度，如某个地区在今年有这种鸟大规模的繁殖群，明年则有可能遭遗弃。而在繁殖期结束后，所有粉红椋鸟都会离开它们在中欧的繁殖区，迁徙至印度过冬。

从食果到多样化
食物

椋鸟最初很可能为食果类，因为如今科内许多被视为相对原始的种类都以果实为食。那些栖于森林中的种类，如鹩哥，主要在树上食果实，并倾向于成对生活（但在无花果等大量成熟时也会聚集成较大的群体）。

而在进化过程中，椋鸟科的食物逐渐变得多样化，不仅包括种子和花蜜，而且也开始食无脊椎动物尤其是昆虫。伴随这种觅食变化而发展的则是它们开始更多地表现为地栖性。一些相对更依赖昆虫的种类会迁徙至昆虫丰盛的

地区。如紫翅椋鸟在南亚、南欧和北非过冬，春季则往北迁徙至蚊姥蛹等土壤昆虫繁盛的地区进行繁殖。为此，这种鸟拥有高度特化的觅食技巧：将闭合的喙插入土壤中或草根中，然后再用力张开，形成一个洞孔来诱捕猎物。取食的多样化也使一些椋鸟与人类形成了某种共生关系，它们也食谷物和果实等农作物，在这过程中给农业带来了相当大的损失。

营巢于洞穴
繁殖生物学

大部分椋鸟种类在洞穴中繁殖，它们会在洞内筑一个大型的巢。最常使用的是树洞和悬崖的岩洞，此外，它们也会将巢筑于建筑物或其他人工结构的缝隙中。细嘴栗翅椋鸟营巢于瀑布后面的岩洞中，有几个种类则会使用拟鹭和啄木鸟等其他鸟类的巢穴。还有部分种类自己掘穴营巢，如灰背八哥将巢筑于河岸上，雀嘴八哥会在枯树的树干上挖一个直径约为30厘米的洞。除了普遍营巢于洞穴之外，也有一些例外种类：粟头丽椋鸟在灌丛中筑圆顶巢，而群辉椋鸟通过编织方式筑成吊巢，密密麻麻地悬挂于高树的外侧树枝上。

森林种类（如鹩哥）的不同对配偶在繁殖时相互远离，而其他种类则表现出不同程度的群体繁殖行为。在那些营巢于天然洞穴的种类

↗椋鸟身上所常见的金属光泽在非洲的辉椋鸟种类身上体现得最为明显，如图中的这只蓝耳辉椋鸟。

中，繁殖配偶的密度受到可得巢址的限制。如紫翅椋鸟成松散的繁殖群繁殖，每对配偶的巢相距 1～50 米不等。但这些繁殖群中的成员在繁殖行为上具高度的同步性，由此可见，繁殖群成员之间存在着大量的群居互动行为。而成群繁殖现象最突出的当数雀嘴八哥和群辉椋鸟等自己掘巢的种类中。

在所研究的本科种类中，有许多为两性共同参与孵卵育雏，但雄鸟通常分担较少。尚未发现过有雄鸟会给雌鸟喂食，不过双方会一起喂雏。紫翅椋鸟和其他一部分种类会出现一雄多雌现象，雄鸟在同一段时期内与 2 只（少数情况下多达 5 只）雌鸟发生交配。此外，协作繁殖，即有 3 只或 3 只以上发育完全的鸟在同一个巢内抚育一窝雏的机制，见于某些非洲椋鸟种类中。

普遍与匮乏
保护与环境

紫翅椋鸟由于食葡萄、橄榄、樱桃、生长中的谷物、牛食，在欧洲和北美地区给人们带来了重大损失。而在欧洲北部、亚洲中部和新西兰，这种鸟则因捕食昆虫而造福于当地人。紫翅椋鸟是生存最成功的鸟之一，全球数量达数亿只。而最能体现这种成功性的例子当数将该鸟引入北美一事。虽然之前失败了数次，但人们还是于 1890 年将大约 60 只紫翅椋鸟放飞在纽约的中央公园。根据记录，那一年这种鸟在美国自然历史博物馆的屋檐下筑了第一个巢。次年，又有 40 只鸟放飞，而从那以后，这一种类的数量就没有再减少过。在 1 个世纪后，紫翅椋鸟已成为北美大陆上最常见的鸟之一。

其他椋鸟种类的处境就没有这么好。在过去的 400 年间，有 4 个种类——2 个来自印度洋的岛屿上，2 个来自太平洋岛屿，被证实或被推测已灭绝。而长冠八哥仅剩一个小种群生活在森林自然保护区，尽管人们采取了一项全方位的保护计划（包括将人工繁殖的个体放回野生界），但这种鸟的前景仍堪忧。最大的威胁来自鸟类收集者对它们的大肆猎捕（用以宠物交易），甚至连放回的人工繁殖个体也不幸落入他们之手。长冠八哥有可能很快就将野生灭绝，届时世界上只剩少数几家动物园有人工饲养的个体存在。其他的岛屿种类，如暗辉椋鸟和山辉椋鸟，由于数量少、有限的栖息地遭破坏而同样濒临危险。

而即使对于数量最多的紫翅椋鸟，也不见得就可以高枕无忧。在 20 世纪的最后 25 年里，该鸟在英国和北欧部分地区的数量减少了一半，这很可能是伴随农业密集型发展而产生的各种因素造成的后果。

↗长冠八哥首次为学术界所知是在 1912 年，那时它们的数量有数百只。然而，接下来由于对这种奇异之鸟的大肆猎捕（以用来交易）以及栖息地遭破坏（发展种植业），这种鸟如今仅剩 32 只。

嘲鸫

嘲鸫的英文名"mockingbird"（意为模仿取乐的鸟）源于科内有些种类会效仿其他动物的声音。尽管其他鸟是它们主要的效鸣对象，但有记录表明它们也会模仿蛙、钢琴甚至人的声音。嘲鸫的鸣啭富有穿透力。

嘲鸫的英文名除了mockingbird外，还有另一个名字"mimic-thrush"（意为善模仿的鸫）。这群富有特色的新大陆鸟生活在北美、南美和中美洲的大部分地区（除加拿大北部），其中南美小嘲鸫出现在南美南端。它们大多数和鸫一般大小，并且被认为与鸫和鹪鹩具有密切的亲缘关系。

新大陆的模仿家
形态与功能

嘲鸫的尾一般比鸫和鹪鹩的尾长，喙也较长且通常明显下弯。许多种类的体羽模式颇似"标准的"鸫，上体褐色、下体浅色，具大量斑纹。但有几个种类着色更深，并更多地为单

↗在加拉帕哥斯群岛，一只冠嘲鸫在啄食地面营巢种类蓝脸鲣鸟的雏鸟。该嘲鸫饮血的习性实属罕见。

一的灰色。色彩最醒目的也许是蓝嘲鸫：一身灰蓝，只有脸为黑色。而科内的小型种类之一灰嘲鸫则着色独特：体羽为统一的灰色（上体颜色比下体深），头顶为黑色，尾下覆羽为亮丽的栗色。许多嘲鸫会以一种惹眼的方式翘起并展开它们长长的尾羽（尤其是在炫耀中）。

多数嘲鸫大部分时间生活在下层丛林，用它们长而有力的腿在其间穿梭跳跃。它们的食物丰富多样，一年内多半时间以食地面各种节肢动物为主，而在有些季节也会食大量的果实和浆果。加岛嘲鸫还会在海滩上觅食小型的蟹并经常食腐。在加拉帕哥斯群岛的胡德岛上，有名的冠嘲鸫会啄开无成鸟照看的多种海鸟的卵，并窃取加岛哀鸽、陆鬣蜥和海鬣蜥的卵，此外它们还经常从鬣蜥、海狮和海鸟幼雏身上的伤口部位饮血。嘲鸫大部分的猎物取自地面，用它们强健的喙做"探测器"或者直接啄破潜在的食物（如卵）。

见于地面
分布模式

嘲鸫成功地扩散到了加勒比群岛和加拉帕哥斯群岛的许多岛屿上，并被引入夏威夷和百

慕大。许多分布靠北的种类会南下过冬，如绝大多数灰嘲鸫和褐弯嘴嘲鸫会离开加拿大，多数在美国繁殖的高山弯嘴嘲鸫在墨西哥越冬。不过有部分小嘲鸫会在加拿大过冬。

嘲鸫科的主要栖息地是灌丛和森林下层丛林，也包括林木线上高海拔地区的草地，还有不少种类栖息在近沙漠的干旱地带。但所有种类都会利用低矮的植被做掩体，并且主要在地面觅食。例外的是小安的列斯群岛上的2个旋木嘲鸫种类，生活在雨林中；以及变异的种类黑顶鹛鸫，如今有时被归入鹛鸫科。

零乱的巢
繁殖生物学

留鸟种类年内绝大部分时间在领域内度过，强烈抵制其他同类进入。它们通常单独或成对生活，但有些种类会成群，数量可达40只，其中的数只会帮助育雏。在这些群体中成员之间究竟为何种关系还有待进一步确定。已知在有些情况下协助者为繁殖配偶之前的后代。

据目前所知，所有嘲鸫都在茂密植被中筑大而零乱的树枝巢。多数情况下，巢或位于地面，或在离地面2米以内的植被上，有时会筑于15米甚至更高的树上。一窝产2～5枚卵（少数情况下达6枚），卵在12～13天后可孵化，雏鸟再经过大约同样长的时间后离巢。繁殖期一般始于春季，或者在某些干旱地区如加拉帕哥斯群岛，在雨季来临后开始。繁殖期有可能很长，因为会育2窝甚至3窝雏。配偶通常连续数个繁殖期生活在一起，但灰嘲鸫的配偶在育雏失败后会倾向于分开或者离开领域。

在美国俄亥俄州，一只小嘲鸫的未成鸟摘下一枚浆果。这种鸟以优美的歌声和惊人的模仿能力而著称。

这种现象被认为是面对天敌而采取的一种适应行为，因为大部分配偶育雏失败便是由于遭到了天敌的袭击，选择离开可以让亲鸟去别处找到更安全的避难地。

多米尼加共和国及小安的列斯群岛上的红尾旋木嘲鸫是一个特别的种类，很容易通过它们的抖翅行为来加以识别（这很可能是一种向其他同类发出的交流信号，因为通常见于群体中）。这种鸟大部分时间在雨林中度过，在那里它们用短腿附于树干上觅食。这种在树干上捕食昆虫的习性使红尾旋木嘲鸫有可能取代了啄木鸟在那里的生态位，因为啄木鸟在那些岛屿上没有分布。

旋木雀

旋木雀为小型鸟，以褐色为主，常可看到它们在树干上以 S 形往上爬，遇惊吓时则躲于树干后面。当到达既定高度后，它们便滑翔下来至另一棵树的根部，然后重新往上爬。旋木雀攀缘时 2 只脚爪同时移动（而不像短嘴旋木雀科的种类那样总是有一只脚在前），即攀缘时将位于下面的那只脚抬起后落于上面那只脚的上方，而后者再放得更高。

旋木雀具长趾、弯爪，用以攀爬；喙长而略下弯，觅食昆虫时可探入树缝中或树皮下面。全北区的 5 个种类归入旋木雀属，均有很尖的尾羽和坚硬的羽干，在攀树时做支撑。它们的尾羽脱换很快，但中央尾羽会保留下来继续起支撑作用，直到周围新长出的尾羽发育完全、足以发挥支撑功能后才脱换。这种尾羽保持坚硬性的现象也见于和旋木雀并无亲缘关系的啄木鸟和鸸雀中。

身手敏捷的攀缘者
形态与功能

旋木雀属的 5 个种类在外形和习性方面均极为相似：都以独居为主，在树上攀爬觅食时看上去犹如灵活的褐色老鼠。环极分布的（普通）旋木雀与其他 4 个种类的分布范围有一定程度的重叠，它在美洲的种群有时被视为一个独立的种，形成该属的第 6 个种类——棕旋木雀。在英国，（普通）旋木雀是唯一在那里繁殖的旋木雀种类，这一种类主要栖于开阔的落叶林，并常见于花园中。而在欧洲大陆，这种栖息环境由短趾旋木雀占据（这种鸟在某些国家的语言中甚至就被称为"花园旋木雀"），（普通）旋木雀则主要限于高海拔地区的针叶林中。

喜马拉雅山脉有 4 种旋木雀，它们的栖息地海拔高度一直到林木线（约 3500 米），冬季均向下迁移至相对暖和的山坡和平原。其中高山旋木雀明显偏爱针叶林，而对橡树林不感兴趣，褐喉旋木雀则生活在橡树林中。4 个种类中红腹旋木雀的分布范围最有限，并且鲜为人知。不过，这种鸟的样本却有来自近林木线的橡树林以及落叶—针叶混合林者。

对数百个博物馆样本的喙和爪进行详细测量后发现，（普通）旋木雀和短趾旋木雀之间存在着细微但普遍的差异。测量的数据在不同的种群之间各异，同时每个种类都有部分亚种在测量结果上极为

一只短趾旋木雀向人们展示了这种鸟在觅食树皮下的软体昆虫时，是如何保持双脚基本在一条直线上向上攀缘的。

↗一只普通旋木雀衔着一只蚊姥返回它在树洞中的巢。

接近。事实上，通过对活的旋木雀以及其他鸟类如大山雀的研究，人们发现鸟的喙和爪在不同的季节会出现差异，鸟会使其适应于当前的觅食条件。如一只鸟在树枝上擦拭喙，可能并不是为了将它擦干净，而是要将它磨得更细更短。旋木雀在一年不同时期内有长短不一的喙是完全可能的，这样能使它们更高效地觅食。此外，在研究中发现了一个令人意外的结果，即旋木雀的某些亚种表现出颠倒的性二态：翅相对较短的雌鸟拥有更长的喙和爪。

温暖的栖身之处
繁殖生物学

在软树皮的美洲巨杉于 1853 年引入英国后，人们对（普通）旋木雀的栖息习性有了详尽的研究。当这种树长到足够大后，（普通）旋木雀便会像北美的棕旋木雀那样开始在树皮剥落的部分挖橄榄形的栖息小穴，然后单只鸟或一个家庭单元入住。无论是哪种情况，鸟都紧紧地蜷伏于洞穴中，用它们的翅膀和上半身作为毯子来保温。有时会在同一棵树上发现许多这样的栖息洞穴。刚会飞的幼鸟似乎经常栖息在一起，而在寒冷的冬天，曾有 12 只鸟挤在同一个洞穴里的记录。

尽管旋木雀属的旋木雀种类一直以来很少在传统的巢箱内繁殖，但它们很快就适应了人

们为它们定做的特制巢箱：固定在树干上，上面有 2 个孔，使它们可以从一个孔进、从另一个孔出。旋木雀一般每窝产 5 ~ 6 枚卵，卵为浅色，带红色斑纹。孵化期持续 2 周，由雌鸟完成；雏鸟留巢期略长。一个繁殖期育 2 窝雏的情况不普遍，但也不罕见。雌鸟甚至会在第一窝雏还未离巢时便开始产下新的卵。当 2 窝雏发生重叠时，雄鸟会接过照顾第一窝雏的任务，雌鸟则全程负责第二窝雏。少数情况下，旋木雀会出现一雄多雌现象，即雄鸟在第一只雌鸟开始孵头窝卵时会与另一只雌鸟交配。甚至有记录显示 2 只雌鸟在同一个巢中孵各自的卵。

旋木雀
目 雀形目
科 旋木雀科
2属6种：（普通）旋木雀、褐喉旋木雀、高山旋木雀、短趾旋木雀、红腹旋木雀、斑旋木雀。

分布 欧亚大陆至南亚和东南亚，非洲，北美。

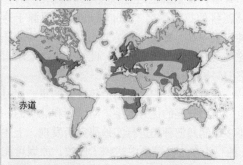

赤道

栖息地 森林和林地。

体型 体长12~15厘米，体重7~16克。

体羽 Certhia属种类上体褐色，带条纹，下体浅色；斑旋木雀浑身浅黑色，带白斑。

鸣声 尖细的口哨声和鸣啭。

巢 旋木雀属种类用细树枝筑松散的杯形巢，通常楔于树干松动的树皮后面；斑旋木雀筑精致的杯形巢，外部多饰物，用蜘蛛网缠于水平树枝上。

卵 旋木雀属种类的窝卵数3~9枚（一般为5或6枚）；白色，带红褐色斑。斑旋木雀窝卵数为2或3枚；浅色，有黑色和淡紫色斑纹。孵化期为14~15天，雏鸟留巢期15~16天。

食物 昆虫和蜘蛛。

鹪鹩

鹪鹩为保守的鸟类，很少着鲜艳的颜色，很容易被忽视。然而，这群体羽暗淡的鸟却以圆润洪亮、丰富多样的鸣啭而见长，它们还具有各种各样的群居行为。

所有鹪鹩都筑复杂的带顶巢，不仅用以产卵育雏，也是群栖之处以及雄鸟求偶的舞台。鹪鹩科的拉丁学名"Troglodytidae"便源于这种筑巢习性，意为"洞穴居住者"，指的就是这些鸟习惯筑封闭式的巢，此外，也可能暗指它们隐秘的行为习性。

在有些种类中，雄鸟会筑巨大的巢，同时也是精力旺盛的优秀歌手。对欧洲和北美的一雄多雌制鹪鹩种类进行实地研究后发现，上述 2 种行为在这些种类中达到了极致，原因可能

是雌鸟择偶所带来的性选择以及雄鸟之间激烈竞争的结果。

许多中美洲的种类被认为是单配制，而曲嘴鹪鹩类以家庭为单位生活，并发展出一种协作繁殖机制，长大的后代会协助亲鸟抚育后出生的雏鸟。由此可见，鹪鹩科的群居行为呈现出丰富的多样性。另外，还有许多热带种类的习性尚不为人知。

丛林中的小型觅食者
形态与功能

鹪鹩科的成员通常都很小，最大的种类大曲嘴鹪鹩也不过一只鹀那般大小。多数鹪鹩长为 10 厘米左右，重仅约 12 克。在温带鸟类中，比鹪鹩还轻的也就只有某些莺、戴菊和蜂鸟。小巧的体型使它们倾向于栖息在茂密的下层丛林和灌丛中。

鹪鹩的翅膀普遍显得圆而钝，这是生活在茂密、拥挤的栖息地的鸟所具有的典型特征。这种形态的翅膀赋予它们很好的机动性，但直线飞行能力相对较弱。它们的体羽通常相当暗淡，以褐色、黑色和白色为主。有些种类，尤其是苇鹪鹩类和林鹪鹩类，对这些有限的色调进行组合，取得了很好的效果，如果近距离看这

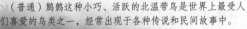

（普通）鹪鹩这种小巧、活跃的北温带鸟是世界上最受人们喜爱的鸟类之一，经常出现于各种传说和民间故事中。

鹪鹩

目 雀形目

科 鹪鹩科

14属83种。种类包括：阿氏沼泽鹪鹩、长嘴沼泽鹪鹩、棕曲嘴鹪鹩、大曲嘴鹪鹩、（普通）鹪鹩、科氏鹪鹩、莺鹪鹩、笛声鹪鹩、歌鹪鹩、扎巴鹪鹩、尼氏苇鹪鹩等。

分布 北美、中美和南美，（普通）鹪鹩分布在欧亚大陆和非洲北端。

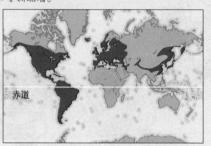

赤道

栖息地 森林中或水道边茂密、低矮的下层丛林，多岩石的半沙漠地带。

体型 体长7.5~12.5厘米，体重8~15克，最大的种类大曲嘴鹪鹩长20~22厘米。雌鸟通常略小于雄鸟。

体羽 褐色、肉桂色或赤褐色，上体有深色横斑；下体浅色，有时具斑。两性体羽无明显区别。

鸣声 从单音节口哨声到包含数百个音节的鸣啭以及动听而复杂的对唱齐鸣，多种多样。

巢 悬于植被、洞穴或突出物上，有顶，入口在侧面，有时带通道。巢一般深8~12厘米，宽6~10厘米，但棕曲嘴鹪鹩的巢深可达60厘米、宽45厘米。

卵 窝卵数在北温带种类中最多达10枚，在热带种类为2~4枚；白色，带红斑；大小为1.3×1.8厘米至1.8×2.4厘米。孵化期12~20天，雏鸟留巢期12~18天。

食物 无脊椎动物，以昆虫、蜘蛛等为主，也食蝴蝶和蛾的蛹及成虫。

些鸟，会发现它们很有吸引力。而暗淡的体羽同样也是生活在茂密栖息地中的鸟的一大特征，因为在那里，视觉交流信号的价值不大。

鹪鹩生活于多种类型的栖息地，包括北温带北部森林区和亚北极地区的丛林、针叶林、落叶林、芦苇荡、沙漠、岩崖、低地热带雨林及山林。在如此众多的栖息地中，它们最常见的是生活在植被茂密的下层丛林和灌丛中。

鹪鹩的觅食习性则相当简单，所有种类均为食虫鸟，而这使它们在昆虫匮乏的地区难以

↗ **卡罗苇鹪鹩在寒冬中**

这种因白色眼眉和"啼—可陀，啼—可陀"的鸣声而很容易识别的鸟在严寒中往往会遭受重创，长时间的大雪覆盖会使它们的数量骤减。

生存下去。为应对这种食物短缺的威胁，一些种类发展了迁徙习性，尤为突出的是（普通）鹪鹩、莺鹪鹩和长嘴沼泽鹪鹩这3个生活在高纬度地区的种类。

集中在美洲
分布模式

南美西北部一些国家以及中美洲地区的鹪鹩种类最为丰富，这一分布模式表明鹪鹩起源于南美北部或北美南部。多数种类见于美洲大陆的西部山区，而往低地方向或往南、往北方向种类的多样性迅速下降。虽然鹪鹩表面上看起来飞行能力弱，大部分种类体型又小，但这并不能阻止它们向某些岛屿扩散。如古巴有扎巴鹪鹩，马尔维纳斯群岛有科氏鹪鹩，苏格兰西北部的圣基尔达岛上则有（普通）鹪鹩的不同亚种。

（普通）鹪鹩是全科在旧大陆的唯一代表。这种鸟被认为当初是从阿拉斯加向西迁徙至西伯利亚的，而如今它的分布范围具全球性，从美国东部向西一直延伸到冰岛。

另一种跨大陆分布的便是莺鹪鹩，其范围北起美国东部，南至南美的巴塔哥尼亚。至于

（普通）鹪鹩的求偶过程包括：1.一只雄鸟在栖于某根露天枝头时（或在地面觅食时）发现一只雌鸟进入了它的领域；2.它立即径直向雌鸟飞去；3.雌鸟通常选择飞走，于是一场追逐开始，雄鸟做扇翅快速飞行；4.追逐常以"突袭"结束，雄鸟试图与雌鸟发生身体接触或进行交配，但一般不会成功；5.在这一插曲后，雄鸟转而开始发出轻柔、简洁的求偶鸣啭，继而试图引导雌鸟参观它其中的一个巢；6.在雌鸟离巢只有数米时，雄鸟反复将头伸入巢中再探出来以怂恿雌鸟入巢；7.随后雌鸟便有可能进入巢内，此时雄鸟便在旁边的栖木上鸣啭；8.至少10秒钟（有时长达数分钟）后，雌鸟从巢中出来；9.过一段时间后，雌鸟会找来一些衬材铺在巢中。在这复杂的仪式期间或整个过程结束后，雌雄鸟在巢外进行交配。

其他鹪鹩，尤其是限于中美洲的许多种类，占据的生态位相对狭窄得多，分布范围很有限。

歌声优美、具领域性
繁殖生物学

根据行为习性，鹪鹩可划为两大类。其中占多数的是栖于森林中茂密的下层丛林中的小型种类，它们体羽具保护色，行踪隐秘，为独居性，攀缘、穿梭于浓密的植被中觅食微型昆虫和其他动物。而占少数的为体型相对大得多的曲嘴鹪鹩类，生活在更为开阔的中美洲半沙漠地带。

有详细研究的鹪鹩种类似乎都具领域性，至少在繁殖期内如此。鹪鹩是有名的鸣禽，一些单配制的森林种类常年成对生活，有些（如歌鹪鹩）会发出配合得天衣无缝的优美"二重唱"。

在一雄多雌制种类中，雄鸟的鸣啭既用以维护领域，也用来吸引异性，某只雄鸟在一个繁殖期吸引5只雌鸟进行交配乃是司空见惯之事。每天清晨，相邻的雄鸟会花大量的时间为划分清晰的领域边界相互回应对方的鸣声。当一只雌鸟进入领域后，雄鸟就会展开强烈的求偶攻势，边鸣啭边引着雌鸟围绕它筑好的巢转。在（普通）鹪鹩和莺鹪鹩中，雄鸟会一次性筑3～4个巢，同时供自己炫耀及雌鸟繁殖用。雌鸟繁殖发生在求偶以及雌鸟在杯形巢内垫以衬材之后（雌鸟在筑巢方面所作的贡献仅限于此）。

上述2个种类的雄鸟在为期3个月的繁殖期内会筑6～12个巢，而长嘴沼泽鹪鹩的雄鸟在时间跨度差不多的繁殖期内所筑的巢可多达25～35个。巢会成片筑在一起，有些甚至相互之间有一半相连，但似乎主要起象征作用。长嘴沼泽鹪鹩的雄鸟会在这些巢堆中大声地鸣啭，只要有雌鸟过来，都会领着它参观几个巢。随后这种雄鸟还会另外再筑一个巢（通常不在它求偶的中心区域），供雌鸟繁殖用。巢遭到天敌袭击的概率很高，常有80%的繁殖行为受到影响。

根据观察发现，在有巢可用的前提下，这些种类的雌鸟会自由选择究竟去哪只雄鸟那里繁殖。所以不难想象雄鸟的任何行为特征都是为了在激烈的性选择下提高自己吸引异性的能力。于是，比起那些单配制种类，这些一雄多雌种类的雄鸟筑更多的巢、有更复杂的歌声和求偶炫耀行为、在繁殖期花更多的时间用以鸣啭也就不足为奇了。由于大量时间都花在吸引异性上，因此（普通）鹪鹩和长嘴沼泽鹪鹩的雄鸟从不孵卵，只是在繁殖期临近尾声时会帮助雌鸟喂雏。

棕曲嘴鹪鹩的繁殖机制则截然不同，它们为单配制，实行协作繁殖。一对配偶一年可育4窝雏，后面的几窝雏由双亲及前面几窝雏中具备独立生活能力的后代共同喂养。在这样的家庭单元中，所有成员都会协助雄鸟维护领域，抵制其他家庭单元的入侵。然而，相当矛盾的是，除了刚长齐飞羽的幼鸟，其他成员都各自单独栖息在领域内四处分散在仙人掌上的诸多巢中的某一个中。

▌来自猫和鼠的威胁
▌保护与环境

鹪鹩种类尚无灭绝的记录，但有些亚种已经绝迹。岩鹪鹩的一个亚种在它的故岛雷维利亚希赫多群岛的圣贝尼迪克托岛于1952年的火山爆发中一次性灭绝。而其他灭绝事件则是人为因素造成的。

有数个亚种濒危，主要威胁来自栖息地的丧失，如莺鹪鹩在瓜德罗普岛和圣卢西亚岛上的2个亚种。而2个哥伦比亚种类阿氏沼泽鹪鹩和尼氏苇鹪鹩的处境日益令人担忧。前者仅见于哥伦比亚中部一个人口稠密地区的湖边栖息地，正面临着来自经济发展的压力。而尼氏苇鹪鹩已极为罕见，存在着很大的灭绝风险。这一种类首次见于1945年，而直到1989年才被第二次观察到。

在马尔维纳斯群岛，科氏鹪鹩近年来分布范围出现了大幅缩减，原因是野猫和鼠的入侵，不过在该群岛的部分岛屿上数量仍相当多。古巴的扎巴鹪鹩目前总数可能仅剩100来只，需要采取积极的保护措施方能保证这一种类长期生存下去。事实上，鹪鹩在岛上的种群会自然地出现较大的数量波动，如（普通）鹪鹩的小种群在冬季气候条件下特别容易出现大的数量起伏。然而，这些种群还是能够继续生存的，因为它们在夏季的繁殖率很高，这意味着它们的数量通常只是在某个季节处于低谷。

↗棕曲嘴鹪鹩是美洲沙漠中的常见鸟类。它们将巢筑于仙人掌植物的刺中间，可有效地避免受到地面和空中掠食者的袭击。这种鸟从头至尾长18~21厘米，与椋鸟一般大小，乃鹪鹩科中体型最大的种类之一。它们的窝卵数通常为4~5枚。

蚋莺

蚋莺科包括 11 种普通蚋莺，均归在蚋莺属中，以及以 "gnatwren" 命名的 2 种领蚋莺和 1 种长嘴蚋莺，分别归入 2 个属中。普通蚋莺为小巧精致的鸟，尾长，下体着浅色；以 "gnatwren" 命名的蚋莺则一如它们的名字，外形颇似鹪鹩，而且经常像鹪鹩那样翘起它们的长尾巴。

曾有一段时间，在做了初步的 DNA 分析后，黄头金雀被归入蚋莺科。然而，近来的研究业已证实，这种鸟与攀雀科种类的亲缘关系最为密切，无论在体型、外形还是习性上都很相似。

玲珑的森林觅食者
形态与功能

普通蚋莺种类之间的区别主要体现在雄鸟头部的着色模式上。如热带蚋莺头部着黑色和灰色，其中有一条很宽的黑色斑纹从喙上开始绕过眼睛一直延伸到耳覆羽处，而灰蓝蚋莺的

↗在中南美洲的森林里，长嘴蚋莺用它的长喙在下层丛林中觅食昆虫。

整个头部着灰色，只有眼纹颜色略深。大部分种类见于干旱丛林、次生林和潮湿的森林，由于活跃于灌丛覆层上方，所以很显眼。只有花脸蚋莺例外，这种鸟通常在近地面处活动。

蚋莺从叶簇外层啄食昆虫，期间会翘起并摆动长尾来保持平衡。它们易兴奋，经常很活跃，有时会形成小群，或者加入其他种类的混合觅食群。蚋莺的鸣声和鸣啭比较简单，声音高而尖，常常摆出鸣禽的架势：站着仰喙朝天。有些种类的鸣叫带有鼻音，发出的声音甚至被形容为像小猫在喵喵叫。

普通蚋莺的分布范围从美国北部至阿根廷，其中在墨西哥（即分布区的中心区域附近）有 6 个主要的种类。灰蓝蚋莺栖息于丘陵地带的林地和稀树草原，但不出现在平地上。白眉蚋莺同样喜居类似的栖息地，这种鸟普遍被视为热带蚋莺的一个亚种，见于中美洲及南美北部的许多地方。白眼先蚋莺，名字源于其眼先（鸟类眼和喙之间的部位）为醒目的白色，生活在太平洋沿岸的平地上。黑尾蚋莺偏爱干燥的栖息地，如山坡和鼠尾草丛，其特别之处是尾巴几乎为纯黑色。而见于乡村地带的黑顶蚋莺被一些学者认为只是热带蚋莺或白眉

蚋莺的一个亚种。至于尤卡坦半岛北部干旱地区的尤卡坦蚋莺，其亲缘关系尚不清楚，有人认为它是热带蚋莺或白眉蚋莺的种类，也有人认为是白眼先蚋莺的亚种。

以"gnatwren"命名的蚋莺为森林鸟类，活跃于下层丛林中。长嘴蚋莺会出现在空旷地、次生林或森林边缘带。在浓密的植被中很难发现这种忙碌的小鸟，若想找到它们，最好的办法是聆听它们清脆悦耳、呈升调的颤鸣。长嘴蚋莺也会加入混合觅食群，但似乎并不会跟随它们离开自己的领域。

2种领蚋莺栖息于原始森林，生活在下层丛林而非树荫层。它们同样会加入混合群，有时甚至尾随蚂蚁群。它们的鸣声通常带有鼻音、刺耳，不过其鸣啭倒是为一连串欢快的口哨声。

在树上筑精致的巢
繁殖生物学

普通蚋莺两性共同筑巢，巢小巧精致，附于树枝上，通常位于高处，用蜘蛛网将苔藓等物质缠于外层，起到很好的伪装作用。一窝产5枚小卵，白色，带栗色斑纹。双亲共同孵卵，孵化期为13天。雏鸟出生时全身赤裸，2周后离巢。亲鸟在筑新巢育第二窝雏时经常会再利用第一个巢的巢材。

以"gnatwren"命名的蚋莺将巢筑于近地面处，为精致的杯形巢，通常筑于一大堆粗糙树叶和其他植被中间。长嘴蚋莺的杯形巢深而紧凑，亲鸟孵卵时必须将头抬起，伸在外面的长喙看上去像一根竖着的细树枝。一窝产2枚

一只花脸蚋莺栖于阿根廷大草原的一根树枝上。曾有一位学者描述道，这种蚋莺"像极了微型的嘲鸫"。

卵，卵的底色为黄色，带红色斑纹。孵化期为17天，双亲共同参与。雏鸟孵化时也为浑身赤裸，约12天离巢。

白腹蚋莺生活的栖息地南美东部大西洋沿岸的低地森林受到严重破坏，这种鸟如今已变得相当稀少。

知识档案

蚋莺

目 雀形目
科 蚋莺科
3属14种。种类包括：灰蓝蚋莺、花脸蚋莺、热带蚋莺、白腹蚋莺、领蚋莺、半领蚋莺、长嘴蚋莺等。

分布 北美、中美、南美的热带和亚热带区域，同时也包括部分加勒比地区。

赤道

栖息地 森林、林地、丛林，包括相当干旱的地带。

体型 体长9～12厘米，体重约6～10克。在某些种类中两性有细微差别。

体羽 普通蚋莺为灰色和黑色；以"gnatwren"命名的蚋莺上体褐色、下体浅色。

鸣声 简单的口哨声和鸣叫，叽喳声，带有很重鼻音的柔和鸣声。

巢 筑于一大堆枯叶中间的杯形巢，很深；或为筑于树枝上的精致碟状巢。

卵 窝卵数2～6枚；底色为浅色（蓝色、橄榄绿或青灰色），带有少量深色斑点和条纹。

食物 昆虫和其他节肢动物。

山雀

山雀为小型鸟类，活跃于林地和灌丛中。大部分具群居性，善鸣叫。北美和欧洲种类中有世界上最受欢迎的鸟之一，冬季经常光顾喂鸟装置，夏季则在人工巢箱里营巢繁殖。山雀很少给人类带来危害，相反，它们给居家的观鸟者们带来了愉悦和享受。

山雀的英文名"tit"源于"titmouse"一词，在英国，这一名字用于山雀科的所有成员；但在北美，仅用于其中一类山雀（另一类山雀以"chickadee"命名）。虽然其他一些没有亲缘关系的鸟类其名字中也带有"tit"，但只有山雀科、长尾山雀科和攀雀科这 3 个科的种类被认为是密切相连的，它们与鸦和旋木雀具有亲缘关系。全科 53 个种类中有 50 个种类都归在山雀属中，如今有一种论点拟将这一庞大的属细分为 10 个不同的属。

灵巧的捕虫手
形态与功能

在形态和总体外形上，绝大部分山雀都相当一致，因而山雀在全世界都很容易辨认。许多种类浅色或白色的脸颊与黑色或深色的头顶形成鲜明对比，有不少具冠。山雀的喙短而结实，腿也短。所有种类多数时间生活在树上和灌丛中，但也会到地面觅食。它们小巧玲珑，能轻松自如地倒挂于细树枝上。大部分种类终年为留鸟。

多种山雀以食昆虫为主。有不少种类也食种子和浆果，尤其是在寒冷地区的种类，种子是它们冬季的主要食物。冬季，山雀在花园和喂鸟装置前频繁出现的原因是可以获得大量的种子食物。有些山雀会储藏食物，主要是种子，有时也可能是昆虫，这些食物通常藏于树皮的裂缝里或埋于苔藓下面。贮藏的食物有可能一段时间都不会用上，也有可能刚藏起来数小时便取走。

↘ 山雀的代表种类
1.红胸山雀；2.黄颊山雀；3.青山雀；4.灰蓝山雀；5.头部放大的白眉冠山雀。

↗一只煤山雀成鸟带着一顿毛虫大餐回巢

煤山雀项上的白斑可用以区分这一种类和其他相似的山雀（如沼泽山雀）。煤山雀喜居针叶林栖息地，营巢于岸滩和树桩的洞穴中。

在暖和的繁殖季节，所有种类都会给雏鸟喂食昆虫。一对青山雀的配偶在雏鸟发育最快的那段时间会以平均每分钟一条毛虫的速度喂雏，而在雏鸟留巢期间，喂雏的毛虫超过1万条。所以山雀被认为（尽管证据尚不确凿）在控制森林虫害方面起着重要作用，人们也因此为它们设置了大量巢箱。

山雀学习能力很强。1929年，人们在英格兰南安普敦观察到一些山雀将牛奶瓶的盖揭开然后喝起牛奶来。其他山雀迅速学会了其中的技巧，很快这一现象便出现在整个英格兰。

黄眉林雀的情况鲜为人知，这种体羽相当黯淡、主要呈绿色的鸟，不像其他大多数种类那样具有分明的着色模式，被单独列为一属。该鸟生活在海拔2000米以上的高地森林中。直到1969年，人们在一棵杜鹃花植物上发现了它的洞穴巢，才了解到这一种类的繁殖习性与其他山雀相似。

还有2个种类也属于山雀科。东南亚的冕雀对一般的山雀而言堪称庞大。这种鸟长约22厘米，重将近40克，几乎是其他种类最大的山雀的2倍。冕雀体羽主要为蓝黑色，富有光泽（雌鸟略黯淡），头顶为醒目的黄色，有可竖起的冠羽，腹部也呈黄色。生活在茂密的森林中，详细情况不清。

更为与众不同的是褐背拟地鸦。这种鸟生活在中国西藏及周围林木线以上的高原地区。体羽为褐色，喙弯曲，长度中等；营巢于啮齿动物的巢穴内或岸滩上的洞穴中。褐背拟地鸦外形看上去与山雀毫无相似之处，但近年来对其进行独立的形态研究和DNA分析后证实，它属于山雀科。

集中在赤道以北
分布模式

在山雀科、长尾山雀科和攀雀科这3个密切相连的科中，山雀科是目前最大、分布最广的科。从平地到高山，凡是有树的地方往往就能见到它们的身影。除了无树区和海岛，只有南美、马达加斯加岛、澳大利亚和南极不存在山雀。11个种类见于北美（其中有一个种类也出现在旧大陆），13个种类分布在非洲的撒哈拉以南地区，剩下的种类则主要生活在欧亚大陆。

知 识 档 案

山 雀

目 雀形目

科 山雀科

4属53种。种类包括：黑顶山雀、白翅黑山雀、青山雀、白眉冠山雀、煤山雀、凤头山雀、大山雀、沼泽山雀、橡山雀、林山雀、灰头山雀、美洲凤头山雀、白枕山雀、褐头山雀、黄眉林雀、冕雀、褐背拟地鸦等。

分布 欧洲、亚洲、非洲、北美（南至墨西哥）。

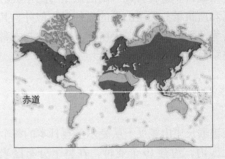

赤道

栖息地 主要为林地和森林。

体型 体长11.5～14厘米，体重6～20克。但冕雀除外，该种类体长22厘米、体重约40克。

体羽 以褐色、白色、灰色和黑色为主，有些种类带有黄色，3个种类具天蓝色。两性仅有细微差别，即有些雌鸟着色比雄鸟黯淡。

鸣声 多种单音节声音，叽叽喳喳的鸣叫，多种口哨声，复杂多变的鸣啭。

巢 洞穴中。有些种类在软木中凿洞。

卵 窝卵数通常为4～12枚；白色，带红褐色斑。孵化期为13～14天，雏鸟留巢期17～20天。

食物 以昆虫为主，也食种子和浆果；有些种类会贮藏食物以备后用。

长尾山雀

长尾山雀科的 7 个种类均具高度的群居性，一年内大部分时间都成 6~12 只的小群生活。它们体型很小，尾占到整个身体长度的近一半。有 5 个种类生活在喜马拉雅山脉地区，人们了解得相对较少；另外 2 个种类，即银喉长尾山雀和短嘴长尾山雀，人们了解较多。

有些学者将见于爪哇的侏长尾山雀也归入长尾山雀科。这种自成一属的微型鸟除了成群生活和所筑巢与长尾山雀的巢外形相似外，其他行为习性人们几乎一无所知，因此它与本科的关系尚不确定。

体短、尾长
形态与功能

银喉长尾山雀见于从爱尔兰至日本的整个古北区内，约有 19 个亚种，在整个分布区表现出相当多样的体羽模式。生活在北欧至日本的北部亚种比其他亚种呈现出更明显的粉红色（尤其在翅膀上），头部则为醒目的全白色，而其他亚种在眼上方会有一条宽的深色条纹将头部的白色一分为二。见于北美西部地区（从加拿大的不列颠哥伦比亚省西南部至中美洲的危地马拉）的短嘴长尾山雀也同样有不少亚种。栖息于美国得克萨斯州至危地马拉高地的种群中，有一部分短嘴长尾山雀脸部具黑色"面罩"。这些种群过去被单独视为一个种类，叫作黑耳长尾山雀。然而，它们与其他短嘴长尾山雀"混合"产卵育雏，且已查明面罩只是一种个体变异现象，所以并非独立的种。在不列颠哥伦比亚西南部的长尾山雀数量自 20 世纪 70 年代以来有了显著增长。

银喉长尾山雀体重只有大约 7 ~ 9 克，而短嘴长尾山雀甚至更轻，仅重 4.5 ~ 6 克。由于它们的体温始终保持在略高于 40℃ 的水平，因此很难储存足够的食物来度过漫长的冬夜，尤其是寒冷的冬夜。在气温为 20℃ 时，短嘴长尾山雀每天需要摄入占体重 80% 的昆虫量，当气温更低时它们就需要食入更多的昆虫才能

↗短嘴长尾山雀常成小群活动，通过一连串柔和的"啼嘶"和"噼"的声音保持联系。而它们的警告鸣声则很尖锐。

生存。因为无法找到那么多的食物来保持体温，许多短嘴长尾山雀和银喉长尾山雀会在严冬中死亡。

长尾山雀想到了一个办法来帮助它们生存下来：在冬夜成群栖息、蜷缩在一起，以减少热量散失。一只鸟夜间独自栖息比一群鸟拥挤在一起栖息需要多耗费约25%的能量，而且，单独一只鸟几乎肯定无法在寒冷的夜里存活下来。

↗ **长尾山雀的代表种类**
1.黑耳长尾山雀；2.银喉长尾山雀聚在一起栖于枝头以保持体温。

都是"一家人"
群居行为

银喉长尾山雀的过冬群主要由一个家庭单元组成，外加一些额外的个体。整个群体会维护一片领域。到了春季，所有雄鸟都留在领域内，与领域外的雌鸟结成配偶，很可能是为了防止"近亲繁殖"。几乎所有的配偶都试图独立育雏，不需要其他个体相助。然而，一旦育雏失败（事实上，当巢遭到掠食者侵袭时很多便会育雏失败），再补育一窝雏为时已晚。于是，配偶只有离巢去帮助其他配偶育雏（通常为它们的"亲戚"）。在这种情况下，雄鸟很容易找到这样一个巢，因为邻近的雄鸟很多都是它的"兄弟"。而对于雌鸟，往往意味着它们要回到过冬领域才能找到它们的亲戚。通过这种方式，保证了协助育雏的鸟与雏鸟的亲鸟之间具有共同的基因。

银喉长尾山雀的巢很复杂，呈钱包状，用羽毛和苔藓筑成单个巢需羽毛2000多枚。其巢结构很漂亮，用蜘蛛网缠绕，并覆以地衣起伪装作用，需要许多天才能完工。银喉长尾山雀的巢深18厘米左右，短嘴长尾山雀的巢则有30厘米深。

这2种鸟筑巢的方式略有不同。银喉长尾山雀会找一根适宜的大树枝或数根在一起的小树枝作为巢基。一开始，所筑的结构呈通常的杯状，然后，配偶不断将边上筑高，直至它们够不着为止，然后在顶部封闭起来从而形成一个圆顶。而短嘴长尾山雀的巢起初巢底并不坚实，但配偶在将边上筑高的同时会不断将中间部分踩低，最后形成一个吊巢。不过，2个种类在巢封顶后都开始栖息于巢中过夜。孵卵很可能只由雌鸟负责，因为常常见到一对配偶中只有一方曲着尾巴栖在小巧的巢中。

长尾山雀
目 雀形目
科 长尾山雀科
2属7种：短嘴长尾山雀、银喉长尾山雀、棕额长尾山雀、红头长尾山雀、白颊长尾山雀、银脸长尾山雀、白喉长尾山雀。

分布 欧洲与亚洲，北美和中美洲。

赤道

栖息地 以森林和林地为主。

体型 体长9~14厘米，体重5~9克。

体羽 主要为黑色、灰色、褐色，银喉长尾山雀还带粉红色。

鸣声 联络鸣声为颤鸣，鸣啭柔和。

巢 为钱包状结构，由苔藓、地衣和羽毛筑成。

卵 窝卵数通常为6~10枚；白色，许多种类带红斑。孵化期13~14天，雏鸟留巢期16~17天。

食物 以昆虫为主。

燕

燕子几乎受到所有人的喜爱，因为它们飞行能力突出，模样吸引人，是夏天的使者，食昆虫，喜欢在离人很近的地方营巢。

最新的分类体系中燕科含 14 属 89 种。然而，由于燕通常生活在空中，对其进行形态研究受到限制，因而难以作出精确的评估。

一流的飞鸟
形态与功能

燕很容易识别：修长的身材，狭长而尖的翅，叉形尾，外侧尾羽通常很长，似长条旗。这些特征与它们在空中觅食无脊椎动物的特化生活方式相吻合，同样也见于其他与它们并没有亲缘关系却具有类似生活方式的鸟类，如雨燕。

细长的身体可减少飞行过程中的阻力。燕的翅形呈高展弦比，意味着能产生很大的举力而所受的阻力很小。但这种符合空气动力学的高效率以降低机动性为代价（如与短而宽的翅相比），不过这一劣势又由叉形尾得到部分的弥补，因为这样的尾可提高鸟的机动能力。

部分种类具有长尾羽，可增加举力，其功能犹如飞机的襟翼，保证气流平稳地通过翅膀，而在燕准备着陆时可延缓气流通过，从而使燕在不增大阻力的情况下实现飞停。大多数种类跗骨短、腿小而弱，适于栖息而非行走，但自己掘穴或营巢于悬崖岩面的种类具有强健的爪。

上述对燕科种类形态的概括性描述不适用于河燕属的河燕类。它们看上去与其他雀形目鸟更相似，可能其原种介于燕科和其他雀形目鸟之间。河燕类的腿、脚相对较大，相关肌肉组织无论从面积大小、肌肉数量、复杂程度而言都较少退化。与其他燕宽而扁的喙相比，它们的喙显得更粗壮、厚实；鸣管中的支气管环则明显不如其他燕的完整。此外，毛翅燕属和锯翅燕属的毛翅燕类在外侧初级飞羽的边缘有一系列羽小支，形成钩状的增厚层，但其具体功能尚不清楚。

出色的候鸟
分布模式

冬季，燕在温带地区的食物供应大为减少，因而许多种类进行迁徙。但与其他大部分雀形目候鸟不同的是，燕在昼间迁徙，而且为低空飞行。此外，它们还经常在迁徙途中觅食，因此脂肪储备量较同等大小的其他候鸟低。在非洲繁殖的种类常随降雨模式而进行迁徙，但具体情况鲜为人知。而其他一些种类如灰腰燕，则似乎到处"流浪"，并没有固定的迁徙路线。

近年来，许多燕科种类的分布得到了扩展，原因是随着它们越来越多地使用建筑物作为巢址，这些鸟被不断引入到了以前它们不被

燕

目 雀形目

科 燕科

14属89种。属、种包括：家燕、蓝燕、穴崖燕、美洲燕、红额燕、灰腰燕、红海燕、褐胸燕、白尾燕、线尾燕、崖沙燕、巴哈马树燕、金色树燕、红树燕、双色树燕、白腹燕、河燕类（如白眼河燕等）、崖燕类（如紫崖燕等）、毛翅燕类等。

分布 全球性，除北极、南极和某些偏远的岛屿。

赤道

栖息地 各种开阔区域，包括水域、山区、沙漠、森林树荫层上方。

体型 体长10~24厘米，体重10~60克；典型体长为15厘米，体重20克。

体羽 上体通常为金属质的蓝黑色、绿黑色，或为褐色；有些种类的腰部具有对比鲜明的颜色；下体一般着色较浅（常为白色、浅黄色或栗色）。两性通常具细微差异，但雄鸟有时比雌鸟着色醒目且尾较长；幼鸟一般较成鸟黯淡、尾更短。

鸣声 鸣啭为简单而快速的啁啾声或嘟嘟声，平时鸣声则持续时间较长、音节顺序多变。

巢 泥巢（或敞开或封闭）或由植被筑成的简单杯形巢。泥巢一般附于建筑物上、悬崖岩面或筑于洞穴中。此外也会经常使用自然洞穴（如树洞）和地洞（常为自己所挖）。

卵 窝卵数在大部分热带种类中为2~5枚（有些多达8枚），在大多数热带种类中为2~3枚；一般为白色，有时带红色、褐色或灰色斑。孵化期11~20天，平均为14~16天，天气恶劣时会延长。雏鸟留巢期16~24天，但在体型较大的河燕类中为24~28天，当食物稀少时雏鸟留巢期也会延长，特别是有些种类的雏鸟在恶劣气候下会休眠。

食物 几乎仅食空中的无脊椎动物。

人知的地区。如红额燕的分布范围向南扩大到了肯尼亚和坦桑尼亚，穴崖燕则从墨西哥进入了美国南部。而环境的变化同样会引起分布模式的变迁。如家燕的英国种群在南非过冬，如今它们在那里的范围已向西扩张，原因是西部降雨量增加。

空中捕食
食物

所有燕科种类几乎都只食空中的无脊椎动物，主要是昆虫。植物性食物仅见于少数种类的食物中，而且摄取量很少。只有双色树燕会经常性摄入植物性物质（以浆果为主），而这也仅出现在昆虫匮乏期间。

燕不是那种机会主义觅食者，不会漫无目的地四处飞行、张着嘴巴随机食入空中的浮游生物。相反，它们主动出击捕食特定的猎物。同域分布的种类往往特化为捕食不同体型级别的无脊椎动物。而就某一种类的个体而言，它常常会选择所能获取的最大猎物。候鸟种类在过冬地的食物通常有别于它们在繁殖地的食物。如家燕在非洲越冬时，食物中的蚂蚁比例会增

加。此外，一个种类所偏爱的觅食程度在过冬地和繁殖地也会有所不同。上述变化被认为是这些候鸟与过冬地的留鸟种类进行竞争的结果。

多数单配
繁殖生物学

燕普遍实行群居、单配。雌雄鸟共同育雏，筑巢和孵卵则通常由雌鸟负责。然而，雄鸟经常进行混交，热衷于寻找机会与配偶以外的雌鸟发生交配。在有些种类中（如紫崖燕），会出现一雄多雌现象，1只雄鸟与2只雌鸟结成配偶。

在南非的皮拉尼斯堡国家公园，一对小纹燕栖于枝头。这种鸟广泛分布于从非洲南端至埃塞俄比亚的大片地区。

莺

莺是一个极为考验观鸟者辨别力的鸟科。有许多种类外形极为相似，让无论是初入门者还是有经验的观鸟者都眼花缭乱、难以区分。不过它们的鸣声往往有着显著的差异。莺是一类小型鸟类，常常隐匿于茂密的植被中，只有在觅食它们喜爱的昆虫时才会偶尔乍现，但随之又消失得无影无踪。当然，这一大科中也有许多色彩亮丽、容易辨别的种类，它们主要生活于热带。

总体而言，莺为小型鸟类，喙尖细，脚强健，对于适应栖木生活绰绰有余。有些种类如波纹林莺，具有很长的尾，有助于它们在浓密的叶簇间穿梭和在枝、叶间不停地搜寻昆虫时保持身体的平衡。

分成数大类
形态与功能

莺科可分为数个大类。苇莺类包括在大属苇莺属中，共有 32 种。这些莺通常见于沼泽、芦苇荡和湿地中，一般体羽均为褐色，身材结实，脚和喙都很大，使它们得以在芦苇丛中自

如攀缘。其鸣声为刺耳的啁啾声，很容易区别。蝗莺类的颤鸣声似昆虫发出的声音，"蝗莺"一名由此得来。林莺类包括篱莺属的 7 个种类和林莺属的 24 个种类，后者的两性体羽明显不同，这在莺科中非常罕见。柳莺类囊括了科内第二大属柳莺属，共有 46 种，为绿色的小型莺，喙短，各种类之间外形酷似，倾向于在树荫层栖息，在树叶上啄食昆虫。多样性丰富的非洲树莺类包括了娇莺属、拱翅莺属、孤莺属和森莺属的部分种类。最后一属为长相奇特的莺，觅食时沿树干和枝干上下活动，用结实的喙伸进树缝里探食，过去被称为"䴓莺"。此外，还有不少更为另类的莺，如东南亚森林中的地莺类，几乎没有尾巴；还有马达加斯加的 2 种短翅莺和新西兰大尾莺，它们尾羽的羽支不连在一起，看上去像一枚枚钉子。

莺科最大的属扇尾莺属约有 45 个种类，组成了扇尾莺类的一部分。这些鸟栖息于非洲的草地中，体羽多条纹，很难区分，最好的识别办法是借助它们的鸣声。事实上，鸣声的差异从它们的名字中便可见一斑，诸如哨声扇尾莺、噪扇尾莺、颤声扇尾莺、沸声扇尾莺、颤

莺的部分种类

属、种包括：水栖苇莺，湿地苇莺，夏威夷苇莺，芦莺，蒲苇莺，极北柳莺，叽喳柳莺，欧柳莺，林莺类（如黑顶林莺、波纹林莺、庭园林莺、灰白喉林莺等），褐短翅莺，扇尾莺类（如霄扇尾莺等），新西兰大尾莺，草莺，霍氏山鹪莺，褐胁山鹪莺，绿篱莺，纳氏娇莺，泰氏娇莺，白翅娇莺，鹛莺，塞岛苇莺，刺莺，缝叶莺类（如长嘴缝叶莺等），雀莺类，拱翅莺类等。

莺的代表种类
1. 一只黑顶林莺在灌木上；
2. 一只蒲苇莺在芦苇荡中；
3. 芦莺；4. 东南亚的稻田苇莺；
5. 红脸森莺。

鸣扇尾莺、铃声扇尾莺等，而这些还仅仅只是其中的一小部分。扇尾莺类的特点有：繁殖期尾会增长，一年换羽2次，两性在体型上的性二态现象突出，雄鸟明显大于雌鸟。山鹪莺属

的多种鹪莺是扇尾莺类的另一主要组成部分，这些鸟鸣声嘈杂，色彩黯淡，尾长而渐尖。

还有一个大类是印度和东南亚的缝叶莺类，共有15种。这些鸟的名字源于它们会使

知识档案

莺

目 雀形目
科 莺科
64属389种。

分布 主要在欧洲、亚洲、非洲，少量在新大陆。

赤道

栖息地 从草地到森林的各种类型植被中。

体型 绝大部分种类体长9~16厘米，体重5~20克。有

数个种类明显例外，如草莺最长可达23厘米，重约30克。

体羽 主要为褐色、暗绿色或黄色，常有深色条纹，有些热带种类（如白翅娇莺）着色鲜艳。在大多数种类中两性相似，例外的包括黑顶林莺和某些缝叶莺。

鸣声 鸣声多样，在较大的种类中通常刺耳。有些种类具简单而固定的鸣啭，而在其他种类中鸣啭复杂多样、优美动听。

巢 精心编织的复杂杯形结构或球形结构，位于茂密植被的低处。缝叶莺类和其他一些种类会用蛛丝将树叶缝合起来形成一个锥形结构，然后将巢筑于里面。

卵 窝卵数通常为2~7枚；底色为浅色，具深色斑。孵化期12~14天，雏鸟留巢期11~15天。雏鸟也有可能提前离巢（从出生后第8天开始），但不会飞，因此会由亲鸟继续照顾数日。

食物 以昆虫为主，有些种类也食果实。许多莺偶尔会食花蜜。

↗草莺有时被称为"棒糖鸟"，因为它们身上最突出的特征是长而尖的尾，呈栗色和褐色，尾羽常成一束，像一根棒。草莺会栖于高草或花上享受日光浴。

用植物纤维或蜘蛛网将大的树叶缝在一起形成一个锥形结构，并将巢筑于其中。缝叶莺类的喙尖锐，相对较长，向下弯，它们正是用喙在树叶边缘啄出一个个孔，然后将"捻线"穿过去。此外，它们的尾以一种独特的方式翘起，雄鸟的尾比雌鸟的长。

并非仅限于旧大陆
分布模式

莺科绝大部分种类见于欧亚大陆或非洲。其中有些分布广泛而且十分常见，如欧柳莺是在英国繁殖数量最多的候鸟，同时在北欧至俄罗斯东部的广阔地域内也有高密度的分布。然而，全科 64 个属中至少有 33 个属只含有一个种类。它们中有些归类关系多年来一直不明确，不过，在 DNA 分析的基础上借助西比利和阿尔奎斯特的分类体系，有效地澄清了其中一部分属和种的分类问题。即便如此，有些莺的俗名如鹛莺、鹪莺、雀莺等，大大增加了其分类难度。

而森莺科新大陆莺的存在，则进一步加大了这种难度。虽然该科与莺科并没有密切的亲缘关系，前者具 9 枚初级飞羽而后者有 10 枚，但部分莺科种类确实出现在新大陆。如极北柳莺的繁殖区域从西伯利亚一直延伸至阿拉斯加

西部，尽管在阿拉斯加繁殖的个体也会回到旧大陆的南亚过冬。澳大利亚的本土大陆上有 8 个留鸟种类，其中包括富有特色的刺莺。新西兰只有一个种类即新西兰大尾莺。此外，太平洋和印度洋群岛上生活着多种独特的莺，通常数量很少。

莺对昆虫的依赖性成为大部分在高纬度地区繁殖的种类具高度迁徙性的主要原因。多数欧亚大陆北部的莺会在非洲或热带亚洲越冬，所以有些会做惊人的长途迁徙。如在西伯利亚营巢繁殖的欧柳莺前往非洲亚撒哈亚地区过冬，意味着它们每年要飞越 2 个 12000 千米。在它们启程前，这些长途候鸟会积蓄大量的脂肪储备，体重翻一倍的现象并不少见。全球气候变暖则使一部分候鸟种类提前回到繁殖地，因此有些种类现在的繁殖期比过去几十年早了 1 ~ 2 周。然而，气候变化也有可能给长途迁徙的种类带来负面影响，如倘若撒哈拉等沙漠进一步扩张，或者倘若迁徙途中的食物供应时间发生变化而导致这些莺的活动与之不再同步等。

极少数留在寒冷地区过冬的莺有时会因天气恶劣、食物匮乏而遭受重创。如英国的波纹林莺在严冬期间数量经常会大幅下降。不过，有迹象表明，这些鸟能够充分利用近年来气候变暖的现象，数量迅速增长。

黑顶林莺是人们研究迁徙遗传学的重点对象。通过对这种鸟的大量研究，人们发现了许多重要事实，可能同样适用于其他莺类以及其他鸟科的候鸟。详细周密的繁殖实验表明，它们的繁殖方向感和迁徙距离均受遗传基因控制。因此，当一只表现出往东南方向迁徙倾向的个体与一只倾向于往西南方向迁徙的个体结成配偶后，它们的后代便会表现出朝正南方向迁徙的倾向。此外，当基本不做迁徙的加那利群岛上的黑顶林莺与德国的候鸟黑顶林莺结偶后，它们的后代表现出中等强度的迁徙倾向。

德国的黑顶林莺很好地体现了自然选择在一种新的迁徙行为发展过程中的作用。如今有越来越多的黑顶林莺不再像过去那样南下迁徙至伊比利亚半岛，而是向西前往不列颠群岛过冬。在那里，日渐变暖的气候，人们在花园的

喂鸟装置中为它们提供的更多的食物，都使它们有可能更好地生存，而且，因为迁徙路程更近，它们会比那些在伊比利亚过冬的个体更早地回到德国的繁殖地。于是，它们也更有可能与具有同样遗传倾向的异性结为配偶，从而促进了这种迁徙行为在整个种群中的普及。

为配偶而歌
鸣啭和群居行为

莺一般为单配制，也有部分种类已知有多配现象，如蒲苇莺。莺的鸣声除了是维护领域的主要手段外，在吸引异性和选择配偶方面也起着重要作用。蒲苇莺的雄鸟在结偶后可能会不再鸣啭。而在芦莺中，具有复杂鸣啭的个体往往比那些鸣啭相对逊色的个体能够更快地成功吸引到异性。有些种类，如绿篱莺会在鸣啭中添加部分对其他鸟的效鸣，原因尚不完全清楚。湿地苇莺则有过之而无不及，它们的鸣啭完全由对其他种类的效鸣组成，平均一只湿地苇莺可模仿80种莺的鸣声，所以一半以上的非洲莺的鸣声可在这一种类的过冬地听到。

鸣声在区分种类方面同样具有重要作用。如叽喳柳莺和欧柳莺外表简直一模一样，但两者的鸣声迥然不同。莺一般在栖木上鸣啭，但生活在低处植被中的种类常进行鸣啭飞行，以将它们的歌声传播开去，这种行为可见于林莺类（如灰白喉林莺）以及扇尾莺类中的许多种类（如霄扇尾莺）。

所有莺似乎都竞争着同一种基本食物：小型昆虫。而在实际中，通常会出现高度的空间分层来将种类之间以及个体之间的竞争降至最低限度。高密度分布的种类，尤其是温带种类，具有突出的领域性。一般情况下雄鸟拒绝同一种类的其他成员进入领域，有时则也会拒绝其他亲缘种类的成员进入。如黑顶林莺和庭园林莺在维护各自领域时不但抵制同种类的成员而且还相互抵制。这种行为可能有助于保证一对配偶为自己和后代取得足够的食物，此外也有利于它们极为类似的巢保持距离，避免被天敌集中发现。

孤立的种类面临威胁
保护与环境

从整体来看，有10%以上的莺为受胁种类，并可分为3种类型。第一类是19种见于小型孤岛上的莺，它们因种群有限而特别容易面临灭绝的危险。塞岛苇莺便是其中一个例子，这一种类由于缺少繁殖空间而发展了协作繁殖机制（在这一机制中，由非繁殖配偶在巢中协助抚育雏鸟）。

第二类为以不同方式被隔离的11个种类。它们生活在孤立的山区栖息地，大片不适合栖息的低地将它们与其他山脉隔离开来。如那姆拉娇莺仅见于莫桑比克北部的那姆拉山。

最后一类为栖息地受到人类活动的破坏而不断缩减的12个种类。如尼泊尔周围地区的霍氏山鹟莺，该种类的灌丛草地栖息地和森林栖息地正面临变为耕地的威胁；而欧洲的极北柳莺同样因沼泽大面积变为农田而在日益丧失它们的栖息地。

▲一对芦莺在照看后代
它们的巢筑于高草秆中间。这种鸟生活的地方一般位于湖边或水流缓慢的河边。

鹛和噪鹛

　　285 个种类组成了画眉科，这是一个多样化的大群体，成员主要为旧大陆的森林鸟类，包括了多个亚群体，如非洲雅鹛类、东南亚的纹胸鹛类、马达加斯加岛的杂鹛类以及主要见于喜马拉雅山脉地区的斑翅鹛类、鸦雀类、草鹛类、奇鹛类、凤鹛类和雀鹛类。不过，全科最主要的亚群体还是噪鹛亚科的噪鹛类。此外，有一个单独的种类鹪雀莺，在这里也归入画眉科，是本科在新大陆的唯一代表。

　　画眉科大部分种类以食昆虫为主（尽管有些也食果实），拥有柔软蓬松的体羽；往往为群居，多鸣声（它们的名字便由此而来）。其他方面各种类之间则各不相同。体型有小如鹪鹩者，也有大如鸫者；体羽有丛林鸫鹛等下层丛林种类的暗淡保护色，也有相思鸟类和雀鹛类的鲜艳亮丽的色彩。

鹛
画眉科

　　鹛为中小型鸣禽，为一个多样化的集合，是亚洲热带鸟类的重要组成部分。全科种类的行为和觅食习性极为多样，从像莺那样活跃于森林树荫层、在叶簇间啄食的，到长着长腿、像鸫一样在地面跳跃的，应有尽有。一般的鹛体型介于莺和鸫之间，翅短而圆，尾较长；在灌丛中、低矮植被下和地面觅食，通常不会远离某种掩体。所有鹛基本上都为定栖鸟，只有少数山区种类冬季会转移至低海拔地区。

　　画眉科在非洲有 10 个属，其中只有一个属鸫鹛属同时也见于亚洲。马达加斯加岛有一个本地属，含 3 个种类。在北非、中东和伊朗，棕褐鸫鹛和阿拉伯鸫鹛生活在开阔沙漠里有稀疏植被的旱谷（干河床）中。在以色列的内格夫沙漠，阿拉伯鸫鹛是那里最常见的留鸟，只要有少量刺槐丛提供掩护和巢址的地方便会有它们的身影。而伊拉克鸫鹛栖息于底格里斯河和幼发拉底河三角洲的大片湿地中，与其相似的种类则生活在南亚的芦苇荡和深草丛中。

　　只有一个种类出现在新大陆，而且并不非常确定它是否属于本科。鹪雀莺仅见于美国加利福尼亚州至俄勒冈州之间的太平洋沿岸地区。这种小巧似鹪鹩的鸟和所有的鹛一样，翅短而钝，尾狭长，为定栖鸟，具领域性。它们在繁殖后长期以家庭为单元成群生活，穿梭于灌丛和丛林中。

　　在喜马拉雅山脉的中等海拔地区，即约 1500 ~ 3000 米之间的地带，鹛为主要的雀形目鸟。仅在尼泊尔，总共大约 320 种雀形目留鸟中便有 50 种鹛在那里繁殖。鹛在这片区域内体现出极大的多样性：细小的鹪鹛类藏匿于森林地面的朽木间，大型的钩嘴鹛类用

知识档案

鹛和噪鹛

目 雀形目
科 画眉科
52属285种。

分布 亚洲、非洲、马达加斯加岛，另有一个种类分布在北美西部。

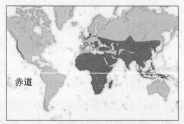

赤道

鹛（画眉科）

50属231种。**属、种包括：**阿拉伯鹛、普通鹛、棕褐鹛、伊拉克鹛、丛林鹛、草鹛类、斑翅鹛类、文须雀、黑顶奇鹛、雀鹛类、希鹛类、棕头幽鹛、钩嘴鹛类、鹩鹛类、纹胸鹛类、穗鹛类、白眉雀鹛、鹪鹛类、鹪雀莺、凤鹛类等。栖于沙漠灌丛至沼泽地、热带森林及高山矮树林。**体型：**体长10~35厘米，体重5~150克。**体羽：**多为褐色和灰色，生活在茂密森林中的种类常带有鲜艳的黄色、红色和蓝色。**鸣声：**极为丰富多样，有些种类会对唱、齐鸣。**巢：**一般筑于灌丛中的地面或树上，为敞开的杯形巢或者圆顶巢。**卵：**窝卵数2~7枚；通常为白色或蓝色。孵化期14~15天，雏鸟留巢期13~16天。**食物：**以昆虫和其他无脊椎动物为主，也食果实和花蜜。

噪鹛（噪鹛亚科）

2属54种。**种类包括：**条纹噪鹛、白冠噪鹛、白喉噪鹛等。见于南亚和东亚。栖于从平地至海拔4000米之间的热带常青林和半常青林。**体型：**体长15~35厘米，体重40~150克。**体羽：**呈多种醒目的色彩，有时头具冠。**鸣声：**多种口哨声和啁啾声以及"笑声"。**巢：**敞开的精致杯形巢，筑于小树杈或树干上。**卵：**窝卵数2~5枚；深蓝色。**食物：**昆虫和果实，较大的种类会食小型蜥蜴和蛙。

和戴胜的喙相似的喙四处探食，黑顶奇鹛像吸汁啄木鸟那样吸吮从橡树树干上的孔中溢出的汁液，棕头幽鹛等种类在地面落叶层中刨扒觅食。白眉雀鹛是喜马拉雅山脉亚高山带灌丛中最常见的种类之一，和它在地理分布上相近、但生态习性上相异的草鹛类（外形似嘲鸫）则

栖息于青藏高原边缘地带的鼠李丛中，主要在干旱的高海拔沙漠中。

在东南亚的常青雨林和喜马拉雅山脉的温带林中，鹛是由小型食虫鸟（为这两种生态环境下的典型鸟类）组成的混合觅食群的重要成员。希鹛类、凤鹛类、穗鹛类、纹胸鹛类和鹩鹛类与莺、山雀、山椒鸟、旋木雀和啄木鸟自然组合，形成结构松散的觅食群体，有时数量达几百只，白天持续在森林中四处活动，只在夜间才停下来分散成单一种类的小群栖息。

在印度，普通鹪鹛和丛林鹪鹛可经常在花园里和路边看到，它们成喧嚣的群体穿梭于树木间或跳跃于地面。一般5~15只个体组成"大家庭"，一起孵由主雌鸟产下的卵（使其受精的为主雄鸟）。所有成员共同喂雏，雏鸟出生后14天左右离巢。

这2个种类还是巢寄生鸟尤其是斑翅凤头鹃的寄主。这种杜鹃会将3枚卵产于它们的巢中。与大杜鹃不同的是，斑翅凤头鹃的雏鸟并不驱逐巢中寄主的雏鸟，因此数只鹛雏会与一只或多只杜鹃的雏鸟一起被抚养。杜鹃的卵与鹛的卵同样为蓝色，区别只在前者纹路相对更光滑、更接近圆形。

↗ 文须雀在英国又被称为"Bearded tit"，但人们一般并不会将它与山雀科的山雀相混淆。因这种群居性的鸟活跃在芦苇荡中，而且在喙和眼之间有向下延伸的黑色斑纹（一如它的名字，像"须"）。

丛林鹛鹛的群体会维护集体领域，相邻的群体遭遇时会很嘈杂，双方都兴奋地叫个不停。有时小冲突会演变成搏斗，对抗者们爪子绞在一起在地面滚来滚去，类似的行为也见于集体内部的模拟斗殴，通常发生在幼鸟之间。夜间群体成员在一根水平树枝上并排栖息，由于不断变动位置，经常需要很长时间才能安静下来。最终的秩序为年长的成员栖于最靠近树干处，未成鸟栖于树枝末端处，中间为幼鸟。

鸦雀类主要生活在竹林或其他深草栖息地中（如芦苇荡、象草草地），见于印度东北部、缅甸北部、中国南部的平原至喜马拉雅山脉亚高山带地区。和许多鹛一样，它们也常年成群出现，一般为 5 ~ 25 只，但它们的生物习性鲜为人知。最为人们了解的是文须雀，这种长尾、短翅的小鸟繁殖于英格兰东部、中欧和亚洲的大型芦苇荡中。和其他鹛不同的是，文须雀的两性在体羽方面相异，只有雄鸟有黑色的"须"（的确很像胡须，也是这种鸟名字的由来）。虽然一般为定栖性且飞行能力较弱，但这一种类会定期突然成群出现在正常分布区以外的地方，这可能是文须雀向它们所选中的孤立栖息地（通常被大片的沙漠所隔离）进行扩散的一种机制。

噪鹛
噪鹛亚科

噪鹛为一群似鹛的鸟，栖息于森林地面和下层丛林中，身体粗壮，腿十分强健，翅短而圆。它们均为定栖性，但会有少数从高海拔地区做季节性向下迁移。大部分种类着色醒目，翅或头部有红斑或黄斑，或者头、胸为白色。具高度群居性，很少单独出现，只有身材厚实、食昆虫的条纹噪鹛常成对活动，其行为习性与较大的鹛相近。白喉噪鹛会组成规模可达 100 只的单一种类群体，但白喉噪鹛的群体难得一见，经常可听到它们在灌丛和树林里鸣声响成一片，但就是见不到它们的身影，其隐蔽性令人惊叹。

白冠噪鹛会做壮观的集体炫耀，有数个成员参与，一起在森林地面扇着翅膀腾跃，白色的冠像盔一样竖起，同时发出一连串沙哑的似笑的鸣声，声音渐强，直至达到顶点。在拂晓和黄昏，这样的鸣声往往会得到邻近群体的响应，于是此起彼伏的鸣声久久回荡在它们所生活的茂密山丘森林中。

↗ 和其他大部分亚洲的噪鹛种类一样，红尾噪鹛多数时间也生活在森林地面，常常只有响亮的咯咯声才能显示它们的行踪。

太阳鸟、捕蛛鸟和食蜜鸟

在所有的热带地区，都有一些色彩缤纷的小鸟用它们的长喙从花中吸食花蜜，同时在这过程中常常给花授粉。在新大陆热带，这些鸟属于蜂鸟科；而在旧大陆，它们便是另一个与之并无亲缘关系的科——花蜜鸟科。

大部分花蜜鸟科种类在它们的分布区内相当常见，生存形势并无危险迹象。不过，有5个非洲种类因栖息地有限而成为受胁种，其中便包括最大的种类——仅分布在圣多美岛的巨花蜜鸟。此外，只生活在印度尼西亚苏拉威西岛北部桑吉岛上的亮丽太阳鸟如今也被列为濒危种。

旧大陆的食蜜鸟
形态与功能

太阳鸟的雄鸟一般着深色以及蓝、紫、绿等彩色，或者头部和上体几乎全黑而下体呈鲜艳的红色、黄色、橙色或白色。有些胸斑两侧的胁羽着色醒目，通常为红色或黄色。少数种类的雄鸟有长的中央尾羽，这一特征在印度和周边国家部分太阳鸟属的种类中尤为明显。雌鸟则通常较为暗淡，上体主要呈橄榄绿或褐色，下体为黄色、浊白或绿色，常有深色斑点或条纹。但在雄鸟着色不亮丽的种类中，两性相似。一些雄鸟在非繁殖期的体羽与雌鸟很相近。色彩最绚丽夺目的种类有生活在东非山区的金翅花蜜鸟、塔卡花蜜鸟和红簇花蜜鸟，西非的雅美花蜜鸟、华丽花蜜鸟和猩红簇花蜜

鸟，以及喜马拉雅山脉中的几个种类。而颜色暗淡的种类包括非洲森林中的2种绿花蜜鸟及灰褐花蜜鸟。总体而言，森林种类不如开阔地带的种类着色醒目，当然也有不少例外。科内还有几个小类，其成员相互之间非常相似。

10种捕蛛鸟与太阳鸟相比，显得相当暗淡，缺乏缤纷的色彩。它们通常背为绿色，下体为黄色或白色，喙长且明显下弯。两性相似，只是雌鸟略小，且胸部无任何饰羽。2种食蜜鸟则主要为背呈褐色，多条纹，胸为栗色，也多条纹，尾下覆羽为黄色，有长而渐尖的尾（其中雄鸟的尾长于雌鸟的尾），并且这2个种类明显大于全科的其他种类。

花蜜鸟科的所有成员都具有各自适于觅食花蜜的喙和舌。即使喙的大小出现细微差异也会影响到它们接触不同花的花蜜的能力。在少数种类中，两性的喙长存在细小的差别，表明它们对觅食可获得的花资源进行了内部分工。花蜜通过毛细管作用吸取：它们把舌伸到喙尖之外，舌尖处散开而后卷拢成管状来吸蜜。舌的细节结构对于分类具有重要意义，可作为划分属的依据。此外，全科各种类都有强健的脚、锐利的爪，用以栖在花上或花附近。大多

太阳鸟、捕蛛鸟和食蜜鸟

目 雀形目

科 花蜜鸟科

17属132种。属、种包括：华丽花蜜鸟、猩红簇花蜜鸟、黄腹花蜜鸟、北非橙簇花蜜鸟、雅美花蜜鸟、西绿花蜜鸟、绿花蜜鸟、灰褐花蜜鸟、金翅花蜜鸟、巨花蜜鸟、小直嘴太阳鸟、红簇花蜜鸟、塔卡花蜜鸟、捕蛛鸟类、南非食蜜鸟、格氏食蜜鸟等。

分布 从非洲至澳大利亚东北部的旧大陆热带地区（包括喜马拉雅山脉）。

赤道

栖息地 低地和山地森林、次生林、草原、花园、荆棘丛、高沼地、杜鹃花林。

体型 体长9～30厘米（包括占体长近1/3的尾长），体重5～25克。食蜜鸟长25～44厘米，重30～45克。

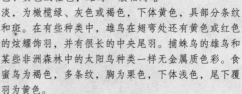

体羽 太阳鸟的雄鸟呈醒目的蓝色、绿色或黑色，下体通常为鲜艳的红色、黄色或橙色；雌鸟一般相对暗淡，为橄榄绿、灰色或褐色，下体黄色，具部分条纹和斑。在有些种类中，雄鸟在翅弯处还有黄色或红色的炫耀饰羽，并有很长的中央尾羽。捕蛛鸟的雄鸟和某些非洲森林中的太阳鸟种类一样无金属质色彩。食蜜鸟为褐色，多条纹，胸为栗色，下体浅色，尾下覆羽为黄色。

鸣声 尖锐的金属质声音，响亮、尖、快、清脆。

巢 在太阳鸟中为钱包状，嵌入式或悬吊式；入口在侧面，常有门廊式突出物遮盖；一般外面缠以蜘蛛网。捕蛛鸟和食蜜鸟的巢为杯形巢。

卵 窝卵数2枚（有时3枚）；白色或浅蓝色，带深色斑点或条纹。孵化期13～15天（太阳鸟为17天），雏鸟留巢期14～19天。

食物 花蜜和节肢动物（尤其是蜘蛛），偶尔食果实。

数种类的鸣啭节奏快、音较高，相当清脆，有些具金属质声音。

广布于温暖地带
分布模式

太阳鸟如今一般分成15个属，而过去的学者将其归为4属，大部分种类都列在短喙类的食蜜鸟属中或长喙类的花蜜鸟属中。有2/3的种类仅分布于非洲撒哈拉以南地区，但太阳鸟的全部分布范围还包括尼罗河至中东地区（为北非橙簇花蜜鸟）、马达加斯加和附近岛屿（生活着6个种类）、阿拉伯半岛南部、整个印度（包括喜马拉雅山地区）以及东南亚的大陆和岛屿上。有一个种类，即黄腹花蜜鸟，甚至出现在澳大利亚的东北端。另一个具有密切亲缘关系的属，即10种捕蛛鸟，见于东南亚，其中有一个种类的分布范围扩展至印度西部。2种食蜜鸟——南非食蜜鸟和格氏食蜜鸟，仅分布于南部非洲。它们现在也被归入花蜜鸟科，而在过去不同时期曾被视为是椋鸟（椋鸟科）、吸蜜鸟（吸蜜鸟科）的成员或者直接以它们自己的名称自成一科。

花蜜鸟科生活在从森林至半干旱荆棘丛的

↗在开普敦的一个植物园内，一只双领花蜜鸟正栖于一株开花的植物上。这一色彩艳丽的种类在南非好望角地区相当常见。

各种栖息地中，甚至见于林木线以上的山区。但它们很少出现在沙漠地带，除非那里临时有繁盛的花源。在森林中，它们既栖息于树荫层也见于下层丛林。太阳鸟与植物山龙眼（在南非的好望角地区被称为"fynbos"）关系密切，会成群出现在山龙眼开花的地方，尤其是山腰上。

花蜜鸟科绝大部分种类为定栖鸟，不过许多会根据开花季节做局部迁移。小直嘴太阳鸟是少数进行定期长途迁徙的种类之一，该鸟从苏丹南部的干旱地区前往刚果民主共和国的乌勒区繁殖，会正好赶上当地树木和灌木的开花期。有些种类也表现出季节性的海拔迁徙。在肯尼亚，人们在 65 ~ 101 千米以外的地方发现了被做以标记的金翅花蜜鸟，它们出现的海拔高度也发生了明显变化。

以花蜜和蜘蛛为食
觅食行为

几乎所有花蜜鸟科的种类都既食花蜜又食小型节肢动物（尤其是蜘蛛），少数也食果实。节肢动物可能取自花上或叶上，或者甚至像鹟那样在空中飞捕。这些鸟的喙很精致，喙缘呈细密的锯齿状，有助于它们捕捉和攫住昆虫。

然而，只有花蜜才是决定这些鸟的形态、栖息地和行为的最主要因素。大部分花蜜鸟种类会选择多种花蜜。长喙类的花蜜鸟尤为喜爱红色或黄色的大花，如刺桐、火焰树、藤黄等植物都已经特别适应于花蜜鸟作为它们的主要授粉鸟。但很少有（也可能完全没有）植物会仅依赖于特定的某一种花蜜鸟为其授粉。当一只鸟光顾了一朵花后，喙、舌、羽毛上会沾上花粉，从而携带给下一朵花。而花蜜鸟与其他大多数鸟不同的是，鼻孔覆有一层薄盖，可将花粉挡在

鼻孔外。花蜜鸟也很少像新大陆的蜂鸟那样"悬停"在花前面，而是更喜欢栖在上面，既可以停在花上面也可以栖在花旁边的枝干上。

喙短的种类（更倾向于食昆虫）在食花蜜时，如果也停在一旁，则有可能无法将喙伸进花里面够着花蜜。因此，它们有时会像某些蜂鸟一样将花冠啄破从而窃取花蜜。之后，这些洞会被其他鸟和昆虫利用，同样都是为了觅得花蜜。

许多槲寄生的花也有赖于花蜜鸟为其授粉，当花蜜鸟光顾这些花时，它们才逐一盛开。花蕊里拥有发条般的花丝和盛有花粉的花粉囊。在一只花蜜鸟将它的长喙伸入花边缘的一处裂口时，"陷阱"一触而发，花突然绽放，将一大片新鲜花粉溅落在这只鸟的额上。在肯尼亚，人们对在桑寄生属槲寄生的花上食蜜的花蜜鸟进行研究后发现，幼花蜜鸟在花绽放时会被花粉溅得满脸都是，而成鸟则经常能迅速闪开。

一部分花蜜鸟个体会极力维护某些花蜜源，如已知的肯尼亚金翅花蜜鸟会维护小片的狮耳花，它们不仅抵制同种的成员，也不许其他数个种类进入。尽管有合适的花源时，许多花蜜鸟会成群而至，但它们很少团结一致。还有些花蜜鸟，特别是食昆虫的食蜜鸟属种类，会加入混合种类觅食群。

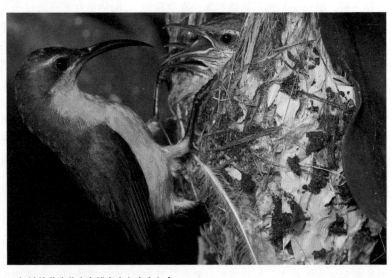

↗ 饥饿的黄腹花蜜鸟雏鸟在向亲鸟乞食
太阳鸟种类筑外表零乱的吊巢，通常由蜘蛛网缠在一起。

鹡鸰和鹨

分布广泛、炫耀行为醒目、出现在开阔地带（常为农业区）的鹡鸰和鹨是最容易辨认的小型雀形目鸟之一。黑白相间或黄黑相间这样对比鲜明的着色，经常张扬地摆动长尾、闪现白色的外尾羽，习惯于在高处的栖木上观察动静、飞捕猎物，这一切都使它们显得尤为惹眼。

鹡鸰科各种类都有极富攻击性的领域炫耀飞行，而它们的求偶鸣啭飞行尤为出名：从地面或栖木上振翅升空，然后像降落伞一样徐徐降落，在这过程中不断发出鸣啭。其中具保护色的鹨类拥有超长的炫耀飞行：雄鸟升入离地面 100 多米高的空中，随风飞翔，同时发出嘹亮的鸣啭，整个炫耀活动长达 3 小时，为鸟类界之最。鹡鸰类和长爪鹡鸰类无论在繁殖地还是过冬地都经常会跟随放牧中的大型牲畜或农业收割设备进行觅食。迁徙的鹡鸰类和某些鹨习惯于在中途停留地大批聚集成群，并成大群集体栖息（在某些鹡鸰种类中一个群体多达70000 只），这极大地方便了人们给它们做上标记，从而使这些种类成为旧大陆为人们研究得最详尽的候鸟之一。

身材修长的地面鸟
形态与功能

大部分鹡鸰和鹨为身材修长的小型鸟类，尾和腿尤其长。亚洲的白鹡鸰以及长爪鹡鸰类则体型相对较大。多数种类的喙细长，但长爪鹡鸰类的喙相当粗壮。所有种类具长趾，并且后爪往往特别长，在长爪鹡鸰类中尤为如此，

它们的后爪被认为有助于它们在草中行走。两性在体型上普遍相似，只是雄鸟的翅一般略长。鹡鸰类、长爪鹡鸰类和多种鹨在行走时尤其是在奔走停下来或受到入侵者惊扰时都会不时摆动尾巴。

鹡鸰类的体羽有灰色、黑白相间、黑黄相间或灰黄相间等几种。在大多数种类中，雄鸟的体羽比雌鸟着色亮丽且丰富多彩。鹨类的体羽为上体褐色，常有条纹；下体以灰色或白色为主，胸和两侧有条纹。两性体羽相似，在 3 个例外的种类中，雄鸟脸和喉呈红色或者下体为醒目的黄色。金鹨的雌雄鸟区别明显：雄鸟下体为惹眼的黑黄相间，而雌鸟只显浅黄色。在长爪鹡鸰类中，两性的背部均具保护色，而下体着色醒目，依种类不同分别为黄色、橙色或红色，某些种类还有黑色的胸斑。

南下越冬
分布模式

鹡鸰类主要限于古北区，但有 3 个种类在当初"白令陆地桥"连接苔原和草原植被带时进入新大陆，如今定期在北美西部的北极沿海高地和岛屿上繁殖。8 种长爪鹡鸰及金鹨主要

鹡鸰和鹨的代表种类
1.黄喉长爪鹡鸰；2.黄鹡鸰，正衔着一只昆虫，图中为黑头种群；3.澳洲鹨。

分布在非洲草原。而鹨类见于除南极洲以外的世界各大洲。

　　大部分古北区的鹡鸰和鹨在热带非洲、中东、东南亚、印度次大陆或澳大利亚过冬；北美的鹨在东南亚、美国南部或中美洲越冬；北美的鹡鸰则与亚洲的鹡鸰共享在东南亚的过冬地。

　　多数鹡鸰和鹨为中长途候鸟，但有些南

亚、澳大利亚和非洲的种类和种群为留鸟。不过即使在留鸟中，鹨也会经常做海拔迁移和季节性的短距离迁移来避开不利的气候条件。有趣的是，北美的鹡鸰种类都保留了它们原种的迁徙路线（形成于白令陆地桥在近代沉没之前），即沿着亚洲的海岸线来到东南亚的过冬地。长爪鹡鸰类及金鹨则为留鸟或短途候鸟。

　　黄鹡鸰和白鹡鸰在白天成松散的小群迁徙，可持续飞行70个小时，穿越大片的沙漠

鹡鸰和鹨

目 雀形目
科 鹡鸰科
5属65~70种。属、种包括：鹡鸰类、黑背白鹡鸰、海角鹡鸰、日本鹡鸰、白鹡鸰、黄鹡鸰、山鹡鸰、鹨类、黄腹鹨、水鹨、金鹨、长爪鹡鸰类等。

分布 全球性。鹡鸰类主要见于旧大陆，鹨类遍及各大洲，长爪类和金鹨分布在非洲。

赤道

栖息地 苔原、草地、草原、开阔林地。
体型 体长12.5~22厘米，体重12~50克。

体羽 鹡鸰类为灰色、黑白相间、黑黄相间或灰黄相间，两性差异和季节差异明显。鹨类主要为褐色，常有大量条纹，下体浅色，有些种类的雄鸟着红色或黄色。长爪鹡鸰类和金鹨主要为上体灰色和褐色，下体呈醒目的黄色、淡黄色或淡红色（常有对比鲜明的深色胸斑）。

鸣声 鸣声尖锐，鸣啭具重复性，求偶鸣啭飞行持续时间长。

巢 杯形巢，由干树叶和干草筑成，巢内衬以柔软的草、叶羽毛。多为雌鸟所筑，筑于地面、悬崖的洞穴或裂缝中、地洞内、建筑物中。鹡鸰种类中多为两性共同孵卵，鹨中多为雌鸟单独孵卵。双亲共同喂雏。

卵 窝卵数2~7枚；白色、灰色或褐色，一般带有褐色或黑色斑纹。孵化期11~16天，雏鸟留巢期11~17天。

食物 几乎完全食节肢动物，此外包括某些蝗虫、软体动物和蚯蚓，少数情况下食一些种子。

和水域。在做这样的长途飞行前，它们会在中途停留地成大群觅食。其他的种类则单独或成小群迁徙，并且许多在迁徙途中的停留地也表现出高度的领域性。大部分鹨也在昼间迁徙，单独或成5～8只的小群，只有少数种类偶尔会形成数千只的大群。

大多数鹡鸰和鹨的过冬地为开阔草地上的灌溉地和放牧地，以及甘蔗地、稻田或者溪流边、湖泊边、海滩上。鹡鸰类，尤其是白鹡鸰和黄鹡鸰，在非洲和澳大利亚的过冬地经常出现在斑马、羚羊以及放牧的牲畜周围。其中，白主要在人类居住地及其附近过冬。在鹨类中，在森林栖息地繁殖的种类往往在开阔的橡树林、有大树的咖啡种植园、杧果林或路边林地中越冬。

白鹡鸰和黄鹡鸰以及某些鹨会在小溪和河流沿岸建立过冬领域。领域的大小直接取决于食物的繁盛程度，当食物充足时领域较小。其他的鹡鸰和鹨则经常在过冬地建立大规模的集体栖息地。在东南亚和日本过冬的鹡鸰种类会形成数百甚至数千只的栖息群，它们的集体栖息地经常位于建筑物的屋顶、城市公园、街边或工业园区里的高树上、芦苇荡及甘蔗地里。鹨类在过冬地的栖息群规模则较小（最多二三十只），栖息地位于地面或深草丛中。

啄食与飞捕
食物和觅食

鹡鸰和鹨主要食陆栖和水栖无脊椎动物，尤其是节肢动物。具体的食物取决于各个种类，如甲虫、蝗虫和蟋蟀组成了长爪鹡鸰类的主要食物，同时鹨类也经常摄取这些食物，但鹡鸰类则主要食各种小型软体动物、蚯蚓、苍蝇及其幼虫。而这些鸟在过冬地有时会觅食白蚁，也可能会摄入一些种子和浆果。

鹡鸰和鹨常用的觅食方式为在行走或奔走穿过植被过程中啄取猎物，或经过短距离追捕后啄食，有时则从栖木上进行飞捕（这在某些鹨和长爪种鹡鸰类中很少见）。黄鹡鸰、白鹡鸰和一些长爪鹡鸰常常为放牧牲畜的共生生物，它们一般成小群栖在牲畜的头、脚附近，随它们一起活动，并不断变换位置以啄食被牲

畜从植被中惊起的昆虫。鹡鸰经常从牲畜的背上飞到空中捕捉猎物，或者直接从牲畜身上啄取昆虫。这种借助牲畜觅食的成功率往往是它们单独觅食的2倍。

壮观的鸣啭飞行
繁殖生物学

鹡鸰类在其分布范围内主要繁殖于开阔的灌丛地带、湿草地或苔原，这些繁殖地经常在溪边、路边、湖边、海边（尤其是有海鸟成群繁殖的地方）或人类的居住地。

鹨类在它们广阔的地理分布范围内大部分繁殖于植被稀疏的开阔地带，如低地草原、苔原灌丛，或在河边、海边。有些鹨偏爱树草混合的地带、森林边缘带、空旷地以及被焚烧过的零星森林。少数鹨繁殖于亚寒带常绿针叶林、相对茂盛的针叶林和沿海常青林，即便如此，它们也主要集中在这些森林的溪流沿岸和小片空旷地中繁殖。金鹨在有灌木和小树的干旱、半干旱草地中繁殖；而长爪鹡鸰类常见于湿草地、茂密的草地中，通常在海拔可达3400米的高山地区。

鹡鸰类、鹨类和长爪鹡鸰类在繁殖期都表

↗非洲的橙喉长爪鹡鸰与北美的草地鹨虽无亲缘关系，但在外形上却颇为相似：上体均为保护色，下体则着色醒目，并有深色的胸斑。

↗ **白鹡鸰在喂雏**

这种鹡鸰的巢衬有大量牲畜或野生哺乳动物的毛发，有时则衬以大的羽毛。相比之下，山鹡鸰在树枝上所筑的巢小而精致，并用小片的苔藓伪装起来。

现出强烈的领域性，它们在繁殖领域内觅食和营巢。雌雄鸟一般通过维护领域的飞行和在领域边界的栖木上频繁鸣啭来对繁殖领域进行巡逻和守护，它们每天会花上 3 个小时来做这些炫耀。尽管多数配偶进行隔离式营巢，但在不少种类中，不同的配偶有时会将繁殖领域集中在一起，结果相邻的配偶营巢的间距往往只有 20 米。

有些鹡鸰和鹨的候鸟（尤其是生活在分布区北半部的）会在迁徙回繁殖地的途中或即将到达之前结偶。如水鹨和黄腹鹨在早春从低海拔地区开始向高海拔地区迁徙时，会在漫长的途中结偶。某些鹡鸰则已知会在过冬地结偶。而在海角鹡鸰和日本鹡鸰的留鸟种群中，配偶一般常年占据领域，一起生活可达数年。

鹡鸰和鹨主要为单配制，但配偶外交配现象在某些种类中也会出现。约 4% 的日本鹡鸰的雄鸟会与 2 只雌鸟发生交配；而在某些鹨中，有 6%～7%（有时达 20%）的雄鸟与 2 只雌鸟结偶。

在鹡鸰中，大部分求偶鸣啭发自炫耀飞行中或鸣啭栖木上。求偶炫耀时，雄鸟会飞到 30 米高（8～12 米最为常见）的空中，然后扇翅降落回地面，期间发出求偶鸣啭。这种求偶鸣啭为领域鸣声和联络鸣声的多重反复，音很高。鹡鸰在觅食时也经常鸣叫，而在发现天敌时叫声尤为响亮。在白和黑背白中，多数求偶炫耀行为发生在地面上，雄鸟展开并摆动尾，同时张开双翅，绕着雌鸟逐渐接近。

在大部分鹨中，雄鸟会升入 100 米的空中然后反复飞行，同时持续发出一连串重复的音节。这样的求偶飞行在斯氏鹨中可长达 3 小时，不过在其他多数种类中一般为数分钟至半小时。繁殖期内，鹨类每天将多达 2 个小时的时间用以鸣啭。偶尔，鸣啭也会在地面或栖木上时发出，而金鹨的鸣啭炫耀通常在灌丛顶进行。在长爪鹡鸰类中，求偶鸣啭主要发自炫耀飞行期间（可持续 45 分钟），少数情况下发自栖木。

鹡鸰和鹨一般营巢于地面，通常将巢筑于雌鸟自己挖掘的浅坑中。白鹡鸰和黑背白鹡鸰已知会将巢营于小型哺乳动物的巢穴内、河狸的窝中或者岩崖、建筑物的洞穴和缝隙中（有时离地面高达 50 米）。而山鹡鸰筑巢于大树上，常为离地面四五米高的树干附近。大部分鹡鸰和鹨的巢为相对敞开的，巢的一面或两面由草丛、岩石或垂悬的植被遮掩。地面营巢的长爪鹡鸰类偶尔也会将巢筑在高草丛的上面，尤其是在洪灾威胁严重的地区。

在鹡鸰和鹨中，一般大部分筑巢工作都由雌鸟完成，不过在某些鹡鸰中，雄鸟也会投入相当的精力。雄鸟通常找来巢材，然后密切看护巢和雌鸟。一对配偶会在领域内数个地方试着筑巢，直到选定最终的巢址。

鹡鸰和鹨一窝产 3～7 枚卵，体型较大的种类窝卵数相对较少。长爪鹡鸰类通常每窝产

2～3 枚卵。卵壳的着色从几乎全白到带有浅褐色斑的橄榄绿不一而足，有时在卵较大的一端有许多单色的条纹。在分布范围的北部或高海拔地区，鹡鸰和鹨每个繁殖期通常只育一窝雏，而在其他地方，大部分种类育 2～3 窝雏。

在多数鹡鸰种类中，双亲共同孵卵，一般夜间和傍晚由雌鸟负责，而白天时雌雄鸟任何一方都有可能孵。在鹨类和长爪鹡鸰类中，尽管有些鹨两性共同参与孵卵，但主要还是由雌鸟完成。雄鸟通常负责给孵卵的雌鸟喂食，在巢中喂或在巢边上喂。觅食回巢时，雄鸟（无论在鹡鸰中还是在鹨中）都会在离巢 10～20 米的地方飞落下来，然后奔走至巢中。大部分种类的孵化期为 11～15 天。

卵孵化后，雌鸟很快会将卵壳的碎片吃掉或清理掉。所有种类的雏鸟均为晚成性和留巢性。不过，雏鸟发育相当快：在大多数种类中，出生后第 5 天眼睁开，同时正羽开始长开；至第 11 天，能够在巢周围走动并可飞 30 厘米高。雏鸟一般在孵化后 12～14 天离巢，但有些鹨的雏鸟会早离巢：若受到侵扰，9 天便会离巢。

双亲共同为雏鸟提供食物。而雌鸟还会在较冷的清晨和傍晚温暖雏鸟，直至它们出生 7 天后。在有些鹡鸰和鹨中，亲鸟平均每小时给雏鸟送食物 8～12 趟，一天喂雏多达 300 次。

在幼鸟离巢后的 2～3 周内，双亲仍会给它们喂食。

不同的画面
保护与环境

人类行为以不同方式影响着不同的种类，并且在它们的过冬地和繁殖地产生了截然不同的后果。人类居住地、公路、桥梁和其他建筑设施在沿海地区和北方地区的日益增多实际上为鹡鸰提供了更多合适的繁殖栖息地，而伐木也为它们提供了大量的巢址，包括树桩、树干堆以及砍伐后的荒地。而在北欧，随着人们重新引入河狸和麝鼠，白鹡鸰近年来在森林中的溪流沿岸以及芦苇沼泽中开辟了新的栖息地。

另一方面，人类对它们过冬地的侵扰和过度捕猎似乎是某些鹡鸰种类，特别是黄鹡鸰数量下降的主要原因。由于它们在非洲的过冬地和一些食谷物的鸟类栖息在一起，人们为了控制后者而采取捕杀和爆炸行动时往往将它们一并杀害。在东南亚过冬的鹡鸰常受到侵扰并遭到大规模的商业猎捕，结果使北美和东北亚的鹡鸰数量减少。而在部分鹨和长爪鹡鸰种类中，因发展农牧业使大片天然草地丧失，而导致它们合适的繁殖栖息地减少、数量显著下降。

↗ 一只灰鹡鸰在将昆虫食物送回巢的途中
与其他鹡鸰不同，灰鹡鸰经常栖于树上，特别是在觅食过程中受到惊扰时更会如此。

麻雀具有明显与人共处的倾向，可能是世界上最广为人知的鸟，因为在欧洲、亚洲和北美的众多城市里都生活着大量的家麻雀或麻雀。至少有8个种类经常性营巢于人们所居住的建筑物上及其附近设施上。

在与人共处的倾向性上，家麻雀是麻雀科中最突出的，它们的巢很少远离人类，有些个体从未接触过自然栖息地，甚至曾在英格兰约克郡地下600米深的煤矿中筑巢。只有在沙漠、赤道雨林、北极苔原才看不到这一种类的身影。

最熟悉的鸟
形态与功能

由于在觅食行为、求偶炫耀以及筑巢方面与织雀颇为相似，本科种类在过去被归为大科文鸟科的一个亚科。该大科还包括织雀和梅花雀，但如今都已分成密切相关但独立的科。

↗ 一只白斑翅雪雀栖于阿尔卑斯山脉高处的一块岩石上
这一种类在山区客栈周围可经常见到，是登山者们十分熟悉的鸟。

石雀类体羽为灰色和褐色，多条纹，喉部有一黄斑，与麻雀类相比，通常生活在更为干旱的地区。但非洲的石雀种类，如黄喉石雀（这种鸟也出现在印度）则具有较强的树栖性。相比之下，淡色石雀和石雀与它们的名字较为匹配，它们一般营巢于岩洞或墙洞中。这2个种类表现出相当的群居性，结成松散的繁殖群营巢，数量可达100对配偶。石雀还经常与家麻雀一起出现。而淡色石雀在其部分分布区内偶尔会成为害鸟，成群觅食成熟的黍。

雪雀类则几乎全部生活在雪线以上的高海拔地区。在欧洲的部分地区，可常看到白斑翅雪雀在人们滑雪的山坡上觅食，它们会迅速摄取滑雪者们留下的食物碎屑。其他还有几个种类，包括褐翅雪雀、棕颈雪雀和棕背雪雀，则要隐秘得多，它们很少与人类接触。

从城市到雪线
分布模式

有些栖息于城市的家麻雀一生都只在它们出生地周围1.5千米以内的地方生活，而其他的家麻雀会在第一年做一次长途"旅行"，然后选择一个喜欢的地方定居下来。在家麻雀分布范围的东半部分，已很少见到它们的影子，

麻雀和雪雀

目 雀形目

科 麻雀科

4属36种。麻雀种类包括荒漠麻雀、家麻雀、麻雀、石雀、黄喉石雀等；雪雀种类包括褐翅雪雀、棕背雪雀、棕颈雪雀、白斑翅雪雀等。

分布 非洲、欧洲、亚洲，引入美洲、大洋洲和许多岛屿上。

赤道

栖息地 开阔森林、荆棘丛、荒地、公园、花园、农田边缘带、河边植被带。有1个种类只分布在沙漠绿洲，

至少有2个种类大量生活在乡村和城镇，雪雀栖息于高山地带。

体型 长11.5～18厘米。

体羽 主要为褐色和灰色，但有时带黑色或米色（有3个种类）至醒目的黄色。雪雀比麻雀身材略显圆胖，普遍为浅褐色，带有不同数量的白色。

鸣声 响亮的叽叽喳喳声、喁啾声，一些简单的颤鸣。

巢 用草筑成的圆顶巢或球形巢，也筑于树洞、岩洞或建筑物的洞穴中。许多种类为群居，成群在树上或灌丛中繁殖。有数个雪雀种类营巢于地洞或动物的巢穴中。

卵 窝卵数3～7枚；卵长1.8～2.2厘米；底色为白色、米色或粉红色，布满紫褐色、灰色或淡紫色斑纹。

食物 以种子、植物性食物和某些昆虫为主。麻雀属的麻雀基本为食种类，明显偏爱谷物，食水稻和多种植物的种子和芽，而生活在城市和郊区的家麻雀，能依靠食面包和家常剩余食物而生存。

它们在那里的生态位由麻雀填补。而在南亚的部分地区，2个种类的分布出现重叠，于是麻雀生活在城市和农村，家麻雀则见于周围的乡间地带。在蒙古不长树的地区，麻雀便真的如其拉丁学名 "Passer montanus" 所指的一样成了一种山地鸟，喜居地面的它们表现出与雪雀相似的一面。

荒漠麻雀为一种真正的沙漠鸟，生活在绿洲和旱谷（干河床）中，偶尔出现在人类定居点附近。它们主要食沙漠植物的小种子，巢筑于棕榈树高高的树冠上。另有 5 种灰头麻雀，广泛分布在非洲。它们雌雄鸟一模一样，而且种与种也极为相似，仅在体羽的色调、鸣声和喙的大小方面存在着细微差别。

除了白斑翅雪雀分布范围至西欧，其他雪雀种类均见于中国中西部的大片高原上。它们生活在海拔 1800 ～ 4600 米的山区，是世界上营巢地最高的鸟之一。冬季，所有雪雀都群居，在恶劣天气下会成群飞至海拔较低的地方。但除非食物匮乏，它们一般很少完全离开山区，而是终日在高山草甸和多石地带四处觅食被风吹落的种子。

随机营巢

繁殖生物学

大部分麻雀的巢为粗糙的球形巢。许多种类为群居性，成群繁殖，但并不像牛文鸟那样在同一个巢内繁殖。巢通常筑于树上，少数情况下麻雀会驱逐崖沙燕和毛脚燕，营巢于崖洞中。

和麻雀一样，雪雀的巢相对于它们的体型而言也为大型结构，主要由枯草和苔藓筑成。白斑翅雪雀营巢于岩缝中，但已知这种鸟也会将巢筑于建筑物上。而较为隐秘的种类如褐翅雪雀和棕颈雪雀，经常营巢于鼠兔的窝穴中，与兔子一家共享一窟。

↘家麻雀天生就具群居性。这种鸟原本为欧亚和北非种类，于1852年首次引入北美——当时有100只家麻雀在纽约的布鲁克林被放飞。

梅花雀和维达雀

梅花雀科种类为小型鸟类，体羽多样性尤为丰富，不少种类具醒目的封蜡喙。很多种类色彩鲜艳、斑纹漂亮，再加上易于人工饲养，因而成为世界范围内常见的笼鸟。

梅花雀科为旧大陆鸟科，自然分布在三大区域。其中多数见于非洲热带亚撒哈拉地区（包括马达加斯加岛），共有19属78种梅花雀以及1属16种寄生维达雀；大洋洲地区有10属43种；还有少数种类分布在印度尼西亚—马来西亚地区，为4属19种。另有不少饲养种类逃至或被引入其他地方，并在那里成功生存下来，从而日益广为人知。

不同梅花雀科的种类聚集在一片水域上空，图中从上至下分别为2只黑颊梅花雀、1只雄绿翅斑腹雀和1只红腹火雀。

或亮丽或幽暗
形态与功能

部分梅花雀科种类着色暗淡，呈灰色、褐色、黑色、白色，不过常有精致的斑纹，双斑草雀、斑胸文鸟和铜色文鸟便是如此。其他种类，包括蓝饰雀类和火雀类，颜色丰富多彩。最绚丽的当数大洋洲的草雀类，其中一身拥有绿色、黄色、蓝色、青绿色、紫色和白色的七彩文鸟有着最为华丽和不同寻常的外表。有意思的是，这一种类的头部着色还有变异，约3/4的野生七彩文鸟头为黑色，其余的大部分为红头，但大约每1000只里有一只为黄头。此外，还有几个种类在体羽色彩和斑纹上同样存在着色形态的变异或地理差异。

真正的非洲梅花雀类如黑颊黄腹梅花雀和梅花雀，连同蓝饰雀属的5种蓝饰雀（如红颊蓝饰雀）和火雀属的10种火雀（如红嘴火雀）为科内体型最小的种类。它们大部分具尖喙，尾成楔形（甚至极少数长尾种类如紫耳蓝饰雀也不例外），而且都体态轻盈、行动敏捷，觅食时能自如地栖于草干上。鹑雀属的3种鹑雀比较特殊，为地栖性，生活在无树的草地中。其中包括黑领鹑雀，较之于其他大多数梅花雀科种类，这种鸟腿更长、尾更短，但巢相似

七彩文鸟的2种自然色形态：多数个体头部为黑色，而约25％的个体头呈红色。这一澳大利亚种类非常受欢迎，人们已通过选择性的人工繁殖培育出多种着色形态。

（位于草丛下或地面上）。还有 3 个非洲种类也与众不同，它们繁殖于织雀和其他梅花雀的弃巢中而非自己筑巢繁殖。这 3 种鸟分别为体型较大、生活在灌木草原中的环喉雀和红头环喉雀以及梅花雀科最小的种类、栖息于沼泽中的橙腹梅花雀。

橙腹梅花雀广泛分布于非洲及邻近的阿拉伯半岛，与鹟雀类有许多相似之处，但可能与红梅花雀和绿梅花雀（为 2 个与文鸟类相似的

亚洲种类）的亲缘关系最为密切。而红梅花雀的独特之处在于，这一种类的雄鸟在繁殖期间会换上更为鲜艳的体羽。在全科范围内唯一一与梅花雀类的整个分布范围密切相连的是文鸟属的文鸟类。它们见于非洲大陆（6 个种类）、亚洲（13 种）和大洋洲（17 种），而马达加斯加的马岛文鸟和澳大利亚北部

的斑胸文鸟正好分处两端。

澳大利亚及附近岛屿（包括新几内亚和东至斐济的太平洋岛屿）盛产色彩夺目的草雀类。它们中许多具有长而尖的尾，但最广为人知的却是短尾、着色又不绚丽的斑胸草雀。大洋洲地区没有非洲那些细喙的食虫种类。有些种类，如蓝脸鹦雀和红耳火尾雀，栖息于森林或森林边缘带，隐秘地成对生活。其他种类生活在水域附近开阔的草地和草原上，常成群出没。只

梅花雀和维达雀

目 雀形目

科 梅花雀科

30属156种（包括寄生亚科维达雀亚科1属16种）。

分布 非洲亚撒哈拉地区、阿拉伯半岛、亚洲、大洋洲、数个太平洋岛屿。维达雀仅见于非洲亚撒哈拉地区。

赤道

栖息地 热带森林、芦苇荡、草原、荆棘丛、开阔林地、半沙漠地带。

体型 体长9~17厘米，体重5.2~30克。某些雄维达雀具很长的中央尾羽，总长可达41厘米。

体羽 多种体羽模式、着色和斑纹，常为鲜艳夺目。某些种类雄鸟比雌鸟绚丽。维达雀（以及一种梅花雀）的雄鸟有繁殖体羽，为黑色或铁蓝色，少数有极长的尾羽；而雌鸟、幼鸟和非繁殖雄鸟着色暗淡，为褐色。

鸣声 有多种尖锐的鸣声，用以保持联络。雄鸟单独时以及求偶时发出柔和的喞啾声和颤鸣。维达雀的雄鸟会模仿其寄主的鸣啭。

巢 零乱的封闭式圆顶巢，入口在侧面，一般由草本植物的籽壳筑成。大多数位于低处，少数种类营巢于洞穴中或其他鸟的旧巢中。大部分单独营巢，少数成群营巢。

卵 窝卵数一般为3~8枚；白色。孵化期11~18天，雏鸟留巢期16~25天。

食物 主要为新鲜草籽或干草籽。但所有种类都会食昆虫，尤其在育雏时，少数种类则基本为食虫类。

有彩火尾雀和斑胸草雀出现在澳大利亚内陆干旱的半沙漠地区，那里零星的水潭和人工钻井为它们提供了所需的水分。这2个种类以及其他几个生活在干旱地带的澳大利亚种类有一种特别的饮水技巧——"一铲到底"，由此将水直接送入嗉囊，而不像其他大部分鸟那样需要反复吮吸。这种方式使它们得以利用点滴的水源（如露珠），并且能够尽快地饮完水以避免遭袭击。要知道，梅花雀科的种类并不像与其相似但无亲缘关系的非洲织雀种类鳞额编织雀那样具有通过代谢干种子在体内产生水分的能力。

红眉火尾雀被认为是与非洲真正的梅花雀最为相似的澳大利亚种类，但是否具有密切的亲缘关系则有待进一步确认。而目前认为，这一种类与和斑雀类相似的赤胸星雀、星雀以及和火雀类相似的彩火尾雀、斑胁火尾雀关系密切。此外，与这些种类以及文鸟类有亲缘关系的还有褐头星雀和10种可爱的林栖性鹦雀类，其中绿尾鹦雀和长尾鹦雀的分布范围延伸到亚洲的一些竹林地区。而独特、华丽的七彩文鸟，虽居于开阔地带，却同样有可能与上述种类存在亲缘关系。

澳大利亚真正的草雀种类中，长尾草雀和白耳草雀的体羽与鹦雀类颇为相似，与短尾的斑胸草雀和双斑草雀相比，羽色的绚丽程度略

逊之，但行为习性基本相似。此外，斑胸草雀还有一个种群见于印度尼西亚东部，与全科最大的种类、为人熟知且惹人喜爱的禾雀以及鲜为人知的帝汶禾雀（生活在澳大利亚北部的帝汶岛和罗帝岛）的分布范围很接近。

地面觅食的食种鸟
食物与觅食

梅花雀科种类以食草籽为主。它们经常与其他科的食种鸟一起出现，总是被认为与织雀科有密切的关系，甚至被认为是多样化丰富的织雀科中的某些种类。干种子能为它们提供丰富的碳水化合物和部分脂肪，但蛋白质和水分不足。这意味着大部分食种鸟必须定期饮水并摄取某些昆虫以补充蛋白质，在产卵和育雏期间尤其如此。干草籽在一年大部分时间里遍地都是，只在下雨和发芽时才较为短缺。而随着草籽发芽生长，很快新一茬的种子又成熟，于是对于能够直接停留在草干觅食或可以从草干轻松滑至地面的小型梅花雀种类而言，食物可谓尤为丰富，既富有营养，又方便可得。但由于农作物也为草本植物，因此少数梅花雀科数量不断增长后成为农业害鸟，特别是对亚洲的水稻种植会带来损失。有些种类则被作为美食或用于笼鸟交易而遭到捕猎，另一些种类未受

↗ 一对在觅食的安哥拉蓝饰雀

这种鸟经常在胡蜂窝边上营巢繁殖，以寻求庇护，警告对其会构成威胁的蚂蚁不要使用同一灌木。

梅花雀和维达雀的
代表种类

1. 白腰文鸟；2. 针尾
维达雀。

梅花雀和维达雀的部分种类

种类包括：橙腹梅花雀、红梅花雀、环喉雀、红
头环喉雀、七彩文鸟、彩火尾雀、蓝脸鹦雀、绿
尾鹦雀、长尾鹦雀、黑脸鹦雀、梅花雀、黑颊黄
腹梅花雀、斑胸文鸟、玫胸斑雀、红嘴火雀、马
岛文鸟、铜色文鸟、白腰文鸟（家养的称为"孟
加拉雀"）、红眉火尾雀、赤胸星雀、星雀、褐头
星雀、白领绿背织雀、灰冠黑雀、红胁火尾雀、
黑领鹩雀、禾雀、帝汶禾雀、啄花雀、长尾草雀、
白耳草雀、黑腹裂籽雀、绿翅斑腹雀、红头蓝嘴雀、
红耳火尾雀、斑胸草雀、双斑草雀、红颊蓝饰雀、
紫耳蓝饰雀、针尾维达雀、靛蓝维达雀、乐园维
达雀等。

蚁，用它刷子状的舌卷走工蚁，此外可能也食
部分花蜜和花粉。同样，包括灰冠黑雀在内的
黑雀类（黑雀属，4种）也具有用以食虫的细
喙，除此之外生活在非洲森林里的它们还会从
叶簇间摄取一些果实。非洲的绿背织雀类（绿
背织雀属，3种）则主要从森林树荫层捕食昆
虫，其中一个具厚喙的种类即白领绿背织雀，
只从一种雏菊的花上觅食种子。

而另一方面，同样生活于非洲的森林梅花
雀种类，会食比草籽大得多的种子，它们用大
而有力的喙从豆科等植物中觅食。这些种类中
包括名副其实的裂籽雀类（裂籽雀属，3种），
尤其是黑腹裂籽雀以及蓝嘴雀类（蓝嘴雀属，
2种）中的红头蓝嘴雀。同样的觅食倾向（但
程度稍逊）也见于和它们具有亲缘关系的朱翅
雀类和斑雀类，后者的名字源于它们胸羽上的
星状斑。裂籽雀类还有一大显著特点，即喙的
大小即使在同一种类的部分个体中也会各不相
同。喙的大小与所食种子的大小有关，而大喙

影响，而其他种类如今不是数量稀少便是面临
威胁。

在相对干旱的草原栖息地，有大量每年结
籽的草本植物，它们盛产草籽，因而那里是除
了农耕区外梅花雀最集中的地方，尤其是在非
洲和澳大利亚。草在森林里很少，因此少数林
栖性种类或为食虫类或生活在空旷地附近和森
林边缘带。非洲的啄花雀类（非洲啄花雀属，
2种）便与食虫的莺长得极为相似，同样有尖
细的喙。事实上，直到人们发现了它们球形的
巢并发现雏鸟有醒目的嘴斑后才确定它们属于
梅花雀科。其中啄花雀（种类之一）主要食蚂

和小喙的数量比例在不同时期各异，一方面是因为不同时期觅得的种子大小不一样，另一方面是大喙个体与小喙个体发生杂交。所有上述种类以及其他许多梅花雀种类也会从表层掘食（既有种子也有昆虫），通常是用喙斜着磨进去，但蓝嘴雀类更倾向于直接将喙插入。由此，它们经常侵入白蚁穴中，以绿翅斑腹雀和其他翅斑腹雀种类（翅斑腹雀属，5种）尤为突出。

梅花雀科的大部分种类在非繁殖期会成大群觅食，以适应食物的季节性变化，有时会有数个种类集结在一起。群体成员的行为往往具有同步性：一起觅食，同时起飞，飞行动作保持一致，同时梳羽或洗澡等。这种协调一致性在林栖性种类中主要借助鸣声来实现（因为森林里能见度很低），在居于开阔栖息地的种类中则通过视觉来保持。多数种类中，配偶关系很牢固，配偶双方即使在非繁殖期也常形影不离。同时，配偶、家庭单元、群体也会聚集在一起，同栖于枝头或相互梳羽，这种触觉行为很可能有助于保持和巩固它们之间的关系。

寄生的维达雀和甘愿被寄生的梅花雀
繁殖生物学

梅花雀种类的繁殖期一般出现在降雨后，那时有新鲜的草籽和小昆虫可以给雏鸟喂食，同时草籽壳可用于筑巢。梅花雀种类的一大特点便是求偶行为模式复杂，属之间各异。巢为圆顶巢，通常由雌雄鸟共同筑成，用以繁殖或栖息。在繁殖期间，可能会在巢上方再添一个简易结构专供雄鸟栖息。两性一起负责孵卵和日后喂雏，但喂雏方式独特：雏鸟的头倒转过来接受亲鸟喙中从嗉囊里回吐出来的食物。每个种类的雏鸟在上颚和舌上有不同的斑纹，张嘴进食时便可看到，这些斑纹的存在可能是为了帮助亲鸟在半黑暗的巢中找到雏鸟的嘴同时刺激它们为雏鸟喂食。在雏鸟刚孵化的那段时间里，亲鸟经常会将雏鸟的排泄物食入，但后来便将它们清理掉或者就留在巢的入口处。

每种维达雀寄生于一种特定的梅花雀，将一枚或多枚同等大小的白色卵产在梅花雀的巢中。唯一例外的是分布广泛的针尾维达雀，它寄生于数个寄主种类。维达雀的雏鸟与寄主的后代拥有几乎一模一样的嘴斑，所以能一同得到寄主亲鸟的精心呵护。雄维达雀雏鸟还会学习寄主的鸣啭，以用于日后自己的求偶中。所有维达雀种类似乎均为一雄多雌制，雄鸟用醒目的体羽（在靛蓝维达雀中）或华丽的尾羽和壮观的空中炫耀（在乐园维达雀中）来尽可能多地吸引异性。维达雀种类的多样性和配偶关系的牢固性都不及寄主梅花雀种类，表明这种科内部的寄生形式出现在梅花雀科进化的相对近期，有可能是种内寄生（已知常见于数个梅花巢种类）的一种延伸形式。

长尾鹦雀和七彩文鸟均为濒危种。其中，长尾鹦雀仅生活在斐济的维提岛，已受到斐济的法律保护。但森林砍伐和清整以发展农业的现象仍时有发生，导致这一种类的森林栖息地已减少近一半。七彩文鸟同样处境危险，但它的主要威胁来自放牧的牛群抑制了草的结籽。

和同属的其他种类一样，中非的黑顶梅花雀觅食或收集巢材时用脚在枝头攀缘。梅花雀一般营巢于地面，巢隐藏在高草丛下面或灌木根部。

织雀

织雀以其独特的筑巢行为而著称。繁殖雄鸟所筑的巢堪称动物界最精致的巢之一。有些巢是它们的共栖场所，为集体通力合作的结晶。

大部分织雀所筑的巢都具有本种类的特色。不同织雀巢的差异主要体现在巢的大小、所用巢材、编织工艺和入口通道的长度方面。

鸟类界的筑巢专家
形态与功能

织雀的巢材有细草（如在黑脸织雀中）、粗草（如在大金织雀中）、苔藓（如在绿头金织雀中）或叶柄（如在红头编织雀中）。入口通道在眼斑织雀中可长达半米，这种鸟为食虫类，倾向于单独营巢，两性着色相近。在多配制种类中，如南非织雀，雄鸟会换上鲜艳的繁殖体羽，喜欢成小群营巢；不过也有像黑头织雀那样成大群繁殖的，数百个巢筑在一起。

在织雀科最大、也是分布最广的属织雀属中，大部分种类会从草的叶片或棕榈叶的边缘部分撕下一条条细叶带，然后用锥形喙当梭用，将它们编织成紧凑的肾形结构，悬于树枝或棕榈叶的末端，入口在底部。具体筑巢时，先将少量的叶带在枝上打结，然后雄鸟用脚抓住这些叶带将自己吊在枝下的半空中，用喙编织成一个圈。接下来雄鸟栖在圈上，将圈的一面织成巢室壁，另一面织成巢的入口。

许多种类的繁殖雄鸟相互之间极为相似，只能通过脚、喙和眼等部位斑纹或着色细节来加以区别。雌鸟普遍缺乏亮丽的色彩，外表暗淡，似麻雀，主要呈褐色、橄榄色、灰色和米色。因此，甚至往往很难区分同一个种类的雌鸟、幼鸟和不繁殖的雄鸟。在性单态和单配制的种类中，配偶共同选择一个巢址，然后一起筑巢、育雏。而在性二态和多配制种类中，着色暗淡的雌鸟在雄鸟于巢中炫耀时会光顾它们的巢，在一番钻进钻出之后，选择其中一个巢用以日后产卵。接下来，它通过添置衬材（通常为籽皮和羽毛）来对选中的巢加以完善，最后铺好入口通道。然后它与雄鸟交配，但接下来产卵和孵卵都没有雄鸟在身边；最后为育雏。与此同时，雄鸟开始筑新巢，以期和更多的雌鸟交配。倘若巢没有受到雌鸟的认可，雄鸟常常将它扯掉，把巢址腾出来重新筑一个巢，然后再次在巢下炫耀：拍动翅膀、发出急促的鸣声。

一个巢的工艺如何与织雀的喙形和大小没有明显的关系。编织精致的巢既可能由喙很细的精织雀类（为食虫类）或眼斑织雀所筑，也可能由粗喙型的小织雀、褐翅织雀或蜡嘴织雀所筑。其中，后2个种类的巢为织雀巢进化过程中的早期形式：竖直筑于两根芦苇中间，入口在侧面，但编织的工艺及所用的细带同样非常精良。这种侧面开口的竖直巢同样也见于科中第二大属非洲织雀属的巧织雀类，它们均为非树栖性，包括在芦苇、野草和莎草中筑巢的以"bishop"命名的巧织雀类以及栖于开阔荒野和草地中以"widow"命名的巧织雀种类。马岛织雀属的织雀种类很特别，呈鲜艳的红色和黄色，仅限于马达加斯加及邻近的印度洋岛屿上，其中有数种濒危，它们也筑入口在侧面的巢。

以"widow"命名的巧织雀种类所筑的草巢在筑巢过程方面表现出更进一步的变异性。雄鸟只筑一个框架性的空壳，隐于草丛中，之后由雌鸟在添加衬材的过程中完成主体结构。这种模式使体羽鲜艳复杂的雄鸟有大量的时间在营巢领域上空飞行巡逻和进行张扬的炫耀，尽可能多地吸引雌鸟（在长尾巧织雀和杰氏巧织雀中便是如此）。

每只雌织雀都会产特定颜色和斑纹的卵。在有些种类中卵为纯色，而在其他种类中，卵的外表在种类内部和种类之间均各异。卵的这种外表多样性被认为是为了抵制大量的种内寄生现象（在某些种类中已有报道），使寄生雌鸟产下的卵与寄主雌鸟的卵相似的可能性减小。不过，只有数量少、体型小、具黑色粗

喙的寄生织雀为真正的寄生鸟，它们将着色极为匹配的卵寄生在多种扇尾莺（扇尾莺科）的巢中。而织雀卵色的多样性以及巢入口通道长度的多样性均有可能是用于抵制白眉金鹃的寄生，这种杜鹃专门寄生于某些织雀。虽然这些织雀也产不同颜色的卵，但人们数次发现白眉金鹃被困在编织精巧的入口通道里。

有不少织雀生活在干旱地区，在那里绿色、柔软的草少之又少，它们所筑的巢与其说是编织的不如说是搭盖的。在全科最大的种类、椋鸟般大小的红嘴牛文鸟中，雄鸟将一大摞细荆棘枝搭于树枝上，然后在巢中吸引雌鸟前来为巢铺上干草和绿叶以形成整洁的巢室。此外，这一种类的雄鸟有一特征为整个鸟类界一绝：它们长有一个假的雄性器官，用来刺激雌鸟进行交配。而最小的织雀鳞额编织雀筑简单搭建而成的圆顶巢，入口在侧面，巢经常成小规模出现在一起。它们用草干及花序筑巢的方式与梅花雀（梅花雀科）极为相似。事实上，织雀与梅花雀在体型和外形上都非常相近。而鳞额编织雀这一变异的小型织雀种类作为食种鸟也有一个与众不同之处，即它们在对干种子的代谢过程中会在体内产生水分，因而无须在干旱环境中定期饮水。

织雀

目 雀形目
科 织雀科
17属118种。

分布 主要分布在非洲撒哈拉以南地区，包括马达加斯加岛。有1个种类扩展至阿拉伯半岛，5个种类分布在印度和东南亚，东至中国，南至印尼。

赤道

栖息地 常青林至半沙漠地带，大部分种类栖息于开阔的林地、草原或荆棘丛。

体型 体长11～26厘米，少数种类如长尾巧织雀的繁殖雄鸟可长达65厘米。体重9～80克。

体羽 主要为黄色、褐色、黑色、白色，少数种类有大片

的红色。多数种类的雄鸟有鲜艳（有时甚至复杂）的繁殖体羽模式，包括喙和眼的着色都会变化；雌鸟、幼鸟和非繁殖雄鸟通常着色暗淡，似麻雀。

鸣声 繁殖雄鸟嘈杂，会发出多种或刺耳或柔和的唧啾声和颤鸣声。雌鸟主要发出尖锐的联络鸣声，雏鸟则发出响亮的乞食鸣声。

巢 多种结构，复杂程度不一，既有草干简单筑成的圆顶巢、草干或荆棘枝筑成的管状结构，也有精心编织的吊巢。

卵 窝卵数2～7枚（通常为3～5枚）；底色为白色、粉红色、蓝色、灰色、褐色或绿色，少数种类的卵无斑，其他种类卵具纯色或多种颜色的斑，但普遍与雌鸟的着色相匹配。孵化期9～17天，雏鸟留巢期11～24天。寄生织雀每次产1～2枚卵，外表与寄主（小型扇尾莺科种类）的卵一致。

食物 以草籽和昆虫为主，有些也食果实和芽。多数种类以食种子为主，少数种类以食昆虫为主，但所有种类都给雏鸟喂食昆虫。大部分种类每日饮水。

在群织雀亚科的各个种类中，有仅分布在坦桑尼亚的大型织雀棕尾织雀，这一种类成群生活，巢是由硬草干筑成的粗糙管状结构，搁于树枝末端。当棕尾织雀准备产卵时便将一端封闭起来，平时则有个体分别栖息于管巢均开口的两端。多数种类成 5～10 只小群生活在各群体领域内，每个群体有自己的一片巢。但在 2 种小型群织雀（如灰头群织雀）中，数个群体会将巢筑在一起，以至于一棵树上会聚集 50 个甚至更多的巢。在纹胸织雀中，一片栖息巢中只会有一对配偶筑一个繁殖巢。而群织雀则会用硬草干筑成一个如干草堆般的特大巢，其下分成若干个独立的巢室，可容纳多达 100 对

配偶繁殖。所有这些搭盖的巢日后都会被其他各种鸟重新用以繁殖或栖息，尤其是群织雀那巨大的巢，不仅受到非洲侏隼的青睐，而且也是多种猫头鹰、雁、鹰、雀和鸥的共同选择。

主要在非洲
分布模式

有些织雀种类分布广泛，如非洲的黑头织雀和黄顶巧织雀以及亚洲的黄胸织雀和纹胸织雀。其他种类分布范围则相对较为有限，如印度洋岛屿上的马岛织雀属的种类，其中有几种仅生活在单个岛上；又如大织雀，只见于圣多美。肯尼亚和乌干达境内的织雀种类比非洲其他所有地区织雀种类的总和还多，但那里有数个种类分布很有限、数量很稀少。有些只见于里夫特山谷周围山林中的局部几个地区，如奇织雀；也有些仅生活在肯尼亚数片小型的特殊栖息地中，如索口科森林中的克氏织雀和高地草原中的杰氏巧织雀。还有些种类，如非洲西部的黑颊织雀和喀麦隆的白喉黄腹织雀，数量很稀少，原因不明。有一个种类，即栗脸织雀，在阿拉伯半岛西部有分布。而亚洲的织雀形成一个独立的群体，主要见于印度次大陆，其中有些种类数量稀少，如巨嘴织雀。

大部分织雀为留鸟，尤其是森林中具领域性的食虫类，其中包括最特化的金背织雀和绿头金织雀，这 2 个种类像鸸那样在树皮上攀

↖ 织雀的代表种类
1. 橙头金织雀的雄鸟在巢中炫耀；
2. 黄顶巧织雀的雄鸟在炫耀飞行；
3. 白头牛文鸟；4. 群织雀，背景图为它的巢；5. 毛里求斯织雀。

爬。其他种类则随着草原上食物和水源出现季节性变化而作局部迁移。只有生活在极为干旱地区的种类才会经常性移栖,如非洲西南部和东北部的栗织雀以及尼日利亚亚撒哈拉地区的绿腰织雀。目前所知真正的迁徙仅见于黄胸织雀的种群中,它们在冬季从喜马拉雅山脉的高海拔地区向低海拔地区迁徙。

例外的是高度移栖性的红嘴奎利亚雀,这一种类成大群追随热带降雨锋面在非洲大草原的大片地区四处活动,因为那会给它们带来繁殖所需的大量新鲜草籽和小型昆虫。它们营巢时做短暂的定居,繁殖时具高度同步性,在第一枚卵产下仅6周后便继续转移。这当部分归功于这种鸟拥有整个鸟类界最短的孵化期:仅为9~10天。后代在长到1岁前就能够开始繁殖。雄鸟进入繁殖期在着色形态上的变化主要表现为头部变为金黄色以及脸部的黑色面罩扩大,而雌鸟繁殖时喙由红色变为黄色。

控制"蝗虫鸟"
保护与环境

自古埃及法老时代起,成群的食种鸟便成了非洲农业的害鸟,尤其是对靠种植有限的粮食来谋生度日的农民而言更是如此。20世纪40年代,在非洲西部掀起了大规模的控制红嘴奎利亚雀的活动,并于1955年在塞内加尔

召开了第一届讨论红嘴奎利亚雀问题的会议。此后,人们一直在进行深入的研究,并采取了包括使用燃烧弹和喷洒有毒液体等在内的控制措施,但都收效甚微,原因在于这种鸟具有高度的流动性和很高的繁殖率。而另一方面,红嘴奎利亚雀对许多人而言也是一种食物来源,而在非洲大陆那些更为荒蛮的地方,它们吸引着多种天敌并支撑着它们的生存。此外,还有另外2种奎利亚雀,以及与之具有密切亲缘关系的短尾织雀,但这3个种类并没有多大的危害性。尽管其他多数织雀种类也以类似的食物为生,但只有红嘴奎利亚雀在摄取非洲特有的种子和昆虫方面效率惊人。

↗红嘴奎利亚雀成大群生活,有时规模可达数百万只。这一绰号为"蝗虫鸟"的种类结成繁殖群营巢,营巢群居地的面积可达100平方千米,其繁殖群包含的个体数量为鸟类界之最。

勤劳的织雀

黑额织雀是适应性很强的种类，会在多种本地和外来树木上营巢，包括金合欢、悬铃木、棕榈、雪松和牡豆树等，甚至有巢悬于带刺铁丝网的栅栏上的记录。作为筑巢专家，心灵手巧的雄鸟很快用草和芦苇将最初的环圈织成了圆圈，随后进一步扩充为一个结实的圆形或椭圆形球体。在将巢筑成后（历时约 5 天），雄鸟便倒悬于巢下方开始以鸣啭来炫耀、宣传它的巢。雄鸟有可能必须筑上 5 个巢方能成功吸引伴侣来居住。

非洲南部的黑额织雀是非洲分布最广的织雀种类，其分布范围北起坦桑尼亚西南部，南至非洲大陆南端。这一种类的雄鸟在筑巢前会先将树枝上所有的树叶都清除掉（以此来增加非洲树蛇等蛇类接近巢的难度，从而便于当其入侵时被及时发现），然后开始将草编织成一个简单的环圈。

将入口开在巢的底部有利于使掠食者打退堂鼓。有时，在入口处筑一条 8 ~ 12 厘米长的竖直通道可进一步提高保护性。但它们的卵和雏鸟仍然会遭到掠食，除此之外，黑额织雀还是寄生鸟白眉金鹃的主要寄生对象。

作为群居性种类，黑额织雀的一个繁殖群可遍布数棵树，每棵树上都会有几十个巢。巢通常筑于近水处，既有利于生存，同时也容易获得新鲜的草叶。图中，黑额织雀和筑塑料泡沫巢的攀蛙共同将巢营于临时性的雨水池塘中的一棵树上。

金翅雀

    在歌颂英伦的春天时，华兹华斯这样写道："欢迎你，朱雀！你披着绿衫，今天，你是这里的指挥官，是你导演着五月的狂欢。"和诗人一样，绝大多数人对金翅雀科的种类都可谓非常熟悉。即便有人对"绿朱雀"（如今更准确地应当称为黄雀）不甚了解，想必对北美的美洲金翅雀、非洲的丝雀或亚洲的朱雀也会很熟悉。除少数几个种类外，金翅雀科为树栖性的森林鸟类，这一点比其亲缘科燕雀科更为突出。

    金翅雀科种类喙的大小各不相同，与每个种类觅食特定的植物种子相适应，如美洲金翅雀食蓟冠，而锡嘴雀偏爱樱桃核，这种鸟的喙所具有的力气可相当于人用钳子产生的效果。许多种类会频繁光顾人工的喂鸟装置，享受人们为它们提供的种子。有些种类还是出名的鸣禽，早期的移民者远离家乡时会带上它们以解乡愁。

▌起源于旧大陆
形态与功能

    金翅雀科与具有密切亲缘关系的燕雀科和管舌雀科一样，都具 9 枚（而非 10 枚）初级飞羽、12 枚尾羽以及特定的头骨特征。全科遍布欧洲、非洲（不包括马达加斯加岛）和亚洲，部分种类扩散至美洲尤其是北美；中南美洲 12 个以"siskin"命名的种类则成为金翅雀科的"前哨"，这些相互之间颇为相似的种类有可能进化自一个被风吹到那里的群体。还有一些种类被引入到世界的许多地方，并取得了不同程度的成功。

    燕雀科、金翅雀科和管舌雀科这 3 个雀科与其他后来进化的雀形目鸟科（特别是鸦科和裸鼻雀科）之间的关系具有广泛的争议。意见不一的原因（至少一部分）是这些鸟科起源均较晚，而种类形成相对较快，结果它们之间的差异往往比非雀形目鸟科之间的差异要小得

↗繁殖的美洲金翅雀雄鸟不仅在蓟和蒲公英上觅食，也会出现在向日葵上。这种长仅为 11～13 厘米的鸟在籽头上的活动可谓轻松自如。

金翅雀

目 雀形目

科 金翅雀科

19属约136种。种类包括：美洲金翅雀、红额金翅雀、欧金翅雀、赤胸朱顶雀、白腰朱顶雀、黄雀、黑头红金翅雀、红交嘴雀、鹦交嘴雀、苏格兰交嘴雀、红翅沙雀、锡嘴雀、红腹灰雀、家朱雀、金丝雀、松雀、圣多美蜡嘴雀等。

分布 南北美洲，欧亚大陆（包括菲律宾和印度尼西亚），非洲（马达加斯加岛除外）。引入新西兰和澳大利亚。

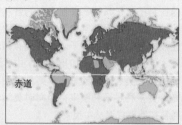

赤道

栖息地 林地和森林。

体型 体长11～19厘米，体重上限为100克。

体羽 着色多样，但通常为绿色、黄色或红色，有醒目的翅斑和尾斑。许多种类多条纹，尤其是幼鸟的体羽。

鸣声 各种各样，但大部分都有纯质、欢快、动听的鸣啭，少数种类（如红腹灰雀）的鸣啭为不甚悦耳的吱嘎声。

巢 主要由草、苔藓和其他植物材料筑成，一般位于树上或灌木上。

卵 窝卵数3～5枚；白色，带褐斑。孵化期12～14天，雏鸟留巢期11～17天。

食物 种子。亲鸟喂雏以种子和昆虫或者仅喂种子。

多。所以，有些学者将它们作为不同的亚科归入同一个科内，而另外的学者将它们视为一个"超科"中各个不同的科。

传统的分类学（即以形态学而非分子分析为基础）认为燕雀科与金翅雀科的关系最密切，然而近年来的DNA研究表明，事实上与金翅雀科关系更密切的是管舌雀科，两者起源于同一个似燕雀的原种。而与3个科关系最密切的很可能是鸦科，因而有人将它们共同列为一科。但金翅雀科基本上可以肯定起源于旧大陆，然后向外传布；而鸦科很可能起源于新大陆，日后才扩展至旧大陆。

此外，科内的交嘴雀类分布在北半球，但其中有一个种类的分类地位引起了人们的兴趣。苏格兰交嘴雀的喙中等大小，介于红交嘴雀的较小喙和鹦交嘴雀的较大喙之间，似乎专门为取食苏格兰松的松果而生。有时它被视为红交嘴雀（偶尔是鹦交嘴雀）的一个亚种。但倘若确实为一个独立的种，那么苏格兰交嘴雀便是金翅雀科中唯一仅生活在不列颠群岛的种类，也是科内极少数仅分布在欧洲的种类。而濒危的白翅交嘴雀的种类地位同样未定。该鸟见于海地和多米尼加，与交嘴雀类通常的分布范围相去数千千米。

一流的食种鸟
食物

金翅雀科几乎完全以种子为食。有些种类，如赤胸朱顶雀，甚至完全用种子喂雏。大部分分布在北半球的金翅雀属金翅雀种类往往行动灵巧，能够用相对较细的喙从籽头和植物头中啄出种子（通常为菊科植物，如蓟和蒲公

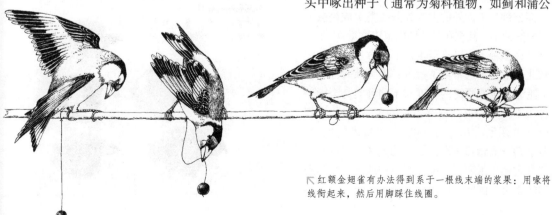

◤ 红额金翅雀有办法得到系于一根线末端的浆果：用喙将线衔起来，然后用脚踩住线圈。

↗金翅雀的代表种类

1.飞行中的松雀，当食物稀少时（如种子产量下降），这一种类会南下"突进"（爆发式的扩散）；2.红交嘴雀，为移栖性种类。

英）。另一个大属丝雀属的丝雀类主要生活在非洲相对干旱的地带，喙更为厚实，经常在地面觅食掉落的种子。剩下的种类为一个多样化的集合，包括栖息在亚洲山脉中的朱雀类、能用巨大的喙咬碎樱桃核的锡嘴雀、专门从松果中觅得松仁的交嘴雀类等。

金翅雀科以种子为主的食物与燕雀科的食物形成鲜明的对比，后者的食物范围相当广，除了种子外还食多种无脊椎动物。因此，金翅雀科在头骨结构及相关肌肉组织方面与燕雀科存在一些差别，同时具有更为特化的觅食习性和适应性特征。另外，它们的领域性往往较弱，大部分种类（例外的主要为灰雀类）成松散的繁殖群营巢，甚至在繁殖期内也成群觅食。

许多种类会迁徙至不同的地方过冬。欧洲和北美的种类通常南下过冬，因为那时种子供应匮乏（虽然匮乏的程度对不同种类甚至同一种类不同的种群而言并不相同）。中亚的朱雀类繁殖期生活在海拔4000～5000米的地带，冬季则一般转移至海拔较低的地区。但也有一些种类相当耐寒，会留在高海拔地区。而非洲的丝雀类，倾向于以定栖性为主，或者成移栖

金翅雀的喙

金翅雀科的喙的内部结构经过进化能够有效地去壳。每颗种子被楔入上颚的边槽中，然后抬起下颚将其咬碎，在舌的辅助下，壳被剥离、吐出，籽粒被吞下。而科内更特化的种类则具有发达的肌肉组织，使喙可以做更多的横向运动，从而令去壳过程变得更为高效。

金翅雀科种类的原种很可能具有通化功能的喙，与今天燕雀科种类的喙相似。在此基础上，进化出了多种适应性特征。美洲金翅雀和黄雀具有镊子般的长喙，用以探入籽头和小的球果中。美洲金翅雀是唯一能够食"起绒刺果"籽的种类，这些种子位于该植物长而带刺的管状结构底部。此外，这种鸟也非常灵活，能够摄取挂在植物上还没掉落到地面的种子。同样拥有镊子状喙的黄雀主要从小的球果（如桤木果）中啄取种子。非洲的丝雀类和亚洲的朱雀类则具有相对更结实的喙，食多种种子和浆果，但同时灵活性较欠缺，通常在地面或灌丛中觅食。

灰雀类和蜡嘴雀类具圆形喙，喙缘锋利，以食芽和浆果为主。而交嘴雀类则一如其名，长有独特的交叉喙，使它们能够剥去球果外面的硬壳取里面的仁。欧洲有4种交嘴雀，每种喙的大小都各不相同，觅食不同类型的球果。白翅交嘴雀喙细长，食柔软的落叶松球果；红交嘴雀和苏格兰交嘴雀的喙均中等长度，在喙形上略有差异，前者食云杉的球果，后者食苏格兰松的球果；具有大而厚的喙的鹦交嘴雀也食松果。

在金翅雀科的种类中，锡嘴雀的喙最大，可以咬碎壳很硬的种子。与此相应，锡嘴雀在上下颚的中线两侧均长有2个锯齿状的突起，这样在咬坚硬的种子时就能将力量均匀分布到所有相关肌肉上。也正因如此，重仅为55克的锡嘴雀在咬橄榄核时能够产生45千克的力量来将其咬碎。

↘金翅雀的头和喙

1.锡嘴雀；2.黄雀；3.红额金翅雀；4.鹦交嘴雀；5.白翅交嘴雀。

群体寻找种子丰富的地方。北半球在树上觅食的种类，包括黄雀、白腰朱顶雀、蜡嘴雀类和交嘴雀类，也往往表现出移栖性，随食物供应的波动状况而四处活动。

在种子数量下降的年份（尤其是在丰产的年份之后），这些雀有可能会大规模地离开它们平时的分布区去寻找食物。早在1251年，编年史学家马休·帕里斯便记载有奇异的鸟类（为交嘴雀）大量入侵英格兰，导致苹果产量严重受影响（因为那里几乎没有针叶树可供觅食）。这样的"突进"爆发式扩散在全科的整个分布范围内均有发生，只是在欧洲的记载最为详细，在那里它们不定期出现，最长间隔达17年。人们在瑞士对一些有突进记录的交嘴雀做以标记后，结果于同一个冬天在西班牙发现了它们的身影（它们一直在做觅食之旅），而在后来的年份里又在瑞士东北方向4000千米以外的西伯利亚发现它们在那里繁殖。

先结偶
繁殖生物学

与燕雀科雄鸟先建立领域后吸引配偶不同，金翅雀科种类先成对结偶，然后再寻找一处巢址，并在周围建起一小片领域。当然，结偶并非一蹴而就，雄鸟需要反复接近雌鸟，常采取蹲伏姿势，垂下或竖起翅膀和（或）展开尾羽，具体取决于各个种类。许多种类还会做炫耀飞行。有些种类，如美洲金翅雀和赤胸朱顶雀，只在巢上方飞行；而其他种类，如白腰朱顶雀，飞行范围较宽。在金翅雀属和丝雀属种类中，炫耀飞行相当缓慢，颇似蝴蝶；而在红翅沙雀和沙雀中，通常做高空绕圈，呈波状飞行，扇翅升空和滑翔下降交替进行。

由于食多种种子，所以许多种类有很长的繁殖期，一对配偶可育2窝或3窝雏（不像燕雀科，主要用毛虫喂雏，因此只育1窝或2窝雏）。欧洲的红额金翅雀和北美的美洲金翅雀均喜食蓟，繁殖很晚，其中美洲金翅雀是北美大陆一年内繁殖最晚的鸟类之一。交嘴雀类则在任何一个月份都有可能繁殖，很大程度上取决于针叶林中球果不一致的结果时间，如在常青松森林中为春季，在落叶松森林中为夏末，

在云杉林中则为冬季，而倘若在混合林中，那么繁殖活动几乎可连续进行。关于冬季繁殖，人们曾在莫斯科附近做了记录，发现当气温降至–19℃时，孵卵的雌鸟仍将巢内的温度保持在舒适的38℃。此外，许多非洲种类也同样有很长的繁殖期，以便充分利用雨季过后出现的大量种子。

金翅雀科的巢一般为杯形巢，由苔藓、草、动物的毛发及羽毛筑成，通常由雌鸟完成，不过灰雀类和蜡嘴雀类的雄鸟在初期会帮忙。一般雌鸟单独负责孵卵和育雏，共为期3～4周。期间，雄鸟给雌鸟喂食，同时在雏鸟孵化后还负责喂雏。随着雏鸟的发育，雌鸟也会加入喂雏的行列。亲鸟通常在离巢有一定距离的地方为雏鸟觅食适宜的种子或昆虫，回巢的频率并不高（可能每20～60分钟一次）。多数种类将食物放在食管里送回巢，但蜡嘴雀类、沙雀类和灰雀类在嘴底（为舌的正面或反面）有一个特殊的囊用以放食物。当囊放满食物后，会向后伸至颈部，使喉明显鼓起。这种囊似乎每年春季都会脱换成新的。虽然有些较大的种类能存活15年以上，但大部分的平均寿命可能只有2～3年。

鸣禽和笼鸟
保护与环境

金翅雀科与人类有着历史悠久的联系。金丝雀，常见于亚速尔群岛、加那利群岛和马德拉群岛的林地中，于16世纪首次被带到欧洲

↗ 家朱雀原限于美国西部，但20世纪40年代初期数只笼鸟在纽约被放飞。60年后，家朱雀已经遍布整个美国东部。

大陆，之后迅速被驯化饲养，成为所有丝雀类笼鸟的原种。野生丝雀的体羽（为非常暗淡的条纹绿）两性有别，但在笼鸟中几乎一模一样。通过对基因突变个体进行精心的人工繁殖，已经使笼养的丝雀具有了多种形态，在外形、颜色和鸣啭方面表现出广泛的差异性。如"诺里奇"丝雀羽毛蓬松，看上去像一团茸球；而"约克郡"丝雀体羽光滑，身材修长。其他不少种类，特别是多种金翅雀，因羽色鲜艳，再加上鸣啭悦耳，而成为受人喜爱的笼鸟。当有人看到一群这样的鸟时不禁被深深吸引也就不足为奇了。人们还将金翅雀类与丝雀类进行杂交，以期研究出新的着色形态和更优秀的鸣禽。

金翅雀科的鸟还有其他用途。它们对一氧化碳比人更敏感（人闻不出来），因而第一次世界大战期间坑道工兵便用这些雀来帮他们判断有无一氧化碳。其中丝雀尤其受到官兵们的欢迎，因为它们醒目的黄色体羽在黑暗中容易被看到。而近年来，人们开始研究丝雀的鸣啭行为，希望借此能改善对人类神经性疾病的治疗。丝雀只在春、夏两季鸣啭，它们的中脑为鸣啭控制中枢，控制着喉和鸣管。雄鸟的中脑明显大于雌鸟（尤其是那些具有复杂鸣啭的雄鸟）。并且，中脑在春季比冬季大，这一季节性变化同由个别细胞的发育和神经元大面积的生长或死亡 2 个因素造成（后一因素在过去没有被认识到）。倘若这一过程能够得到破解，那么便有可能用来治疗人类的神经销蚀性疾病，如阿尔茨海默病。

当然，有些种类为各种农作物的害鸟。在英国，红腹灰雀长期以来一直是果园的一大威胁，它们食多种果树（特别是梨树和李树）的花蕾。过去，杀这种鸟还会得到奖赏：在 16 世纪，一只红腹灰雀的头值一个便士。20 世纪 60 年代和 70 年代，由于这一种类的数量大幅增长，它们从传统的林地栖息地向外扩张，致使其对果园的危害变得尤为突出。然而，随着 20 世纪 70 年代末和 80 年代红腹灰雀的大量减少，其危害很大程度上不再成为问题，如今它们甚至开始成为保护对象。在美国，尤其是在加利福尼亚，家朱雀也是果树的一大害

鸟。在非洲，一些种类在局部地区非常繁盛，使农作物严重受损。

随着人类砍伐森林以发展农业，许多温带种类在扩展它们的分布范围，除了适应林地栖息地，同时也在适应生活于开阔地带。如金丝雀在过去的 200 年间，在欧洲的分布范围有显著的扩大。而近年来，这种鸟还学会了从人们在冬季放置的喂鸟装置中觅食，甚至典型的林地种类黄雀也学会了这一技巧。此外，松雀已变得极为驯顺，人们都可以走到离它触手可及的地方。

目前全科尚仅有 9 个受胁种，其中大部分是因为分布范围有限、数量少，虽然眼下还没有灭绝之险，但它们很容易受到栖息地缩减和退化带来的威胁。人们对圣多美蜡嘴雀的了解一度仅限于 3 个 19 世纪的样本，直至 1991 年再次发现了这一种类，现在其数量不足 50 只。尽管很多交易野生雀的行为已停止，但仍有 2 个种类受到非法捕猎和将人工饲养的个体进行交易的威胁，分别为巴西的黄脸金翅雀以及黑头红金翅雀，后者曾经成半移栖性群体广泛出现于南美北部的许多地方，但如今仅存于委内瑞拉和哥伦比亚的部分地区。

在高纬度地区的漫长冬夜里，白腰朱顶雀栖息在雪沟里以寻求庇护。这种鸟很活跃，即使栖息时一些群体成员也始终动个不停。

鹀的英文名"bunting"源于古英语中的"buntyle"一词，最初的意思是"隐秘的东西"。不管其含义究竟作何解，这一名字最早用以指在地面觅食种子和昆虫的几个西欧鹀科种类。

"buntings（鹀）"这一英文名被早期的英国定居者带到了世界各地后，有时用来指称那些与并无密切亲缘关系的鸟。如在北美，它也会用来指美洲雀科的某些种类，如靛彩。然而，令人费解的是，新大陆很多真正的反而被称为"sparrow"，但它们与家麻雀等同样以"sparrow"命名的麻雀类几乎没有任何关系。

喙结实适于食种
形态与功能

几乎可以肯定的是，真正的鹀起源于新大陆。全球约85%的鹀科种类见于美洲，它们在那里的栖息地范围广、类型多。如约有60个新大陆种类分布在墨西哥以北，分别栖息于北极苔原、北温带北部森林区、草原和草地、沙漠、高山草甸、咸水和淡水沼泽、阔叶林和针叶林。而旧大陆的原种可能是从新大陆穿过白令海峡进入亚洲的，其中鹀属的种类在亚洲温带地区进化（如今那里种类最丰富），然后向西扩展至欧洲和非洲。有意思的是，仅有凤头鹀和蓝鹀2个种类在亚洲热带地区繁殖。而整个鹀科在东印度群岛一大洋洲地区没有分布，只有黄道眉鹀和黄鹀被引入新西兰取得了部分成功。

鹀的一大特征是喙结实，呈锥形，适于将种子咬碎去壳。有些种类的上下喙能够斜向活动。灯草鹀类尤为擅长用它们的喙来对付种子，将其咬碎然后去壳。鹀通常在地面觅食，部分种类，如唧鹀类，通过与众不同的"双刨"来觅食，即身体保持不动，同时用2只脚向后刨扒。

↗近年来，黄鹀在英国的数量迅速下降，部分原因是农业生产中使用化肥和杀虫剂，而新的密集式放牧行为常使地面变得一片光秃，使这种鸟既找不到营巢的掩体，也无种子可食。

鹀在体羽和鸣声方面表现出相当的多样性。有体羽暗淡的种类，如黍鹀，为灰褐色，多条纹；也有体羽鲜艳的种类，如黄鹀，下体为醒目的黄色，头部有黄色条纹，或如铁爪，头部具黑色、栗色和白色斑纹。除了那些雄鸟有显眼的炫耀体羽的种类外，在其他鹀中，两性着色相似。

歌声求偶
繁殖生物学

在温带和北极地区，大部分鹀为单配制。在所研究的种类中，大多数（如芦鹀）的雄鸟很少会吸引一只以上的雌鸟。但配偶外交配现象却很常见，在各窝雏中有近 70% 都有配偶外交配产生的后代。芦鹀一般营巢于湿地中，巢的密度常常很高，这使配偶往往很难看住自己的另一半。另外，有一小部分雄鸟为双配制。

欧亚大陆的黍鹀则通常实行多配制。据观察，在一个该种类的种群中，有些雄鸟一次吸引 3 只雌鸟，而其他一些雄鸟则连一只雌鸟都没有。这种配偶机制被认为源于各雄鸟领域的

质量存在显著差别，导致雌鸟更倾向于和一只虽已有配偶但领域优质的雄鸟结偶，而不太会选择领域劣质的单身雄鸟。

北美的白斑黑鹀偶尔也会出现多配现象，尤其是高密度生活在一起时，具有明显优质领域的雄鸟比领域劣质的雄鸟更有可能吸引到第二个配偶。这一种类营巢于植被稀少的开阔干旱地带，因此，筑巢的地方是否有良好的遮阴性对雌鸟而言很重要，此倘若一领域内有荫蔽处，那么即使已有一只雌鸟在那里营巢，它仍有可能选择这片领域的雄鸟做配偶。此外，在白斑黑鹀中，偶尔会出现 1 只以上的雄鸟协助营巢。

在亚北极苔原与林木线北部边缘的交界地带繁殖的黄腹铁爪鹀则不形成配偶关系。当雌鸟准备产卵时，会与 2～3 只雄鸟反复进行交配（一周可达 350 次）。雄鸟同样会与 1 只以上的雌鸟发生交配。研究证实，同一窝雏的父鸟不止 1 只雄鸟，同时，会有 2 只或多只雄鸟帮助雌鸟育雏。

北美东部沿海的尖尾沙鹀的繁殖行为似乎与黄腹铁爪鹀类似。雄鸟不维护领域，只是有可能会看护某只雌鸟，驱逐其他雄鸟；不建立配偶关系，而且雄鸟不帮助喂雏。

大多数鹀具领域性。在候鸟种类中，雄鸟

↘ **鹀科的代表种类**
1. 黑头鹀；2. 黍鹀的鸣啭犹如摇动钥匙串发出的声音；3. 白喉唧鹀。

一般先于雌鸟到达领域，抵制其他雄鸟侵入。通常，雄鸟会重新占据前一年所维护的领域，而雌鸟也常回到之前营巢的领域。大部分繁殖行为包括求偶、结偶、营巢、育雏，都发生在领域内部。

而给雏鸟觅食则可能不限于领域界线。如美洲树雀鹀维护大片的领域，通常超过1平方千米，它们便在领域内觅食。相比之下，褐雀鹀的领域很小，不足1000平方米，它们全部在领域外觅食（经常在集体觅食区）。

黄鹀的领域往往呈线形，沿林地边缘的灌木树篱分布，长约60米，而维护的区域为两侧10～15米内。领域对黄鹀的结偶和营巢具有重要意义，但其觅食主要在领域以外的中立地带。

即使在同一种类内，领域的地域大小和所覆盖的栖息地类型都有可能各不相同。如美洲树雀鹀在维护的领域内觅食。在美国的俄亥俄州，它们生活在居民区、弃耕的农田和其他有灌木的栖息地中，繁殖领域的平均大小约为1平方千米；而在旧金山湾地区，它们繁殖于沿海湾的盐沼中，涨潮时会受淹，领域约为4000平方米。在俄亥俄州，许多个体冬季不南下迁徙，它们所维护的过冬领域为繁殖领域的6～10倍。而候鸟个体的领域界线在繁殖期结束后便不复存在，成鸟和后代成群生活在一起。

在非繁殖期，大多数鹀会形成群体，主要为觅食群，通常由数个不同种类的个体组成。鹀的过冬群体一般小而松散，但在有些种类中，尤其是铁爪鹀类、鹀雀鹀和雪鹀，成群的规模从数十只到数千只均有可能。铁爪鹀类有一个特点，即会突然从它们群体过冬的短草丛栖息地中一起惊飞，通常在周围绕一圈后重新回到刚飞离的地方。而在地面，哪怕是在植被稀疏的栖息地中，也很难见到过冬的铁爪鹀类的身影。

雄鸟通常栖于醒目的枝头，通过鸣啭来炫耀，鹀的求偶一般便开始于此。当一只雌鸟接近时，雄鸟会追逐它。在这种求偶追逐过程中，雄鸟有可能与雌鸟纠缠在一起，然后双双跌落到地面。鸣啭飞行见于生活在开阔地带的种类中。如在北极的铁爪鹀和雪鹀、北美大草原的栗领铁爪鹀和白斑黑鹀中，雄鸟常常会飞到离

白斑黑鹀的繁殖雄鸟体羽为黑色，有大片的白色翅斑。图中的这只白斑黑鹀正在它的地面巢中，周围是开花的刺梨仙人掌。

地面数米高处，然后慢慢地盘旋回落至地面，在这过程中翅膀缓慢扇动但始终高于身体，同时发出鸣啭。而北美大草原的纳氏沙鹀的鸣啭飞行尤为壮观。雄鸟边发出"啼克"的声音边飞到20米的高处，然后开始鸣啭，随之向前、向下滑翔，接下来再次鸣啭，最后飞落到植被中（离它起飞的地方可能有100米远）。

许多鹀的鸣啭在鸟类的鸣啭中都堪称优美动听。如巴氏猛雀鹀的鸣啭包含一声悠长而甜美的声音，随之是一声清脆的颤鸣，可传至很远。其他种类的鸣啭则略逊一筹，如黍鹀的鸣啭仿佛钥匙串叮当作响的声音，而黄胸草鹀发出音尖而细、如昆虫鸣声般的"喊喊嘘—嗞嗞"声。亨氏草鹀的鸣啭是最无特色的鸣啭之一，为一种短促如昆虫叫的"呲—哩"的声音。

鹀的巢通常位于地面或低矮的灌丛中，往往为整洁、紧凑的杯形巢，由干燥的植被（一般为草）筑成，里面衬以毛发、苔藓、柔软的植物纤维、羊毛、羽毛。通常由雌鸟单独筑巢、孵卵和育雏，而无论是雏鸟留巢期间抑或会飞离巢阶段，雄鸟在喂雏方面都会投入相当大的精力。

稀树草鹀在它的部分分布区内有很长的繁殖期，于是会育1窝以上的雏。当雌鸟孵第2窝卵时，雄鸟便照顾第1窝会飞的后代。而当

卵孵化后，雄鸟还会帮助雌鸟喂第2窝雏。偶尔，雄鸟会同时与2只雌鸟结偶。鹀的窝孵数往往为高纬度地区之最，不论是就不同种类而言还是就种类内部而言都是如此。

数量下降
保护与环境

有数种鹀的数量正在减少中，基本都是农业发展和城市化所导致的栖息地缩减的结果。如泰鹀在欧洲的许多地方都出现了数量下降的现象，原因很可能是土地的使用发生了变更。北美草原上的许多鹀因栖息地缩减数量同样在下降。萨帕塔鹀仅限于古巴，在那里这一种类有3个局部种群；由于分布范围小，3个种群都很容易受到自然灾害和人类活动的影响。目前这种鹀为濒危种。

很多南美的鹀分布都非常有限，其中一部分种类已知仅生活在少数几个点。由于分布范围小，再加上栖息地受破坏，它们中大部分种类都面临危险，少数种类甚至有可能已经灭绝。如苍头薮雀长期栖息于厄瓜多尔南部安第斯山脉干旱峡谷中的绿洲内，分布范围一直都极为有限，如今该地区大部分水源丰富的地方都已被用来耕作，致使那里的天然植被几乎不复存在。近年来一直没有这一种类的记录，很

可能已灭绝。

塞布尔角海滨沙鹀虽然一般被视为海滨沙鹀的一个亚种，但在许多方面都有其独特之处，可能更适合单独列为一个种。它限于佛罗里达州南部为数很少的几个淡水沼泽中（海滨沙鹀的其他种群只在沿海的盐沼中繁殖），很容易被飓风、野火等自然灾害逼入绝境。海滨沙鹀另一个显著的种群暗海滨沙鹀很大程度上便是因火灾和栖息地毁坏而灭绝的。

在历史上，人们曾为发展农业而在北美东部改造了大量的硬木林，这为巴氏猛雀鹀、鹩雀鹀和栗肩雀鹀等许多之前在那里没有分布或很少见的种类创造了适宜的栖息地。但后来，东部这些人工草地中有很大一部分因城市化而被侵吞，或者重新变成了次生林，于是这些种类的分布范围也随着收缩。时至今日，鹩雀鹀在东部已难觅其踪；巴氏猛雀鹀退缩至东南部，主要见于开阔的成熟松树林中的草地上；而栗肩雀鹀在东部大部分地方的数量都大幅减少。栖息于茂密草地中的亨氏草鹀在东部的数量也在下降，并已从许多地方消失；不过在中西部地区数量似乎呈增长之势，原因是那里的高草草原正在得到保护。而另一方面，在人类活动密集区域以北的高纬度地区繁殖的鹀，则普遍保持着相当的数量。

知识档案

鹀
目 雀形目
科 鹀科
72属291种。

分布 接近全球性，东南亚南端和大洋洲无分布（引入新西兰）。几乎遍及新大陆所有地区。

栖息地 开阔林地、草地、北极苔原、高山草甸和沙漠地带。在欧亚大陆，主要栖息于开阔地带、灌木树篱、稀树草原以及各种"边缘"地带。

体型 体长10～24厘米，体重7～52克。

体羽 从暗褐色和灰色至黑色、白色、橙色、蓝绿色、黄色或红色。部分种类有醒目的体羽模式，尤其在头部。

鸣声 警告鸣声一般响亮，焦虑鸣声经常为"腹语"。鸣啭从短而简单到长而动听均有，含有口哨声、啁啾声和颤鸣。

巢 编织杯形巢，筑于地面或低矮灌丛中，具有很强的隐蔽性。

卵 窝卵数一般为2～7枚；底色为白色、浅褐色或淡蓝色，常有褐色、红色或黑色斑纹。孵化期10～14天，雏鸟留巢期10～15天。

食物 以谷物、无脊椎动物、果实和芽为主。成鸟也食种子和浆果，雏鸟几乎仅被喂以节肢动物。

多样性丰富的森莺是一群食虫类的小鸟，突出特点是色彩鲜艳、行为多变。它们主要见于加拿大北部至阿根廷的森林栖息地中。许多北美种类对观鸟者和鸟类学家而言都很熟悉，但热带的留鸟种类，其分布、生态和行为都有待进一步研究。

鸟类学家目前将116个种类归为森莺科。森莺的英文俗名除了"New World Warbler"外，通常也被称为"wood-warbler"。森莺科与其他数个鸣禽科有着亲缘关系，如鹀科、裸鼻雀科和拟鹂科，而与它们之间的分类界线颇富争议。近来的基因研究表明，少数长期以来被归在森莺科的种类（包括橄榄绿森莺、黄胸柳莺和冠鹪森莺）事实上与上述各科的亲缘关系更为密切。而尽管在外形、行为以及名字上与旧大陆的莺科存在着许多相似之处，但两者并无密切的亲缘关系。

形相似、羽相异
形态与功能

森莺科种类所表现出来的形态模式的差异与其他很多鸟类形成有趣的对比。一方面，森莺在体羽模式和着色上呈现高度多样化。这一点在繁殖于北美的种类身上尤为突出，它们拥有蓝色、红色、橙色、黄色和绿色等多种羽色，热带留鸟种类则往往为更具保护色的黄色和褐色。而另一方面，大部分森莺的整体外形相当接近，不同种类之间虽体型有别，但在身体比例、喙形等方面差异很小。

多数热带森莺的两性具有相似的体羽，而大部分候鸟种类表现出程度不一的性二态。其中，有些种类的雌鸟与雄鸟的差别仅为着色略暗；但在其他种类中，两性在体羽模式和色彩上具有显著差别。少数种类，如栗胁林莺和白颊林莺，夏季体羽和冬季体羽表现出明显的季节性差异。出生第一年的幼鸟体羽通常比年长的成鸟暗淡，而夏季孵化的雏鸟个体在秋季迁徙时相互之间往往很难区分。橙尾鸲莺有一种不同寻常的体羽生长模式，被称为"体羽延后成熟"：雄鸟在出生后次年夏天首次作为成鸟进行繁殖时，身上仍为像雌鸟那样的暗淡体羽，直至繁殖期结束后秋季换羽

↗黄林莺是林莺类中分布最广的种类，同时也是唯一在加拉帕哥斯群岛繁殖的森莺科种类。

↗ **森莺的代表种类**
1.黄喉地莺的雄鸟；2.一只橙尾鸲莺雄鸟在炫耀它黑色和橙色的体羽，雌鸟则为灰色和黄色；3.黑纹背林莺，目前被世界自然保护联盟列为易危种。

时才长出醒目的黑色和橙色体羽。

在森莺科中，林莺属的林莺类最出名。共有 27 个种类，大部分在北美繁殖，南下迁徙越冬；少数种类常年留居于西印度群岛。林莺类在行为适应性方面堪称典范，多个种类通过在不同部位觅食丛而实现在同一棵树上共存。这一类鸟还被观鸟者们称为"一群让人看不透的莺"，因为它们似乎总是高高在上，栖于最

高的树上，很难一睹它们的庐山真面目。

第二大类为王森莺属的王森莺类，含有 24 种非候鸟种类，见于墨西哥北部至南美。其中安第斯山脉种类最丰富，会有多达 4 个种类生活在同一山坡上的不同海拔地区。森莺科剩余的 24 个属每属种类均不足 10 个，其中有 14 属都各自只含 1 个种类。

长期以来人们一直认为森莺科开始分化于更新世晚期（约 150 万 ~ 1.5 万年前）的冰川期。然而，近年来基于 DNA 变异分析的研究表明，森莺科开始分化的时间要早得多，许多种类很可能起源于 500 多万年以前，特别是林莺类，它们中有相当一部分出现于物种快速形成的早期。

南下过冬
分布模式

新大陆大部分森林栖息地中都至少会出现一种森莺。在北美繁殖的种类几乎全部为候鸟，而在热带或亚热带地区繁殖的种类则为留鸟。最丰富的种类多样化出现在北美东北部，在那里可以发现 6 个以上的种类具有重叠的繁殖领域，而在森莺的迁徙期，天气晴好时，有时可在一天里观察到 20 多个种类经过。冬季，森莺高度聚集于墨西哥西部和大安的列斯群岛

知识档案

森 莺

目 雀形目

科 森莺科

26属116种。种类包括：橙尾鸲莺、黑胸虫森莺、黑白森莺、白颊林莺、栗胁林莺、金颊黑背林莺、黑纹背林莺、黄林莺、黄腰林莺、黄腰王森莺、灰头王森莺、白眉灶莺、橙顶灶莺、北森莺、蓝翅黄森莺、淡脚森莺、灰冠虫森莺等。

分布 北美洲、南美洲、西印度群岛。

栖息地 森林和林地。

赤道

体型 体长10~18厘米，体重7~25克。两性体型相近。

体羽 高度多样化，有些种类羽色十分鲜艳，有些种类色调暗淡。两性体羽在某些种类中相似，而在其他种类中则呈明显的性二态。

鸣声 每个种类常有一种以上各具特色的悦耳鸣啭。有多种鸣叫。

巢 结构精致，筑于树上、灌丛或地面。

卵 窝卵数2~8枚（通常为3~5枚）；白色至绿色，常带有褐斑。孵化期10~14天，雏鸟留巢期8~12天。

食物 无脊椎动物，尤其是昆虫；某些果实和花蜜。

的古巴、牙买加等地，在那里过冬的森莺数量甚至超过当地所有留鸟的总和。

在北美北部繁殖的森莺种类在迁徙模式上表现出高度的多样化；在北美西部繁殖的种类一般在墨西哥和中美洲北部过冬，而在北美东部繁殖的种类则前往加勒比地区和中美洲南部越冬。甚至在某些种类内部，也有明显不同的迁徙行为。如冬季在哥斯达黎加的某片红树林中，可能既有当地非迁徙的黄喉莺种群，又有来自遥远的加拿大北部（在那里繁殖）的黄林莺候鸟种群。迁徙行为最突出的也许是白颊林莺，这种鸟秋季从美国东北海岸线外的大西洋出发，顺着盛行风，南下至南美的东北部沿海，中间不做任何停留。

有时食果的食虫鸟
食物

大多数森莺几乎完全为食虫类，但少数种类也会食相当数量的果实或花蜜。多数林莺类喜食毛虫，尤其是在繁殖期。在北美的北温带

北部森林区，当云杉毛虫大量出现时，一些林莺种类会变得非常繁盛。

食果种类有黄腰林莺，这一种类在东部的种群过去被称为"爱神木莺"，因为它们冬季通常食爱神木树和其他如三叶毒藤等植物含蜡的果实。黄腰林莺有特殊的消化系统，可以分解和吸收这些果实中能量丰富的蜡。其他如北森莺、灰冠虫森莺和栗胁林莺等种类一年四季都有可能食花蜜，但主要在冬季。

森莺通过多种方式来觅食昆虫。多数种类会快速掠过灌木或树木上的叶簇，从叶或茎上啄取猎物。有些，如橙顶灶莺，在森林地面四处走动，从落叶层或低矮的植被中觅得昆虫。黑白森莺则像那样沿着树干或树枝攀爬，寻找藏于树皮裂缝中的猎物。候鸟种类白眉灶莺和热带留鸟种类黄腰王森莺都偏爱在湍流险滩边的地面觅食。橙尾鸲莺以及鸲莺属中各种多白色的热带鸲莺种类则专门捕捉飞虫，它们对比鲜明的醒目体羽有可能便是用来惊起猎物的。

森莺科的橙顶灶莺与新热带地区的灶鸟科种类没有任何亲缘关系。这种鸟独特而清脆的鸣啭"啼切、啼切"在很远处便可听到。

拟 鹂

拟鹂科为一个多样化的新大陆鸟科，由各种栖木鸟组成，包括草地鹨类、刺歌雀、拟鹂类、酋长鹂类、拟棕鸟类、牛鹂类、黑鹂类和拟八哥类等。就种类多样性和个体数量而言，拟鹂科是在新大陆生存最成功的鸟科之一，100 多个种类遍布美洲大陆，分布范围北起阿拉斯加，南至合恩角。多数为热带种类，以墨西哥和哥伦比亚地区种类最为丰富（分别有 24 种和 27 种）；而温带的草地和沼泽地中种类密度同样很高。

拟鹂科的有些种类是世界上最常见的鸟之一，数量以千万计，并且群居性种类在非繁殖期会成大群聚集在一起。其中最繁盛的是红翅黑鹂，有近 2 亿只。拟鹂科表现出多种觅食适应性、行为灵活性及"创新"能力，后者无疑是具有智慧的体现。适应性使它们出现在从北极厚苔沼到炎热沙漠、热带森林、草地、湿地和海岛等各种陆地环境中。而机智性则使许多种类能够成功克服人为环境，如今拟八哥和蓝头黑鹂在购物中心和城市公园就像在它们的自然栖息地一样随处可见。

常见、灵活
形态与功能

拟鹂科种类中大者如褐拟棕鸟，与鸦一般大小，小者如某些拟鹂，和麻雀差不多大。许多种类，包括拟八哥类、黑鹂类和牛鹂类，体羽主要为黑色或褐色；而其他种类，如拟鹂类、酋长鹂类，常覆有鲜艳夺目的橙色、红色、金色体羽。在定栖性种类和单配制种类中，两性普遍相似；但在许多候鸟种类和多配制种类中，两性的体型和体羽会有显著差别。体型上性二态现象最明显的当数褐拟棕鸟，该种类的雄鸟比它"后宫"中的雌鸟大一倍多。

拟鹂科在觅食行为上的灵活性得益于嘴裂功能的灵活性，这一适应性特征由特别的头骨结构所致，使拟鹂科种类张喙时充满力度，而

↗ 一只长尾草地鹨雄鸟在炫耀它醒目的红色前身
这种鸟的鸣啭很动听，但其主要用于维护领域。

非被动式张喙，因而能够在果实、树皮、土壤或其他表层中啄孔觅食。灵活的张喙使它们几乎出现在其他栖木鸟所占据的各个觅食生态位上。张喙功能在某些拟椋鸟类和酋长鹂类中尤为发达，再加上刀刃般的颌骨，使它们能够通过喙的张闭来切下果皮以摄取它们所喜爱的果肉。许多拟鹂类也以类似的方式食果。

多数拟鹂科种类具相对较长的喙，这与它们在繁殖期依赖于昆虫食物有关。然而，刺歌雀和某些牛鹂种类的喙和雀的喙相似，尤为结实，用以咬碎种子（它们年内大部分时间食种）。牙买加黑鹂和黑酋长鹂等特化种类通过张喙来撬开树皮、朽木和凤梨科植物来觅食无脊椎动物。草地鹂类的嘴裂功能同样突出，它们能用喙将小树根从土壤中拔出来以捕捉无脊椎动物。此外，某些在沼泽地繁殖的黑鹂会用喙撕开莎草的茎捕食里面的小型猎物。

所有拟鹂科种类都具有相对短而宽的翅，能够迅速扇动产生举力。一些温带种类为一流的长途候鸟，如刺歌雀每年从北美的繁殖地前往南美大草原越冬，行程达2万千米。有些拟八哥种类有很长的楔形尾，呈明显的起伏状，一方面用以性炫耀，另一方面用以在缓慢飞行时增大浮力。许多树栖性的酋长鹂和拟鹂种类具有相对较长的尾，用以保持身体平衡。相反，大部分时间都在地面觅食的草地鹂类则具有较短的尾。

DNA研究正在让我们重新认识拟鹂科的亲缘关系。人们业已发现，有些种类因存在许多相似之处而曾被认为具有密切的亲缘关系，但实际上这些相似性是各种类面对类似的自然选择压力独立进化的结果。关于这种趋同进化，一个典型的例子就是北美的草地鹂类与非洲具长爪的鹨类，两者只有疏远的亲缘关系，然而在形态和行为上却极为相似。

DNA研究同时表明，在拟鹂科内部也广泛存在着趋同进化现象。如许多黑鹂种类之间并没有密切的亲缘关系，而应当属于一个包括拟八哥类和牛鹂类在内的更大的集合。事实上，黄头黑鹂最密切的亲缘种为草地鹂类及刺歌雀，而与其他黑鹂种类只有疏远的亲缘关系。研究同样发现，长期以来一直被认为是牛

拟鹂

目 雀形目
科 拟鹂科
26属102种。

分布 南、北美洲。

栖息地 草地、草原、沼泽、林地和森林。

体型 体长15～54厘米，体重16～528克。

赤道

体羽 以黑色为主，带有醒目的黄色、橙色或红色斑。草地种类的雌雄鸟和其他许多种类的雌鸟常为褐色，在温带候鸟种类和各纬度的一雄多雌制种类中两性差异明显。

鸣声 多种单音节声音和啁啾声，鸣啭从简单而尖锐到长而复杂动听均有。

巢 多筑于树上、灌丛中、地面、浮出水面的植被，偶尔位于悬崖上。

卵 多种底色，斑点数量不一；重2.1～14.2克。孵化期12～15天，雏鸟留巢期9～35天。

食物 以无脊椎动物、种子、果实、花蜜和小型脊椎动物为食。

鹂类一种原始形态的栗翅牛鹂，其实根本就不是牛鹂，而与变异种玻利维亚拟鹂亲缘关系最密切。

两性分工明确
繁殖生物学

拟鹂科的繁殖机制既有大部分拟鹂类配偶关系牢固的单配制，也有某些拟椋鸟种类的一雄多雌制。雄鸟通常会做复杂的炫耀，包括仪式化的行为和鸣声，其中巴西拟鹂和艳拟鹂的鸣啭尤为优美动听。而在科内几乎所有种类中，雌鸟负责全部的筑巢和孵卵工作。雄鸟不给孵卵的雌鸟喂食，一般只帮着给后代提供食物。栗翅牛鹂和玻利维亚拟鹂通过雇佣额外的"协助者"照顾雏鸟来降低繁殖成本。这些协助者可能与亲鸟具有血缘关系，因而有助于保持它们共同的家族基因。

栗翅牛鹂和拟鹂还通过完全不筑巢而使

用其他种类的旧巢来免去一部分繁殖成本，它们甚至会驱逐巢主、强行霸占巢。牛鹂类则更胜一筹，它们通过将卵产于其他种类的巢中并依靠这些寄主来育雏的办法将繁殖成本降至最低。在啸声牛鹂和巨牛鹂中，这种巢寄生方式主要面向拟鹂科内其他的种类，包括栗翅牛鹂、酋长鹂类和拟椋鸟类。而褐头牛鹂和紫辉牛鹂则采取"机关枪"式的寄生方式，它们会把卵产于其他数百种鸟类的巢中。牛鹂类为适应巢寄生而发展出来的行为有：模仿寄主种类的卵和雏鸟，减少自己卵的孵化时间，清除寄主的卵等。

许多拟鹂科种类成群繁殖营巢，三色黑鹂的繁殖群可达10万只。大部分成群繁殖的种类营巢于湿地或草原上，但热带的拟椋鸟类和酋长鹂类在森林空旷地成混合繁殖群营巢。成群营巢对于很多种类而言具有防御优势，因为群体成员会联合起来奋力抵抗掠食者对巢的袭

↗拟鹂科种类很多时候通过将闭合的喙插入潜在的食物源然后用力撑开来获取食物。这种"张喙"行为用于朽木、花、卷叶、草丛和土壤中，从而使仅从表面啄食无法觅得的食物（通常为节肢动物）暴露出来。

击以及牛鹂的巢寄生。同时，繁殖群还可起到"信息中心"的作用，成员们会观察和跟随觅食成功者的行踪，从而找到丰富的食源。

大多数拟鹂科种类将精致的巢筑于树上，其中拟鹂类、拟椋鸟类和不少酋长鹂种类的巢尤为复杂，乃悬挂的吊巢。有很多种类会将巢筑于水面上方或蜂窝附近，以使巢尽量避免遭到天敌的袭击。

↗拟鹂科的代表种类
1.橙腹拟鹂的雄鸟；2.拟八哥。

↘繁殖期结束后，红翅黑鹂和其他拟鹂科的种类聚集成群，规模可达数十万只甚至数百万只。

分布有限带来的威胁
保护与环境

目前有11个拟鹂科种类被列为受胁种，

占到全科种类的 1/10 以上，其中有 3 种极危。热带的拟鹂科种类为定栖性鸟，在森林栖息地的分布范围通常很有限，或者在岛上的数量很少，这使得它们特别容易受到多种威胁的影响。由于沼泽地的大量减少，墨西哥拟八哥已于 20 世纪初灭绝。而使形势更为复杂的是，有些种类还受到它们的亲缘种紫辉牛鹂的寄生威胁。

极危种蒙岛拟鹂所受的威胁在分布范围有限的种类中具有代表性。这种拟鹂仅限于小岛蒙塞拉特岛上的原始森林中，所以数量始终很少。而 20 世纪 90 年代的火山爆发摧毁了这一种类 2/3 的栖息地，导致其数量在原有基础上又大为下降。不幸的是，日益频繁的飓风令现存的蒙岛拟鹂数量进一步减少。多种天灾已将这种鸟推到了灭绝的边缘，人工繁殖可能是它们唯一的希望。另外 4 种西印度群岛种类——马提拟鹂、圣卢拟鹂、黄肩黑鹂和牙买加黑鹂——同样面临着栖息地被破坏的威胁，此外还有紫辉牛鹂的寄生威胁。因此，对于这些种类而言，最好的办法是控制牛鹂并建立保护区。

对于在南美热带地区分布有限的拟鹂科种类来说，森林栖息地的丧失乃是头等威胁。极危种山鹩哥和濒危种红腹拟鹩哥如今只生活在哥伦比亚境内安第斯山脉的小片残余山林中，而濒危种栗背拟椋鸟和受胁种秘鲁酋长鹂仅见于受破坏的秘鲁和哥伦比亚低地森林中。极危种福氏黑鹂现在只剩巴西东部有一小部分零散的个体，它们接近灭绝的原因同样是栖息地毁

◥ **一只东草地鹨在用作鸣啭舞台的树桩上做伸展状**
这种鸟以及它的西部对应种乃是美洲农田中最常见的鸟之一。

坏和牛鹂的寄生。从长期来看，只有采取广泛的栖息地保护措施才能保证这些种类在野生界继续生存下去。此外，在曾经茂盛的南美大草原上，彭巴草地鹨和橙头黑鹂的分布范围一度也很广泛。然而，密集型的放牧使那里的生态系统遭到严重破坏，结果导致这 2 个种类如今也成为受胁种。